普通高等教育"十二五"规划教材

可编程控制器原理及应用实例

编著 李 冰 郑秀丽 孙 蓉
　　　韩云涛 张兰勇
主审 杨贵杰

中国电力出版社
CHINA ELECTRIC POWER PRESS

内 容 提 要

本书为普通高等教育"十二五"规划教材。

本书共分四篇：第一篇电气控制与 PLC 基础理论，第二篇 S7-200 系列 PLC，第三篇 S7-300/400 系列 PLC，第四篇 PLC 控制系统设计方法，本书从电气控制基础、可编程控制器的基础知识介绍 PLC，详细介绍 S7-200/300/400PLC 的硬件组成、编程语言、指令系统和编程软件的使用方法，以及数字量控制系统梯形图设计方法和 PLC 控制系统设计方法，书中以材料分拣教学模型控制系统、五层电梯教学模型控制系统和八层电梯教学模型控制系统等实例为主线，帮助读者深入了解 PLC 控制系统。

本书可作为普通高等学校电气工程及其自动化、自动化、机电一体化等专业的教材，也可作为相关工程技术人员的参考用书。

图书在版编目（CIP）数据

可编程控制器原理及应用实例 / 李冰等编著. —北京：中国电力出版社，2011.12（2019.1 重印）
普通高等教育"十二五"规划教材
ISBN 978-7-5123-2522-7

Ⅰ. ①可… Ⅱ. ①李… Ⅲ. ①可编程序控制器－高等学校－教材 Ⅳ. ①TM571.6

中国版本图书馆 CIP 数据核字（2011）第 274136 号

中国电力出版社出版、发行
（北京市东城区北京站西街 19 号　100005　http://www.cepp.sgcc.com.cn）
北京九州迅驰传媒文化有限公司印刷
各地新华书店经售

*

2011 年 12 月第一版　2019 年 1 月北京第三次印刷
787 毫米×1092 毫米　16 开本　25.25 印张　619 千字
定价 **46.00** 元（含 1CD）

版 权 专 有　侵 权 必 究

本书如有印装质量问题，我社营销中心负责退换

前 言

可编程序控制器（PLC）是应用十分广泛的微机控制装置，是自动控制系统的关键设备。专为工业现场应用而设计的，它采用可编程序的存储器，用来在其内部存储执行逻辑运算、顺序控制、定时/计数和算术运算等操作的指令，并通过数字式或模拟式的输入和输出，控制各种类型的机械或生产过程。目前 PLC 已广泛应用于冶金、矿业、机械、轻工等领域，为工业自动化提供了有力的工具，为此，各高校的电气自动化、机电一体化等相关专业相继开设了有关可编程序控制器原理及应用的课程。可编程序控制器课程是一门实践性很强的课程，要学好可编程序控制器，除了在课堂上做基本的传授外，通过实验手段进行自动控制系统的模拟设计与程序调试，进一步验证、巩固和深化控制器原理知识与硬软件设计知识是必不可少的；通过实验还可以加强对常见工控设备的认识和了解。

本书就是基于这样一个出发点，以目前用得较普遍的西门子 S7-200/300 中小型 PLC 为实训样机，结合材料分拣教学模型、五层电梯教学模型、八层电梯教学模型，从工程实践出发，由易到难，循序渐进，在典型应用的基础上，逐步解决实际问题。

本书中，李冰编写了第 1~4 章，郑秀丽编写了第 6、9 章和第 10 章，孙蓉编写了第 12 章和附录，韩之涛编写了第 5、7 和第 8 章，张兰勇编写了第 11、13 和第 14 章，其他参与编写和资料整理的人员有邵娜莎、张震寰、曹华姿、王犇、张航、李成刚、冯雨、陈卓等，在此对他们的辛勤工作表示感谢！

本书的编写得到了哈尔滨工程大学自动化学院控制工程实验教学中心吕淑萍教授的大力支持，在此，笔者表示深切的谢意；本书参考、引用了一些文献资料，在本书问世之际，向这些文献资料的作者表示衷心的感谢。

因作者水平有限，书中难免有错漏之处，恳请读者批评指正。

目 录

前言

第一篇 电气控制与 PLC 基础理论

第 1 章 电气控制基础 ·········· 1
- 1.1 常用低压电器 ·········· 1
- 1.2 电气控制系统的基本控制电路 ·········· 8
- 1.3 电气控制系统的设计 ·········· 17
- 思考与练习 ·········· 19

第 2 章 PLC 概述 ·········· 20
- 2.1 PLC 的产生与发展 ·········· 20
- 2.2 PLC 的特点与功能 ·········· 21
- 2.3 PLC 的结构与分类 ·········· 23
- 2.4 常用的 PLC 产品 ·········· 25
- 思考与练习 ·········· 28

第 3 章 PLC 的组成与原理 ·········· 29
- 3.1 PLC 的组成 ·········· 29
- 3.2 PLC 的工作原理 ·········· 34
- 3.3 继电器控制与 PLC 控制的比较 ·········· 39
- 3.4 PLC 编程语言 ·········· 40
- 思考与练习 ·········· 42

第二篇 S7-200 系列 PLC

第 4 章 S7-200 系列 PLC 简介 ·········· 43
- 4.1 S7-200 综述 ·········· 43
- 4.2 S7-200 硬件组成 ·········· 43
- 4.3 S7-200 的通信功能 ·········· 47
- 思考与练习 ·········· 49

第 5 章 S7-200 系列 PLC 的指令系统 ·········· 50
- 5.1 S7-200 的编程语言 ·········· 50
- 5.2 S7-200 的指令系统 ·········· 50
- 思考与练习 ·········· 68

第 6 章 STEP 7-Micro/WIN 32 编程软件的使用方法 ·········· 69
- 6.1 STEP 7-Micro/WIN 概述 ·········· 69

6.2　输入梯形逻辑程序······72
6.3　建立通信和下载程序······76
6.4　材料分拣控制系统······78
思考与练习······98

第三篇　S7-300/400 系列 PLC

第 7 章　S7-300/400 系列 PLC 简介······99
7.1　S7-300 综述······99
7.2　S7-300 硬件组成······102
7.3　S7-400 综述······120
7.4　S7-400 硬件组成······123
7.5　ET 200 分布式 I/O 硬件组成······130
思考与练习······136

第 8 章　S7-300/400 的通信功能······137
8.1　S7 通信分类······137
8.2　MPI 网络······138
8.3　PROFIBUS······145
8.4　工业以太网······164
8.5　点对点通信······170
8.6　AS-i 网络······177
思考与练习······182

第 9 章　S7-300/400 系列 PLC 的指令系统······184
9.1　S7-300/400 的编程语言······184
9.2　S7-300/400 的存储区······185
9.3　S7-300/400 的指令系统······192
思考与练习······211

第 10 章　S7-300/400 用户程序结构······213
10.1　用户程序基本结构······213
10.2　数据块······216
10.3　组织块······220
思考与练习······228

第 11 章　STEP 7 编程软件的使用方法······229
11.1　STEP 7 编程软件简介······229
11.2　组态······230
11.3　使用符号编程······235
11.4　在 OB1 中创建程序······236
11.5　创建一个带有功能块和数据块的程序······237
11.6　编程一个功能（FC）······239

11.7　编程共享数据块 240
11.8　编程多重背景 240
11.9　S7-PLCSIM 仿真软件的使用 242
11.10　系统调试 245
思考与练习 248

第 12 章　PLC 控制系统实例 249
12.1　五层电梯控制系统 249
12.2　八层电梯控制系统 256
12.3　实例分析 269
思考与练习 292

第四篇　PLC 控制系统设计方法

第 13 章　数字量控制系统梯形图设计方法 295
13.1　梯形图编程规则 295
13.2　梯形图程序的优化 296
13.3　梯形图的经验设计法 297
13.4　顺序控制设计方法 302
思考与练习 322

第 14 章　PLC 控制系统设计 324
14.1　PLC 控制系统概述 324
14.2　控制系统 PLC 的选择 328
14.3　PLC 控制系统的软/硬件设计 334
14.4　PLC 控制系统的可靠性设计 341
14.5　PLC 控制系统的抗干扰设计 348
思考与练习 356

附录 1　常用电气图形符号表 357
附录 2　S7-200 指令表 359
附录 3　S7-300/400 指令表 379
附录 4　S7-200 特殊寄存器（SM）标志位 383
附录 5　系统组织块 OB 简表 388
附录 6　系统功能块 SFC 简表 390
附录 7　系统功能块 SFB 简表 393

参考文献 395

第一篇 电气控制与 PLC 基础理论

第1章 电气控制基础

1.1 常用低压电器

1.1.1 概述

电器是一种根据外界的信号（机械力，电动力和其他物理量，自动或手动接通或断开电路，从而断续或连续地改变电路参数或状态，实现对电路或非电对象的切换、控制、保护、检测和调节用的电气元件或设备。

在工业、农业、交通、国防以及人们生活等一切用电部门中，大多数采用低压供电。低压电器是用于额定电压（交流 1200V，直流 1500V）及以下能够根据外界施加的信号或要求，自动或手动地接通和断开电路，从而断续或连续地改变电路参数或状态，以实现对电路或非电对象切换、控制、保护、检测、变换以及调节的电气设备。

低压电器在现代工业生产和日常生活中起着非常重要的作用。据一般统计，发电厂发出的电能有 80% 以上是通过低压电器分配使用的，每新增加 1 万 kW 发电设备，约需使用 4 万件以上各类低压电器与之配套。在成套电气设备中，有时与主机配套的低压电器部分的成本接近甚至超过主机的成本。在电气控制设备的设计、运行和维护过程中，如果低压电器元器件的品种规格和性能参数选用不当，或者个别器件出现故障，可能导致整个控制设备无法工作，有时甚至会造成重大的设备或人身事故。

低压电器种类繁多，工作原理和结构形式也不同，但一般均有感受部分和执行部分两个共同的基本部分。

（1）感受外界的信号，并通过转换、放大和判断，做出有规律的反应。在非自动切换电器中，它的感受部分有操作手柄、顶杆等多种形式；在有触头的自动切换电器中，感受部分大多是电磁机构。

（2）根据感受部分的指令，对电路执行"开""关"等任务。有的低压电器具有把感受和执行两部分联系起来的中间传递部分，使它们协同一致，按一定规律动作，如断路器类的低压电器。

1.1.2 低压电器的电磁机构及执行机构

电磁式电气是指电磁力为驱动力的电气，它在低压电器中占有十分重要的地位，在电气控制系统中应用最为普遍。各种类型的电磁式电器主要由电磁机构和执行机构所组成，电磁机构按其电源种类可分为交流和直流两种，执行机构则可分为触头和灭弧装置两部分。

1. 电磁机构

电磁机构的主要作用是将电磁能量转换成机械能量，将电磁机构中吸引线圈的电流转换成电磁力，带动触头动作，完成通断电路的控制作用。

电磁机构通常采用电磁铁的形式，由吸引线圈、铁心（亦称静铁心或磁轭）和衔铁（也称动铁心）三部分组成。其作用原理是当线圈中有工作电流通过时，电磁吸力克服弹簧的应作用力，使得衔铁与铁心闭合，由连接机构带动相应的触头动作。

从常用铁心的衔铁运动形式上看，铁心主要可分为拍合式和直动式两大类，图 1-1 为直动式电磁机构示意图，一般衔铁由硅钢片叠制而成，多用于触头为中、小容量的交流接触器和继电器中。图 1-2 所示为拍合式电磁机构，第一个为衔铁沿棱角转动的拍合式铁心，其铁心材料由电工软铁制成，它广泛用于直流电器中。第二个为衔铁沿轴转动的拍合式铁心，其铁心形状有 E 形和 U 形两种，其铁心材料由硅钢片叠成，多用于触头容量较大的交流电路中。

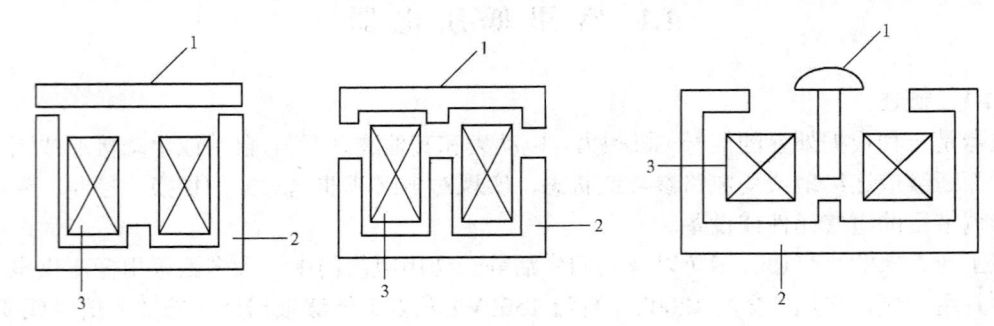

图 1-1 直动式电磁机构
1—衔铁；2—铁心；3—吸引线圈

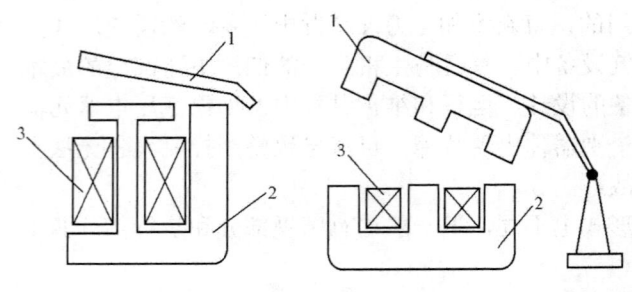

图 1-2 拍合式电磁机构
1—衔铁；2—铁心；3—吸引线圈

电磁线圈由漆包线绕制而成，可分为交流、直流两大类，当线圈通过工作电流时产生足够的磁动势，从而在磁路中形成磁通，使衔铁获得足够的电磁力，克服反作用力而吸合。

在交流电流产生的交变磁场中，为避免因磁通过零点造成衔铁的抖动，需在交流电器铁心的端部开槽，嵌入一铜短路环，也叫分磁环，使环内感应电流产生的磁通与环外磁通不同时过零，使电磁吸力 F 总是大于弹簧的反作用力，将衔铁牢牢地吸住，因而可以消除交流铁心的抖动和噪声。

还应指出，对电磁式电器而言，电磁机构的作用是使触头实现自动化操作，因电磁机构实质上是电磁铁的一种，电磁铁还有很多其他用途，例如牵引电磁铁，有拉动式和推动式两种，可以用于远距离控制和操作各种机构；阀用电磁铁，可以远距离控制各种气动阀、液压阀以实现机械自动控制；制动电磁铁则用来控制自动抱闸装置，实现快速停车；起重电磁铁用于起重搬运磁性货物件等。

2. 触头系统

触头的作用是接通或分断电路，因此要求触头具有良好的接触性能，电流容量较小的电器（如接触器、继电器等）常采用银质材料作触头，这是因为银的氧化膜电阻率与纯银相似，可以避免触头表面氧化膜电阻率增加而造成接触不良。

触头的结构有桥式和指式两类，桥式触头又分为点触式 [见图 1-3（a）] 和面接触式 [见图 1-3（b）]，点接触式适用于电流不大的场合，面接触式适用于电流较大的场合。图 1-3（c）

为指形触头，指形触头在接通与分断时产生滚动摩擦，可以去掉氧化膜，故其触头可以用紫铜制造，特别适合于触头分合次数多、电流大的场合。

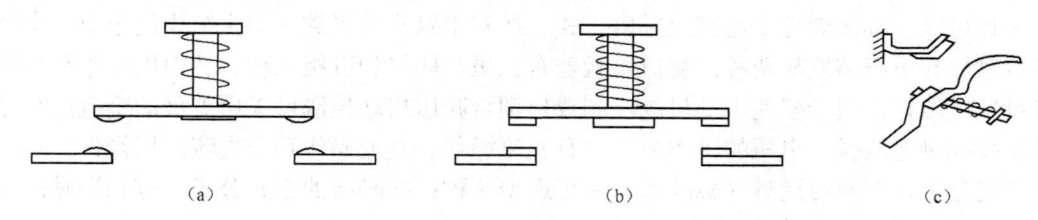

图 1-3 交流接触器触头的结构形式
(a) 点接触式；(b) 面接触式；(c) 指形触头

3. 灭弧系统

在分断电流瞬间，触头间的气隙中就会产生电弧，电弧的高温能将触头烧损，并可能造成其他事故，因此，应采用适当措施迅速熄灭电弧。

熄灭电弧的主要措施有：迅速增加电弧长度（拉长电弧），使得单位长度内维持电弧燃烧的电场强度不够而使电弧熄灭；使电弧与流体介质或固体介质相接触，加强冷却和去游离作用，使电弧加快熄灭。电弧有直流电弧和交流电弧两类，交流电流有自然过零点，故其电弧较易熄灭。

低压控制电器常用的具体灭弧方法有以下几种。

(1) 机械灭弧：通过机械装置将电弧迅速拉长，这种方法多用于开关电器中。

(2) 磁吹灭弧：在一个与触头串联的磁吹线圈产生的磁场作用下，电弧受电磁力的作用而拉长，被吹入由固体介质构成的灭弧罩内，与固体介质相接触，电弧被冷却而熄灭。

(3) 窄缝（纵缝）灭弧法：在电弧所形成的磁场电动力的作用下，可使电弧拉长并进入灭弧罩的窄（纵）缝中，几条纵缝可将电弧分割成数段且与固体介质相接触，电弧便迅速熄灭。这种结构多用于交流接触器上。

(4) 栅片灭弧法：当触头分开时，产生的电弧在电动力的作用下被推入一组金属栅片中而被分割成数段，彼此绝缘的金属栅片的每一片都相当于一个电极，因而就有许多个阴阳极压降。对交流电弧来说，近阴极处，在电弧过零时就会出现一个 150~250V 的介质强度，使电弧无法继续维持而熄灭。由于栅片灭弧效应在交流时要比直流时强得多，所以交流电器常常采用栅片灭弧。

1.1.3 常用低压电器

电气控制中常用的低压电器有接触器、继电器、熔断器和断路器等，它们的工作原理不同，因此它们的应用场合也不相同。

一、接触器

1. 作用与分类

电磁式接触器是利用电磁吸力的作用使主触头闭合或分断电动机电路或其他负载电路的控制电器。用它可以实现频繁地远距离操作，它具有比工作电流大数倍乃至十几倍的接通和分断能力，但不能分断短路电流。由于它体积小、价格便宜和维护方便，因而用途十分广泛。接触器最主要的用途是控制电动机的起动、反转、制动和调速等，因此它是电力拖动控制系统中最重要也是最常用的控制电器。

接触器按其主触头控制电路中电流种类分类，有直流接触器和交流接触器。它们的线圈电流种类既有与各自主触头电流相同的，但也有不同的，如对于重要场合使用的交流接触器，为了工作可靠，其线圈可采用直流励磁方式。按其主触头的极数（即主触头的个数）来分，直流接触器有单极和双极两种；交流接触器有三极、四极和五极三种。其中用于单相双回路控制可采用四极，用于多速电动机的控制或自耦合减压启动控制可采用五极的交流接触器。接触器按控制电路操作电压的种类分类，有交流操作、直流操作和交直流两用操作三种；按是否可逆分类，有不可逆型（标准型）和可逆型两种；按励磁的方式分类，有长期励磁（标准型）和瞬时励磁（机械锁扣型）两种。

2．工作原理

当交流接触器线圈通电后，在铁心中产生磁通。由此在衔铁气隙处产生吸力，使衔铁产生闭合动作，主触头在衔铁的带动下也闭合，于是接通了主电路。同时衔铁还带动辅助触头动作，使原来打开的辅助触头闭合，而使原来闭合的辅助触头打开。当线圈断电或电压显著降低时，吸力消失或减弱，衔铁在释放弹簧作用下打开，主、辅触头又恢复到原来状态。这就是接触器的工作原理。直流接触器的结构和工作原理与交流接触器基本相同。

3．选用

接触器使用广泛，额定工作电流或额定功率是随使用条件不同而变化。只有根据不同使用条件正确选用，才能保证接触器可靠运行，充分发挥其技术经济效果。

接触器的类别和用途见表1-1所示。

表1-1　　　　　　　　　　　　　接触器的类别和用途

电流种类	使用类别	用　途
AC 交流	AC1	无感或微感负载
	AC2	绕线式电动机的启动和分断
	AC3	笼型电动机的启动和分断
	AC4	笼型电动机的启动、反接制动、反向和点动
DC 直流	DC1	无感或微感负载
	DC2	并励电动机的启动、反接制动、反向和点动
	DC3	串例电动机的启动、反接制动、反向和点动

交流接触器的选用根据接触器所控制负载的工作任务（轻任务、一般任务或重任务）来选择相应使用类别的接触器，生产中广泛使用中小容量的笼型电动机，而且其中大部分的负载是一般任务，它相当于AC3使用类别。对于控制机床电动机的接触器，其负载情况比较复杂，既有AC3类的，也有AC4类的，还有AC3和AC4类混合的负载，这些都属于重任务的范畴。

如果负载明显地属于重任务类，则应选用AC4类使用类别的接触器。如果负载为一般任务与重任务混合的情况，则应根据实际情况选用AC3或AC4类接触器；若确定选用AC3类接触器，它的容量应降低一级使用，即使这样，其寿命仍将有不同程度的降低。适用于AC2类的接触器，一般也不宜用来控制AC3及AC4类的负载，因为它的接通能力较低，在频繁接通这类负载时容易发生触头熔焊现象。根据电动机（或其他负载）的功率和操作情况来确定接触器主触头的电流等级。当接触器的使用类别与所控制负载的工作任务相对应时，一般应使主触头的电流等级与所控制的负载相当，或稍大一些。如不对应，只能降级使用。例如，用 AC3 类的接触器控制 AC3 与 AC4 混合类负载时，电寿命将降低。

所以，接触器是否降级使用，取决于电寿命的要求，而电寿命又决定于操作频率，若操作频率很低，也可不降低使用；反之，降级使用。另外操作频率也不是可以任意提高，因为一则灭弧有困难，再则线圈也会因发热厉害而损坏。如当接触器控制电容器、日光灯或钠灯时，由于接通时的冲击电流可达额定值的几十倍，所以从接通方面来考虑，宜选用 AC4 类的接触器，若选用 AC3 类的接触器，则应降低到 70%～80%额定容量来使用。接触器线圈的电流种类和电压等级应与控制电路相同。触头数量和种类应满足主电路和控制电路的要求。

二、继电器

1. 作用与分类

电磁式继电器根据外来信号（电压或电流），利用电磁原理使衔铁产生闭合动作，从而带动触头动作，使控制电路接通或断开，实现控制电路的状态改变。值得注意的是，继电器的触头不能用来接通和分断负载电路，这也是继电器的作用与接触器的作用的区别。

继电器的分类按输入信号不同有电压继电器、电流继电器、时间继电器、速度继电器、中间继电器、信号继电器和相序继电器。按线圈电流种类不同有交流继电器和直流继电器。按使用范围不同有控制继电器（用于电力拖动系统以实现过程自动化和做某些保护）、保护继电器（用于电力系统作继电保护）、通信继电器（用于电信和遥控系统）和安全继电器（用于人身和设备安全保护）。按动作的原理不同有电磁式继电器、感应式继电器、电动式继电器、电子式继电器和热继电器。

2. 电磁式电压、电流继电器

（1）触头的动作与线圈动作电压大小有关的继电器称为电压继电器，它用于电力拖动系统和变压器系统的电压保护和控制，使用时电压继电器的线圈与负载并联。其线圈的匝数多而线径细。按线圈电流的种类可分为交流和直流电压继电器，按吸合电压大小又可分为过电压和欠电压继电器。

（2）触头的动作与否与线圈动作电流大小有关的继电器叫做电流继电器，使用时电流继电器的线圈与负载串联。其线圈的匝数少而线径粗。根据线圈的电流种类有交流继电器和直流继电器，按吸合电流大小又可分为过电流继电器和低（欠）电流继电器。

3. 时间继电器

从得到输入信号（线圈的通电或断电）开始，经过一定的延时后才输出信号（触头的闭合或断开）的继电器，称为时间继电器。时间继电器的延时方式有两种。

（1）通电延时：接受输入信号后延迟一定的时间，输出信号才发生变化。当输入信号消失后，输出瞬时复原。

（2）断电延时：接受输入信号时，瞬时产生相应的输出信号。当输入信号消失后，延迟一定的时间，输出才复原。

4. 中间继电器

中间继电器的作用是将一个输入信号变成多个输出信号或将信号放大（即增大触头容量）的继电器。

5. 热继电器

在电力拖动控制系统中，当三相交流电动机出现长期带负荷欠电压下运行、长期过载运行以及长期单相运行等不正常情况时，会导致电动机绕组严重过热乃至烧坏，为了充分发挥电动机的过载能力，保证电动机的正常启动和运转，并考虑到当电动机一旦出现长时间过载时又能自动切断电路，从而研制出了能随过载程度而改变动作时间的电器，这就是热继电器。显见，热继电器在电路中是用于三相交流电动机的过载保护。但须指出的是，由于热继电器中发热元件有热惯性，在电路中不能做瞬时过载保护，更不能做短路保护。因此，它不同于过电流继电器和熔断器。按相数来分，热继电器有单相、两相和三相式共三种类型，每种类型按发热元件的额定电流又有不同的规格和型号。三相式热继电器常用于三相交流电动机做过载保护。按职能来分，三相式热继电器又有不带断相保护和带断相保护两种类型。

6. 信号继电器

（1）温度继电器。电动机出现过载电流时，会使其绕组温升过高，而利用发热元件可间接地反映出绕组温升的高低，热继电器就可以起到电动机过载保护的作用。然而，即使电动机不过载，但由于电网电压升高，会导致铁损耗增加而使铁心发热，这样也会使绕组温升过高或者电动机环境温度过高以及通风不良等，同样会使绕组温度过高，这后两种原因的出现，若用热继电器已显得无能为力。为此，出现了按温度原则动作的继电器，这就是温度继电器。温度继电器是设在电动机发热部位，如电动机定子槽内、绕组端部等，可直接反映该处发热情况，无论是电动机本身出现过载电流引起温度升高，还是其他原因引起电动机温度升高，温度继电器都可起保护作用，不难看出，温度继电器具有"全热保护"作用。温度继电器大体上有两种类型，一种是双金属片式温度继电器，另一种是热敏电阻式温度继电器。

（2）速度继电器。感应式速度继电器是依靠电磁感应原理实现触头动作的，因此，它的电磁系统与一般电磁式电器不同，而与交流电动机的电磁系统相似，即由定子和转子组成其电磁系统，感应式速度继电器在结构上主要由定子、转子和触头三部分组成。

（3）压力继电器。压力继电器广泛用于各种气压和液压控制系统中，通过检测气压或液压的变化，发出信号，控制电动机的起停，从而提供保护。

（4）液位继电器。某些锅炉和水柜需根据液位的高低变化来控制水泵电动机的起停，这一控制可由液位继电器来完成。

（5）干簧继电器。干簧继电器由于其结构小巧、动作迅速、工作稳定、灵敏度高等优点，近年来得到广泛的应用。干簧继电器的主要部分是干簧管，它由一组或几组导磁簧片封装在惰性气体（如氦、氮等气体）的玻璃管中组成开关元件。导磁簧片又兼作接触簧片，即控制触头，也就是说，一组簧片起开关电路和磁路双重作用。

三、熔断器

熔断器在结构上主要由熔断管（或盖、座）、熔体及导电部件等组成。而其中熔体是主要部分，它既是感测元件又是执行元件。熔断管一般由硬质纤维或瓷质绝缘材料制成半封闭式或封闭式管状外壳，而熔体则装于其内。熔断管的作用是便于安装熔体和有利于熔体熔断时熄灭电弧。熔体（又称为熔件）是由不同金属材料（铅锡合金、锌、铜或银）制成丝状、带状、片状或笼状，它串接于被保护电路。熔体的作用是当电路发生短路或过载故障时，通过熔体的电流使其发热，当达到溶化温度时熔体自行熔断，从而分断故障电路。显见，熔断器在电路中做过载和短路保护之用。熔断器的种类很多，按结构来分有半封闭插入式、螺旋式熔断器、无填料密封管式和有填料密封管式熔断器。按用途来分有一般工业用熔断器、半导体器件保护用快速熔断器和特殊熔断器（如具有两段保护特性的快慢动作熔断器、自复式熔断器）。

四、开关电器

开关电器广泛用于配电系统和电力拖动控制系统，用做电源的隔离、电气设备的保护和控制。常用的有刀开关和低压断路器。

1. 刀开关

刀开关俗称闸刀开关，是一种结构最简单、应用最广泛的一种手动电器，主要用于接通和切断长期工作设备的电源及不经常启动及制动、容量小于 7.5kW 的异步电动机。刀开关主要由操作手柄、触刀、触头和底座组成。依靠手动来实现触刀插入触头座与脱离触头座的控制。按刀数可分为单极、双极和三极。刀开关在选择时，应使其额定电压等于或大于电路的额定电压。其电流应等于或大于电路的额定电流的 3 倍。刀开关在安装时，手柄要向上，不得倒装或平装，避免由于重力自由下落，而引起误动作和合闸。接线时，应将电源线接在上端。

2. 低压断路器

低压断路器旧称自动空气开关，为了和 IEC 标准一致，故改用此名。低压断路器可用来分配电能，不频繁地启动异步电动机，对电源电路及电动机等实行保护，当它们发生严重的过载或短路及欠电压等故障时能自动切断电路，其功能相当于熔断器式断流器与过电流、欠电压、热继电器的组合，而且在分断故障电流后一般不需要更换零部件，因而获得了广泛的应用。使用低压断路器来实现短路保护比熔断器优越，因为当三相电路短路时，很可能只有一相的熔断器熔断，造成单相运行。对于低压断路器来说，只要造成短路都会使开关跳闸，将三相同时切断。低压断路器还有其他自动保护作用，所以性能优越。但它结构复杂，操作频率低，价格较贵，因此适用于要求较高的场合，如电源总配电盘。

低压断路器的主要参数有额定电压、额定电流、通断能力和分断时间。额定电压是指断路器在长期工作时的允许电压。通常它等于或大于电路的额定电压。额定电流是指断路器在长期工作时的允许持续电流。通断能力是指断路器在规定的电压、频率以及规定的电路参数（交流电路为功率因数，直流电路为时间常数）下，所能接通和分断的短路电流值。分断时间是指断路器切断故障电流所需要的时间。

五、主令电器

1. 按钮

按钮是一种结构简单、应用广泛的主令电器。在低压控制电路中，用于手动发出控制信号，短时接通或断开小电流的控制电路。按钮常作为可编程控制器的输入信号元件。一般由按钮帽、复位弹簧、桥式动静触头和外壳等组成。按钮常为复合式即同时具有动合、动断触头。按下按钮帽时动断触头先断开，然后动合触头闭合（即先断后合）。去掉外力后，在复位弹簧的作用下，动合触头断开，动断触头复位。按钮的结构形式可分为按钮式、紧急式、旋钮式及钥匙式等，还有带指示灯和不带指示灯的，带指示灯的按钮帽用透明塑料制成，兼作指示灯罩。还有一种带锁键的按钮，当按下后不自动复位，需再按一次后才复位。为了标明各个按钮的作用，避免误操作，通常将按钮做成红、绿、黑、白等颜色，以示区别。一般红色表示停止按钮，绿色表示启动按钮。红色蘑菇头的表示急停按钮。选用时根据所需要的触头对数、动作要求、是否需要带指示灯、使用场合以及颜色等要求选用。其额定电压有 500V、直流 400V，额定电流为 5A。

2. 行程开关

行程开关又称限位开关或位置开关，是一种利用生产机械某些运动部件的撞击来发出控制信号的小电流主令电器，主要用于生产机械的运动方向、行程大小控制或位置保护等。行程开关的种类很多，按动作方式分为瞬动型和蠕动型；按头部结构分为直动、滚轮直动、杠杆、单轮、双轮、滚轮摆杆可调、弹簧杆等。

3. 接近开关和光电开关

接近开关是一种非接触式的、无触头行程开关，当运动着的物体接近它到一定距离内时，它就能发出信号，从而进行相应的操作。接近开关不仅能代替有触头行程开关来完成行程控制和限位保护，还可用于高频计数、测速、液面检测、检测零件尺寸、加工程序的自动衔接等。由于它具有无机械磨损、工作稳定可靠、寿命长、重复定位精度高以及能适应恶劣的工作环境等特点，在工业生产方面已逐渐得到推广应用。接近开关按其工作原理分有高频振荡型、电容型、感应电桥型、永久磁铁型、霍尔效应型等，其中高频振荡型最为常用。其主要技术参数有动作距离、重复精度、操作频率、复位行程等。

光电开关是另一种类型的非接触式检测装置，它有一对光的发射和接收装置。根据两者的位置和光的接收方式分为对射式和反射式，作用距离从几厘米到几十米不等。选用时，要根据使用场合和控制对象确定检测元件的种类。例如，当被测对象运动速度不是太快时，可选用一般用途的行程开关；而在工作频率很高，对可靠性及精度要求也很高时，应选用接近开关；不能接近被测物体时，应选用光电开关。

1.2 电气控制系统的基本控制电路

电气控制在生产、科学研究及其他各个领域的应用十分广泛，其涉及面很广。各种电气控制设备的种类繁多、功能各异，但就其控制原理、基本控制电路、设计方法等方面均相类同。本节介绍几种典型的控制电路，作为学习控制系统电路图绘制的基础。

电气控制系统中，把各种有触头的接触器、继电器、按钮、行程开关等电器元件，用导线按一定方式连接起来组成电气控制电路。电气控制系统用于实现对电力拖动系统的控制和过程控制。电气控制系统也称为继电—接触器控制系统，其特点是结构简单、直观、易掌握、价格低廉、维护方便、运行可靠。应用可编程控制器时，也需要绘制电气控制系统的电路图。电气控制电路是多种多样、千差万别的。但是，无论电气控制电路有多复杂，它们都是由一些比较简单的基本电气控制电路有机地组合而成的。因此，掌握典型的电气控制电路，将有助于我们掌握阅读、分析、设计电气控制电路的方法。

1.2.1 电气制图及电路图

生产机械的种类繁多，其电气控制设备也各不相同，但电气控制系统的设计原则和设计方法基本相同。作为一个电气工程技术人员，必须掌握电气控制电路设计的基本原则、设计内容和设计方法，以便根据生产机械的拖动要求及工艺需要去设计技术图纸，常用电气符号和用途见附录1。

1. 电气电路图及其绘制原则

电气控制电路的表示方法有两种：一种是安装图，另一种是原理图。由于它们的用途不同，绘制原则亦有所差别，这里重点介绍电气控制电路原理图。绘制电气控制电路原理图，是为了便于阅读和分析电路，常采用简明、清晰、易懂的原则，根据电气控制电路的工作原理来绘制。图中包括所有电气元件的导电部分和接线端子，但并不按照电气元件的实际布置来绘制。

电气控制原理图一般分为主电路和辅助电路两个部分。主电路是电气控制电路中强电流通过的部分，是由电动机以及与它相连接的电气元件（如组合开关、接触器的主触头、热继电器的热元件、熔断器等）所组成的电路图。辅助电路包括控制电路、照明电路、信号电路及保护电路。辅助电路中通过的电流较小。控制电路是由按钮、接触器、继电器的吸引线圈和辅助触头，以及热继电器的触头等组成。这种控制电路能够清楚地表明电路的功能，对于分析电路的工作原理十分方便。

绘制电气控制原理图应遵循以下原则：

（1）所有电动机、电气元件等都应采用国家统一规定的图形符号和文字符号来表示。

（2）主电路用粗实线绘制在图面的左侧或上方，辅助电路用细实线绘制在图面的右侧或下方。无论是主电路还是辅助电路或其元件，均应按功能布置，尽可能按动作顺序排列。对因果次序清楚的简图，尤其是电路图和逻辑图，其布局顺序应该是从左到右、从上到下。

（3）在原理图中，同一电路的不同部分（如线圈、触头）分散在图中，为了表示是同一元件，要在电气元件的不同部分使用同一文字符号来标明。对于几个同类电气元件，在表示名称的文字符号后或下标加上一个数字序号，以资区别，如 KM1、KM2 等。

（4）所有电气元件的可动部分均以自然状态画出。所谓自然状态是指各种电气元件在没有通电和没有外力作用时的状态。对于接触器、电磁式继电器等是指其线圈未加电压，而对于按钮、行程开关等则是指其尚未被压合。

（5）原理图上应尽可能减少线条和避免线条交叉。各导线之间有电的联系时，在导线的交点处画一个实心圆点。根据图面布置的需要，可以将图形符号旋转90°或180°或45°绘制，即图面可以水平布置，或者垂直地布置，也可以采用斜的交叉线。一般来说，原理图的绘制要求层次分明，各电气元件以及它们的触头的安排要合理，并应保证电气控制电路运行可靠，节省连接导线，以便施工、维修方便。

2. 电气控制电路的设计方法

电气控制系统的设计，一般包括确定拖动方案、选择电动机容量和设计电气控制电路。电气控制电路的设计方法通常有经验设计法和逻辑设计法两种。

（1）经验设计法。它是根据生产工艺要求，利用各种典型的电路环节，直接设计控制电路。这种设计方法比较简单，但要求设计人员必须熟悉大量的控制电路、掌握多种典型电路的设计资料、同时具有丰富的设计经验。在设计过程中往往还要经过多次反复地修改、试验，才能使电路符合设计的要求。即使这样，设计出来的电路不一定最简单，所用的电气元件及触头不一定最少，所得出的方案不一定是最佳方案。

（2）逻辑设计法。它是根据生产工艺的要求，利用逻辑代数来分析、设计电路的。用这种方法设计的电路比较合理，特别适合完成较复杂的生产工艺所要求的控制电路。但是相对而言逻辑设计法难度较大，不易掌握。

3. 电气电路中的保护措施

电气控制系统必须在安全可靠的条件下来满足生产工艺的要求，因此在电路中还必须设有各种保护装置，避免由于各种故障造成电气设备和机械设备的损坏，以及保证人身的安全。

保护环节也是所有自动控制系统不可缺少的组成部分,保护的内容是十分广泛的,不同类型的电动机、生产机械和控制电路有着不同的要求。本节集中介绍低压电动机最常用的保护。常用的保护装置有短路电流保护、过电流保护、热保护、零电压和欠电压保护、弱磁保护以及超速保护等。

4. 电气控制系统设计的基本原则

(1) 电气控制方式应与设备的通用化和专用化程度相适宜,既要考虑控制系统的先进性,又要与具体国情和企业实力相适应。脱离实际的盲目追求自动化和高技术指标是不可取的。

(2) 设备的电力拖动方案和控制方式应符合设计任务书提出的控制要求和技术、经济标准,拖动方案和控制方式应在经济、安全的前提下,最大限度地满足机械设备的加工工艺要求。

(3) 合理地选择元器件,在保证电气性能的基础上降低生产制造成本。

(4) 操作维修方便,外形结构美观。

1.2.2 电气控制电路的逻辑代数分析

电气控制的基本思路是一种逻辑思维,只要符合逻辑控制规律、能保证电气安全、并满足生产工艺的要求,就可以认为是一种好的设计方法,如果选用比较先进的电气元件实现设计功能,那么这种设计就具备一定的先进性。当然,再进一步就应考虑其经济性和实用性等。电气控制电路的实现可以是继电器—接触器逻辑控制方法、可编程逻辑控制方法及计算机控制(单片机、可编程控制器等)方法等,而继电器—接触器逻辑(以下简称继电逻辑)控制方法是基本的方法,是各种控制方法的基础。

继电逻辑控制装置或系统是由各种开关电器组合,并通过物理连线的方式实现逻辑控制功能的。它的优点是电路图较直观形象,装置结构简单、价格便宜、抗干扰能力强,因此广泛应用于各类生产设备及控制系统中,它可以方便地实现简单的、复杂的集中控制、远距离控制和生产过程自动控制。

1. 电气控制逻辑函数的定义

由继电器、接触器组成的控制电路中,电器元件只有两种状态,线圈通电或断电、触头闭合或断开。这两种不同状态,可以用逻辑值表示,也就是说,可以用逻辑代数来描述这些电气元件在电路中所处的状态和连接方法。

在逻辑代数中,用"1"和"0"表示一种开关状态。同理,也可表示开关电器元件的逻辑状态。我们在分析继电逻辑控制电路时,元件状态是以线圈通电或断电来判定的。该元件线圈通电时,其本身的动合触头闭合、动断触头断开。对于开关电器我们规定正逻辑为:线圈通电为"1"状态,失电为"0"状态;元件的动合触头,规定闭合状态为"1"状态,断开状态为"0"状态,线圈没通电的触头状态称为原始状态。负逻辑则相反。按照以上约定,开关电器的线圈和其动合触头的状态用同一字符来表示,例如,KM(接触器),其动断触头的状态则用该字符的"非"来表示,即 $\overline{K}$。若元件为"1"状态,则表示其线圈,继电器吸合,其动合触头闭合、动断触头断开。"通电"、"闭合"都是"1"状态,断开则为"0"状态。若元件为"0"状态,则与上述相反。作了这些规定之后,逻辑代数还有一些我们应该掌握的运算规律、公式和定律。运用逻辑代数做数学工具,可以使继电逻辑控制系统设计的更为合理,电路能充分发挥元件的作用,使所用元件数量最少。

电气控制电路逻辑函数的数学意义是:数学确定的变量,在所有符号规定的取值情况下,经逻辑运算后,函数均取"1"值。电气控制电路逻辑函数的物理意义是:一个逻辑函数取"1"

值，就意味着这个函数对应的逻辑电路中被控电器通电。而符合规定的各种变量取值情况则是函数取"1"值的条件。这种条件不能不存在，也不能没有限制。如果变量在任何取值情况下函数都不能取"1"值（即函数取"1"的条件不存在），就相当于被控电器永远不能通电；若变量在任何取值情况下函数均取"1"值（即没有条件限制），就相当于被控电器恒被通电，这两种情况都使电路失去了控制作用。只有当变量的取值情况符合规定条件时函数才能取"1"值，不符合规定取值条件时函数则取"0"值，这样的逻辑函数才能有意义，相应的逻辑电路才有正确的控制作用。

电器控制逻辑电路分为组合电路与时序电路。电路的工作状态值取决于当时各种输入信号取值状态的逻辑电路称为组合电路。电路的工作状态不仅取决于电路当时输入信号的状态，而且还与电路原先的工作状态有关，这样的逻辑电路称为时序电路。时序电路原先的工作状态又与电路过去接受输入信号的顺序有关。电路的工作状态是指电路中各被控制电器的取消状态。

电气控制环节就是讨论各电器之间如何实现互相联系、互相制约的组合规律，即逻辑关系。实现这种"与"、"非"、"或"关系的控制环节就是基本的电器控制环节。

2. 三种基本的逻辑运算

（1）逻辑"与"——触头串联。逻辑"与"也称逻辑"乘"或逻辑"积"。逻辑"与"的基本定义是，决定事物结果的全部条件同时都具备时，结果才会发生，这种因果关系称逻辑"与"。逻辑"与"的运算符号用"·"表示，也可省略，如图 1-4 所示。用逻辑"与"定义来解释图 1-4，只有 K1 和 K2 两个触头全部闭合为"1"时，接触器线圈 KM 才能通电为"1"，而 K1 和 K2 触头中，只要有其中之一

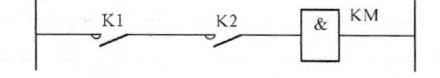

图 1-4 逻辑"与"电路

断开，则线圈 KM 就断电，所以电路中触头串联形式是逻辑"与"的关系。逻辑"与"的逻辑函数式为：KM=K1·K2，式中，K1、K2 均称为逻辑输入变量（自变量），而 KM 称为逻辑输出变量（因变量）。一个逻辑函数可以用式子的形式表示，也可以用表格的形式表示。若将逻辑变量的可能取值组合填入表格的左边，而把对应的罗及输出变量（结果）填入表格的右边，则此表称为真值表。表 1-2 是图 1-4 的真值表。表中逻辑值"1"、"0"又称为真值。由真值表中可总结逻辑"与"的运算规律，其运算法则在形式上与普通数学的乘法运算相同。

表 1-2　　　　　　　　　　　　　逻辑"与"真值表

K1	K2	KM=K1·K2	K1	K2	KM=K1·K2
0	0	0	0	1	0
1	0	0	1	1	1

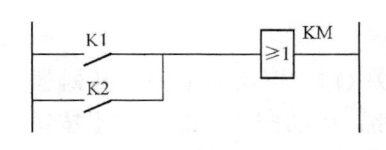

图 1-5　逻辑"或"电路

（2）逻辑"或"——触头并联。逻辑"或"也称逻辑"加"或逻辑"和"。逻辑"或"的基本定义是：在决定事物结果的各种条件中只要有任何一个满足，结果就会发生，这种因果关系成逻辑"或"。逻辑"或"的运算符号用"+"表示，如图 1-5 所示。

用逻辑"或"定义来解释图 1-5，只要 K1、K2 中任何一个触头闭合为"1"时，则线圈 KM 就通电为"1"；只有 K1、K2 均断开为"0"，线圈 KM 才断电为"0"。根据定义，电路中触头并联形式是逻辑"或"的关系。逻辑"或"的逻辑函数为：KM=K1+K2，对应的真值表见表 1-3。按其真值表，逻辑"或"的运算规律与数学的加法运算相似。

表 1-3　　　　　　　　　　　　　逻辑"或"真值表

K1	K2	KM=K1+K2	K1	K2	KM=K1+K2
0	0	0	0	1	1
1	0	1	1	1	1

（3）逻辑"非"——动断触头。逻辑"非"也称逻辑"反"，其基本定义是：事物某一条件具备了，结果就不会发生；而此条件不具备时，结果反而会发生，这种因果关系成逻辑"非"。图 1-6 所示为逻辑"非"电路示例。图中，触头 K 闭合为"1"时，线圈 KM 被旁路，断电为"0"；而触头 K 断开时，则线圈 KM 通电为"1"。根据定义，动断触头为逻辑"非"的控制。逻辑"非"的逻辑函数式为：KM=$\overline{K}$，K 为原变量，$\overline{K}$ 为 K 的反变量。对应的逻辑"非"的真值表见表 1-4。

表 1-4　　　　　逻辑"非"真值表

K	KM=$\overline{K}$
0	1
1	0

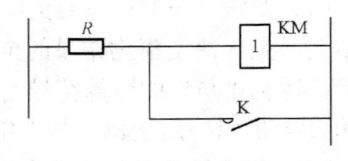

图 1-6　逻辑"非"电路

1.2.3　典型控制电路

在电力拖动系统中，电气控制的目的是使电动机能按照要求进行运转，驱使机械作合乎工艺要求的运动。起、停控制是最基本的、最主要的一种控制方式。

1. 单向点动控制电路

图 1-7 所示为三相异步电动机单向点控制电路。由刀开关 QK，熔断器 FU1，接触器 KM 的动合触头与电动机 M 构成主电路。FU1 作为电动机 M 的短路保护。按钮 SB、熔断器 FU2、接触器 KM 的线圈构成控制电路。FU2 作为控制电路的短路保护。电路图中的电器一般不标示出空间位置，同一电器的不同组成部分可不画在一起，但文字符号应标注一致。

电路的工作原理：启动时，合上刀开关 QK，引入三相电源，按下按钮 SB，接触器 KM 线圈得电吸合，主触头 KM 闭合，电动机 M 因接通电源便启动运转。松开按钮 SB，按钮就在自身弹簧的作用下恢复到原来断开的位置，接触器 KM 线圈失电释放，接触器 KM 主触头断开，电动机失电停止运转。可见，按钮 SB 兼作停止按钮。

2. 单向自锁控制电路

图 1-8 所示为三相异步电机单向自锁控制电路。由刀开关 QS、熔断器 FU1、接触器 KM 的主触头、热继电器 FR 的热元件与电动机 M 构成主电路。启动按钮 SB2、停止按钮 SB1、接触器 KM 的线圈及动合辅助触头、热继电器 FR 的动断触头和熔断器 FU2 构成控制电路。

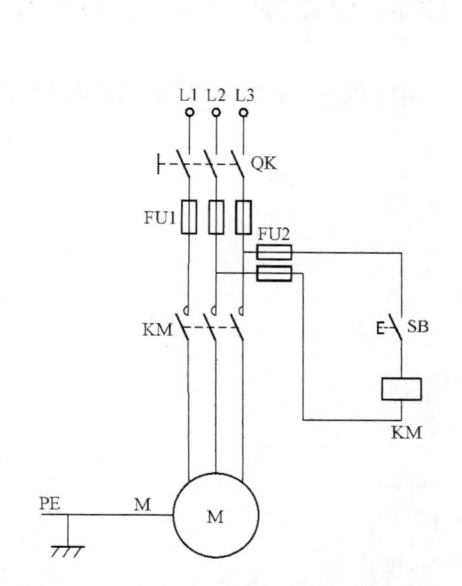

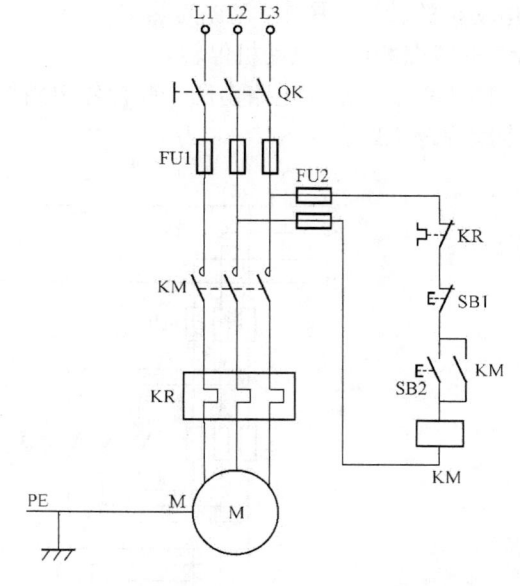

图 1-7　三相异步电动机单向点控制电路　　图 1-8　三相异步电动机单向自锁控制电路

电路启动时，合上 QK，引入三相电源。按下启动按钮 SB2，交流接触器 KM 的吸引线圈通电，接触器主触头闭合，电动机因接通电源直接启动运转。同时与 SB2 并联的动合辅助触头 KM 闭合，这样当手松开，SB2 自动复位，接触器 KM 的线圈仍可通过接触器 KM 的动合辅助触头使接触器线圈继续通电，从而保持电动机的连续运行。这种依靠接触器自身辅助触头而使其线圈保持通电的现象称为自锁。起自锁作用的辅助触头，则称为自锁触头。要使电动机 M 停止运转，只要按下停止按钮 SB1 将控制电路断开即可。这时，接触器 KM 线圈断电释放，KM 的动合主触头将三相电源切断，电动机 M 停止旋转。当手松开按钮后，SB1 的动断触头在复位弹簧的作用下，虽又恢复到原来的动断状态，但接触器线圈已不再能依靠自锁触头通电了,因为原来闭合的自锁触头早已随着接触器线圈的断电而断开。

电路的保护环节：熔断器 FU 虽作为电路短路保护，但却达不到过载保护的目的。为使电动机在启动时熔体不被熔断，熔断器熔体的规格必须根据电动机启动电流的大小做适当选择。热继电器 KR 具有过载保护作用。使用时，将热继电器的热元件接在电动机的主电路中作检测元件，用以检测电动机的工作电流，而将热继电器的动断触头接在控制电路中。当电动机长期过载或严重过载时，热继电器才动作，其动断控制触头断开，切断控制电路，接触器 KM 线圈断电释放，电动机停止运转、实现过载保护。单向自锁控制电路具有欠电压保护与失电压保护功能。当电源电压由于某种原因而严重欠电压或失电压时，接触器的衔铁自行释放，电动机停止旋转。而当电源电压恢复正常时，接触器线圈也不能自动通电，只有在操作人员再次按下启动按钮 SB2 后电动机才会启动。

3. 电动机的正反转控制电路

图 1-9 所示为三相异步电动机正反转控制的主电路和继电器控制电路图，KM1、KM2 和 KM3 分别是控制正转运行、反转运行和换速运行的交流接触器。用 KM1 和 KM2 的主触头改变进入电动机的三相电源的相序，即可以改变电动机的旋转方向，用 KM3 可改变三相异

步电动机的转速。图中，KR 为热继电器，在电动机过载时，它的动断触头断开，使 KM1 或 KM2 的线圈断电，电动机停转。

图 1-9 中，控制电路由两个起保停电路组成，为了节省触头，KR 和 SB1 的动合触头供两个起保停电路公用。

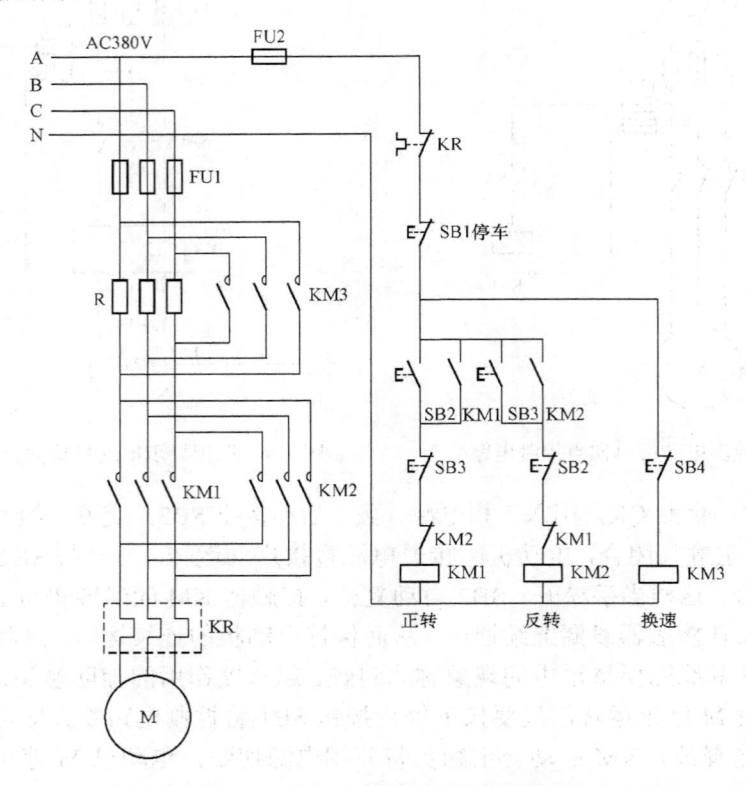

图 1-9 异步电动机正反转控制电路图

按下正转启动按钮 SB2、KM1 的线圈通电并自保持，电动机正转运行。按下反转启动按钮 SB3、KM2 的线圈通电并自保持，电动机反转运行。按下停止按钮 SB1，KM1 或 KM2 的线圈断电，电动机停止运行。

为了方便操作和保证 KM1 和 KM2 不会同时为 ON，在图 1-9 中设置了"按钮连锁"，即将正转启动按钮 SB2 的动断触头与控制反转的 KM2 的线圈串联，将反转启动按钮 SB3 的动断触头与控制正转的 KM1 的线圈串联。设 KM1 的线圈通电，电动机正转，这时如果想改为反转，可以不按停止按钮 SB1，直接按反转启动按钮 SB3，它的动断触头断开，使 KM1 的线圈断电，同时 SB3 的动合触头接通，使 KM2 的线圈得电，电动机由正转变为反转。

由主回路可知，如果 KM1 和 KM2 的主触头同时闭合，将会造成三相电源相间短路的故障。在二次回路中，KM1 的线圈串联了 KM2 的动断触头辅助，KM2 的线圈串联了 KM1 的辅助动断触头，它们组成了硬件互锁电路。

假设 KM1 的线圈通电，其主触头闭合，电动机正转。因为 KM1 的动断触头辅助与主触头是联动的，此时与 KM2 的线圈串联的 KM1 的动断触头断开，因此按反转启动按钮 SB3 之后，要等到 KM1 的线圈断电，它的动断触头闭合，KM2 的线圈才会通电，因此这种互锁电路可以有效地防止短路故障。

4. 三相异步电动机降压启动控制电路

容量大的异步电动机不允许直接启动，通常采用降压启动的方法。常见的降压启动方法有钉子绕组串电阻、自耦变压器降压启动、星—三角降压启动等。现介绍星—三角降压启动控制电路方法。

正常运行时，定子绕组为三角形连接的异步电动机启动时，定子绕组首先连接成星形，待转速上升到接近额定转速时，将定子绕组的连接由星形改接成三角形，电动机便进入全电压正常运行状态。

图 1-10 所示为星—三角降压启动控制电路，主电路由三个接触器进行控制，其中 KM2、KM3 不能同时吸合，否则将出现三相电源短路事故。

图 1-10 中，KM3 主触头闭合，则将电动机绕组连接成星形；KM2 主触头闭合，则将电动机绕组连接成三角形。KM1 主触头则用来控制电源的通断。控制电路中，用时间继电器来实现电动机绕组由星形向三角形连接的自动转换。按下启动按钮 SB2，时间继电器 KT、接触器 KM3 的线圈通电，接触器 KM3 主触头闭合，将电动机绕组连接成星形。随着 KM3 通电吸合，KM1 通电并自锁。电动机绕组在星形联结情况下启动起来。待电动机转速接近额定转速时，时间继电器延时完毕，其延时动断触头 KT 动作，接触器 KM3 失电，其动断触头复位，KM2 通电吸合，将电动机绕组接成三角形，电动机进入全电压运行状态。

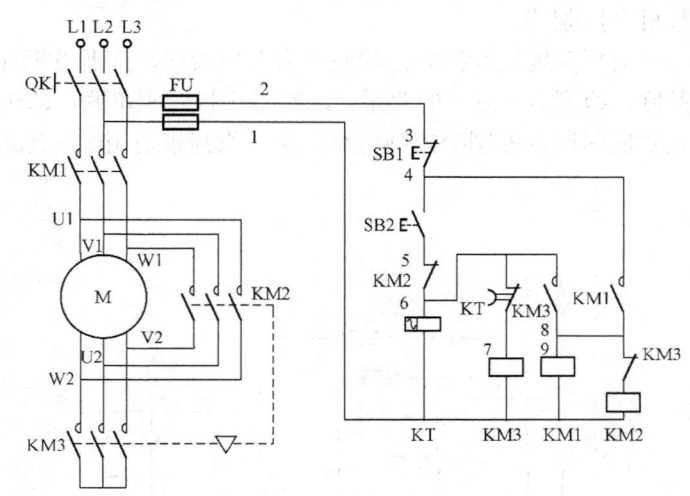

图 1-10 星—三角降压启动控制电路

5. 三相异步电动机的制动控制电路

某些生产机械在工作过程中要求电动机能迅速停车时，需要对电动机进行制动控制。电气制动中常用反接制动、能耗制动等。反接制动是利用改变电动机电源相许，使定子绕组产生的旋转磁场与转子惯性旋转方向相反，因而产生制动作用的一种制动方法。

图 1-11 所示为单向运行反接制动控制电路。主电路中，接触器 KM1 的主触头用来提供电动机的工作电源，接触器 KM2 的主触头用来提供电动机停车时的制动电源。启动时，合上电源开关 QF，按下启动按钮 SB2，接触器 KM1 线圈获电吸合而自锁，KM1 主触头闭合，电动机启动运转。当电动机转速升高到一定数值时，速度继电器 KS 的动合触头闭合，为反接制动做准备。停车时，按停止按钮 SB1，接触器 KM1 线圈断电释放，KM1 主触头断开电机的工作电源；而接触器 KM2 线圈获电吸合，KM2 主触头闭合，串入电阻 R 进行反接制动，电动机产生一个反向电磁转矩（即制动转矩），迫使电动机组转速迅速下降，当转速降至 100r/min 以下时，速度继电器 KS 的动合触头复位断开，使接触器 KM2 线圈断电释放，及时切断电动机的电源，从而防止了电动机的反向启动。控制电路中采用复合按钮 SB1，是为了

防止当操作人员因工作需要用手转动工件或主轴时，电动机带动速度继电器也随之旋转，当转速达到一定值时，速度继电器的动断触头闭合，会使电动机获得电源而发生意外转动，造成工伤事故。

6. 多点控制电路

有些机械和生产设备，由于种种原因，常要在两地或两个以上的地点进行操作。例如：重型龙门刨床，有时在固定的操作台上控制，有时需要站在机床四周用悬挂按钮控制；有些场合，为了便于集中管理，由中央控制台进行控制，但每台设备调整检修时，又需要就地进行机旁控制等。

需要两地进行控制，就应该有两组按钮，而且这两组按钮的连接原则必须是动合按钮要并联，即逻辑"或"的关系；动断停止按钮应串联，即逻辑"与非"的关系，图 1-12 所示就是实现两地点控制的控制电路。这一原则也适用于三地或更多地点的控制。

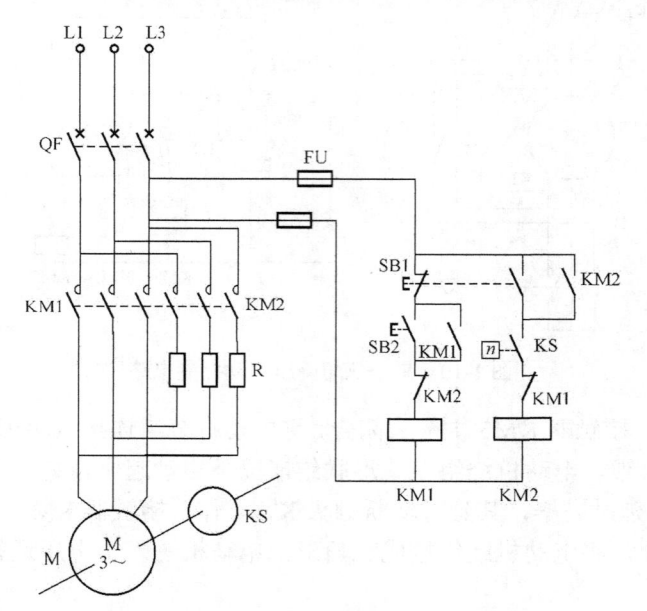

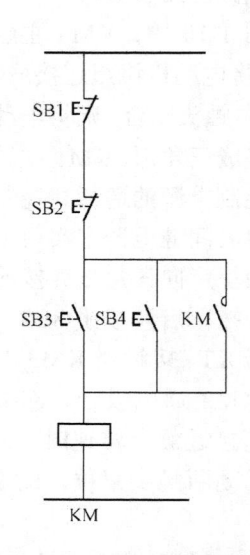

图 1-11　单向运行反接制动控制电路　　　　图 1-12　实现多点控制的控制电路

7. 顺序控制电路

生产实践中常要求各种运动部件之间能够按顺序工作。例如车床主轴转动时要求油泵先给齿轮箱提供润滑油，即要求保证润滑泵电动机启动后主拖动电动机才允许启动，也就是控制对象对控制电路提出了按顺序工作的联锁要求。如图 1-13 所示，M1 为油泵电动机，M2 为主拖动电动机，将控制油泵电动机的接触器 KM1 的动合辅助触头串入控制主拖动电动机的接触器 KM2 的线圈电路中，可以实现按顺序工作的联锁要求。

图 1-14 所示是采用时间继电器，按时间顺序启动的控制电路。要求电动机 M1 启动 t 秒后，电动机 M2 自动启动。可利用时间继电器的延时闭合动合触头来实现。按启动按钮 SB2，接触器 KM1 线圈通电并自锁，电动机 M1 启动，同时时间继电器 KT 线圈也通电。定时 t 秒到，时间继电器延时闭合的动合触头 KT 闭合，接触器 KM2 线圈通电并自锁，电动机 M2 启动，同时接触器 KM2 的动断触头切断了时间继电器 KT 的线圈电源。

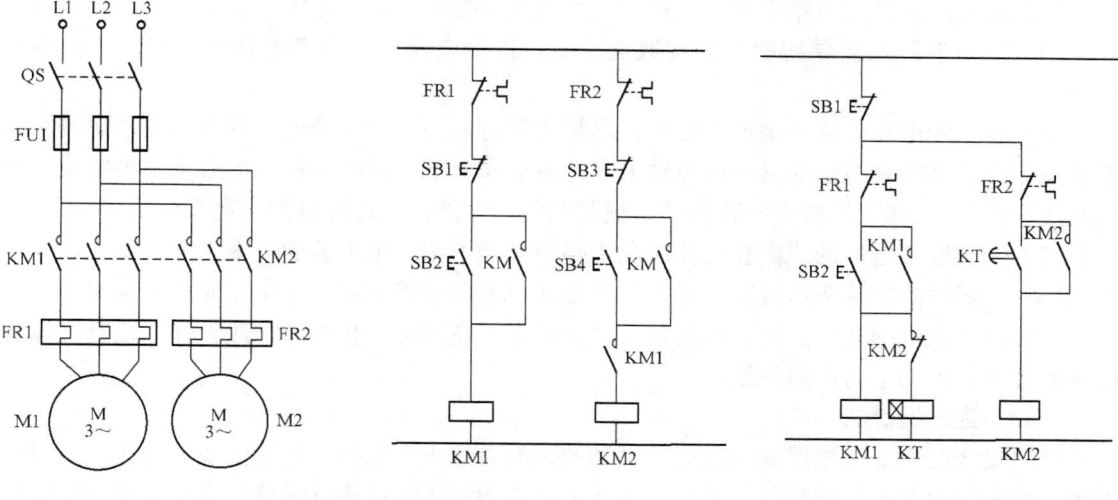

图 1-13 按顺序工作时的控制电路

图 1-14 采用时间继电器顺序启动的控制电路

1.3 电气控制系统的设计

电气控制系统的设计一般包括确定系统控制方案、选择电气元件容量和设计电气控制电路。电气控制电路的设计又分为主电路设计和控制电路设计。一般情况下我们所说的电气控制电路设计主要指的是控制电路的设计。

1.3.1 电气控制电路的设计方法

电气控制电路的设计通常有两种方法，即一般设计法和逻辑设计法。

一般设计法又称为经验设计法。它主要是根据生产工艺要求，利用各种典型的电路环节，直接设计控制电路。这种方法要求设计人员必须熟悉大量的控制电路，掌握多种典型电路的设计资料，同时还要具有丰富的经验，在设计过程中要经过多次反复的修改、试验，才能使电路符合设计的要求。

逻辑设计法是根据生产工艺的要求，利用逻辑代数来分析、设计控制电路。用这种方法设计出来的电路比较合理，特别适合完成较复杂的生产工艺所要求的控制电路设计。但是相对而言，逻辑设计法难度较大，不易掌握，所设计出来的电路不太直观。

在电气控制技术领域，PLC基本上全面取代了继电接触式控制系统，大大方便了电气控制电路的设计。对于简单的电气控制电路，考虑到成本问题，还要使用继电器组成控制系统，所以有必要掌握电气控制电路设计的基本方法。对于稍微复杂的电气控制电路，就要采用PLC而不用继电器控制系统。

1.3.2 一般设计法

对于该方法，首先要最大限度地满足生产设备和工艺对电气控制电路的要求。其次在满足生产要求的前提下，控制电路力求简单、经济、安全可靠，应做到以下几点：

（1）尽量减少电器的数量，并选用相同型号的电器和标准件，以减少备品量；尽量选用标准的、常用的或经过实际考验过的电路和环节。

（2）尽量减少控制电路中电源的种类，尽可能直接采用电网电压，以省去控制变压器。

（3）尽量缩短连接导线的长度和数量，设计控制电路时，应考虑各个元件之间的实际接线。

（4）在控制电路中应正确连接触头，尽量将所有触头接在线圈的左端或上端，而线圈的右端或下端直接接到电源的另一根母线上（左右端和上下端是针对控制电路水平绘制或垂直绘制而言的）。这样可以减少电路内产生虚假回路的可能性，还可以简化电气柜的出线。

（5）正确连接电器的线圈在交流控制电路中不能串联两个电器的线圈。

（6）元器件的连接应尽量减少多个元件依次通电后才接通另一个电器元件的情况。

（7）要注意电器之间的联锁和其他安全保护环节在实际工作中，一般设计法还有许多要注意的地方，本书不再详细介绍。

1.3.3 逻辑设计法

逻辑设计法主要依据逻辑代数运算法则的化简办法来求出控制对象的逻辑方程，然后由逻辑方程画出电气控制原理图。其中继电器的开关逻辑函数以执行元件作为逻辑函数的输出变量，而以检测信号中间单元及输出逻辑变量的反馈触头作为逻辑变量，按一定规律列出其逻辑函数表达式。

继电器开关逻辑函数是电气控制对象的典型代表。图 1-15 所示为它的开关逻辑函数（起—保—停电路）。电路中 SB1 为启动按钮，SB2 为关断信号按钮，KA 的动合触头为自保持信号。它的逻辑函数为

$$F_{KA}=(SB1+KA) \cdot SB2 \tag{1-1}$$

若把 KA 替换成一般控制对象 K，启动/关断信号换成一般形式 X，则式（1-1）的开关逻辑函数的一般形式为

$$F_K=(X_{open}+K) \cdot X_{close} \tag{1-2}$$

扩展到一般控制对象：

X_{open} 为控制对象的开启信号，应选取在开启边界线上发生状态改变的逻辑变量；X_{close} 为控制对象的关断信号，应选取在控制对象关闭边界线上发生状态改变的逻辑变量。在电路图中使用的触头 K 为输出对象本身的动合触头，属于控制对象的内部反馈逻辑变量，起自锁作用，以维持控制对象得电后的吸合状态。

X_{open} 和 X_{close} 一般要选短信号，这样可以有效防止启/停信号波动的影响，保证系统的可靠性。

在某些实际应用中，为进一步增加系统的可靠性和安全性，X_{open} 和 X_{close} 往往带有约束条件，如图 1-16 所示。

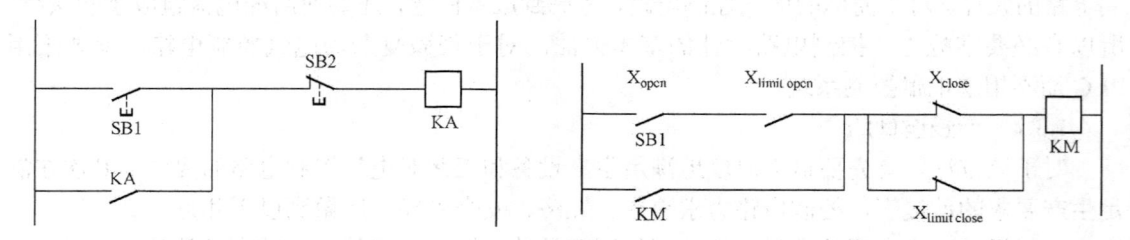

图 1-15　继电器开关逻辑　　　　　　　　图 1-16　带约束条件的逻辑图

其逻辑函数为

$$F_K = (X_{open} \cdot X_{limit\ open} + K) \cdot (X_{close} + X_{limit\ close}) \tag{1-3}$$

式（1-2）基本上全面代表了控制对象的输出逻辑函数。由式（1-2）可以看出，对开启信号来说，开启的主指令信号不止一个，还需要具备其他条件才能开启。对关断信号来说，关断的主指令信号也不止一个，还需要具备其他的关断条件才能关断。这样就增加了系统的可靠性和安全性。当然，$X_{limit\ open}$ 和 $X_{limit\ close}$ 也不一定同时存在，有时也可能 $X_{limit\ open}$ 或 $X_{limit\ close}$ 不止一个，关键是要具体问题具体分析。

思 考 与 练 习

1.1 简述继电器和接触器的区别。
1.2 简述电气原理图的设计原则。
1.3 试画出三相异步电动机的正反转控制电路。
1.4 为了确保电动机正常而安全运行，电动机应具有哪些综合保护措施？

第 2 章 PLC 概 述

随着微处理器、计算机和数字通信技术的飞速发展，计算机控制已经广泛地应用在所有的工业领域。现代社会要求制造业对市场需求做出迅速的反应，生产出小批量、多品种、多规格、低成本和高质量的产品。为了满足这一要求，生产设备和自动生产线的控制系统必须具有极高的可靠性和灵活性。可编程序控制器正是顺应这一要求出现的，它是以微处理器为基础的通用工业控制装置，已经成为当代工业自动化的主要支柱之一。

2.1 PLC 的产生与发展

可编程序控制器（Programmable Controller）原本简称为 PC，为了与个人计算机（Personal Computer）的简称 PC 相区别，将它简称为 PLC（Programmable Logical Controller）。

2.1.1 PLC 的产生

在 20 世纪 60 年代，汽车生产流水线的自动控制系统基本上都是由继电器控制装置构成的。当时汽车的每一次改型都直接导致继电器控制装置的重新设计和安装。随着生产的发展，汽车型号更新的周期愈来愈短，这样，继电器控制装置就需要经常地重新设计和安装，十分费时、费工、费料，甚至阻碍了更新周期的缩短。为了改变这一现状，美国通用汽车公司在 1969 年公开招标，要求用新的控制装置取代继电器控制装置，并提出了 10 项招标指标，即：

（1）编程方便，现场可修改程序；
（2）维修方便，采用模块化结构；
（3）可靠性高于继电器控制装置；
（4）体积小于继电器控制装置；
（5）数据可直接送入管理计算机；
（6）成本可与继电器控制装置竞争；
（7）输入可以是交流 115V；
（8）输出为交流 115V，2A 以上，能直接驱动电磁阀、接触器等；
（9）在扩展时，原系统只要很小变化；
（10）用户程序存储器容量至少能扩展到 4KB。

1969 年，美国数字设备公司（DEC）研制出第一台 PLC（可编程控制器），在美国通用汽车自动装配线上试用，获得了成功。这种新型的工业控制装置以其简单易懂、操作方便、可靠性高、通用灵活、体积小、使用寿命长等一系列优点，很快地在美国其他工业领域推广应用。到 1971 年，已经成功地应用于食品、饮料、冶金、造纸等工业。

这一新型工业控制装置的出现，也受到了世界其他国家的高度重视。1971 年，日本从美国引进了这项新技术，很快研制出了日本第一台 PLC。1973 年，西欧国家也研制出它们的第一台 PLC。我国从 1974 年开始研制，1977 年开始应用于工业。

2.1.2 PLC 的发展

早期的 PLC 一般称为可编程逻辑控制器。这时的 PLC 含有继电器控制装置的替代物的含义，其主要功能只是执行原先由继电器完成的顺序控制、定时等。它在硬件上以准计算机的形式出现，在 I/O 接口电路上做了改进以适应工业控制现场的要求。装置中的器件主要采用分立元件和中小规模集成电路，存储器采用磁芯存储器。另外，还采取了一些措施，以提高其抗干扰的能力。在软件编程上，采用广大电气工程技术人员所熟悉的继电器控制电路的方式——梯形图。因此，早期的 PLC 的性能要优于继电器控制装置，其优点是简单易懂、便于安装、体积小、能耗低、有故障显示、能重复使用等。其中 PLC 特有的编程语言——梯形图一直沿用至今。

20 世纪 70 年代，微处理器的出现使 PLC 发生了巨大的变化。美国、日本、德国等一些厂家先后开始采用微处理器作为 PLC 的中央处理单元（CPU），这样使 PLC 的功能大大增强。在软件方面，除了保持其原有的逻辑运算、计时、计数等功能以外，还增加了算术运算、数据处理和传送、通信、自诊断等功能。在硬件方面，除了保持其原有的开关模块以外，还增加了模拟量模块、远程 I/O 模块、各种特殊功能模块并扩大了存储器的容量，使各种逻辑线圈的数量增加。除此以外，还提供了一定数量的数据寄存器。

进入 20 世纪 80 年代中、后期，由于超大规模集成电路技术的迅速发展，微处理器的市场价格大幅度下跌，使得各种类型的 PLC 所采用的微处理器的档次普遍提高。而且，为了进一步提高 PLC 的处理速度，各制造厂商还纷纷研制开发出专用逻辑处理芯片，这样使得 PLC 软、硬件功能发生了巨大变化。

2.1.3 PLC 的定义

可编程序控制器的英文为 Programmable Controller，在 20 世纪 70～80 年代一直简称为 PC。由于到 20 世纪 90 年代，个人计算机发展起来，也简称为 PC；加之可编程序的概念所涵盖的范围太大，所以美国 AB 公司首次将可编程序控制器定名为可编程序逻辑控制器（Programmable Logical Controller，PLC），为了方便，仍简称 PLC 为可编程序控制器。

国际电工委员会（IEC）在 1985 年的可编程序控制器标准草案第 3 稿中，对可编程序控制器作了如下定义："可编程序控制器是一种数字运算操作的电子系统，专为在工业环境下应用而设计。它采用可编程序的存储器，用来在其内部存储执行逻辑运算、顺序控制、定时、计数和算术运算等操作的指令，并通过数字式、模拟式的输入和输出，控制各种类型的机械或生产过程。可编程序控制器及其有关设备，都应按易于使工业控制系统形成一个整体，易于扩充其功能的原则设计。"从上述定义看出，可编程控制器是一种用程序来改变控制功能的工业控制计算机，除了能完成各种各样的控制功能外，还有与其他计算机通信联网的功能。

2.2 PLC 的特点与功能

可编程控制器是以微处理器为基础，综合了计算机技术、自动控制技术和通信技术，用面向控制过程、面向用户的简单编程语句，适应工业环境，是简单易懂、操作方便、可靠性高的新一代通用工业控制器。

2.2.1 PLC 的基本特点

（1）编程方法简单易学。

梯形图是使用得最多的 PLC 的编程语言，其电路符号和表达方式与继电器电路原理图相似，梯形图语言形象直观，易学易用，熟悉继电器电路图的电气技术人员只需花几天时间就可以熟悉梯形图语言，并用来编制用户程序。

（2）功能强大，性价比高。

一台小型 PLC 内有成百上千个可供用户使用的编程元件，可以实现非常复杂的控制功能。与相同功能的继电器系统相比，具有很高的性能价格比。PLC 可以通过通信联网，实现分散控制，集中管理。

（3）硬件配套齐全，用户使用方便，适应性强。

PLC 产品已经标准化、系列化、模块化，配备有品种齐全的硬件装置供用户选用，用户能灵活方便地进行系统配置，组成不同功能、不同规模的系统。PLC 的安装接线也很方便，一般用接线端子连接外部接线。当控制要求改变，需要变更控制系统的功能时，只要改变存储器中的控制程序即可。PLC 的输入、输出可直接与交流 220V、直流 24V 等强电相连，并有较强的带负载能力可以直接驱动一般的电磁阀和中小型交流接触器。

（4）可靠性高，抗干扰能力强。

PLC 是专为工业控制设计的，能适应工业现场的恶劣环境。绝大多数用户都将可靠性作为选取控制装置的首要条件，因此，PLC 在硬件和软件方面均采取了一系列的抗干扰措施。PLC 使用了一系列硬件和软件抗干扰措施，具有很强的抗干扰能力，平均无故障时间通常在 20000h 以上，可以直接用于有强烈干扰的工业生产现场，PLC 已被广大用户公认为最可靠的工业控制设备之一。

在硬件方面，PLC 采取的抗干扰措施主要是隔离和滤波技术。PLC 的输入和输出电路一般都用光电耦合器传递信号，使 CPU 与外部电路完全切断电的联系，有效地抑制外部干扰源对 PLC 的影响。在 PLC 的电源电路和 I/O 接口中，还设置了多种滤波电路，以抑制高频干扰信号。在软件方面，PLC 设置了故障检测及自诊断程序用来检测系统硬件是否正常，用户程序是否正确，便于自动地做出相应的处理，如报警、封锁输出、保护数据等。PLC 还用软件代替继电器控制系统中大量的中间继电器和时间继电器，接线可减少到继电器控制系统的十分之一以下，大大减少了因触点接触不良造成的故障。

（5）系统的设计、安装、调试工作量少。

用 PLC 完成一项控制工程时，由于其硬、软件齐全，设计和施工可同时进行。由于用软件功能取代了继电器控制系统中大量的中间继电器、时间继电器、计数器等器件，实现控制功能，使控制柜的设计、安装、接线工作量大大减少，缩短了施工周期。PLC 的梯形图程序可以用顺序控制设计法来设计。这种设计方法很有规律，很容易掌握。用这种方法设计梯形图的时间比设计继电器系统电路图的时间要少得多。同时，可以先在实验室模拟调试 PLC 的用户程序，用小开关来模拟输入信号，通过各输出点对应的发光二极管的状态来观察输出信号的状态，然后再将 PLC 控制系统在生产现场进行联机调试，使得调试方便、快速、安全，因此大大缩短了设计和投运周期。系统的调试时间比继电器系统少得多。

（6）维修工作量小，维修方便。

PLC 的控制程序可通过其专用的编程器输入到 PLC 的用户程序存储器中。编程器不仅能对 PLC 控制程序进行写入、读出、检测、修改等操作，还能对 PLC 的工作进行监控，使得 PLC 的操作及维护都很方便。PLC 还具有很强的自诊断能力，能随时检查出自身的故障，并显示给操作人员，使操作人员能迅速检查、判断故障原因。由于 PLC 的故障率很低，并且有完善的诊断和显示能力，当 PLC 或外部的输入装置及执行机构发生故障时，如果是 PLC 本身的原因，在维修时只需要更换插入式模块及其他易损坏部件即可迅速地排除故障，既方便又减少影响生产的时间。

（7）体积小，能耗低。

PLC 控制系统与继电器控制系统相比，减少了大量的中间继电器和时间继电器，配线用量少，安装接线工时短，加上开关柜体积的缩小，因此可以节省大量的费用。

2.2.2 PLC 的功能

在发达的工业国家，PLC 已经广泛应用于所有的工业部门，随着性价比的不断提高，其应用范围不断扩大，主要有以下几个方面：

（1）开关量逻辑控制。PLC 主要用于代替继电器进行组合逻辑控制、定时控制与顺序逻辑控制。开关量逻辑控制可以用于单台设备和自动生产线，其应用领域已遍及各行各业，甚至深入到民用和家庭中。

（2）运动控制领域。PLC 使用专用的指令或运动控制模块，对直线运动或圆周运动的位置、速度和加速度进行控制，可以实现单轴、双轴、3 轴（三轴）和多轴联动的位置控制，使运动控制与顺序控制功能有机结合在一起。PLC 的运动控制功能广泛用于各种机械，例如金属切削机床、金属成形机械、装配机械、机器人、电梯等场合。

（3）闭环过程控制。闭环过程控制是指对温度、压力、流量等连续变化的模拟量的闭环控制。PLC 通过模拟量 I/O 模块，实现模拟量（Analog）和数字量（Digital）之间的 A/D 转换与 D/A 转换，并对模拟量实行闭环 PID（比例—积分—微分）控制。其闭环控制功能已经广泛地应用于塑料挤压成形机、加热炉、热处理炉、锅炉等设备，以及轻工、化工、机械、冶金、电力、建材等行业。

（4）数据处理。现代的 PLC 具有整数四则运算、矩阵运算、函数运算、字逻辑运算、求反、循环、移位、浮点数运算等运算功能和数据传送、转换、排序、查表、位操作等功能，可以完成数据的采集、分析和处理。

（5）通信联网。PLC 的通信包括 PLC 与远程 I/O 之间的通信、多台 PLC 之间的通信、PLC 与其他智能控制设备（例如计算机、变频器、数控装置）之间的通信。PLC 与其他智能控制设备一起，可以组成"集中管理、分散控制"的分布式控制系统。

2.3 PLC 的结构与分类

2.3.1 PLC 基本结构

西门子公司的 PLC 产品有 SIMATIC S7、M7 和 C7 等几大系列。S7 系列是传统意义的 PLC 产品，其中的 S7-200 是针对低性能要求的整体式小型 PLC，S7-300 是针对低性能要求的模块式中型 PLC。

S7-200 是在美国德州仪器公司的小型 PLC 的基础上发展起来的，其编程软件为 STEP7-Micro/IN 32。而 S7-300 的前身是西门子公司的 S5 系列 PLC，其编程软件为 STEP 7。所以，S7-200 和 S7-300/400 虽然有许多共同之处，但是在指令系统、程序结构和编程软件等方面均有相当大的差异。

2.3.2 PLC 分类

PLC 发展至今已经有多种形式,其功能也不尽相同。分类时,一般按以下原则进行考虑。

1. 按 I/O 点数容量分类

按 PLC 的输入输出点数可将 PLC 分为以下三类。

(1) 小型机。小型 PLC 输入输出总点数一般在 256 点以下,其功能以开关量控制为主,用户程序存储器容量在 4K 字以下。小型 PLC 的特点是体积小,价格低,适合于控制单台设备、开发机电一体化产品。典型的小型机有 SIEMENS 公司的 S7-200 系列,OMRON 公司的 CPM2A 系列,三菱 F-40、MODICONPC-085 等整体式 PLC 产品。

(2) 中型机。中型 PLC 的输入输出总点数一般在 256～2048 点之间,用户程序存储容量达到 2～8KB。中型 PLC 不仅具有开关量和模拟量的控制功能,还具有更强的数字计算能力,它的通信功能和模拟量处理能力更强大,适用于复杂的逻辑控制系统以及连续生产过程控制场合。典型的中型机有 SIEMENS 公司的 S7-300 系列,OMRON 公司的 C200H 系列,AB 公司的 SLC500 系列模块式 PLC 等产品。

(3) 大型机。大型 PLC 的输入输出总点数在 2048 点以上,用户程序存储容量达 8～16K 字,它具有计算、控制和调节的功能,还具有强大的网络结构和通信联网能力。它的监视系统采用 CRT 显示,能够表示过程的动态流程。大型机适用于设备自动化控制、过程自动化控制和过程监控系统。典型的大型 PLC 有 SIEMENS 公司的 S7-400,OMRON 公司的 CVM1 和 CS1 系列,AB 公司的 SLC5/05 系列等产品。

2. 按结构形式分类

根据 PLC 结构形式的不同,主要可分为整体式结构和模块式结构两类。

(1) 整体式结构。整体式结构又叫单元式或箱体式,其特点是体积小,价格低,小型 PLC 一般采用整体式结构。整体式结构的特点是将 PLC 的基本部件,如 CPU 模块,I/O 模块和电源等紧凑地安装在一个标准机壳内,组成 PLC 的一个基本单元或扩展单元。基本单元上没有扩展端口,通过扩展电缆与扩展单元相连,以构成 PLC 不同的配置。整体式 PLC 还配备有许多专用的特殊功能模块,使 PLC 的功能得到扩展。

(2) 模块式结构。模块式结构的 PLC 是由一些模块单元构成,将这些模块插在框架上或基板上即可。各模块功能是独立的,外形尺寸是统一的,插入什么模块可根据需要灵活配置。目前,中、大型 PLC 多采用这种结构形式。

3. 按其功能分类

按 PLC 所具有的功能可分为高、中、低三档。

(1) 低档机,具有逻辑运算、定时、计数、移位及自诊断、监控等基本功能。有些还有少量模拟量输入/输出(即 A/D,D/A 转换)、算术运算、数据传送、远程 I/O 和通信等功能,常用于开关量控制、定时/计数控制、顺序控制及少量模拟量控制等场合。由于其价格低廉实用,因此是 PLC 中量大而面广的产品。

(2) 中档机,除具有低档机的功能外,还有较强的模拟量输入/输出、算术运算、数据传送与比较、数制转换、子程序调用、远程 I/O 以及通信联网等功能,有些还具有中断控制、PID 回路控制等功能。适用于既有开关量又有模拟量的较为复杂的控制系统,如过程控制、位置控制等。

(3) 高档机,除了进一步增强以上功能外,还具有较强的数据处理、模拟调节、特殊功能的函数运算、监视、记录、打印等功能，以及更强的通信联网、中断控制、智能控制、过程控制等功能。可用于更大规模的过程控制系统，构成分布控制系统，形成整个工厂的自动化网络。高档 PLC 因其外部设备配置齐全，故可与计算机系统结为一体，可采用梯形图、流程图及高级语言等多种方式编程。它是集管理和控制于一体，实现工厂高度自动化的重要设备。

2.4 常用的 PLC 产品

PLC 产品可按地域分成三大流派，分别为美国产品、欧洲产品、日本产品。美国和欧洲的 PLC 技术是在相互隔离情况下独立研究开发的，因此美国和欧洲的 PLC 产品有明显的差异性。而日本的 PLC 技术是由美国引进的，对美国的 PLC 产品有一定的继承性，但日本的主推产品定位在小型 PLC 上。美国和欧洲以大中型 PLC 而闻名，而日本则以小型 PLC 著称。

2.4.1 国外 PLC 产品

美国是 PLC 生产大国，有 100 多家 PLC 厂商，著名的有 A-B 公司、通用电气（GE）公司、莫迪康（MODICON）公司、德州仪器（TI）公司、西屋公司等。其中 A-B 公司是美国最大的 PLC 制造商，其产品约占美国 PLC 市场的一半。

1. A-B 公司

A-B 公司 PLC 产品规格齐全、种类丰富，其主推的大、中型 PLC 产品是 PLC-5 系列。该系列为模块式结构，CPU 模块为 PLC-5/10、PLC-5/12、PLC-5/15、PLC-5/25 时，属于中型 PLC，I/O 点配置范围为 256～1024 点；当 CPU 模块为 PLC-5/11、PLC-5/20、PLC-5/30、PLC-5/40、PLC-5/60、PLC-5/40L、PLC-5/60L 时，属于大型 PLC，I/O 点最多可配置到 3072 点。该系列中 PLC-5/250 功能最强，最多可配置到 4096 个 I/O 点，具有强大的控制和信息管理功能。大型机 PLC-3 最多可配置到 8096 个 I/O 点。A-B 公司的小型 PLC 产品有 SLC500 系列等。A-B 公司 PLC 系列产品如图 2-1 所示。

2. 通用电气公司

GE 公司的代表产品是小型机 GE-1、GE-1/J、GE-1/P 等，除 GE-1/J 外，均采用模块结构。GE-1 用于开关量控制系统，最多可配置到 112 个 I/O 点。GE-1/J 是更小型化的产品，其 I/O 点最多可配置到 96 点。GE-1/P 是 GE-1 的增强型产品，增加了部分功能指令（数据操作指令）、功能模块（A/D、D/A 等）、远程 I/O 功能等，其 I/O 点最多可配置到 168 点。中型机 GE-III，它比 GE-1/P 增加了中断、故障诊断等功能，最多可配置到 400 个 I/O 点。大型机 GE-V，它比 GE-III 增加了部分数据处理、表格处理、子程序控制等功能，并具有较强的通信功能，最多可配置到 2048 个 I/O 点。GE-VI/P 最多可配置到 4000 个 I/O 点。GE 公司 PLC 产品如图 2-2 所示。

3. 德州仪器

德州仪器（TI）公司的小型 PLC 新产品有 510、520 和 TI100 等，中型 PLC 新产品有 TI300、5TI 等，大型 PLC 产品有 PM550、530、560、565 等系列。除 TI100 和 TI300 无联网功能外，其他 PLC 都可实现通信，构成分布式控制系统。

4. 莫迪康（MODICON）

莫迪康（MODICON）公司有 M84 系列 PLC。其中 M84 是小型机，具有模拟量控制、

图 2-1　A-B 公司 PLC 系列产品 　　　　　　图 2-2　GE 公司 PLC 产品

与上位机通信功能，最多 I/O 点为 112 点。M484 是中型机，其运算功能较强，可与上位机通信，也可与多台联网，最多可扩展 I/O 点为 512 点。M584 是大型机，其容量大、数据处理和网络能力强，最多可扩展 I/O 点为 8192。M884 增强型中型机，它具有小型机的结构、大型机的控制功能，主机模块配置 2 个 RS-232C 接口，可方便地进行组网通信。莫迪康（MODICON）公司 PLC 产品如图 2-3 所示。

5. 欧洲 PLC 产品

德国的西门子（SIEMENS）公司、AEG 公司、法国的 TE 公司是欧洲著名的 PLC 制造商。德国的西门子的电子产品以性能精良而久负盛名。在中、大型 PLC 产品领域与美国的 A-B 公司齐名。

西门子 PLC 主要产品是 S5、S7 系列。在 S5 系列中，S5-90U、S-95U 属于微型整体式 PLC；S5-100U 是小型模块式 PLC，最多可配置到 256 个 I/O 点；S5-115U 是中型 PLC，最多可配置到 1024 个 I/O 点；S5-115UH 是中型机，它是由两台 SS-115U 组成的双机冗余系统；S5-155U 为大型机，最多可配置到 4096 个 I/O 点，模拟量可达 300 多路；S5-155H 是大型机，它是由两台 S5-155U 组成的双机冗余系统。而 S7 系列是西门子公司在 S5 系列 PLC 基础上近年推出的新产品，其性能价格比高，其中 S7-200 系列属于微型 PLC、S7-300 系列属于中小型 PLC、S7-400 系列属于中、高性能的大型 PLC。西门子（SIEMENS）公司 PLC 产品如图 2-4 所示。

图 2-3　莫迪康（MODICON）公司 PLC 产品 　　　　图 2-4　西门子（SIEMENS）公司 PLC 产品

6. 日本 PLC 产品

日本的小型 PLC 最具特色，在小型机领域中颇具盛名，某些用欧美的中型机或大型机才能实现的控制，日本的小型机就可以解决。在开发较复杂的控制系统方面明显优于欧美的小型机，所以格外受用户欢迎。日本有许多 PLC 制造商，如三菱、欧姆龙、松下、富士、日立、

东芝等，在世界小型 PLC 市场上，日本产品约占有 70%的份额。

三菱公司的 PLC 是较早进入中国市场的产品。其小型机 F1/F2 系列是 F 系列的升级产品，早期在我国的销量也不小。F1/F2 系列加强了指令系统，增加了特殊功能单元和通信功能，比 F 系列有了更强的控制能力。继 F1/F2 系列之后，20 世纪 80 年代末三菱公司又推出 FX 系列，在容量、速度、特殊功能、网络功能等方面都有了全面的加强。FX2 系列是在 90 年代开发的整体式高功能小型机，它配有各种通信适配器和特殊功能单元。FX2N 是近几年推出的高功能整体式小型机，它是 FX2 的换代产品，各种功能都有了全面的提升。近年来还不断推出满足不同要求的微型 PLC，如 FXOS、FX1S、FX0N、FX1N 及 α 系列等产品。三菱公司的大中型机有 A 系列、QnA 系列、Q 系列，具有丰富的网络功能，I/O 点数可达 8192 点。其中 Q 系列具有超小的体积、丰富的机型、灵活的安装方式、双 CPU 协同处理、多存储器、远程口令等特点，是三菱公司现有 PLC 中最高性能的 PLC。三菱公司的 PLC 产品如图 2-5 所示。

欧姆龙（OMRON）公司的 PLC 产品，大、中、小、微型规格齐全。微型机以 SP 系列为代表，其体积极小，速度极快。小型机有 P 型、H 型、CPM1A 系列、CPM2A 系列、CPM2C、CQM1 等。P 型机现已被性价比更高的 CPM1A 系列所取代，CPM2A/2C、CQM1 系列内置 RS-232C 接口和实时时钟，并具有软 PID 功能，CQM1H 是 CQM1 的升级产品。中型机有 C200H、C200HS、C200HX、C200HG、C200HE、CS1 系列。C200H 是前些年畅销的高性能中型机，配置齐全的 I/O 模块和高功能模块，具有较强的通信和网络功能。C200HS 是 C200H 的升级产品，指令系统更丰富、网络功能更强。C200HX/HG/HE 是 C200HS 的升级产品，有 1148 个 I/O 点，其容量是 C200HS 的 2 倍，速度是 C200HS 的 3.75 倍，有品种齐全的通信模块，是适应信息化的 PLC 产品。CS1 系列具有中型机的规模、大型机的功能，是一种极具推广价值的新机型。大型机有 C1000H、C2000H、CV（CV500/CV1000/CV2000/CVM1）等。C1000H、C2000H 可单机或双机热备运行，安装带电插拔模块，C2000H 可在线更换 I/O 模块；CV 系列中除 CVM1 外，均可采用结构化编程，易读、易调试，并具有更强大的通信功能。欧姆龙公司的 PLC 产品如图 2-6 所示。

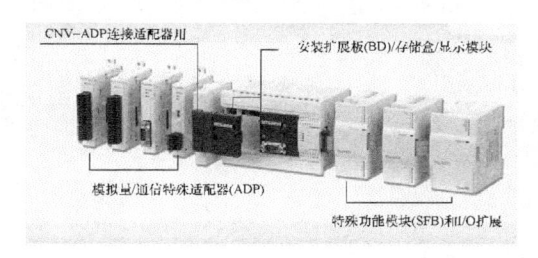

图 2-5 三菱公司的 PLC 产品　　　　　　　图 2-6 欧姆龙公司的 PLC 产品

松下公司的 PLC 产品中，FP0 为微型机，FP1 为整体式小型机，FP3 为中型机，FP5/FP10、FP10S（FP10 的改进型）、FP20 为大型机，其中 FP20 是最新产品。松下公司近几年 PLC 产品的主要特点是：指令系统功能强；有的机型还提供可以用 FP-BASIC 语言编程的 CPU 及多种智能模块，为复杂系统的开发提供了软件手段；FP 系列各种 PLC 都配置通信机制，由于它们使用的应用层通信协议具有一致性，这给构成多级 PLC 网络和开发 PLC 网络应用程序带来方便。松下公司的 PLC 产品如图 2-7 所示。

2.4.2 我国 PLC 产品

我国有许多厂家、科研院所从事 PLC 的研制与开发,如中国科学院自动化研究所的 PLC-0088,北京联想计算机集团公司的 GK-40,上海机床电器厂的 CKY-40,上海起重电器厂的 CF-40MR/ER,苏州电子计算机厂的 YZ-PC-001A,原机电部北京机械工业自动化研究所的 MPC-001/20、KB-20/40,杭州机床电器厂的 DKK02,天津中环自动化仪表公司的 DJK-S-84/86/480,上海自立电子设备厂的 KKI 系列,上海香岛机电制造有限公司的 ACMY-S80、ACMY-S256,无锡华光电子工业有限公司(合资)的 SR-10、SR-20/21 等。

图 2-7 松下公司的 PLC 产品

从 1982 年以来,先后有天津、厦门、大连、上海等地相关企业与国外著名 PLC 制造厂商进行合资或引进技术、生产线等,这将促进我国的 PLC 技术在赶超世界先进水平的道路上快速发展。

思 考 与 练 习

2.1 简述可编程控制器是如何产生的。
2.2 简述可编程控制器的定义。
2.3 简述与一般的计算机控制系统相比,PLC 有哪些优点。
2.4 简述 PLC 的特点。
2.5 简述 PLC 与继电接触式控制系统相比有哪些异同。
2.6 简述构成 PLC 的主要部件。
2.7 简述 PLC 可以用在哪些领域?
2.8 简述整体式 PLC 与模块式 PLC 各有什么特点。
2.9 简述可编程控制器的分类。
2.10 简述当代可编程控制器的发展动向。
2.11 简述可编程控制器的概念。

第 3 章 PLC 的组成与原理

3.1 PLC 的组成

PLC 一般由主机、扩展单元及外设组成。主机是必不可少的，其他部分可按需要配置。主机一般有 CPU、内存、电源及相应的 I/O 或通信（外设）口。扩展单元主要包括 I/O、电源模块（有的无电源）、与主机的连接电缆，有的还有接口模块。外设包括最基本的外设是编程器，有的还配有可编程序终端、条码读入器、打印机等。从编写与调试程序的角度讲，个人计算机也可算是 PLC 的外设。PLC 的组成决定了 PLC 的功能。组成成分的增加与完善，将增加与增强 PLC 的功能。随着技术的发展与 PLC 应用的扩大，PLC 的功能总是增加与增强的，所以，PLC 的组成也将不断地增加与完善。

可编程序控制器的生产厂家很多，产品型号也很多，但是其主要的基本组成结构是相同的。小型集中式可编程序控制器的基本组件有电源组件、微处理器 CPU 及存储器组件、输入及输出组件，基本组件集中在机壳内，构成可编程序控制器的基本单元。模块式可编程序控制器的基本组件分别做成不同的模块，有电源模块、主机模块（含微处理器 CPU 及存储器组件）、输入模块、输出模块，模块式可编程序控制器根据不同的控制功能要求配置各种功能模块。

3.1.1 PLC 的硬件组成

图 3-1 所示为可编程控制器的基本结构图，图中各组成部分作用如下。

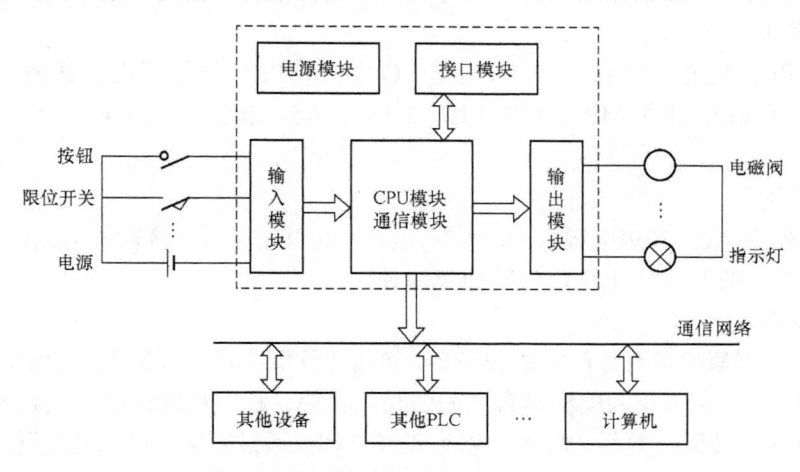

图 3-1 可编程控制器的基本结构图

1. CPU 模块

CPU 模块主要由微处理器（CPU 芯片）和存储器组成。在 PLC 控制系统中，CPU 模块相当于人的大脑和心脏，它不断地采集输入信号，执行用户程序，刷新系统的输出，模块中的存储器用来储存程序和数据。其主要作用如下。

（1）接收并存储从编程设备输入的用户程序和数据，接收并存储通过 I/O 部件送来的现场数据。

（2）诊断 PLC 内部电路的工作故障和编程中的语法错误。

（3）PLC 进入运行状态后，从存储器逐条读取用户指令，解释并按指令规定的任务进行数据传递、逻辑运算，并根据运算结果更新输出映像存储器的内容。

2. 输入、输出接口模块

输入（Input）模块和输出（Output）模块一般简称为 I/O 模块，开关量输入/输出模块简称为 DI 模块和 DO 模块，模拟量输入/输出模块简称为 AI 模块和 AO 模块。接口模块是系统的眼、耳、手、脚，是联系外部现场设备和 CPU 模块的桥梁。

输入模块用来接收和采集输入信号，开关量输入模块用来接收从按钮、选择开关数字拨码开关、限位开关、接近开关、光电开关、压力继电器等来的开关量输入信号，模拟量输入模块用来接收电位器、测速发电机和变送器提供的连续变化的模拟量电流电压信号。

开关量输出模块用来控制接触器、电磁阀、电磁铁、指示灯、数字显示装置和报警装置等输出设备，模拟量输出模块用来控制电动调节阀、变频器等执行器。

CPU 模块内部的工作电压一般是 DC 5V，而 PLC 的输入/输出信号电压一般较高，如 DC 24V 或 AC 220V。从外部引入的尖峰电压和干扰噪声可能损坏 CPU 模块中的元器件，或使 PLC 不能正常工作。在信号模块中，用光耦合器、光敏晶闸管、小型继电器等器件来隔离 PLC 的内部电路和外部的输入、输出电路。信号模块除了传递信号外，还有电平转换与隔离的作用。

3. 功能模块

为了增强 PLC 的功能，扩大其应用领域，减轻 CPU 的负担，PLC 厂家开发了各种各样的功能模块。它们主要用于完成某些对实时性和存储容量要求很高的控制任务。

4. 通信模块

通信模块用于 PLC 之间、PLC 与远程 I/O 之间、PLC 与计算机和其他智能设备之间的通信，可以将 PLC 接入 MPI、PROFIBUS-DP、AS-i 和工业以太网，或者用于点对点通信。

5. 电源模块

PLC 一般使用 AC 220V 电源或 DC 24V 电源，电源模块用于将输入电压转换为 DC 24V 电压和背板总线上的 DC 57 电压，供其他模块使用。

6. 编程设备

每个 PLC 厂家都配备有专门的编程设备，能在计算机屏幕上直接生成和编辑各种文本程序或图形程序，可以实现不同编程语言之间的相互转换。程序被编译后下载到 PLC，也可以将 PLC 中的程序上传到计算机。程序可以存盘或打印，通过网络，可以实现远程编程。编程软件还具有对网络和硬件组态、参数设置、监控和故障诊断等功能。

3.1.2 PLC 的软件组成

PLC 实质上是一种工业控制用的专用计算机。PLC 系统也是由硬件系统和软件系统两大部分组成。其软件主要有以下几个逻辑部件。

1. 继电器逻辑

为适应电气控制的需要，PLC 为用户提供继电器逻辑，用逻辑与或非等逻辑运算来处理各种继电器的连接。PLC 内部有存储单元有"1"和"0"两种状态，对应于"ON"和"OFF"两种状态。因此 PLC 中所说的继电器是一种逻辑概念的，而不是真正的继电器，有时称为"软继电器"。

输入继电器：把现场信号输入 PLC，同时提供无限多个动合、动断触点供用户编程使用。在程序中只有触点没有线圈，信号由外部信号驱动。

输出继电器：具备一对物理接点，可以串接在负载回路中，对应物理元件有继电器、晶闸管和晶体管。外部信号不能直接驱动，只能在程序中用指令驱动。

内部继电器（M）：与外界没有直接联系，仅作运算的中间结果使用。有时也称为辅助继电器或中间继电器，和输出继电器一样，只能由程序驱动。每个辅助继电器有无限多对动合、动断触点，供编程使用。

2. 定时器逻辑

PLC 一般采用硬件定时中断，软件计数的方法来实现定时逻辑功能，定时器一般包括：

（1）定时条件：控制定时器操作。

（2）定时语句：指定所使用的定时器，给出定时设定值。

（3）定时器的当前值：记录定时时间。

（4）定时继电器：定时器达到设定的值时为"1"（ON）状态，未开始定时或定时未达到设定值时为"0"（OFF）状态。

3. 计数器逻辑

PLC 为用户提供了若干计数器，它们是由软件来实现的，一般采用递减计数，一个计数器有以下几个内容：

（1）计数器的复位信号 R；

（2）计数器的计数信号（CP 单位脉冲）；

（3）计数器设定值的记忆单元；

（4）计数器当前计数值单元；

（5）计数继电器，计数器计数达到设定值时为 ON，复位或未到计数设定值时为 OFF。

3.1.3 PLC 的常用外设

1. 电源模块的选择

电源模块的选择较为简单，只需考虑电源的额定输出电流就可以了。电源模块的额定电流必须大于 CPU 模块、I/O 模块及其他模块的总消耗电流。电源模块选择仅对于模块式结构的 PLC 而言，对于整体式 PLC 不存在电源的选择。

2. 编程器的选择

对于小型控制系统或不需要在线编程的 PLC 系统，一般选用价格便宜的简易编程器。对于由中、高档 PLC 构成的复杂系统或需要在线编程的 PLC 系统，可以选配功能强、编程方便的智能编程器，但智能编程器价格较贵。如果有现成的个人计算机，可以选用 PLC 的编程软件包，在个人计算机上实现编程器的功能。

3. 写入器的选择

为了防止因干扰使锂电池电压变化等原因破坏 RAM 中的用户和程序，可选用 EPROM 写入器，通过它将用户程序固化在 EPROM 中。现在有些 PLC 或其编程器本身就具有 EPROM 写入器的功能。

3.1.4 PLC 的通信方式
一、计算机通信方式与串行通信接口

近年来，计算机控制已被迅速地推广和普及，相当多的企业已经在大量地使用各式各样的可编程设备，例如工业控制计算机、PLC、变频器、机器人、数控机床、柔性制造系统等。有的企业已实现了全车间或全厂的综合自动化，即将不同厂家生产的可编程设备连接在单层或多层网络上，相互之间进行数据通信，实现分散控制和集中管理。因此通信与网络已经成为控制系统不可缺少的重要组成部分，也是控制系统的设计和维护的重点和难点之一，本节首先介绍有关数字通信与工厂自动化通信网络及其国际标准的知识，然后介绍 S7-300/400 系列 PLC 的通信功能，最后介绍 MPI 网络与全局数据通信。

1. 计算机的通信方式

（1）并行通信与串行通信。

并行数据通信是以字节或字为单位的数据传输方式，除了 8 根或 16 根数据线、一根公共线外，还需要通信双方联络用的控制线。并行通信的传送速度快，但是传输线的根数多，抗干扰能力较差，一般用于近距离数据传送，例如，PLC 的模块之间的数据传送。

串行数据通信是以二进制的位（bit）为单位的数据传输方式，每次只传送一位，最少只需要两根线（双绞线）就可以连接多台设备，组成控制网络。串行通信需要的信号线少，适用于距离较远的场合。计算机和 PLC 都有通用的串行通信接口，例如，RS-232C 或 RS-485 接口，工业控制中计算机之间的通信一般采用串行通信方式。

（2）异步通信与同步通信。

在串行通信中，接收方和发送方应使用相同的传输速率。接收方和发送方的标称传输速率虽然相同，它们之间总是有一些微小的差别。如果不采取措施，在连续传送大量的信息时，将会因积累误差造成发送和接收的数据错位，使接收方收到错误的信息。为了解决这一问题，需要使发送过程和接收过程同步。串行通信可以分为异步通信和同步通信。

异步通信发送的字符由一个起始位、7～8 个数据位、1 个奇偶校验位（可以没有）和停止位（1 位或两位）组成。通信双方需要对采用的信息格式和数据的传输速率作相同的约定。接收方检测到停止位和起始位之间的下降沿后，将它作为接收的起始点，在每一位的中点接收信息。由于一个字符中包含的位数不多，即使发送方和接收方的收发频率略有不同，也不会因为两台设备之间的时钟周期的积累误差而导致信息的发送和接收错位。异步通信的缺点是传送附加的非有效信息较多，传输效率较低，但是随着通信速率的提高，可以满足控制系统通信的要求，PLC 一般采用异步通信。

奇偶校验用来检测接收到的数据是否出错。如果指定的是奇校验，发送方发送的每一个字符的数据位和奇偶校验位中"1"的个数为奇数，接收方对接收到的每一个字符的奇偶性进行校验，可以检验出传送过程中的错误。例如某字符中包含以下 8 个数据位：10100011。其中"1"的个数是 4 个。如果选择了偶校验，奇偶校验位将是 0，使"1"的个数仍然是 4 个。如果选择了奇校验，奇偶校验位将是 1，使"1"的个数是 5 个。如果选择不进行奇偶校验，传输时没有校验位，也不进行奇偶校验检测。

同步通信以字节为单位，一个字节由 8 位二进制数组成。每次传送 1～2 个同步字符、若干个数据字节和校验字符。同步字符起联络作用，用它来通知接收方开始接收数据。在同步通信中，发送方和接收方应保持完全的同步，这意味着发送方和接收方应使用同一个时钟脉冲。可以通过调制解调的方式在数据流中提取出同步信号，使接收方得到与发送方同步的接收时钟信号。

由于同步通信方式不需要在每个数据字符中增加起始位、停止位和奇偶校验位，只需要在要发送的数据之前加一两个同步字符，所以传输效率高，但是对硬件的要求较高。

（3）单工与双工通信。

单工通信方式只能沿单一方向传输数据，双工通信方式的信息可以沿两个方向传送，每一个站既可以发送数据，也可以接收数据。双工方式又分为全双工和半双工。

全双工方式中数据的发送和接收分别用两组不同的数据线传送，通信的双方都能在同一时刻接收和发送信息。半双工方式用同一组线接收和发送数据，通信的双方在同一时刻只能发送数据或接收数据。

（4）传输速率。

在串行通信中，传输速率的单位是波特，即每秒传送的二进制位数，其符号为 bit/s。常用的传输速率为 300～38400bit/s，从 300 开始成倍数增加。不同的串行通信网络的传输速率差别极大，有的只有数百波特，高速串行通信网络的传输速率可达 1G bit/s。

2. 串行通信接口的标准

（1）RS-232C。

RS-232C 是美国 EIC（电子工业联合会）在 1969 年公布的通信协议，至今仍在计算机和控制设备通信中广泛使用。这个标准对串行通信接口有关的问题，例如各信号线的功能和电气特性等都做了明确的规定。

RS-232C 标准最初是为远程通信连接数据终端设备（Data Terminal Equipment，DTE）与数据通信设备（Data Communication Equipment，DCE）制定的。因此这个标准的制定并未考虑计算机系统的应用要求，但是它实际上广泛地用于计算机与终端或外设之间的近距离通信。

当通信距离较近时，通信双方可以直接连接，最简单的情况在通信中不需要控制联络信号，只需要三根线（发送线、接收线和信号地线）便可以实现全双工异步串行通信。RS-232C 采用负逻辑，用−5～−15V 表示逻辑状态"1"，用+5～+15V 表示逻辑状态"0"，最大通信距离为 15m，最高传输速率为 20 kbit/s，只能进行一对一的通信。

RS-232C 使用单端驱动、单端接收电路，是一种共地的传输方式，容易受到公共地线上的电位差和外部引入的干扰信号的影响。

（2）RS-422A 与 RS-485。

RS-422A 采用平衡驱动、差分接收电路，从根本上取消了信号地线。平衡驱动器相当于两个单端驱动器，其输入信号相同，两个输出信号互为反相信号。外部输入的干扰信号是以共模方式出现的，两根传输线上的共模干扰信号相同，因接收器是差分输入，共模信号可以互相抵消。只要接收器有足够的抗共模干扰能力，就能从干扰信号中识别出驱动器输出的有用信号，从而克服外部干扰的影响。

RS-422A 在最大传输速率（10Mbit/s）时，允许的最大通信距离为 12m。传输速率为 100kbit/s 时，最大通信距离为 1200m，一台驱动器可以连接 10 台接收器。

在 RS-422A 模式，数据通过四根导线传送（四线操作）。RS-422A 是全双工，两对平衡差分信号线分别用于发送和接收。

（3）RS-485。

RS-485 是 RS-422A 的变形，RS-485 为半双工，只有一对平衡差分信号线，不能同时发送和接收。使用 RS-485 通信接口和双绞线可以组成串行通信网络，构成分布式系统，系统中最多可以有 32 个站，新的接口器件已允许连接 128 个站。

二、通信的分类

S7 通信可分为全局数据通信、基本通信及扩展通信三类。

1. 全局数据通信

全局数据（GD）通信通过 MPI 接口在 CPU 间循环交换数据，用全局数据表来设置各 CPU 之间需要交换的数据存放的地址区和通信的速率，通信是自动实现的，不需要用户编程。S7-300 的全局数据通信可以用 SFC 来启动。全局数据可以是输入、输出、标志位（M）、定时器、计数器和数据区。最多 32 个 MPI 节点。

MPI 默认的传输速率为 187.5kbit/s，与 S7-200 通信时只能指定 19.2kbit/s 的传输速率。相邻节点间的最大传送距离为 50m，加中继器后为 1000m，使用光纤和星形连接时为 23.8km。

通过 MPI 接口，CPU 可以自动广播其总线参数组态（例如波特率）。然后 CPU 可以自动检索正确的参数，并连接至一个 MPI 子网。

2. 基本通信（非配置的连接）

这种通信可以用于所有的 S7-300/400 CPU，通过 MPI 或站内的 K 总线（通信总线）来传送最多 76B 的数据。在用户程序中用系统功能（SFC）来传送数据。在调用 SFC 时，通信连接被动态地建立，CPU 需要一个自由的连接。

3. 扩展通信（配置的通信）

这种通信可以用于所有的 S7-300/400 CPU，通过 MPI、PROFIBUS 和工业以太网最多可以传送 64KB 的数据。通信是通过系统功能块（SFB）来实现的，支持有应答的通信。在 S7-300 中可以用 SFB 15 "PUT" 和 SFB 14 "GET" 来写出或读入远端 CPU 的数据。

扩展的通信功能还能执行控制功能，如控制通信对象的启动和停机。这种通信方式需要用连接表配置连接，被配置的连接在站起动时建立并一直保持。

3.2 PLC 的工作原理

PLC 是在系统程序管理下，依照用户程序安排，结合输入程序变化，确定输出口的状态，以推动输出口上所连接的现场设备工作。

3.2.1 PLC 的等效工作电路

一般来说，一个扫描周期等于自诊断、通信、输入采样、用户程序执行、输出刷新等所有时间的总和，PLC 的等效工作电路如图 3-2 所示。

1. 输入部分

输入部分由外部输入电路、PLC 输入接线端子和输入继电器组成。外部输入信号经 PLC 输入端子去驱动输入继电器的线圈，每个输入端子与其相同编号的输入继电器有着惟一确定的对应关系。当外部的输入元件处于接通状态时，对应的输入继电器线圈"得电"。为使继电器的线圈"得电"，即让外部输入元件的接通状态写入与其对应的基本单元中去，输入回路要有电源。输入回路所使用的电源,可以用 PLC 内部提供的 24V 直流电源,也可由 PLC 外部的独立的交流和直流电源供电。需要强调的是,输入继电器的线圈只能来自现场的输入元件(如控制按钮、行程开关的触头、晶体管的基极—发射极电压、各种检测及保护器的触点或动作信号等)的驱动,而不能用编程的方式去控制,因此在梯形图程序中,只能使用输入继电器的触点,不能使用输入继电器的线圈。

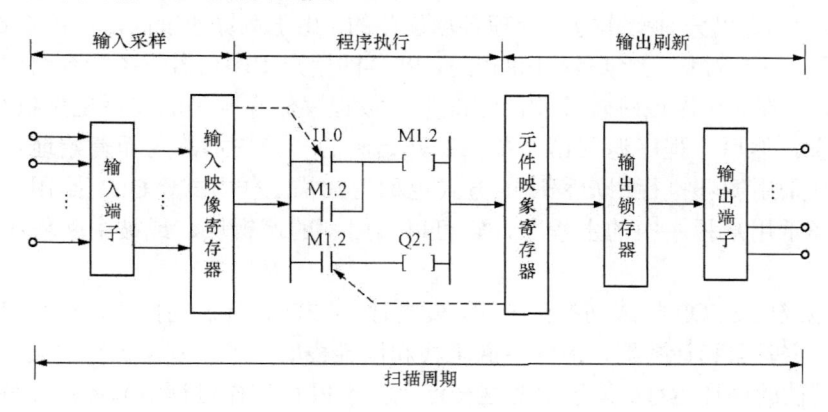

图 3-2 PLC 的等效工作电路

2. 内部控制电路

所谓内部控制电路是由用户程序形成的用"软继电器"来代替继电器的控制逻辑。它的作用是按照用户程序规定的逻辑关系,对输入信号和输出信号的状态进行检测、判断、运算和处理,然后得到相应的输出。一般用户程序是用梯形图语言编制的,它看起来很像继电器控制线路图。在继电器控制电路中,继电器的触点可瞬时动作,也可延时动作,而 PLC 梯形图中的触点是瞬时动作的。如果需要延时,可由 PLC 提供的定时器来完成。延时时间可根据需要在编程时设定,其定时精度及范围远远高于时间继电器。在 PLC 中还提供了计数器、辅助继电器(中间继电器)及某些特殊功能的继电器。PLC 的这些器件所提供的逻辑控制功能,可在编程时根据需要选用,且只能在 PLC 的内部控制电路中使用。

3. 输出部分

输出部分是由在 PLC 内部且与内部控制电路隔离的输出继电器的外部动合触点、输出接线端子和外部驱动电路组成,用来驱动外部负载。PLC 的内部控制电路中有许多输出继电器,每个输出继电器除了有为内部控制电路提供编程用的任意多个动合、动断触点外,还为外部输出电路提供了一个实际的动合触点与输出端子相连。驱动外部负载电路的电源必须由外部电源提供,电源种类及规格可根据负载要求去配置,只要在 PLC 允许的电压范围内工作即可。综上所述,我们可对 PLC 的等效电路做进一步简化,即将输入等效为一个继电器的线圈,将输出等效为继电器的一个动合触点。

3.2.2 PLC 的工作过程

1. PLC 的循环处理过程

PLC 的工作原理与计算机的工作原理是基本一致的、是通过执行用户程序来实现控制任务的。但是,在时间上,与继电—接触器控制系统中控制任务的执行有所不同,PLC 执行的任务是串行的,即某个瞬间只能处理一件事件。

CPU 中的程序分为操作系统和用户程序。操作系统用来处理 PLC 的起动、刷新输入/输出过程映像区、调用用户程序、处理中断和错误、管理存储区和通信等任务。用户程序由用户生成，用来实现用户要求的自动化任务。程序创建软件 STEP 7 将用户编写的程序和程序所需的数据放置在块中，功能块 FB 和功能 FC 相当于用户编写的子程序，系统功能块 SFC 和系统功能块 SFB 是操作系统提供给用户使用的标准子程序，这些块统称为逻辑块。

PLC 的 CPU 是以分时操作方式处理各项任务的。由于运算速度高，从 PLC 的外部输入、输出关系来看，处理过程几乎是瞬时完成的。PLC 的用户程序由若干条指令组成，CPU 从第一条指令开始，在无中断或跳转控制的情况下，按程序储存顺序的先后逐条执行用户程序，直到程序结束。然后，程序返回第一条指令开始新的一轮扫描，周而复始地重复上述的扫描循环。这种采用循环执行用户程序的方式也称为扫描工作方式，OB1 是用于循环处理的组织块，相当于用户程序中的主程序，它可以调用别的逻辑块，或被中断程序（组织块）中断。

PLC 得电或由 STOP 模式切换到 RUN 模式时，CPU 执行启动操作，清除没有保持功能的位存储器、定时器和计数器，清除中断堆栈和块堆栈的内容，复位保存的硬件中断等。以后将进入周期性的循环运行。为了说明这一点，选择 PLC 工作过程中与控制任务最直接的三个阶段加以说明，如图 3-3 所示。

在启动完成后，不断地循环调用 OB1，在 OB1 中可以调用其他逻辑块（FB、SFB、FC 或 SFC）。OB1 具有很低的优先级，除了 OB90 外，所有的组织块都能中断 OB1。

循环程序处理过程可以被某些事件中断。如果有中断事件出现，当前正在执行的块被暂停执行，并调用分配给该事件的组织块。该组织块被执行完后，被暂停执行的块将从被中断的地方开始继续执行。

PLC 的扫描工作方式简单直观，简化了程序的设计，并为 PLC 的可靠运行提供了保证。当 PLC 扫描到的指令被执行后，其结果马上就可以被将要扫描到的指令所利用，而且还可以通过 CPU 内部设置的监视定时器来监视每次扫描是否超过规定时间，避免由于 CPU 内部故障使程序执行进入死循环。

2. 扫描周期

一个循环扫描过程称为扫描周期。扫描过程分为三个阶段进行：输入采样（输入处理）阶段，程序执行（程序处理）阶段，输出刷新（输出处理）阶段，如图 3-4 所示。

在循环程序处理过程中，CPU 并不直接访问 I/O 模块中的输入地址区和输出地址区，而是访问 CPU 内部的过程映像区。在 PLC 的存储器中，设置了一片区域用来存放输入信号和输出信号的状态，它们分别称为输入过程映像区和输出过程映像区。PLC 梯形图中的其他编程元件也有对应的映像存储区。

（1）输入采样阶段。

在输入采样阶段，PLC 以扫描方式依次地读入所有输入状态和数据，并将它们存入 I/O 映像区中的相应单元内，称为对输入信号的采样，或称输入刷新，此时输入过程映像区被刷新。输入采样结束后转入用户程序执行和输出刷新阶段。在这两个阶段中，即使输入状态和数据发生变化，I/O 映像区中的相应单元的状态和数据也不会改变，输入状态的变化只有在下一个扫描周期的输入采样阶段才被重新读入。因此，如果输入是脉冲信号，则该脉冲信号的宽度必须大于一个扫描周期，才能保证在任何情况下，该输入均能被读入。

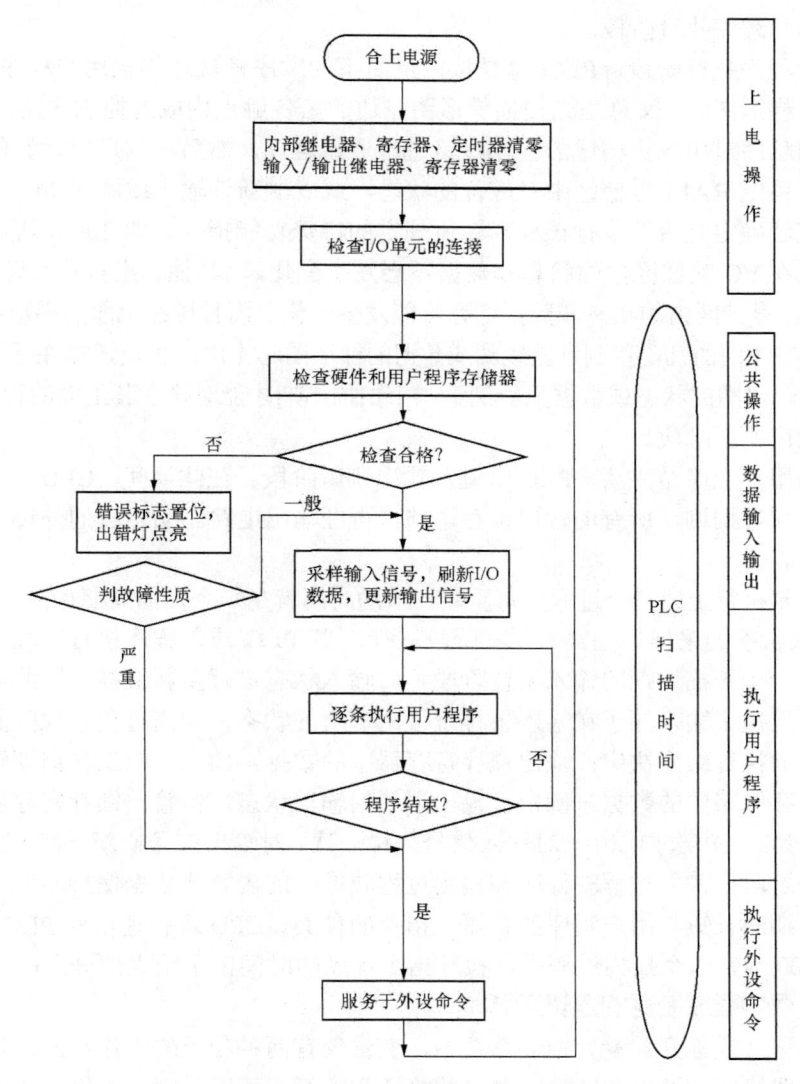

图 3-3 PLC 工作过程图

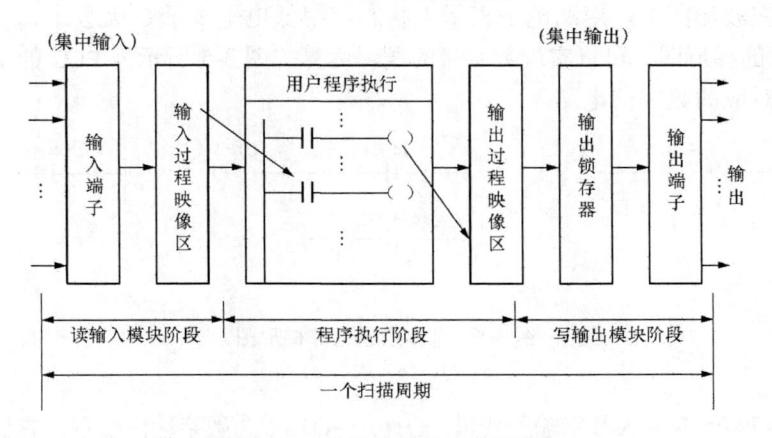

图 3-4 扫描周期的三个阶段

(2) 用户程序执行阶段。

在用户程序执行阶段，PLC 总是按由上而下的顺序依次地扫描用户程序（梯形图）。在扫描每一条梯形图时，又总是先扫描梯形图左边的由各触点构成的控制线路，并按先左后右、先上后下的顺序对由触点构成的控制线路进行逻辑运算。然后根据逻辑运算的结果，刷新该逻辑线圈在系统 RAM 存储区中对应位的状态，或者刷新该输出线圈在 I/O 映像区中对应位的状态，或者确定是否要执行该梯形图所规定的特殊功能指令。即在用户程序执行过程中，只有输入点在 I/O 映像区内的状态和数据不会发生变化，而其他输出点和软设备在 I/O 映像区或系统 RAM 存储区内的状态和数据都有可能发生变化，而且排在上面的梯形图，其程序执行结果会对排在下面的凡是用到这些线圈或数据的梯形图起作用；相反，排在下面的梯形图，其被刷新的逻辑线圈的状态或数据只能到下一个扫描周期才能对排在其上面的程序起作用。

(3) 输出刷新阶段。

当扫描用户程序结束后，PLC 就进入输出刷新阶段。在此期间，CPU 按照 I/O 映像区内对应的状态和数据刷新所有的输出锁存电路，再经输出电路驱动相应的外设。这时才是 PLC 的真正输出。

PLC 重复执行上述三个过程，每重复一次的时间就是一个扫描周期。在一个扫描周期内，PLC 对输入状态的采样只在输入采样阶段进行，当 PLC 进入程序执行阶段后输入端将被封锁，直到下一个扫描周期的输入采样阶段才对输入状态进行重新采样。因此，输入过程映像区的数据，取决于输入端子在输入采样阶段所刷新的状态；输出过程映像区的状态，由程序中输出指令的执行结果决定；输出锁存寄存器中的数据，由上一个工作周期输出刷新阶段存入到输出锁存电路中的数据来确定；输出端子的输出状态，由输出锁存寄存器中的数据来确定。另外，PLC 在每次扫描中，对输入信号采样一次，对输出信号刷新一次。这就保证了 PLC 在执行程序阶段，输入过程映像区和输出过程映像区的内容或数据保持不变。

扫描周期的长短与用户程序的长短、指令的种类、CPU 运行速度和 PLC 硬件配置有关，典型值为 100ms。一个扫描过程中，执行指令程序的时间占了绝大部分。

3.2.3 可编程控制器的逻辑运算

在数字量（或称开关量）控制系统中，变量仅有两种相反的工作状态，例如高电平和低电平、继电器线圈的通电和断电、触点的接通和断开，可以分别用逻辑代数中的 1 和 0 来表示这些状态，在波形图中，用高电平表示 1 状态，用低电平表示 0 状态。

使用 PLC 的梯形图都可以实现数字量的逻辑运算。图 3-5 所示为 PLC 的基本逻辑运算梯形图，下面是对应的数字门电路。

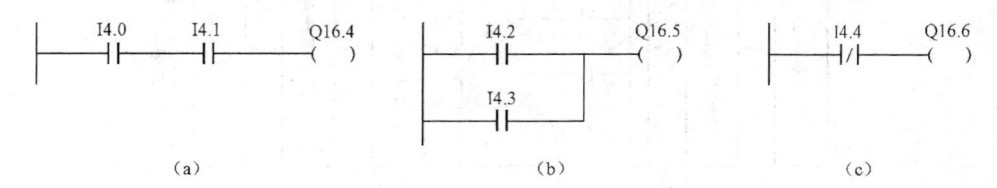

图 3-5 基本逻辑运算梯形图
(a) 与；(b) 或；(c) 非

图 3-5 中，I4.0～I4.4 为数字输入变量，Q16.4～Q16.6 为数字输出变量，它们之间的"与"、"或"、"非"逻辑运算关系如表 3-1 所示，逻辑时序图如图 3-6 所示。用梯形图可以实现基本

的逻辑运算，触点的串联可以实现"与"运算，触点的并联可以实现"或"运算，用动断触点控制线圈可以实现"非"运算。多个触点的串、并联电路可以实现复杂的逻辑运算。

表 3-1　　　　　　　　　　　　　逻 辑 运 算 关 系 表

与			或			非	
Q16.4=I4.0 · I4.1			Q16.5=I4.2 · I4.3			Q16.6=$\overline{I4.4}$	
I4.0	I4.1	Q16.4	I4.2	I4.3	Q16.5	I4.4	Q16.6
0	0	0	0	0	0	0	1
0	1	0	0	1	1	1	0
1	0	0	1	0	1		
1	1	1	1	1	1		

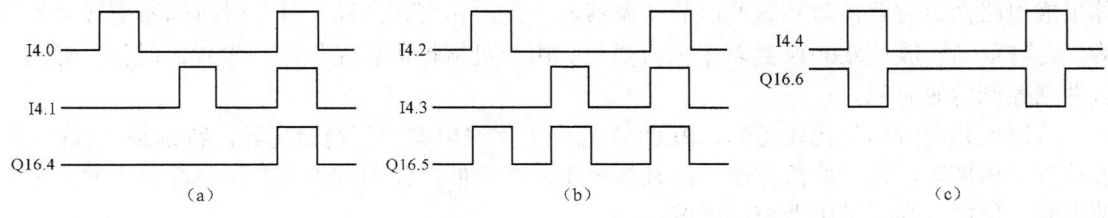

图 3-6　逻辑时序图

(a) 与；(b) 或；(c) 非

3.3　继电器控制与 PLC 控制的比较

PLC 的梯形图与继电器控制电路图十分相似，主要原因是 PLC 梯形图大致沿用了继电器控制的电路元件符号，仅个别之处有些不同。同时，信号的输入/输出形式及控制功能基本上也是相同的，但 PLC 的控制与继电器的控制又有不同之处，主要表现在以下几方面。

一、控制逻辑

继电器控制逻辑采用硬接线逻辑，利用继电器触点的串联或并联及延时继电器的滞后动作等组合成控制逻辑，其接线多而复杂、体积大、功耗大、故障率高，一旦系统构成后，想再改变或增加功能都很困难。另外，继电器触点数目有限，每个只有 4~8 对触点，因此灵活性和扩展性很差。而 PLC 采用存储逻辑，其控制逻辑以程序方式存储在内存中，要改变控制逻辑，只需改变程序即可，故称为"软接线"。其接线少、体积小，因此灵活性和扩展性都很好。PLC 由中、大规模集成电路组成，功耗小。

二、工作方式

电源接通时，继电器控制电路中各继电器同时都处于受控状态，即该吸合的都应吸合，不该吸合的都应受到某种条件限制不能吸合，它属于并联工作方式。而 PLC 的控制逻辑中，各内部器件都处于周期性循环扫描中，属于串联工作方式。

三、可靠性和可维护性

继电器控制逻辑使用了大量的机械触点，连线也多。触点开闭时会受到电弧的损坏，并有机械磨损、寿命短，因此可靠性和可维护性差。而 PLC 采用微电子技术，大量的开关动作由无触点的半导体电路来完成，体积小、寿命长、可靠性高。PLC 还配有自检和监督功能，能检查出自身的故障，并随时显示给操作人员，还能动态地监视控制程序的执行情况，为现场调试和维护提供了方便。

1. 控制速度

继电器控制逻辑依靠触点的机械动作实现控制，工作频率低，触点的开闭动作数量级一般在几十毫秒。另外，机械触点还会出现抖动问题。而 PLC 是由程序指令控制半导体电路来实现控制，属于无触点控制，速度极快，一般一条用户指令的执行时间在微秒数量级，且不会出现抖动。

2. 定时控制

继电器控制逻辑利用时间继电器进行时间控制。一般来说，时间继电器存在定时精度不高，定时范围窄，且易受环境湿度和温度变化的影响，调整时间困难等问题。PLC 使用半导体集成电路做定时器，时基脉冲由晶体振荡器产生，精度相当高，且定时时间不受环境的影响，定时范围一般从 0.001s 到若干天或更长。用户可根据需要在程序中设置定时值，然后由软件来控制定时时间。

从以上几个方面的比较可知，PLC 在性能上比继电器控制逻辑优异，特别是可靠性高，设计施工周期短，调试修改方便，而且体积小，功耗低，使用维护方便。但在很小的系统中使用时，价格要高于继电器控制系统。

3.4 PLC 编程语言

IEC（国际电工委员会）制定的 IEC 61131 是 PLC 的国际标准，IEC 61131-3 规定了 PLC 编程语言的语法和语义，标准中有 5 种编程语言：指令表（Instruction List，IL）、结构文本（Structured Text，ST）、梯形图（LadderDiagram，LD）、功能块图（Function Block Diagram，FBD）、顺序功能图（Sequential Function Chart，SFC）。

3.4.1 梯形图编程

1. 背景

梯形图（LAD-Ladder Diagram）来源于美国，它基于图形表示的继电器逻辑，是 PLC 编程中使用最广泛一种图形化语言。梯形程序的左、右侧有两条垂直的电源轨线，左侧的电源轨线名义上为功率流从左向右沿着水平梯级通过各个触点、功能、功能块、线圈等提供能量，功率流的终点是右侧的电源轨线。每一个触点代表了一个布尔变量的状态，每一个线圈代表了一个实际设备的状态，功能或功能块与 IEC 1 131-3 中的标准库或用户创建的功能或功能块相对应。

2. IEC 1131-3 的 LAD 图形符号

IEC 1131-3 中的梯形图（LAD）语言是对各 PLC 厂家的梯形图语言合理地吸收、借鉴，语言中的各图形符号与各 PLC 厂家的基本一致。IEC 1131-3 的主要的图形符号包括：触点类，即动合触点（旧称常开触点）、动断触点（旧称常闭触点）、正转换读出触点、负转换读出触点；线圈类，即一般线圈、取反线圈、置位（锁存）线圈、复位去锁线圈、保持线圈、置位保持线圈、复位保持线圈、正转换读出线圈、负转换读出线圈；功能和功能块，包括标准的功能和功能块以及用户自己定义的功能块。

3. IEC 1131-3 的 LAD 编程

IEC 1131-3 的 LAD 编程有下面几种形式：

（1）在梯形图中连接功能块

功能块能被连接在梯形图的梯级中，每一功能块有相应的布尔输入量和输出量。输入量可以被梯形图梯级直接驱动，输出可以提供驱动线圈的功率流。在每一个块上至少应有一个布尔输入和布尔输出以允许功率流通过这个块。功能块可以是标准库中的也可以是自定义的。

（2）在梯形图中连接功能

每一个功能有一个附加的布尔输入 EN 和布尔输出 ENO。EN 提供了流入功能的功率流信号；ENO 提供了可用来驱动其他功能和线圈的功率流。在梯形图中有反馈回路。

（3）在梯形图程序中可包含反馈回路

例如，在反馈回路中，一个或多个触点值被用作功能或功能块的输入的情况。

（4）梯形图中使用跳转和标注

使用梯形图的跳转功能使得梯形图程序可以从程序的一个部分跳转到由一个标识符标识的另一部分。

3.4.2 指令表编程

IEC 1131-3 的指令表（Instruction List，IL）语言是一种低级语言，与汇编语言很相似，是在借鉴、吸收世界范围的 PLC 厂商的指令表语言的基础上形成的一种标准语言，可以用来描述功能、功能块和程序的行为，还可以在顺序功能流程图中描述动作和转变的行为。指令表语言不但简单易学，而且非常容易实现，可不通过编译就可以下载到 PLC。

1. 指令表语言结构

指令表语言是由一系列指令组成的语言。每条指令在新一行开始，指令由操作符和紧随其后的操作数组成，操作数是指在 IEC 1131-3 的"公共元素"中定义的变量和常量。有些操作符可带若干个操作数，这时各个操作数用逗号隔开。指令前可加标号，后面跟冒号，在操作数之后可加注释。IL 是所谓面向累加器（Accu）的语言，即每条指令使用或改变当前 Accu 内容。IEC 1131-3 将这一 Accu 标记为"结果"。通常，指令总是以操作数 LD（"装入 Accu 命令"）开始。

2. 指令表操作符

IEC 1131-3 指令表包括四类操作符：一般操作符、比较操作符、跳转操作符和调用操作符。

3.4.3 功能块图编程

功能块图（Function Block Diagram，FBD）用来描述功能、功能块和程序的行为特征，还可以在顺序功能流程图中描述步、动作和转变的行为特征。功能块图与电子线路图中的信号流图非常相似，在程序中，它可看作两个过程元素之间的信息流。功能块图普遍地应用在过程控制领域。

1. 功能块图的结构

功能块用矩形块来表示，每一功能块的左侧有不少于一个的输入端，在右侧有不少于一个的输出端，功能块的类型名称通常写在块内，但功能块实例的名称通常写在块的上部，功能块的输入输出名称写在块内的输入输出点的相应地方。

2. 功能块图的信号流

在功能块网路中，信号通常是从一个功能或功能块的输出传递到另一个功能或功能块的输入。信号经由功能块左端流入，并求值更新，在功能块右端输出。

3.4.4 顺序功能图编程

顺序功能流程图（Sequentiial Function Chart，SFC）是一种强大的描述控制程序的顺序行为特征的图形化语言，可对复杂的过程或操作由顶到底地进行辅助开发。SFC 允许一个复杂的问题逐层地分解为步和较小的能够被详细分析的顺序。

1. 顺序功能流程图的结构

顺序功能流程图可以由步、有向连线和过渡的集合描述。步用矩形框表示，描述了被控系统的每一特殊状态。SFC 中的每一步的名字应当是唯一的并且应当在 SFC 中仅仅出现一次。一个步可以是激活的，也可以是休止的，只有当步处于激活状态时，与之相应的动作才会被执行，至于一个步是否处于激活状态，则取决于上一步及过渡。

有向连线表示功能图的状态转化路线，每一步是通过有向连线连接的。

过渡表示从一个步到另一个步的转化，这种转化并非任意的，只有当满足一定的转换条件时，转化才能发生。转换条件可以用 ST、LD 或 FBD 来描述，转换定义可以用 ST、LD 或 FBD 来描述。过渡用一条横线表示，可以对过渡进行编号。

每一步是用一个或多个动作来描述的。动作包含了在步被执行时应当发生的一些行为的描述，动作用一个附加在步上的矩形框来表示。每一动作可以用 IEC 的任一语言如 ST、FBD、LD 或 IL 来编写。每一动作有一个限定器，用来确定动作什么时候执行；标准还定义了一系列限定器，精确地定义了一个特定与步相关的动作什么时候执行。每一动作还有一个指示器变量，该变量仅仅是用于注释。

2. 转化规则

顺序功能流程图的任一步可能是激活的，也可能是休止的，与之相应的动作只有在步处于激活状态时，方能被执行，所以，步被激活和被休止的过程确定了系统的行为。初始状态是指指令运行的开始即被激活的那个状态。每个过程都可以是有效的，也可以是无效的，只有紧接其前的各个阶段都处于激活状态时，过渡才是有效的，只有同时满足过渡是有效的和过渡对应的接受特性为真，与过渡相连的下一步方能处于激活状态，同时，紧接其前的各个步全部被休止。当几个过渡可以同时被超越时，他们将同时被超越。

思 考 与 练 习

3.1 简述可编程控制器由哪几部分组成，各部分的作用及功能？

3.2 简述可编程控制器的数字量输出有几种输出形式？各有什么特点？都适用于什么场合？

3.3 简述什么是扫描周期？它主要受什么影响？

3.4 简述可编程控制器的等效工作电路由哪几部分组成？试与继电器控制系统进行比较。

3.5 简述可编程控制器的工作方式，它的工作过程有什么显著特点？

3.6 简述可编程控制器的工作过程。

3.7 简述可编程控制器对输入/输出的处理规则。

3.8 简述可编程控制器的输出滞后现象是怎样产生的。

3.9 试举例说明由于用户程序指令语句安排不当可使响应滞后时间为 3 个扫描周期。

3.10 简述可编程序控制器一般有几种编程语言？各有什么特点？

第二篇 S7-200 系列 PLC

第4章 S7-200 系列 PLC 简介

4.1 S7-200 综述

西门子公司的 PLC 产品有 SIMATIC S7、M7 和 C7 等几大系列。S7 系列是传统意义的 PLC 产品，其中，S7-200 是针对低性能要求的整体式小型 PLC，S7-300 是针对低性能要求的模块式中型 PLC。

S7-200 是在美国德州仪器公司的小型 PLC 的基础上发展起来的，其编程软件为 STEP7-Micro/IN 32。而 S7-300 的前身是西门子公司的 S5 系列 PLC，其编程软件为 STEP7。所以，S7-200 和 S7-300/400 虽然有许多共同之处，但是在指令系统、程序结构和编程软件等方面均有相当大的差异。

4.2 S7-200 硬件组成

S7-200 是西门子自动化与驱动集团开发、生产的整体式小型 PLC。S7-200 PLC 除了能够进行传统的继电逻辑控制、计数和计时控制，还能进行复杂的数学运算、处理模拟量信号，并可支持多种协议和形式与其他智能设备进行数据通信。

S7-200 的核心部件是 CPU（即中央处理单元），实际的工艺计算就在 CPU 中进行。开发人员必须根据实际的工艺要求，在软件开发环境中选择合适的指令，把它们编辑、组合成能够完成上述功能的程序并下载到 CPU 中执行。这些程序称为用户程序。

整体式 PLC 将 CPU 模块、I/O 模块和电源装在一个箱型机壳内，S7-200 称为 CPU 模块。图 4-1 中的前盖下面有 RUN/STOP 开关、模拟量电位器和扩展 I/O 连接器。S7-200 系列 PLC 提供多种具有不同 I/O 点数的 CPU 模块和数字量、模拟量 I/O 扩展模块供用户选用，CPU 模块和扩展模块用扁平电缆连接。

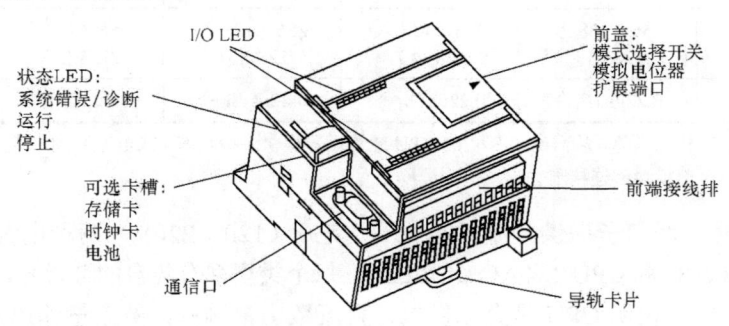

图 4-1 S7-200 的 CPU 外形

S7-200 的指令丰富，指令功能强，易于掌握，操作方便，内置有高速计数器、高速输出、PID 控制器、RS-485 通信/编程接口、PPI 通信协议、MPI 通信协议和自由方式通信功能。最多可以扩展到 248 点数字量 I/O 或 35 路模拟量 I/O，最多有 26 KB 程序和数据存储空间。

4.2.1　S7-200 的 CPU 模块

S7-200 有 5 种 CPU 模块，CPU 221 无扩展功能，适于作小点数的微型控制器。CPU 222 有扩展功能，CPU 224 是具有较强控制功能的控制器，CPU 226 和 CPU 224 XP 适用于复杂的中小型控制系统，各 CPU 模块技术指标如表 4-1 所示。本书中所介绍的是 CPU 224，它具有较强控制功能。CPU 224 XP 相比其他型号具有更高的硬件指标，如高达 100kHz 的脉冲输出、100/200kHz 的双相/单相高速脉冲输入，CPU 本体上的模拟量 I/O 等。它的 CPU 将一个微处理器、一个集成的电源和若干数字量 I/O 点集成在一个紧凑的封装中。

表 4-1　　　　　　　　　　S7-200 CPU 模块技术指标

型　号	CPU 221	CPU 222	CPU 224	CPU 224XP	CPU 226
外形尺寸（mm）	90×80×62	90×80×62	120×80×62	140×80×62	190×80×62
程序存储器： 可在运行模式下编辑 不可在运行模式下编辑	4096 字节 4096 字节	4096 字节 4096 字节	8192 字节 12288 字节	12288 字节 16384 字节	16384 字节 24576 字节
数据存储区	2048 字节	2048 字节	8192 字节	10240 字节	10240 字节
掉电保持时间（h）	50	50	100	100	100
本机 I/O： 数字量 模拟量	6 入/4 出 —	8 入/6 出 —	14 入/10 出 —	14 入/10 出 2 入/1 出	24 入/16 出 —
扩展模块数量	0 个模块	2 个模块*	7 个模块*	7 个模块*	7 个模块*
高速计数器： 单相 双相	4 路 30kHz 2 路 20kHz	4 路 30kHz 2 路 20kHz	6 路 30kHz 4 路 20kHz	4 路 30 kHz 2 路 200 kHz 3 路 20 kHz 1 路 100 kHz	6 路 30kHz 4 路 20kHz
脉冲输出（DC）	2 路 20kHz	2 路 20kHz	2 路 20kHz	2 路 20kHz	2 路 20kHz
模拟电位器	1	1	2	2	2
实时时钟	配时钟卡	配时钟卡	内置	内置	内置
通信口	1 RS-485	1 RS-485	1 RS-485	2 RS-485	2 RS-485
浮点数运算	有	有	有	有	有
I/O 映像区	256（128 入/128 出）	256（128 入/128 出）	256（128 入/128 出）	256（128 入/128 出）	256（128 入/128 出）
布尔指令执行速度	0.22μs /指令	0.22μs /指令	0.22μs /指令	0.22μs /指令	0.22μs /指令

*　必须对电源消耗作出预算，从而确定 S7-200 CPU 能为配置提供多少功率（或电流）。如果超过 CPU 电源预算值，则可能无法将全部模块都连接上去。

对于每个型号，西门子提供直流（24V）和交流（120～220V）两种电源供电的 CPU。如 CPU 224 DC/DC/DC 和 CPU 224 AC/DC/Relay。每个类型都有各自的订货号，可以单独订货。

（1）DC/DC/DC：说明 CPU 是直流供电，直流数字量输入，数字量输出点是晶体管直流电路的类型。

（2）AC/DC/Relay：说明 CPU 是交流供电，直流数字量输入，数字量输出点是继电器触点的类型。

4.2.2 数字量扩展模块

1. 分类

西门子生产多种型号的 S7-200 CPU，每种 CPU 拥有不同的 I/O 点数和特殊功能，但是它们的核心处理芯片的运算能力相同。CPU 必须通过硬件取得实际过程信号和操作指令，这些硬件电路就是数字量（二进制的开关信号）和模拟量信号的输入点（通道）；CPU 发出的控制指令也要通过硬件才能驱动系统中的执行机构，即数字量和模拟量信号的输出通道。输入/输出的硬件点（通道）称为 I/O（Input/Output）。如果控制系统需要更多的 I/O 点数，可以通过附加 I/O 扩展模块的方式实现。为此西门子生产了一系列输入/输出扩展模块。所有的扩展模块都是用自身配有的总线扩展电缆方便地连接到前面的 CPU 或其他扩展模块。为获得一些特殊功能或更多的通信能力，S7-200 系统中还有很多通信模块和工艺控制模块，用户可以根据自己的实际需要选用。S7-200 CN PLC 系列目前总共可以提供 3 大类，共 10 种数字量输入输出扩展模块。S7-200 的扩展模块如图 4-2 所示。

图 4-2 S7-200 的扩展模块

（1）S7-200 CPU 为了扩展 I/O 点和执行特殊的功能，可以连接扩展模块（CPU 221 除外）。扩展模块主要有如下几类：

1）数字量 I/O 模块；
2）模拟量 I/O 模块；
3）通信模块；
4）特殊功能模块。

（2）EM 221，数字量输入扩展模块，包括 3 种类型。

1）8 点 24 V DC 输入；
2）8 点 120/230 V AC 输入；
3）16 点 24 V DC 输入。

（3）EM 222，数字量输出扩展模块，包括 5 种类型：

1）8 点 24 V DC（晶体管）输出，每点 0.75A；
2）8 点继电器输出，每点 2A；
3）8 点 120/230 V AC 输出；
4）4 点 24 V DC 输出，每点 5A；
5）4 点继电器输出，每点 10A。

（4）EM 223，数字量输入/输出扩展模块，共有 5 种类型：

1）4 点 24 V DC 输入/4 点 24 V DC 输出；
2）4 点 24 V DC 输入/4 点继电器输出；
3）8 点 24 V DC 输入/8 点 24 V DC 输出；
4）8 点 24 V DC 输入/8 点继电器输出；
5）16 点 24 V DC 输入/16 点 24 V DC 输出。

除了特别为 S7-200 系列开发设计的相关产品外，西门子还提供范围宽广、种类繁多的自动化与驱动类产品。作为西门子自动化与驱动产品系列的一个组成部分，S7-200 可以很容易地与西门子的其他系列产品搭配和联网，获得最优性能。

2. 特点

数字量扩展模块为使用除了本机集成的数字量输入/输出点外更多的输入/输出提供了途径。用户使用该模块有下列优势：

（1）最佳适应性：用户可分别对 PLC 及任何扩展模块的混合体进行组态以满足应用的实际要求，同时节约不必要的投资费用。可提供 8、16 和 32 个输入/输出点的模块供使用。

（2）灵活性：很容易地扩展 I/O 点数。当用应范围扩大，需要更多输入/输出点数时，PLC 可以增加扩展模块，即可以增加 I/O 点数。

4.2.3 模拟量扩展模块

1. 分类

扩展模块具有与基本单元相同的设计特点，S7-200 CN PLC 的模拟量扩展模块主要有 EM231CN（4 路模拟量输入）、EM232CN（2 路模拟量输出）、EM235CN（4 路模拟量输入，2 路模拟量输出），固定方式与 CPU 相同。如果需要扩展模块较多时，模块连接起来会过长，这时可以使用扩展转接电缆重叠排布。

（1）在标准导轨上安装模块卡装在紧挨 CPU 右侧的导轨上，通过总线连接电缆与 CPU 互相连接。

（2）直接安装固定螺孔便于用螺钉将模块安装在柜板上。模块装在 CPU 右边相互之间用总线连接电缆连接。这种安装方式建议在剧烈振动的情况下使用。

2. 特点

模拟量扩展模块提供了模拟量输入/输出的功能，优点如下：

（1）最佳适应性，可适用于复杂的控制场合；

（2）直接与传感器和执行器相连，12 位的分辨率和多种输入/输出范围能够不用外加放大器而与传感器和执行器直接相连，例如，EM235 CN 模块可直接与 PT100 热电阻相连；

（3）灵活性，当实际应用变化时，PLC 可以相应地进行扩展，并可非常容易的调整用户程序。

4.2.4 通信扩展模块

1. PROFIBUS 扩展模块 EM277

通过 EM 277 PROFIBUS-DP 扩展从站模块，可将 S7-200 CPU 连接到 PROFIBUS-DP 网络。EM 277 经过串行 I/O 总线连接到 S7-200 CPU。PROFIBUS 网络经过其 DP 通信端口，连接到 EM 277 PROFIBUS-DP 模块。这个端口可运行于 9600bit 和 12M 波特之间的任何 PROFIBUS 波特率。作为 DP 从站，EM 277 模块接受从主站来的多种不同的 I/O 配置，向主站发送和接收不同数量的数据。这种特性使用户能修改所传输的数据量，以满足实际应用的需要。

与许多 DP 站不同的是，EM 277 模块不仅仅是传输 I/O 数据。EM 277 能读写 S7-200 CPU 中定义的变量数据块。这样，使用户能与主站交换任何类型的数据。首先将数据移到 S7-200 CPU 中的变量存储器，就可将输入、计数值、定时器值或其他计算值传送到主站。类似地，从主站来的数据存储在 S7-200 CPU 中的变量存储器内，并可移到其他数据区。EM 277 PROFIBUS-DP 模块的 DP 端口可连接到网络上的一个 DP 主站上，但仍能作为一个 MPI 从站与同一网络上如 SIMATIC 编程器或 S7-300/S7-400 CPU 等其他主站进行通信。

2. 以太网扩展模块 CP243

CP243-1 支持 S7-200 CN 与 S7-300/S7-400/PC 通信。通过 CP243-1 可以让 S7-200 CN 连入以太网，并独立操控数据。

3. 调制解调器模块 EM241

EM241 为 Modem 远程采集模块，电话线直接连接到 EM241 模块，再与西门子 S7 200 系列 PLC 通过总线连接。上位计算机可以在直接通过电话线采集位于远端的 S7 200 系列 PLC 的数据。

4.2.5 其他扩展模块

1. 位置控制模块 EM253

位置控制模块 EM253 是 S7-200 的特殊功能模块，它能够产生脉冲串，用于步进电机和伺服电机的速度和位置的开环控制。它与 S7-200 通过扩展 I/O 总线通信，带有 8 个数字输出。

2. 中文文本显示模块 TD400

中文文本显示模块 TD400 为 STN 显示（包括背光），支持 4 行文本，分辨率为 192×64 每行最多 24 字符，字体大小为 5mm，通过 PPI 接口与 S7-200 通信。

3. 触摸屏 TD200

TD 200 文本显示器是所有 SIMATIC S7-200 系列操作员界面问题的最佳解决方法，连接很简单只需用它提供的连接电缆接到 S7-200 系列 PPI 接口上即可不需要单独的电源。TD200 具有下列功能：

（1）文本信息的显示；

（2）用选择项确认方法可显示最多 80 条信息每条信息最多可包含 4 个变量五种系统语言；

（3）可设定实时时钟；

（4）提供强制 I/O 点诊断功能；

（5）提供密码保护功能；

（6）过程参数的显示和修改参数在显示器中显示并可用输入键进行修改例如进行温度设定或速度改变；

（7）可编程的 8 个功能键可以替代普通的控制按钮作为控制键这样还可以节省 8 个输入点；

（8）可选择通信的速率；

（9）输入和输出的设定 8 个可编程功能键的每一个都分配了一个存储器位例如这些功能键可在系统启动测试时进行设置和诊断又例如可以不用其他的操作设备即可实现对电动机的控制；

（10）可选择显示信息刷新时间。

4.3 S7-200 的通信功能

4.3.1 S7-200 的通信能力

强大而灵活的通信能力，是 S7-200 系统的一个重要优点。通过各种通信方式，S7-200 和西门子 SIMATIC 家族的其他成员，如 S7-300 和 S7-400 等 PLC 和各种西门子 HMI（人机操作界面）产品以及其他如 LOGO、智能控制模块、MicroMaster、MasterDriVe 和 SINAMICS

驱动装置等紧密地联系起来。

S7-200 的 CPU 模块自带的 RS-485 串行通信口支持 PPI、DP/T、自由通信口协议和 PROFIBUS 点对点协议。每个网络最多 126 个站，最多 32 个主站。通信接口可以实现与下列设备之间的通信：运行编程软件的计算机、文本显示器 TD 200、OP（操作员面板），以及 S7-200CPU 之间的通信；通过自由通信口协议，可以与其他厂商的设备进行串行通信。

EM 277 PROFIBUS-DP 从站模块用于将 S7-200 CPU 连接到 PROFIBUS-DP 网络。通信速率为 9600～12Mbit/s。

工业以太网通信模块 CP243-1 的通信速率为 10Mbit/s 或 100Mbit/s，半双工/全双工通信，RJ-45 接口，使用 TCP/IP 协议。可用 STEP 7-Micro/WIN 软件实现通过工业以太网配置系统和远程编程服务（上传、下载程序，监视状态），通过工业以太网连接其他的 CPU，通过 S7-OPC 在计算机上处理数据。

EM241 Modem（调制解调器）模块支持远程维护或远程诊断、PLC 之间的通信、PLC 与 PC 的通信、给手机或寻呼机发送短消息等，EM241 参数化向导集成在 Micro/WIN V3.2 中。

通过 CP 243-2 AS-i 通信处理器，S7-200 CPU 可以作 AS-i 的主站，最多可以连接 62 个 AS-i 从站，接入 496 个远程数字量输入/输出点。

4.3.2 S7-200 的通信方式

1. 主要通信方式

S7-200 系统支持的主要通信方式有如下所述的几种。

（1）PPI：西门子专为 S7-200 系统开发的通信协议。

PPI（点对点接口）是西门子专门为 S7-200 系统开发的通信协议。PPI 是一种主—从协议：主站设备发送数据读/写请求到从站设备，从站设备响应。从站不主动发信息，只是等待主站的要求，并且根据地址信息对要求作出响应。

PPI 网络中可以有多个主站。PPI 并不限制与任意一个从站通信的主站数量，但是在一个网段中，通信站的个数不能超过 32。

S7-200 CPU 上集成的通信口支持 PPI 通信。不隔离的 CPU 通信口支持的标准 PPI 通信距离为 50m，如果使用 RS-485 中继器，可以打到 RS-485 的标准通信距离 1200m。PPI 支持的通信速率为 9.6kbit/s、19.2kbit/s 和 187.5kbit/s。

（2）MPI：S7-200 可以作为从站与 MPI 主站通信。

（3）PROFIBUS-DP：通过扩展 EM 277 通信模块，S7-200 CPU 可以作为 PROFIBUS-DP 从站与主站通信。最常见的主站有 S7-300/400 PLC 等，这是与它们通信的最可靠的方法之一。

（4）以太网通信：通过扩展 CP243-1 或 CP243-1 IT 模块可以通过以太网传输数据，而且支持西门子的 S7 协议。

（5）AS-Interface：扩展 CP243-2 模块，S7-200 可以作为传感器—执行器接口网络的主站，读写从站的数据。

（6）自由 VI：S7-200 CPU 的通信口还提供了建立在字符串行通信基础上的"自由"通信能力，数据传输协议完全由用户程序决定。通过自由口方式，S7-200 可以与串行打印机、条码阅读器等通信。而 S7-200 的编程软件也提供一些通信协议库，如 USS 协议库和 MODBUS RTU 从站协议库，它们实际上也使用了自由口通信功能。

2. 通信协议和网络通信

S7-200 通过很多标准协议、标准接口与其他厂家的许多自动化产品兼容。这往往更多地源于西门子标准在世界范围内的通用性。

只有当通信端口符合一定的标准时，直接连接的通信对象才有可能互相通信。一个完整的通信标准包括通信端口的物理、电气特性等硬件规格定义以及数据传输格式的约定。后者也可以称为通信协议。

在实际应用中，一种硬件设备可以传输多种不同的数据通信协议；一种通信协议也可以在不同的硬件设备上传输。后者需要通信硬件转换接口，有很多设备可以提供这类转换，如RS-485 电气通信口到光纤端口的转换模块。

简单的通信协议或者硬件条件支持一对一的通信，而有些硬件配合比较复杂的通信协议，可以实现网络通信，即在连接到同一个网络上的多个通信对象之间传输数据信息。网络通信需要硬件设备和网络通信协议的配合。

在 S7-200 系统中最常见的网络通信是基于"令牌环"的工作机制。通信主站之间传递令牌，分时控制整个网络上的通信活动，读/写从站的数据。主站和从站都通过不同的地址（站号）来区分。不同的通信设备的能力也不同。西门子提供全线网络产品以支持不同的通信能力，可根据需要选用以达到最好的性能一价格比。

思 考 与 练 习

4.1 简述 S7-200PLC 的 CPU 模块有哪几种规格？各自应用场合都是什么？
4.2 简述 S7-200PLC 对外部电源的要求。
4.3 简述连接 S7-200CPU 模块的注意事项。
4.4 简述数字量扩展模块和模拟量扩展模块特点。
4.5 简述 S7-200PLC 通过通信扩展模块，可以与哪些网络进行链接？
4.6 简述 PROFIBUSEM277 扩展从站模块功能。
4.7 简述 S7-200 的 CPU 模块自带的 RS-485 串行通信口支持哪些协议？
4.8 简述 S7-200 的通信方式有哪几种？

第 5 章 S7-200 系列 PLC 的指令系统

5.1 S7-200 的编程语言

5.1.1 PLC 编程语言的国际标准

IEC（国际电工委员会）制定的 IEC 61131 是 PLC 的国际标准，IEC 61131-3 规定了 PLC 编程语言的语法和语义，标准中有 5 种编程语言：指令表 IL（Instruction List）、结构文本 ST（Structured Text）、梯形图 LD（Ladder Diagram）、功能块图 FBD（Function Block Diagram）、顺序功能图 SFC（Sequential Function Chart）。

5.1.2 STEP 7-Micro/WIN 32 中的编程语言

STEP 7-Micro/WIN 32 是专门为 S7-200 设计的、在个人计算机 Windows 操作系统下运行的编程软件。CPU 通过 PC/PPI 电缆或插在计算机中的 CP 5511 或 CP 5611 通信卡与计算机通信。通过 PC/PPI 电缆，可以在 Windows 下实现多主站通信方式。

STEP 7-Micro/WIN 32 的用户程序结构简单清晰，通过一个主程序调用子程序或中断程序，还可以通过数据块进行变量的初始化设置。用户可以用语句表（STL）、梯形图（LAD）和功能块图（FBD）编程，不同的编程语言编制的程序可以相互转换，可以用符号表来定义程序中使用的变量地址对应的符号，使程序便于设计和理解。

STEP 7-Micro/WIN 32 为用户提供了基本上符合 PLC 编程语言国际标准 IEC 61131-3 的指令集。通过调制解调器可以实现远程编程，可以用单次扫描和强制输出等方式来调试程序和进行故障诊断。

5.2 S7-200 的指令系统

5.2.1 位逻辑指令

1. 标准触点（见图 5-1）

输入/输出	操作数	数据类型
位	I, Q, M, SM, T, C, V, S, L	布尔

如果数据类型为 I 或 Q，这些指令从内存或过程映像寄存器获取引用值。当位等于 1 时，通常打开（LD、A、O）触点关闭（打开）。当位等于 0 时，通常关闭（LDN、AN、ON）触点关闭（打开）。在 LAD 中，通常打开和通常关闭指令用触点表示。标准触点的实例图和时序图如图 5-1 所示。

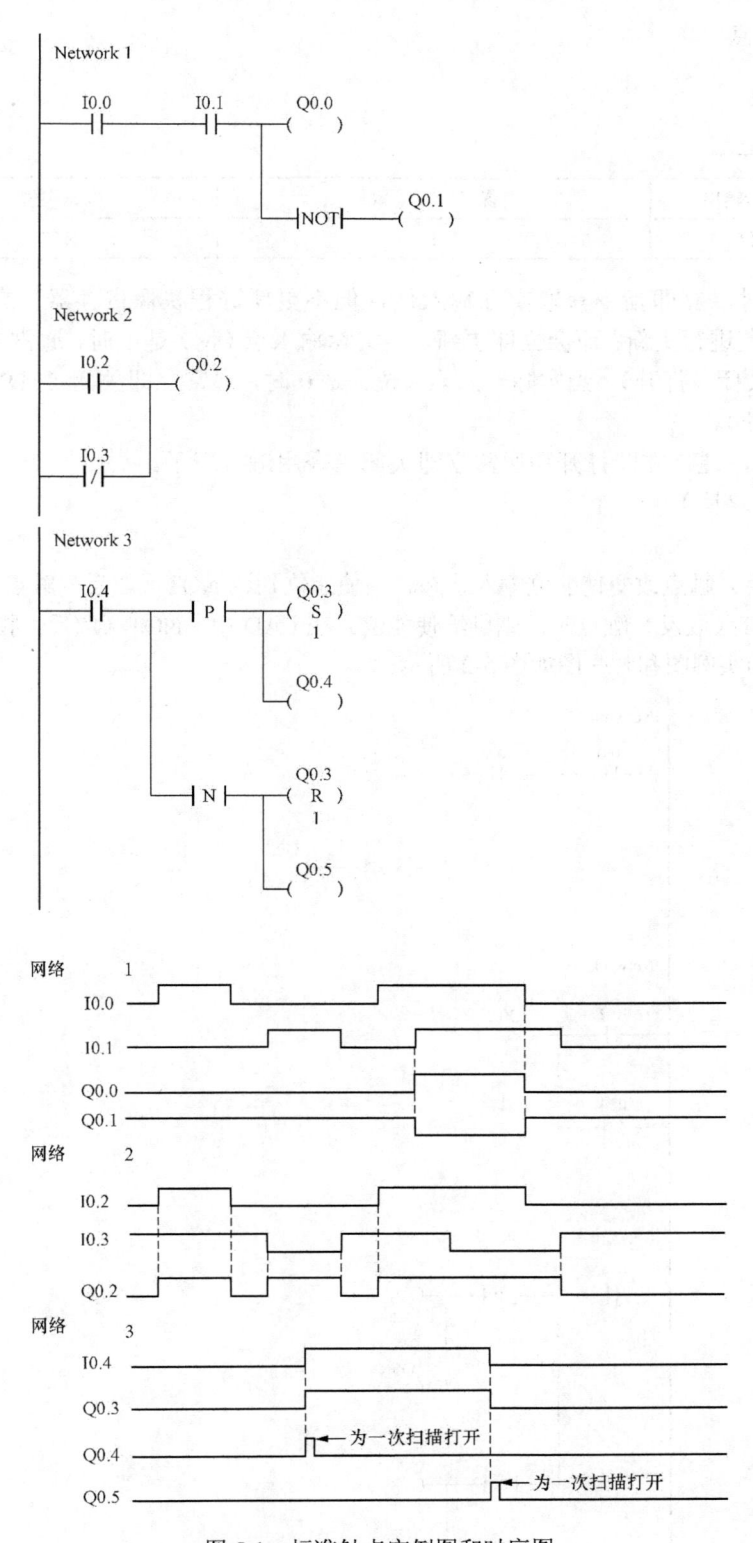

图 5-1 标准触点实例图和时序图

2. 立即触点

```
  bit
——| I |——

  bit
——| / I |——
```

输入/输出	操 作 数	数据类型
位	I	布尔

执行指令时，立即指令获取实际输入值，但不更新进程映像寄存器。立即触点不依赖 S7-200 扫描周期进行更新；而会立即更新。当实际输入点（位）是 1 时，通常立即打开（LDI、AI、OI）触点关闭（打开）。当实际输入点（位）是 0 时，通常立即关闭（LDNI、ANI、ONI）触点关闭（打开）。

在 LAD 中，通常立即打开和通常立即关闭指令用触点表示。

3. NOT（取反）

——|NOT|——

NOT（取反）触点改变使能位输入状态。当使能位到达 NOT（取反）触点时即停止。当使能位未到达 NOT（取反）触点时，则供给使能位。在 LAD 中，NOT（取反）指令用触点表示。NOT（取反）的实例图和时序图如图 5-2 所示。

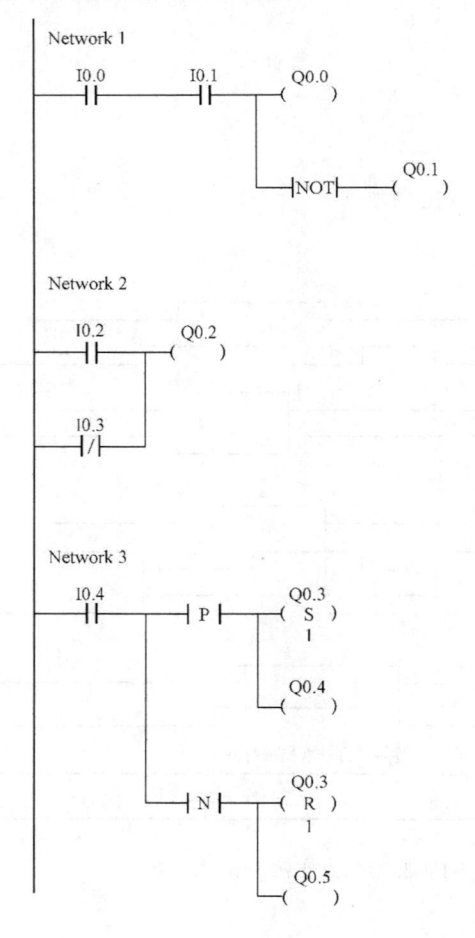

```
Network 1
   I0.0      I0.1           Q0.0
——| |————| |—————————————( )
                  |
                  |         Q0.1
                  ├—|NOT|——( )

Network 2
   I0.2           Q0.2
——| |—————————————( )
   |
   I0.3
   ├—|/|——

Network 3
   I0.4                    Q0.3
——| |———————|P|———————————( S )
             |              1
             |              Q0.4
             ├——————————————( )
             |
             |              Q0.3
             ├——|N|—————————( R )
             |              1
             |              Q0.5
             ├——————————————( )
```

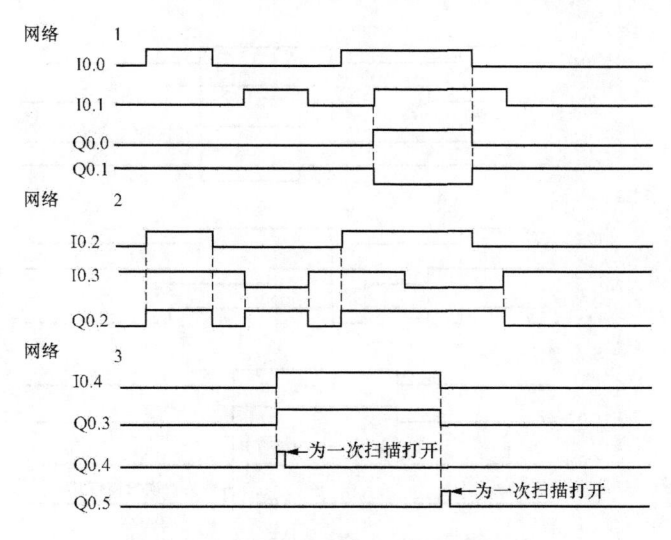

第 5 章 S7-200 系列 PLC 的指令系统

图 5-2 取反（NOT）实例图和时序图

4. 正向、负向转换

—| P |—

—| N |—

输入/输出	操 作 数	数据类型
位	I, Q, M, SM, T, C, V, S, L, 使能位	布尔

正向转换（EU）触点允许一次扫描中每次执行"关闭至打开"转换时电源流动。负向转换（ED）触点允许一次扫描中每次执行"打开至关闭"转换时电源流动。在 LAD 中，正向和负向转换指令用触点表示。实例图和时序图如图 5-3 所示。

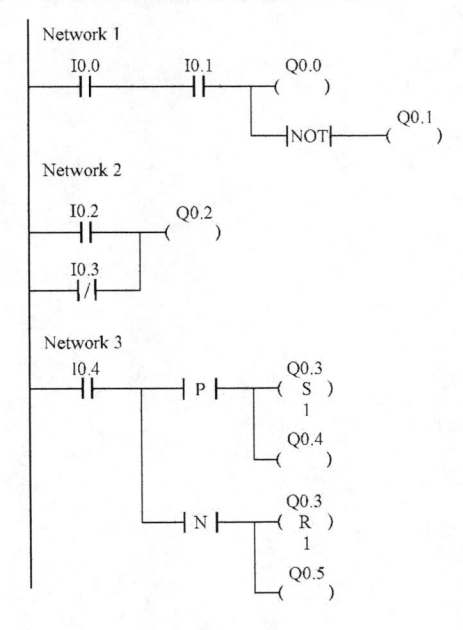

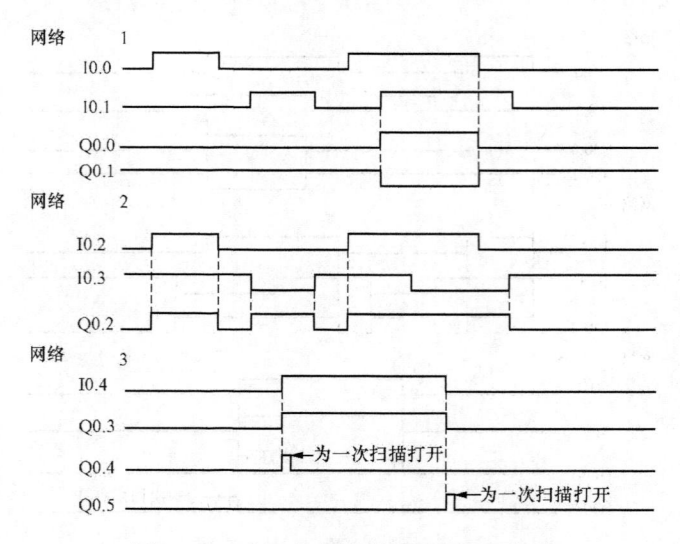

```
网络  1
I0.0  ‾‾|__|‾‾‾‾‾‾|_____|‾‾
I0.1  _____|‾‾‾‾|___|‾‾‾‾‾‾|__
Q0.0  _____|‾‾‾‾|_____
Q0.1  _____|‾‾‾‾|_____

网络  2
I0.2  ‾‾|__|‾‾‾‾|___|‾‾‾‾‾|__
I0.3  ____|‾|___|‾|___|‾‾|___
Q0.2  ____|‾|___|‾|___|‾‾|___

网络  3
I0.4  _____|‾‾‾‾‾‾|_____
Q0.3  _____|‾‾‾‾‾‾|_____
Q0.4  _____|‾ ←为一次扫描打开
Q0.5  _____|‾ ←为一次扫描打开
```

图 5-3 正向、负向转换实例图和时序图

5. 输出

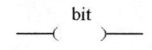

―(bit)―

输入/输出	操　作　数	数据类型
位	I, Q, M, SM, T, C, V, S, L	布尔

输出（=）指令将输出位的新数值写入过程映像寄存器。在 LAD 和 FBD 中，当输出指令被执行时，S7-200 将过程映像寄存器中的输出位打开或关闭。对于 LAD 和 FBD，指定的位被设为等于使能位。输出实例图和时序图如图 5-4 所示。

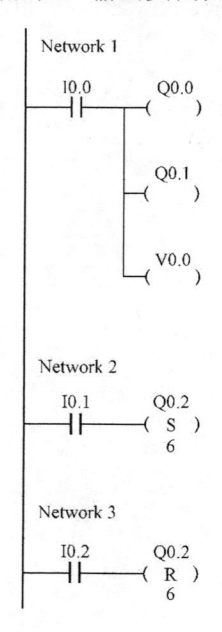

```
Network 1
  I0.0      Q0.0
――| |――――( )
            |
            |   Q0.1
            ――( )
            |
            |   V0.0
            ――( )

Network 2
  I0.1      Q0.2
――| |――――( S )
             6

Network 3
  I0.2      Q0.2
――| |――――( R )
             6
```

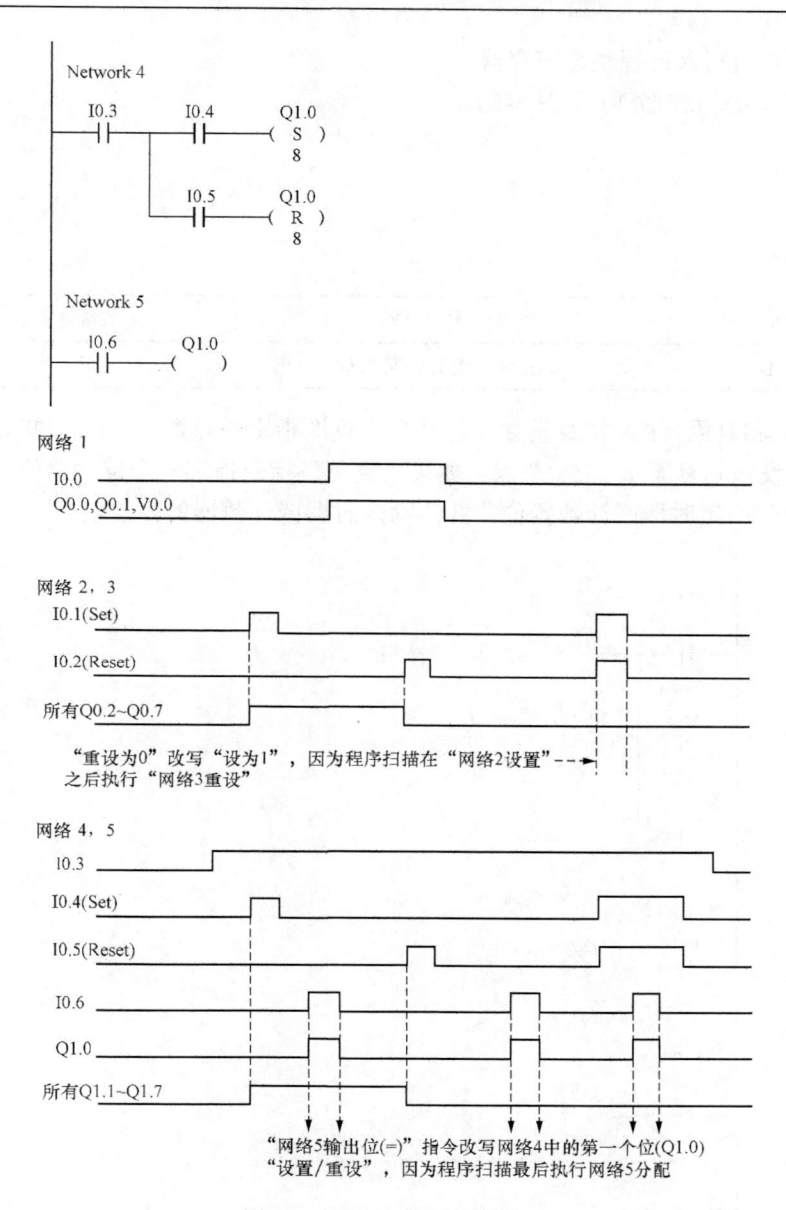

第 5 章　S7-200 系列 PLC 的指令系统

```
Network 4
  I0.3    I0.4        Q1.0
 ─┤├──┬──┤├──────( S )
      │              8
      │     I0.5    Q1.0
      └────┤├──────( R )
                    8

Network 5
  I0.6        Q1.0
 ─┤├────────( )
```

网络 1
I0.0
Q0.0,Q0.1,V0.0

网络 2，3
I0.1(Set)
I0.2(Reset)
所有 Q0.2~Q0.7
"重设为0"改写"设为1"，因为程序扫描在"网络2设置"之后执行"网络3重设"

网络 4，5
I0.3
I0.4(Set)
I0.5(Reset)
I0.6
Q1.0
所有 Q1.1~Q1.7
"网络5输出位(=)"指令改写网络4中的第一个位(Q1.0)
"设置/重设"，因为程序扫描最后执行网络5分配

图 5-4　输出实例图和时序图

6. 立即输出

```
    bit
───( I )
```

输入/输出	操 作 数	数据类型
位	使能位	布尔

执行指令时，立即输出（=I）指令将新值写入实际输出和对应的过程映像寄存器位置。执行"立即输出"指令时，实际输出点（位）被立即设为等于使能位。"I"表示立即参考；执行指令时，新值被写入实际输出和对应的过程映像寄存器位置。这与非立即参考不同，非

立即参考仅将新值写入过程映像寄存器。

7. 设置、复原（N 位）（见图 5-5）

```
       bit
   ─( S )
       N

       bit
   ─( R )
       N
```

输入/输出	操 作 数	数据类型
位	I, Q, M, SM, T, C, V, S, L	布尔

设置（S）和复原（R）指令设置（打开）或复原指定的点数（N），从指定的地址（位）开始。您可以设置和复原 1～255 个点。如果"复员"指令指定一个定时器位（T）或计数器位（C），指令复原定时器或计数器位，并清除定时器或计数器的当前值。

```
Network 1
   I0.0       Q0.0
  ─┤├────────( )
              │
              │   Q0.1
              ├──( )
              │
              │   V0.0
              └──( )

Network 2
   I0.1       Q0.2
  ─┤├────────( S )
               6

Network 3
   I0.2       Q0.2
  ─┤├────────( R )
               6

Network 4
   I0.3  I0.4   Q1.0
  ─┤├───┤├────( S )
                 8
         I0.5   Q1.0
        ─┤├───( R )
                 8

Network 5
   I0.6       Q1.0
  ─┤├────────( )
```

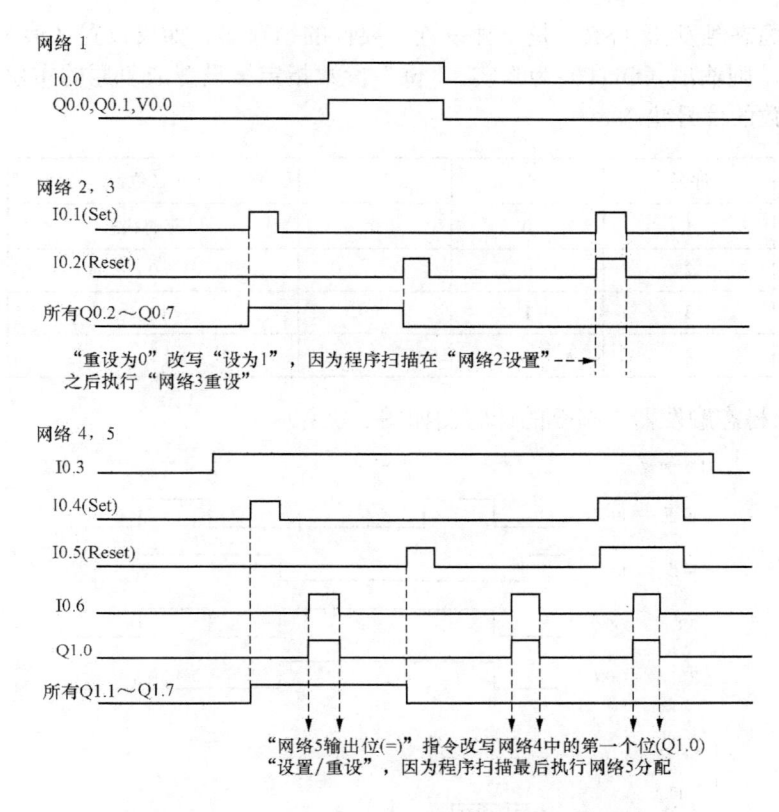

第5章 S7-200系列PLC的指令系统

网络1
I0.0
Q0.0,Q0.1,V0.0

网络2，3
I0.1(Set)
I0.2(Reset)
所有Q0.2～Q0.7

"重设为0"改写"设为1"，因为程序扫描在"网络2设置"
之后执行"网络3重设"

网络4，5
I0.3
I0.4(Set)
I0.5(Reset)
I0.6
Q1.0
所有Q1.1～Q1.7

"网络5输出位(=)"指令改写网络4中的第一个位(Q1.0)
"设置/重设"，因为程序扫描最后执行网络5分配

图 5-5 设置、复原（N 位）实例图和时序图

8. 设置、立即复原（N 位）

```
     bit
—( SI )
      N

     bit
—( RI )
      N
```

输入/输出	操作数	数据类型
位	Q	布尔

立即设置（SI）和立即复原（RI）指令立即设置（打开）或立即复原（关闭）点数（N），从指定的地址（位）开始。您可以立即设置或复原1～128个点。"I"表示立即引用；执行指令时，新值被写入实际输出点和相应的过程映像寄存器位置。这与非立即参考不同，非立即参考只将新值写入过程映像寄存器。

9. 设置主双稳态触发器

输入/输出	操作数	数据类型
S1	使能位	布尔
R	使能位	布尔
OUT	使能位	布尔

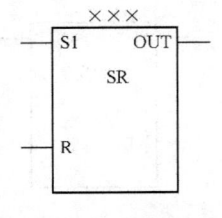

```
  ×××
┌─────────┐
│S1    OUT│
│   SR    │
│         │
┤R        │
└─────────┘
```

设置主双稳态触发器

设置主双稳态触发器（SR）是一种设置主要位的锁存器。如果设置（S1）和复原（R）信号均为真实，则输出（OUT）为真实。"位"参数指定被设置或复原的布尔参数。供选用输出反映位参数的信号状态。

序号	S1	R	Out（位）
1	0	0	以前的状态
2	0	1	0
3	1	0	1
4	1	1	1

"设置主双稳态触发器"指令的计时图如图 5-6 所示。

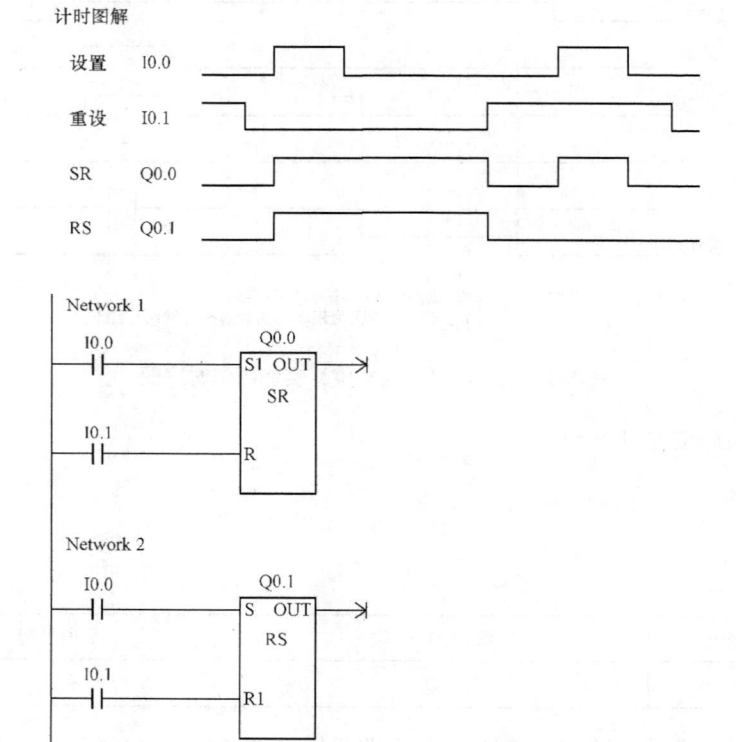

图 5-6 "设置主双稳态触发器"指令的实例图和计时图

10. 复原主双稳态触发器

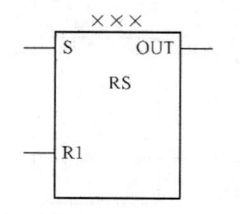

输入/输出	操作数	数据类型
S	使能位	布尔
R1	使能位	布尔
OUT	使能位	布尔

复原主双稳态触发器

复原主双稳态触发器（RS）是一种复原主要位的锁存器。如果设置（S）和复原（R）信号均为真实，则输出（OUT）为虚假。

序号	S1	R	Out（位）
1	0	0	以前的状态
2	0	1	1
3	1	0	0
4	1	1	0

"复原主双稳态触发器"指令的计时图如图5-7所示。

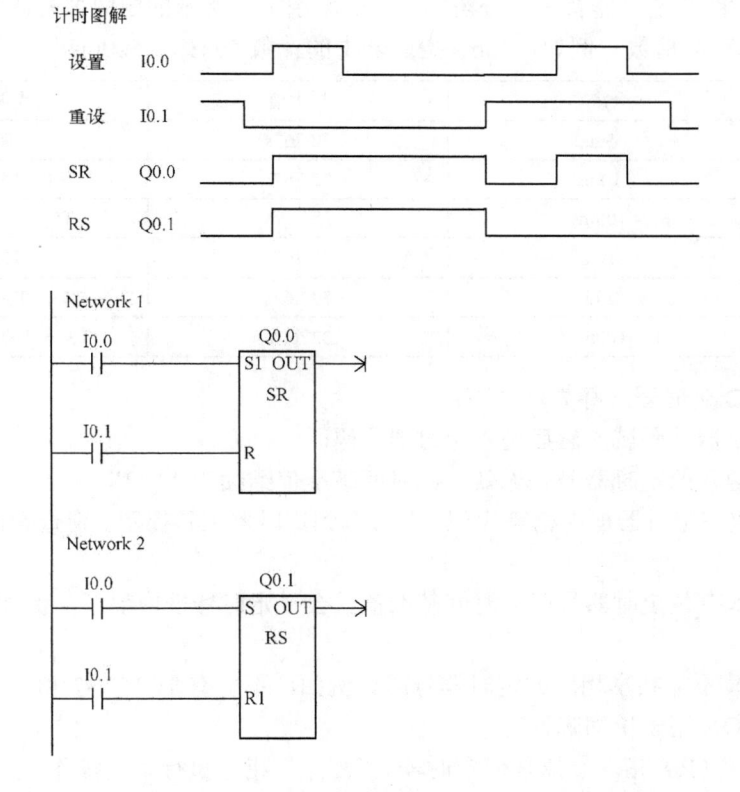

图 5-7 "复原主双稳态触发器"指令的实例图和计时图

11. 无操作

操作数	数据类型
N：常数（0~255）	字节

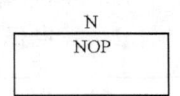

无操作（NOP）指令对用户程序执行无效。操作数 N 为数字 0~255。

5.2.2 定时器指令

1. 接通延时定时器

```
  Txxx
┤IN   TON├
│        │
┤PT  ??? ms│
```

延时定时器

输入/输出	操作数	数据类型
Txxx	常数（T0~T255）	字
IN	使能位	布尔
PT	VW, IW, QW, MW, SW, SMW, LW, AIW, T, C, AC, 常数, *VD, *LD, *AC	整数

接通延时定时器（TON）指令在启用输入为"打开"时，开始计时。当前值（Txxx）大于或等于预设时间（PT）时，定时器位为"打开"。启用输入为"关闭"时，接通延时定时器当前值被清除。达到预设值后，定时器仍继续计时，达到最大值 32767 时，停止计时。TON、TONR 和 TOF 定时器有三种分辨率。分辨率由下图所示的定时器号码决定。每一个当前值都是时间基准的倍数。例如，10ms 定时器中的计数 50 表示 500ms。

定时器类型	分辨率	最大值	定时器号码
TONR	1ms	32.767s	T0，T64
	10ms	327.67s	T1~T4，T65~T68
	100ms	3276.7s	T5~T31，T69~T95
TON、TOF	1ms	32.767s	T32，T96
	10ms	327.67s	T33~T36，T97~T100
	100ms	3276.7s	T37~T63，T101~T255

LAD 和 FBD 定时器选择方法如下：
1）点击定时器号码域，然后键入定时器号码。
2）倘若您键入的定时器号码无效，则时间基准值继续为"???"。
3）将光标放在定时器框内稍等片刻，即可看到定时器工具提示。请查看此类定时器的有效号码列表。
4）一旦键入有效定时器号码，时间基准值就会在定时器框内显示，例如"10 ms"。
注释：
TOF 及 TON 不能共享相同的定时器号码。例如，不能有 TON T32 和 TOF T32。
您可以将 TON 用于单间隔计时。
可用"复原"（R）指令复原任何定时器。"复原"指令执行下列操作：
定时器位=关闭，定时器当前值=0。
（1）程序举例 1，如图 5-8 所示。
（2）程序举例 2，如图 5-9 所示。

2. 掉电保护性接通延时定时器

输入/输出	操作数	数据类型
Txxx	常数（T0~T255）	字
IN（LAD）	使能位	布尔
PT	VW, IW, QW, MW, SW, SMW, LW, AIW, T, C, AC, 常数, *VD, *LD, *AC	整数

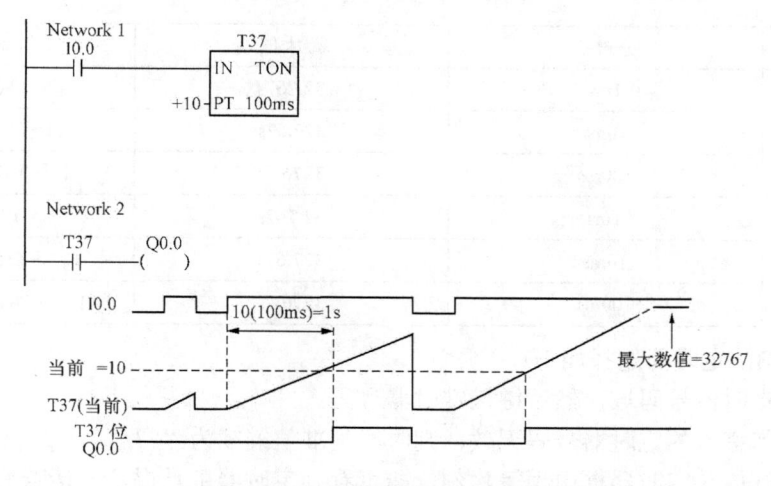

图 5-8 TON 的实例图 1 和时序图

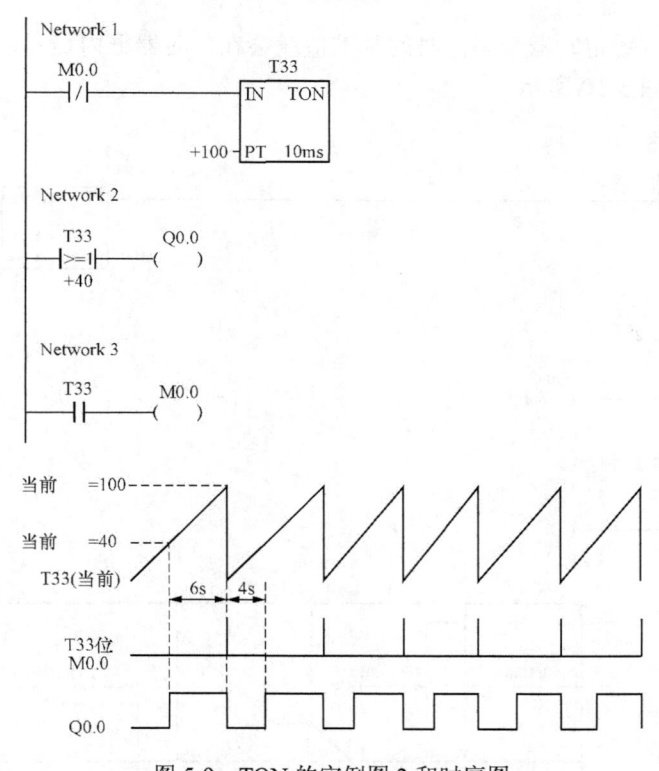

图 5-9 TON 的实例图 2 和时序图

掉电保护性接通延时定时器（TONR）指令在启用输入为"打开"时，开始计时。当前值（Txxx）大于或等于预设时间（PT）时，计时位为"打开"。当输入为"关闭"时，保持保留性延迟定时器当前值。您可使用保留性接通延时定时器为多个输入"打开"阶段累计时间。使用"复原"指令（R）清除保留性延迟定时器的当前值。达到预设值后，定时器继续计时，达到最大值 32767 时，停止计时。TON、TONR 和 TOF 定时器有三种分辨率。分辨率由下图所示的定时器号码决定。每一个当前值都是时间基准的倍数。例如，10ms 定时器中的数值 50 表示 500ms。

定时器类型	分辨率	最大值	定时器号码
TONR	1ms	32.767s	T0，T64
	10ms	327.67s	T1～T4，T65～T68
	100ms	3276.7s	T5～T31，T69～T95
TON、TOF	1ms	32.767s	T32，T96
	10ms	327.67s	T33～T36，T97～T100
	100ms	3276.7s	T37～T63，T101～T255

LAD 和 FBD 定时器选择如下：

（1）点击定时器号码域，然后键入定时器号码。

（2）倘若您键入的定时器号码无效，则时间基准值继续为"???"。

（3）将光标放在定时器框内稍等片刻，即可看到定时器工具提示。请查看此类定时器的有效号码列表。

（4）一旦键入有效定时器号码，时间基准值就会在定时器框内显示，例如"10ms"。

程序举例，如图 5-10 所示。

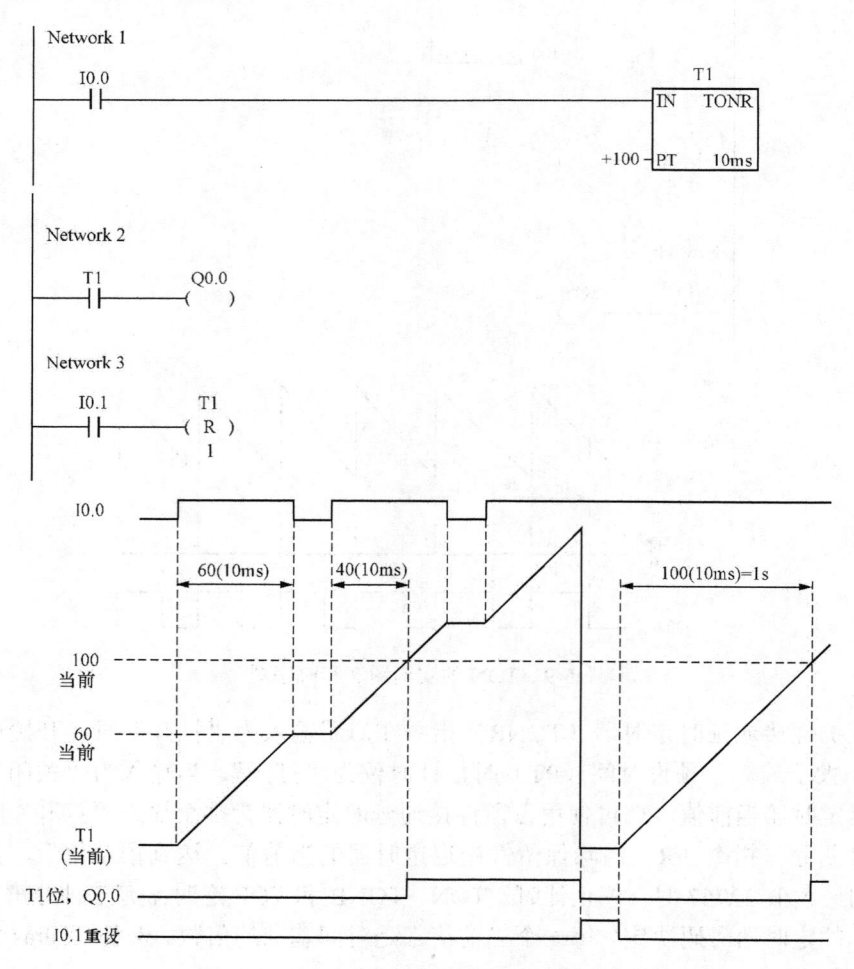

图 5-10　TONR 实例图和时序图

注释：

您可以将 TONR 用于累积多个计时间隔。

可用"复原"（R）指令复原任何定时器。"复原"指令执行下列操作：

定时器位 = 关闭，定时器当前值 = 0。

只能用"复原"指令复原 TONR 定时器。

3. 断开延时定时器

输入/输出	操 作 数	数据类型
Txxx	常数（T0～T255）	字
IN （LAD）	使能位	布尔
PT	VW, IW, QW, MW, SW, SMW, LW, AIW, T, C, AC, 常数, *VD, *LD, *AC	整数

断开延时定时器（TOF）用于在输入关闭后，延迟固定的一段时间再关闭输出。启用输入打开时，定时器位立即打开，当前值被设为 0。输入关闭时，定时器继续计时，直到消逝的时间达到预设时间。达到预设值后，定时器位关闭，当前值停止计时。如果输入关闭的时间短于预设数值，则定时器位仍保持在打开状态。TOF 指令必须遇到从"打开"至"关闭"的转换才开始计时。如果 TOF 定时器位于 SCR 区域内部，而且 SCR 区域处于非现用状态，则当前值被设为 0，计时器位被关闭，而且当前值不计时。TON、TONR 和 TOF 定时器有三种分辨率。分辨率由下图所示的定时器号码决定。每一个当前值都是时间基准的倍数。例如，10ms 定时器中的数值 50 表示 500ms。

定时器类型	分辨率	最大值	定时器号码
TONR	1ms	32.767s	T0, T64
	10ms	327.67s	T1～T4, T65～T68
	100ms	3276.7s	T5～T31, T69～T95
TON、TOF	1ms	32.767s	T32, T96
	10ms	327.67s	T33～T36, T97～T100
	100ms	3276.7s	T37～T63, T101～T255

LAD 和 FBD 定时器选择如下。

1）点击定时器号码域，然后键入定时器号码。

2）倘若您键入的定时器号码无效，则时间基准值继续为"???"。

3）将光标放在定时器框内稍等片刻，即可看到定时器工具提示。请查看此类定时器的有效号码列表。

4）一旦键入有效定时器号码，时间基准值就会在定时器框内显示，例如"10ms"。

注释：

TOF 及 TON 不能共享相同的定时器号码。例如，不能有 TON T32 和 TOF T32。

您可以将 TOF 用于延长时间以超过关闭（或假）条件，例如在电机关闭后使电机冷却。

可用"复原"（R）指令复原任何定时器。"复原"指令执行下列操作：

定时器位 = 关闭，定时器当前值 = 0。

复原后，TOF 定时器要求启用输入从"打开"转换为"关闭"，以便重新启动。

程序举例，如图 5-11 所示。

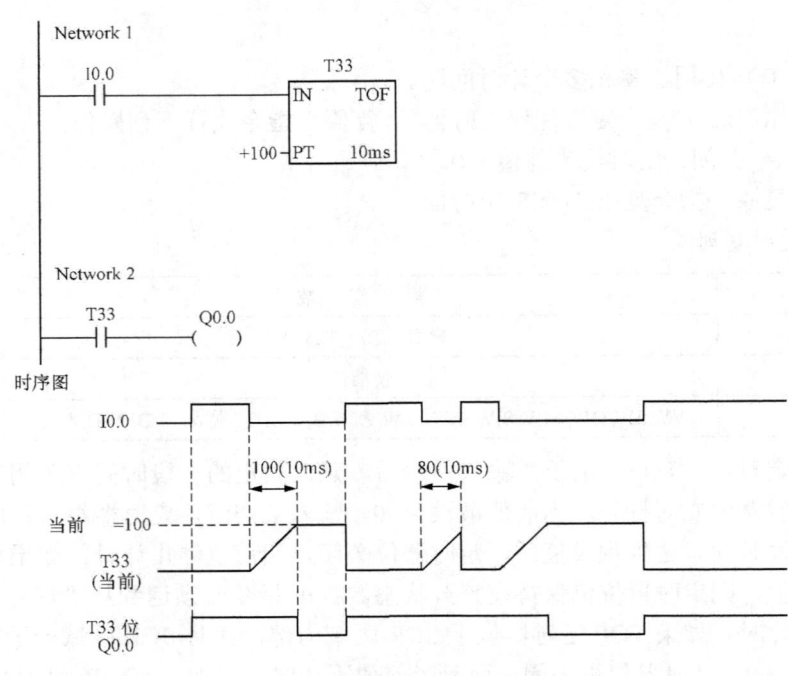

```
Network 1
  I0.0              T33
  ─┤├──────────────IN   TOF
              +100─PT   10ms

Network 2
  T33     Q0.0
  ─┤├─────( )
```

图 5-11 TOF 实例图和时序图

4. 开始间隔时间

输入/输出	操 作 数	数据类型
OUT	VD, ID, QD, MD, SMD, SD, LD, AC, *VD, *LD, *AC	双字

读取内置 1ms 计数器的当前值，并将该值存储于 OUT。双字毫秒值的最大计时间隔为 2 的 32 次方，即 49.7 日。

5. 计算间隔时间

输入/输出	操 作 数	数据类型
IN	VD, ID, QD, MD, SMD, SD, LD, HC, AC, *VD, *LD, *A	双字
OUT	VD, ID, QD, MD, SMD, SD, LD, AC, *VD, *LD, *AC	双字

程序举例，如图 5-12 所示。

计算当前时间与 IN 所提供时间的时差，将该时差存储于 OUT。双字毫秒值的最大计时间隔为 2 的 32 次方，即 49.7 日。取决于 BGN_ITIME 指令的执行时间，CAL_ITIME 指令将自动处理发生在最大间隔内的 1ms 定时器翻转。

5.2.3 计数器指令

1. 向上计数器

输入/输出	操 作 数	数据类型
Cxxx	常数（C0～C255）	字
CU（LAD）	使能位	布尔
R （LAD）	使能位	布尔
PV	VW, IW, QW, MW, SMW, LW, AIW, AC, T, C, 常数, *VD, *AC, *LD, SW	整数

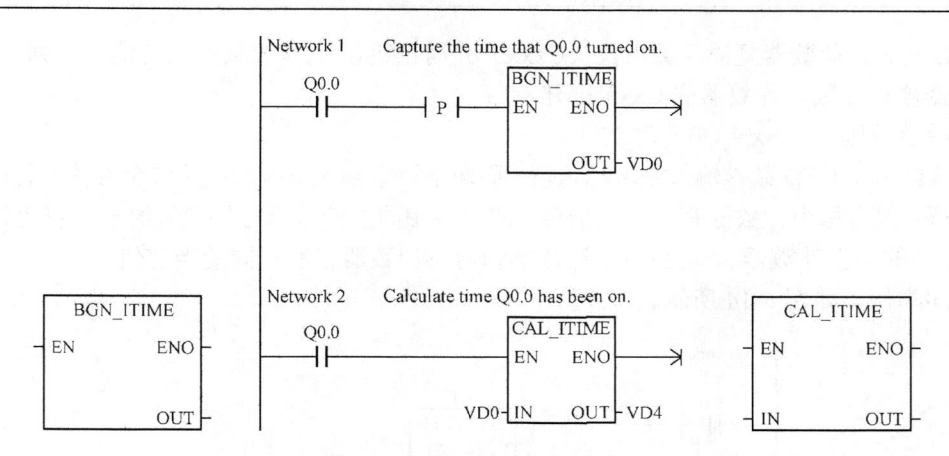

第 5 章　S7-200 系列 PLC 的指令系统

图 5-12　开始间隔时间实例图

每次向上计数输入 CU 从关闭向打开转换时，向上计数（CTU）指令从当前值向上计数。当前值（Cxxx）大于或等于预设值（PV）时，计数器位（Cxxx）打开。复原（R）输入打开或执行"复原"指令时，计数器被复原。达到最大值（32767）时，计数器停止计数。计数器范围如下：

Cxxx=C0～C255 在 STL 中，CTU 复原输入是堆栈顶值，向上计数输入是装载在第二个堆栈位置的值。

注释：因为每个计数器有一个当前值，请勿将相同的计数器号码设置给一个以上计数器。（号码相同的向上计数器、向上/向下计数器和向下计数器访问相同的当前值。）

2. 向下计数器

输入/输出	操 作 数	数据类型
Cxxx	常数（C0～C255）	字
CD（LAD）	使能位	布尔
LD（LAD）	使能位	布尔
PV	VW, IW, QW, MW, SMW, LW, AIW, AC, T, C, 常数, *VD, *AC, *LD, SW	整数

如图 5-13 所示的向下计数器中，每次向下计数输入光盘从关闭向打开转换时，向下计数（CTD）指令从当前值向下计数。当前值 Cxxx 等于 0 时，计数器位（Cxxx）打开。载入输入

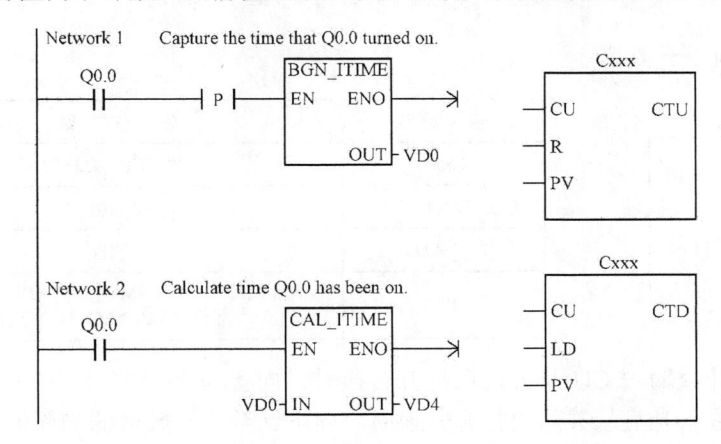

图 5-13　计算间隔时间实例图

(LD）打开时，计数器复原计数器位（Cxxx）并用预设值（PV）载入当前值。达到零时，向下计数器停止计数，计数器位 Cxxx 打开。

计数器范围：Cxxx = C0～C255。

在 STL 中，CTD 载入输入是堆栈顶值，而向下计数输入是装载在第二个堆栈位置的数值。

注释：因为每个计数器有一个当前值，请勿将相同的计数器号码设置给一个以上计数器。（号码相同的向上计数器、向上/向下计数器和向下计数器存取相同的当前值。）

程序举例，如图 5-14 所示。

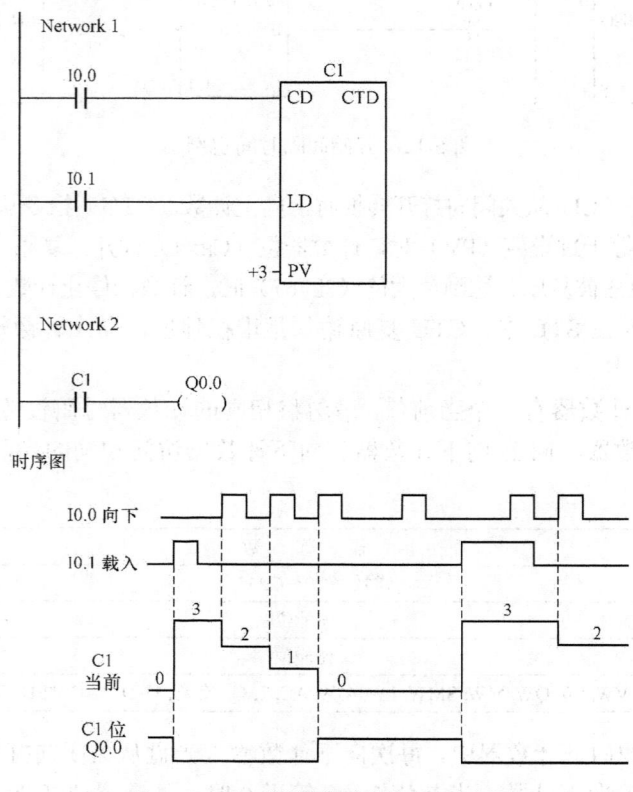

图 5-14 向下计数器实例图和时序图

3. 向上/向下计数器

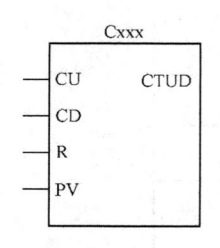

输入/输出	操 作 数	数据类型
Cxxx	常数（C0～C255）	字
CU,CD（LAD）	使能位	布尔
R（LAD）	使能位	布尔
PV	VW, IW, QW, MW, SMW, LW, AIW, AC, T, C, 常数, *VD, *AC, *LD, SW	整数

每次向上计数输入 CU 从关闭向打开转换时，向上/向下计时（CTUD）指令向上计数，每次向下计数输入光盘从关闭向打开转换时，向下计数。计数器的当前值 Cxxx 保持当前计数。每次执行计数器指令时，预设值 PV 与当前值进行比较。

达到最大值（32767），位于向上计数输入位置的下一个上升沿使当前值返转为最小值（-32768）。在达到最小值（-32768）时，位于向下计数输入位置的下一个上升沿使当前计数返转为最大值（32767）。

当当前值 Cxxx 大于或等于预设值 PV 时，计数器位 Cxxx 打开。否则，计数器位关闭。当"复原"（R）输入打开或执行"复原"指令时，计数器被复原。达到 PV 时，CTUD 计数器停止计数。

计数器范围：Cxxx=C0～C255。

在 STL 中，CTUD 复原输入是堆栈顶值，向下计数输入是装载在第二个堆栈位置的值，向上计数输入是装载在第三个堆栈位置的值。

程序举例，如图 5-15 所示。

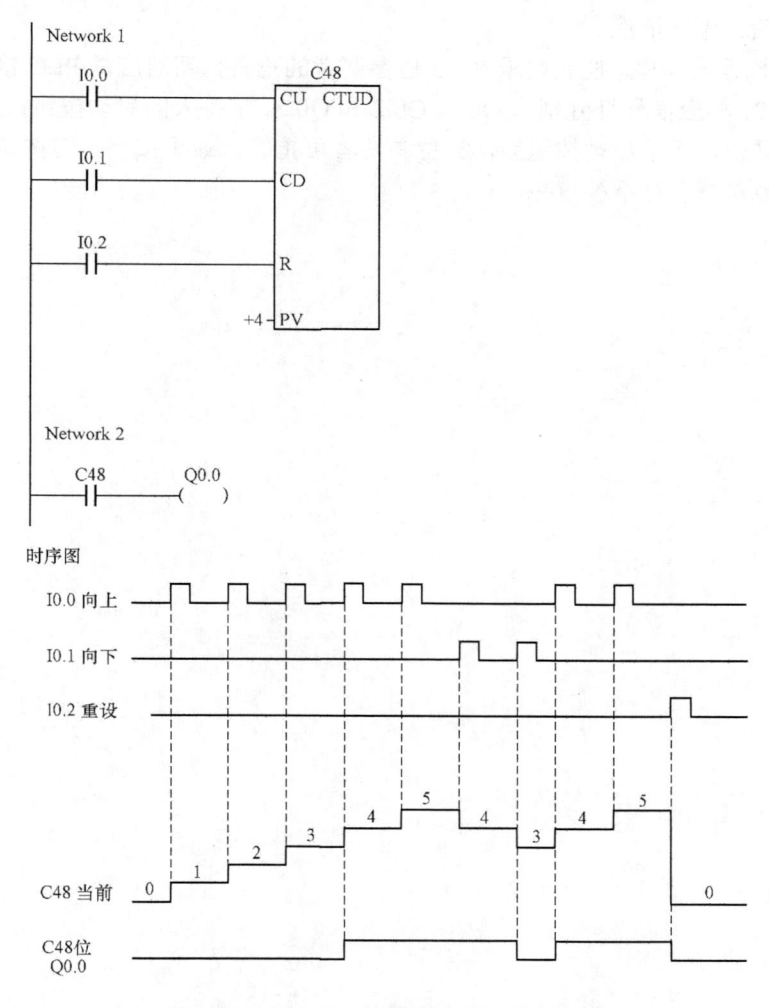

图 5-15 向上/向下计数器实例图和时序图

注释：

因为每个计数器有一个当前值，请勿将相同的计数器号码设置给一个以上计数器。（号码相同的向上计数器、向上/向下计数器和向下计数器存取相同的当前值。）

思 考 与 练 习

5.1 简述 S7-200 的结构特点是什么。

5.2 简述 S7-200 位逻辑指令有哪些。

5.3 简述 S7-200 定时器指令有哪些。

5.4 简述 S7-200 计数器指令有哪些。

5.5 设计闪灯电路，使负载接通 10s，断开 10s，频率不停闪烁。

5.6 编制洗衣机清洗控制程序。控制要求：当按下启动按钮对应的 PLC 接线端子 I0.0 后，电动机先正转 2s，停 2s，然后反转 2s，停 2s，如此重复 5 次，自动停止清洗。当按下停止按钮 I0.1 后，停止清洗。

5.7 编制抢答器程序。控制要求是：3 位参赛者的抢答按钮对应的 PLC 接线端子分别为 I0.0、I0.1 和 I0.2，相应信号灯分别为 Q0.1、Q0.2 和 Q0.3，主持人的启动按钮接线端子为 I0.3。当主持人读完试题，按下启动按钮后，3 位参赛者可抢答，最早按下抢答按钮的参赛者信号等被点亮，其他参赛者灯不被点亮。

第 6 章 STEP 7-Micro/WIN 32 编程软件的使用方法

6.1 STEP 7-Micro/WIN 概 述

6.1.1 STEP 7 -Micro/WIN 窗口组件

STEP 7-Micro/WIN 32 是专门为 S7-200 设计的，可在个人计算机 Windows 操作系统下运行的编程软件。CPU 通过 PC/PPI 电缆或插在计算机中的 CP 5511 或 CP 5611 通信卡与计算机通信，通过 PC/PPI 电缆，可以在 Windows 下实现多主站通信方式。

STEP 7-Micro/WIN 32 的用户程序结构简单清晰，通过一个主程序调用子程序或中断程序，还可以通过数据块进行变量的初始化设置。用户可以用语句表（STL）、梯形图（LAD）和功能块图（FBD）编程，不同的编程语言编制的程序可以相互转换，可以用符号表来定义程序中使用的变量地址对应的符号，使程序便于设计和理解。

STEP 7-Micro/WIN 32 为用户提供了基本上符合 PLC 编程语言国际标准 IEC 61131-3 的指令集。通过调制解调器可以实现远程编程，可以用单次扫描和强制输出等方式来调试程序和进行故障诊断。

STEP 7-Micro/WIN 32 窗口界面如图 6-1 所示。

图 6-1 STEP 7-Micro/WIN32 窗口界面

1. 操作栏

操作栏为显示编程特性的按钮控制群组，包括：

(1)"视图"：选择该类别，为程序块、符号表，状态图，数据块，系统块，交叉参考及通信显示按钮控制。

(2)"工具"：选择该类别，显示指令向导、文本显示向导、位置控制向导、EM 253 控制面板和调制解调器扩展向导的按钮控制。

注释：当操作栏包含的对象因为当前窗口大小无法显示时，操作栏显示滚动按钮，使能向上或向下移动至其他对象。

2. 指令树

指令树提供所有项目对象和为当前程序编辑器（LAD、FBD 或 STL）提供的所有指令的树型视图。可以用鼠标右键点击树中"项目"部分的文件夹，插入附加程序组织单元（POU）；可以用鼠标右键点击单个 POU，打开、删除、编辑其属性表，用密码保护或重命名子程序及中断例行程序。可以用鼠标右键点击树中"指令"部分的一个文件夹或单个指令，以便隐藏整个树。一旦打开指令文件夹，就可以拖放单个指令或双击，按照需要自动将所选指令插入程序编辑器窗口中的光标位置。可以将指令拖放在"偏好"文件夹中，排列经常使用的指令。

3. 交叉参考

允许检视程序的交叉参考和组件使用信息。

4. 数据块

允许显示和编辑数据块内容。

5. 状态图窗口

允许将程序输入、输出或变量置入图表中，以便追踪其状态。可以建立多个状态图，以便从程序的不同部分检视组件。每个状态图在状态图窗口中有自己的标签。

6. 符号表/全局变量表窗口

允许分配和编辑全局符号（即可在任何 POU 中使用的符号值，不只是建立符号的 POU）。可以建立多个符号表。可在项目中增加一个 S7-200 系统符号预定义表。

7. 输出窗口

在编译程序时提供信息。当输出窗口列出程序错误时，可双击错误信息，会在程序编辑器窗口中显示适当的网络。当编译程序或指令库时，提供信息。当输出窗口列出程序错误时，可以双击错误信息，会在程序编辑器窗口中显示适当的网络。

8. 状态条

提供在 STEP 7-Micro/WIN 中操作时的操作状态信息。

9. 程序编辑器窗口

包含用于该项目的编辑器（LAD、FBD 或 STL）的局部变量表和程序视图。如果需要，可以拖动分割条，扩展程序视图，并覆盖局部变量表。当在主程序一节（OB1）之外，建立子程序或中断例行程序时，标记出现在程序编辑器窗口的底部。可点击该标记，在子程序、中断和 OB1 之间移动。

10. 局部变量表

包含对局部变量所作的赋值（即子程序和中断例行程序使用的变量）。在局部变量表中建立的变量使用暂时内存；地址赋值由系统处理；变量的使用仅限于建立此变量的 POU。

11. 菜单条

允许使用鼠标或键击执行操作。可以定制"工具"菜单，在该菜单中增加自己的工具。

12. 工具条

为最常用的 STEP 7-Micro/WIN 操作提供便利的鼠标访问。可以定制每个工具条的内容和外观。

6.1.2 如何使用在线帮助

对于希望获得帮助的标题，选择菜单项目或打开对话框，按"F1"键访问该标题的上下文相关帮助。（在某些情形下，可按"Shift"和"F1"键访问帮助标题。）从菜单获得帮助：STEP 7-Micro/WIN 中的"帮助"菜单提供下列选项：

1. 目录和索引

允许借助目录浏览程序（显示每本书包含的标题）或可搜索索引浏览该帮助系统。

2. 这是什么？

提供接口元素定义。通过同时按 Shift 和 F1 键，还能访问"这是什么？"帮助。光标变为一个问号；用它在希望获得帮助的项目上点击。

3. 网络上的 S7-200

为技术支持和产品信息提供西门子（Siemens）因特网网站访问。

4. 关于

列出 STEP 7-Micro/WIN 的产品和版权信息。

6.1.3 如何定制 STEP 7-Micro/WIN 的外观

STEP 7-Micro/WIN 提供多种访问和显示信息的方法。为了简化程序设计，可能希望不用操作栏和输出窗口。可以将在程序设计时需要的窗口盖住或最小化，例如局部变量表和符号表，仅在必要时调出。这样可为以下主要项目腾出最大的空间：指令树（供 LAD 和 FBD 程序员使用）和程序编辑器窗口（供 STL、LAD 和 FBD 程序员使用）。

以下是一些安排 STEP 7-Micro/WIN 工作区不同组件的提示：

1. 检视或隐藏各种窗口组件

从菜单条选择"检视"，并选择一个对象，将其标选符号在打开和关闭之间切换。带标选符号的对象是当前在 STEP 7-Micro/WIN 环境中打开的对象。

2. 级联窗口

从菜单条选择窗口 > 级联、窗口 > 垂直或窗口 > 水平。

3. 最小化、恢复、最大化或关闭窗口

使用位于每个窗口标题条中的最小化、恢复、最大化和关闭按钮。请注意，当最大化窗口时，按钮在 STEP 7-Micro/WIN 主窗口按钮下方的菜单条区内显示。当最大化窗口时，窗口会盖住已经打开的任何其他窗口显示，但最大化窗口不会关闭其他窗口。

4. 使用标记检视窗口的不同组件

诸如程序编辑器、状态图、符号表和数据块的窗口可能有多个标记。例如，程序编辑器窗口包含的标记允许在主程序（OB1）、子程序和中断例行程序之间浏览。

5. 更改尺寸或拆卸局部变量表

将光标放置在程序编辑器和局部变量表的分隔条上方，拖动光标，增加或缩小局部变量表的尺寸。如果程序不包含要求定义任何局部变量的子程序或中断例行程序，则拖动程序编辑器，使之完全盖住局部变量表。（因为局部变量表是程序编辑器窗口的一部分，无法取消局部变量表。）

6. 移动或隐藏工具条

根据默认值，文件、调试和程序工具条在 STEP 7-Micro/WIN 的菜单条下方显示。然而，可以移动任何工具条，将光标放在工具条区域内，移动工具条。如果将工具条拖至 STEP 7-Micro/WIN 中任何窗口的边框附近，工具条将停放在该窗口的边框处，否则工具条成为一个独立的、自由漂浮的工具条。当工具条独立时，点击工具条标题条中的"X"按钮，隐藏工具条。可以选择工具 > 定制，并从"定制"对话框"工具条"标记选择适当的复选框（文件、调试、阶梯、FBD、STL）恢复工具条。

6.2 输入梯形逻辑程序

1. 建立项目

打开新项目：双击 STEP 7-Micro/WIN 图标，或从"开始"菜单选择 SIMATIC>STEP 7 Micro/WIN，启动应用程序。会打开一个新 STEP 7-Micro/WIN 项目。

打开现有项目：从 STEP 7-Micro/WIN 中，使用文件菜单，选择下列选项之一：

（1）打开：允许浏览至一个现有项目，并且打开该项目。

（2）文件名称——如果最近在一项目中工作过，该项目在"文件"菜单下列出，可直接选择，不必使用"打开"对话框。

也可以使用 Windows Explorer 浏览至适当的目录，无需将 STEP 7-Micro/WIN 作为一个单独的步骤启动即可打开的项目。在 STEP 7-Micro/WIN 3.0 版或更高版本中，项目包含在带有.mwp 扩展名的文件中。

2. 梯形逻辑元素及其作用

阶梯逻辑（LAD）是一种与电气继电器图相似的图形语言。当在 LAD 中写入程序时，使用图形组件，并将其排列成一个逻辑网络，下列元件类型在建立程序时可供使用。

（1）触点 代表电源可通过的开关。

电源仅在触点关闭时通过正常打开的触点（逻辑值一）；电源仅在触点打开时通过正常关闭或负值（非）触点（逻辑值零）。

（2）线圈 代表由使能位充电的继电器或输出。

（3）方框 代表当使能位到达方框时执行的一项功能（如定时器、计数器或数学运算）。

网络由以上元素组成并代表一个完整的线路。电源从左边的电源杆流过（在 LAD 编辑器中由窗口左边的一条垂直线代表）闭合触点，为线圈或方框充电。

在 LAD 中构造简单、串联和并联网络的规则如下。

（1）放置触点的规则：每个网络必须以一个触点开始。网络不能以触点终止。

（2）放置线圈的规则：网络不能以线圈开始；线圈用于终止逻辑网络。一个网络可有若干个线圈，只要线圈位于该特定网络的并行分支上。不能在网络上串联一个以上线圈（即不能在一个网络的一条水平线上放置多个线圈）。

（3）放置方框的规则：如果方框有 ENO，使能位扩充至方框外；这意味着可以在方框后放置更多的指令。在网络的同级线路中，可以串联若干个带 ENO 的方框。如果方框没有 ENO，则不能在其后放置任何指令。

（4）网络尺寸限制：可以将程序编辑器窗口视作划分为单元格的网格（单元格是可放置指令、为参数指定值或绘制线段的区域）。在网格中，一个单独的网络最多能垂直扩充 32 个单元格或水平扩充 32 个单元。

以下图列出一些 STEP 7-Micro/WIN LAD 编辑器中可能存在的逻辑结构。

自锁：该网络使用一个正常的触点（"开始"）和一个负（非）触点（"停止"）。一旦电机成功激活，则保持锁定，直至符合"停止"条件，如图 6-2 所示。

（1）中线输出：请注意如果符合第一个条件，初步输出（输出 1）在第二个条件评估之前显示。可以建立有中线输出的多个级挡。如图 6-3 所示。

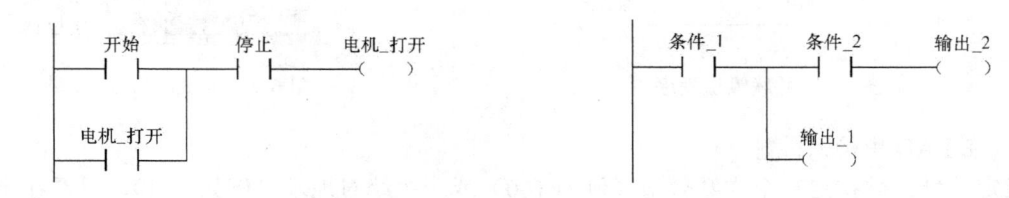

图 6-2　自锁程序图　　　　　　　　图 6-3　中线输出程序图

（2）串联级联：如果第一个方框指令评估成功，电源顺网络流至第二个方框指令。可以在网络的同一级上将多条 ENO 指令用串联方式级联。如果任何指令失败，剩余的串联指令不会执行；使能位停止。（错误不通过该串联级联）如图 6-4 所示。

图 6-4　串联级联程序图

（3）并联输出：当符合起始条件时，所有的输出（方框和线圈）均被激活。如果一个输出未评估成功，电源仍然流至其他输出；不受失败指令的影响。如图 6-5 所示。

3. 如何在 LAD 中输入指令

（1）在程序编辑器窗口中将光标放在所需的位置。一个选择方框在位置周围出现，如图 6-6 所示。

（2）点击适当的工具条按钮，使用适当的功能键（F4=触点、F6=线圈、F9=方框）插入一个类属指令，如图 6-7 所示。

（3）完成步骤 2 后会出现一个下拉列表。滚动或键入开头的几个字母，浏览至所需的指令。双击所需的指令或使用 Enter 键插入该指令（如果此时不选择具体的指令类型，则可返回网络，点击类属指令的助记符区域，或者选择该指令并按 Enter 键，将列表调回），如图 6-8 所示。

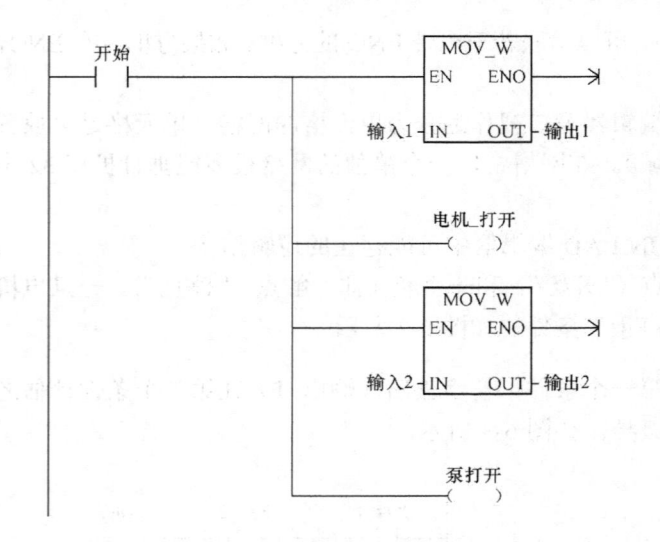

图 6-5　并联输出程序图

图 6-6　步骤（1）示意图

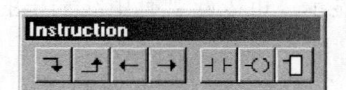

图 6-7　步骤（2）示意图

4. 在 LAD 中输入地址

指定地址：欲指定一个常数数值（例如 100）或一个绝对地址（例如 I0.1），只需在指令地址区域中键入所需的数值。（用鼠标或 ENTER 键选择键入的地址区域。）欲指定一个符号地址（使用诸如 INPUT1 的全局符号或局部变量），必须执行下列简单的步骤：

（1）在指令的地址区域中键入符号或变量名称。

（2）如果是全局符号，使用符号表/全局变量表为内存地址指定符号名，如图 6-9 所示。

图 6-8　步骤（3）示意图

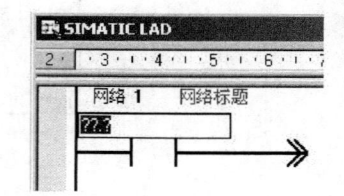

图 6-9　步骤（2）示意图

写入或强制地址的步骤如下：

（1）欲写入或强制地址，用鼠标右键点击操作数，并从鼠标右键菜单选择"写入"或"强制"，如图 6-10 所示。

（2）点击"写入"或"强制"后，会显示一个对话框，允许输入希望向 PLC 写入或强制的数值，如图 6-11 所示。

5. 程序编辑器如何显示 LAD 中的输入错误

（1）红色文字：显示非法语法，如图 6-12 所示。

（2）一条红色波浪线位于数值下方，表示该数值或是超出范围或是不适用于此类指令，如图 6-13 所示。

图 6-10　步骤（1）示意图 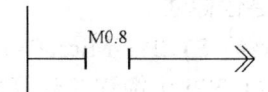　　　　　　图 6-12　非法语法错误示意图

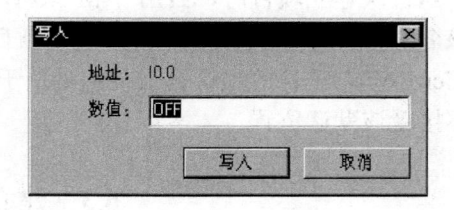

（3）一条绿色波浪线位于数值下方，表示正在使用的变量或符号尚未定义。STEP 7-Micro/WIN 允许在定义变量和符号之前写入程序。可随时将数值增加至局部变量表或符号表中，如图 6-14 所示。

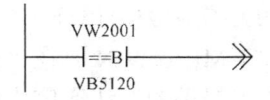

图 6-13　超出范围或是不适用错误示意图 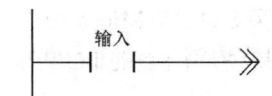　　　图 6-14　变量或符号尚未定义错误示意图

6. 编译 LAD 程序

可以用工具条按钮或 PLC 菜单进行编译，如图 6-15 所示。

(1)"编译"　允许编译项目的单个元素。当选择"编译"时，带有焦点的窗口（程序编辑器或数据块）是编译窗口；另外两个窗口不编译。

(2)"全部编译"　对程序编辑器、系统块和数据块进行编译。当使用"全部编译"命令时，哪一个窗口是焦点无关紧要。

7. 保存工作

可以使用工具条上的"保存"　按钮保存的程序，或从"文件"菜单选择"保存"和"另存为"选项保存的程序。如图 6-16 所示。

图 6-15　程序编译示意图 　　　　　　图 6-16　程序保存示意图

(1)"保存"允许在作业中快速保存所有改动。（然而，初次保存一个项目时，会被提示核实或修改当前项目名称和目录的默认选项。）

（2）"另存为"允许修改当前项目的名称和/或目录位置。

当首次建立项目时，STEP 7-Micro/WIN 提供默认值名称"Project1.mwp"。可以接受或修改该名称；如果接受该名称，下一个项目的默认名称将自动递增为"Project2.mwp"。STEP 7-Micro/WIN 项目的默认目录位置是位于"Microwin"目录中的称作"项目"的文件夹，可以不接受该默认位置。

6.3 建立通信和下载程序

6.3.1 通信概述

如何在运行 STEP 7-Micro/WIN 的个人计算机和 PLC 之间建立通信取决于安装的硬件。如果仅使用 PC/PPI 电缆连接计算机和 PLC，只需连接电缆，接受安装 STEP 7-Micro/WIN 软件时，在 STEP 7-Micro/WIN 中为个人计算机和 PLC 指定的默认参数即可。可以在任何时间建立通信或编辑通信设置。以下列出建立通信通常要求的任务：

（1）在 PLC 和运行 STEP 7-Micro/WIN 的个人计算机之间连接一条电缆。对于简单的 PC/PPI 连接，将调度设为 9600 波特、DCE、11 位。如果使用的是调制解调器或通信卡，请参阅硬件随附的安装指令。

（2）核实 STEP 7-Micro/WIN 中的 PLC 类型选项与的 PLC 实际类型相符。

（3）如果使用简单的 PC/PPI 连接，可以接受安装 STEP 7-Micro/WIN 时在"设置 PG/PC 接口"对话框中提供的默认通信协议。否则，从"设置 PG/PC 接口"对话框为个人计算机选择另一个通信协议，并核实参数（站址、波特率等）。

（4）核实系统块的端口标记中的 PLC 配置（站址、波特率等）。如有必要，修改和下载更改的系统块。

6.3.2 测试通信网络

测试通信网络的步骤如下：

（1）在 STEP 7-Micro/WIN 中，点击浏览条中的"通信"图标，或从菜单选择检视>组件>通信。如图 6-17 所示。

（2）从"通信"对话框的右侧窗格，单击显示"双击刷新"的蓝色文字，如图 6-18 所示。

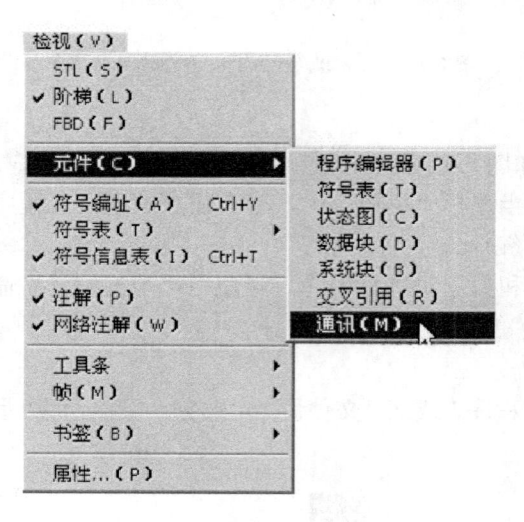

图 6-17 步骤（1）示意图

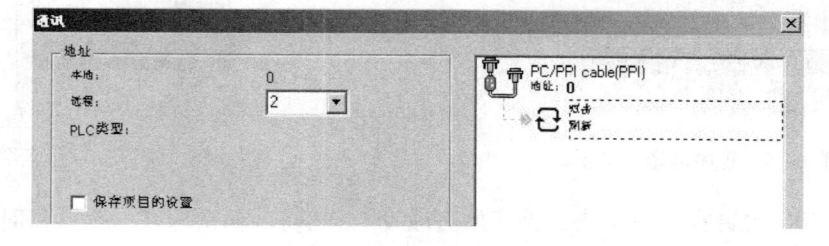

图 6-18 步骤（2）示意图

如果成功地在网络上的个人计算机与设备之间建立了通信，会显示一个设备列表（及其模型类型和站址）。

STEP 7-Micro/WIN 在同一时间仅与一个 PLC 通信。会在 PLC 周围显示一个红色方框，说明该 PLC 目前正在与 STEP 7-Micro/WIN 通信。可以双击另一个 PLC，更改为与该 PLC 通信。

6.3.3 下载程序

如果已经成功地在运行 STEP 7-Micro/WIN 的个人计算机和 PLC 之间建立通信，可以将程序下载至该 PLC，请遵循下列步骤。

（1）下载至 PLC 之前，必须核实 PLC 位于"停止"模式。检查 PLC 上的模式指示灯。如果 PLC 未设为"停止"模式，点击工具条中的"停止"■按钮，或选择 PLC > 停止。

（2）点击工具条中的"下载"▼按钮，或选择文件 > 下载。出现"下载"对话框。

（3）根据默认值，在初次发出下载命令时，"程序代码块"、"数据块"和"CPU 配置"（系统块）复选框被选择。如果不需要下载某一特定的块，清除该复选框。

（4）点击"确定"，开始下载程序。

（5）如果下载成功，一个确认框会显示以下信息：下载成功。继续执行步骤 12。

（6）如果 STEP 7-Micro/WIN 中用于的 PLC 类型的数值与实际使用的 PLC 不匹配，会显示以下警告信息：

"为项目所选的 PLC 类型与远程 PLC 类型不匹配。继续下载吗？"

（7）欲纠正 PLC 类型选项，选择"否"，终止下载程序。

（8）从菜单条选择 PLC > 类型，调出"PLC 类型"对话框。

（9）可以从下拉列表方框选择纠正类型，或单击"读取 PLC"按钮，由 STEP 7-Micro/WIN 自动读取正确的数值。

（10）点击"确定"，确认 PLC 类型，并清除对话框。

（11）点击工具条中的"下载"▼按钮，重新开始下载程序，或从菜单条选择文件 > 下载。

（12）一旦下载成功，在 PLC 中运行程序之前，必须将 PLC 从 STOP（停止）模式转换回 RUN（运行）模式，点击工具条中的"运行"▶按钮，或选择 PLC > 运行，转换回 RUN（运行）模式。

6.3.4 上载程序

可以使用工具条按钮或"文件"菜单，从 PLC 将程序上载至运行 STEP 7-Micro/WIN 的个人计算机中。

1. 上载单块或全部三个块

可以上载程序块（OB1、子例行程序和中断例行程序）、系统块和数据块；另外，也可以仅上载三个块之一。PLC 不包含符号或状态图信息；因此，无法上载符号表或状态图。

2. 上载至新的空项目

这是捕获程序块、系统块和/或数据块信息的保险方法。由于项目空置，所以无法反向损坏数据。如果希望使用为该项目建立的状态图或符号表材料，随时可以打开另一个 STEP 7-Micro/WIN，并从另一个项目文件复制该信息。

3. 上载至现有项目

如果希望改写自下载至 PLC 以来对程序进行的全部修改，这是一个好办法。如果需要保留下载至 PLC 之后对程序块、系统块和/或数据块所作的任何修改，则不应采用这种方法，因为上载会改写这些块。

上载程序的步骤如下：

（1）打开 STEP 7-Micro/WIN 中的一个项目，容纳将从 PLC 上载的块。如果希望上载至一个空项目，选择文件 > 新，或使用"新项目"工具条按钮；如果希望上载至现有项目，选择文件 > 打开，或使用"打开项目"工具条按钮。

（2）选择文件 > 上载，或使用"上载"工具条按钮，初始化上载程序。

（3）"上载"方框显示程序块、数据块和系统块复选框。请核实已选择希望上载的块复选框，并取消选择不希望上载的任何块，然后点击"确认"。如图 6-19 所示。

图 6-19 步骤（3）示意图

（4）STEP 7-Micro/WIN 显示下列警告，如图 6-20 所示。

在图 6-20 上点击"Yes"，完成程序上载。

6.3.5 如何改正编译错误和下载错误

输出窗口在编译程序或下载程序时随时自动显示编译程序信息和错误信息，如图 6-21 所示。

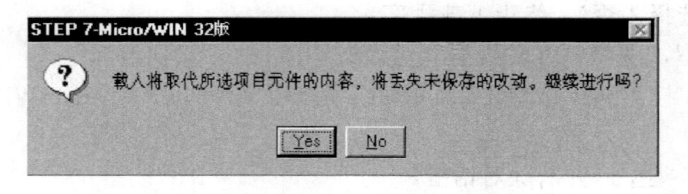

图 6-20 步骤（4）示意图

图 6-21 编译窗口示意图

信息通常包括发生错误的网络、列和行位置以及错误代码和说明。双击错误信息，在程序编辑器中显示包含错误的网络。如果已经关闭输出窗口，从菜单条选择检视 > 帧 > 输出窗口，重新显示输出窗口。

6.4 材料分拣控制系统

近三十年来，PLC 在工业控制领域得到了十分广泛的应用，在现代的工业生产现场到处可以见到 PLC。西门子 S7-200 是西门子公司推出的主流 PLC 产品。本书中的材料分拣控制系统是采用可编程控制器进行控制，能连续、大批量地分拣货物，分拣误差率低且劳动强度大大降低，可显著提高劳动率。

6.4.1 控制系统模型简介

材料分拣装置是一个模拟自动化工业生产过程的微缩模型，它使用了 PLC、传感器、位置控制、电气传动和气动等技术，可以实现不同材料的自动分拣和归类，并可配置监控软件由上位计算机监控。该装置适用于各类学校机电专业的教学演示、教学实验、实习培训和课程设计，可以培养学生对 PLC 控制系统硬件和软件的设计与调试能力；分析和解决系统调试运行过程中出现的各种实际问题的能力。

该装置采用架式结构，配有控制器（PLC）、传感器（光电式、电感式、电容式、颜色、磁感应式）、电动机、输送带、气缸、电磁阀、直流电源、空气过滤减压器等，构成典型的机电一体化教学装置。材料分拣控制系统是采用可编程控制器进行控制，能连续、大批量地分拣货物，分拣误差率低且劳动强度大大降低，可显著提高劳动率，装置实物如图 6-22 和图 6-23 所示。

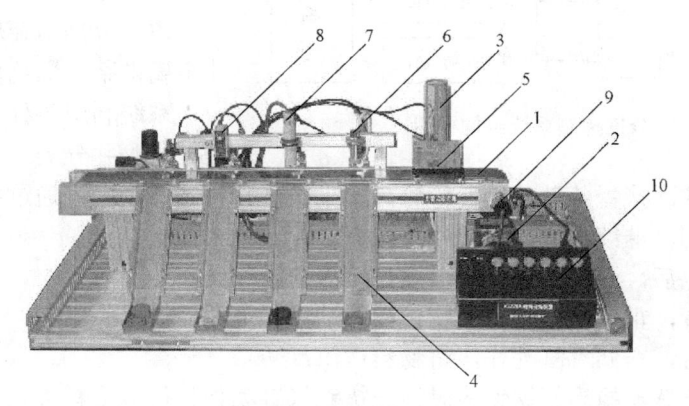

图 6-22 材料分拣装置结构图（正面）
1—输送带；2—输送带驱动电机；3—料块仓库；4—分类储存滑道；5—料仓料块检测传感器；
6—电感式识别传感器；7—电容式识别传感器；8—颜色识别传感器；9—旋转编码器；10—手动操作盘

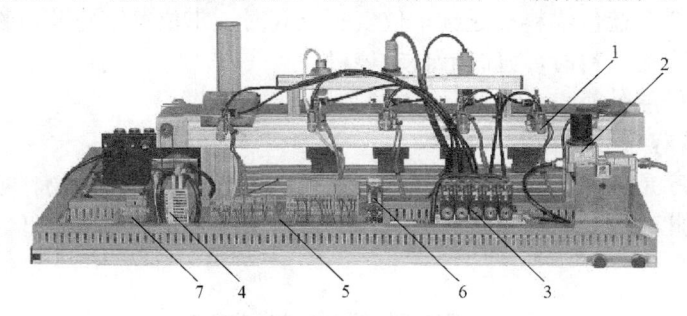

图 6-23 材料分拣装置结构图（后面）
1—气缸；2—气源过滤减压阀；3—电磁阀；4—控制器；5—端子板；6—继电器；7—功能转换开关

6.4.2 控制系统功能描述

1. 材料分拣装置的组成

分拣装置为工业现场生产设备，采用台式结构，内置电源，有竖井式产品输料槽，滑板式产品输出料槽，转接板上还设计了可与 PLC 连接的转接口。同时，输送带作为传动机构，采用电机驱动。对不同材质敏感的三种传感器分别固定在传送带上方。整个控制系统由气动部件和电气部件两大部分组成。气动部分由减压阀、气压指示表、气缸等部件组成；电气部分由 PLC、电感传感器、电容传感器、颜色传感器、光电传感器、旋转编码器、单相交流电机、开关电源、电磁阀等部件组成。

2. 材料分拣装置的工作原理

材料分拣装置的结构框图，如图 6-24 所示。它采用台式结构，内置电源，步进电机、气缸、电磁阀、旋转编码器、气动减压器、气压指示等部件，可与各类气源相连接。选用颜色识别传感器及对不同材料敏感的电容式和电感式传感器，分别固定在传送带上方的架子上，材料分拣装置能实现如下 3 种基本功能：

（1）分拣出金属与非金属；

（2）分拣某一颜色块；

（3）分拣出金属中某一颜色块和非金属中某一颜色块。

系统利用各种传感器对待测材料进行检测并分类。当待测物体经下料装置送入传送带依次接受各种传感器检测。如果被某种传感器测中，通过相应的气动装置将其推入料箱；否则，继续前行。其控制要求有如下 8 个方面：

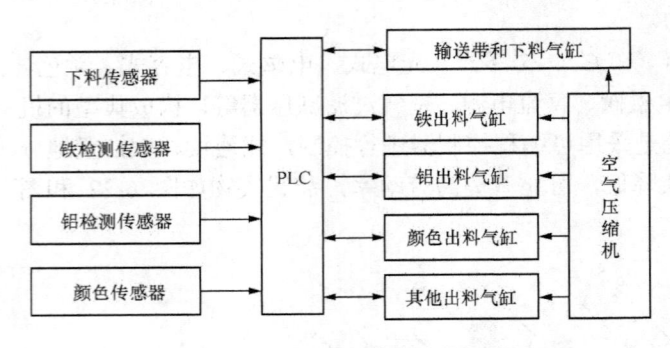

图 6-24 分拣控制系统结构框图

（1）系统送电后，光电编码器便可发生所需的脉冲；

（2）电机运行，带动传输带传送物体向前运行；

（3）有物料时，仓储气缸动作，将物料送出；

（4）当电感传感器检测到铁物料时，分拣铁气缸动作将待测物料推入下料槽；

（5）当电容传感器检测到铝物料时，分拣铝气缸动作将待测物料推入下料槽；

（6）当颜色传感器检测到材料为黄颜色时，分拣黄色气缸动作将待测物料推入下料槽；

（7）其他物料及蓝色物料被送到末位气缸位置时，末位气缸将蓝色物料推入下料槽；

（8）下料槽内无下料时，延时后自动停机。

6.4.3 控制程序分析

1. 简易调试程序分析

简易调试程序是针对传送带上只有一个物料块，即传送带上的物料被处理后出料仓才动作，显而易见，此时的效率非常低，尤其传送带的长度越长，效率越低。分拣系统的 I/O 地址分配见表 6-1。

表 6-1　　　　　　　　分拣系统的 I/O 地址分配表

输入	对应输入	输入	对应输入	输出	对应输出
I 0.0	编码器输入	I 0.6	铁质物料分拣气缸外定位	Q 0.0	出料口动作
I 0.1	仓储传感器	I 0.7	吕质物料分拣气缸外定位	Q 0.1	分拣铁动作
I 0.2	铁传感器	I 1.0	颜色物料分拣气缸外定位	Q 0.2	分拣铝动作
I 0.3	铝传感器	I 1.1	其他物料气缸外定位	Q 0.3	分拣黄动作
I 0.4	颜色传感器	I 1.2	自动/手动切换开关	Q 0.4	分拣蓝动作
I 0.5	出料气缸外定位			Q 0.5	控制电机

第 6 章　STEP 7-Micro/WIN 32 编程软件的使用方法

NetWork1：梯形图如下：

```
  I1.2      Q0.5
──┤├────────( )──
```

NetWork2：梯形图如下：

```
  SM0.1     I0.5    I1.2     Q0.0
──┤├───┬───┤/├────┤├───────( )──
       │
  Q0.0 │
──┤├───┘
```

NetWork3：梯形图如下：

```
  I0.0     M0.5              C0
──┤├──────┤/├──────────┤CU    CTU│
                       │         │
  I0.2                 │         │
──┤├──────────────────┤R        │
                       │         │
  I0.3           450──┤PV       │
──┤├                   └─────────┘
  │
  I0.4
──┤├
  │
  I0.5
──┤├
  │
  I1.1
──┤├
```

NetWork4：梯形图如下：

```
  C0       I1.2     Q0.4
──┤├──────┤├───────( )──
```

NetWork5：梯形图如下：

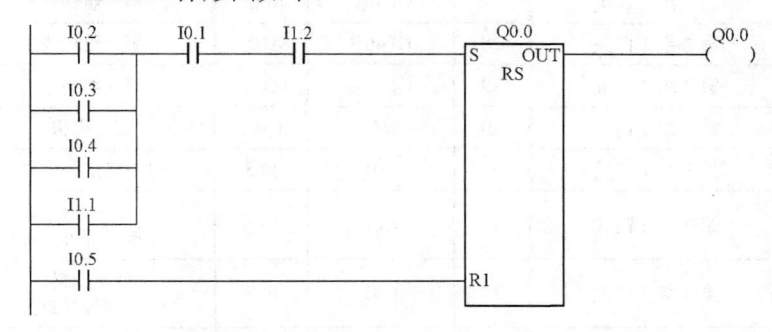

```
  I0.2    I0.1    I1.2           Q0.0            Q0.0
──┤├─────┤├─────┤├─────────┤S   OUT├──────────( )──
  │                         │  RS   │
  I0.3                      │       │
──┤├                        │       │
  │                         │       │
  I0.4                      │       │
──┤├                        │       │
  │                         │       │
  I1.1                      │       │
──┤├                        │       │
                            │       │
  I0.5                      │       │
──┤├───────────────────────┤R1     │
                            └───────┘
```

NetWork6：梯形图如下：

```
  I0.2     I1.2     Q0.1
──┤├──────┤├───────( )──
```

NetWork7：梯形图如下：

```
  I0.3     I1.2     Q0.2
──┤├──────┤├───────( )──
```

NetWork8：梯形图如下：

```
  I0.4     I1.2     Q0.3
──┤├──────┤├───────( )──
```

NetWork9：梯形图如下：

```
 I0.1          T33
 ─┤├──┤NOT├──┤IN   TON├
            30─┤PT   10ms│
```

NetWork10：梯形图如下：

```
  T33           I1.2    Q0.5
 ─┤>=I├──┤NOT├──┤├──────( )
  3000
```

NetWork11：梯形图如下：

```
  T33           I1.2    M0.5
 ─┤>=I├─────────┤├──────( )
  3200
```

2. 完整程序分析

分拣系统完整程序的 I/O 地址分配见表 6-2。

表 6-2　　　　　分拣系统完整程序的 I/O 地址分配

序号	符号	地址	解释	序号	符号	地址	解释
1	AM	I1.2	自动/手动切换开关	21	GP2	M5.0	第2组
2	AST	M0.0	自动运行	22	GP3	M7.0	第3组
3	ASP	M0.1	自动停止	23	GP4	M9.0	第4组
4	CY	M1.0	料仓有料	24	GP5	M11.0	第5组
5	CL11	M3.2	第1组1门关	25	GP10VER	M4.7	第1组结束
6	CL12	M3.5	第1组2门关	26	GP20V	M6.7	第2组结束
7	CL13	M4.1	第1组开3关	27	GP30V	M8.7	第3组结束
8	CL21	M5.2	第2组1门关	28	GP40V	M10.7	第4组结束
9	CL22	M5.5	第2组2门关	29	GP50V	M12.7	第5组结束
10	CL23	M6.1	第2组3门关	30	J1	Q0.5	皮带电机
11	CL31	M7.2	第3组1门关	31	K01	I0.5	出料气缸外定位
12	CL32	M7.5	第3组2门关	32	K02	I0.6	铁质物料分拣气缸外定位
13	CL33	M8.1	第3组3门关	33	K03	I0.7	吕质物料分拣气缸外定位
14	CL41	M9.2	第4组1门关	34	K04	I1.0	颜色物料分拣气缸外定位
15	CL42	M9.5	第4组2门关	35	K05	I1.1	其他物料气缸外定位
16	CL43	M10.1	第4组3门关	36	KYL	M1.5	可能有料
17	CL51	M11.2	第5组1门关	37	OPN11	M3.1	第1组1门开
18	CL52	M11.5	第5组2门关	38	OPN12	M3.4	第1组开2门
19	CL53	M12.1	第5组3门关	39	OPEN13	M4.0	第1组开3门
20	GP1	M3.0	第1组	40	OPN21	M5.1	第2组1门开

续表

序号	符号	地址	解释	序号	符号	地址	解释
41	OPN22	M5.4	第2组2门开	63	TLU2	M5.6	第2组推铝物料
42	OPN23	M6.0	第2组3门开	64	TLU3	M7.6	第3组推铝物料
43	OPN31	M7.1	第3组1门开	65	TLU4	M9.6	第4组推铝物料
44	OPN32	M7.4	第3组2门开	66	TLU5	M11.6	第5组推铝物料
45	OPN33	M8.0	第3组3门开	67	TS1	M4.2	第1组推颜色
46	OPN41	M9.1	第4组1门开	68	TS2	M6.2	第2组推颜色
47	OPN42	M9.4	第4组2门开	69	TS3	M8.2	第3组推颜色
48	OPN43	M10.0	第4组3门开	70	TS4	M10.2	第4组推颜色
49	OPN51	M11.1	第5组1门开	71	TS5	M12.2	第5组推颜色
50	OPN52	M11.4	第5组2门开	72	TT1	M3.3	第1组推铁
51	OPN53	M12.0	第4组3门开	73	TT2	M5.3	第2组推铁
52	STEP	I0.0	步进脉冲	74	TT3	M7.3	第3组推铁
53	S01	I0.1	料仓传感器	75	TT4	M9.3	第4组推铁
54	S02	I0.2	电感传感器	76	TT5	M11.3	第5组推铁
55	S03	I0.3	电容传感器	77	WL	M1.2	无料
56	S04	I0.4	色标传感器	78	WLJ	M1.3	无料计数
57	TLS1	M4.3	第1组推蓝色物料	79	WLT	M1.4	无料停止
58	TLS2	M6.3	第2组推蓝色物料	80	V1	Q0.0	气缸1动作
59	TLS3	M8.3	第3组推蓝色物料	81	V2	Q0.1	气缸2动作
60	TLS4	M10.3	第4组推蓝色物料	82	V3	Q0.2	气缸3动作
61	TLS5	M12.3	第5组推蓝色物料	83	V4	Q0.3	气缸4动作
62	TLU1	M3.6	第1组推铝物料	84	V5	Q0.4	气缸5动作

NetWork1：当自动运行按钮被按下，在料仓有物料时，材料分拣系统开始工作。梯形图如下：

```
    AM          ASP     WLT     AST
   ─┤├──┤P├────┤/├─────┤/├─────( )
    KYL
   ─┤├──┤P├
    AST
   ─┤├
```

NetWork2：自动运行按钮无效时，分拣系统停止运行。梯形图如下：

```
    AM              ASP
   ─┤/├──┤P├───────( )
```

NetWork3：分拣系统开始工作，启动皮带电机。梯形图如下：

```
    AST              J1
────┤ ├────────────( )────
```

NetWork4：利用料仓传感器判断料仓中是否有物料。梯形图如下：

```
    S01           P           WL      AM      KYL
────┤ ├─────────┤↑├─────┬────┤/├────┤ ├─────( )────
    AM           S01    │
────┤ ├─────────┤ ├──┤↑├─┤
    KYL                  │
────┤ ├──────────────────┘
```

NetWork5：要求料仓传感器的状态保持一定时间，避免料仓传感器的误判。电机运转（Q0.5）使旋转编码器产生脉冲输出 I0.0，获得脉冲计数。当料仓中没有物料或者系统重新启动时，对传感器的判断时间置零，避免影响下次料仓中物料的判断。梯形图如下：

```
    KYL          J1        STEP                C1
────┤ ├────────┤ ├────────┤ ├──────────────┤CU   CTU├
    KYL           P                        │         │
────┤/├─────────┤↑├──┬─────────────────────┤R        │
    AM            P  │                     │         │
────┤ ├─────────┤↑├──┘                  30─┤PV       │
                                           └─────────┘
```

NetWork6：料仓传感器的状态持续有效，判断料仓中有物料。梯形图如下：

```
    S01        C1         WL       AM       CY
────┤ ├──────┤ ├─────────┤/├─────┤ ├──────( )────
    CY
────┤ ├──
```

NetWork7：否则无物料。梯形图如下：

```
    S01        C1         WL
────┤/├──────┤ ├────────( )────
```

NetWork8：系统自动运行下，无物料时，考虑皮带运行一定时间后，将系统自动停止。梯形图如下：

```
    WL          P                 AM       WLT      S01       WLJ
────┤ ├───────┤↑├───────┬────────┤ ├─────┤/├──────┤/├───────( )────
    AM          P        S01     │
────┤ ├───────┤↑├─────┤/├────────┤
    WLJ                          │
────┤ ├──────────────────────────┘
```

NetWork9：无料块时，系统等待一个分拣循环周期后自动停机，若在此过程中出现系统开、关机（皮带停止）或料仓传感器的状态变为1的情况，则清除无料计数，使下次无料计时从零开始。梯形图如下：

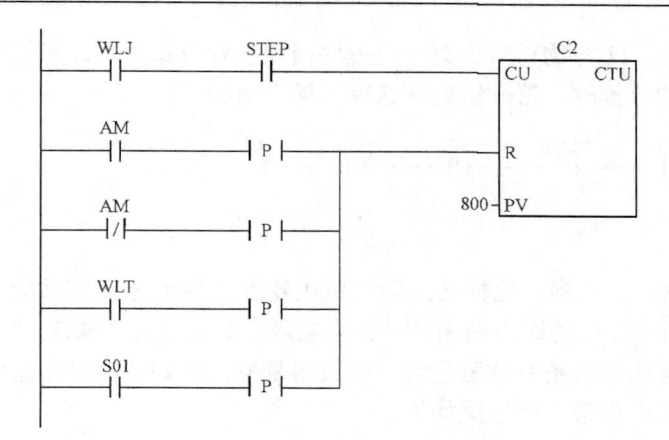

```
    WLJ        STEP                  C2
  ──┤ ├───────┤ ├──────────────────CU    CTU
    AM
  ──┤ ├───┤P├─┤
    AM
  ──┤/├───┤P├─┤                     R
    WLT
  ──┤ ├───┤P├─┤                 800─PV
    S01
  ──┤ ├───┤P├─┤
```

NetWork10：一个分拣过程时间内料仓中都没有物料，停住皮带运行。梯形图如下：

```
    C2           WLT
  ──┤ ├──┤P├────( )
```

NetWork11：当料仓中有物料时，每隔一定时间从仓中推出一个物料。出料间隔由C0给出，推出后，使出料计数器复位。梯形图如下：

```
    CY        STEP                  C0
  ──┤ ├───────┤ ├──────────────────CU    CTU
    V1
  ──┤ ├───────────┤
    AM                              R
  ──┤ ├───┤P├─────┤
                                160─PV
```

NetWork12：达到设定的出料计数值时，气缸1把物料从料仓推到皮带上。梯形图如下：

```
    C0            K01       V1
  ──┤ ├──┤P├─────┤/├───────( )
    V1
  ──┤ ├──
```

NetWork13：皮带上的物料通过检测传感器的变化和皮带运行时间计数的方式被推出。皮带上同时存在多个物料，若皮带上同时有多个蓝色物料，则各个蓝色物料必须建立各自的皮带运行时间计数器才能保证最后被准确推出。为使各个物料的分拣过程互不干扰，对每一个物料的分拣利用一个组程序模块来处理，考虑到皮带上存在的物料个数，建立5个组来循环处理物料。梯形图如下：

```
    V1                              C4
  ──┤ ├───┤P├────────────────────CU    CTU
    AM
  ──┤ ├───┤P├───┤                 R
    GP5
  ──┤ ├───┤P├───┤              6─PV
```

NetWork14：皮带上出现第 1、6、11 等物料时由第一组程序模块负责分拣处理。当第一组的物料完成铁、铝、颜色、蓝色的分拣时，第一组处理结束。梯形图如下：

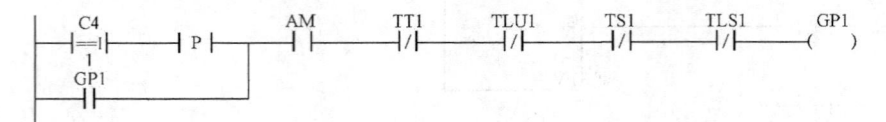

```
   C4      P     AM    TT1   TLU1   TS1   TLS1    GP1
  ─┤├──┬──┤P├──┤/├──┤/├──┤/├──┤/├──┤/├───(  )─
   1   │
   GP1 │
  ─┤├──┘
```

NetWork15：分拣系统只设有电感、电容、色标传感器，蓝色物料不能通过传感器的检测实现分类，因此考虑料仓到蓝色料仓之间的距离利用计数器来实现。当该组发生推铁、铝、颜色时，说明不是蓝色物料，不用继续考虑是否是蓝色块，计数器复位，否则该物料是蓝色物料，通过计数器触发气缸，把它推出皮带。梯形图如下：

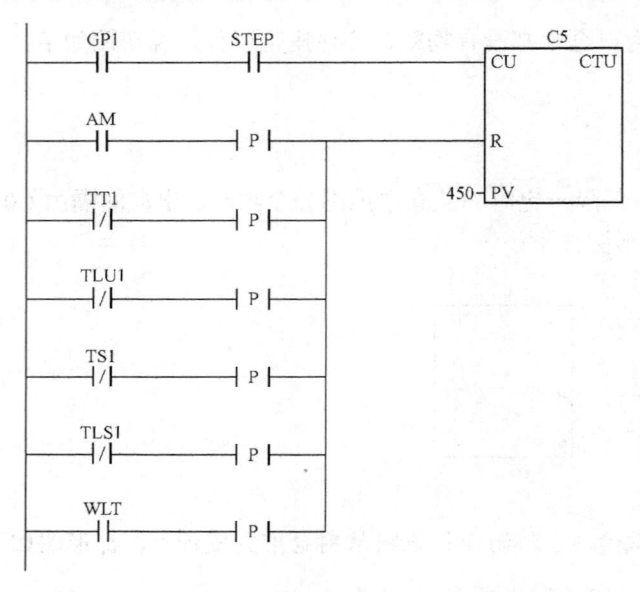

```
   GP1     STEP                  C5
  ─┤├──────┤├─────────────────CU    CTU
                          
   AM              P
  ─┤├─────────────┤P├──┬──────R
                       │
   TT1             P   │    450─PV
  ─┤/├────────────┤P├──┤
                       │
   TLU1            P   │
  ─┤/├────────────┤P├──┤
                       │
   TS1             P   │
  ─┤/├────────────┤P├──┤
                       │
   TLS1            P   │
  ─┤/├────────────┤P├──┤
                       │
   WLT             P   │
  ─┤├─────────────┤P├──┘
```

NetWork16：为避免由其他组处理物料引发的传感器变化影响到当前组处理模块，在各个组内分别对传感器的有效时间进行限定。在计数器 C5 的值为 70～120 之间，第一组对电感传感器的变化作出反应，分拣铁。这种设定使得其他组的程序模块即使也检测到电感传感器的变化，但由于各个组的计数器的限定，各组之间的处理不会相互干扰。梯形图如下：

```
   C5           P     CL11    AM    GP10VER   OPN11
  ─┤├══├──┬──┤P├──┤/├──┤├──────┤/├─────(  )─
   70    │
   OPN11 │
  ─┤├────┘
```

NetWork17：有效时间要根据物料仓与铁仓之间的距离设定。梯形图如下：

```
   C5          P          CL11
  ─┤══├──────┤P├─────────(  )─
   120
```

NetWork18：在这段时间内，若检测到电感传感器有效，判断物料为铁，把铁块推出皮带使其进入铁仓库。气缸推铁的动作引发第一组处理程序的结束，第一组判断物料是否为铝、颜色、蓝色的程序不再执行。梯形图如下：

```
  | OPN11      S02              K02      AM      TT1
  |--| |------| |------| P |----|/|----| |-----( )
  | TT1
  |--| |--|
```

NetWork19：若物料不是铁块，则通过电容传感器检测物料是否为铝块。梯形图如下：

```
  |  C5                CL12    AM     GP10VER   OPN12
  |--|==|---| P |------|/|----| |-----|/|------( )
  | 190
  | OPN12
  |--| |--|
```

NetWork20：梯形图如下：

```
  |  C5                CL12
  |--|==|---| P |------( )
  | 240
```

NetWork21：若电容传感器的电平有效，判断物料是铝块，物料被推出皮带使其进入铝仓库。气缸推铝的动作引发第一组处理程序的结束，第一组判断物料是否为颜色、蓝色的程序不再执行。梯形图如下：

```
  | OPN12      S03              K03      AM      TLU1
  |--| |------| |------| P |----|/|----| |-----( )
  | TLU1
  |--| |--|
```

NetWork22：若物料不是铁块和铝块，继续检测物料是否是颜色块。梯形图如下：

```
  |  C5                CL13    AM     GP10VER   OPEN13
  |--|==|---| P |------|/|----| |-----|/|------( )
  | 300
  | OPEN13
  |--| |--|
```

NetWork23：梯形图如下：

```
  |  C5                CL13
  |--|==|---| P |------( )
  | 360
```

NetWork24：物料是颜色块，物料被推出皮带。气缸推颜色的动作引发第一组处理程序的结束，第一组判断物料是否为蓝色的程序不再执行。梯形图如下：

```
  | OPEN13     S04              K04      AM      TS1
  |--| |------| |------| P |----|/|----| |-----( )
  | TS1
  |--| |--|
```

NetWork25：若物料不是铁，铝和颜色块，则把它归为蓝色块，由最后的气缸把它推出皮带进入仓库。气缸的动作由计数器输出有效引发，因此设计的时候要考虑物料仓与蓝色料仓之间的距离和皮带运行的速度。梯形图如下：

```
    C5           K05    AM    TLS1
 ──┤ ├──┤P├──┬──┤/├──┤ ├──( )
   TLS1      │
 ──┤ ├───────┘
```

NetWork26：第一组模块的执行过程中，一旦完成铁，铝，颜色、蓝色的分拣，第一组处理程序模块结束。梯形图如下：

```
    TT1           GP1OVER
 ──┤/├──┤P├──┬──────( )
   TLU1      │
 ──┤ ├──┤P├──┤
   TS1       │
 ──┤ ├──┤P├──┤
   TLS1      │
 ──┤/├──┤P├──┘
```

NetWork27：皮带上出现第 2、7、12 等物料块时由第二组程序模块负责分拣处理。当第二组的物料完成铁、铝、颜色、蓝色的分拣时，第二组处理结束。梯形图如下：

```
   C4          AM    TT2   TLU2  TS2   TLS2   GP2
 ──┤=I├──┬──┤P├──┤/├──┤ ├──┤ ├──┤ ├──┤/├──( )
    2    │
   GP2   │
 ──┤ ├───┘
```

NetWork28：PV 值的设定考虑物料仓与蓝色仓之间的距离和皮带的运行速度，使得计数器输出有效时皮带上的蓝色物料正好在蓝色仓的入口。一旦第二组完成了分拣，将计数器复位，使得下一个循环重新计数开始。梯形图如下：

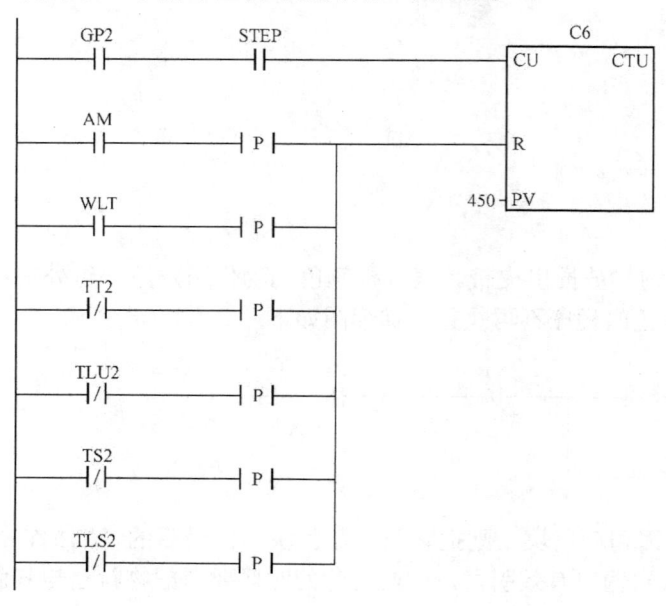

```
   GP2      STEP               C6
 ──┤ ├──────┤ ├──────────┬──CU    CTU
   AM                    │
 ──┤ ├──┤P├──────────────┼──R
   WLT                   │
 ──┤ ├──┤P├──────────────┤ 450─PV
   TT2                   │
 ──┤/├──┤P├──────────────┤
   TLU2                  │
 ──┤ ├──┤P├──────────────┤
   TS2                   │
 ──┤ ├──┤P├──────────────┤
   TLS2                  │
 ──┤/├──┤P├──────────────┘
```

NetWork29：梯形图如下：

```
    C6
   ==I────┤P├────CL21────AM────GP20V────( OPN21 )
   70              │/│    ├─┤    │/│
   OPN21
   ─┤├─
```

NetWork30：梯形图如下：

```
    C6
   ==I────┤P├────( CL21 )
   120
```

NetWork31：根据电感传感器的信号判断物料是否为铁块。梯形图如下：

```
   OPN21    S02
   ─┤├─────┤├─────┤P├────K02────AM────( TT2 )
                          │/│    ├─┤
   TT2
   ─┤├─
```

NetWork32：梯形图如下：

```
    C6
   ==I────┤P├────CL22────AM────GP20V────( OPN22 )
   190             │/│    ├─┤    │/│
   OPN22
   ─┤├─
```

NetWork33：梯形图如下：

```
    C6
   ==I────┤P├────( CL22 )
   240
```

NetWork34：根据电感传感器的信号判断物料是否为铝块。梯形图如下：

```
   OPN22    S03
   ─┤├─────┤├─────┤P├────K03────AM────( TLU2 )
                          │/│    ├─┤
   TLU2
   ─┤├─
```

NetWork35：梯形图如下：

```
    C6
   ==I────┤P├────CL23────AM────GP20V────( OPN23 )
   300             │/│    ├─┤    │/│
   OPN23
   ─┤├─
```

NetWork36：梯形图如下：

```
    C6
   ==I────┤P├────( CL23 )
   360
```

NetWork37：根据色标传感器的信号，判断物料是否为颜色。梯形图如下：

```
    OPN23        S04                    K04         AM          TS2
─────┤├─────────┤├──────┤P├────┬──────┤/├─────────┤├─────────( )
                                │
     TS2                        │
─────┤├────────────────────────┘
```

NetWork38：根据计数器的输出信号，判断物料是否为蓝色。梯形图如下：

```
     C6                                K05         AM         TLS2
─────┤├──────────────────┤P├───┬──────┤/├─────────┤├─────────( )
                                │
    TLS2                        │
─────┤├────────────────────────┘
```

NetWork39：第二组分拣程序模块结束。梯形图如下：

```
    TT2                        GP20V
─────┤/├────────────┤P├──────( )

    TLU2
─────┤/├────────────┤P├

    TS2
─────┤/├────────────┤P├

    TLS2
─────┤/├────────────┤P├
```

NetWork40：皮带上出现第3、8、13等物料时由第三组程序模块负责分拣处理。当第三组的物料完成铁、铝、颜色、蓝色的分拣时，第三组处理结束。梯形图如下：

```
     C4
    ═══       ┤P├     AM      TT3      TLU3     TS3      TLS3      GP3
     3  ──┬──────┤├──────┤/├─────┤/├─────┤/├─────┤/├─────( )
          │
     GP3  │
─────┤├──┘
```

NetWork41：梯形图如下：

```
    GP3        STEP                    ┌─────────┐
─────┤├────────┤├──────────────────────┤CU    CTU│
                                       │         │
     AM                                │         │
─────┤├──────────┤P├──────┬────────────┤R        │
                           │            │         │
     AM                    │       450──┤PV       │
─────┤├──────────┤P├──────┘            └─────────┘
```

```
    TT3
   ─┤/├──────┤P├──┤
    TLU3
   ─┤/├──────┤P├──┤
    TS3
   ─┤/├──────┤P├──┤
    TLS3
   ─┤/├──────┤P├──┤
    WLT
   ─┤ ├──────┤P├──┤
```

NetWork42：梯形图如下：

```
      C7                        CL31      GP30V       AM          OPN31
   ─┤==I├────┤P├──┬────────────┤/├───────┤/├────────┤ ├──────────( )
      70         │
     OPN31       │
   ─┤ ├──────────┘
```

NetWork43：梯形图如下：

```
      C7                        CL31
   ─┤==I├────┤P├───────────────( )
      120
```

NetWork44：梯形图如下：

```
     OPN31      S02                        K02        TT3
   ─┤ ├────────┤ ├──────┤P├──┬────────────┤/├────────( )
                             │
     TT3                     │
   ─┤ ├────────────────────── ┘
```

NetWork45：梯形图如下：

```
      C7                        CL32       AM         GP30V       OPN32
   ─┤==I├────┤P├──┬────────────┤/├────────┤ ├────────┤/├──────────( )
      190        │
     OPN32       │
   ─┤ ├──────────┘
```

NetWork46：梯形图如下：

```
      C7                        CL32
   ─┤==I├────┤P├───────────────( )
      240
```

NetWork47：梯形图如下：

```
     OPN32      S03                        K03        TLU3
   ─┤ ├────────┤ ├──────┤P├──┬────────────┤/├────────( )
                             │
     TLU3                    │
   ─┤ ├────────────────────── ┘
```

NetWork48：梯形图如下：

```
   C7           CL33   AM    GP30V   OPN33
├──==├──┤P├────┤/├────┤├────┤/├──────(  )
│  300    │
│  OPN33  │
├──┤├─────┤
```

NetWork49：梯形图如下：

```
   C7              CL33
├──==├──┤P├───────(  )
   360
```

NetWork50：梯形图如下：

```
  OPN33    S04            K04    TS3
├──┤├─────┤├───────┤P├───┤/├────(  )
│  TS3                │
├──┤├─────────────────┤
```

NetWork51：梯形图如下：

```
   C7              K05    TLS3
├──┤├───┤P├────────┤/├───(  )
│  TLS3       │
├──┤├─────────┤
```

NetWork52：第三组处理程序结束。梯形图如下：

```
  TT3            GP30V
├──┤/├──┤P├─────(  )
  TLU3
├──┤/├──┤P├
  TS3
├──┤/├──┤P├
  TLS3
├──┤/├──┤P├
```

NetWork53：皮带上出现第 4、9、14 等物料时由第四组程序模块负责分拣处理。当第四组的物料完成铁、铝、颜色、蓝色的分拣时，第四组处理结束。梯形图如下：

```
   C4          AM   TT4   TLU4   TS4   TLS4   GP4
├──==├──┤P├───┤├───┤/├───┤/├────┤/├───┤/├────(  )
│   4     │
│  GP4    │
├──┤├─────┤
```

NetWork54：梯形图如下：

```
    GP4         STEP                    C8
  ─┤ ├────────┤ ├──────┬──────────────CU    CTU
                       │
     AM                │
  ─┤ ├────────┤ P ├────┤              R
                       │
     TT4               │
  ─┤/├────────┤ P ├────┤         450─ PV
                       │
     TLU4              │
  ─┤/├────────┤ P ├────┤
                       │
     TS4               │
  ─┤/├────────┤ P ├────┤
                       │
     TLS4              │
  ─┤/├────────┤ P ├────┤
                       │
     WLT               │
  ─┤ ├────────┤ P ├────┘
```

NetWork55：梯形图如下：

```
     C8                     CL41      GP40V      AM       OPN41
   ─┤==├──────┬──┤ P ├──────┤/├───────┤/├──────┤ ├────────( )
    70        │
     OPN41    │
   ─┤ ├───────┘
```

NetWork56：梯形图如下：

```
     C8                 CL41
   ─┤==├────┤ P ├──────( )
    120
```

NetWork57：梯形图如下：

```
    OPN41      S02                    K02        TT4
   ─┤ ├───────┤ ├────┬──┤ P ├────────┤/├────────( )
                     │
     TT4             │
   ─┤ ├──────────────┘
```

NetWork58：梯形图如下：

```
     C8                    CL42       AM        GP40V      OPN42
   ─┤==├──────┬──┤ P ├─────┤/├───────┤ ├────────┤/├────────( )
    190       │
     OPN42    │
   ─┤ ├───────┘
```

NetWork59：梯形图如下：

```
     C8                 CL42
   ─┤==├────┤ P ├──────( )
    240
```

NetWork60：梯形图如下：

```
    OPN42      S03              K03     TLU4
    ─┤├───────┤├──┤P├────────┤/├────( )
     TLU4
    ─┤├──
```

NetWork61：梯形图如下：

```
     C8
    ─┤==I├──┤P├──┤CL43├──┤AM├──┤GP40V├──( OPN43 )
     300                  /            /
     OPN43
    ─┤├──
```

NetWork62：梯形图如下：

```
     C8
    ─┤==I├──┤P├──( CL43 )
     360
```

NetWork63：梯形图如下：

```
    OPN43      S04              K04      TS4
    ─┤├───────┤├──┤P├────────┤/├────( )
     TS4
    ─┤├──
```

NetWork64：梯形图如下：

```
     C8                K05       TLS4
    ─┤├──┤P├──────────┤/├──────( )
     TLS4
    ─┤├──
```

NetWork65：第四组处理程序结束。梯形图如下：

```
     TT4
    ─┤/├──┤P├──┬──( GP40V )
     TLU4      │
    ─┤/├──┤P├──┤
     TS4       │
    ─┤/├──┤P├──┤
     TLS4      │
    ─┤/├──┤P├──┘
```

NetWork66：皮带上出现第 5、10、15 等物料时由第一组程序模块负责分拣处理。当第五组的物料完成铁、铝、颜色、蓝色的分拣时，第五组处理结束。梯形图如下：

```
     C4              AM    TT5   TLU5   TS5   TLS5    GP5
    ─┤==I├──┤P├──┬──┤├──┤/├──┤/├──┤/├──┤/├──────( )
     5           │
     GP5         │
    ─┤├─────────┘
```

NetWork67：梯形图如下：

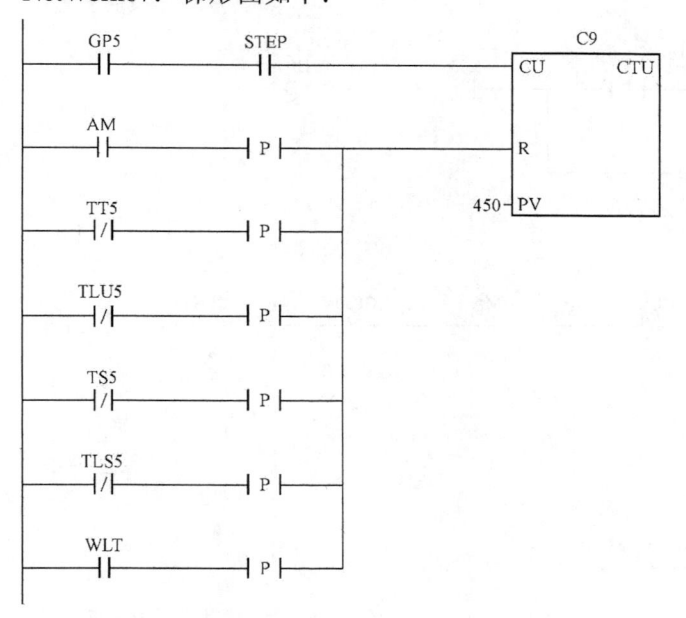

```
    GP5          STEP                       C9
    ─┤├──────────┤├─────────────────────┤CU   CTU├
    AM
    ─┤├──────────┤P├──┬──────────────────┤R      │
    TT5                │
    ─┤/├─────────┤P├──┤              450─┤PV     │
    TLU5              │                  └───────┘
    ─┤/├─────────┤P├──┤
    TS5               │
    ─┤/├─────────┤P├──┤
    TLS5              │
    ─┤/├─────────┤P├──┤
    WLT               │
    ─┤├──────────┤P├──┘
```

NetWork68：梯形图如下：

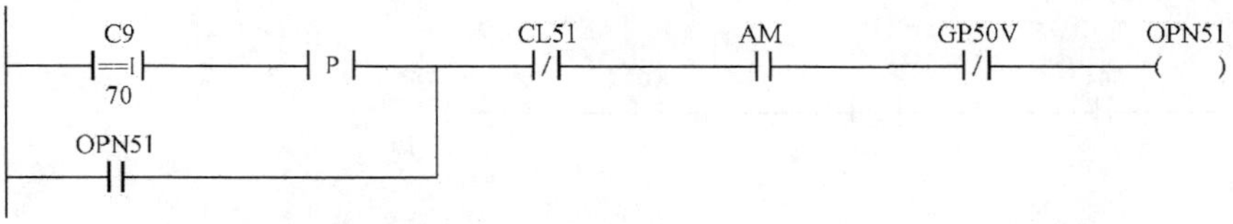

```
     C9
    ─┤==I├────────┤P├──┬──┤/├──────┤├──────┤/├──────( )
      70               │  CL51     AM    GP50V   OPN51
    OPN51              │
    ─┤├────────────────┘
```

NetWork69：梯形图如下：

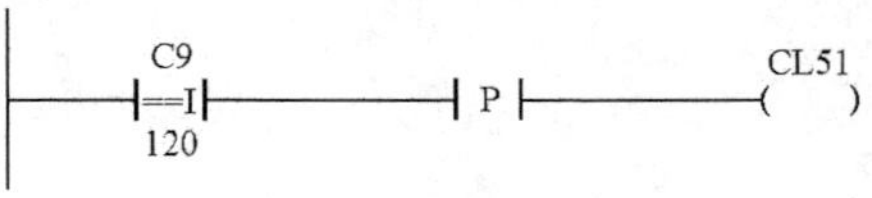

```
     C9                         CL51
    ─┤==I├────────┤P├──────────( )
     120
```

NetWork70：梯形图如下：

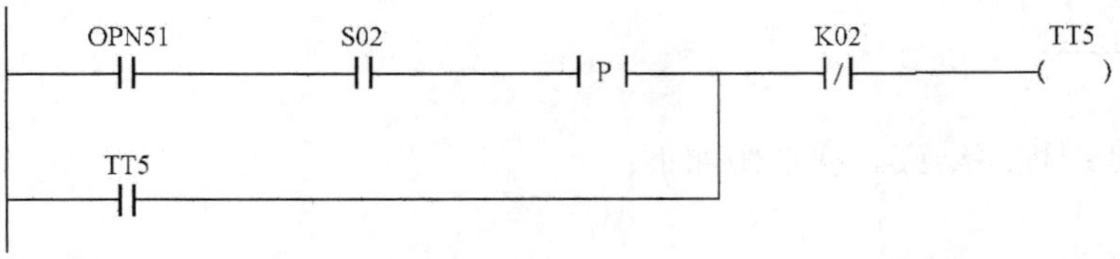

```
    OPN51        S02                    K02       TT5
    ─┤├──────────┤├──────┤P├──┬─────────┤/├──────( )
                              │
    TT5                       │
    ─┤├───────────────────────┘
```

NetWork71：梯形图如下：

```
     C9
    ─┤==I├────────┤P├──┬──┤/├──────┤├──────┤/├──────( )
     190               │  CL52     AM    GP50V   OPN52
    OPN52              │
    ─┤├────────────────┘
```

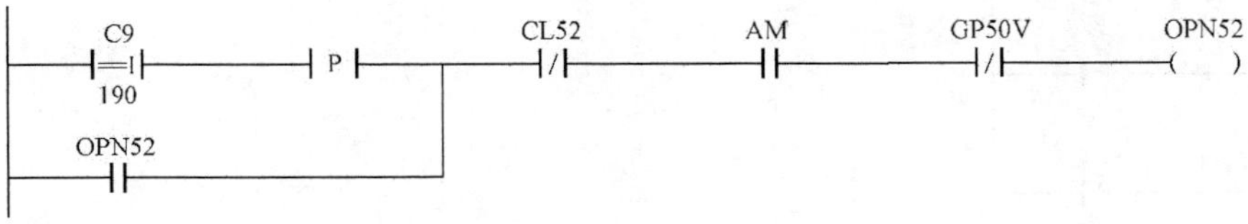

NetWork72：梯形图如下：

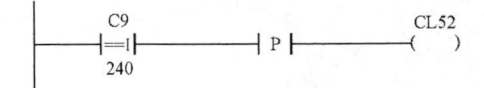

```
     C9                         CL52
    ─┤==I├────────┤P├──────────( )
     240
```

NetWork73：梯形图如下：

```
   OPN52        S03                    K03      TLU5
 ───┤├─────────┤├──────┤ P ├────┬─────┤/├──────(   )
   TLU5                         │
 ───┤├─────────────────────────┘
```

NetWork74：梯形图如下：

```
    C9                         CL53      AM     GP50V    OPN53
 ──┤==I├────────┤ P ├────┬────┤/├──────┤├──────┤/├──────(   )
    300                  │
   OPN53                 │
 ───┤├───────────────────┘
```

NetWork75：梯形图如下：

```
    C9                         CL53
 ──┤==I├────────┤ P ├─────────(   )
    360
```

NetWork76：梯形图如下：

```
   OPN53        S04                    K04      TS5
 ───┤├─────────┤├──────┤ P ├────┬─────┤/├──────(   )
   TS5                          │
 ───┤├─────────────────────────┘
```

NetWork77：梯形图如下：

```
    C9                         K05     TLS5
 ───┤├──────────┤ P ├────┬────┤/├──────(   )
   TLS5                  │
 ───┤├────────────────────┘
```

NetWork78：第五组处理程序结束。梯形图如下：

```
   TT5                      GP50V
 ──┤/├──────────┤ P ├──────(   )
   TLU5
 ──┤/├──────────┤ P ├
   TS5
 ──┤/├──────────┤ P ├
   TLS5
 ──┤/├──────────┤ P ├
```

NetWork79：各个组处理程序的推铁动作由相同的气缸完成。梯形图如下：

```
  TT1         V2
──┤├────────( )
  TT2
──┤├──
  TT3
──┤├──
  TT4
──┤├──
  TT5
──┤├──
```

NetWork80：各个组处理程序的推铝动作由相同的气缸完成。梯形图如下：

```
  TLU1        V3
──┤├────────( )
  TLU2
──┤├──
  TLU3
──┤├──
  TLU4
──┤├──
  TLU5
──┤├──
```

NetWork81：各个组处理程序的推颜色动作由相同的气缸完成。梯形图如下：

```
  TS1         V4
──┤├────────( )
  TS2
──┤├──
  TS3
──┤├──
  TS4
──┤├──
  TS5
──┤├──
```

NetWork82：各个组处理程序的推蓝色动作由相同的气缸完成。梯形图如下：

```
    TLS1         V5
    ─┤├────────( )
    TLS2
    ─┤├─
    TLS3
    ─┤├─
    TLS4
    ─┤├─
    TLS5
    ─┤├─
```

思考与练习

6.1 简述 STEP 7 -Micro/WIN 编程软件的主要功能。

6.2 简述在 STEP 7 -Micro/WIN 编程软件中，如何输入梯形逻辑程序。

6.3 简述在 STEP 7 -Micro/WIN 编程软件中，如何测试通信网络。

6.4 简述什么叫 PLC 程序的编译、下载，怎样进行 PLC 程序的编译与下载？

6.5 简述如何实现 PLC 程序的上载功能。

6.6 试独立设计材料分拣程序梯形图。

6.7 试用一个定时器和多个计数器连接，形成长定时器电路（如 1h 计时器）。

6.8 设计 PLC 控制汽车拐弯灯的梯形图。具体要求是：汽车驾驶台上有三个开关，有三个位置分别控制左闪灯亮、右闪灯亮和关灯。当开关扳到 S1 位置时，左闪灯亮（要求亮、灭时间各为 1s）；当开关扳到 S2 位置时，左闪灯亮（要求亮、灭时间各为 1s）；当开关扳到 S0 位置时，关闭左、右闪灯；如果司机开等候忘了关灯，则过 1.5min 后自动停止闪灯。

第三篇 S7–300/400 系列 PLC

第 7 章 S7-300/400 系列 PLC 简介

7.1 S7–300 综 述

S7-300 是一种通用型的 PLC，适用于自动化工程中的各种应用场合，尤其是生产制造过程。其模块化、无风扇结构、易于实现分布式配置，循环周期短、指令集功能强大以及用户易于掌握等特点使得 S7-300 在完成生产制造工程、汽车工业、通用机械制造、工艺过程及包装等工业的任务时，成为一种既经济又切合实际的解决方案。

7.1.1 整体设计

S7-300 是由机架（中央控制器/扩展单元）和各种模块部件所组成的，如图 7-1 所示，各个模块能以搭积木的方式组合在一起形成系统以达到应用的需要。图中，PS 为电源模块（可选），CPU 为处理器模块，SM 为信号模块，IM 为接口模块（可选），DM 为占位模块，FM 为功能模块，CP 为通信处理器模块。

电源模块总是安装在机架的最左边，CPU 模块紧靠电源模块。如果有接口模块，它放在 CPU 模块的右侧。信号模块和通信处理器模块可以不受限制地插到任何一个槽上，系统可以自动分配模块的地址。每个机架最多只能安装 8 个信号模块、功能模块或通信处理器模块。如果系统任务需要的这些模块超过 8 块，则可以增加扩展机架，有的低端 CPU 没有扩展功能。

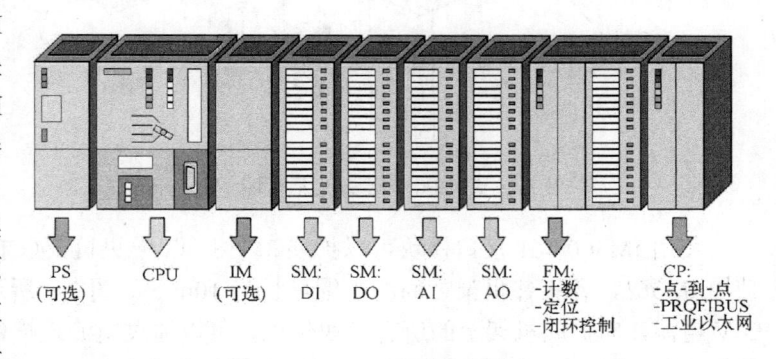

图 7-1 S7-300 组成示意图

各模块上集成有背板总线，通过模块机壳背后的 U 形总线连接器将总线连联成一体，如图 7-2 所示。除了模块之外，用户所要做的就是将模块固定在 DIN 标准导轨上，导轨是一种专用的金属机架，只需将模块钩在 DIN 标准的安装导轨上，然后用螺栓锁紧即可。这种结构形式既可靠又可以满足电磁兼容的要求。

除了带 CPU 的中央机架（CR），最多可以增加 3 个扩展机架（ER），每个机架可以插 CPU 模块和接口模块（IM），4 个机架最多可以安装 32 个模块。电源模块总是在 1 号槽的位置。中央机架（0 号机架）的 2 号槽上是 CPU 模块，3 号槽是接口模块。这 3 个槽号被固定占用，信号模块、功能模块和通信处理器使用 4～11 号槽。

模块是用总线连接器连接的，而不是像其他模块式 PLC 那样，用焊在背板上的总线插座来安装模块，所以槽号是相对的，在机架导轨上并不存在物理槽位。例如在不需要扩展机架时，中央机架上没有接口模块，此时虽然 3 号槽位仍然被实际上并不存在的接口模块占用，中央机架上的 CPU 模块和 4 号槽的模块实际上是挨在一起的。

如果有扩展机架，接口模块占用 3 号槽位，负责与其他扩展机架自动地进行数据通信。

如果只需要扩展一个机架，可以使用价格便宜的 IM365 接口模块对，两个接口模块用 1m 长的固定电缆连接，由于 IM365 不能给机架 1 提供通信总线，机架 1 上只能安装信号模块，不能安装通信模块和其他智能模块，如图 7-3 所示。扩展机架的电源由 IM365 提供，两个机架的 DC 5V 电源的总电流应在允许值之内。

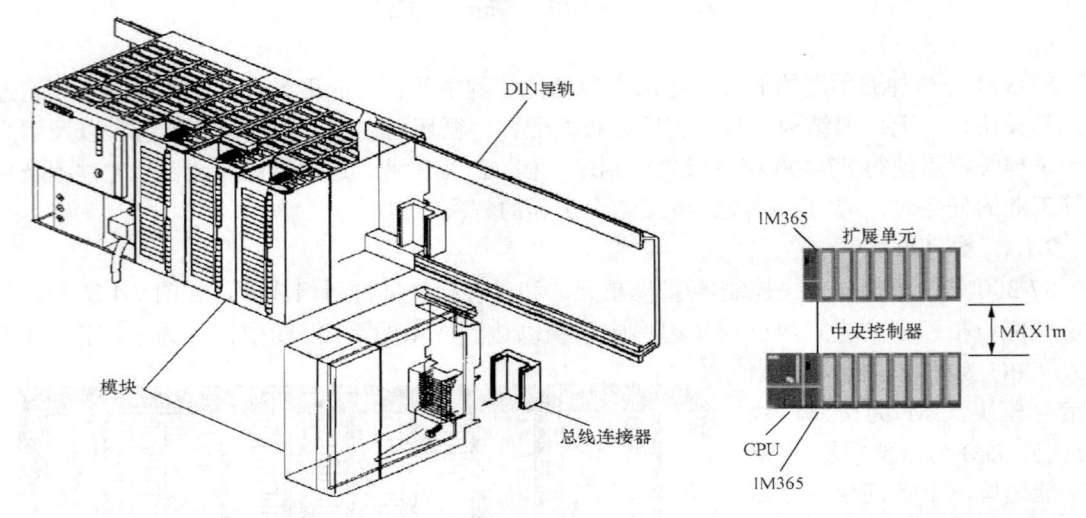

图 7-2　S7-300 安装方式示意图

图 7-3　通过 IM365 扩展示意图

使用 IM360/361 接口模块可以扩展 3 个机架，中央机架（CR）使用 IM360，扩展机架（ER）使用 IM361，各相邻机架之间的电缆最长为 10m，如图 7-4 所示。每个 IM361 需要一个外部 24V 电源，向扩展机架上的所有模块供电，可以通过电源连接器连接 PS 307 负载电源。所有的 S7-300 模块均可以安装在 ER 上。接口模块是自组态的，无需进行地址分配。

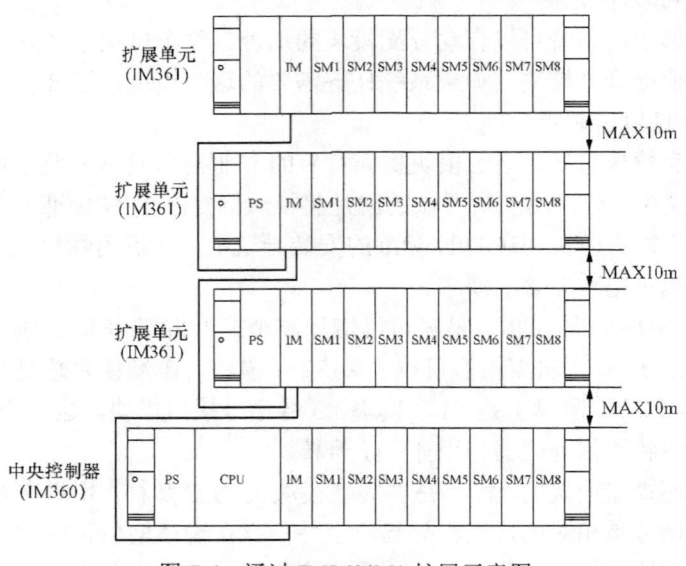

图 7-4　通过 IM360/361 扩展示意图

7.1.2 CPU

S7-300 系列 PLC 共有 20 种性能档次不同的 CPU 可供控制使用。从范围广泛的基本功能（指令执行、I/O 读写、通过 MPI 模块或 CP 模块通信）、集成功能和集成 I/O 模块、到广泛的通信选项，总有一种 CPU 可以满足需求。S7-300 系列 CPU 大致分为一下几类。

（1）紧凑型：CPU312C、CPU313C、CPU313C-2 PtP、CPU312C-2DP、CPU314C-2PtP、CPU312C-2DP（带集成的技术功能和 I/O，CPU 运行时需要微存储器卡）；

（2）新标准型：CPU312、CPU314、CPU 315-2DP（适用于对处理速度中等要求的小规模应用，CPU 运行时需要微存储器）；

（3）户外型：CPU312IFM、CPU314 IFM、CPU315-2DP（可在恶劣环境下使用）；

（4）高端型：CPU317-2DP、CPU318-2DP；

（5）故障安全型：CPU315F-2DP；

（6）其他类型：CPU313、CPU314、CPU315、CPU315-2DP、CPU316-2DP 为其余 5 种功能不同的 CPU。

S7-300 系列的 CPU 缩短机器时钟时间命令执行时间减少到原有的 1/3 或 1/4，因而降低机器时钟时间和为更高生产率奠定基础。由于采用了更大容量的构架（例如，大容量的 RAM），因此为面向任务的 STEP 7 工程工具的应用构建了一个平台，例如，SCL 高级语言和 Easy Motion Control（轻松的运动控制）。S7-300 系列的 CPU 采用微型存储器卡（MMC），也取消后备电池，因此减少了成本和维护费用。另外，其宽度只有 40mm，而不是以前的 80mm，这就意味着控制器以及开关柜将更为紧凑。由于提供更强的联网能力，因此允许更多的 CPU 以及操作员控制和监视设备能连接在一起。作为开放系统，使用由 DP V1 功能支持的 PROFIBUS，S7-300 系列的 CPU 可以对所连接的第三方系统进行更全面的参数化和诊断。

在指令方面，S7-300 的指令集包含普通 STEP5、TISOFT 和其他附加指令在内的 350 多条指令。在所有的程序块中（OB，FC，FB），全部指令均可以使用。S7-300 的高性能指令系统可以提供诸如中断处理和诊断信息这样的功能，由于这些功能集成在操作系统中，因此节省了很多 RAM 空间。

7.1.3 程序设计

使用 STEP 7 或 STEP 7-LITE 软件包可以对 S7-300 进行编程，并可以用简单、用户友好的方式使用 S7-300 的全部功能。该软件包含了自动化项目中的所有阶段（从项目组态到调试、测试以及服务）的功能。

1. STEP 7-LITE

STEP 7-LITE 是一种低成本、高效率的软件，使用 SIMATIC S7-300 可以完全独立使用。STEP 7-LITE 的特点是能非常迅速的进入编程和简单的项目处理。但 STEP 7-LITE 不能和辅助的 SIMATIC 软件包（如工程工具）一起使用。

2. STEP 7

STEP 7 可以完成较大或较复杂的应用，例如，使用高级语言或图形化语言进行编程或需要使用功能以及通信模块。STEP 7 与辅助的 SIMATIC 软件包（如工程工具）兼容。

3. 工程工具

工程工具以用户友好、面向任务的方式对自动化系统进行附加的编程。工程工具提供 S7-SCL（结构化语言，一种基于 PASCAL 的高级语言）、S7-GRAGH（对顺序控制进行图形组态）、S7-HIGRAGH（使用状态图对顺序或异步生产过程进行图形化描述）、CFC（连续功能图，通过复杂功能的图形化内部连接生成工艺规划）。

7.1.4 通信

1. 全集成自动化

全集成自动化就是用单个集成系统就可以完成用户的所有自动化任务。所有的功能部件都集成在一个环境之下。将智能部件移植到 I/O 系统中，使工厂和机器的结构均采用模块化结构形式设计方案。这种设计方案带来很多好处，比如软件可以重复使用，加快启动速度和提高工作效率。

通信网络是系统内部的一个重要模块，通信网络包括工业以太网（供区域或基层单位联网用的国际标准）、PROFIBUS（供基层单位现场使用的国际标准）、AS-Interface（与传感器和执行机构进行通信的国际标准）、EIB（供楼宇安装系统和楼宇自动化用的国际标准）、MPI-多点接口（供 CPU、PG/PC 以及 TD/OP 间相互通信使用）、点到点连接（供 2 个节点之间，以专用的通信协议进行通信。点到点连接是最简单的通信方式，有多种通信协议可以使用，如 RK512，3963 及 ASCII）。

2. 过程或现场通信

过程或现场通信用于将执行机构和传感器连接到 CPU。这种连接通过集成在 CPU 上的接口或接口模块（IM），功能模块（FM）和通信模块（CP）来实现的。另外 AS-i 接口和 PROFIBUS-DP 网也支持过程或现场通信。

3. 数据通信

数据通信是指可编程控制器相互之间的数据传送，或一台可编程控制器与智能设备（PC，计算机等）之间的数据传送。数据通信是由 MPI，PROFIBUS 或工业以太网完成的。

7.2 S7-300 硬件组成

大、中型 PLC（例如西门子的 S7-300/400 系列）一般采用模块式结构，用搭积木的方式来组成系统，模块式 PLC 由机架和模块组成。S7-300（见图 7-1）是模块化的中型 PLC，适用于中等性能的控制要求。品种繁多的 CPU 模块、信号模块和功能模块能满足各种领域的自动控制任务，用户可以根据系统的具体情况选择合适的模块，维修时更换模块也很方便。当系统规模扩大和更为复杂时，可以增加模块，对 PLC 进行扩展。简单实用的分布式结构和强大的通信联网能力，使其应用十分灵活。

S7-300 系列 PLC 采用模块化结构，一般由处理器模块（CPU），负载电源模块（PS），信号模块（SM），功能模块（FM），通信模块（CP）和接口模块（IM）组成。各个模块以搭积木的方式在机架上组成系统，使得系统组成灵活，便于维修。

S7-300 的每个 CPU 都有一个编程用的 RS-485 接口，使用西门子的 MPI（多点接口）通信协议。有的 CPU 还带有集成的现场总线 PROFIBUS-DP 接口或 PtP（点对点）串行通信接口。S7-300 不需要附加任何硬件、软件和编程，就可以建立一个 MPI 网络，通过 PROFIBUS-DP 接口可以建立一个 DP 网络。

功能最强的 CPU 的 RAM 存储容量为 512KB，有 8192 个存储器位，512 个定时器和 512 个计数器，数字量通道最大为 65536 点，模拟量通道最大为 4096 个。计数器的计数范围为 1～

999，定时器定时范围为 10ms～9990s。由于使用 Flash EPROM，CPU 断电后无需后备电池也可以长时间保持动态数据，使 S7-300 成为完全无维护的控制设备。

S7-300 有很高的电磁兼容性和抗振动抗冲击能力。S7-300 标准型的环境温度为 0～60℃。环境条件扩展型的温度范围为 –25～+60℃，有更强的耐振动和耐污染性能。

S7-300 是模块式的 PLC，采用紧凑的、无槽位限制的模块结构，S7-300 主要由机架、CPU 模块、信号模块、功能模块、接口模块、通信处理器、电源模块和编程设备组成（见图 7-5），各种模块安装在机架上。通过 CPU 模块或通信模块上的通信接口，PLC 被连接到通信网络上，可以与计算机、其他 PLC 或其他设备通信。

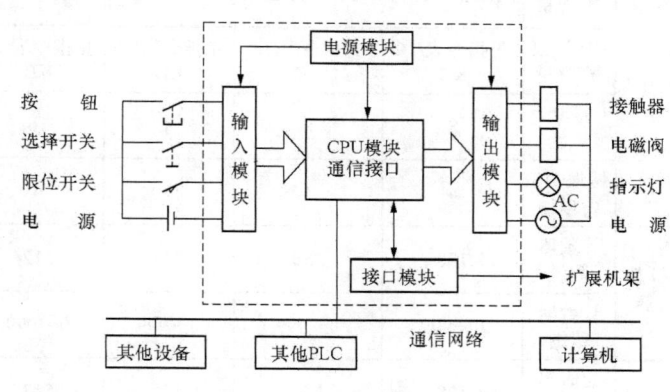

图 7-5　PLC 控制系统示意图

7.2.1　处理器模块

CPU 模块主要由微处理器（CPU 芯片）和存储器组成，S7-300 将 CPU 模块简称为 CPU。在 PLC 控制系统中，CPU 模块相当于人的大脑和心脏，它不断地采集输入信号，执行用户程序，刷新系统的输出，模块中的存储器用来储存程序和数据。CPU 前面板上有状态故障指示灯、模式开关、24V 电源端子、电池盒与存储器模块盒。

CPU 内的元件封装在一个牢固而紧凑的塑料机壳内，面板上有状态和故障指示 LED、模式选择开关和通信接口。存储器插槽可以插入多达数兆字节的 Flash EPROM 微存储器卡（简称为 MMC），用于断电后程序和数据的保存。

图 7-6 所示 CPU 315-2PN/DP 的面板图，有微存储器卡 MMC 才能运行，新面板横向的宽度只是原来的一半，此型号 CPU 没有集成的输入/输出模块，标准型 CPU 技术参数见表 7-1。

表 7-1　　标准型 CPU 技术参数

CPU 型号		312	314	315-DP	317-DP	315-2PN/DP	317-2PN/DP	319-3PN/DP
电源电压	额定值	24VDC	24VDC	24VDC	24VDC	24VDC	24VDC	24VDC
	允许范围	20.4～28.8V	20.4～28.8V	20.4～28.8V	20.4～28.8V	20.4～28.8V	20.4～28.8V	20.4～28.8V
功耗		2.5 W	2.5 W	2.5 W	4 W	3.5 W	3.5 W	14 W
存储器	内置/可扩展	32KB/×	96kB/×	128kB/×	512kB/×	256kB/×	1024KB/×	1400KB/×
	MMC/最大	4 MB	8 MB	8 MB	8 MB	8 MB	8 MB	8 MB
块	DB 块数量/容量	511/16 KB	511/16 KB	1024/16KB	2048/64 KB	1024/16KB	2048/64 KB	4096/64 KB
	FB 块数量/容量	1024/16 KB	2048/16KB	2048/16KB	2048/64 KB	2048/16KB	2048/64 KB	2048/64 KB

续表

	CPU 型号	312	314	315-DP	317-DP	315-2PN/DP	317-2PN/DP	319-3PN/DP
块	FC 块数量/容量	1024/16 KB	2048/16KB	2048/16KB	2048/64 KB	2048/16KB	2048/64 KB	2048/64 KB
	OB 块数量/容量	见指令表/16 KB	见指令表/16 KB	见指令表/16 KB	见指令表/64 KB	见指令表/16 KB	见指令表/64 KB	见指令表/64 KB
	嵌套深度	8	8	8	16	8	16	16
	错误 OB 中增加	4	4	4	4	4	4	4
计数器	计数器数量	128	256	256	512	256	512	2048
	计数器范围	0~999	0~999	0~999	0~999	0~999	0~999	0~999
定时器	定时器数量	128	256	256	512	256	512	2048
	定时器范围	10ms~9990s	10ms~9990s	10ms~9990s	10ms~9990s	10ms~9990s	10ms~9990s	10ms~9990s
数据区	数据块数量/容量	511/16KB	511/16KB	1024/16KB	2048/64KB	1024/16KB	2048/64KB	4096/64KB
地址区	输入地址区容量	1 KB	1 KB	2 KB	8 KB	2 KB	8 KB	8 KB
	输出地址区容量	1 KB	1 KB	2 KB	8 KB	2 KB	8 KB	8 KB
	输入过程映像区容量	128 bit	128 bit	128 bit	256 bit	128 bit		2k bit
	输出过程映像区容量	128 bit	128 bit	128 bit	256 bit	128 bit		2k bit
	数字量输入通道容量	256	1024	16384	65536	65536	65536	65536
	数字量输出通道容量	256	1024	16384	65536	65536	65536	65536
	模拟量输入通道容量	64	256	1024	4096	1024	4096	4096
	模拟量输出通道容量	64	256	1024	4096	1024	4096	4096
硬件组态	中央单元数量					1	1	

续表

CPU 型号		312	314	315-DP	317-DP	315-2PN/DP	317-2PN/DP	319-3PN/DP
硬件组态	扩展单元数量					3	3	4
	最大机架数	1	4	4	4	4	4	4
	模块总数	8	8	8	8	8	8	8
	DP 主站数量	4	4	4	4	4	4	4
	FM 数量	8	8	8	8	8	8	8
	CP（点到点）数量	8	8	8	8	8	8	8
	CP（LAN）数量	4	10	10	10	10	10	10

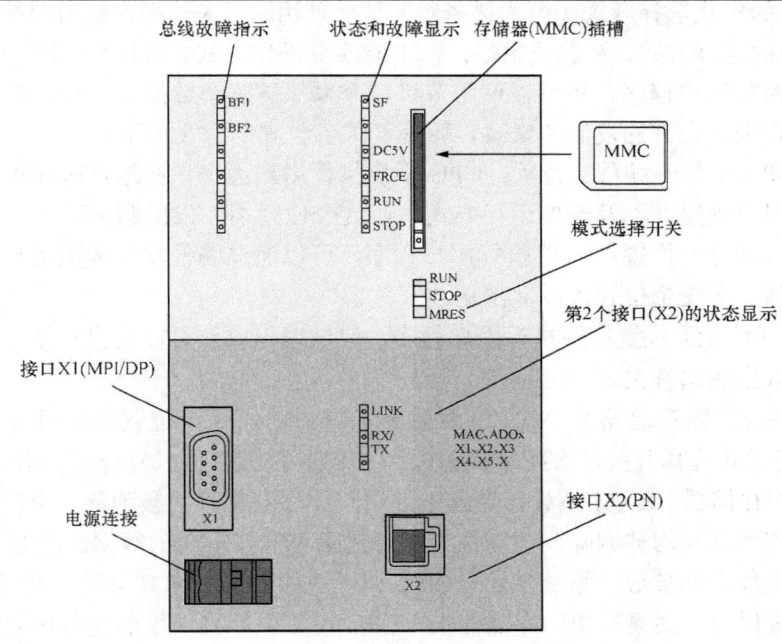

图 7-6　CPU 315-2PN/DP 的面板图

1. 状态与故障显示 LED

CPU 模块面板上的 LED（发光二极管）的意义如下：

SF（系统出错/故障显示，红色）：CPU 硬件故障或软件错误时亮；

BATF（电池故障，红色）：电池电压低或没有电池时亮；

DC 5V（+5V 电源指示，绿色）：CPU 和 S7 300 总线的 5V 电源正常时亮；

FRCE（强制，黄色）：至少有一个 I/O 被强制时亮；

STOP（停止方式，黄色）：CPU 处于 STOP、HOLD 状态或重新启动时常亮，执行存储器复位时闪亮；

BUSF（总线错误，红色）：PROFIBUS-DP 接口硬件或软件故障时亮，集成有 DP 接口的 CPU 才有此 LED，集成有两个 DP 接口的 CPU 有两个对应的 LED（BUSlF 和 BUS2F）。

2. CPU 的运行模式

CPU 有 STOP（停机）、STARTUP（启动）、RUN（运行）和 HOLD（保持）4 种操作模式。在所有的模式中，都可以通过 MPI 接口与其他设备通信。

（1）STOP 模式：CPU 模块通电后自动进入 STOP 模式，在该模式不执行用户程序，可以接收全局数据和检查系统。

（2）RUN 模式：执行用户程序，刷新输入和输出，处理中断和故障信息服务。

（3）HOLD 模式：在 STARTUP 和 RUN 模式执行程序时遇到调试用的断点，用户程序的执行被挂起（暂停），定时器被冻结。

（4）STARTUP 模式：启动模式，可以用模式选择开关或编程软件启动 CPU。如果模式选择开关在 RUN 或 RUN-P 位置，通电时自动进入启动模式。

3. 模式选择开关

有的 CPU 的模式选择开关（模式选择器）是一种钥匙开关，操作时需要插入钥匙，用来设置 CPU 当前的运行方式。钥匙拔出后，就不能改变操作方式。这样可以防止未经授权的人员非法删除或改写用户程序。还可以使用多级口令来保护整个数据库，使用户有效地保护其技术机密，防止未经允许的复制和修改。钥匙开关各位置的意义如下。

（1）RUN-P（运行—编程）位置：CPU 不仅执行用户程序，在运行时还可以通过编程软件读出和修改用户程序，以及改变运行方式。在这个位置不能拔出钥匙开关。

（2）RUN（运行）位置：CPU 执行用户程序，可以通过编程软件读出用户程序，但是不能修改用户程序，在这个位置可以取出钥匙开关。

（3）STOP（停止）位置：不执行用户程序，通过编程软件可以读出和修改用户程序，在这个位置可以取出钥匙开关。

（4）MRES（清除存储器）：MRES 位置不能保持，在这个位置松手时开关将自动返回 STOP 位置。将模式选择开关从 STOP 状态扳到 MRES 位置，可以复位存储器，使 CPU 回到初始状态。工作存储器、RAM 装载存储器中的用户程序和地址区被清除，全部存储器位、定时器、计数器和数据块均被删除，即复位为零，包括有保持功能的数据。CPU 检测硬件，初始化硬件和系统程序的参数，系统参数、CPU 和模块的参数被恢复为默认设置，MPI（多点接口）的参数被保留。如果有快闪存储器卡，CPU 在复位后将它里面的用户程序和系统参数复制到工作存储区。

复位存储器按下述顺序操作：PLC 通电后将钥匙开关从 STOP 位置扳到 MRES 位置，"STOP" LED 熄灭 1s，亮 1s，再熄灭 1s 后保持亮。放开开关，使它回到 STOP 位置，然后又回到 MRES，"STOP" LED 以 2Hz 的频率至少闪动 3s，表示正在执行复位，最后 "STOP" LED 一直亮，可以松开钥匙开关。

存储器卡被取掉或插入时，CPU 发出系统复位请求，"STOP" LED 以 0.5Hz 的频率闪动。此时应将模式选择开关扳到 MRES 位置，执行复位操作。

4. 微存储器卡

Flash EPROM 微存储卡（MMC）用于在断电时保存用户程序和某数据，它可以扩展 CPU 的存储器容量，也可以将有 CPU 的操作系统保存在 MMC 中，这对于操作系统的升级是非常方便的。MMC 用作装载存储器或便携式保存媒体。MMC 的读写直接在 CPU 内进行，不需要专用的编程器。由于 CPU 31xC 没有安装集成的装载存储器，在使用 CPU 时必须插入 MMC。

如果在写访问过程中拆下 SIMATIC 微存储卡，卡中的数据会被破坏。在这种情况下，必须将 MMC 插入 CPU 中并删除它，或在 CPU 中格式化存储卡。只有在断电状态或 CPU 处于"STOP"状态时，才能取下存储卡。

5. 通信接口

所有的 CPU 模块都有一个多点接口 MPI，有的 CPU 模块有一个 MPI 和一个 PROFIBUS-DP 接口，有的 CPU 模块有一个 MPI/DP 接口和一个 DP 接口。

MPI 用于 PLC 与其他西门子 PLC、PG/PC（编程器或个人计算机）、OP（操作员接口）通过 MPI 网络的通信。PROFIBUS-DP 最高传输速率为 12Mbit/s，用于与别的西门子带 DP 接口的 PLC、PG/PC、OP 和其他 DP 主站和从站的通信。

6. 电池盒

电池盒是安装锂电池的盒子，在 PLC 断电时，锂电池用来保证实时时钟的正常运行，并可以在 RAM 中保存用户程序和更多的数据，保存的时间为 1 年。有的低端 CPU（例如 312IFM 与 313）因为没有实时时钟，没有配备锂电池。

7. 电源接线端子

电源模块的 L1、N 端子接 AC 220V 电源，电源模块的接地端子和 M 端子一般用短路片短接后接地，机架的导轨也应接地。

电源模块上的 L+和 M 端子分别是 DC 24V 输出电压的正极和负极。用专用的电源连接器或导线连接电源模块和 CPU 模块的 L+和 M 端子。

8. 实时时钟与运行时间计数器

CPU 312 IFM 与 CPU 313 因为没有锂电池，只有软件实时时钟，PLC 断电时停止计时，恢复供电后，从断电瞬时的时刻开始计时。有后备锂电池的 CPU 有硬件实时时钟，可以在 PLC 电源断电时继续运行。运行小时计数器的技术范围为 0~32767h。

9. CPU 模块上的集成 I/O

某 CPU 模块上有集成的数字量 I/O，有的还有集成的模拟量 I/O。图 7-7 所示为集中在 CPU 的数字量/模拟量 I/O。

图 7-7　CPU-315-2 PN/DP 集成 I/O

7.2.2　输入/输出模块

输入/输出模块统称为信号模块（SM），包括数字量（或称开关量）输入模块和输出模块、模拟量输入模块和输出模块，主要有数字量输入模块 SM321 和数字量输出模块 SM322，模拟量输入模块 SM331 和模拟量输出模块 SM332。S7-300 的输入/输出模块的外部接线接在插入式的前连接器的端子上，前连接器插在前盖后面的凹槽内。不需断开前连接器上的外部连线，就可以迅速地更换模块。

信号模块面板的 LED 用来显示各数字量输入/输出电的信号状态，模块安装在 DIN 标准导轨上，通过总线连接器与相邻的模块连接。模块的默认地址由模块所在的位置决定，也可以用 STEP 7 指定模块的地址。

输入模块用来接收和采集输入信号，数字量输入模块用于连接外部的机械触点和电子数字传感器，如按钮、选择开关数字拨码开关、限位开关、接近开关、光电开关、压力继电器等来的开关量输入信号，数字量输入模块将从现场传来的外部数字信号的电平转换为 PLC 内部的信号电平。输入电路中一般设有 RC 滤波电路，以防只有由于输入触点抖动或外部干扰脉冲引起的错误输入信号，输入电流一般为数毫安。模拟量输入模块用来接收热电阻、热电偶、电位器、测速发电机和各种变送器提供的连续变化的模拟量电流电压信号。

数字量输出模块用来控制接触器、电磁阀、电磁铁、指示灯、数字显示装置和报警装置等输出设备，SM322 数字量输出模块将 S7-300 的内部信号电平转化为控制过程所需的外部信号电平，同时有隔离和功率放大的作用。模拟量输出模块用来控制电动调节阀、变频器等执行器。

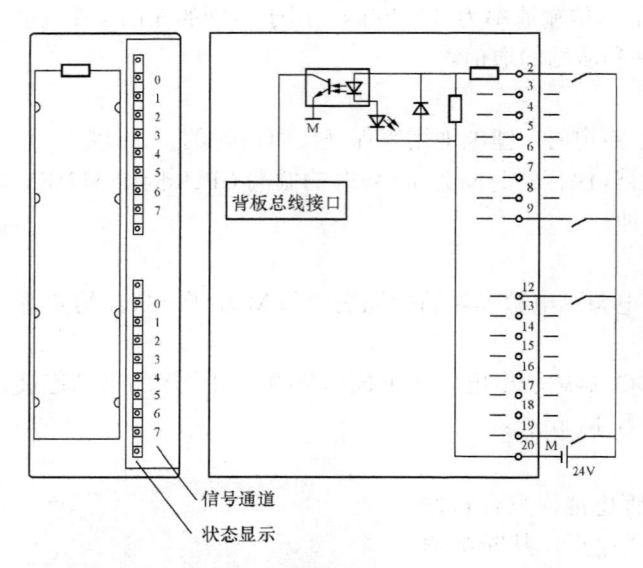

CPU 模块内部的工作电压一般是 DC 5V，而 PLC 的输入/输出信号电压一般较高，例如 DC 24V 或 AC 220V。从外部引入的尖峰电压和干扰噪声可能损坏 CPU 模块中的元器件，或使 PLC 不能正常工作。在信号模块中，用光耦合器、光敏晶闸管、小型继电器等器件来隔离 PLC 的内部电路和外部的输入、输出电路。信号模块除了传递信号外，还有电平转换与隔离的作用。

1. 数字量输入模块

数字量模块分为直流输入模块和交流输入模块。S7-300PLC 的数字量输入模块型号主要有 6S7E 321 系列和 6S7E 131 系列，后者主要用于 ET200（分布式 I/O）。图 7-8 和图 7-9 所示分别为直流数字量输入模块和交流数字量输入模块内部电路和外部接线图。

图 7-8 直流数字量输入模块内部电路和外部接线图

图 7-8 直流输入模块的内部电路和外部接线图中只画出了单条输入电路，M 和 N 是同一输入组内各输入信号的公共点。当图 7-8 中的外接触点接通时，光耦合器中的发光二极管点亮，光敏三极管饱和导通；外接触点断开时，光耦合器中的发光二极管熄火，光敏三极管截止，信号经背板总线接口传送给 CPU 模块。

交流输入模块的额定输入电压为 AC 120V 或 AC 230V。在图 7-10 中用电容隔离输入信号中的直流成分，用电阻限流，交流成分经桥式整

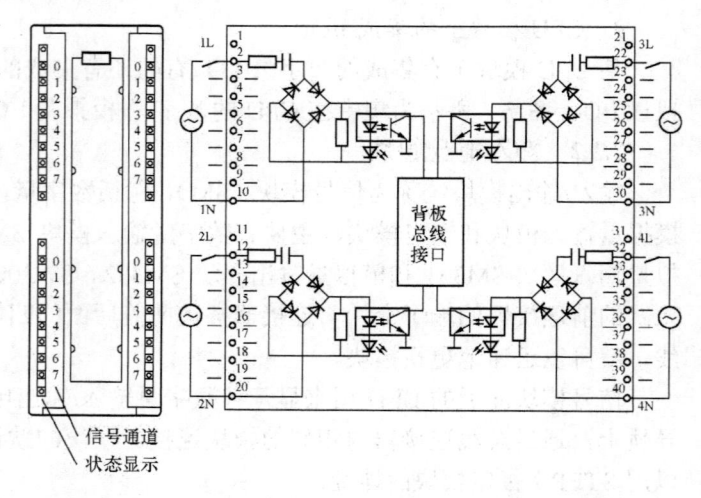

图 7-9 交流数字量输入模块内部电路和外部接线图

第 7 章 S7–300/400 系列 PLC 简介

流电路转换为直流电流。外接触点接通时，光耦合器中的发光二极管和显示用的发光二极管点亮，光敏三极管饱和导通。外接触点断开时，光耦合器中的发光二极管熄灭，光敏三极管截止，信号经背板总线接口传送给 CPU 模块。直流输入电路的延迟时间较短，可以直接与接近开关、光电开关等电子输入装置连接。

直流输入电路的延迟时间短，可以直接与接近开关、光电开关等电子输入装置连接。如果信号线不是很长，PLC 所处的物理环境较好，电磁干扰较轻，应考虑优先选用 DC 24V 的输入模块。交流输入方式适合于在有油雾、粉尘的恶劣环境下使用。

数字量输入模块技术参数见表 7-2 所示。

表 7-2　　数字量输入模块技术参数

SM321 6S7E 321	模 块									
	1BL00	1EL00	1BH02	1BH10	1BH50	1CH00	1CH20	1FH00	1FF01	1FF10
输入点数	32	32	16	16	16	16	16	16	8	8
电缆长度/屏蔽 (m)	600/1000	600/1000	600/1000	600/1000	600/1000	600/1000	600/1000	600/1000	600/1000	600/1000
电气隔离	√	√	√	√	√	√	√	√	√	√
功率损耗(W)	6.5	4	3.5	3.8	3.5	2.8	4.3	4.9	4.9	4.9
额定输入电压(V)	24	120AC	24	24	24	24 或 48DC/AC	48～125 DC/AC	120/230 AC	120/230 AC	120/230 AC
"1"输入电压(V)	13～30	74～132AC	13～30	13～30	13～30	14～60	30～146	79～264	79～264	79～264
"0"输入电压(V)	−30～+5	0～20AC	−30～+5	−30～+5	−30～+5	−5～+5	−146～+15	0～40	0～40	0～40
频带输入(Hz)		47～63					0～63	47～63	47～63	47～63
输入电流(mA)	7	21	7	7	7	27	3.5	16	11	17.3
"0～1"输入延时	1.2～4.8ms	15ms	1.2～4.8ms	25～75μs	1.2～4.8ms	16ms	0.1～3.5ms	25ms	25ms	25ms
"1～0"输入延时	1.2～4.8ms	21ms	1.2～4.8ms	25～75μs	1.2～4.8ms	16ms	0.1～3.5ms	25ms	25ms	25ms

2. 数字量输出模块

数字量输出模块将 PLC 的内部信号电平转化为控制过程所需的外部信号电平，同时有隔离和功率放大的作用。S7-300PLC 的数字量输出模块型号主要有 6S7E 322 系列和 6S7E 132 系列，后者主要用于 ET200（分布式 I/O）。

输出模块的功率放大元件有驱动直流负载的大功率晶体管和场效应晶体管（图 7-10）、驱动交流负载的双向晶闸管或固态继电器（见图 7-11），以及既可以驱动交流负载又可以驱动直流负载的小型继电器（见图 7-12）。

在选择数字量输出模块时，应注意负载电压的种类和大小、工作频率和负载的类型（电阻性、电感性负载、机械负载或白炽灯）。除了每一点的输出电流外，还应注意每一组的最大输出电流。

图 7-10 所示为晶体管或场效应晶体管输出电路，只能驱动直流负载。图中只画出了 2 路输出电路，M 和 L 是公共点。输出信号经光耦合器送给输出元件，图中用一个带三角形符号的小方框表示输出元件。输出元件的饱和导通状态和截止状态相当于触点的接通和断开。这类输出电路的延迟时间小于 1ms。

图 7-11 所示为双向晶闸管输出模块内部电路和外部接线图，输出信号经光耦合器使容量较大的双向晶闸管导通，模块外部的负载得电工作。图中的 RC 电路用来抑制晶闸管的关断过电压和外部的浪涌电压。这类模块只能用于交流负载，因为是无触点开关输出，其开关速度快，工作寿命长。

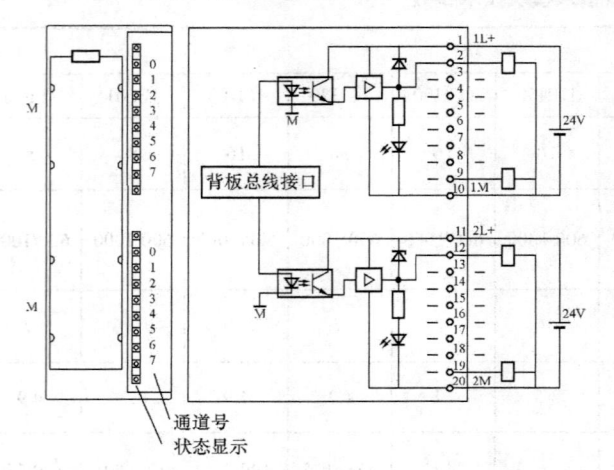

图 7-10 场效应管或晶体管输出模块内部电路和外部接线图

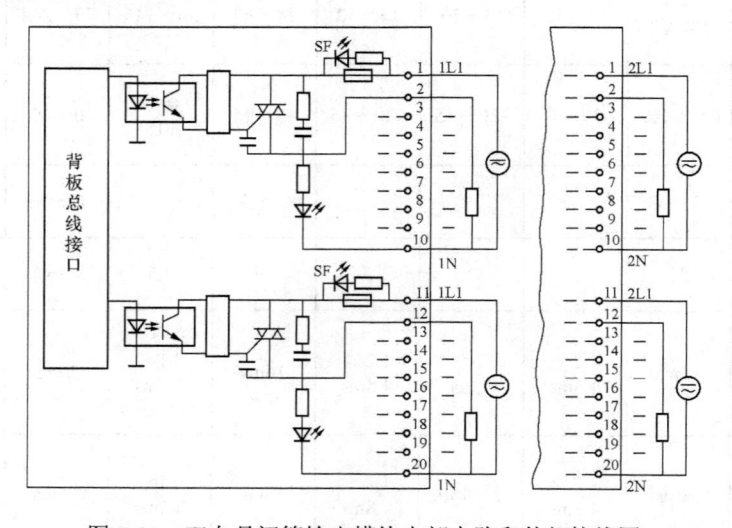

图 7-11 双向晶闸管输出模块内部电路和外部接线图

图 7-12 所示为继电器输出模块内部电路和外部接线图，输出信号通过背板总线接口和光耦合器，使模块中对应的微型硬件继电器线圈通电，其动合触点闭合，使外部的负载工作。

输出点为 0 状态时，梯形图中的线圈"断电"，输出模块中的微型继电器的线圈也断电，其动合触点断开。

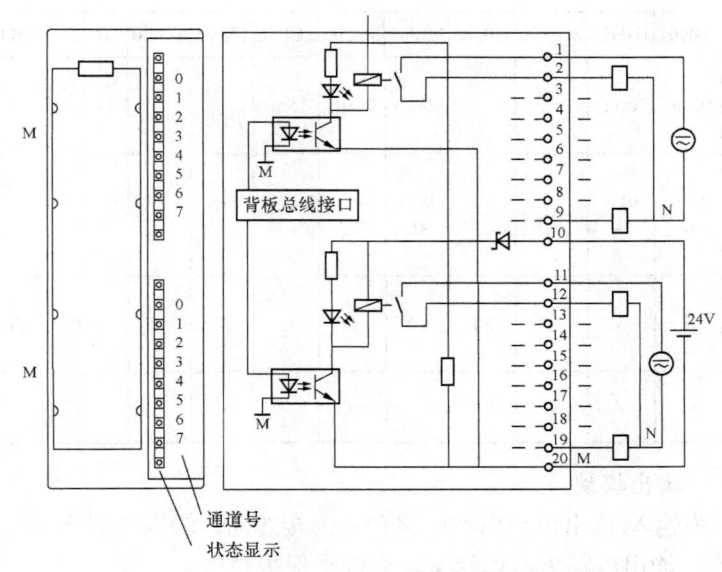

图 7-12 继电器输出模块内部电路和外部接线图

数字量输出模块参数见表 7-3。

表 7-3　　　　　　　　　　数字量输出模块参数

SM322 6S7E 322	模块														
	1BL00	1FL00	1BH01	1BH10	5GH00	1FH00	1BF01	8BF00	1CF00	1FF01	5FF00	1HH01	1HF01	5HF00	1HF10
输出点数	32	32	16	16	16	16	8	8	8	8	8	16	8	8	8
电缆长度/屏蔽（m）	600/1000	600/1000	600/1000	600/1000	600/1000	600/1000	600/1000	600/1000	600/1000	600/1000	600/1000	600/1000	600/1000	600/1000	600/1000
电气隔离	√	√	√	√	√	√	√	√	√	√	√	√	√	√	√
功率损耗（W）	6.6	25	4.9	5	2.8	8.6	6.8	5	7.2	8.6	8.6	4.5	3.2	3.5	4.2
额定输出电压（V）	24DC	120/230AC	24DC	24DC	24DC	120/230AC	24DC	24DC	48～125DC	120/230AC	120/230AC	24～120DC 48～230AC	24～120DC 48～230AC	24～120DC 48～230AC	24～120DC 48～230AC
额定输出电流	500mA	1A	500mA	500mA	500mA	1A	2A	500mA	7.2W	2A	2A	2A	3A	5A	8A
"0-1"输出延时	100μs	1个周波	100μs	100μs	6ms	100μs	180μs	2ms		1个周波					

续表

SM322 6S7E 322	模 块												
	1BL00	1FL00	1BH01	1BH10	5GH00	1FH00	1BF01	8BF00	1CF00	1FF01	5FF00	1HH01	1HF01	5HF00	1HF10
"1-0"输出延时	500μs	1个周波	500μs	200μs	3ms		500μs	245μs	15ms	1个周波				
负载阻抗范围（Ω）	48～4k		48～4k	48～4k			48～4k	48～3k						
灯负载（W）	5	50	5	5	2.5	50	10	5	15	50	50	5/50	50	1500	1500
短路保护	√	√	√	√	√	√	√	√	√	√				

3. 数字量输入/输出模块

图 7-13 所示为输入/输出模块内部电路和外部接线图，输入电路和输出电路通过光耦合器与背板总线相连，输出电路为晶体管型，有电子保护功能。

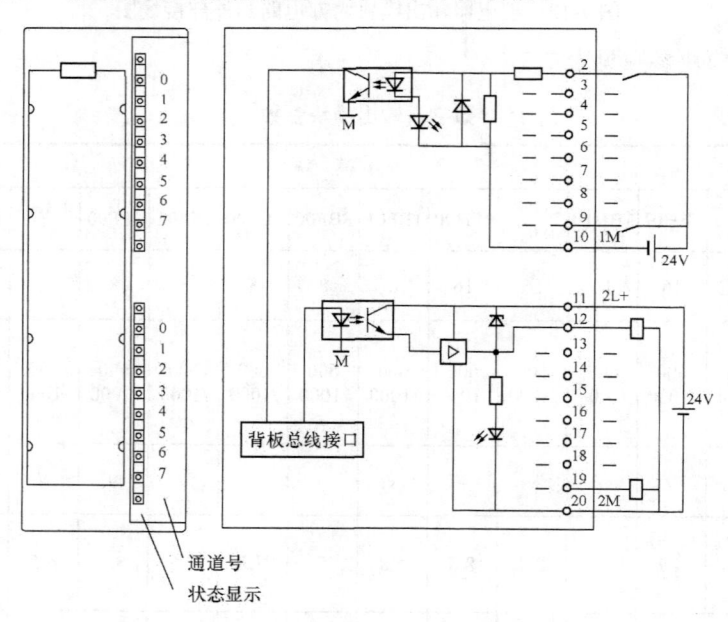

图 7-13 输入输出模块内部电路和外部接线图

4. 模拟量输入模块

生产过程中有大量的连续变化的模拟量需要 PLC 来测量或控制。有的是非电量，如温度、压力、流量、液位、物体的成分（例如气体中的含氧量）和频率等。有的是强电电量，如发电机组的电流、电压、有功功率和无功功率、功率因数等。模拟量输入模块用于将模拟量信号转换为 CPU 内部处理用的数字信号，其主要组成部分是 A/D（Analog/Digit）转换器。模拟量输入模块的输入信号一般是模拟量变送器输出的标准量程的直流电压、电流信号。

S7-300PLC 的模拟量输入模块可以直接连接电压/电流传感器、热电偶、热电阻和电阻式温度计。

S7-300 的模拟量 I/O 模块包括模拟量输入模块 SM331 和模拟量输出模块 SM332。

（1）模拟输入量转换后的模拟值表示方法。

模拟量输入/输出模块中模拟量对应的数字称为模拟值，模拟值用 16 位二进制补码定点数来表示。最高位（第 15 位）为符号位，正数的符号位为 0，负数的符号位为 1。

模拟量模块的模拟值位数（即转换精度）可以设置为 9~15 位（与模块的型号有关，不包括符号位），如果模拟值的精度小于 15 位，则模拟值左移，使其最高位（符号位）在 16 位字的最高位（第 15 位），模拟值左移后未使用的低位则填入 0，这种处理方法称为"左对齐"。设模拟值的精度为 12 位加符号位，未使用的低位（第 0~2 位）为 0，相当于实际的模拟值被乘以 8。

表 7-4 给出了 SM331 模拟量输入模块的模拟值与模拟量之间的对应关系，模拟量量程的上、下限（±100%）分别对应于十六进制模拟值 6C00H 和 9400H（H 表示十六进制数）。

SM331 模拟量输入模块，表 7-4 列出了 SM331 模拟量输入模块的模拟值。

表 7-4　　　　　　　　　　　　SM331 模拟量输入模块的模拟值

	百分比	十进制	十六进制	±5V	±10V	±20 mA
上溢出	18.515%	32767	7FFFH	5.926 V	11.851V	23.70 mA
超出范围	117.589%	32511	7EFFH	5.879 V	11.759V	23.52 mA
正常范围	100.000% 0 % −100.000%	27648 0 −27648	6C00H 0H 9400H	5V 0V −5V	10 V 0 V −10 V	20 mA 0mA −20 mA
低于范围	−117.593%	−32512	8100H	−5.879V	−11.759 V	−23.52 mA
下溢出	−118.519%	−32768	8000H	−5.926V	−11.851 V	−23.70 mA

模拟量输入模块在模块通电前或模块参数设置完成后第一次转换之前，或上溢出时，其模拟值为 7FFFH。下溢出时模拟值为 8000H。上、下溢出时 SF 指示灯闪烁，有诊断功能的模块可以产生诊断中断。

（2）模拟量输入模块测量范围的设置。

模拟量输入模块的输入信号种类用安装在模块侧面的量程卡（或称为量程模块）来设置。量程卡安装往模拟量输入模块的侧面，每两个通道为一组，共用一个量程卡。量程卡插入输入模块后，如果量程卡上的标记 C 与输入模块上的标记相对，则量程卡被设置在 C 位置。模块出厂时，量程卡预设在 B 位置。

以模拟量输入模块 6ES7331-7KF02-0AB0 为例，量程卡的 B 位置包括 4 种电压输入；C 位置包括 5 种电流输入；D 位置的测量范围只有 4~20mA。其余的 21 种温度传感器、电阻或电压的测量范围均应选择位置 A。使用 STEP 7 中的硬件组态功能可以进一步确定测量范围。各位置对应的测量方法和测量范围都印在模拟量模块上。

供货时量程卡被设置在默认的 B 位置。用 STEP7 设置量程时可以看到该量程对应的量程卡的位置，应正确地设置量程卡，否则将会损坏模拟量输入模块。

（3）将模拟量输入模块的输出值转换为实际的物理量。

转化时应考虑变送器的输入/输出量程和模拟量输入模块的量程，找出被测物理量与 A/D 转换后的数字之间的比例关系。

下面以连接电压/电流传感器的模拟量输入模块（6ES7 331-7HF0x-0AB0）为例，介绍模拟量输入模块。

图 7-14 所示为连接电压/电流传感器的输入模块内部电路和外部接线图。

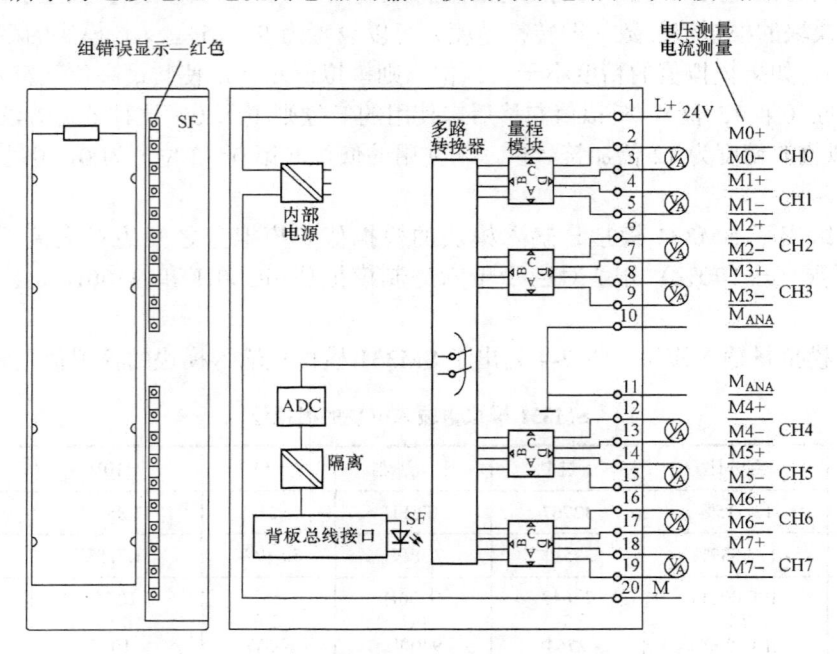

图 7-14　电压/电流输入模块内部电路和外部接线图

PLC 的 CPU 仅以二进制格式来处理模拟值，模拟量输入模块将模拟过程信号转换为 16 位的数字格式，最高位为符号位。对于精度小于 16 位的模拟量输入模块，模拟值以左对齐方式存储，未使用的最低有效位用零填充。表 7-5 列出了 S7-300PLC 模拟量输入模块指出的模拟值精度。

表 7-5　　　　　　　S7-300PLC 模拟量输入模块指出的模拟值精度

精度位 （+符号位）	系　统　字		模　拟　值	
	十进制	十六进制	高位字节	地位字节
8	128	80H	00000000	1×××××××
9	64	40H	00000000	01××××××
10	32	20H	00000000	001×××××
11	16	10H	00000000	0001××××
12	8	8H	00000000	00001×××
13	4	4H	00000000	000001××
14	2	2H	00000000	0000001×
15	1	1H	00000000	0000000×

表 7-5 给出了模拟量输入模块的模拟值与模拟量之间的对应关系，模拟量量程的上、下限分别对应于十六进制模拟值 6C00H 和 9400H（H 表示十六进制数）。模拟量输入模块在模块通电前或模块参数设置完成后第一次转换前，或上溢出时，其模拟值为 7FFFH，下溢出时模拟值为 8000H。上下溢出时 SF 指示等闪烁。

这里需要说明一下模拟量输入模块的两个重要的性能参数：转换时间和周期时间。

（1）转换时间是基本转换时间与模块在电阻测量和断线监控处理上花费的其他时间之和。基本转换时间直接取决于模拟量输入通道的转换方法（积分方法、实际值转换）。

（2）模数转换以及将数字化测量值传送至存储器和/或背板总线是按顺序执行的，即模拟量输入通道连续进行转换。周期时间（即模拟量输入值再次转换前所经历的时间）表示模拟量输入模块的全部激活的模拟量输入通道的累积转换时间。

5. 模拟量输出模块

S7-300PLC 的数字量输出模块型号主要有 6S7E 332 系列和 6S7E 135 系列，后者主要用于 ET200（分布式 I/O）。

下面以连接电压/电流传感器的模拟量输出模块（6ES7 332-5HF00-0AB0）为例，介绍模拟量输出模块。

图 7-15 所示为连接电压/电流传感器的输出模块内部电路和外部接线图。

影响模拟量输出模块性能的有两个参数，即稳定时间和响应时间。如图 7-16 所示，稳定时间（到）即转换值达到模拟量输出指定级别所经历的时间，稳定时间由负载决定。据此，我们将负载区分为阻性、容性和感性负载。

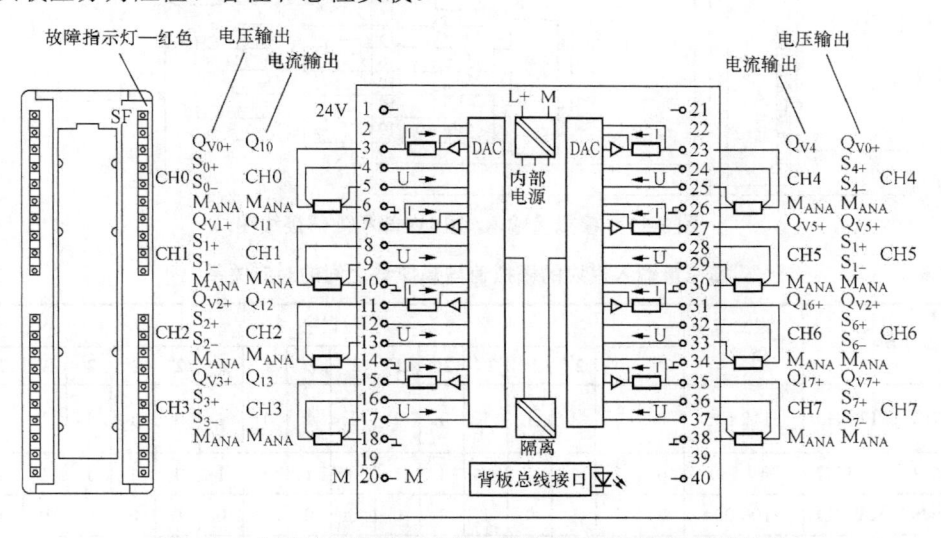

图 7-15　电压/电流传感器的输出模块内部电路和外部接线图

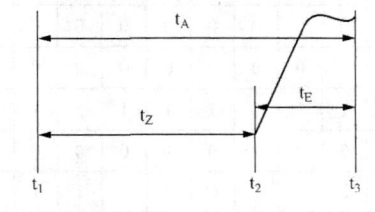

图 7-16　稳定时间和响应时间示意图

最坏情况下的响应时间（到），即从将数字量输出值输入内部存储器到模拟量输出的信号稳定所经历的时间，此时间可能等于周期时间与稳定时间的总和。模拟量通道在传送新的输出值之前即已转换，并且直到所有其他通道均已转换时（周期时间）仍未再次转换，此时就会出现最坏情况。

6. 模拟量输入/输出模块

与数字量模块相同，模拟量模块也具有同时具备输入和输出功能的模块。以 SM 334（6ES7 334-0CE01-0AA0）为例，它具有 4 路输入 2 路输出，8 位精度，通过硬连线定义测量和输出类型，输入输出范围为 0~10V 或 0~20mA，不与背板总线接口隔离，但与负载电压电隔离。图 7-17 所示为模拟量输入/输出内部和外部接线图。模拟量输入模拟值与模拟量之间对应关系见表 7-6。

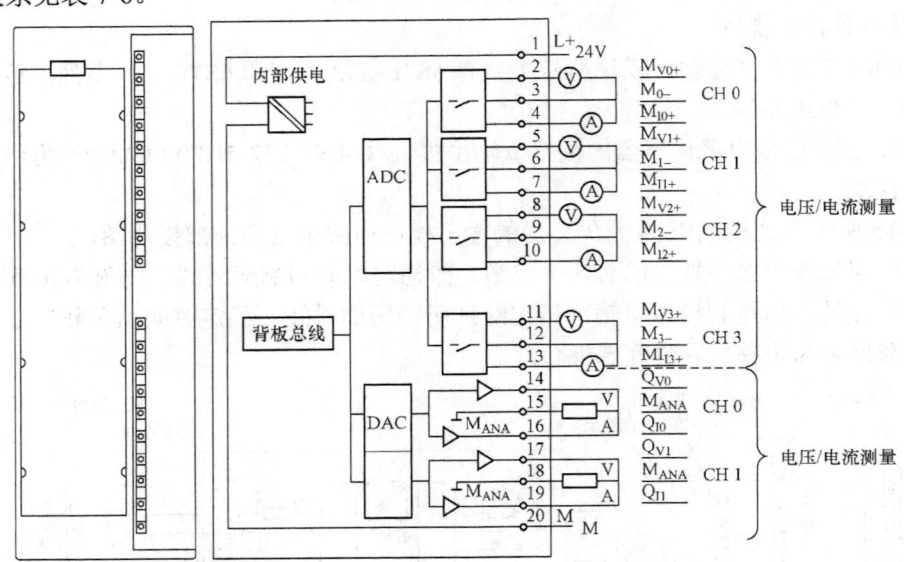

图 7-17 模拟量输入/输出内部和外部接线图

表 7-6　　模拟量输入模块的模拟值与模拟量之间的对应关系

精度	系统字	测试值（%）	2^{15}	2^{14}	2^{13}	2^{12}	2^{11}	2^{10}	2^9	2^8	2^7	2^6	2^5	2^4	2^3	2^2	2^1	2^0	范围
双精度	32767（7FFFH）	>118.515	0	1	1	1	1	1	1	1	1	1	1	1	1	1	1	1	上溢出
	32511（7EFFH）	117.589	0	1	1	1	1	1	1	0	1	1	1	1	1	1	1	1	超出范围
	27649（6C01H）	>100.004	0	1	1	0	1	1	0	0	0	0	0	0	0	0	0	1	
	27648（6C00H）	100.000	0	1	1	0	1	1	0	0	0	0	0	0	0	0	0	0	标称范围
	1（0001H）	0.003617	0	0	0	0	0	0	0	0	0	0	0	0	0	0	0	1	
	0（0000H）	0	0	0	0	0	0	0	0	0	0	0	0	0	0	0	0	0	
	−1（FFFFH）	−0.003617	1	1	1	1	1	1	1	1	1	1	1	1	1	1	1	1	
	−27648（9400H）	−100.000	1	0	0	1	0	1	0	0	0	0	0	0	0	0	0	0	
	−27649（93FFH）	≤−100.004	1	0	0	1	0	0	1	1	1	1	1	1	1	1	1	1	超出范围
	−32512（8100H）	−117.593	1	0	0	0	0	0	0	1	0	0	0	0	0	0	0	0	

续表

精度	系统字	测试值（%）	2^{15}	2^{14}	2^{13}	2^{12}	2^{11}	2^{10}	2^9	2^8	2^7	2^6	2^5	2^4	2^3	2^2	2^1	2^0	范围
双精度	−32768（8000H）	≤−117.596	1	0	0	0	0	0	0	0	0	0	0	0	0	0	0	0	下溢出
单精度	32767（7FFFH）	>118.515	0	1	1	1	1	1	1	1	1	1	1	1	1	1	1	1	上溢出
	32511（7EFFH）	117.589	0	1	1	1	1	1	1	0	1	1	1	1	1	1	1	1	超出范围
	27649（6C01H）	>100.004	0	1	1	0	1	1	0	0	0	0	0	0	0	0	0	1	
	27648（6C00H）	100.000	0	1	1	0	1	1	0	0	0	0	0	0	0	0	0	0	标称范围
	1（0001H）	0.003617	0	0	0	0	0	0	0	0	0	0	0	0	0	0	0	1	
	0（0000H）	0	0	0	0	0	0	0	0	0	0	0	0	0	0	0	0	0	
	−1（FFFFH）	−0.003617	1	1	1	1	1	1	1	1	1	1	1	1	1	1	1	1	超出范围
	−4864（ED00H）	−17.593	1	1	1	0	1	1	0	1	0	0	0	0	0	0	0	0	
	−32768（8000H）	≤−117.596	1	0	0	0	0	0	0	0	0	0	0	0	0	0	0	0	下溢出

7.2.3 电源模块

PS 307 电源模块将 AC 120/230V 电压转换为 DC 24V 电压，为 S7-300、传感器和执行器供电。输出电流有 2、5A 或 10A 3 种。

电源模块安装在 DIN 导轨上的插槽 1，紧靠在 CPU 或扩展机架 IM 361 的左侧，用电源连接器连接到 CPU 或 IM 361 上。

PS 307 2A 电源模块的接线图如图 7-18 所示，电源模块方框图如图 7-19 所示，模块的输入和输出之间有可靠的隔离，输出正常电压 24V 时，绿色 LED 亮；输出过载时 LED 闪烁；输出电流大于 2A 时，电压跌落，跌落后自动恢复；输出短路时输出电压消失，短路消失后电压自动恢复。

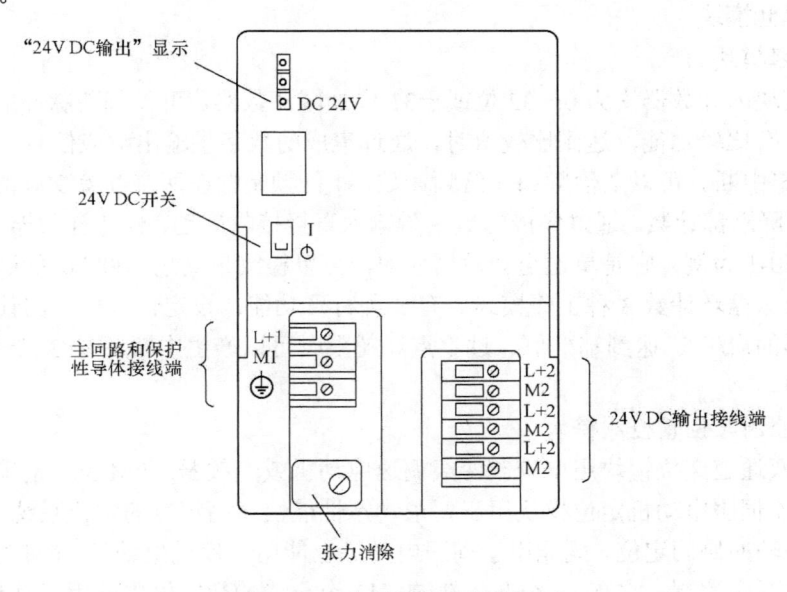

图 7-18 电源模块的接线图

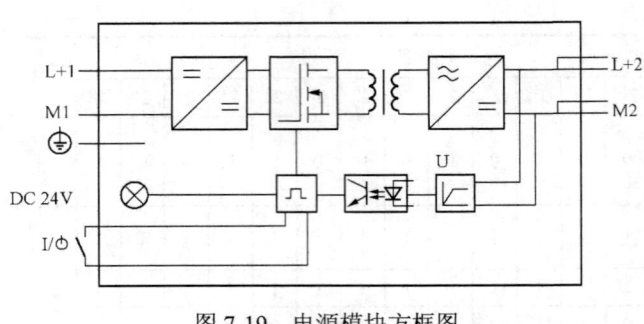

图 7-19 电源模块方框图

电源模块除了给 CPU 模块提供电源外，还要给输入/输出模块提供 24V DC 电源。CPU 模块上的 M 端子（系统的参考点）一般是接地的，接地端子与 M 端子用短接片连接。某些大型工厂（如化工厂和发电厂）为了监视对地的短路电流，可能采用浮动参考电位，这时应将 M 点与接地点之间的短接片去掉，可能存在的干扰电流通过集成在 CPU 中 M 点与接地点之间的 RC 电路对接地母线放电。电源模块技术参数见表 7-7。

表 7-7　　　　　　　　　电源模块技术参数

电源型号	PS 305 2 A (6ES7305-1BA80-0AA0)	PS 307 2 A (6ES7307-1BA00-0AA0)	PS 307 5 A (6ES7307-1EAX0-0AA0)	PS 307 10 A (6ES7307-1KA00-0AA0)
额定输入电压	24/48/72/96/110 VDC	AC 120/230	AC 120/230	AC 120/230
允许输入电压	16.8 VDC 到 138 VDC			
额定输出电压（V）	24 DC	24 DC	24 DC	24 DC
额定输出电流（A）	2	2	5	10
短路保护	电子式	电子式	电子式	电子式
效率	75%	83%	87%	89%
功耗	64W	58W	138W	270W

7.2.4 其他模块

1. 计数器模块

计数器模块的计数器均为 0～32 位或 ±31 位加减计数器，可以判断脉冲的方向，模块给编码器供电。有比较功能，达到比较值时，通过集成的数字量输出响应信号，或通过背板总线向 CPU 发出中断。可以 2 倍频和 4 倍频计数，4 倍频是指在两个互差 900 的 A、B 相信号的上升沿、下降沿都计数。通过集成的数字量输入直接接收启动、停止计数器等数字量信号。

以 FM 350-1 为例，它是单通道计数器模块，可以检测最高达 500kHz 的脉冲，有连续计数、单向计数、循环计数 3 种工作模式。有 3 种特殊功能：设定计数器、门计数器和用门功能控制计数器的启/停。达到基准值、过零点和超限时可以产生中断。有 3 个数字量输入，2 个数字量输出。

2. 位置控制与位置检测模块

FM 351 双通道定位模块用于控制变级调速电动机或变频器。FM 353 是步进电动机定位模块。FM 354 伺服电动机定位模块用于要求动态性能快、高精度的定位系统。FM 357 用于最多 4 个插补轴的协同定位，既能用于伺服电动机也能用于步进电动机。FM 352 高速电子凸轮控制器用于顺序控制，它有 32 个凸轮轨迹，13 个集成的数字输出端用于动作的直接输出，采用增量式编码器或绝对式编码器。

FM 352 高速布尔处理器高速地进行布尔控制（即数字量控制）。SM 338 用超声波传感器检测位置，具有无磨损、保护等级高、精度稳定不变、与传感器的长度无关等优点。SM 338 可以提供最多 3 个绝对值编码器（SSI）和 CPU 之间的接口，将 SSI 的信号转换为 S7-300 的数字值，可以为编码器提供 DC 24V 电源。

3. 闭环控制模块

FM 355 闭环控制模块有 4 个闭环控制通道，用于压力、流量、液位等控制，有自优化温度控制算法和 PID 算法；FM 355C 是具有 4 个模拟量输出端的连续控制器；FM 355S 是具有 8 个数字输出点的步进或脉冲控制器。

FM 355-2 是适用于温度闭环控制的 4 通道闭环控制模块，可以方便的实现在线自优化温度控制；FM 355-2C 是具有 4 个模拟量输出端的连续控制器；FM 355-2S 是具有 8 个数字输出端的步进或脉冲控制器。

4. 称重模块

SIWAREX U 称重模块是紧凑型电子秤，用于化学工业和食品工业等行业来测定料仓和储斗的料位，对起重机载荷进行监控，对传送带载荷进行测量或对工业提升机、轧机超载进行安全防护等。

SIWAREX M 称重模块是有校验能力的电子称重和配料单元，可以组成多料秤称重系统，安装在易爆区域，还可以作为独立于 PLC 的现场仪器使用。

5. 前连接器

前连接器用于将传感器和执行元件连接到信号模块，有 20 针和 40 针两种。它被插入到模块上，有前盖板保护。更换模块时只需要拆下前连接器，不用花费很长的时间重新接线。模块上有两个带顶罩的编码元件，第一次插入时，顶罩永久地插入到前连接器上。前连接器以后只能插入同样类型的模块。

6. TOP 连接器

TOP 连接器包括前连接器模块、连接电缆和端子块。所有部件均可以方便地连接，并可以单独更换。TOP 全模块化端子允许方便、快速和无错误地将传感器和执行元件连接到 S7-300，最长距离 30m。模拟信号模块的负载电源 L+和地 M 的允许距离为 5m。超过 5m 时前连接器一端和端子块一端均需要加电源。

前连接器模块代替前连接器插入到信号模块上，用于连接 16 通道或 32 通道信号模块。

7. 仿真模块

仿真模块 SM 374 用于调试程序，用开关来模拟实际的输入信号，用 LED 显示输出信号的状态。模块上有一个功能设置开关，可以仿真 16 点输入、16 点输出，或 8 点输入/8 点输出，具有相同的起始地址。

8. 占位模块

占位模块 DM370 为模块保留一个插槽，如果用一个其他模块代替占位模块整个配置和地址都保持不变。只有当为可编程信号模块进行模块化处理时，才能在 STEP 7 中组态 DM 370 占位模块。如果该模块为某个接口模块预留了插槽，则可在 STEP 7 中删除模块组态。

9. 模拟器模块

模拟器模块 DM374 的 16 个开关可以被设置为 16 路输入或 16 输出或 8 路输入 8 路输出。

10. 位置解码器模块

位置解码器模块 SM338 额定输入电压 24V DC，与 CPU 没有电气隔离，它主要用于连接多达三个绝对值编码器（SSI）的输入（帧长度为 13 位的绝对值编码器、帧长度为 21 位的绝对值编码器、帧长度为 25 位的绝对值编码器），以及 2 个用于冻结编码器数值的数字量输入，采集方式为周期采集或同步采集；它允许在运动系统中对编码器值直接做出反应，并且支持同步模式。

11. 接口模块

IM360/IM361、IM365 为接口模块，通过接口模块实现系统的扩展。IM360/IM361 用于配置一个中央控制器和三个扩展机架，IM365 用于配置一个中央控制器和一个扩展机架。

7.3 S7–400 综述

在 PLC 产品领域，SIMATIC S7-400 被设计成生产和过程自动化的系统解决方案。S7-400 的主要特色为极高的处理速度、强大的通信性能和卓越的 CPU 资源裕量。S7-400 可以与 SIMATIC 组态工具配套使用，从而可以进行高效率的配置和编程，尤其是应用于工程量较大的广泛的自动化解决方案中。例如，高级语言 SCL 和用于顺序控制、状态图和面向工艺的图形组态工具等。S7-400 能够保存整个项目数据，包括 CPU 的符号和说明等，因此，有助于便捷地进行检修和维护。此外，功能强大的集成系统的诊断功能可以增强控制器的实用性并提高其工作效率。为此，增加了可以设置的过程诊断功能，可以据此分析过程问题，从而减少停机时间并进一步促进生产效率。

7.3.1 整体设计

S7-400 自动化系统采用模块化设计，系统通常包括一个机架（CR）、一个电源（PS）和一个 CPU 组成，如图 7-20 所示。它所具有的模板的扩展和配置功能使其能够按照每个不同的需求灵活组合。模板能带电插拔且具有很高的电磁兼容性和抗冲击、耐振动性能，因而能最大限度的满足各种工业标准。系统模板通常具有以下部分。

（1）电源模板：将 SIMATIC S7-400 连接到 120/230V AC 或 24V DC 电源上。

（2）中央处理单元（CPU）：有多种 CPU 可供用户选择，有些带有内置的 PROFIBUS-DP 接口，用于各种性能范围。一个中央控制器可包括多个 CPU，以加强其性能。

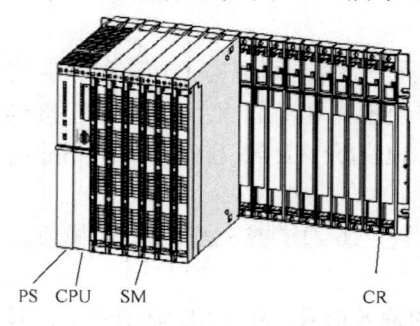

图 7-20 S7-400 组成图

（3）各种信号模板（SM）：用于数字量输入和输出（DI/DO）以及模拟量的输入和输出（AI/AO）。

（4）通信模板（CP）：用于总线连接和点到点的连接。

（5）功能模板（FM）：专门用于计数、定位、凸轮控制等任务。

根据用户需要还提供以下部件：

（1）接口模板（IM）：用于连接中央控制单元和扩展单元。SIMATIC S7-400 中央控制器最多能连接 21 个扩展单元。

第 7 章 S7-300/400 系列 PLC 简介

（2）SIMATIC S5 模板：SIMATIC S5-155U，135U 和 155U 的所有 I/O 模板都可和相应的 SIMATIC S5 扩展单元一起使用。另外，专用的 IP 和 WF 模板可用于 S5 扩展单元，也可直接用于中央控制器（通过适配器盒）。

如果用户需要比中央控制器更多的功能，S7-400 还可以进行扩展。S7-400 最多有 21 个扩展单元（EU），这 21 个扩展单元（EU）都可以连接到中央控制器（CC）。中央控制器 CC 和扩展单元 EU 通过发送 IM 和接收 IM 连接。中央控制器（CC）可插入最多 6 个发送 IM，每个 EU 可容纳 1 个接收 IM。每个发送 IM 有 2 个接口，每个接口最多可支持 4 个 EU。其扩展方式如图 7-21 所示，所使用的连接模块和能达到的连接距离见表 7-8。

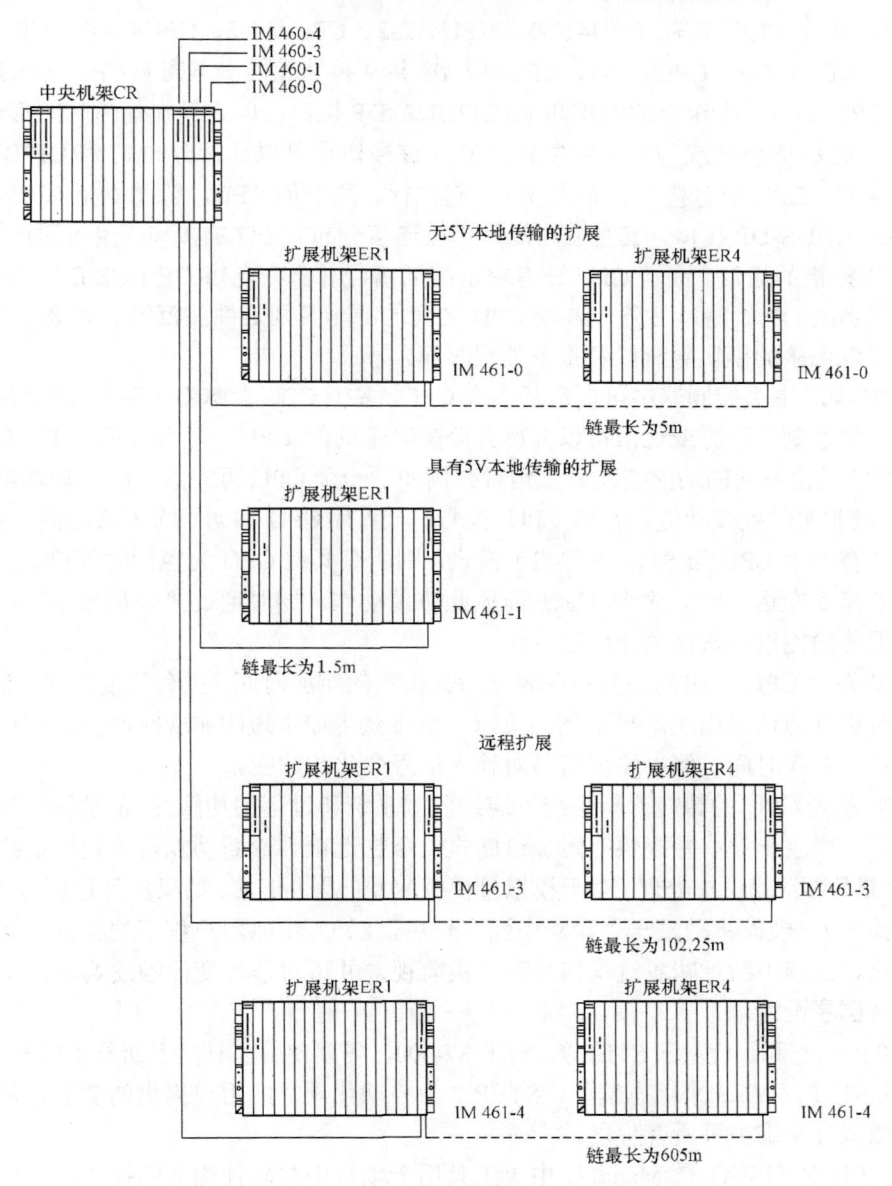

图 7-21 S7-400 扩展示意图

表 7-8　　　　　　　　　　　　　　　连 接 类 型 表

连接类型	模　块	最大电缆长度
本地连接	IM460-1 和 IM461-1，带 5V 电压传送	1.5M
本地连接	IM460-0 和 IM461-0，不带 5V 电压传送	5M
远程连接	IM460-3 和 IM461-3	102.25M
远程连接	IM460-4 和 IM461-4	605M

7.3.2　CPU

S7-400 系列 PLC 共有 CPU412-1、CPU412-2、CPU414-2、CPU414-3、CPU414-4H、CPU416-2、CPU416-3、CPU417-4、CPU417-4H 共 9 种性能档次不同的 CPU 可供控制使用。

所有 CPU 都有一个组合的编程和 PROFIBUS DP 接口，即它们在任何时间都可以被 OP 或编程器/工控机所访问或与各种控制器联网。该接口也可以连接分布式 PROFIBUS DP 设备，这意味着，CPU 能直接与分布式 I/O 一起执行。所有的 CPU，除基本型 CPU 412-1 外，都配备 PROFIBUS-DP 接口，其主要功能是作为连接分布式 I/O 的接口，也可通过组态与 OP 或编程器/工控机的通信。高端 CPU 还有空余的插槽，用于安装 PROFIBUS DP 接口模板，以便连接到附加的 DP 线路。另外，各级 CPU 之间的唯一区别是性能范围，如 RAM 容量、地址范围、可以连接的模块数量以及指令处理时间。

一台 S7-400 中央控制器中可以运行多个 CPU，多个 CPU 意味着 S7-400 的整体性能可以被分解。例如控制、计算或通信可以分离并分配给不同的 CPU，每个 CPU 可赋予其本地的 I/O。多 CPU 可使不同的功能彼此分工运行。例如，一个 CPU 可完成实时处理功能，而另一个 CPU 完成非实时处理功能。在多 CPU 模式下，所有 CPU 如同一个 CPU 那样联合运行，也就是说如有一个 CPU 为 STOP（停机）模式，则所有其他 CPU 为也同时停机。同步调用可以使每一条指令在运行时，多个 CPU 能彼此协调动作。同时通过"全局数据"机制，CPU 之间的数据传输能以非常高的速率进行。

S7-400 系列 CPU 的出色之处不仅表现为其极短的响应时间，更有其极大的性能裕量。即使需要同时进行通信或出现意想不到的负荷，仍可获得非常短的响应时间。换句话说即是可以实现特定的响应时间，例如输出信号对输入信号变化的响应。

S7-400 系列 CPU 的智能诊断系统可连续监测系统和过程的功能性,记录错误和特定系统事件（CPU"黑匣子"）；并提供有附加诊断报文添加选项。诊断功能可确定模板的信号记录（对于数字量模板）或模拟处理（对于模拟量模板）功能是否正常。如果出现诊断报文事件（例如编码器掉电），模板将触发一个诊断中断。然后，CPU 中断用户程序的执行，执行相应的诊断中断块。过程中断意味着过程信号可以被监视，并可对信号变化触发响应。

7.3.3　程序设计

S7-400 的组态和编程基于 STEP 7。对于 S7-400，需要使用了 HW 升级补丁的 STEP 7 V5.2 SP1HF3 或 STEP 7 V5.3 来组态编程，STEP 7 为自动化项目的用户提供的功能，可以从组态到启动、测试有及维护等所有阶段。

STEP 7 结合 SIMATIC Manager 中央工具用于项目中与软件相关的操作。不仅关系到单 CPU，也关系到整个工厂与解决方案中包括多少控制器、驱动器和 HMI 设备无关。使用 STEP 7 可以确保在整个项目中的数据保持一致。STEP 7 既包括设备的硬件配置又包括模板的参数化，所以不需要再进行硬件设置。STEP 7 包括三种基本语言：语句表（STL）、梯形图（LAD）和功能块图（FBD）。STEP 7 还可以实现连网 CPU 之间参数的高速数据传输。

由于 S7-400 通常用于执行大型程序。它还包括高级语言和基于 STEP 7 的图形工程工具。S7-400 可用 S7-SCL、S7-GRAPH、S7-HiGraph、CFC 等语言进行编程。

7.3.4 通信

S7-400 有很强的通信功能，CPU 模块集成有 MPl 和 DP 通信接口，有 PROFIBUS-DP 和工业以太网的通信模块，以及点对点通信模块。通过 PROFIBUS-DP 或 AS-i 现场总线，可以周期性地自动交换 I/O 模块的数据（过程映像数据交换）。在自动化系统之间，PLC 与计算机和 HMI（人机接口）站之间，均可以交换数据。数据通信可以周期性地自动进行或基于事件驱动，由用户程序块调用。

S7/C7 通信对象的通信服务通过集成在系统中的功能块来进行。可提供的通信服务有：使用 MPI 的标准 S7 通信；使用 MPI、C 总线、PROFIBUS-DP 和工业以太网的 S7 通信。S7-300 只能作为服务器，与 S5 通信对象和第三方设备的通信，可用非常驻的块来建立。这些服务包括通过 FROFIBUS-DP 和工业以太网的 S5 兼容通信和标准通信。

7.4 S7-400 硬件组成

S7-400 系列 PLC 采用模块化结构，系统通常包括一个机架（CR）、一个电源模板（PS）和一个 CPU 组成。它所具有的模板的扩展和配置功能使其能够按照每个不同的需求灵活组合。模板能带电插拔且具有很高的电磁兼容性和抗冲击、耐振动性能，因而能最大限度的满足各种工业标准。

7.4.1 机架

S7-400 的机架具有固定模板，提供模板工作电压及通过信号总线将不同模板连接在一起的功能，机架通常由用螺栓固定模板并用横向切口安装机架的铝安装导轨、将模板滑入到其位置用的塑料件、一个背板总线及一个 I/O 总线组成，图 7-22 所示为机架的结构图。

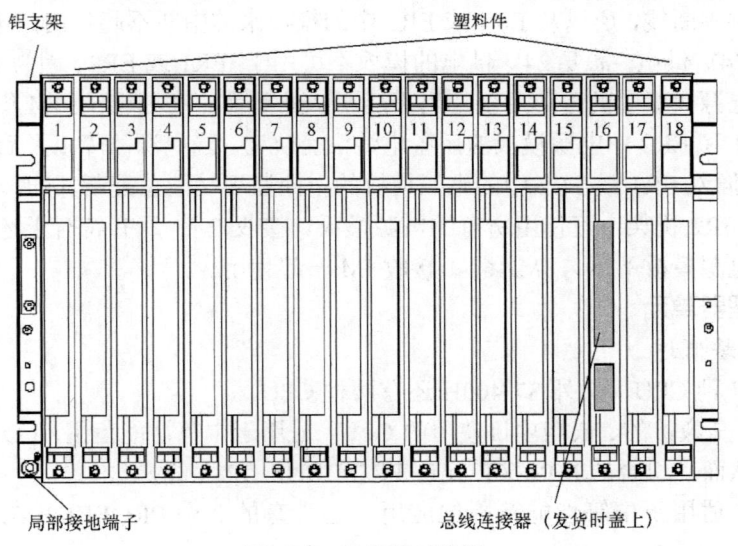

图 7-22 机架的结构图

1. 通用机架 UR1 和 UR2

UR1（18 槽 6ES7 400-1TA01-0AA0）和 UR2（9 槽 6ES7 400-1JA01-0AA0）有 UR1 和 UR2 机架用于安装 CR（中央机架）和 EU（扩展机架）。UR1 和 UR2 机架都有 I/O 总线和通信总线。

当 UR1 和 UR2 用作中央机架时，可安装除接收 IM 外的所有 S7-400 模板。当 UR1 和 UR2 用作扩展机架时，可安装除 CPU 和发送 IM 外的所有 S7-400 模板。特殊情况下电源模板不可与 IM 461-1 接收 IM 一起使用。

2. UR2-H 机架

UR2-H（6ES7 400-2JA00-0AA0）机架用于在一个机架上安装两个中央机架或两个扩展机架，它表示在相同机架结构上两个具有电气隔离的 UR2 机架，其主要应用在冗余 S7-400 系统的紧凑型结构中（在一个机架上有两个子机架和子系统）。

当 UR2-H 用作中央机架时，可安装除接收 IM 外的所有 S7-400 模板。当 UR2-H 用作扩展机架时，可安装除 CPU、发送 IM、IM 463-2 和适配器外的所有 S7-400 模板。特殊情况下电源模板不可与 IM 461-1 接收 IM 一起使用。

3. 中央 CR2 机架

中央 CR2（6ES7 401-2TA01-0AA0）机架用于安装分段的中央机架。它带有一个 I/O 总线和一个通信总线。I/O 总线分为两个本地总线段，分别带有 10 个和 8 个插槽。在 CR2 机架上可以使用除接收 IM 外的所有 S7-400 模板。

4. 中央 CR3 机架

中央 CR3（6ES7 401-2TA01-0AA0）机架用于在标准系统中（非故障容错系统）的 CR 的安装。CR3 有一个 I/O 总线和一个通信总线。在 CR3 机架上可以使用除接收 IM 外的所有 S7-400 模板，但在单独运行时只能使用 CPU 414-4H 和 CPU 417-4H。

5. 扩展机架 ER 和 ER2

扩展机架 ER1（6ES7 403-1TA01-0AA0）和 ER2（6ES7 403-1JA01-0AA0）机架用于安装扩展机架。ER1 和 ER2 机架只有一个 I/O 总线机架。

因为未提供中断线，所以从 ER1 或 ER2 中的模板来的中断不起作用，同时，ER1 或 ER2 中的模板没有 24V 供电，需要 24V 供电的模板不可用于 ER1 或 ER2。因为 ER1 或 ER2 中的模板既不能用电源模板中的电池后备，也不能用从外部为 CPU 或接收 IM 供电的电源后备，因此，使用 ER1 和 ER2 中电源模板的后备电池没有优势。当电源故障以及后备电源故障时不对 CPU 报告。插入 ER1 或 ER2 中的电源模板的电池监视功能总是断开的。

在 ER1 和 ER2 机架中可使用所有的电源模板、接收 IM、所有符合上述限制条件的信号模板，但是，电源模板不可与 IM 461-1 接收 IM 一起使用。

7.4.2 处理器单元

1. CPU 模块概述

S7-400 有 7 种 CPU，此外 S7-400H 还有两种 CPU。

CPU 412-1 是廉价的、低档项目使用的 CPU，适用于中等性能范围，I/O 数量有限的较小系统的安装。然而，组合的 MPI 接口允许 PROFIBUS-DP 总线操作。

CPU 412-2 适用于中等性能范围的应用。它带有的 2 个 PROFIBUS-DP 总线可以随时使用。

CPU414-2 和 CPU 414-3 适用于中等性能应用范围中有较高要求的场合。它们满足对程序规模和指令处理速度的更高要求。集成的 PROFIBUS-DP 接口使它能够作为主站直接连接到 PROFIBUS-DP 现场总线。CPU 414-3 有一条额外的 DP 线，可用 IF 964-DP 接口子模板进行连接。

CPU 416-2 和 CPU 416-3 是功能强大的 SIMATIC S7-400CPU。集成的 PROFIBUS-DP 接口，使它能作为主站直接连接到 PROFIBUS-DP 现场总线。CPU 416-3,有一条额外的 DP 线，可用 IF 964-DP 接口子模板进行连接。

CPU 417-4 是 SIMATIC S7-400 中央处理单元中功能最强大的。集成的 PROFIBUS-DP 接口，使它能作为主站直接连接到 PROFIBUS-DP 现场总线。通过 IF 964-DP 接口子模板进一步连接 2 条 DP 线。

CPU414-4H 用于 SIMATICS7-400H 和 S7-400F/FH 可配置为容错式 S7-400H 系统。连接上运行许可证后，可以作为安全型 S7-400F/FH 自动化系统使用。集成的 PROFIBUS-DP 接口能作为主站直接连接到 PROFIBUS-DP 现场总线。

CPU 417-4H 是 SIMATIC S7-400H 和 S7-400F/FH 中功能最强的。可配置为容错式 S7-400H 系统。连接上运行授权后，可以作为 S7-400F/FH 容错自动化系统应用。集成的 PROFIBUS-DP 接口能作为主站直接连接到 PROFIBUS-DP 现场总线。

2. S7-400 CPU 模块的共同特性

下面是 S7-400 CPU 模块的一些共同的特性。

（1）S7-400 有 1 个中央机架，可扩展成 21 个扩展机架。使用 UR1 或 UR2 机架的多 CPU 处理最多安装 4 个 CPU。每个中央机架最多使用 6 个 IM（接口模块），通过适配器在中央机架上可以连接 6 块 S5 模块。

（2）实时钟功能：CPU 有后备时钟和 8 个小时计数器，8 个时钟存储器位，有日期时间同步功能，同步时在 PLC 内和 MPI 上可以作为主站和从站。

（3）S7-400 都有 IEC 定时器/计数器（SFB 类型），每一优先级嵌套深度 24 级，在错误 OB 中附加 2 级。S7 信令功能可以处理诊断报文。

（4）测试功能：可以测试 I/O、位操作、DB（数据块）、分布式 I/O、定时器和计数器；可以强制 I/O、位操作和分布式 I/O。有状态块和单步执行功能，调试程序是可以设置断点。

（5）FM（功能模块）和 CP（通信处理器）的块数只受槽的数量和通信的连接量的限制。S7-400 可以与编程器和 OP（操作员面板）通信，有全局数据通信功能。在 S7 通信中，可以作服务器和客户机，分别为 PG（编程器）和 OP 保留了一个连接。

（6）CPU 模块内置的第一个通信接口的功能。

第一个通信接口可以作 MPI 和 DP 主站。

作 MPI 接口时，可以与编程器和 OP 通信，可以用作路由器。全局通信的 GD 数据包最大为 64KB。S7 标准通信每个作业的用户数据最大为 76B，S7 通信每个作业的用户数据最大为 64B，S5 兼容通信每个作业的用户数据最大为 8KB。内置各通信接口最大传输速率为 12Mbit/s。

作 DP 主站时，可以与编程器和 OP 通信，支持点对点通信功能，除了 S7-412 外，都具有全局通信，S7 基本通信功能。最多支持 32 各 DP 从站，最多支持 512 各插槽。最大地址区为 2KB，每个 DP 从站最大可用数据为 244B 输入/244B 输出。

（7）CPU 模块内置的第二个通信接口的功能。

第二个通信模块接口可以用作 DP 主站和点对点连接。作 DP 主站时，可以与编程器和 OP 通信，支持内部节点通信。每个 DP 从站最大可用数据为 244B 输入/244B 输出。

S7-400 CPU 模块技术参数见表 7-9 所示。

表 7-9　　　　　　　　　　　　S7-400 CPU 模块技术参数

CPU 型号	CPU 412-1	CPU 412-2	CPU414-2	CPU 414-3	CPU 416-2	CPU 416-3	CPU 417-4	CPU414-4H	CPU417-4H
计数器数量	256	256	256	256	512	512	512	512	512
计数器范围	C0-C255	C0-C255	C0-C255	C0-C255	C0-C511	C0-C511	C0-C511	C0-C511	C0-C511
定时器数量	256	256	256	256	512	512	512	512	512
定时器范围	T0-T255	T0-T255	T0-T255	T0-T255	T0-T511	T0-T511	T0-T511	T0-T511	T0-T511
块嵌套深度	24	24	24	24	24	24	24	24	24
FB 块容量/数量	256/48K	256/64K	2048/64K	2048/64K	2048/64K	2048/64K	6144/64K	6144/64K	2048/64K
FC 块容量/数量	256/48K	256/64K	2048/64K	2048/64K	2048/64K	2048/64K	6144/64K	2048/64K	6144/64K
中央控制器数量	1	1	1	1	1	1	1	1	1
扩展单元数量	21	21	21	21	21	21	21	21	20
IM 连接数量	6	6	6	6	6	6	6	6	6
DP 主站数量	1	2	2	2	2	2	2	2	2
第一接口 MPI 连接数量	16	16	32	32	44	44	44	44	32
第一接口传输速率（Mbit/s）	12	12	12	12	12	12	12	12	12
第一接口 DP 从站数量	32	32	32	32	32	32	32	32	32
第二接口传输速率（Mbit/s）		12	12	12	12	12	12	12	12

续表

CPU 型号	CPU 412-1	CPU 412-2	CPU414-2	CPU 414-3	CPU 416-2	CPU 416-3	CPU 417-4	CPU414-4H	CPU417-4H
第二接口DP从站数量		64	96	96	96	125	125	125	96
第三接口供电电压(V)	24DC	24DC	24DC	24DC	24DC	24DC	24DC		
第三接口后备电流（μA）	40	40	40	40	40	40	40		
功耗（W）	8	8	8	8	8	8	8	10	10

7.4.3 电源模板

S7-400 的电源模板的任务是通过背板总线，向机架上的其他模板提供工作电压。它们不为信号模板提供负载电压。

S7-400 的电源模板用于 S7-400 系统安装基板的封装设计，它通过自然对流冷却，带 AC-DC 编码的电源电压的插入式连接，具有短路保护功能。具有两个输出电压的监视，且两个输出电压（5V DC 和 24V DC）共地。如果其中一个电压故障，则向 CPU 发送故障信号。S7-400 的电源模板通过背板总线对 CPU 和可编程模板的参数设置和存储器内容（RAM）进行后备。此外，后备电池可以对 CPU 热启动。电压模板和后备模板都能监视电池电压。

1. 冗余电源模板

如果使用两个型号为 PS 407 10A R（6ES7 407-0KR00-0AA0，输入电压 85V AC～264V AC 或 88V DC～300V DC，输出电压 5V DC/10A 和 24V DC/1A）或 PS 405 10A R（6ES7 405-0KR00-0AA0，输入电压 17.2V DC～72V DC，输出电压 5V DC/10A 和 24V DC/1A）的电源模板，可以在安装基板上安装冗余电源。如果需要提高 PLC 的可用性，特别是工作在一个不可靠的电源系统中时，应进行冗余设计。建立一个冗余的电源时，可以将一个电源模板插在机架的插槽 1 和插槽 3。可以插入尽量多的模板，但所有这些模板只能由一个电源模板供电，换句话说，在冗余运行状态下，所有模板只能消耗 10A 电流。

S7-400 的冗余电源具有以下特性：

（1）电源模板提供一个符合 NAMUR 的接通闭合限制器；

（2）当一个电源模板故障时，其他的每个电源模板均能向整个基板供电，因此不会停止工作；

（3）整个系统工作时可以更换每个电源模板，当插拔模板时不会影响系统运行；

（4）每个电源模板均具有监视功能，当发生故障时将发送故障信息；

（5）一个电源模板的故障不会影响其他正常工作的电源模板的电压输出；

（6）当每个电源模板有两个电池时，其中一个必须是冗余电池。如果每个电源模板只有一个电池，则不能进行冗余后备，因为冗余时需要两个电池都工作；

（7）通过插拔中断登记电源模板的故障（缺省值为 STOP），如果只在 CR2 的第二个段中使用，当电源模板故障时，不发送任何报告；

(8) 如果插入两个电源模板但只有一个上电，则上电时将发生 1min 的启动延时。

2. 后备电池

S7-400 的电源模板有一个电池盒，可以装 1 个或 2 个后备电池。这些电池是选件。

如果已经装入后备电池，则在电源发生故障时，参数设置和存储器内容（RAM）将通过背板总线备份到 CPU 和可编程模板中。电池电压必须在允许的范围内。此外，在上电后，后备电池可以对 CPU 执行重启动。电源模板和后备模板均可监视电池电压。

一些电源模板有容纳两个电池的电池盒。如果你用两个电池，并将开关拨到 2BATT，则电源模板将两个电池中的一个定义为后备电池。当电池充足时该设置始终有效。当后备电池放完电后，则系统将另一个电池切换到后备方式。"后备电池"的状态也存储在电源故障的事件中。

后备电池的最长后备时间取决于后备电池的容量以及在基板上的后备电流。后备电流是指当电源关闭时，所插入的后备模板的电流及电源模板所需要的电流的总和。

【例 7-1】 计算对于一个具有 PS 407 4A 和 CPU 417-4 的中央机架的后备时间。

后备电池容量为 1.9Ah，电源的最大后备电流（包括电源关闭时自己所需的电流）为 100μA，CPU 417-4 典型的后备电流为 75μA，当计算后备时间时，由于在电源打开时后备电池也会受到影响，所以额定能力将低于 100%。

一个具有 63%额定容量的电池具有：

$$后备时间 = 1.9Ah \times 0.63/(100+75)\mu A$$
$$= (1.197/175) \times 1000000 = 6840h$$

得出最大后备时间为 285 天。

（1）S7-400 电源模板的指示灯定义如下：

1）"NTF"：红色，内部故障时点亮；

2）"5 V DC"：绿色，只要 5V 电压在容许的电压范围内就点亮；

3）"24 V DC"：绿色，只要 24V 电压在容许的电压范围内就点亮；

4）"IBAF"：红色，如果背板总线上的电池电压太低，并且 BATT INDIC 开关置于 1 BATT 或 2 BATT 位置时就点亮；

5）"BATT1F"：黄色，如果电池 1 用完、或者极性倒置或未装电池，并且 BATT INDIC 开关置于 1 BATT 或 2 BATT 位置时就点亮；

6）"BATT2F" 黄色，如果电池 2 用完、或者极性倒置或未装电池，并且 BATT INDIC 开关置于 1 BATT 或 2 BATT 位置时就点亮。

（2）S7-400 电源模板的开关定义如下：

1）"FMR 瞬时接触按钮"：消除故障后用来确认和复位故障指示器；

2）"备用开关"：通过干预控制回路，将输出电压（5VDC/24VDC）切换到 0V（电源不断开）；

3）"BATT INDIC 开关"：用来设定 LED 和电池监视；当可以使用 1 个电池时（PS 407 4A，PS405 4A）：如果选择 OFF 则为 LED 和监视信号不起作用，如果选择 BATT 则为 BAF/BATTF 指示灯和监视信号激活；当可以使用 2 个电池时（PS 407 10A，PS 407 20A，PS 405 10A，PS 405 20A）：如果选择 OFF 则为 LED 和监视信号不起作用；如果选择 1BATT 则为只有 BAF/BATT1F 指示灯（用于电池 1）激活；如果选择 2BATT 则为只有 BAF/BATT1F/BATT2F 指示灯（用于电池 1 和 2）激活；

4)"电压选择开关":用来选择主要的工作电压(120V AC 或 230V AC),由其自身的外壳保护。

7.4.4 数字量模板

数字量模板将二进制过程信号连接到 S7-400,通过这些模板,能将数字传感器和执行器连接到 SIMATIC S7-400。使用数字量输入/输出模板可提供用户优化的适配性能,模板的任意组合使任务恰如其分地适配输入/输出模板的数量,以避免多余的投资。

数字量输出模板有以下特点:

(1)紧凑的设计。

坚固的塑料外壳包括有绿色 LED 指示输出信号状态;一个红色 LED 指示内部和外部故障或出错;有内装的诊断能力;指示的故障如保险丝熔断和负载电压掉电等;标签条插入到前盖板内(增加标签条数量包括在供货内;根据使用手册复制);覆盖薄膜可单独订购。

(2)容易安装。

将模板挂在机架上,拧紧螺钉即可安装,非常方便。

(3)接线方便。

模板通过插入前连接器来接线,初次插入前连接器时,应嵌入一个编码元件,这样前连接器只能插入到有相同电压范围的模板中;更换模板时,前连接器能保持完整的接线状态,因此能用于相同类型的新模板。

1. 数字量输入模板

数字量输入模板将外部过程发送的数字信号电平转换成 S7-400 内部的信号电平。模板适合于连接开关或 2 线 BERO 接近开关。数字量输入模板有以下特点:

(1)紧凑的设计。坚固的塑料外壳包括有绿色 LED 指示输入信号的状态;利用诊断和过程中断功能,一个红色 LED 指示模板中的来自内部和外部的故障和错误;

(2)容易安装;

(3)接线方便模板通过插入前连接器来接线。

2. 数字量输出模板

数字量输出模板将 S7-400 的内部信号电平转换成过程所需要的外部信号电平。模板适合于连接如电磁阀,接触器,小型电动机,灯和电机启动器等装置。

数字量输出模板有以下特点:

(1)紧凑的设计。坚固的塑料外壳包括有绿色 LED 指示输出信号的状态;一个红色 LED 指示模板内部和外部的故障和错误并在 6ES7422-1FF 和 6ES7422-1FH 产品中显示熔丝断和负载电压故障信息;

(2)容易安装;

(3)接线方便模板通过插入前连接器来接线。

7.4.5 模拟量模板

模拟量输入/输出模板包括用于 S7-400 的模拟量输入/输出。通过这些模板,能将模拟量传感器和执行器连接到 SIMATIC S7-400。使用模拟量输入/输出模板能给用户提供优化的适配性能,因此能连接各种不同类型的模拟量传感器和执行器。

模拟量输入/输出模板的机械结构有以下特点:

(1)紧凑的设计。坚固的塑料外壳包括标签条可插入到前盖板内(根据使用手册复制),

覆盖薄膜可单独订购。

（2）容易安装。将模板挂在机架上，拧紧螺钉即可，安装非常方便。

（3）接线方便。模板通过前连接器来接线。初次插入前连接器时，应嵌入一个编码元件，这样前连接器只能插入到有相同电压范围的模板中。更换模板时，前连接器能保持完整的接线状态，因此能用于相同类型的新模板。

1. 模拟量输入模板

模拟量输入模板将从过程来的模拟量信号转换成 S7-400 内部处理用的数字量信号。电压和电流传感器、热电偶、电阻器和热电阻可作为传感器连接到 S7-200。

2. 模拟量输出模块

模拟量输出模块 SM432 只有一个型号（6ES7 432-1HF00-0AB0）。输出点数为 8，额定负载电压 24V DC，输出电压范围±10V，0～10V 和 1～5V；输出电流范围为±20mA。

7.4.6 其他模板

1. FM 453 定位模块

FM 453 可以控制 3 个独立的伺服电动机或步进电动机，以高时钟频率控制机械运动，用于简单的点到点定位到对响应、精度和速度又极高要求的复杂运动控制。从增量式或绝对式编码器输入位置信号，步进电动机作执行器时可以不用编码器。每个通道有 6 点数字量输入，4 点数字量输出。FM453 具有长度测量、变化率限制、运行中设置实际值、通过高速输入使定位运动启动或停止等特殊功能。

2. FM 458-1DP 应用模块

FM458-1DP 是自由组态闭环控制设计的，有包含 300 个助能块的库函数和 CFC 连续功能图图形化组态软件，带有 PROFIBUS-DP 接口。FM458-1DP 的基本模块可以执行计算、开环和闭环控制，通过扩展模块可以对 I/O 和通信进行扩展。

3. S5 智能 I/O 模块

S5 智能 I/O 模块可以用于 S7-400，配置专门设计的适配器后，可以直接插入 S7-400。可以使用 IP 242B 计数器模块，IP 244 温度控制模块，WF 705 位置解码器模块，WF 706 定位、位置测量和计数器模块，WF 707 凸轮控制器模块，WF 721 和 WF 723A、B、C 定位模块。

智能 I/O 模块的优点是它们能完全独立地执行实时任务，减轻了 CPU 的负担，使它能将精力完全集中于更高级的开环或闭环控制任务上。

7.5 ET 200 分布式 I/O 硬件组成

7.5.1 ET-200 分布式 I/O 综述

1. 分布式 I/O 概念

当一个控制系统搭建完毕后，系统的过程控制量会频繁的输入到控制器或控制器输出。如果系统的过程控制量远离系统控制器，过长的输入/输出过程量传输线很难保证信号不被干扰。

分布式 I/O 的引入则可以很好的解决这问题，所谓的分布式 I/O 就是系统的控制器位于系统核心位置，输入/输出系统独立运行并分布在系统的远距离外围，而高传输速率的 PROFIBUS-DP 总线保证了控制器与输入/输出系统间的顺畅通信。

PROFIBUS-DP 是一种开放的总线，其中 DP 主站负责将分布式 I/O 系统（DP 从站）连接到控制器，同时 DP 主站通过 PROFIBUS-DP 网络与分布式 I/O 系统（DP 从站）交换数据。图 7-23 所示一个 PROFIBUS-DP 网络的组成示意图。

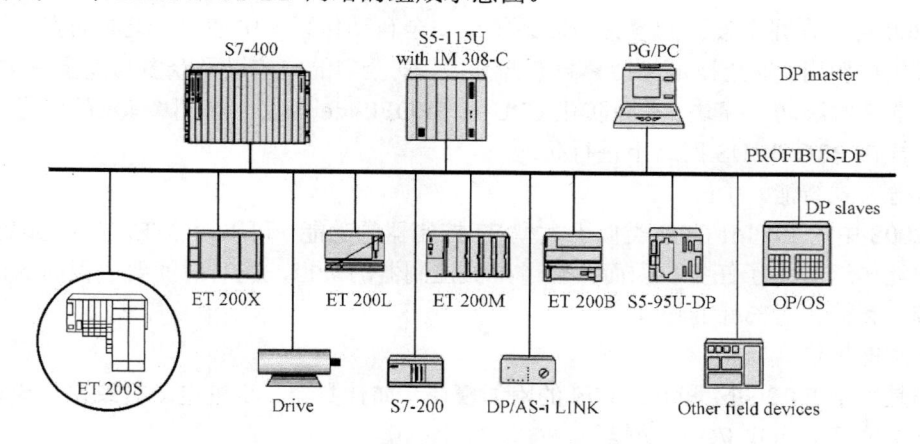

图 7-23 PROFIBUS-DP 网络的组成示意图

2. ET 200 的特点

西门子的 ET 200 是基于 PROFIBUS-DP 现场总线的分布式 I/O，可以与经过认证的非西门子公司生产的 PROFIBUS-DP 主站协同运行。

PROFIBUS 是为全集成自动化定制的开放的现场总线系统，它将现场设备连接到控制装置，并保证在各个部件之间的高速通信，从 I/O 传送信号到 PLC 的 CPU 模块只需毫秒级的时间。

全集成自动化概念和 STEP 7 使 ET 200 能与西门子的其他自动化系统协同运行，实现了从硬件配置到共享数据库等所有层次上的集成。所有的 I/O 均在一个软件的控制之上，因此用户在增加程序时不需要额外的培训。

因为 ET 200 只需要很小的空间，能使用体积更小的控制柜。集成的连接器代替了过去密密麻麻、杂乱无章的电缆，加快了安装过程，紧凑的结构使成本大幅度降低。

ET 200 能在非常严酷的环境（如酷热、严寒、强压、潮湿或多粉尘）中使用。能提供连接光纤 PROFIBUS 网络的接口，可以节省费用昂贵的抗电磁干扰措施。

3. ET 200 的集成功能

（1）电动机起动器。

集成的电动机起动器用于异步电动机的单向或可逆启动，可以直接控制 7.5kW 以下的电动机，节省了动力电缆，馈电电缆最大电流达 40A，一个站可以带 6 个电动机起动器。

（2）气动系统。

经过适当的配置，ET 200 能用于阀门控制。ET 200 很容易安装上这种阀门，直接由 PROFIBUS 总线控制，并由 STEP 7 软件包组态。

（3）变频器。

ET 200X 用于电气传动工程的模块提供变频器的所有功能。

（4）智能传感器。

光电式编码器或光电开关等可以与使用 IQ Sense 智能传感器的 ET 200S 进行通信。可以直接在控制器上进行所有设置，然后将数值传送到传感器。传感器出现故障时，系统诊断功能自动发出报警信号。

（5）安全技术。

ET 200 可以在冗余设计的容错控制系统或安全自动化系统中使用。集成的安全技术能显著地降低接线费用。安全技术包括紧急断开开关，安全门的监控以及众多与安全有关的电路。通过 ET 200S 故障防止模块、故障防止 CPU 和 PROFISafe 协议，与故障有关的信号亦能同标准功能一样在 PROFIBUS 网络上进行传送。

（6）分布式智能。

ET 200S 中的 IM 15I/CPU 类似于大型 S7 控制器的功能，可以用 STEP 7 对它编程。它用分布式智能传送 I/O 子任务，因而减轻了中央控制器的负担，能对时间要求很高的信号快速作出响应，和简化对部件的管理。

（7）功能模块。

它们是用于 ET 200M 和 ET 200S 的附加模块，如计数器、步进电动机或定位模块，以模块化的方法展开分布式 I/O 的功能。

7.5.2　ET 200 的分类

ET 200 分为以下几个子系列：

（1）ET 200S 是分布式 I/O 系统，特别适用于需要电动机起动器和安全装置的开关柜，一个站最多可接 64 个子模块。

（2）ET 200M 是多通道模块化的分布式 I/O，采用 S7-300 全系列模块，最多可扩展 8 个模块，可以连接 256 个 I/O 通道，适用于大点数、高性能的应用。ET 200M 户外型是为野外应用设计的，其温度范围可达 $-25 \sim +600$℃。

（3）ET 200is 是本质安全系统，通过紧固和本质安全的设计，适用于有爆炸危险的区域。

（4）ET 200S 是具有高保护等级 IP65/67（NEMA4）的分布式 I/O 设备，其功能相当于 S7-300 的 CPU 314，最多 7 个具有多种功能的模块连接在一块基板上。它封装在一个坚固的玻璃纤维的塑料外壳中，可以直接安装在机器上，用于有粉末和水流喷溅的场合。

（5）ET 200eco 是经济实用的 I/O，具有很高的保护等级（IP67），能在运行时更换模块。

（6）ET 200R 适用于机器人，用于恶劣的工业环境，能抗焊接火花的飞溅。

（7）ET 200L 是小巧经济的分布式 I/O，像明信片大小的 I/O 模块适用于小规模的任务，十分方便地安装在 DIN 导轨上。

（8）ET 200B 整体式的一体化分布式 I/O。有交流或直流的数字量 I/O 模块和模拟量 I/O 模块，具有模块诊断功能。

7.5.3　ET 200S 简介

ET 200S 是模块化分布式 I/O 机架，它以按"位"模板化设计，能精确地适配自动化任务的要求。如图 7-24 所示，ET 200S 由输入/输出模板、功能模板（最大支持 63 个模板）和电机起动器组成。

1. IM 151-1 接口模板

IM 151-1 接口模板是用来将 ET 200S 连接到 PROFIBUS DP 的接口模板，用于处理与 PROFIBUS-DP 主站的所有数据交换，目前 IM151-1 接口模板有 3 种型号：IM151 标准型（RS-485 和 FO）、IM 151 高性能型（RS-485）和 IM 151 基本型（RS-485）。

2. IM 151-7CPU 接口模板

IM 151-7 CPU 接口模板用于 SIMATIC ET 200S，它是带有集成 CPU 的接口模板，可以增强整套设备和机器的有效性和系统的可用性。IM 151-7CPU 接口模板通过 PROFIBUS DP 进行编程，并提供全新的 SIMATIC 微存储卡（MMC），由于没有电池，因此免维护。另外，IM 151-7CPU 接口模板与 S7-314 的 CPU 功能一致。

ET 200S-CPU 脱网运行模式时 IM 151-7CPU 作为 PLC 单独运行，功能与 S7-314 一致。ET 200S-CPU 联网运行模式时 IM 151-7CPU 作为智能型从站运行，CPU 快速响应处理现场 I/O 信号，并与 PROFIBUS 主站交换数据。图 7-25 所示为 IM 151-7CPU 接口模板脱网或联网运行时的示意图。

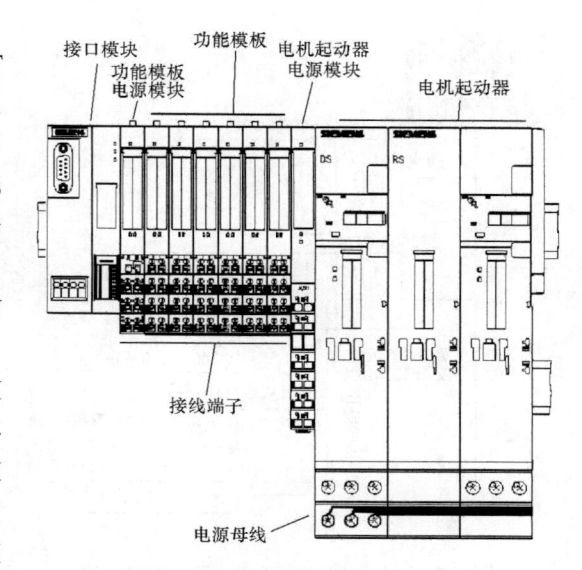

图 7-24 ET 200S 组成图

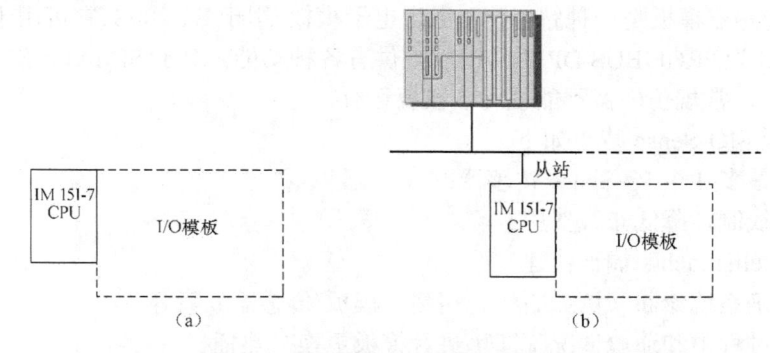

图 7-25 IM 151-7 CPU 接口模板脱网或联网运行时的示意图
（a）脱网运行模式示意图；（b）联网运行模式示意图

如果使用用于接口模板 IM 151-7CPU 的主站接口模板（订货号 MLFB 6ES7151-7AA10-0AB0），则可将接口模板 IM 151-7CPU 升级为 PROFIBUS 主站，即在一个 IM 151-7CPU 上扩展一个新的 PROFIBUS 子网，功能相当于作为 S7-314CPU 中 DP 主站组态的接口。通过主站模板，可以低成本地实现多层 PROFIBUS 系统，从而提高整个系统的可用性，并在 PROFIBUS 子网上实现高速响应（最高速率为 12Mbit/s，最远传输距离为 1000m）。图 7-26 所示为用于接口模板 IM 151-7CPU 的主站接口模板连接示意图。

3. 用于电子模板的 PM-E 电源管理模板

图 7-27 所示为用于电子模板的 PM-E 电源管理模板的原理图。

4. 数字量电子模板
5. 模拟量电子模板
6. 其他模板

（1）传感器模板 4IQ-Sense。

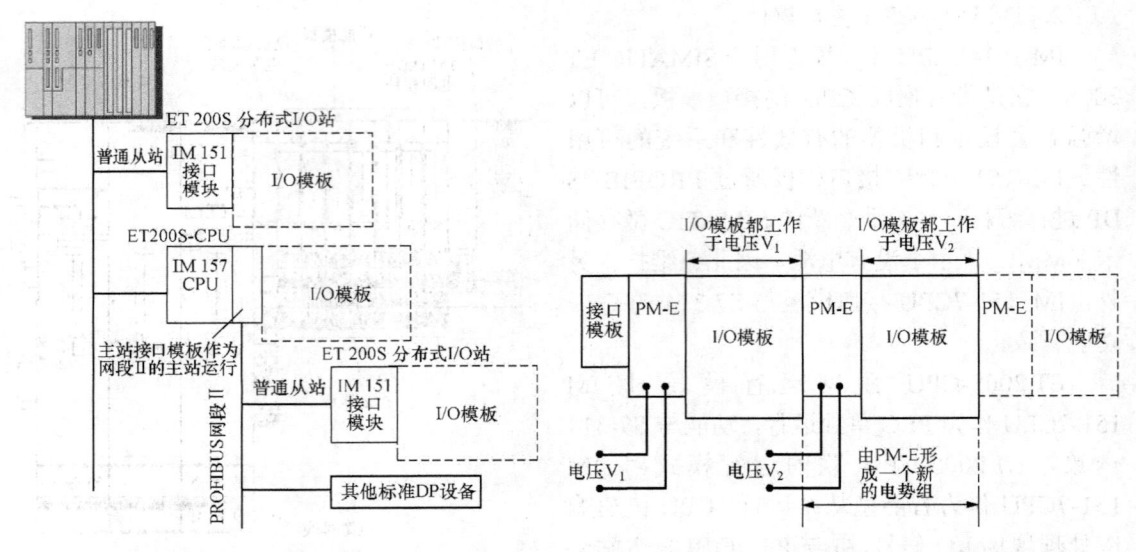

图 7-26 用于接口模板 IM 151-7CPU 的主站接口模板连接示意图

图 7-27 用于电子模板的 PM-E 电源管理模板的原理图

IQ-Sense 传感器模板是一种智能化 4 通道电子模板,用于 ET 200S。它可用于连接 IQ-Sense 传感器。ET 200S 为 PROFIBUS-DP 主站模板提供有各种功能。对于 SIMATICS7 简单处理,提供有标准功能块,常规传感器不能使用该模板运行。

传感器模板 4IQ-Sense 特点如下:
1) 可连接最多 4 个 IQ-Sense 传感器;
2) 采用 2 线制,降低布线费用;
3) 通过 IntelliTeach,调试快速;
4) 通道精确系统诊断(例如断线、短路、模板/传感器故障等);
5) 在运行过程中和通电情况下即可进行模板更换(热插拔);
6) 采用自动编码,连接到 TM-E 端子模板。

(2) SSI 模板。

SSI 模板用于将 SSI 传感器连接到 ET 200S,可实现位置检测和简单的定位功能。可与指定比较值进行两次比较操作(标准模式),数字量输入用于锁定实际值(标准模式)采用自动编码,插入到 TM-E 端子模板在运行过程中和通电情况下即可进行模板更换(热插拔)。

(3) 2PULSE 脉冲发生器。

2PULSE 脉冲发生器是双通道脉冲发生器和定时器模板,用于 ET 200S,可实现控制最终控制元件、阀、加热元件等,并具有脉冲宽度调制(PWM)、脉冲顺序和脉冲跟踪等功能。

(4) 1 STEP 步进电机模板。

1 STEP 步进电机模板是单通道模板,用于 ET 200S 的步进电机定位控制,带有基准点或增量运行模式,用 5 V 插分信号使功率电路与脉冲/方向接口相连接,具有经过数字量输入的斜坡外部停止和 LED 状态和故障显示功能。

(5) 1 POS SSI/数字量定位模板。

1 POS SSI/数字量定位模板是单通道定位模板,其根据快速/爬行进给原理,使用数字量输入进行定位控制。可进行 SSI 编码器实际位置感测，可在运行过程中更改参数。

（6）1 POSS SSI/模拟量定位模板。

1 POSS SSI/模拟量定位模板是单通道定位模板，其根据快速/爬行进给原理，使用模拟量输出进行定位控制。可进行 SSI 编码器实际位置感测，可在运行过程中更改反向差、关断差、编码器调整、转速、加速度等参数。

（7）1 POS Inc/数字量定位模板。

1 POS Inc/数字量定位模板是单通道定位模板，其根据快速/爬行进给原理，使用数字量输出进行定位控制。带有实际位置确定功能，可用于增量式编程器。

（8）1 COUNT 24 V/100/kHz 计数器模板。

1 COUNT 24 V/100/kHz 计数器模板是单通道智能 32 位计数模板，用于通用计数任务和时限测量任务和直接连接 24 V 增量传感器或执行器。具有比较功能，可与预定义比较值进行比较。集成了数字量输出，到达比较值时，输出反应，同时采用了自动编码，可连接到（TM-E1）端子模板。在运行过程中和通电情况下即可进行模板更换（热插拔）。

（9）1 COUNT 5 V/500/kHz 计数器模板。

1 COUNT 5 V/500/kHz 计数器模板是单通道智能 32 位计数模板，用于通用计数任务和时限测量任务并可用于直接连接 5V 增量编程器（RS-422）。具有比较功能，可与预定义比较值进行比较。集成 2 点数字量输出，到达比较值时，输出反应，同时采用自动编码，可连接到 TM-E1）端子模板，在运行过程中和通电情况下即可进行模板更换（热插拔）。

（10）1 SI 接口模板。

1 SI 接口模板是单通道模板，用于通过点到点连接进行串行数据交换，报文帧长度最大 200 字节，支持 ASCII、3964（R）、Modbus 和 USS 协议。

（11）电机起动器。

使用 ET200S 电机起动器，可保护和开关任何三相负载。通信接口使之理想用于分布式控制柜或控制箱中。

由于电机起动器出厂时全部接线，控制柜的装配极为快速，结构更为紧凑。高度模块化的设计，组态简化。对于每个负载馈电器，使用 ET 200S，可显著节省部件，即无源端子模板和电机起动器。因此，ET 200S 最佳适用于模块化机器解决方案。

通过端子模板排，可实现扩展。由于采用端子模板的端子排（10mm），将不再需要以前必须的导线编组。固定接线与"热插拔"功能意味着电机起动器可在几秒钟之内更换完毕。因此，这些电机起动器尤其适用于对可用性有严格要求的应用。

通过扩展使用制动控制模板 xB1-xB4 扩展电机起动器，可以控制带有 24V DC 制动器（xB1，xB3）以及 500V DC 制动器（xB2，xB4）的电机。24V DC 制动器由外部供电，并可通风，与电机起动器的开关状态无关。相比较而言，500V DC 制动器主要通过一个整流器直接从电机端子板供电，因此在电机起动器关闭时不能通风。这些制动器不能与 DSS1e-x 电机起动器（软起动器）组合使用。

制动器控制模板的输出还可用于其他目的，如用于激活直流阀。通过制动控制模板（xB3，xB4）上的两个任选本地作用输入和高性能型起动器上的其他两个，可以实现独立的特殊功能，与总线和上游 PLC 无关，例如滑动控制中的快速制动。同时这些输入的状态将被传送到 PLC。

思 考 与 练 习

7.1 简述电源模块如何选择。
7.2 简述程序需要复位时应该如何操作。
7.3 S7-300 系列 PLC 采用模块化设计，一般由哪些模块组成？
7.4 简述 S7-400 系列的系统一般包括哪些模板。
7.5 S7-300/400 PLC 在 STOP（停机模式）中，可以通过 MPI 接口与其他设备通信吗？
7.6 ET 200S 可以作为主站通过 PROFIBUS 总线和其他 PLC 通信吗？
7.7 ET 200S 可以同时使用多种电源模块吗？
7.8 简述 S7-300CPU 模块模式选择开关各位置的意义。

第 8 章　S7-300/400 的通信功能

S7-300/400 系列 PLC 有很强的通信功能，CPU 模块集成有 MPI 接口、PROFIBUS-DP 通信模块、工业以太网通信模块以及点对点通信模块。通过 PROFIBUS-DP 和 AS-i 现场总线，CPU 与分布式 I/O 之间可以周期性的交换数据。

8.1　S7 通信分类

S7 通信可以分为全局数据通信、基本通信及扩展通信 3 类。

1. 全局数据通信

全局数据（GD）通信通过 MPI 接口在 CPU 间循环交换数据，用全局数据表来设置各 CPU 之间需要交换的数据存放的地址区和通信的速率，通信是自动实现的，不需要用户编程。当过程映像被刷新时，在循环扫描检测点进行数据交换。S7-400 的全局数据通信可以用 SFC1 来启动。全局数据可以是输入、输出、标志位（M）、定时器和数据区。

S7-300CPU 每次最多可以交换 4 个包含 22B 的数据包，最多可以有 16 个 CPU 参与数据交换。

S7-400CPU 可以同时建立最多 64 个站的连接，MPI 网络最多 32 个节点。任意两个 MPI 节点之间可以串联 10 个中继器，以增加通信的距离。每次程序的循环最多 64B，最多 16 个 GD 数据包。在 CR2 机架中，两个 CPU 可以通过 K 总线用 GD 数据包进行通信。

通过的全局数据通信，一个 CPU 可以访问另一个 CPU 的数据块、存储器位和过程映像等。全局通信用 STEP7 中的 GD 表进行组态。对 S7、M7、C7 的通信服务可以用系统功能块来建立。

MPI 默认的传输速率为 187.5kbit/s，与 S7-200 通信时只能指定 19.2kbit/s 的传输速率。通过 MPI 接口，CPU 可以自动广播其总线参数组态（如波特率）。然后 CPU 可以自动检索正确的参数，并连接至一个 MPI 子网。

2. 基本通信

这种通信可以用于所有的 S7-300/400CPU，通过 MPI 站内的 K 总线（通信总线）来传送最多 76B 的数据。在用户程序中用系统功能（SFC）来传送数据。在调用 SFC 时，通信连接被动态的建立，CPU 需要一个自由的连接。

3. 扩展通信

这种通信可以用于所有的 S7-300/400CPU，通过 MPI, Profibus 和工业以太网最多可以传送 64KB 的数据。通信是通过系统功能块（SFB）来实现的，支持所有应答通信。在 S7-300 中可用 SFB15 "PUT" 和 SFB14 "GET" 来写出或读入远端 CPU 数据。扩展的通信功能还能执行控制功能，如控制通信对象的启动和停机。这种通信方式需要用连接表配置连接，被配置的连接在站启动时建立并一直保持。

8.2 MPI 网络

多点接口（Multi Point Interface，MPI）符合 RS-485 标准，每个 S7-300/400 CPU 都集成了 MPI 通信协议，因此 S7-300/400 PLC 可以通过 MPI 接口简单而方便地组成 MPI 网络。MPI 网采用全局数据（Global Data，GD）通信模式，可以在 PLC 之间周期性地相互交换少量的数据。

8.2.1 MPI 网络概述

MPI 用于连接多个不同的 CPU 或设备，具有多点通信的性质。通过 MPI，PLC 可以连接的设备包括编程器（PG）或运行 STEP 7 的 PC、人机界面（HMI）以及其他 SIMATIC S7/M7/C7。接入到 MPI 网的设备称为一个节点，每个 MPI 节点都有自己的 MPI 地址（0～126），编程设备、人机接口和 CPU 的默认地址分别为 0、1 和 2。同时可以连接通信对象的个数与 CPU 的型号有关，例如 CPU312 为 6 个，CPU418 为 64 个。

西门子有两种硬件 MPI 连接器，一种带有 PG 接口，另一种没有 PG 接口。与 PC 连接时，在 PC 上应插一块 MPI 卡或使用 PC/MPI 适配器。位于网络终端的站，应将其连接器上的终端电阻开关合上，以接入终端电阻。

通过 MPI 可以访问 PLC 所有的智能模块，例如功能模块。STEP7 的用户界面提供了 GD 通信组态功能，使得通信的组态非常简单。

在 S7-300PLC 中，MPI 总线与 K 总线（通信总线）连接在一起，S7-300 机架上 K 总线的每一个节点（功能模块 FM 和通信处理器 CP）也是 MPI 的一个节点，有自己的 MPI 地址。

在 S7-400PLC 中，MPI（187.5kbit/s）通信模式被转换为内部 K 总线（10.5Mbit/s）。S7-400 PLC 只有 CPU 有 MPI 地址，其他智能模块没有独立的 MPI 地址。

通过 GD 通信，一个 CPU 可以访问另一个 CPU 的位存储器、输入/输出映像区、定时器、计数器和数据块中的数据。对 S7、M7 和 C7 的通信服务可以用系统功能块来建立。

MPI 通信默认的传输速率为 187.5kbit/s 或 1.5Mbit/s，与 S7-200 通信时只能指定为 19.2kbit/s。两个相邻节点间的最大传送距离为 50m，加中继器后为 1000m，使用光纤和星形连接时为 23.8km。

通过 MPI，CPU 可以自动广播其总线参数组态（如波特率），然后 CPU 可以自动检索正确的参数，并连接至一个 MPI 子网。每个 MPI 分支网有一个分支网络号，以区别不同的 MPI 分支网。在 MPI 网运行期间，不能插拔模块。

8.2.2 全局数据通信

全局数据（GD）通信方式以 MPI 分支网为基础，是为循环地传送少量数据而设计的。GD 通信方式仅限于同一分支网的 S7 系列 PLC 的 CPU 之间，构成的通信网络简单，但只实现两个或多个 CPU 间的数据共享。S7 程序中的功能块（FB）、功能（FC）、组织块（OB）都能用绝对地址或符号地址来访问 GD。在一个 MPI 分支网络中，最多有 16 个 CPU 能通过 GD 通信交换数据。

在 MPI 分支网上实现全局数据共享的两个或多个 CPU 中，至少有一个是数据的发送方，有一个或多个是数据的接收方。发送或接收的数据称为全局数据，或者称为全局数（GD）。全局数据包（GD 包）分别定义在发送方和接收方 CPU 的存储器中，定义在发送方 CPU 中的称为发送 GD 包，接收方 CPU 中的称为接收 GD 包。依靠 GD 包，为发送方和接收方的存储器建立了映射关系。

在 PLC 操作系统的作用下，发送 CPU 在它的扫描循环的末尾发送 GD 包，接收 CPU 在它的扫描循环的开头接收 GD 包。这样，发送 GD 包中的数据，对于接收方来说是透明的。也就是说，发送 GD 包中的信号状态会自动影响接收 GD 包；接收方对接收 GD 包的访问，相当于对发送 GD 包的访问。

1. 全局数据（GD）包

GD 可以由位、字节、字、双字或相关数组组成，它们被称为全局数据的元素。GD 的元素可以定义在 PLC 的位存储器、输入、输出、定时器、计数器、数据块中，如 I4.2（位）、QB8（字节）、MW20（字）、MD10（双字）、MB50：20（字节相关数组）就是一些合法的 GD 元素。MB50：20 称为相关数组，是 GD 元素的简洁表达方式，冒号（：）后的 20 表示该元素由 MB50、MB51、…、MB69 等连续 20 个存储字节组成；相关数组也可由位、字或双字组成。

具有相同发送者和接收者的全局数据元素可以集合成一个全局数据包（GD.Packet）。一个全局数据包（GD 块）由一个或几个 GD 元素组成。

S7-300CPU 可以发送和接收的 GD 包的个数（4 个或 8 个）与 CPU 的型号有关，每个 GD 包最多包含 22B 的数据。例如，一个 GD 包（数据为 20B）定义了如下 GD 元素：4 个字长的数组，占 10B（由数据字节数和两个头部说明字节组成，其中两个头部说明字节不计在每个 GD 包包含数据的最多 22B 之内）；1 个单独的双字，占 6B；1 个单独的字节，占 3B；1 个单独的位，也占 3B。

S7-400CPU 可以发送和接收 GD 包的个数（可发送 8 个或 16 个；接收 16 个或 32 个）与 CPU 的型号有关，每个 GD 包最多包含 64B 的数据。

2. 全局数据（GD）环

所谓全局数据环（GD 环），是指全局数据块的一个确切的分布回路，这个环中的 CPU 既能向环中其他 CPU 发送数据，也能从环中其他 CPU 接收数据。典型的 GD 环有以下两种。

（1）由两个 CPU 构成的 GD 环：一个 CPU 既能向另一个 CPU 发送数据块又能接收数据块，类似全双工点对点的通信方式。

（2）由两个以上 CPU 组成的 GD 环：一个 CPU 作 GD 块发送方时，其他的 CPU 只能是该 GD 块的接收方，一对多广播通信方式。

同一个 GD 环中的 CPU 可以向环中其他的 CPU 发送数据或接收数据。在一个 MPI 网络中，可以建立多个 GD 环。每个数据包有数据包编号，数据包中的变量有变量号。例如，GD1.2.3 是 1 号 GD 环、2 号 GD 包中的 3 号数据。

S7-400 CPU 具有对全局数据交换的控制功能，支持事件驱动的数据传送方式。

8.2.3　MPI 网络的组建

MPI 网络如图 8-1 所示，它包括 S7-300 系列的 CPU、OP 及 PG 等。MPI 网络的第一个及最后一个节点应接入通信终端匹配电阻。如需要添加一个新节点时，应该切断 MPI 网的电源。

图 8-1 中，分支虚线表示只在启动或维护时才接到 MPI 网的 PG 或 OP。为了适应网络系统的变化，可以为一台维护用的 PG 预留 MPI 地址 0，为一个维护用的 OP 预留 MPI 地址 1，

PG 和 OP 的地址应该是不同的，这样在需要它们时可以很方便地连接入网。

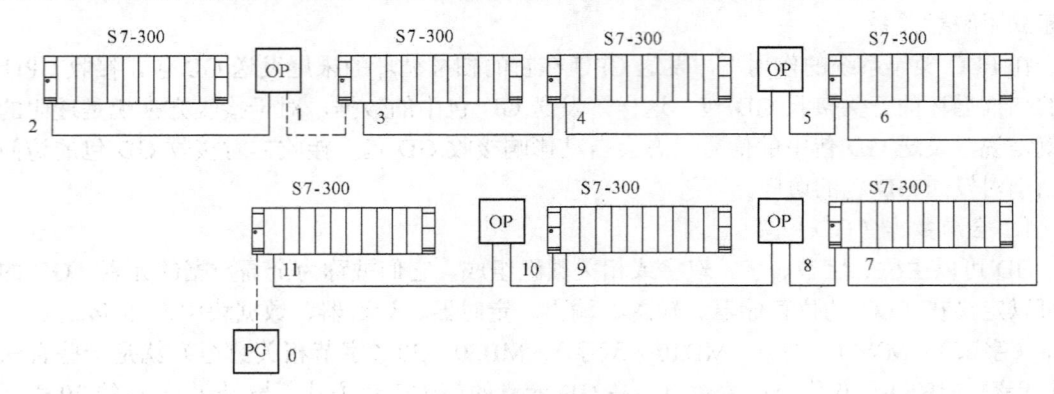

图 8-1　MPI 网络示意图

连接 MPI 网络时常用到两个网络部件：网络插头和网络中继器。

1. 网络插头

插头是 MPI 网连接节点的 MPI 接口与网络电缆的连接器。为了保证网络通信质量，网络插头或中继器上都设计了终端匹配电阻。组建通信网络时，在网络拓扑分支的末端节点需要接入浪涌匹配电阻。

2. 网络中继器

对于 MPI 网络，节点间的连接距离是有限制的，从第一个节点到最后一个节点最长距离仅为 50m。对于一个要求较大区域的信号传输或分散控制的系统，采用两个中继器（或称转发器、重复器）可以将两个节点的距离增大到 1000m，但是两个节点之间不应再有其他节点。

在采用分支线的结构中，分支线的距离是与分支线的数量有关的，分支线增加，最大距离将缩短。

对于 MPI 网络系统，在接地的设备和不接地的设备之间连接时，应该注意 RS-485 的使用。如果 RS-485 中继器所在段中的所有节点都是以接地电位方式运行的，则其是接地的；如果 RS-485 中继器所在段中的所有节点都是以不接地电位方式运行的，则其是不接地的。

中继器可以放大信号、扩展节点间的连接距离，也可用于抗干扰隔离，如作不接地的节点与接地 MPI 编程装置的隔离器。要想在接地的结构中运用中继器，就不应该取下 RS-485 中继器上的跨接线。如果需要让其不接地运行，则应该取下跨接线，而且中继器要有一个不接地的电源。

在 MPI 网上，如果有一个不接地的节点，那么可以将一台不接地的编程装置接到这个节点上；要想用一个接地的编程装置去操作一个不接地的节点，应该在两者之间接有 RS-485 中继器。

8.2.4　使用 STEP7 组态 MPI 通信网络

对于 PLC 之间的数据交换，我们只关心数据的发送区和接收区，全局数据包的通信方式是在配置 PLC 硬件的过程中，组态所要通信的 PLC 站之间的发送区和接收区，不需要任何程序处理，这种通信方式只适合 S7-300/400 PLC 之间相互通信。

具体步骤如下：

1. 创建新项目

（1）首先打开编程软件 STEP7，建立一个新项目"MPI_GD"。

（2）在此项目下插入两个 PLC 站，分别为"STATION1/CPU416-2DP"和"STATION2/CPU315-2DP"，并分别插入 CPU 完成硬件组态。

（3）配置 MPI 的站号和通信速率，在本例中 MPI 的站号分别设置为 2 号站和 4 号站，通信速率为 187.5kbit/s。这些工作完成以后，可以组态数据的发送区和接收区。

（4）点击项目名"MPI_GD"，出现 STATION1，STATION2 和 MPI 网。

（5）点击 MPI，再点击菜单【Options】/【Define Global Date】，进入组态画面，如图 8-2 所示。

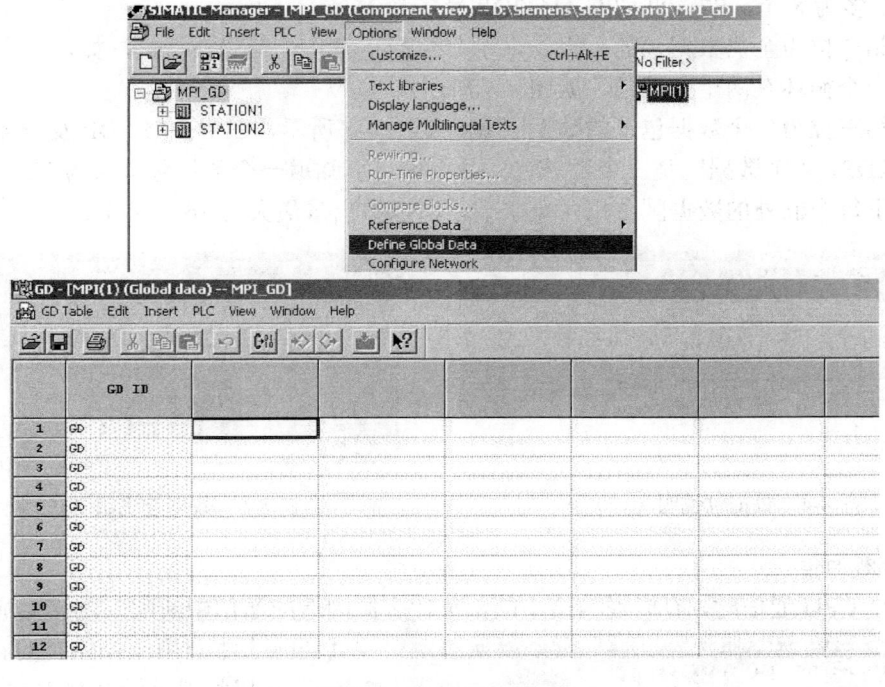

图 8-2 组态画面示意图

2. 插入所有需要通信的 PLC 站 CPU

（1）双击 GD ID 右边的 CPU 栏选择需要通信 PLC 站的 CPU。CPU 栏总共有 15 列，这就意味着最多有 15 个 CPU 能够参与通信，如图 8-3 所示。

（2）在每个 CPU 栏底下填上数据的发送区和接收区，可以将 CPU416-2DP 的发送区定为 DB1.DBB0～DB1.DBB21，可以填写为 DB1.DBB0：22，然后在菜单"edit"项下选择"Sender"作为发送区。CPU315-2DP 的接收区为 DB1.DBB0～21，可以填写为 DB1.DBB0：22。

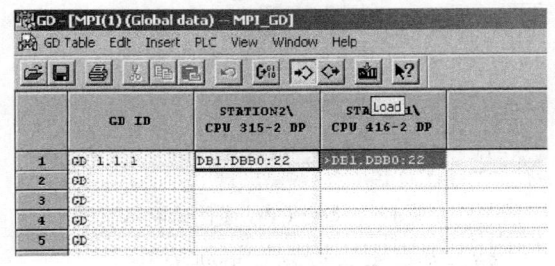

图 8-3 插入 CPU 示意图

（3）编译存盘后，把组态数据分别下载到 CPU 中，这样数据就可以相互交换了。

地址区可以为 DB，M，I，Q，区，S7-300 最大为 22 个字节，S7-400 最大为 54 个字节。发送区与接收区的长度应一致，所以在上例中通信区最大为 22 个字节。

3. 多个 CPU 通信

了解多个 CPU 通信首先要了解 GD ID 参数，编译以后，每行通信区都会有 GD ID 号，可以参考图 8-3 中的 GD 1.1.1。

左起第一位为全局数据包的循环数，每一循环数表示和一个 CPU 通信，例如两个 S7-300CPU 通信，发送与接收是一个循环，S7-400 中 3 个 CPU 之间的发送与接收是一个循环，循环数与 CPU 有关，S7-300CPU 最多为 4 个，可以最多和 4 个 CPU 通信。S7-400 CPU 414-2DP 最多为 8 个，S7-400 CPU 416-2DP 最多为 16 个。

左起第二位为全局数据包的个数。表示一个循环有几个全局数据包，如，两个 S7 站相互通信。一个循环有两个数据包，如图 8-4 所示。

左起第三位为一个数据包里的数据区数。如图 8-5 所示，CPU 315-2DP 发送 4 组数据到 CPU 416-2DP，4 个数据区是一个数据包，从上面可以知道一个数据包最大为 22 个字节，在这种情况下每个额外的数据区占用两个字节，所以数据量最大为 16 个字节。

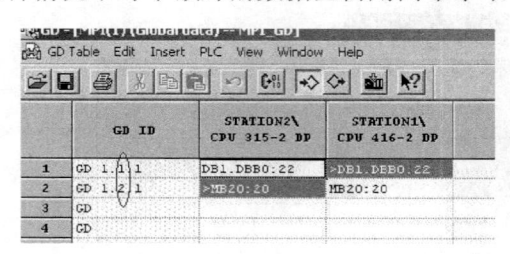

图 8-4 数据包说明（一）

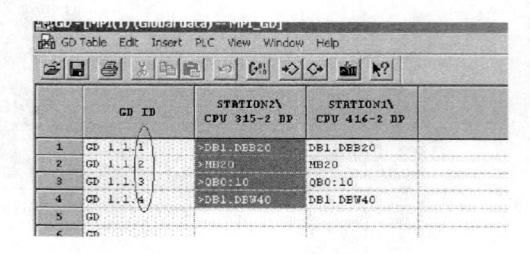

图 8-5 数据包说明（二）

4. 诊断通信

在多个 CPU 通信时，有时通信会中断，是什么原因造成通信中断呢？编译完成后，在菜单【View】中点击"Scan Rates"和"GD Status"可以扫描系数和状态字，如图 8-6 所示。

SR：扫描频率系数。如图 8-6 中 SR1.1 为 225，表示发送更新时间为 225。

CPU 循环时间。范围为 1～255。通信中断的问题往往设置扫描时间过快；可改大一些。

GDS：每包数据的状态字（双字）。可根据状态字编写相应的错误处理程序，结构如下：

图 8-6 多个 CPU 通信诊断示意图

第一位：发送区域长度错误。
第二位：发送区数据块不存在。
第四位：全局数据包丢失。

第五位：全局数据包语法错误。
第六位：全局数据包数据对象丢失。
第七位：发送区与接收区数据对象长度不一致。
第八位：接收区长度错误。
第九位：接收区数据块不存在。
第十二位：发送方重新启动。
第三十二位：接收区接收到新数据。
GST：所有 GDS 相"OR"的结果。

如果编程者有 CP5511/5611 编程卡可以首先诊断一下连线是否可靠，如上例中 S7-300 MPI 地址是 2，S7-400MPI 地址是 4，用 CP 卡连接到 MPI 网上（PROFIBUS 接头必须有编程口）可以直接读出 2，4 号站，具体方法是在【控制面板】/【PG/PC interface】/【Diagnostics】选项卡中，点击"read"读出所以网上站号，如图 8-7 所示。

0 号站位 CP5611 的站号，如果没有读出 2，4 号站，说明连线有问题或 MPI 网传输速率不一致，可以把问题具体化。

图 8-7　读站号示意图

5. 传送事件触发数据

如果我们需要控制数据的发送与接收，如在某一事件或某一时刻，接收和发送所需要的数据，这时将用到事件触发的数据传送方式。这种通信方式是通过调用 CPU 的系统功能 SFC60（GD_SND）和 SFC61（GD_RCV）来完成的，而且只支持 S7-400CPU，并且相应设置 CPU 的 SR（扫描频率）为 0，如图 8-8 所示。

与上面作法相同编译存盘后下载到相应的 CPU 中，然后在 S7-400 中调用 SFC60/61 控制接收与发送。

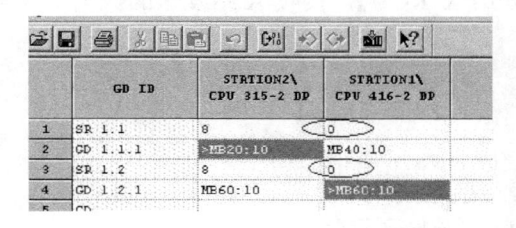

图 8-8　传送事件触发数据示意图

8.2.5　事件驱动的 GD 通信

S7-400 PLC 可调用系统功能 SFC60"GD_SEND"和 SFC61"GD_RCV"实现事件驱动的 GD 通信。采用该方式通信，在 GD 表中，必须对要传送的 GD 包组态，并将扫描速率设置为 0。

SFC60 和 SFC61 可以在用户程序中的任何一点被调用。GD 表中设置的扫描速率不受调用 SFC60 和 SFC61 的影响。SFC60 和 SFC61 能够被更高优先级的块中断，在高优先级的块中可以使用 SFC60 和 SFC61。

为了保证 GD 交换的连续性，在调用 SFC60 之前应调用 SFC39【DIS_IRT】或 SFC41【DIS_AIRT】来禁止或延迟更高级的中断和异步错误。SFC60 执行完后调用 SFC40【EN_IRT】或 SFC42【EN_AIRT】重新使能高优先级的中断和异步错误。

【例 8-1】　用 SFC60 发送 GD1.1 的程序。

```
Network 1:延迟处理高中断优先级的中断和异步错误
    CALL "DIS AIRT"              //调用 SFC 41,延迟更高级的中断和异步错误
    RET_VAL:=MW100               //返回的故障信息
Network 2:发送全局数据
    CALL "GD_SEND"               //调用 SFC 60
    CIRCLE_ID  :=B#16#3          //GD 环编号(1～16)
    BLOCK_ID   :=B#16#1          //GD 包编号(1～4)
    RET_VAL    :=MW102           //返回的故障信息
Network 3:使能高优先级的中断和异步错误
    CALL "EN AIRT"               //调用 SFC 42,使能更高级的中断和异步错误
    RET_VAL    :=MW104           //返回的故障信息
```

8.2.6 不用 GD 通信组态的 MPI 通信

不用 GD 通信组态的 MPI 通信是一种被广泛应用于 S7-300 之间、S7-300/400 之间、S7-300/400 与 S7-200 之间的通信方式。

下面以 S7-300/400 之间的通信举例说明不用 GD 通信组态的 MPI 通信方式。

【例 8-2】 不用 GD 通信组态的 MPI 通信方式。

首先建立一个项目,并对两个 PLC 的 MPI 网络组态,设置 A 站和 B 站的 MPI 地址分别为 2 和 3。不用 GD 通信组态实现 A 站和 B 站的数据传输可采用以下两种方法。

(1) A、B 站均为 MPI 通信。

说明:A 站 MB20-MB24 中的数据→B 站的 MB30～MB34。

A 站程序:在循环中断组织块 OB35 中调用系统功能 SFC65【X_SEND】,将 MB20～MB24 中的数据发送到 B 站。

B 站程序:在组织块 0B1 中调用系统功能 SFC66【X_RCV】,接收 A 站发送的数据,并存放到 MB30～MB34 中。

A 站(发送方)的 OB35 中的程序。

```
Network 1:通过 MPI 发送数据
    CALL"X_SEND"
    REQ         :=TRUE               //激活发送请求
    CONT        :=TRUE               //发送完成后保持连接
    DEST_ID     :=W#16#3             //接收方的 MPI 地址
    REQ_ID      :=W#16#1             //任务标识符
    SD          :=P#M20.0 BYTE 5     //本地 PLC 发送区
    RET_WAL     :=LW0                //返回的故障信息
BUSY        :=12.0                   //为 1 表示发送未完成
B 站(接收方)的 OB1 中的程序。
Network 2:从 MPI 接收数据
CALL"X_RCV"
    EN_DT       :=TRUE               //将接收到的数据复制到接收区
    RET_VAL     :=LW0                //返回的故障信息;无错误=W#16#7000
    REQ_ID      :LD2                 //SFC 65"X_END"的任务标识符
    NDA         :=L6.0               //为 0,表明没有新的排队数据;为 1 且 EN_DT=1,
                                     //表明新数据被复制
    RD          :=P#M30.0 BYTE 5     //本地 PLC 的数据接收区
```

(2) A 站编程(B 站不编程)的 MPI 通信程序:在 A 站的循环中断组织块 0B35 中,调用发送功能 SFC68【X_PUT】,发送数据;调用接收功能 SFC67【X_GET】,读入数据。

说明：A 站 MB40～MB49 中的数据→B 站的 MB50～MB59；A 站的 MB70～MB79←B 站 MB60～MB69 中的数据。

```
Network 1:用SFC 68通过MPI发送数据
    CALL"X_PUT"
        REQ        :=TRUE              //激活发送请求
        CONT       :=TRUE              //发送完成后保持连接
        DEST_ID    :=W#16#3            //接收方的MPI地址
        VAR_ADDR   :=P#M50.0 BYTE 10   //对方的数据接收区
        SD         :=P#M40.0 BYTE 10   //本地的数据发送区
        RET_VAL    :=LW0               //返回的故障信息
        BUSY       :=L2.1              //为1表示发送未完成
Network 2:用SFC67从MPI读取对方的数据到本地PLC的数据区
    CALL"X_GET"
        REQ        :=TRUE              //激活请求
        CONT       :=TRUE              //接收完成后保持连接
        DEST_ID    :=W#16#3            //对方的MPI地址
        VAR_ADDR   :=P#M60.0 BYTE 10   //要读取的对方的数据区
        RET_VAL    :=LW4               //返回的故障信息
        BUSY       :=L2.2              //为1表示发送未完成
        RD         :=P#M70.0 BYTE 10   //本地的数据接收区
```

8.3 PROFIBUS

PROFIBUS 是 Process Fieldbus 的缩写，是一种国际性的开放式现场总线标准，也是当前最成功的现场总线之一。目前，PROFIBUS 已被纳入现场总线的国际标准 IEC1158 和 EN50170，世界上许多自动化技术生产厂家都为其生产的设备提供 PROFIBUS 接口，用户可以自由地选择最合适的产品，PROFIBUS 在全世界拥有大量的用户。PROFIBUS 已经广泛应用于分布式 I/O 设备、传动装置、PLC 和基于 PC 的自动化系统。

8.3.1 概述

PROFIBUS 是由西门子开发的一个工业控制系统用现场总线标准，主要用于过程控制和制造业的分布式控制，其数据传输率和网络规模可以按使用场合不同而进行调整改变。PROFIBUS 提供了齐全的硬件和协议，其应用领域遍及加工制造、过程和楼宇自动化，已发展成一种开放式现场总线标准，并成为德国国家标准 DIN19245 和欧洲标准 EN50170。采用 PROFIBUS 现场总线标准，不同厂商生产的设备不需对其接口进行调整便可通信，PROFIBUS 既可用于有高速时间要求的数据传输，也可用于大范围的复杂通信场合。

PROFIBUS 可使分散式数字化控制器从现场底层到车间级网络化。主站决定总线的数据通信，当主站得到总线控制权（令牌）时，没有外界请求也可以主动发送信息。主站从 PROFIBUS 协议讲也称之为主动站。

从站为外围设备，典型的从站包括输入/输出装置、阀门、驱动器和测量发送器。它们没有总线控制权，仅对接收到的信息给予确认或当主站发出请求时向它发送信息。从站也称为被动站，由于从站只需总线协议的一小部分，所以实施起来特别经济。

1. PROFIBUS 的分类

PROFIBUS 根据应用特点分为 3 个可相互兼容的版本：PROFIBUS-FMS（Fieldbus Message

Specification，现场总线报文规范）、PROFIBUS-DP（Decentralized Periphery，分布式外围设备）和 PROFIBUS-PA（Process Automation，过程自动化），如图 8-9 所示。

PROFIBUS 的协议结构是根据国际标准化组织（ISO）的开放系统互联（OSI）参考模型制定的，如图 8-10 所示。

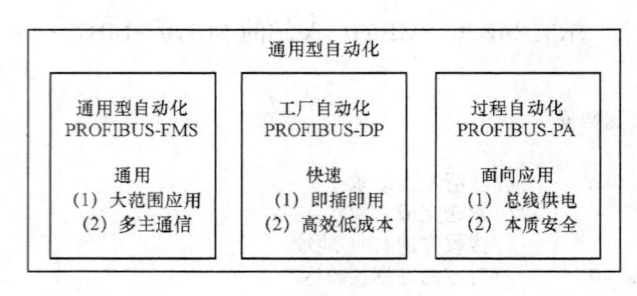

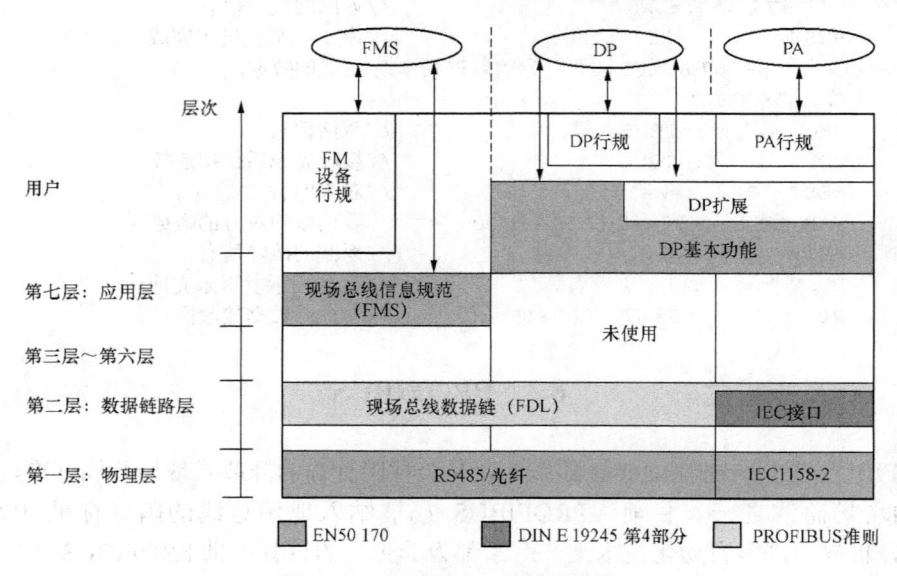

图 8-9 PROFIBUS 系列

图 8-10 PROFIBUS 的协议结构

2. PROFIBUS-FMS

PROFIBUS-FMS 是工业现场通信当中最通用的模块，可用以完成以中等传输速度进行的循环和非循环的通信任务。

PROFIBUS-FMS 定义了主站与主站之间的通信模型，它使用了 OSI 7 层参考模型中的第 1、2 层和 7 层。应用层（第 7 层）包括现场总线报文规范 FMS 和低层接口 LLI（Lower Layer Interface）。FMS 包含应用层协议，并向用户提供功能很强的通信服务。LLI 协调不同的通信关系，并提供不依赖于设备的第 2 层访问接口。总线数据链路层（FDL）提供总线存取控制和保证数据的可靠性。

FMS 主要用于系统级和车间级的不同供应商的自动化系统之间传输数据，处理单元级（PLC 和 PC）的多主站数据通信，为解决复杂的通信任务提供了很大的灵活性。

PROFIBUS-DP 这是一种经过优化的高速而便宜的通信模块，专用于对时间有苛刻要求的自动化系统中单元级控制设备与分布式 I/O 之间的通信。使用 PROFIBUS～DP 可取代价格昂贵的 24V 或 4～20mA 信号传输。

PROFIBUS-DP 使用第 1 层、第 2 层和用户接口层，第 3～7 层未使用，这种精简的结构确保了高速数据传输。直接数据链路映像（Direct Data Link Mapper，DDLM）提供对第 2 层的访问。用户接口规定了设备的应用功能、PROFIBUS-DP 系统和设备的行为特性。

PROFIBUS-DP 和 PROFIBUS-FMS 系统使用了同样的传输技术（RS-485 或光纤）和统一的总线访问协议，因而这两套系统可在同一根电缆上同时操作。

PROFIBUS-DP 特别适合于 PLC 与现场级分布式 I/O（例如西门子的 ET 200）设备之间的通信。主站之间的通信为令牌方式，主站与从站之间为主从方式，以及这两种方式的混合。

S7-300/400 系列 PLC 有的配备有集成的 PROFIBUS-DP 接口，S7-300/400 也可以通过通信处理器模块（CP）连接到 PROFIBUS-DP。

3. PROFIBUS-PA

PROFIBUS-PA 是西门子专门为过程自动化而设计的。PROFIBUS-PA 用于过程自动化的现场传感器和执行器的低速数据传输，使用扩展的 PROFIBUS-DP 协议，此外还描述了现场设备行为的 PA 行规。由于传输技术采用 IEC 1158-2 标准，确保了本质安全和通过总线对现场设备供电，可以用于防爆区域的传感器和执行器与中央控制系统的通信。使用分段式耦合器可以将 PROFIBUS-PA 设备很方便地集成到 PROFIBUS-DP 网络中。

PROFIBUS-PA 使用屏蔽双绞线电缆，由总线提供电源。在危险区域每个 DP/PA 链路可以连接 15 个现场设备，在非危险区域每个 DP/PA 链路可以连接 31 个现场设备。

此外基于 PROFIBUS，还推出了用于运动控制的总线驱动技术 PROFI-drive 和故障安全通信技术 PROFI-save。

4. 采用 PROFIBUS 的 S7 PLC 系统的特点

采用现场总线 PROFIBUS，由 SIMATICS7 PLC 构成的系统具有以下特点：

（1）PLC、I/O 模块、智能化现场总线设备可通过现场总线连接；

（2）I/O 模块可安装在传感器和执行机构的附近；

（3）过程信号可就地转换和处理；

（4）编程可采用传统的组态方式；

（5）用于车间级和现场级的国际标准，传输速率最大为 12Mbit/s，响应时间的典型值为 1ms，当 PROFIBUS 网络的传输速率大于 1.5Mbit/s 时，需要其他部件；

（6）最多可接 127 个从站。

8.3.2 PROFIBUS 的通信协议

1. 总线存取协议

PROFIBUS 的 DP、FMS 和 PA 均使用单一的总线存取协议，通过 OSI 参考模型的第 2 层（数据链路层）实现，包括数据的可靠性以及传输协议和报文的处理。在 PROFIBUS 中，第 2 层称为现场总线数据链路层（Fieldbus Data Link，FDL）。介质存取控制（Medium Access Control，MAC）具体控制数据传输的程序，MAC 必须确保在任何时刻只能有一个站点发送数据。

PROFIBUS 协议的设计旨在满足 MAC 的基本要求：

（1）在复杂的自动化系统（主站）间通信，必须保证在确切限定的时间间隔中，任何一个站点要有足够的时间来完成通信任务；

（2）在复杂的程序控制器和简单的 I/O 设备（从站）间通信，应尽可能快速又简单地完成数据的实时传输。

为此，PROFIBUS 采用混合的总线存取机制，分为主站之间的令牌（Token）传递方式和主站（Master）与从站（Slave）之间的主从方式，如图 8-11 所示。

令牌传递程序保证了每个主站在一个确切规定的时间框内得到总线存取权，即令牌。令牌是一条特殊的报文，它在所有主站中循环一周的最长时间是事先规定的，在 PROFIBUS 中，令牌只在各主站之间通信时使用。

主从方式允许主站在得到总线存取令牌时可与从站通信，每个主站均可向从站发送或索取信息，通过这种方法有可能实现下列系统配置：纯主—从系统、纯主—主系统（带令牌传递）和混合系统。

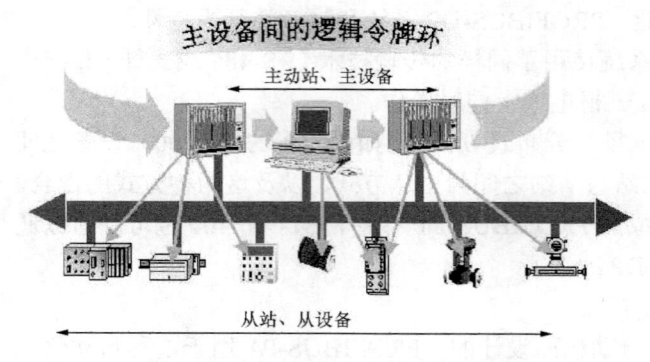

图 8-11 PROFIBUS 的总线存取协议

图 8-11 中的三个主站构成令牌逻辑环，当某主站得到令牌报文后，该主站可在一定的时间内执行主站的工作。在这段时间内，它可依照主—从关系表与所有从站通信，也可依照主—主关系表与所有主站通信。

令牌环是所有主站的组织链，按照主站的地址构成逻辑环，在这个环中，令牌在规定的时间内按照地址的升序在各主站中依次传递。

在总线系统初建时，主站介质存取控制（MAC）的任务是制定总线上的站点分配并建立逻辑环；在总线运行期间，断电或损坏的主站必须从环中排除，新上电的主站必须加入逻辑环。另外，MAC 保证令牌按地址升序依次在各主站间传送，各主站的令牌具体保持时间长短取决于该令牌配置的循环时间。此外，PROFIBUS 介质存取控制还包括：监测传输介质及收发器是否损坏，检查站点地址是否出错（如地址重复）以及令牌错误（如多个令牌或令牌丢失）。

现场总线数据链路层（FDL）的另一个重要任务是保证数据的完整性。按照国际标准 IEC 870-5-1 制定的使用特殊的起始和终止标识符、无间距的字节同步传输及每个字节的奇偶校验保证的，FDL 的报文格式如图 8-12 所示。出错的报文至少被自动重发一次，在 FDL 中重发次数最多可设置为 8。

令牌报文结构

| SD4 | DA | SA |

FDL 状态请求报文

| SD1 | DA | SA | FC | FCS | ED |

数据报文

| SD2 | LE | Ler | SD2 | DA | SA | FC | DSAP | SSAP | FCS | ED |

图 8-12 FDL 的报文格式

其中，报文符号说明如下：

SD1～SD4：起始标识符，用于区分不同的报文格式；

DA：接收报文的目的站地址字节；

SA：发送报文的源站地址字节；

FC：功能码字节；

FCS：帧校验序列字节；

ED：终止标识符字节；

LE：报文长度字节；
Ler：重复长度字节；
DSAP：目的服务存取点；
SSAP：源服务存取点；
DU：包含报文有用信息的数据单元。

现场总线数据链路层（FDL）按照非连接的模式操作，除提供点—点逻辑数据传输外，还提供多点通信（广播及有选择广播）功能。在广播通信中，一个主站发送信息给所有其他的主站和从站；在群播通信中，一个主站发送信息给一组特定的站（主站和从站），数据的接收不需应答。

在 PROFIBUS-FMS、DP 和 PA 中，使用了第 2 层服务的不同子集，如表 8-1 所示。上层通过第 2 层的服务存取点（SAP）调用这些服务。在 PROFIBUS-FMS 中，这些服务存取点用来建立逻辑通信地址的关系表；在 PROFIBUS-DP 和 PA 中，每个 SAP 点都赋有一个明确的功能。在各主站和从站当中，可同时存在多个服务存取点，服务存取点有 SSAP（源服务存取点）和目标 DSAP（目的服务存取点）之分。

表 8-1　　　　　　　　　　PROFIBUS 数据链路层的服务

服务	功　　能	PROFIBUS-FMS	PROFIBUS-DP	PROFIBUS-PA
SDA	发送数据要应答	●		
SRD	发送和请求回答的数据	●	●	●
SDN	发送数据不需应答	●	●	●
CSRD	循环发送和请求回答的数据	●		

2. PROFIBUS-DP

在 PROFIBUS 现场总线中，PROFIBUS-DP 的应用最广。PROFIBUS-DP 用于设备级的高速数据传送，主要用于中央控制器（如 PLC）通过高速串行线同分散的现场设备（如分布式 I/O、驱动器、阀门等）进行通信。此外，智能化现场设备还需要非周期性通信，以进行配置、诊断和报警处理。

中央控制器周期地读取从设备输入的信息并周期地向从设备发送输出信息，总线循环时间必须比中央控制的程序循环时间短。除周期性用户数据传输外，PROFIBUS-DP 还提供了强有力的诊断和配置功能，数据通信是由主机和从机进行监控的。

PROFIBUS-DP 的基本功能如下：

（1）线存取。

各主站间令牌传送，主站与从站间数据传送；

支持单主或多主系统；

主—从设备，总线上最多站点数为 126。

（2）功能。

DP 主站和 DP 从站间的循环用户数据传送；

各 DP 从站的动态激活和撤消；

DP 从站组态的检查；

强大的诊断功能，三级诊断信息；

输入或输出的同步；

通过总线给 DP 从站赋予地址；

通过总线对 DP 主站（DPM1）进行配置；

每 DP 从站最大 246B 的输入和输出数据。

（3）诊断功能。

经过扩展的 PROFIBUS-DP 诊断功能是对故障进行快速定位，诊断信息在总体上传输并由主站收集，这些诊断信息分为以下三类。

本站诊断操作：诊断信息表示本站设备的一般操作状态，如温度过高、电压过低等。

模块诊断操作：诊断信息表示一个站点的某具体 I/O 模块出现故障（如 8 位输出模块）。

通道诊断操作：诊断信息表示一个单独的输入输出位的故障（如输出通道 7 短路）。

（4）系统配置。

PROFIBUS-DP 允许构成单主站或多主站系统，这就为系统配置组态提供了高度的灵活性。系统配置的描述包括站点数目、站点地址和输入输出数据的格式、诊断信息的格式以及所使用的总体参数。

输入和输出信息量大小取决于设备形式，目前允许的输入和输出信息，最多不超过 246B。

单主站系统中，在总线系统操作阶段，只有一个活动主站。单主站系统可获得最短的总体循环时间。

多主站配置中，总线上的主站与各自的从站构成相互独立的子系统或是作为网上的附加配置和诊断设备。任何一个主站均可读取 DP 从站的输入输出映像，但只有一个主站（在系统配置时指定的 DPM1）可对 DP 从站写入输出数据，多主站系统的循环时间要比单主站系统长。

（5）运行模式。

PROFIBUS-DP 规范包括了对系统行为的详细描述以保证设备的互换性，系统行为主要取决于 DPM1 的操作状态，这些状态由本地或总体的配置设备所控制，主要有以下三种状态：

运行状态输入和输出数据的循环传送，DPM1 由 DP 从站读取输入信息并向 DP 从站写入输出信息。

清除状态 DPM1 读取 DP 从站的输入信息，并使输出信息保持为故障—安全状态。

停止状态只能进行主—主数据传送，DPM1 和 DP 从站之间没有数据传送。

DPM1 设备在一个预先设定的时间间隔内，以有选择的广播方式将它的状态周期性地发送到每个指定的 DP 从站。

如果在 DPM1 的数据传输过程中发生错误，例如一个 DP 从站有故障，且 DPM1 的组态参数"Auto Clear"（自动清除）为 1，DPM1 立即将所有有关的 DP 从站的输出数据转入清除状态，DP 从站将不再发送用户数据，然后 DPM1 转入清除状态。如果该参数为 0，在 DP 从站出现错误时，DPM1 仍停留在运行状态，由用户进行处理。

（6）通信。

点对点（用户数据传送）或广播（控制指令）；

循环主—从用户数据传送和非循环主—主数据传送。

用户数据在 DPM1 和有关 DP 从站之间的传输由 DPM1 按照确定的递归顺序自动执行，在对总体系统进行配置时，用户对从站与 DPM1 的关系下定义并确定哪些 DP 从站被纳入信息交换的循环周期，哪些被排除在外。

DPM1 和 DP 从站之间的数据传送分为三个阶段：参数设定，组态配置，数据交换。

除主—从功能外，PROFIBUS-DP 允许主—主之间的数据通信，如表 8-2 所示。这些功能可使配置和诊断设备通过总线对系统进行配置组态。

除加载和卸载功能外，主站之间的数据交换通过改变 DPM1 的操作状态对 DPM1 与各个 DP 从站间的数据交换进行动态的使能或禁止。

表 8-2　　　　　　　　　　PROFIBUS-DP 主—主数据通信功能

功　能	含　义	DPM1	DPM2	备　注
取得主站诊断数据	读取 DPM1 的诊断数据或从站的所有诊断数据	M	O	M 表示必备功能，O 表示可选功能
加载—卸载组合（开始，加载/卸载结束）	加载或卸载 DPM1 及有关 DP 从站的全部配置参数	O	O	
激活参数（广播）	同时激活所有已编址的 DPM1 的总线参数	O	O	
激活参数	激活已编址的 DPM1 的参数或改变其操作状态	O	O	

（7）同步。

控制指令允许输入和输出的同步；

同步模式：输出同步；

锁定模式：输入同步。

（8）可靠性和保护机制。

所有信息的传输在海明距离 HD=4 进行；

DP 从站带看门狗定时器；

DP 从站的输入输出存取保护；

DP 主站上带可变定时器的用户数据传送监视。

3. PROFIBUS-PA

PROFIBUS-PA 是 PROFIBUS 的过程自动化解决方案。PA 将自动化系统与带有现场设备，例如压力、温度和液位变送器的过程控制系统连接起来，PA 可以取代 4～20mA 的模拟技术。PA 在现场设备的规划、电缆敷设、调试、投入运行和维护方面可节省成本 40%多，并可提供多功能和安全性。

PROFIBUS-PA 可以通过一条简单的双绞线来进行测量、控制和调节，也允许向现场设备供电，即使在本质安全地区也如此。PROFIBUS-PA 允许设备在操作过程中进行维修、接通断开，即使在潜在的爆炸区也不会影响到其他站点，PROFIBUS-PA 是在与过程工业（NAMUR）的用户们密切合作下开发的，满足这一应用领域的特殊要求。

1）过程自动化独特的应用行规以及来自不同厂商的现场设备的互换性；

2）增加和去除总线站点，即使在本质安全地区也不会影响到其他站点；

3）过程自动化中的 PROFIBUS-PA 总线段和制造自动化中的 PROFIBUS-DP 总线段之间通过段耦合器实现通信透明化；

同样的两条线，基于 IEC 1158-2 技术可进行远程供电和数据传输；

在潜在的爆炸区使用防爆型"本质安全"或"非本质安全"功能。

(1) PROFIBUS-PA 的传输协议。

PROFIBUS-PA 采用 PROFIBUS-DP 的基本功能来传送测量值和状态，并用扩展的 PROFIBUS-DP 功能对现场设备设置参数及操作。PROFIBUS-PA 的物理层采用基于 IEC 1158-2 的两线技术。

(2) PROFIBUS-PA 设备行规。

PROFIBUS-PA 设备行规保证了不同厂商生产的现场设备的互换性和互操作性，它是 PROFIBUS-PA 的组成部分。

PROFIBUS-PA 设备行规的任务是为现场设备类型选择实际需要的通信功能，并为这些设备和设备行为提供所有需要的规格说明。它包括适用于所有设备类型的一般要求和用于各种设备类型组态信息的数据单。

PA 设备行规使用功能块模型，已对所有通用的测量变送器和其他一些设备类型作了具体规定，这些设备包括压力、液位、温度和流量变送器、数字量输入和输出、模拟量输入和输出、阀门和定位器等。

4. PROFIBUS-FMS

PROFIBUS-FMS 主要用于解决车间监控级通信。在这一层，中央控制器（如 PLC、PC 等）之间需要比现场层更大量的数据传送，但通信的实时性要求低于现场层。

(1) PROFIBUS-FMS 的应用层。

FMS 服务是 ISO 9506 制造信息规范（MMS）服务的子集，已在现场总线应用中被优化，而且增加了通信对象管理和网络管理功能。网络管理功能由现场总线管理层来实现，其主要功能有上、下关系管理、配置管理、故障管理等。

通过总线的 FMS 服务的执行用服务序列描述，包括被称作服务原语的几个互操作。服务原语描述请求者和应答者之间的互操作。

PROFIBUS-FMS 的应用层提供了用户使用的通信服务，包括访问变量、程序传递、事件控制等。PROFIBUS-FMS 的应用层包括以下两部分：

1) 现场总线报文规范（FMS）：描述了通信对象和应用服务；

2) 低层接口（LLI）：将 FMS 服务适配到第 2 层。LLI 解决第 7 层到第 2 层服务的映射，其主要任务包括数据流控制和连接监视。用户通过称为通信关系的逻辑通道与其他应用过程进行通信。FMS 设备的全部通信关系都列入通信关系表（Communication Relationship List，CRL）。每个通信关系通过通信索引（CREF）来查找，CRL 中包含了 CREF 和第 2 层及 LLI 地址间的关系。

(2) PROFIBUS-FMS 的通信模型。

PROFIBUS-FMS 利用通信将分散的应用过程统一到一个共用的过程。在应用过程中，现场设备中用来通信的那部分应用过程称为虚拟现场设备（Virtual Field Device，VFD）。如图 8-13 所示，在实际现场设备与 VFD 之间设立一个通信关系表，该表是 VFD 通信变量的集合，如元件数、故障和停机时间等。VFD 通过通信关系表完成对实际现场设备的通信。

FMS 面向对象通信，每个 FMS 设备的所有通信对象都填入该设备的本地对象字典中。对于简单设备，对象字典可以预先定义。涉及复杂设备时，对象字典可在本地或远程组态和加载。对象字典包括描述、结构和数据类型以及通信对象的内部设备地址和它们在总线上的标志（索引/名称）之间的关系。

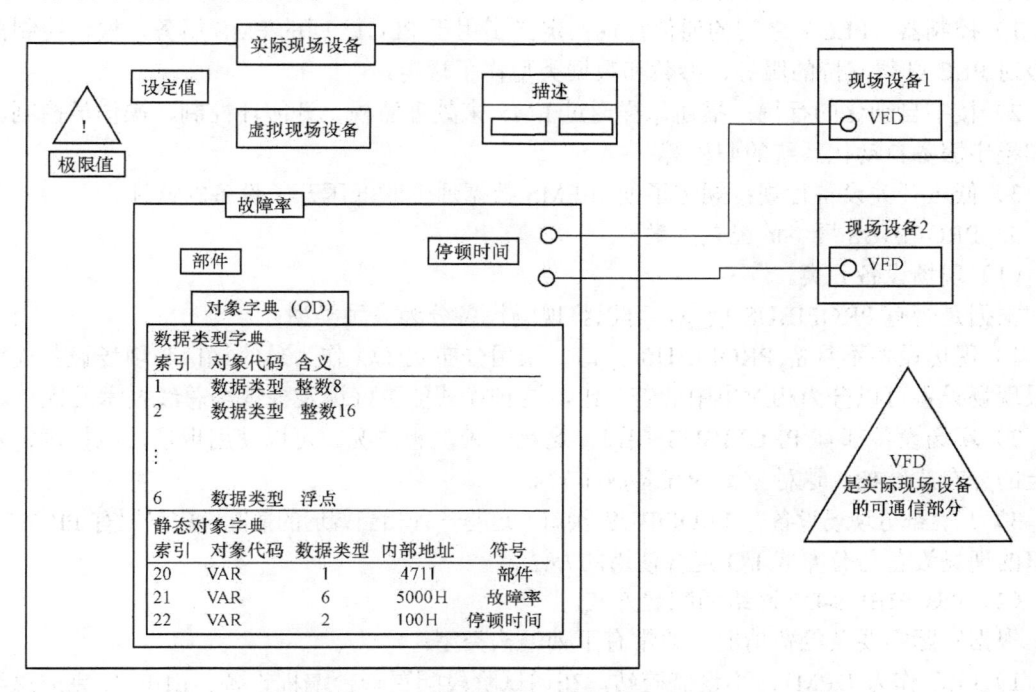

图 8-13 带对象字典的虚拟现场设备

对象字典包括下列元素：
1）头：包含对象字典结构的有关信息；
2）静态数据类型表：所支持的静态数据类型列表；
3）变量列表的动态列表：所有已知变量表列表；
4）动态程序列表：所有已知程序列表。
对象字典的各部分只有当设备实际支持这些功能时才提供。

静态通信对象填入对象字典的静态部分，它们可由设备的制造者预定义或在总线系统组态时指定。FMS 能识别五种通信对象：简单变量、数组（一系列相同类型的简单变量）、记录（一系列不同类型的简单变量）、域和事件。

动态通信对象填入对象字典的动态部分，它们可以用 FMS 服务预定义或定义，删除或改变。FMS 可识别两种类型的动态通信对象：程序调用和变量列表（一系列简单变量、数组或记录）。

逻辑寻址是 FMS 通信对象寻址的优选方法，用一个 16 位无符号数短地址（索引）进行存取。每个对象有一个单独的索引，作为选项，对象可以用名称或物理地址寻址。

为避免非授权存取，每个通信对象可选存取保护，只有用一定的口令才能对一个对象进行存取，或对其设备组存取。在对象字典中每个对象可分别指定口令或设备组。此外，可对存取对象的服务进行限制（如只读）。

（3）PROFIBUS-FMS 设备行规。
为了使 FMS 通信服务适应实际需要的功能范围和定义符合实际应用的设备功能，PROFIBUS 用户组织（PNO）制定了 FMS 行规，由它们保证不同制造商生产的同类设备具有相同的通信功能。目前，已制定了以下的 FMS 设备行规：

1）控制器（PLC）之间的通信行规：定义了用于 PLC 之间的 FMS 服务，根据控制器的等级对 PLC 必须支持的服务、参数和数据类型作了规定；

2）楼宇自动化的行规：描述怎样通过 FMS 来处理监视、开闭环控制、操作员控制、报警和楼宇服务自动化系统的归档等；

3）低压开关设备行规：规定了使用 FMS 数据通信时低压开关设备的特性。

5. PROFIBUS 网络的配置方案

（1）现场设备分类。

根据是否有 PROFIBUS 接口，可以将现场设备分为三种类型：

1）现场设备不具备 PROFIBUS 接口，采用分布式 I/O 作为总线接口与现场设备连接。如果现场设备可以分为相对集中的若干组，这种模式能更好地发挥现场总线技术的优点。

2）现场设备都有 PROFIBUS 接口，这是一种理想情况。可以使用现场总线技术，实现完全的分布式结构，这种方案的设备成本较高。

3）只有部分现场设备有 PROFIBUS 接口，这是一种相当普遍的情况。应采用有 PROFIBUS 接口的现场设备与分布式 I/O 混合使用的办法。

（2）PROFIBUS-DP 网络的配置方案。

根据实际需要及经费情况，通常有下列结构类型：

1）PLC 作为 DPM1，不设监控站，在调试阶段配置一台编程设备。由 PLC 完成总线通信管理、从站数据读写、从站远程参数设置工作。

2）PLC 作为 DPM1，监控站通过串口与 PLC 一对一的连接。因为监控站不在 PROFIBUS 网上，不是第 2 类主站，不能直接读取从站数据和完成远程组态工作。监控站所需的从站数据只能通过串口从 PLC 中读取。

3）用 PLC 或其他控制器作为 DPM1，监控站（DPM2）连接在 PROFIBUS 总线上。可以完成远程编程、组态以及在线监控功能。

4）用配备了 PROFIBUS 网卡的 PC 做 DPM1，监控站与 DPM1 一体化。这是一个低成本方案，但 PC 应选用具有高可靠性、能长时间连续运行的工业级 PC。对于这种结构类型，PC 的故障将导致整个系统瘫痪。另外通信厂商通常只提供模块的驱动程序，总线控制程序、从站控制程序和监控程序可能要由用户开发，因此开发工作量较大。

5）工业控制 PC+PROFIBUS 网卡+SOFTPLC 的结构形式。近来出现一种称为 SOFIPLC 的软件产品，是将通用型 PC 改造成一台由软件（软逻辑）实现的 PLC。这种软件将符合 IEC 61131 标准 PLC 的编程、应用程序运行功能、操作员监控站的图形监控开发和在线监控功能等集成到一台 PC 上，形成一个 PLC 与监控站一体化的控制器工作站。

8.3.3 PROFIBUS 的网络部件

1. PROFIBUS 的通信处理器模块

（1）CP 342-5。

CP 342-5 是将 SIMATIC S7-300 和 S7 系列其他 PLC 连接到 PRQFIBUS-DP 总线系统的低成本的 DP 主—从站接口模块。它减轻了 CPU 的通信负担，通过 FOC 接口可以直接连接到光纤 PROFIBUS 网络，最高通信速率为 12Mbit/s。

CP 342-5 提供下列通信服务：PRDFIBUS-DP、S7 通信、S5 兼容通信功能和 PG/OP（编程器/操作员面板）通信，通过 PRDFIBUS 进行配置和编程。

9 针 D 型插座连接器用于连接 PROFIBUS 总线，4 针端子用于连接外部 DC 24V 电源。通过接口模块 IM 360/361，CP 342-5 也可以工作在扩展机架上。

CP 342-5 作为 DP 主站自动处理数据传输，通过它将 DP 从站（例如 ET200）连接到 S7-300，CP 342-5 提供 SYNC（同步）、FREEZE（锁定）和共享输入/输出功能。CP 342-5 也可以作为 DP 从站，允许 S7-300 与其他 PROFISUS 主站交换数据。这样可以进行 S5/S7、PC、ET200 和其他现场设备的混合配置。

CP 342-5 的 S7 通信功能用于在 S7 系列 PLC 之间、PLC 与计算机和入机接口（操作员面板）之间通信。通过 CP 342-5 可以对所有连接到网络上的 S7 站进行远程编程和远程组态。

用嵌入 STEP 7 的 NCM S7 软件对 CP 342-5 进行配置，CP 模块的配置数据存放在 CPU 中，CPU 起动后自动地将配置参数传送到 CP 模块。

PROFIBUS-DP 的功能块包含在 STEP 7 的标准库中。安装 NCM S7 后，用于 S5 兼容通信（发送/接收）的功能块保存在 SIMATIC NET 库中。

（2）CP 342-5 FO。

CP 342-5 FO 是带光纤接口的 PROFIBUS-DP 主站或从站模块，用于将 S7-300 和 C7 连接到 PROFIBUS，最高传输速率为 12Mbit/s。通过内置的 FOC 光纤电缆接口直接连接到光纤 PROFTBUS 网络，即使有强烈的电磁干扰也能正常工作。模块的其他性能与 CP 342-5 相同。

CP 342-5 FO S7-300 和 C7 可以与下列部件进行通信：

1）带集成光纤接口的 ET200 I/O；
2）带 CP 5613 FO/5614 FO 的 PC；
3）使用 IM 467 FO 和 CP 325-5 FO 可以进行 S7-300 和 S7-400 之间的通信；
4）使用光纤总线端子（OBT）可与其他 PROFIBUS 节点通信。

（3）CP 443-5。

CP 443-5 是用于 PROFIBUS-DP 总线的通信处理器，它提供下列通信服务：S7 通信、S5 兼容通信、与计算机、PG/OP 的通信和 PROFIBUS-FMS。可以通过 PROFIBUS 进行配置和远程编程，实现实时时钟的同步，在 H 系统中实现冗余的 S7 通信或 DP 主站通信。通过 S7 路由器在网络间进行通信。

CP 443-5 分为基本型和扩展型，扩展型作为 DP 主站运行，支持 SYNC 和 FREEZE 功能、从站到从站的直接通信和通过 PROFIBUS-DP 发送数据记录等。

（4）用于 PC/PG 的通信处理器模块。

用于 PC/PG 的通信处理器模块，可将工控机/编程器连接到 PROFIBUS 网络中，支持标准 S7 通信、S5 兼容通信、PG/OP 通信和 PROFIBUS-FMS 见表 8-3。

表 8-3　　　　　　　　　　　用于 PC/PG 的通信处理器模块

项　目	CP 5613/CP5613 FO	CP 5614/CP5614 FO	CP 5611
可以连接的 DP 从站数	122	122	60
可以并行处理的 FDL 任务数	120	120	100
PG/PC 和 S7 的连接数	50	50	8
FMS 的连接数	40	40	—

CP 5613 是带微处理器的 PCI 卡，有一个 PROFIBUS 接口，仅支持 DP 主站。

CP 5614 用于将工控机连接到 PROFIBUS，有两个 PROFIBUS 接口，可以将两个 PROFIBUS 网络连接到 PC，网络间可以交换数据，可以作 DP 主站或 DP 从站。

CP 5613 FO/CP 5614 FO 有光纤接口，用于将 PC/PG 连接到光纤 PROFIBUS 网络。

CP5611 用于将带 PCMCIA 插槽的笔记本电脑连接到 PROFIBUS 和 S7 的 MPI，有一个 PROFIBUS 接口，支持 PROFIBUS 主站和从站。

2. PROFIBUS 的其他网络部件

除了通信处理器模块外，PROFIBUS 网络部件还包括通信介质（电缆）、总线部件（总线连接器、中继器、耦合器、链路）和网络转接器等。网络转接器包括 PROFIBUS 与串行通信、以太网、AS-i 和 EIB 通信网络连接的转接器。

（1）通信接口。

PROFIBUS 标准推荐总线站与总线的相互连接使用与 RS-485 兼容的 9 针 D 型连接器，符合欧洲标准 EN 50170。D 型连接器的插座与总线站相连接，而 D 型连接器的插头与总线电缆相连接，连接器的接线见表 8-4。

表 8-4　　　　　　　　　　　　S7 系列连接器的接线

针引脚	PROFIBUS 名称	说　明
1	SHIELD	屏蔽或功能地（逻辑地）
2	M24	24V 辅助电源输出的地（逻辑地）
3	RXD/TXD-P	接收/发送数据正端，RS-485 的 B 信号线
4	CNTR-P	方向控制信号正端（发送申请）
5	DGND	数据基准电位（逻辑地）
6	V_p	+5V 供电电源，与 100 欧姆电阻串联
7	P24	+24V 辅助电源输出的正端
8	RXD/TXD-N	接收/发送数据负端，RS-485 的 A 信号线
9	CNTR-N	方向控制信号负端

在传输期间，A、B 线上的波形相反。信号为"1"时 B 线为高电平，A 线为低电平。个报文间的空闲（Idle）状态对应于二进制"1"信号。

（2）总线终端器。

在数据线 A 和 B 的两端均应加接总线终端器。总线终端器的下拉电阻与数据基准电位 DGND 相连，上拉电阻与供电正电压 V_p 相连。总线上没有站发送数据时，这两个电阻确保总线上有一个确定的空闲电位。几乎所有标准的 PROFIBUS 总线连接器上都集成了总线终端器，可以由跳接器或开关来选择是否使用它。

传输速率大于 1500kbit/s 时，由于连接站的电容性负载引起导线反射，因此必须使用附加有轴向电感的总线连接插头。

（3）网络电缆。

表 8-5 列出了 PROFIBUS 网络电缆的总规范。PROFIBUS 网络电缆的最大长度取决于通信的波特率和电缆的类型。表 8-6 列出了传输速率与网络段的最大电缆长度之间的关系。

表 8-5　PROFIBUS 网络电缆的总规范

通用特性	规范
类型	屏蔽双绞线
导体截面积	24AWG（0.22mm²）或更粗
电缆电容（pF/m）	< 60
阻抗（Ω）	100～120

表 8-6　PROFIBUS 中网络段的最大电缆长度

传输速率（bit/s）	网络段的最大电缆长度
9.6～93.75k	1200
187.5k	1000
500k	400
1～1.5M	200
3～12M	100

（4）网络中继器。

利用中继器可以延长网络距离，增加接入网络的设备，并且提供了一个隔离不同网络段的方法。波特率为 9600bit/s 时，PROFIBUS 允许一个网络段最多有 32 个设备，最长距离是 1200m，每个中继器允许给网络增加另外 32 个设备，可以把网络再延长 1200m。最多可以使用 9 个中继器，网络总长度可增加至 9600m，每个中继器都为网络段提供偏置和终端匹配。

8.3.4　利用 STEP7 组态 PROFIBUS-DP 通信网络

对于某些分布很广的系统，如大型仓库、码头和自来水厂等，可以采用分布式。I/O，将它们放置在离传感器和执行机构较近的地方，分布式 I/O 通过 PROFIBUS-DP 网络与 PLC 通信，可以减少大量的接线。

1. 总线行规

总线行规（Profile）为不同的 PROFIBUS 应用提供基准（即默认的设置），每个总线行规包含一个 PROFIBUS 总线参数集。这些参数由 STEP 7 程序计算和设置，并考虑到特殊的配置、行规和传输速率。这些总线参数适用于整个总线和连接在该 PROFIBUS 子网络中的所有节点。

利用 STEP 7 可以为不同硬件配置的 PROFIBUS-DP 网络提供不同的总线行规。

（1）DP 行规。

纯 PROFIBUS-DP 单主站系统或包含 SIMATIC S7 和 M7 装置的多主站系统选用 DP 行规，这些节点必须是 STEP 7 项目的组成部分，并且已经被组态。

符合欧洲标准 EN 50170 Volume 2/3，Part 8-2 PROFIBUS 的设备可以连接到 PROFIBUS 子网上，这些设备包括 SIMATIC S7、M7、C7 和 S5，以及其他厂家生产的分布式 I/O。

（2）标准行规。

不能用 STEP 7 组态或不属于当前 STEP 7 项目处理的总线节点可以选用"Standard"（标准）行规，总线参数根据简单的、非优化的算法计算。

（3）通用（DP/FMS）行规。

如果个别的 PROFIBUS 子网节点使用 PROFIBUS-FMS 服务，对于 CP 343-5、CP 343-2（S7 系列）、CP 543-1（S5 系列）和其他厂家生产的 PROFIBUS-FMS 设备，可以选择 Universal（通用）行规。

使用 Universal 行规的网络可以使用 SIMATIC S5 系列的部件，例如，CP 5431 通信处理器或 S5-95U 系列 PLC，也可以使用其他 STEP 7 项目中的附加节点。

（4）用户定义的行规。

可以为特殊的应用定义专用的用户定义（User-defined）行规。首先选用 DP、Standard 或 Universal（DP/FMS）行规的总线参数设置作为用户定义的行规，然后根据需要修改它们。这种调整和修改只能由具有网络使用经验的工程师来完成。

2. PROFIBUS-DP 网络的组态

PROFIBUS-DP 从站不仅仅是 ET 200 系列的远程 I/O 站，当然也可以是一些智能从站，如带集成 DP 接口和 PROFIBUS 通信模块的 S7 300 站，S7-400 站（V3.0 以上）都可以作为 DP 的从站。

【例 8-3】 PROFIBUS-DP 通信实例。

（1）新建项目。

1）在 STEP 7 中创建一个新项目；

2）然后选择【Insert】/【Station】/【Simatic 300 station】，插入两个 S7-300 站，这里命名为 Simatic 300（master）和 Simatic 300（slave），如图 8-14 所示。

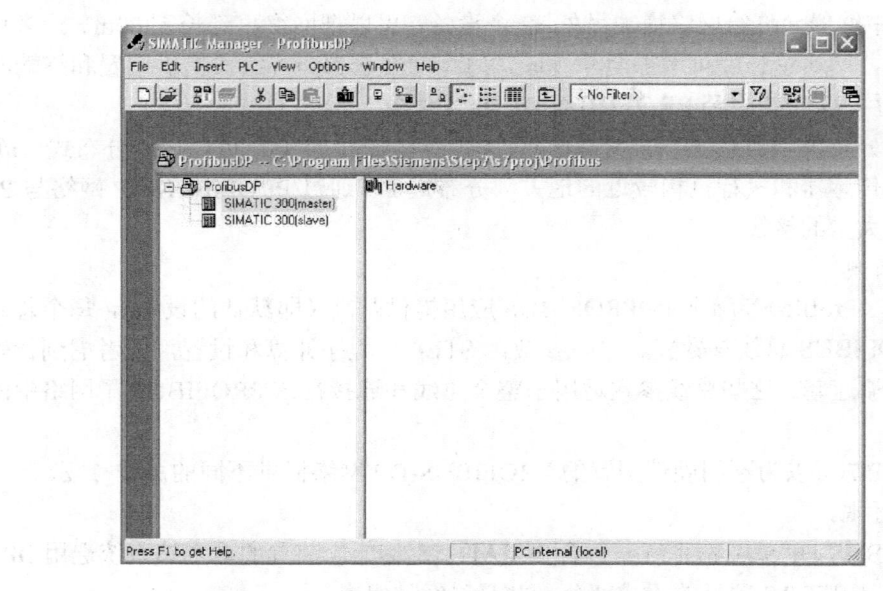

图 8-14 在 STEP 7 硬件组态中插入两个 S7-300 站

（2）组态从站。

在两 CPU 主从通信组态配置时，原则上要先组态从站。

1）硬件组态。

双击 Simatic 300（slave）"Hardware"，进入硬件组态窗口，在功能按钮栏中点击 "Catalog" 图标打开硬件目录，按硬件安装次序和订货号依次插入机架、电源、CPU 和 SM 374 等进行硬件组态。

插入 CPU 时会同时弹出 PROFIBUS 接口组态窗口。也可以插入 CPU 后，双击 DP（X2）插槽，打开 DP 属性窗口点击属性按钮进入 PROFIBUS 接口组态窗口。

单击 "Simatic 300" 按钮新建 PROFIBUS 网络，分配 PROFIBUS 站地址，本例设为 3 号站。

单击【Propertives】按钮组态网络属性，选择【Network Setting】进行网络参数设置，如波特率、行规。本例传输速率为 1.5Mbit/s，行规为 DP，如图 8-15 所示。

确认上述设置后，PROFIBUS 接口状态如图 8-16 所示。

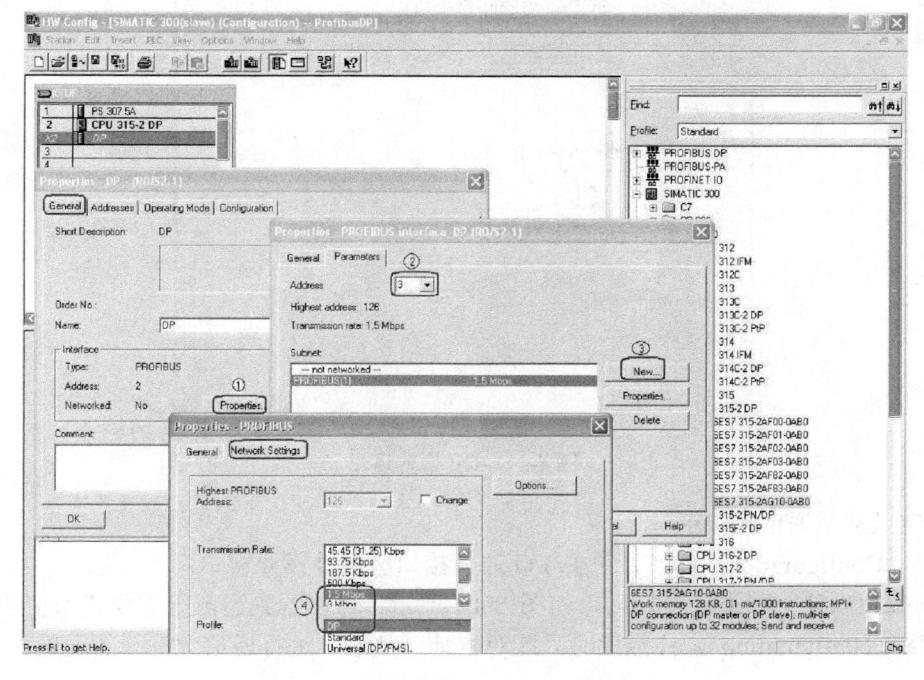

图 8-15　PROFIBUS DP 网络参数设置

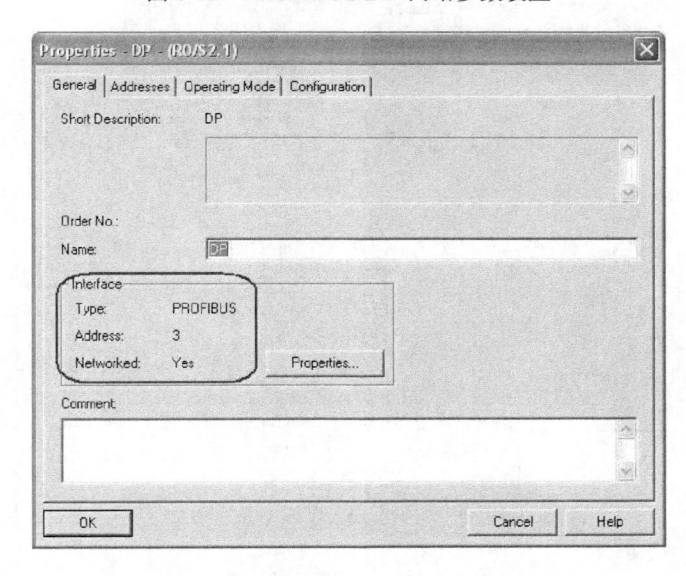

图 8-16　PROFIBUS 接口状态

2）DP 模式选择。

同样在 DP 属性设置对话框中，选择"Operating Mode"标签，激活"DP slave"操作模式。

如果"Test，commissioning，routing"选项被激活，则意味着这个接口既可以作为 DP 从站，同时还可以通过这个接口监控程序。也可以用 STEP7 F1 帮助功能查看详细信息，如图 8-17 所示。

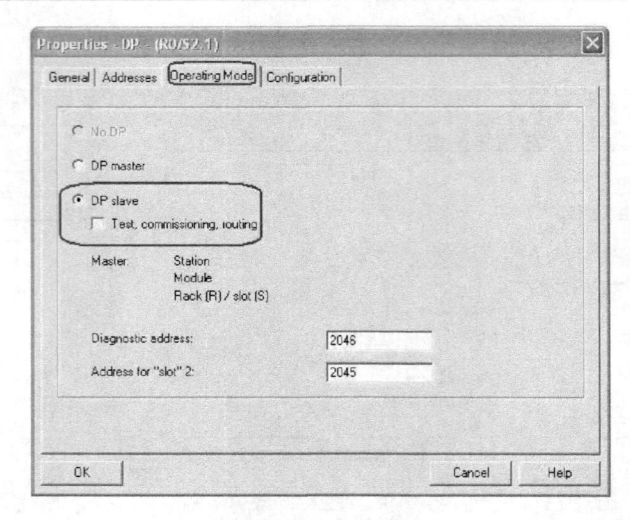

图 8-17 DP 模式选择

3) 定义从站通信接口区。

选择"Configuration"标签,打开 I/O 通信接口区属性设置窗口;

点击按钮新建一行通信接口区,如图 8-18 所示,可以看到当前组态模式为主从(MS,Master-slave configuration)。注意此时只能对本地(从站)进行通信数据区的配置。

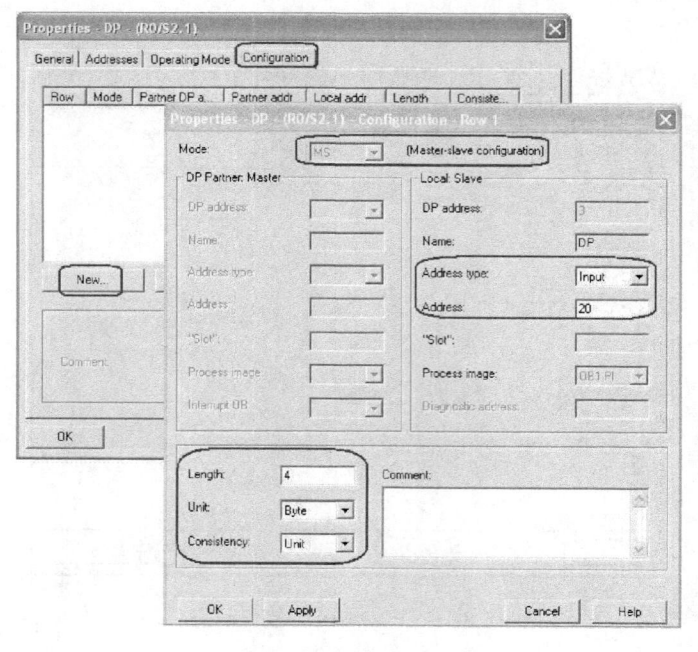

图 8-18 通信接口区设置

设置完成后点击"OK"按钮确认。同样可根据实际通信数据建立若干行,但最大不能超过 244 字节。在本例中分别创建一个输入区和一个输出区,长度为 4 字节,设置完成后可在"Configuration"窗口中看到这两个通信接口区,如图 8-19 所示。

设置通信区完成后,点击编译存盘按钮,编译无误后即完成从站的组态,如图 8-20 所示。

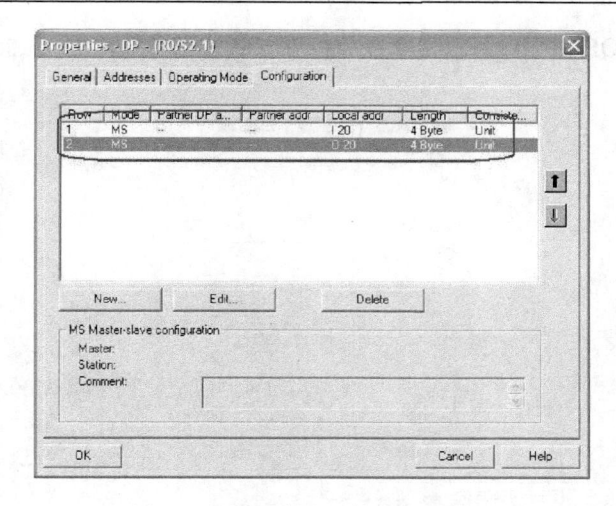

图 8-19 设置完成后的从站通信区

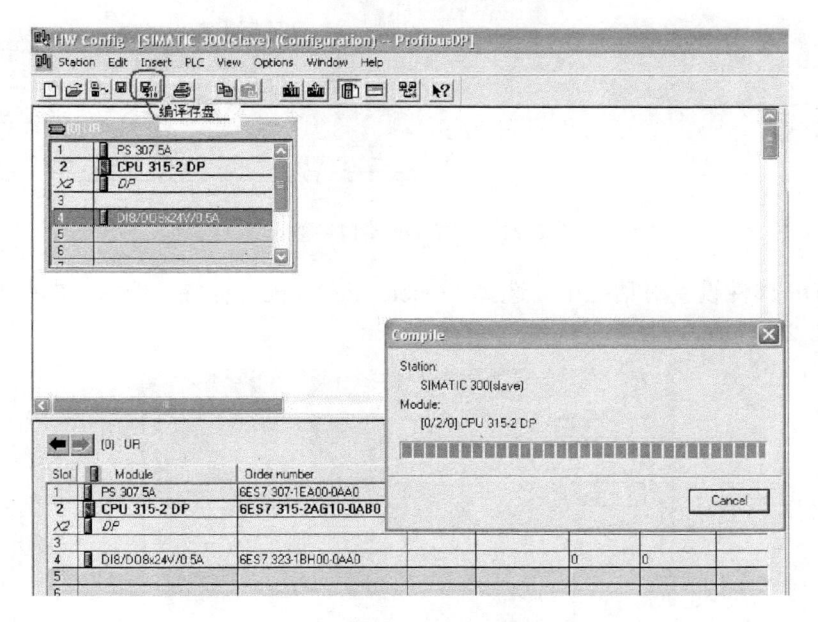

图 8-20 从站的编译存盘

Address type：选择"Input"对应输入区，"Output"对应输出区。

Address：设置通信数据区的地址。

Length：设置通信区域的大小，最多 32 字节。

Unit：选择是按字节（byte）还是按字（word）来通信。

Consistency：选择"Unit"是按在"Unit"中定义的数据格式发送，即按字节或字发送；若选择"All"表示是打包发送，每包最多 32 字节。此时通信数据大于 4 个字节时，应用 SFC 14，SFC 15。

3. 组态主站

（1）完成从站组态后，就可以对主站进行组态，基本过程与从站相同。在完成基本硬件组态后对 DP 接口参数进行设置，如图 8-21 所示。[例 8-3]中地址设为 2，并选择与从站相同的

PROFIBUS 网络（PROFIBUS1）。波特率以及行规与从站应设置相同（1.5Mbit/s；DP）。

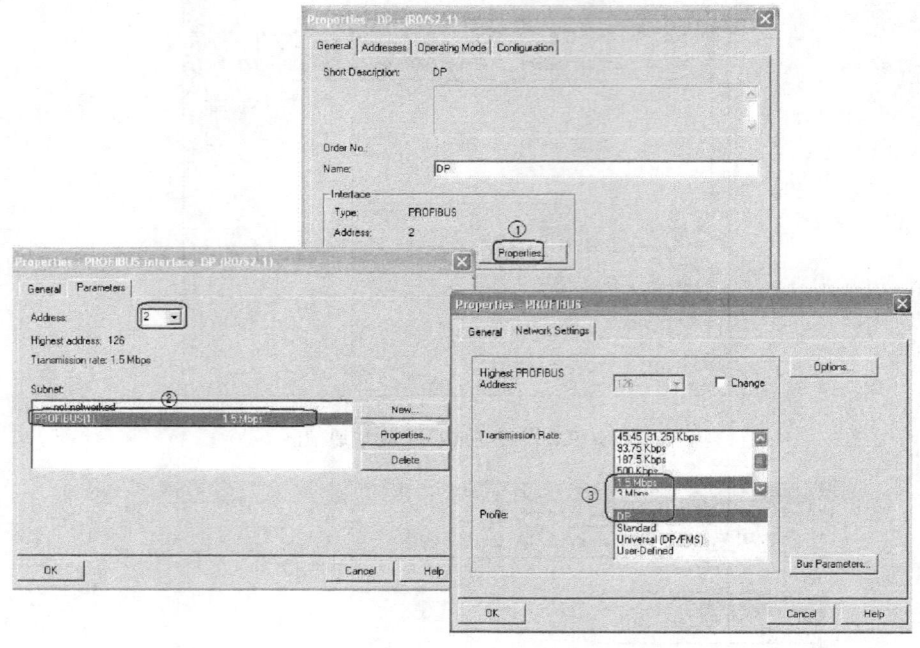

图 8-21　主站 DP 接口参数设置

（2）在 DP 属性设置对话框中，选择"Operating Mode"标签，选择"DP Master"操作模式，如图 8-22 所示。

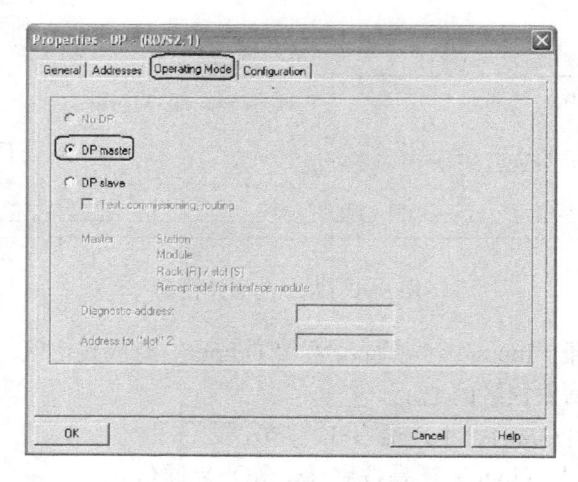

图 8-22　DP 接口为主站

4. 连接从站

（1）硬件组态（HW Config）窗口中，打开硬件目录，选择"PROFIBUS DP/Configured Stations"文件夹，将 CPU31x 拖拽到主站系统 DP 接口的 PROFIBUS 总线上，这时会同时弹出 DP 从站连接属性对话框，选择所要连接的从站后，点击"OK"按钮确认，如图 8-23 所示。

说明：如果有多个从站存在时要一一连接。

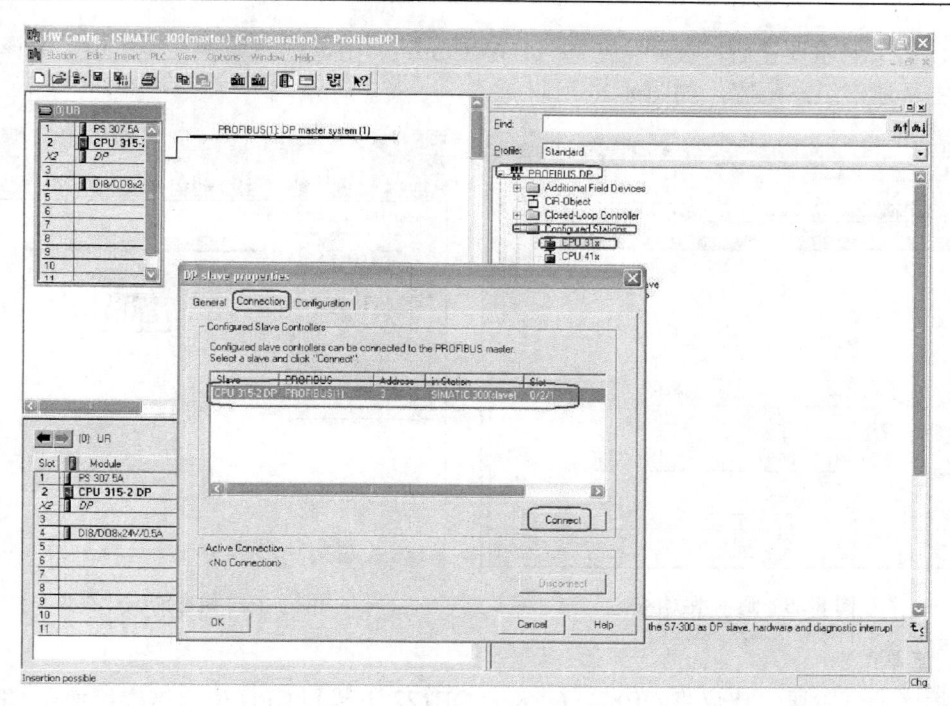

第 8 章　S7-300/400 的通信功能

图 8-23　连接从站

（2）连接完成后，单击"Configuration"标签，设置主站的通信接口区，从站的输出区与主站的输入区相对应，从站的输入区同主站的输出区相对应，如图 8-24 所示。

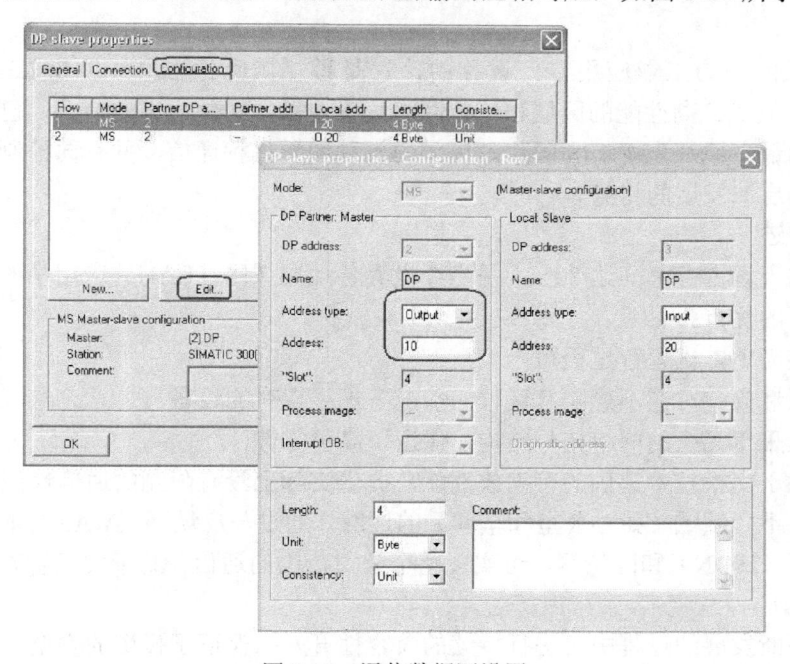

图 8-24　通信数据区设置

（3）图 8-25 所示为设置完成 I/O 通信区。

（4）确认上述设置后，在硬件组态（HW Config）中，选择编译存盘按钮，编译无误后即完成主从通信组态配置，如图 8-26 所示。

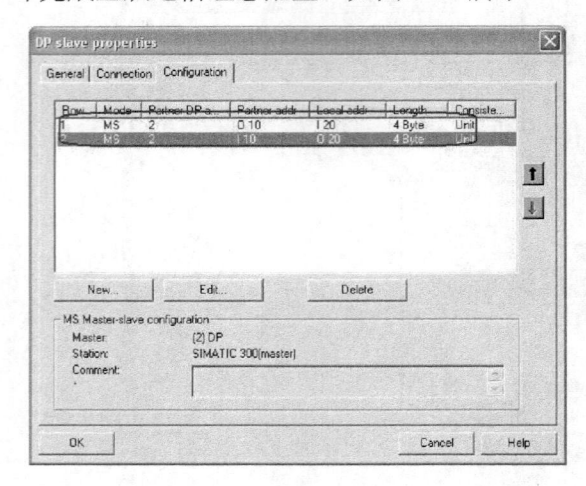

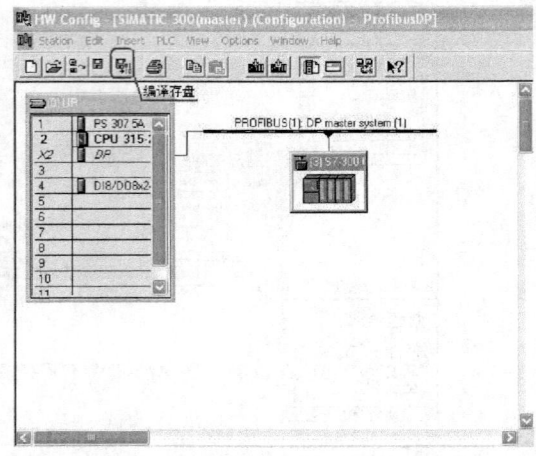

图 8-25　通信数据区　　　　　　　　　图 8-26　组态的编译存盘

5. 简单编程

在程序调试阶段，建议将 OB82，OB86，OB122 下载到 CPU 中，这样可使在 CPU 有上述中断触发时，CPU 仍可运行。相关 OB 的解释可以参照 STEP7 帮助。

8.4 工 业 以 太 网

工业以太网是为工业应用专门设计的，它是遵循国际标准 IEEE 802.3，传输速率为 10Mbit/s 的开放式、高性能的区域和单元网络。工业以太网作为工业标准，已经广泛地应用于控制网络的最高层，为 PC 和工作站提供同机种和异机种通信，并有向控制网络的中间层和底层（现场层）发展的趋势。

8.4.1　概述

以太网的市场占有率高达 80%，是当今世界各地局域网（LAN）应用中的领先网络。以太网具有以下的优点：

（1）连接简单，试运行过程短；

（2）灵活性高，可在不影响其运行的情况下扩展现有的设备；

（3）通过采用冗余的网络拓扑结构，保证了高可靠性；

（4）借助于交换技术提供的可缩放性能，提供实际上没有限制的通信性能；

（5）提供不同领域（如办公室和车间）的连网，通过与广域网（WAN）的连接，例如综合服务数字网（ISDN）和因特网，可实现整个公司范围的通信，易于实现管理控制网络的一体化；

（6）在不断发展的过程中可进行持续的兼容性开发，保证了投资的安全。

目前，西门子的 SIMATIC NET 产品提供符合 IEEE 802.3U 标准，传输速率为 100Mbit/s 的高速工业以太网，具有全双工和交换功能，可以将控制网络无缝集成到管理网络和互联网。其供应的节点已超过 400000 个，可以用于严酷的工业环境，包括有强烈电磁干扰的区域。

为了在严酷的工业环境应用，确保安全可靠，SIMATIC NET 为工业以太网技术增添以下重要的性能：

（1）与 IEEE 802.3 和 IEEE 802.3U 国际标准兼容，使用 ISO 和 TCP/IP 通信协议；

（2）10Mbit/s 或 100Mbit/s 自适应的传输速率，DC 24V 冗余供电；

（3）简单的机柜导轨安装，能方便地组成星形、总线形和环形拓扑结构；

（4）高速冗余的安全网络，最大网络重构时间为 0.3s；

（5）符合简单的网络管理协议（SNMP），可使用基于 Web 的网络管理器，使用 VB/VC 或组态软件即可以监控管理网络；

（6）用于严酷环境的网络元件，通过 EMC（电磁兼容性）测试，简单高效的信号装置能够不断地监视网络元件；

（7）通过 RJ-45 接口、工业级的 Sub-D 连接技术和专用屏蔽电缆的安装技术，确保现场电缆安装工作的快速进行。

8.4.2 工业以太网的网络部件

以太网络主要由以下 4 类网络部件组成。

（1）PG/PC 的工业以太网通信处理器：用于将 PG/PC 连接到工业以太网。

（2）SIMATIC PLC 的工业以太网通信处理器：用于将 PLC 连接到工业以太网。

（3）通信介质：普通双绞线、工业屏蔽双绞线和光纤。

（4）连接部件：快速连接（FC）插座、电气链接模块（ELS）、电气交换模块（ESM）、光纤交换模块（OSM）和光纤电气转换模块（MC TP11）。

1. S7-300/400 的工业以太网通信处理器

S7-300/400 工业以太网通信处理器有下列特点：

1）通过 UDP 连接或群播功能可以向多用户发送数据；

2）CP443-1 和 CP443-1 IT 可以用网络时间协议（NTP）提供时钟同步；

3）可以选择 Keep Alive 功能；

4）使用 TCP/IP 的 WAP 功能，通过电话网络（例如 ISDN），CP 可以实现远距离编程和对设备进行远程调试；

5）可以实现 OP 通信的多路转换，最多连接 16 个 OP；

6）使用集成在 STEP 7 中的 NCM S7 软件，提供范围广泛的诊断功能，包括显示 CP 的操作状态，实现通用诊断和统计功能，提供连接诊断和 LAN 控制器统计及诊断缓冲区。

（1）CP 343-1/CP 443-1。

CP 343-1 / CP 443-1 通信处理器是分别用于 S7-300 和 S7-400 的全双工以太网通信处理器，通信速率为 10Mbit/s 或 100Mbit/s。CP 343-1 为采用 15 针 D 形插座连接工业以太网，允许 AUI 和双绞线接口之间的自动转换；RJ-45 插座用于工业以太网的快速连接，可以使用电话线通过 ISDN 连接互联网。CP 443-1 有 ITP、RJ-45 和 AUI 接口。

CP 343-1/CP 443-1 具有自己的处理器，在工业以太网上可独立处理数据通信。通过它们，S7-300/400 可以与编程器、计算机、人机界面装置和其他 S7 和 S5 PLC 进行通信。

通信服务包括用 ISO 和 TCP/IP 建立多种协议格式、PG/OP 通信、S7 通信、S5 兼容通信和对网络上所有的 S7 站进行远程编程。通过 S7 路由，可以在多个网络间进行 PG/OP 通信；S7 通信功能用于与 S7-300（只限服务器）、S7-400（服务器和客户机）、HMI 和 PC（用于

SOFTNET 或 S7-1610）的通信；通过 ISO 传输连接的简单而优化的数据通信接口，最多可传输 8KB 的数据；S5 兼容通信用于 S7 和 S5、S7-300/400 与 PC 之间的通信。UDP 可以作为模块的传输协议。

可以用嵌入 STEP 7 的 NCM S7 工业以太网软件对 CP 进行配置。模块的配置数据存放在 CPU 中，CPU 启动时自动地将配置参数传送到 CP 模块。连接在网络上的 S7 PLC 可以通过网络进行远程配置和编程。

（2）CP343-1 IT/CP 443-1 IT。

CP 343-1 IT/CP 443-1 IT 通信处理器分别用于 S7-300 和 S7-400，除了具有 CP 343-1/CP 443-1 的特性和功能外，CP 343-1 IT/CP 443-1 IT 可以实现高优先级的生产通信和 IT 通信。它有下列 IT 功能：

1）Web 服务器：可以下载 HTML 网页，并用标准浏览器访问过程信息（有口令保护）。

2）标准的 Web 网页：用于监视 S7-300/400，这些网页可以用 HTML 工具和标准编辑器来生成，并用标准 PC 工具 FTP 传送到模块中。

3）E-mail：通过 FC 调用和 IT 通信路径，在用户程序中用 E-mail 在本地和世界范围内发送事件驱动信息。

（3）CP 444。

CP 444 通信处理器将 S7-400 连接到工业以太网，根据 MAP3.0（制造自动化协议）标准提供 MMS（制造业信息规范）服务，包括环境管理（启动、停止和紧急退出）、VMU（设备监控）和变量存取服务，可以减轻 CPU 的通信负担，实现深层的连接。

2. PC/PG 的工业以太网通信处理器

（1）CP 1613。

CP 1613 通信处理器是带微处理器的 PCI 以太网卡，使用 15 针的 AU1/ITP 或 RJ-45 接口，可将 PC/PG 连接到以太网网络，用 CP 1513 可以实现时钟的网络同步。结合相关的软件，CP 1613 支持以下的通信服务：内置的 ISO 和 TCP/IP、PG/OP 通信、S7 通信、S5 兼容通信（发送/接收）和 TF 协议，支持 OPC 通信。

由于集成了微处理器，CP 1613 有恒定的数据吞吐量，支持即插即用和自适应（10mbit/s 或 100Mbit/s）功能，支持运行大型的网络配置，可以用于冗余通信，支持 OPC 通信。

（2）CP 1612/CP1512。

CP 1612 通信处理器也是 PCI 以太网卡，CP 1512 为 PCMCIA 以太网卡，均使用 RJ-45 接口。CP 1512 为 PCMCIA 以太网卡用于连接笔记本 PC 和 PG 到以太网，与配套的软件包一起支持以下的通信服务：通过 ISO 或 TCP/IP，提供 PG/OP 通信、S7 通信、S5 兼容通信（发送/接收），支持 OPC 通信。

（3）CP 1515。

CP 1515 是符合 IEEE 802.11B 的无线通信网卡，应用于 RLM（无线链路模块）和可移动计算机。

8.4.3 工业以太网的交换机技术

在共享局域网（LAN）中，所有站点共享网络性能和数据传输带宽，所有的数据包都经过所有的网段，在同一时间只能传送一个报文。

在交换式局域网中，每个网段都能达到网络的整体性能和数据传输速率，在多个网段中可以同时传输多个报文。本地数据通信在本网段进行，只有指定的数据包可以超出本地网段的范围。

交换机是从网桥发展而来的设备，其具有以下功能：

（1）取决于能利用的接口，可用交换机临时将几个子网络对彼此连接；

（2）利用终端的以太网 MAC 地址，经过数据业务的过滤，局部数据业务依旧是局部的，交换机只传送到其他子网络终端的数据；

（3）与一般的以太网相比，扩大了可以连接的终端数；

（4）可以限制子网内的错误在整个网络上的传输。

虽然较复杂，但交换机技术与中继器技术相比有以下的优点：

（1）有形成子网络和网络段的可能性；

（2）通过数据交通结构，提高了数据量，因而提高了网络性能；

（3）简单的网络配置规则；

（4）可以方便地实现有 50 个电气交换模块（ESM）与光纤交换模块（OSM）的网络拓扑结构，全部扩展传输距离可达 150km，并且不会影响信号传输时间；

（5）通过连接各个冲突域/子网络，可不受限制地扩展网络范围。传输距离超过 150km，必须考虑信号传输时间。

1. 全双工运行模式

在全双工模式中，一个站能同时发送和接收数据。如果网络采用全双工模式，为了不发生冲突，需要采用发送通道和接收通道分离的传输介质，以及能够存储数据包的部件。

由于在全双工连接中不会发生冲突，支持全双工的部件可以同时以额定传输速率发送和接收数据，因此以太网和高速以太网的传输速率分别高达 20Mbit/s 和 200Mbit/s。

由于不需要检测冲突，全双工网络的距离仅受它使用发送/接收部件性能的限制，使用光纤网络时更是如此。通过停止激活冲突原理，全双工能使两个部件间的距离增大到超过一个冲突域的范围。

100 BaseFX 标准规定应用 62.5/125μm 玻璃纤维光纤电缆的最大传输距离为 2km；采用光纤交换模块（OSM），应用 62.5/125μm 光纤电缆的距离可达 3km，10/125μm 的光纤电缆可达 26km。

2. 电气交换模块（ESM）与光纤交换模块（OSM）

电气交换模块（ESM）与光纤交换模块（OSM）用来构建 10/100Mbit/s 交换网络，能低成本、高效率地在现场建成具有交换功能的线性结构或星形结构的工业以太网。

可以将网络划分为若干个部分或网段，并将各网段连接到 ESM 或 OSM 上，这样可以分散网络的负担，实现负载解耦，改善网络的性能。

利用 ESM 或 OSM 中的网络冗余管理器，可以构建环形冗余工业以太网。最大的网络重构时间为 0.3s。环形网中的数据传输速率为 100Mbit/s，每个环最多可以有 50 个 ESM 或 OSM。

除了两个环端口外，ESM 还有另外 6 个端口（可以任选 ITP 或 RJ-45 接口）。除了 2 对或 3 对环端口外，OSM 还有另外 6 个或 5 个端口，这些端口可以与终端设备或网络段连接。使用集成的扩展功能可以将几个环以冗余方式连接在一起。

可以使用以下 4 种方法监测出错信息和进行网络管理：使用硬连线接点、SNMP、电子邮件和命令行参数 CLI。

通过 ESM 可以方便地构建适用于车间的网络拓扑结构，包括线性结构和星形结构。级联深度和网络规模仅受信号传输时间的限制，使用 ESM 可以使网络总体规模达 5km，使用 OSM 时网络长度可达 150km。通过将各个子网络连接到 ESM，可以重构现有的网络。

通过环中的两个 ESM 或 OSM，10Mbit/s 或 100Mbit/s 的单个冗余环可以与上层 100Mbit/s 环相连接。

8.4.4 自适应与冗余网络

1. 自适应与自协商功能

具有自适应功能的网络站点（终端设备和网络部件）能自动检测出信号传输速率（10Mbit/s 或 100Mbit/s），自适应功能可以实现所有以太网部件之间的无缝互操作性连接。

自协商是高速以太网的配置协议，该协议使有关站点在数据传输开始之前就能协商拟定它们之间的数据传输速率和工作方式，例如是全双工或半双工；也可以不使用自协商功能，以保证各网络站点使用某一特定的传输速率和工作方式。

不支持自协商功能的传统以太网部件（如工业以太网的 OLM）能通过双绞线连接与有自协商功能的高速以太网部件协同工作。

2. 冗余网络

冗余软件包 S7-REDCONNECT 用来将 PC 连接到高可靠性的 SIMATIC S7-H 系统，S7 冗余系统可以避免设备停机。万一出现子系统故障或断线，系统交换模块会切换到双总线，或者切换到冗余环的后备系统或后备网络，以保证网络的正常通信。

用户可以通过 OPC 客户端软件使用 SNMP-OPC 服务器（Server），如 SIMATIC NET OPC Scout、WinCC、OPC Client、MS Office OPC Client 等，对支持 SNMP 的网络设备进行远程管理。SNMP-OPC 服务器可以读取网络设备参数，例如交换模块的端口状态、端口数据流量等；可以修改网络设备的状态，例如关闭/开启交换模块的某个端口等。

3. SIMATIC NET 的高速冗余

在网络发生故障后，网络重构的时间对工业应用是至关重要的。否则，网络上连接的终端会关闭逻辑通信连接，导致控制过程停止或系统的紧急停机。例如，由 50 个 OSM 和一个光纤冗余管理器（ORM，电气冗余管理器简写为 ERM）组成的 100Mbit/s 光纤环中，出错（如电路开路或切换故障）后能在不到 0.3s 内完成网络重构。

为了实现工业网络的快速重构，SIMATIC NET 不用生成树算法的冗余技术，而是采用特殊开发的如下高速冗余网络控制技术，实现了网络的快速重构。

SIMATIC NET 的网络配置不会影响所连接的终端，在所有时间内都保证过程或应用的控制；

除了在 100Mbit/s 光纤环中实现高速介质冗余外，OSM/ESM 为光纤环和网络段的高速冗余控制提供所需要的功能；

只要配置两个 OSM 或 ESM，OSM/ESM 和工业以太网 OLM 环之间以及任何拓扑结构网络段之间都可以相互连接。

8.4.5 工业以太网的网络方案

以太网使用带冲突检测的载波侦听多路访问（CSMA/CD）协议，各站用竞争方式发送信息到传输线上，两个或多个站可能因同时发送信息而发生冲突。为了保证正确地处理冲突，以太网的规模必须根据一个数据包最大可能的传输延迟来加以限制。在传统的 10Mbit/s 以太网中，允许的冲突范围为 4520m。因为传输速率的提高，高速以太网的冲突范围减小为 452m。

为了扩展冲突范围，需要使用有中继器功能的网络部件，例如工业以太网的光纤链路模块（OLM）和电气链路模块（ELM）。用具有全双工功能的交换模块来构建较大的网络时，不必考虑高速以太网冲突区域的减小。

如图 8-27 所示，工业以太网可以采用以下的 3 种网络方案。

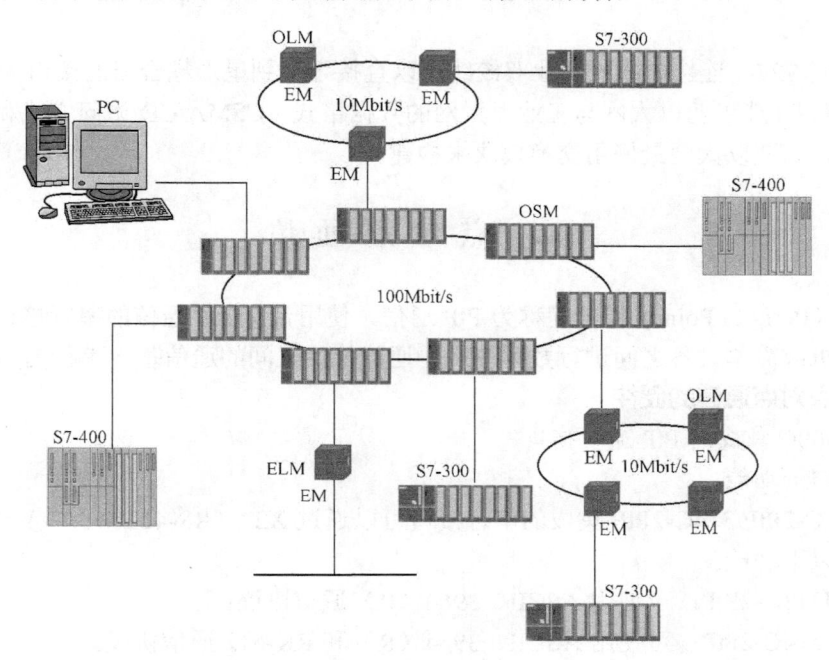

图 8-27 工业以太网

1. 同轴电缆网络

网络以三同轴电缆作为传输介质，由若干条总线段组成，每段的最大长度为 500m。一条总线段最多可以连接 100 个收发器，可以通过中继器接入更多的网段。

网络为总线形结构，因为采用了无源设计和一致性接地的设计，极其坚固耐用。网络中各设备共享 10Mbit/s 带宽。

电气网络和光纤网络可以混合使用，使二者的优势互补，网络的分段改善了网络的性能。

三同轴电缆网络有分别带一个或两个终端设备接口的收发器，中继器用来将最长 500m 的分支网段接入网络中。

2. 工业双绞线/光纤网络

工业双绞线/光纤网络的传输速率为 10Mbit/s，可以是总线形或星形拓扑结构，使用光纤链路模块（OLM）和电气链路模块（ELM）可为数据终端（DTE）连接提供一种补充或替代常规的总线接线方式。

OLM 和 ELM 是安装在 DIN 导轨上的中继器，它们遵循 IEEE 802.3 标准，带有 3 个工业双绞线接口，OLM 和 ELM 分别有两个和一个 AUI 接口。在一个网络中最多可以级联 11 个 OLM 或 13 个 ELM。

3. 高速工业光纤以太网

高速工业光纤以太网的传输速率为 100Mbit/s，能以总线、环形或星形拓扑结构建立。光纤链路模块（OLM）和/或 ASGE 星形耦合器用于结构配置。光缆用作传输介质，LAN 配置范围最大可达 4.5km。

从一个数据终端（DTE）输入的数据包经过星形耦合器/OLM 同时分配到其他系统（星形拓扑）。冗余的光纤环拓扑结构能增强网络的可靠性；当一根光缆断裂时，仍可维持通信。

DTE 经过 727-1 连接电缆或工业双绞线可以直接连接到星形耦合器的接口卡，或经过 ITP 连接到 OLM。高速工业以太网与工业以太网的数据格式、CSMA/CD 访问方式和使用的电缆都是相同的，高速以太网最好用交换模块来构建。

8.5 点对点通信

点对点（Point to Point）通信简称为 PtP 通信，使用带有 PtP 通信的串行接口在可编程控制器、计算机或简单设备之间进行数据交换。通信伙伴之间的通信基于串行的异步传输。

8.5.1 点对点通信的硬件

1. S7-300C 集成的 PtP 通信接口

（1）接口的功能。

CPU313C-2PtP/314C-2PtP 集成的串行接口可以通过 X27（RS-422/485）接口进行通信访问，它具有以下功能。

1）CPU313C-2PtP：可使用 ASCII、3964（R）通信协议；

2）CPU314C-2PtP：可使用 ASCII、3964（R）和 RK-512 通信协议。

它们都有诊断中断功能。通过参数赋值工具，可以组态通信模式，最多可以传输 1024B。全双工的传输速率为 19.2kbit/s，半双工的传输速率为 310.4kbit/s。

（2）接口的属性。

X27（RS-422/485）接口是一种与 X27 标准兼容的串行数据传输差分电压接口。

1）在 RS-422 模式，数据通过 4 根导线传送（4 线操作）。有 2 根电缆（差分信号）用于发送器向，有 2 根电缆用于接收器向。这就意味着可以同时发送和接收数据（全双工操作）。

2）在 RS-485 模式，数据通过 2 根导线传送（双线操作）。有 2 根电缆（差分信号）用于发送器向，有两根电缆用于接收器向。这就意味着，一次只能发送或接收数据（半双工操作）。在发送操作后，电缆将立即切换为接收模式（变送器切换为高阻抗）。

2. 通信处理器

没有集成点对点串行功能的 S7-300 CPU 模块可以用通信处理器 CP 340 或 CP 341，实现 PtP 通信。S7-400 CPU 模块则可以用通信处理器 CP 440 或 CP 441 实现 PtP 通信。

（1）CP 340。

CP 340 通信处理器模块是串行通信较经济、完整的解决方案，用于 S7-300 和 ET 200M（S7 作为主站）的点对点串行通信。它有 3 种形式的传输接口：RS-232C（V.24）、20mA（TTY）和 RS-422/485（X.27）。有 4 种不同的型号，都有中断功能。一种模块的通信接口为 RS-232C（V.24），可以使用通信协议 ASCII 和 3964（R）；另外 3 种模块的通信接口分别为 RS-232C（V.24）、20mA（TTY）和 RS-422/485（X.27），可以实现通信协议 ASCII、3964.（R）和打印机驱动软件。

CP 340 通信处理器模块技术规范见表 8-7。

表 8-7　　　　　　　　　　　CP 340 通信处理器模块技术规范

接口类型	RS-232C（V.24）	20mA	RS-422/RS-485（X.27）
数量	1 个，隔离	1 个，隔离	1 个，隔离
传输速率（kbit/s）	2.4~19.2	2.4~9.6	2.4~19.2
电缆长度（m）	15	100/1000（主动/被动）	1200
ASCII 最大帧长（B） ASCII 最大传输率（kbit/s）	1024 9.6	1024 9.6	1024 9.6
3964（R）最大帧长（B） 3964（R）最大传输率（kbit/s）	1024 19.2	1024 19.2	1024 19.2
打印机驱动软件的最大传输速率（kbit/s）	9.6	9.6	9.6
电流消耗（典型值）（mA）	165	220	165
功率消耗（W）	0.85	0.85	0.85

CP 340 通信处理器模块可以简单方便地进行参数化：

1）ASCII 采用简单的传输协议连接外部系统，采用起始字符、结束字符和带块校验字符的协议，可以通过用户程序询问和控制接口的握手操作。打印机驱动器用于在打印机上记录过程状态和事件。

2）通过标准化的开放的西门子 3964（R）协议，PLC 可以与西门子的设备或第三方设备通信。通过集成在 STEP 7 中的硬件组态工具，对各种点对点通信处理器（CP）进行参数设置，也可以通过 CPU 中的数据块来设置通信参数。

(2) CP 341。

CP 341 是点对点的快速、功能强大的串行通信处理器模块，有一个通信接口，用于 S7-300 和 ET 200M（S7 作为主站），可以减轻 CPU 的负担。CP 341 有 6 种不同的型号，可以使用的通信协议包括 ASCII、3964（R）、RK-512 协议和可装载的驱动程序，包括 MODBUS 主站协议、MODBUS 从站协议和 Data Highway（DF1 协议），RK-512 协议用于连接计算机。

CP 341 有 3 种不同的传输接口：RS-232C（V.24）、20mA（TTY）和 RS-422/485（X.27）。每种通信接口分别有两种类型的模块，其区别在于一种有中断功能，而另一种则没有。RS-232C（V.24）和 RS-422/485（X.27）接口的传输速率提高到 76.8kbit/s，20mA（TTY）接口的最高传输速率为 19.2kbit/s。

通过装载单独购买的驱动程序，CP 341 可以使用 RTU 格式的 MODBUS 协议，在 MODBUS 网络中可以用作主站或从站。

(3) CP 440。

CP 440 通信处理器模块用于点对点串行通信，物理接口为 RS-422/RS-485（X.27），最多为 32 个节点，最高传输速率为 115.2kbit/s，通信距离最长为 1200m，可以使用的通信协议为 ASCII 和 3964（R）。

(4) CP 441-I/CP 441-2。

1）CP 441-1 通信处理器模块有 4 种不同的型号，可以插入一块分别带一个 20mA（TTY）、RS-232C 或 RS-422/485 接口的 IF 963 子模块。有 1 种只有 3964（R）通信协议，其余 3 种均有 ASCII、3964（R）和打印机通信协议，有 2 种有多 CPU 功能。只有一种模块同时有多 CPU 和诊断中断功能。CF 441-1 的 20mA（TTY）接口的最大通信传输速率为 19.2kbit/s，其余的接口为 310.4kbit/s。最大通信距离与 CP 340 相同。

2）CP 441-2 通信处理器模块有 4 种不同的型号，可以插入两块分别带 20mA（TTY）、RS-232C 和 RS-422/485 的 IF963 子模块。有 1 种只有 RK-512 和 3964（R）通信协议，其余 3 种均有 RK-512、ASCII、3964（R）和打印机通信协议，有多 CPU 功能，还可以实现用户定制的协议。只有 1 种模块同时有多 CPU 和诊断中断功能。CP 441-2 的 20mA（TTY）接口的最大通信传输速率为 19.2kbit/s，其余的接口为 115.2kbit/s。最大通信距离与 CP 340 相同。

8.5.2 点对点通信协议

S7-300/400 的点对点串行通信可以使用的通信协议主要有 ASCII Driver、3964（R）和 RK-512，它们在 ISO 七层参考模型中的位置如图 8-28 所示。

1. ASCII Driver 通信协议

ASCII Driver 用于控制 CPU 和一个通信伙伴之间的点对点连接的数据传输，可以将全部发送报文帧发送到 PtP 接口，提供一种开放式的报文帧结构。接收器必须在参数中设置一个报文帧的结束判据，发送报文帧的结构可能不同于接收报文帧的结构。

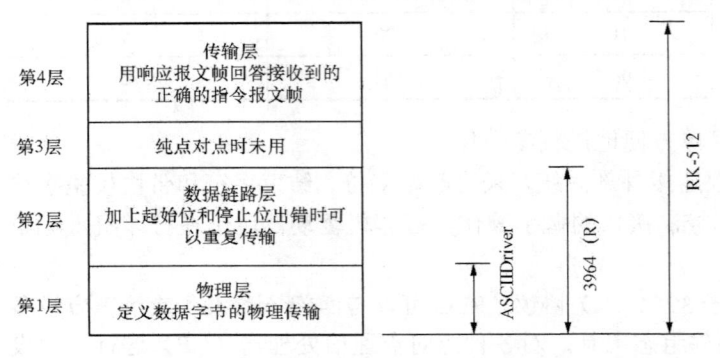

图 8-28 PtP 通信协议在 ISO/OSI 参考模型中的位置

使用 ASCII Driver 可以发送和接收开放式的数据（所有可以打印的 ASCII 字符），8 个数据位的字符帧可以发送和接收所有 00～FFH 的其他字符。7 个数据位的字符帧可以发送和接收所有 00～7FH 的其他字符。

ASCII Driver 可以用文本结束符、帧的长度和字符延迟时间作为报文帧结束的判据。

2. 3964（R）通信协议

3964（R）协议用于 CP 或 CPU 31×C-2PtP 和一个通信伙伴之间的点对点的数据传输。需要注意的是，3964（R）协议只能用于 4 线操作模式（RS-422）。

3. RK-512 通信协议

RK-512 通信协议可以控制 CPU 和一个通信伙伴之间的 PtP 数据交换。与 3964（R）相比，RK-512 通信协议包括 ISO 参考模型的物理层（第 1 层）、数据链路层（第 2 层）和传输层（第 4 层），可提供较高的数据完整性和先进的寻址选项。

8.5.3 点对点通信在用户程序中的实现

在用户程序中，通过调用系统功能块（SFB），用户可以控制串行通信。SFB 被保存在"System Function Blocks（系统功能块）"下的"Standard Library（标准库）"中。

1. 调用系统功能块概述

可以使用相应的背景数据块调用系统功能块，如 CALL SFB 60、DB20。

系统功能块所需的所有参数保存在背景数据块中，需注意以下问题。

（1）在用户程序中，必须调用具有相同背景数据块 SFB（SEND、FETCH、RCV），因为内部 SFB 过程所需状态都保存在该背景数据块中。

（2）程序结构。

SFC 非同步执行，为了完全编辑 SFB，必须经常调用 SFB，直到它被错误关闭或无错误关闭。

如果已经在用户程序中编程了一个系统功能块，就不能再在另外一个程序段中使用其他的优先级调用相同的系统功能块，因为系统功能块本身不能中断。例如，不允许调用 OB1 和中断 OB 中的系统功能块。

（3）SFB 参数的分类。

SFB 的参数根据其功能可以分为四类：

（1）控制参数，用于激活模块。

（2）发送参数，可以指向发送到远程通信伙伴的数据区。

（3）接收参数，可以指向从远程通信伙伴接收数据的输入数据区。

（4）状态参数，用于监控块是否无错误完成请求或分析所发生的错误，状态参数只能设定为一次调用。

2. ASCII/3964（R）的通信功能

ASCII/3964（R）协议的系统功能块（SFB）及其说明见表 8-8，LAD 表达如图 8-29 所示。

表 8-8　　　　　　　　　　ASCII／3964（R）协议的系统功能块

块		说　明
SFB 60	SEND_PTP	将整个或部分数据块区发送给一个通信伙伴
SFB 61	RCV_PTP	从一个通信伙伴处接收数据，并将它们保存在一个数据块中
SFB 62	RES_RCVB	复制 CPU 的接收缓冲器

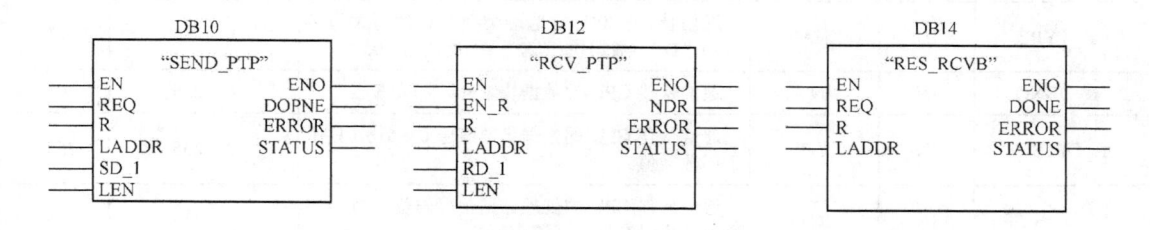

图 8-29　是 LAD 的指令

3. RK-512 的通信功能

RK-512 协议的系统功能块见表 8-9，系统功能块图如图 8-30 所示。

表 8-9　　　　　　　　　　RK-512 协议的系统功能块

块		说　明
SFB63	SEND_RK	将整个或部分数据块区发送给一个通信伙伴
SFB64	FETCH_RK	将整个或部分数据块区发送给一个通信伙伴
SFB65	SERVE_RK	从一个通信伙伴处接收数据，并将它们保存在一个数据块中，为通信伙伴提供数据

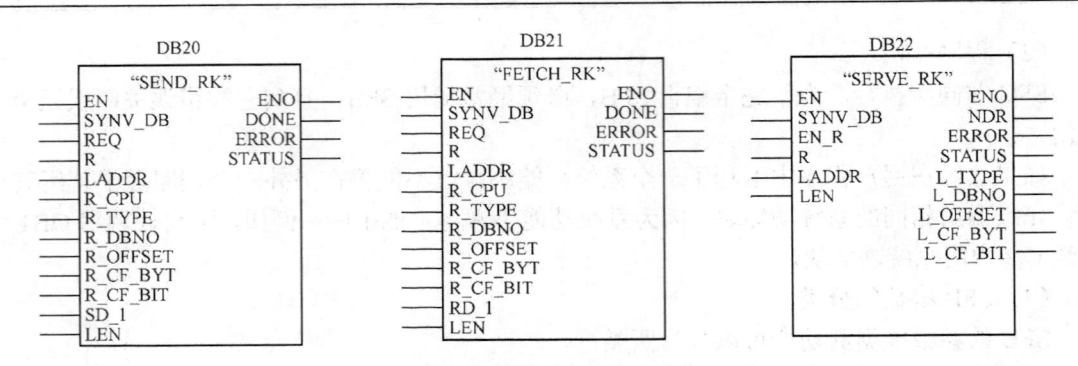

```
         DB20                    DB21                    DB22
      "SEND_RK"              "FETCH_RK"              "SERVE_RK"
  ─EN          ENO─       ─EN          ENO─       ─EN          ENO─
  ─SYNV_DB    DONE─       ─SYNV_DB    DONE─       ─SYNV_DB    NDR─
  ─REQ       ERROR─       ─REQ       ERROR─       ─EN_R      ERROR─
  ─R        STATUS─       ─R        STATUS─       ─R        STATUS─
  ─LADDR                  ─LADDR                  ─LADDR    L_TYPE─
  ─R_CPU                  ─R_CPU                  ─LEN      L_DBNO─
  ─R_TYPE                 ─R_TYPE                          L_OFFSET─
  ─R_DBNO                 ─R_DBNO                          L_CF_BYT─
  ─R_OFFSET               ─R_OFFSET                        L_CF_BIT─
  ─R_CF_BYT               ─R_CF_BYT
  ─R_CF_BIT               ─R_CF_BIT
  ─SD_1                   ─RD_1
  ─LEN                    ─LEN
```

图 8-30　用于 RK-512 通信协议的 SFB

4. 用于 PtP 通信处理器的功能块

S7-300/400 的点对点通信处理器（CP）包括 CP 340、CP 341、CP 440 和 CP 441。

在安装了 STEP 7 的计算机中，安装好 PtP 通信软件后，在 STEP 7 中将会增加点对点通信处理器的组态信息和表 8-10 所示的功能块，它们在程序编辑器指令列表的"Libraries/CP PtP"文件夹中。同时还会自动安装使用点对点通信处理器的例程"zXX21_01_PtP_Com_CP34x"、"zXX21_02_PtP_Com_CP440"和"Zxx21_03_PtP_Com_CP441"。使用时，需要将用到的功能块复制到用户程序中。

表 8-10　　　　　　　　　　　点对点通信处理器的通信功能块

参数	声明	数据类型	说　明	数值范围	默认值
SYNC_DB	IN	INT	保存 RK-512 同步的公共数据的 DB 编号（最小长度为 240B）	与 CPU 有关，不允许是"0"	0
R_CPU	IN	INT	通信伙伴 CPU 编号（只用于多处理器模式）	0~4	1
R_TYPE	IN	CHAR	通信伙伴 CPU 的地址类型（只使用大写字母！）"D"=数据块；"X"=扩展的日期块	"D" "X"	"D"
R_DBNO	IN	INT	通信伙伴 CPU 的数据块编号	0~255	0
R_OFFSET	IN	INT	通信伙伴 CPU 的数据字节编号 0~510（只用于偶数数值）	0~255	255
R_CF_BYT	IN	INT	通信伙伴 CPU 的处理器通信标志位字节（255 意思是指没有处理器通信标志位）	0~255	255
R_CF_BIT	IN	INT	通信伙伴 CPU 的处理器通信标志位字节	0~7	0

专用通信功能块是 CPU 模块与 CP 的软接口，它们建立和控制 CPU 与 CP 的数据交换。完成一次发送需要多个循环周期，在用户程序中，它们必须被无条件连续调用，用于周期性的或定时程序控制的数据传输。

5. 利用系统功能块编程

（1）寻址。

数据块中的数据操作数将使用 STEP 7 一个字节一个字节地进行寻址（而在 STEP 5 中是一个字一个字地寻址），因此必须转换数据操作数的地址。STEP 7 与 STEP 5 寻址方式对照如图 8-31 所示。

与 STEP 5 不同，STEP 7 中的数据字地址加倍，不再被分为左数据字节和右数据字节，数据位必须编码为 0~7。

表 8-11 中列出了 STEP 5 数据操作数（表中左栏）被转换为 STEP 7 数据操作数（表中右栏）。

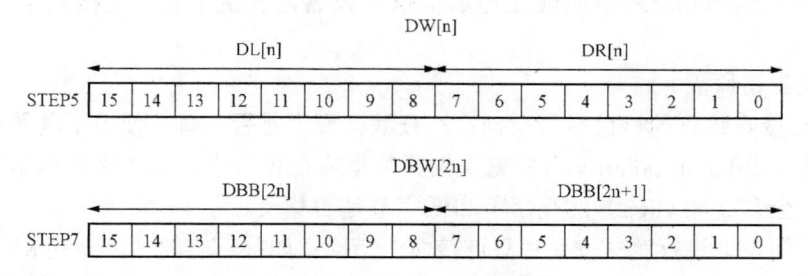

图 8-31　STEP 7 与 STEP 5 寻址方式示意图

表 8-11　　　　　　　　　　STEP 5 数据操作数转换为 STEP 7 数据操作数

STEP5	STEP7	STEP5	STEP7
DW10	DBW20	D10.0	DBX21.0
DL0	DBB20	D10.8	DBX20.0
DR10	DBB21	D255.7	DBX511.7

（2）组态数据块。

STEP 5 中的间接参数化（输入到当前打开的数据块中的参数）不能用于 STEP 7 块。在所有块参数中，可以声明常数或一个变量。因此，在 STEP 7 中直接参数化和间接参数化之间没有区别。SFB 60、63 和 64 的参数"LEN"是一种例外，只能间接参数化。

【例 8-4】"直接参数化"实例。

根据"直接参数化"调用 SFB 60【SEND_PIP】的程序如下：

```
Network:
   CALL SFB 60, DB10
   REQ     :=M 0.6             //启动 SEND
   R       :=M 5.0             //启动 RESET
   LADDR   :=+336              //I/O 地址
   DONE    :=M 26.0            //无错误结束
   ERROR   :=M 26.1            //有错误结束
   STATUS  :=MW 27             //状态字
   SD 1    :=P#.DB11.DBX0.0    //数据块 DB11，根据数据字节 DBB 0
   LEN     :=DB10.DBW20        //间接参数化长度
```

【例 8-5】"实际操作数的符号寻址"实例。

使用实际操作数的符号寻址调用 SFB 60 "SEND_PTP" 的程序如下：

```
Network 1:
   CALL SFB 60, DB10
   REQ     :=SEND_REQ          //启动 SEND
   R       :=SEND_R            //启动 RESET
   LADDR   :=BGADR             //I/O 地址
   DONE    :=SEND_DONE         //无错误结束
   ERROR   :=SEND_ERROR        //有错误结束
```

```
STATUS   :=SEND_STATUS              //状态字
SD_1     :=QUELLZEIGER              //指向数据区的指针
LEN      :=CPU_DB.SEND_LAE          //报文帧长度
```

如果在完成组态后，还不能建立与通信伙伴设备之间的通信，应按如下步骤进行连接测试：

（1）查找出错原因。

检查发送/接收线路的极性是否反向；检查默认设置是否正确，使用不同的极性可以进行几种默认设置，different polarity 有些默认设置都集成在设备中；检查终接电阻器是否遗漏或错误；检查安全字（如 CRC）的高字节和低字节是否相反。

应尽可能简单地进行测试安装：只连接两个节点；如果可能的话，设置 RS-485 模式（双线操作）；应使用短连接电缆；距离较短时，不需要使用终接电阻器；测试数据可以在两个方向传输。

（2）检查。

检查线路极性定义、默认设置（所有选项）及安全字（如 CRC），如果不正常，应改变默认设置（所有选项），重新建立通信；检查交叉链接顺序（注意，对于 RS-422 应交叉连接导线对及安全字（如 CRC），如果不正常，应改变连接，并改变默认设置（所有选项）；如果重新安装系统，不要忘记重新连接先前拆下的终接电阻器。

技巧：如果有的话，连接一个接口测试仪（如果需要一个 RS-422/485V.24 转换器）至连接导线；检查测量设备的信号电源（引脚 8 上的 GND 电位测量信号）；如果数据已经接收，但是 CRC 安全字不正确，有些设备就不能发出接收信令；如果需要的话，更换 CPU，排除电气故障。

如果出现错误，参数"ERROR"将被置为"TRUE"。参数"STATUS"可指示出错原因和可能的错误代码。出错报文只有在"ERROR"位（错误完成请求）置位时，才能输出。在其他所有情况下，"STATUS"字为"0"。因此，如果"ERROR"位被置位，应复制"STATUS"到一个任意数据区，以便显示"STATUS"。

可以使用诊断功能快速查找未解决的故障。可使用的诊断选项有：系统功能块（SFB）中的错误报文、响应报文帧中接收到的错误编号（对于 RK512）和诊断中断。

如果使用 RK512 协议，并且在通信伙伴中出现一个 SEND/FETCH 报文帧错误，通信伙伴将返回一个在第 4 个字中带有错误编号的响应报文帧。

在表 8-12 中，可以找到通信伙伴"STATUS"中的事件/事件编号响应报文帧（REATEL）中的错误编号分配。响应报文帧中的错误编号将输出为十六进制数值。

表 8-12　　　　　　　　事件分类/事件编号响应报文帧中的错误编号分配

REATEL	错误报文（事件类别/事件编号）	REATEL	错误报文（事件类别/事件编号）
0AH	0905H	16H	0602H，0603H，090AH
0CH	0301H，0609H，060AH，0902H	2AH	090DH
10H	0301H，0601H，0604H	32H	060FH，0909H
12H	0904H	34H	090CH
14H	0903H	36H	060EH，0908H

如果在与通信伙伴的串行连接中出现断线，可以触发一个诊断中断（080DH）。借助于该诊断中断，用户程序可以立即反应，可以分为以下3类：

（1）顺序：在参数赋值工具的"基本参数"对话中，使能诊断中断；在用户程序中，实现诊断中断OB（OB 82）。

（2）对诊断中断出错的反应。

当前操作不会诊断中断的影响；CPU的操作系统调用用户程序中的OB82。

如果当触发一个中断时，还没有装入相应的OB，CPU将切换为"STOP"模式。CPU将打开SF LED。错误将作为"incoming（入）"和"outgoing（出）"事件显示在CPU的诊断缓冲器中。

（3）通过用户程序诊断中断评价。

当触发一个诊断中断时，可以评价OB82，以便检查哪一个诊断中断未决。

如果子模块的地址在OB82的字节6+7中写入（OB82_MDL_ADDR），诊断中断将由CPU的PtP连接触发；如果还有未决的错误，将置位OB82（故障模块）字节8中的位0；如果所有未决错误都报告为"outgoing（出）"，OB82中字节8的位0将被复位；如果在串行连接中出现断线，字节8中的"Faulty module（故障模块）"、"Line break（断线）"、"External error（外部错误）"和"Communication error（通信错误）"位都将被同时置位。

8.6 AS-i 网络

AS-i是执行器—传感器接口（Actuator Sensor Interface，AS-i）的英文缩写，符合EN 50295标准，它是一种开放标准，世界上领先的执行器和传感器制造商都支持AS-i。它用于现场自动化设备（即传感器和执行器）的双向数据通信网络，位于工厂自动化网络的最底层。AS-i特别适用于连接需要传送开关量的传感器和执行器，如读取各种接近开关、光电开关、压力开关、温度开关、物料位置开关的状态，控制各种阀门、声光报警器、继电器和接触器等，AS-i也可以传送模拟量数据。

8.6.1 概述

AS-i网络的数据和辅助电源都经过一根公用电缆传输，借助于一种专门开发的绝缘移动接线法，可在任何位置分接AS-i电缆。可利用防护等级为IP20和IP65的链路，将AS-i直接连接到PROFIBUS-DP；应用DP/AS-i链路，可将AS-i用作：PROFIBUS-DP的一种子网。

AS-i属于单主从式网络，如图8-32所示，每个网段只能有一个主站。主站是网络通信的中心，负责网络的初始化、设置从站的地址和参数等，具有错误校验功能（如发现传输错误将重发报文）。AS-i从站是AS-i系统的输入通道和输出通道，它们仅在被AS-i主站访问时才被激活。接到命令时，它们触发动作或者将现场信息传送给主站。AS-i所有分支电路的最大总长度为100m，可以用中继器延长。传输介质可以是屏蔽的或非屏蔽的两芯电缆，网络的拓扑结构可为总线、星形或树形。

8.6.2 网络部件

AS-i技术的一个显著特征，是用一根公用的双线电缆来传输数据并将辅助电源分配到传感器/执行器。AS-i网络系统的基本组成部件有：

（1）用于如SIMATIC S5和SIMATICS7，分布式I/O ET200U/M/X或PC/PG中央控制单

元的主接口；

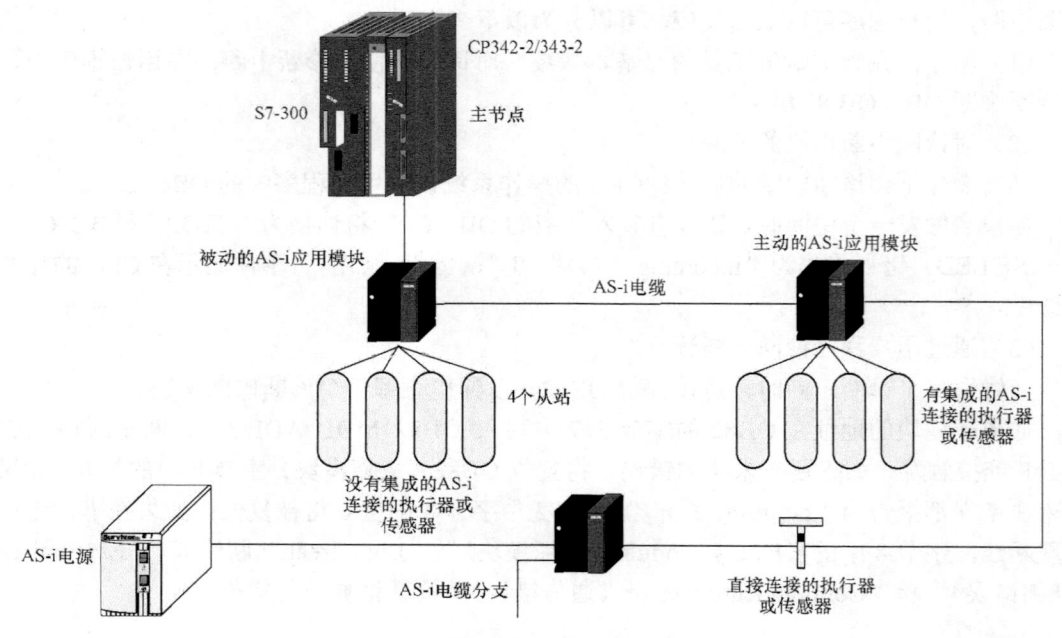

图 8-32　AS-i 网络（S7-300 作主站）

（2）AS-i 异形电缆，AS-i 异形电缆提供机械编码，从而防止极性反置，采用贯穿端子使接触简便；

（3）中继器/扩展器等网络部件；

（4）对从站供电的供电单元，AS-i 的电源模块的额定电压为 DC 24V，最大输出电流为 2A；

（5）连接标准传感器/执行器的模块；

（6）用于设定从站地址的编程器。

1. AS-i 主站模块

（1）CP 343-2。

CP 343-2 用于 S7-300 PLC 和分布式 I/O ET200 的 AS-i 主站，它支持所有 AS-i 主站功能，最多可连接 62 个数字量或 31 个模拟量 AS-i 从站。在其前面板上用 LED 显示从站的运行状态、运行准备信息和错误信息，例如，AS-i 电压错误和组态错误。

通过 AS-i 接口，每个 CP 最多可以访问 248 个数字量输入和 186 个数字量输出，可以对模拟量值进行处理。CP 342-2 占用 PLC 模拟区的 16 个输入字节和 16 个输出字节，通过它们来读写从站的输入数据和设置从站的输出数据。

（2）CP142-2。

CP 142-2 用于 ET 200X 分布式 I/O 系统，通过连接器与 ET 200X 模块相连，并使用其标准 I/O 范围。AS-i 网络无需组态，CP 142-2 最多可以寻址 31 个从站（最多 124 点输入和 124 点输出）。

（3）CP 243-2。

CP 243-2 用于 S7-200 CPU 22x 的 AS-i 主站，S7-200 同时可以处理最多 2 个 CP 243-2。

每个 CP 的 AS-i 上最多可以连接 124 个开关量输入和 124 个开关量输出，可以访问模拟量，通过双重地址（A-B）赋值，最多可以处理 62 个 AS-i 从站。

在 S7-200 的映像区中，CP 243-2 占用 1 个数字量输入字节作为状态字节，1 个数字量输出字节作为控制字节。8 个模拟量输入字和 8 个模拟量输出字用于存放 AS-i 从站的数字量/模拟量输入/输出数据、AS-i 的诊断信息、AS-i 命令与响应数据等。用户程序用状态字节和控制字节设置 CP 243-2 的工作模式，根据工作模式的不同 CPU 243-2 在 S7-200 模拟地址区既可以存储 AS-i 从站的 I/O 数据或诊断值，也可以使能主站调用，例如改变一个从站地址。

（4）CP 2413。

CP 2413 用于个人计算机（PC）的标准 AS-i 主站，一台 PC 可以安装 4 块 CP 2413。在 PC 中还可以运行以太网和 PRORFIBUS 总线接口卡，AS-i 从站提供的数据也可以被其他网络中其他的站使用。SCOPE 是在 PC 中运行的 AS-i 诊断软件，它可以记录和评估在安装和运行过程中 AS-i 网络中的数据交换。

（5）DP/AS-i 接口网关模块。

DP/AS-i 网关（Gateway）用来连接 PROFIBUS-DP 和 AS-i 网络。DP/AS-i 20 和 DP/AS-i 20E 可以作 DP/AS-i 的网关，后者具有扩展的 AS-i 功能。DP/AS-i20E 网络链接器既是 PROFIBUS-DP 的从站，也是 AS-i 的集成主站，以最高 12Mbit/s 的传输速率连接 PROFIBUS-DP 与 AS-i，其防护等级为 IP20。DP/AS-i20E 由 AS-i 电缆供电，系统无需增加 DC 24V 电源。

CP242-8 是标准的 AS-i 主站，它不仅有 CP242-2 的功能，还可以作为 DP 从站连接到 PROFIBUS-DP。

2. AS-i 从站模块

AS-i 从站由专用的 AS-i 通信芯片、传感器和执行器等部分组成。其中，AS-i 通信芯片内包括 4 个可组态的输入/输出以及 4 个参数输出，AS-i 连接器可以直接集成在执行器和传感器中。4 位输入/输出组态（I/O 组态）用来指定从站的哪根数据线用来作为输入、输出或双向传输，从站的类型用标识码来描述。使用 AS-i 从站的参数输出，AS-i 主站可以传送参数值，它们用于控制和切换传感器或执行器的内部操作模式，例如，可在不同的运行阶段修改标度值。

AS-i 从站包括以下功能单元：微处理器、电源供给单元、通信的发送器和接收器、数据输入/输出单元、参数输出单元和 E2PROM 存储器芯片。

微处理器是实现通信功能的核心，它接收来自主节点的呼叫发送报文，对报文进行解码和出错检查，实现主、从站之间的双向通信，把接收到的数据传送给传感器和执行器，向主站发送响应报文。E2PROM 存储器用于存储运行参数、指定。I/O 的组态数据、标识码和从站地址等。

从站可以带电插拔，短路及过载状态不会影响其他站点的正常通信。

（1）AS-i 从站模块。

AS-i 从站模块最多可以连接 4 个传统的传感器/执行器。带有集成 AS-i 连接的传感器和执行器可以直接连接到 AS-i 上。SlimLink 模块的防护等级为 IP20，可以像其他低压设备一样安装在 DIN 导轨上，或用螺钉固定在控制柜的背板上。IP65/67 防护等级的 AS-i 从站模块可以直接安装在环境恶劣的工业现场。

"LOGO!"微型控制器是一种微型 PLC，它具有数字量或模拟量输入和输出、逻辑处理器和实时时钟功能。通过内置的 AS-i 模块，"LOGO!"微型控制器可以作为 AS-i 网络中的智能型从站使用，它是 AS-i 网络中有分布式控制器功能的从站。使用"LOGO!"微型控制器面板上的按键和显示器，可以对它编程和进行参数设置。

"LOGO!"微型控制器适合于简单的分布式自动化任务（例如门控系统），又可以通过 AS-i 网络将它纳入高端自动化系统。在高端控制系统出现故障时，可以继续进行控制。

（2）紧凑型 AS-i 模块。

紧凑型 AS-i 模块是一种具有较高保护等级的新一代 AS-i 模块，包括数字、模拟、气动和 DC 24V 电动机起动器模块。模块具有两种尺寸，其保护等级为 IP67。通过一个集成的编址插孔可以对已经安装的模块编址，所有的模块都可以通过与 S7 系列 PLC 的通信实现参数设置。

西门子还提供了模拟量模块，每个模拟量模块有两个通道，分为电流型、电压型、热电阻型传感器输入模块和电流型、电压型执行器输出模块。

（3）气动控制模块。

西门子提供两种类型的 AS-i 气动模块，即带两个集成的 3/2 路阀门的气动用户模块和带两个集成的 4/2 路阀门的气动紧凑型模块。模块有单稳和双稳两种类型，集成了作为气动单元执行器的阀门，接收来自汽缸的位置信号。

（4）电动机起动器。

西门子提供 3 种类型的异步电动机起动器，在 AS-i 中作标准从站。防护等级均为 IP65，有非熔断器保护，可进行可逆起动，起动的异步电动机最大功率为 4~5.5kW。

K60 AS-i DC 24V 电动机起动器可以驱动 70W 功率的电动机，它将以 DC 24V 电动机起动器及其传感器直接连接到 AS-i 上，有的具有制动器和可选的急停功能。

（5）能源与通信现场安装系统。

能源与通信现场安装系统（ECOFAST）是一个开放的控制柜系统解决方案。所有的自动化和相应的安装器件应用标准和接口将数据和动力的传输有机地连成一体。与 AS-i 有关的下列元器件可以集成到 ECOFAST 中：所有的 I/O 模块、安装在电动机接线盒上或电动机附近的可逆起动器和软起动器、集成在电动机上的微型起动器、动力和控制装置（动力电源）、PLC 和 AS-i 主站的组合装置。

（6）接近开关。

BERO 接近开关可以直接连接到 AS-i 或接口模块上，特殊的感应式、光学和声纳 BERO 接近开关适合直接连接到 AS-i 上。它们集成有 AS-i 芯片，除了开关量输出之外，还提供其他信息，例如开关范围和线圈故障。通过 AS-i 电缆可以对这些智能 BERO 设置参数。

8.6.3 AS-i 的工作模式

1. 初始化

初始化为 AS-i 的离线阶段。模块上电后或被重新起动后被初始化，在此阶段设置主站的基本状态，而所有从站的输入和输出数据的映像被设置为 0（未激活）。

上电后，组态数据被复制到参数区，后面的激活操作可以使用预置的参数。如果主站在运行中被重新初始化，参数区中可能已经变化的值被保持。

2. 启动

在启动阶段，主站检测 AS-i 电缆上连接有哪些从站以及它们的型号。厂家制造 AS-i 从站时通过组态数据，将从站的型号永久性地保存在从站中，主站可以请求上传这些数据。组态文件中包含了 AS-i 从站的 I/O 分配情况和从站的类型（ID 代码），主站将检测到的从站信息存放在从站表中。

3. 激活

在激活阶段，主站检测到 AS-i 从站后，通过发送特殊的呼叫，激活这些从站。

主站处于组态模式时，所有地址不为 0 的被检测到的从站被激活。在这一模式下，可以读取实际的值并将它们作为组态数据保存。

主站处于保护模式时，只有储存在主站的组态中的从站被激活。如果在网络上发现的实际组态不同于期望的组态，主站将显示出来。主站把激活的从站存入被激活的从站表中。

4. 运行

启动阶段结束后，AS-i 主站切换到正常循环的运行模式。

（1）数据交换：在正常模式下，主站将周期性地发送输出数据给各从站，并接收它们返回的应答报文，即输入数据。如果检测出传输过程中的错误，主站重复发出询问。

（2）管理：此时，处理和发送以下可能的控制应用任务：将 4 个参数位发送给从站，例如，设置门限值；改变从站的地址，如果从站支持这一特殊功能。

（3）接入：此时，新加入的 AS-i 从站被接入并存储到已检测到从站表中，如果它们的地址不为 0，将被激活。主站如果处于保护模式，只有储存在主站的期望组态中的从站被激活。

8.6.4　AS-i 的通信方式

1. 寻址模式

AS-i 的寻址模式可分为标准寻址模式和扩展寻址模式。

（1）标准寻址模式 AS-i 的节点（从站）地址为 5 位二进制数，每一个标准从站占一个 AS-i 地址，最多可以连接 31 个从站。地址 0 仅供产品出厂时使用，在网络中应改用别的地址。每一个标准 AS-i 从站可以接收 4 位数据或发送 4 位数据，所以一个 AS-i 总线网段最多可以连接 124 个二进制输入点和 124 个输出点。对 31 个标准从站的典型轮询时间为 5ms，因此 AS-i 适用于工业过程开关量高速输入/输出的场合。

（2）扩展寻址模式 在扩展寻址模式中，两个从站分别作为 A 从站和 B 从站，使用相同的地址，这样使可寻址的从站的最大个数增加到 62 个。由于地址的扩展，使用扩展的寻址模式的每个从站的二进制输出减少到 3 个，每个从站最多 4 点输入和 3 点输出。一个扩展的 AS-i 主站可以操作 186 个输出点和 248 个输入点。使用扩展的寻址模式时对从站的最大轮询时间为 10ms。

用于 S7-200 的 CP 242-2 和用于 S7-300 和 ET 200 的 CP 342-2 即可作为标准 AS-i 主站，也可作为扩展的 AS-i 主站。

2. 通信方式

AS-i 网络采用单主从通信方式，一个 AS-i 网段只有一个主站。AS-i 通信处理器（CP）作为主站控制现场的通信过程，主站一个接一个地轮流询问每一个从站，询问后等待从站响应。地址是 AS-i 从站的标识符，可以用专用的定址单元或主站来设置各从站的地址。

AS-i 使用电流调制的传输技术保证了通信的高可靠性。主站如果检测到传输错误或从站的故障，将会发送报文给 PLC，提醒用户进行处理。在正常运行时增加或减少从站，不会影响其他从站的通信。扩展的 AS-i 接口技术规范 V2.1 最多允许连接 62 个从站，主站可以对模拟量进行处理。

AS-i 的报文主要有主站呼叫发送报文和从站应答（响应）报文，报文格式如图 8-33 所示。主站的请求帧由 14 个数据位组成，从站的应答帧由 7 个数据位组成。

| ST | SB | A4 | A3 | A2 | A1 | A0 | I4 | I3 | I2 | I1 | PB | PE |

主站呼叫发送报文

| ST | I3 | I2 | I1 | I0 | PB | PE |

从站应答报文

图 8-33 AS-i 的通信报文

AS-i 的通信报文说明如下：
ST：起始位，其值为 0。
SB：控制位，为 0 或为 1 时分别表示传送的是数据或命令。
A4-A0：从站地址。
I4-I0：数据位。
PB：奇偶校验位，在报文中不包括结束位在内的各位中 1 的个数应为偶数。
EB：结束位，其值为 1。
主站通过呼叫发送报文，可以完成下列功能：
数据交换：主站通过报文把控制指令或数据发送给从站，或让从站把测量数据上传给主站。
设置从站的参数：例如设置传感器的测量范围，激活定时器和改变测量方法等。
删除从站地址：把被呼叫的从站地址暂时改为 0。
地址分配：只能对地址为 0 的从站分配地址，从站把新地址存放在 E2PROM 中。
复位功能：把被呼叫的从站恢复为初始状态时的地址。
读取从站的 I/O 配置。
读取从站的 ID（标识符）代码。
状态读取：读取从站的 4 个状态位，以获得在寻址和复位时出现的错误信息。
状态删除：读取从站的状态并删除其内容。

思 考 与 练 习

8.1 简述为什么不能通过 MPI 在线访问 CPU。
8.2 简述需要为 S7-300 CPU 的 DP 从站接口作何种设置，才可以使用它来进行路由选择。
8.3 简述在点到点通信中，协议 3964（R）和 RK512 之间的区别。

8.4 简述 S7 通信可以分为哪几类。
8.5 简述 S7-300/400 支持几种通信方式。
8.6 简述 MPI 网络最大通信速率和最大通信距离。
8.7 简述 PROFIBUS 有几个版本，分别是什么。
8.8 简述 PROFIBUS-FMS 使用了 OSI7 层参考模型的哪几层。
8.9 简述工业以太网通常由哪些网络部件组成。
8.10 简述点对点通信可以使用哪几个通信协议。
8.11 简述哪些模块支持 AS-i 通信。

第 9 章　S7-300/400 系列 PLC 的指令系统

9.1　S7-300/400 的编程语言

9.1.1　PLC 编程语言的国际标准

IEC（国际电工委员会）制定的 IEC 61131 是 PLC 的国际标准，IEC 61131-3 规定了 PLC 编程语言的语法和语义，标准中有 5 种编程语言：指令表（Instruction List，IL）、结构文本（Structured Text，ST）、梯形图（fLadderdiagram，LD）、功能块图（Function Block Diagram，FBD）、顺序功能图（Sequential Function Chart，SFC）。

9.1.2　STEP7 中的编程语言

STEP 7 是 S7-300/400 系列 PLC 的编程软件。梯形图、语句表（即指令表）和功能块图是标准的 STEP 7 软件包配备的 3 种基本编程语言，这 3 种语言可在 STEP 7 中相互转换。本书中主要介绍适合于初学者的梯形图。

1. 梯形图

梯形图（LAD）是使用得最多的 PLC 图形编程语言。梯形图与继电器电路图很相似，具有直观易懂的优点，很容易被工厂熟悉继电器控制的电气人员掌握，特别适合于数字量逻辑控制。有时把梯形图称为电路或程序。

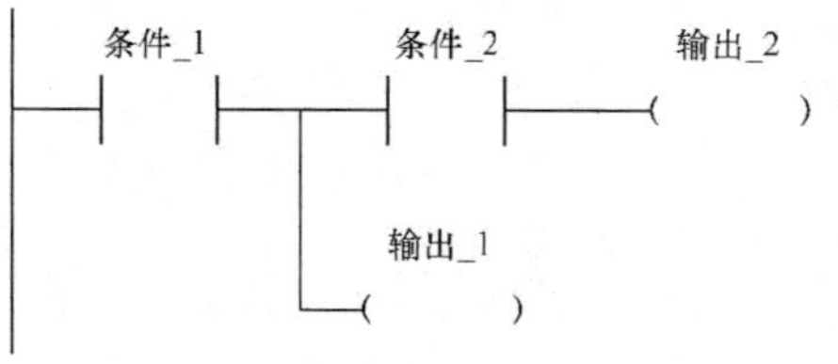

图 9-1　梯形图

梯形图由触点、线圈和用方框表示的指令框组成。触点代表逻辑输入条件，例如外部的开关、按钮和内部条件等。线圈通常代表逻辑运算的结果，常用来控制外部的负载和内部的标志位等。指令框用来表示定时器、计数器或者数学运算等指令。

由触点和线圈等组成的独立电路称为网络（Network），编程软件自动为网络编号。使用编程软件可以直接生成和编辑梯形图，并将它下载到 PLC。梯形图中的触点和线圈可以使用物理地址。可以在符号表中对某些地址定义符号，使程序易于阅读和理解。

用户可以在网络号的右边加上网络的标题，在网络号的下面为网络加上注释。还可以选择在梯形图下面自动加上该网络中使用的符号的信息（Symbol Information）。

如果将两块独立电路放在同一个网络内，将会出错。本书为了节约篇幅，在插图中一般没有标出梯形图的网络号，但是相邻网络左边的垂直线是断开的，以此来表示网络的分界点。

在分析梯形图中的逻辑关系时，为了借用继电器电路图的分析方法，可以想象在梯形图的左右两侧垂直"电源线"之间有一个左正右负的直流电源电压，当图 9-1 网络 1 中"条件 1"与"条件 2"的触点同时接通时，有一个假想的"能流"（Power Flow）流过"输出 2"的线圈。能流这一概念可以帮助我们更好地理解和分析梯形图，能流只能从左向右流动。

如果没有跳转指令，在网络中，程序中的逻辑运算按从左往右的方向执行，与能流的方向一致。网络之间按从上到下的顺序执行，执行完所有的网络后，下一次循环返回最上面的网络（网络1）重新开始执行。

2. 语句表

S7 系列 PLC 将指令表称为语句表（Statement List，STL），它是一种类似于汇编语言的文本语言，多条语句组成一个程序段。语句表可以实现某些不能用梯形图或功能块图表示的功能。

3. 编程语言的相互转换与选用

在 STEP7 编程软件中，如果程序块没有错误，并且被正确地划分为网络，在梯形图、功能块图和语句表之间可以转换。用语句表编写的程序不一定能转换为梯形图，不能转换的网络仍然保留语句表的形式，但是并不表示该网络有错误。

语句表可供习惯用汇编语言编程的经验丰富的程序员使用，在运行时间和要求的存储空间方面最优。语句表的输入方便快捷，还可以在每条语句的后面加上注释，便于复杂程序的阅读和理解。在设计通信、数学运算等高级应用程序时建议使用语句表。

梯形图与继电器电路图的表达方式极为相似，适合于熟悉继电器电路的用户使用。语句表程序较难阅读，其中的逻辑关系很难一眼看出，在设计和阅读有复杂的触点电路的程序时最好使用梯形图语言。功能块图适合于熟悉数字电路的用户使用。

9.2　S7–300/400 的存储区

9.2.1　数制

1. 二进制数

二进制数的 1 位（bit）只能取 0 和 1 这两个不同的值，可以用来表示开关量（或称数字量）的两种不同的状态，例如触点的断开和接通，线圈的通电和断电等。如果该位为 1，表示梯形图中对应的位编程元件（例如位存储器 M 和输出过程映像 Q）的线圈"通电"，其动合（常开）触点接通，动断（常闭）触点断开，以后称该编程元件为 1 状态，或称该编程元件 ON（接通）。如果该位为 0，对应的编程元件的线圈和触点的状态与上述的相反，称该编程元件为 0 状态，或称该编程元件 OFF（断开）。二进制常数用 2# 表示，例如 2#1111_0110_1001_0001 是 16 位二进制常数。

2. 十六进制数

十六进制的 16 个数字是 0~9 和 A~F（对应于十进制数 10~15），每个数字占二进制数的 4 位。B#16#、W#16#、DW#16# 分别用来表示十六进制字节、字和双字常数，例如 W#16#13AF。在数字后面加"H"也可以表示十六进制数，例如 16#13AF 可以表示为 13AFH。

十六进制数的运算规则为逢 16 进 1，例如，B#16#3C=3×16+12=60。

3. BCD 码

BCD 码用 4 位二进制数表示一位十进制数，例如，十进制数 9 对应的二进制数为 1001。4 位二进制数共有 16 种组合，有 6 种（1010~1111）没有在 BCD 码中使用。

BCD 码的最高 4 位二进制数用来表示符号，16 位 BCD 码字的范围为 -999~+999。32 位 BCD 码双字的范围为 -9999999~+9999999。

BCD 码实际上是十六进制数，但是各位之间的关系是逢十进一。十进制数可以很方便地转换为 BCD 码，例如，十进制数 296 对应的 BCD 码为 W#16#296，或 2#0000 0010 1001 0110。

二进制整数2#0000 0001 0010 1000对应的十进制数也是296，因为它的第3位、第5位和第8位为1，对应的十进制数为28+25+23=256+32+8=296。

9.2.2 数据类型

STEP 7有三种数据类型：基本数据类型、用户通过组合基本数据类型生成的复合数据类型和用来定义传送FB（功能块）和FC（功能）参数的参数类型。

1. 基本数据类型

下面介绍STEP 7的基本数据类型。

（1）位。位（bit）数据的数据类型为BOOL（布尔）型，在编程软件中BOOL变量的值1和0常用英语单词TURE（真）和FALSE（假）来表示。

位存储单元的地址由字节地址和位地址组成，例如，I3.2中的区域标示符"I"表示输入（Input），字节地址为3，位地址为2。这种存取方式称为"字节.位"寻址方式。

（2）字节。8位二进制数组成1个字节（Byte），其中的第0位为最低位（LSB），第7位为最高位（MSB）。

（3）字。相邻的两个字节组成一个字（Word），字可用来表示无符号数。MW100是由MB100和MB101组成的1个字，MB100为高位字节。MW100中的M为区域标示符，W表示字，100为字的起始字节MB100的地址。字的取值范围为W#16#0000～W#16#FFFF。

（4）双字。两个字组成1个双字（Double Word），双字可用来表示无符号数。MD100是由MB100～MB103组成的1个双字，MB100为高位字节，D表示双字，100为双字的起始字节MB100的地址。双字的取值范围为DW#16#0000_0000～DW#16#FFFF FFFF。

（5）16位整数。整数（Integer，INT）是有符号数，整数的最高位为符号位，最高位为0时为正数，为1时为负数，取值范围为−32 768～32 767。整数用补码来表示，正数的补码就是它的本身，将一个正数对应的二进制数的各位求反后加1，可以得到绝对值与它相同的负数的补码。

（6）32位整数。32位整数（Double Integer，DINT）的最高位为符号位，取值范围为−2147483648～2147483647。

（7）32位浮点数。浮点数又称实数（REAL），浮点数可以表示为$1.m \times 2^E$，例如，123.4可表示为1.234×10^2。符合ANSI/IEEE标准754_1985的基本格式的浮点数可表示为

$$浮点数 = 1.m \times 2^2 中，指数 e = E+127 （1 \leq e \leq 254），为8位整数$$

ANSI/IEEE标准浮点数格式共占用一个双字（32位）。最高位（第31位）为浮点数的符号位，最高位为0时为正数，为1时为负数；8位指数占23～30位；因为规定尾数的整数部分总是为1，只保留了尾数的小数部分m（0～22位）。浮点数的表示范围为$\pm 1.175495 \times 10^{-38} \pm 3.402823 \times 10^{38}$。

浮点数的优点是用很小的存储空间（4B）可以表示非常大和非常小的数。PLC输入和输出的数值大多是整数（例如模拟量输入值和模拟量输出值），用浮点数来处理这些数据需要进行整数和浮点数之间的相互转换，浮点数的运算速度比整数运算的慢得多。

2. 常数的表示方法

常数值可以是字节、字或双字，CPU以二进制方式存储常数，常数也可以用十进制、十六进制ASCII码或浮点数形式来表示。

B#16#，W#16#，DW#16#分别用来表示十六进制字节、字和双字常数。2#用来表示二进

制常数，例如，2#1 101 1010。

L#为 32 位双整数常数，如 L#+5。P#为地址指针常数，例如，P#M2.0 是 M2.0 的地址。

S5T#是 16 位 S5 时间常数，格式为 S5T#aD_bH_cM_dS_eMS。其中，a、b、c、d、e 分别是日、小时、分、秒和毫秒的数值。输入时可以省掉下划线，例如 S5T#4S30MS=4s30ms，S5T#2H15M30S=2h15min30s。S5 时间常数的取值范围为 S5T#0H_0M_0S_0MS~S5T#2H 46M 30S 0MS，时间增量为 10ms。

T#为带符号的 32 位 IEC 时间常数，例如，T#1D_12H_30M_0S_250MS，时间增量为 1ms。取值范围为-T#24D 20H 31M 23S 648MS~T#24D 20H 31M 23S 647MS。

DATE 是 IEC 日期常数，例如，D#2004-1-15。取值范围为 D#1990-1-1~D#2168-12-31。

TOD#是 32 位实时时间（Time of day）常数，时间增量为 1ms，例如 TOD#23:50:45.300。

C#为计数器常数（BCD 码），如 C#250。8 位 ASCII 字符用单引号表示，如 'ABC'。

此外，B（b1、b2）B（b1、b2、b3、b4）用来表示 2B 或 4B 常数。

3. 复合数据类型与参数类型

（1）复合数据类型。

通过组合基本数据类型和复合数据类型可以生成下面的数据类型：

数组（ARRAY）将一组同一类型的数据组合在一起，形成一个单元。

结构（STRUCT）将一组不同类型的数据组合在一起，形成一个单元。

字符串（STRING）是最多有 254 个字符（CHAR）的一维数组。

日期和时间（DATE_AN1_TIME）用于存储年、月、日、时、分、秒、毫秒和星期，占用 8 个字节，用 BCD 格式保存。星期天的代码为 1，星期一~星期六的代码为 2~7。

例如，DT#2004-07-15-12:30:15.200 为 2004 年 7 月 15 日 12 时 30 分 15.2 秒。

用户定义的数据类型 UDT（User-defined Data Types）：由用户将基本数据类型和复合数据类型组合在一起，形成的新的数据类型。可以在数据块 DB 和变量声明表中定义复合数据类型。

（2）参数类型。

参数类型是为在逻辑块之间传递参数的形参（Formal Parameter，形式参数）定义的数据类型：

TIMER（定时器）和 C0UNTER（计数器）：指定执行逻辑块时要使用的定时器和计数器，对应的实参（Acmal Parameter，实际参数）应为定时器或计数器的编号，例如 T3，C21。

BLOCK（块）：指定一个块用作输入和输出，参数声明决定了使用的块的类型，例如 FB、FC、DB 等。块参数类型的实参应为同类型的块的绝对地址编号（例如 FB2）或符号名（例如"Motor"）。

POINTER（指针）：指针指向一个变量的地址，即用地址作为实参。例如 P#M50.0 是指向 M50.0 的双字地址指针。

ANY：用于实参的数据类型未知或实参可以使用任意数据类型的情况，占 10B。

9.2.3 存储区类型

S7 CPU 的存储器有装载存储器、工作存储器、系统存储器 3 个基本区域和外设 I/O 存储区。

1. 装载存储器

装载存储器可能是 RAM 和 FEPROM，用于保存不包含符号地址和注释的用户程序和系统数据（组态、连接和模块参数等）。有的 CPU 有集成的装载存储器，有的可以用微存储卡（MMC）来扩展，CPU 31xC 的用户程序只能装入插入式的 MMC。

断电时数据保存在 MMC 存储器中，因此数据块的内容基本上被永久保留。

下载程序时，用户程序（逻辑块和数据块）被下载到 CPU 的装载存储器，CPU 把可执行部分复制到工作存储器，符号表和注释保存在编程设备中。

2. 工作存储器

它是集成的高速存取的 RAM 存储器，用于存储 CPU 运行时的用户程序和数据，例如组织块、功能块、功能和数据块。为了保证程序执行的快速性和不过多地占用工作存储器，只有与程序执行有关的块被装入工作存储器。

STL 程序中的数据块可以被标识为"与执行无关"（UNLINKED），它们只是存储在装载存储器中。有必要时可以用 SFC 20 "BLKMOV"将它们复制到工作存储器。

复位 CPU 的存储器时，RAM 中的程序被清除，FEPROM 中的程序不会被清除。

3. 系统存储器

系统存储器是 CPU 为用户程序提供的存储器组件，被划分为若干个地址区域。使用指令可以在相应的地址区内对数据直接进行寻址。系统存储器为不能扩展的 RAM，用于存放用户程序的操作数据，例如过程映像输入、过程映像输出、位存储器、定时器和计数器、块堆栈（B 堆栈）、中断堆栈（I 堆栈）和诊断缓冲区等。

系统存储器还提供临时存储器（局域数据堆栈，即 L 堆栈），用来存储程序块被调用时的临时数据。访问局域数据比访问数据块中的数据更快。用户生成块时，可以声明临时变量（TEMP），它们只在执行该块时有效，执行完后就被覆盖了。

4. 外设 I/O 存储区

通过外设 I/O 存储区（PI 和 PQ），用户可以不经过过程映像输入和过程映像输出，直接访问输入模块和输出模块。不能以位（bit）为单位访问外设 I/O 存储区，只能以字节、字和双字为单位访问。

9.2.4 系统存储器

S7 CPU 的系统存储区域分为表 9-1 中列出的地址区域。在程序中可以根据相应的地址直接读取数据。

表 9-1　　　　　　　　　　系 统 存 储 区 表

地址区域	可以访问的地址单位	S7 符号（IEC）	描 述
过程映像输入表	输入（位）	I	循环扫描周期开始时，CPU 从输入模板读取输入值并记录到该区域
	输入（字节）	IB	
	输入（字）	IW	
	输入（双字）	ID	
过程映像输出表	输出（位）	Q	在循环扫描周期中，程序计算输出值并记录到该区域。循环扫描周期结束时，CPU 将计算结果写入相应的输出模板
	输出（字节）	QB	
	输出（字）	QW	
	输出（双字）	QD	

续表

地址区域	可以访问的地址单位	S7 符号（IEC）	描 述
位存储器	存储器（位）	M	该区域用于存储程序的中间计算结果
	存储器（字节）	MB	
	存储器（字）	MW	
	存储器（双字）	MD	
定时器	定时器（T）	T	该区域提供定时器的存储
计数器	计数器（C）	C	该区域提供计数器的存储
数据块	数据块，用"OPN DB"打开	DB	数据块中包含了程序的信息。可以定义为所有逻辑块共享（shared DBs）或指定给一个特定的 FB 或 SFB 做背景数据块（instance DB）
	数据位	DBX	
	数据字节	DBB	
	数据字	DBW	
	数据双字	DBD	
	数据块，用"OPN DI"打开	DI	
	数据位	DIX	
	数据字节	DIB	
	数据字	DIW	
	数据双字	DID	
局部数据	局部数据位	L	该区域包含块执行时该块的临时数据。L 堆栈还提供用于传递块参数及记录梯形逻辑网络中间结果的存储器
	局部数据字节	LB	
	局部数据字	LW	
	局部数据双字	LD	
外设地址（I/O）输入	外设输入字节	PIB	主站及分布式从站（DP）外设输入输出区域允许直接存取
	外设输入字	PIW	
	外设输入双字	PID	
外设地址（I/O）输出	外设输出字节	PQB	
	外设输出字	PQW	
	外设输出双字	PQD	

1. 过程映像输入/输出（I/Q）表

在扫描循环开始时，CPU 读取数字量输入模块的输入信号的状态，并将它们存入过程映像输入表（Process Image Input，PII）中。

用户程序访问 PLC 的输入（I）和输出（Q）地址区时，不是去读写数字信号模块中的信号状态，而是访问 CPU 中的过程映像区。在扫描循环中，用户程序计算输出值，并将它们存入过程映像输出表（Process Image Output，PIO）。在循环扫描开始时将过程映像输出表的内容写入数字量输出模块。

I 和 Q 均可以按位、字节、字和双字来存取，如 I0.0、IB0、IW0 和 ID0（见表 9-1）。

与直接访问 I/O 模块相比，访问过程映像表可以保证在整个程序周期内，过程映像的状态始终一致。即使在程序执行过程中接在输入模块的外部信号状态发生了变化，过程映像表中的信号状态仍然保持不变，直到下一个循环被刷新。由于过程映像保存在 CPU 的系统存储器中，访问速度比直接访问信号模块快得多。

输入过程映像在用户程序中的标识符为 I，是 PLC 接收外部输入的数字量信号的窗口。输入端可以外接动合触点或动断触点，也可以接多个触点组成的串并联电路。PLC 将外部电路的通/断状态读入并存储在输入过程映像中，外部输入电路接通时，对应的输入过程映像为 ON（1 状态）；反之为 OFF（0 状态）。在梯形图中，可以多次使用 I 的动合触点和动断触点。

输出过程映像在用户程序中的标识符为 Q，在循环周期开始时，CPU 将输出过程映像的数据传送给输出模块，再由后者驱动外部负载。如果梯形图中 Q0.0 的线圈"通电"，继电器型输出模块中对应的硬件继电器的动合触点闭合，使接在 Q0.0 对应的输出端子的外部负载工作。输出模块中的每一个硬件继电器仅有一对动合触点，但是在梯形图中，可以多次使用输出位的动合触点和动断触点。

除了操作系统对过程映像的自动刷新外，S7-400 CPU 可以将过程映像划分为最多 15 个区段，这意味着如果需要，可以独立于循环，刷新过程映像表的某些区段，用 STEP 7 指定的过程映像区段中的每一个 I/O 地址不再属于 OB1 过程映像输入/输出表。需要定义哪些 I/O 模块地址属于哪些过程映像区段。

可以在用户程序中用 SFC（系统功能）刷新过程映像。SFC 26 "UPDAT PI" 用来刷新整个或部分过程映像输入表，SFC 27 "UPDAT_PO" 用来刷新整个或部分过程映像输出表。

某些 CPU 也可以调用 OB（组织块）由系统自动地对指定的过程映像分区刷新。

2. 内部存储器标志位（M）存储器区

内部存储器标志位用来保存控制逻辑的中间操作状态或其他控制信息。虽然名为"位存储器区"，表示按位存取，但是也可以按字节、字或双字来存取。

3. 定时器（T）存储器区

定时器相当于继电器系统中的时间继电器。给定时器分配的字用于存储时间基值和时间值（0~999）。时间值可以用二进制或 BCD 码方式读取。

4. 计数器（C）存储器区

计数器用来累计其计数脉冲上升沿的次数，有加计数器、减计数器和加减计数器。给计数器分配的字用于存储计数当前值（0~999）。计数值可以用二进制或 BCD 码方式读取。

5. 共享数据块（DB）与背景数据块（DI）

DB 为共享数据块，DBX 是数据块中的数据位，DBB、DBW 和 DBD 分别是数据块中的数据字节、数据字和数据双字。

DI 为背景数据块，DIX 是背景数据块中的数据位，DIB、DIW 和 DID 分别是背景数据块中的数据字节、数据字和数据双字。

6. 外设 I/O 区（PI/PO）

外设输入（PI）和外设输出（PQ）区允许直接访问本地的和分布式的输入模块和输出模块。可以按字节（PIB 或 PQB）、字（PIW 或 PQW）或双字（PID 或 PQD）存取，不能以位为单位存取 PI 和 PO。

9.2.5 寻址方式

操作数是指令操作或运算的对象，寻址方式是指令取得操作数的方式，操作数可以直接给出或间接给出。

1. 立即寻址

立即寻址的操作数直接在指令中，有些指令的操作数是惟一的，为简化起见不在指令中写出。表 3-5 是立即寻址的示例。下面是使用立即寻址的程序实例：

```
SET              //把 RLO 置 1
L     1352       //把常数 1352 装入累加器 1
AW    W#16#3A12  //常数 16#3A12 与累加器 1 的低字相"与",运算结果在累加器 1 的低字中
```

2. 直接寻址

直接寻址在指令中直接给出存储器或寄存器的区域、长度和位置，例如用 MW200 指定位存储区中的字，地址为 200；MB100 表示以字节方式存取，MW100 表示存取 MB100、VB101 组成的字，MD100 表示存取 MB100～MB103 组成的双字。下面是直接寻址的程序实例：

```
L   MW4         //把 MW 4 装入累加器 1
T   DB1.DBW2    //把累加器 1 低字中的内容传送给 DB1 中的数据字 DBW2
```

3. 存储器间接寻址

在存储器间接寻址指令中，给出一个作地址指针的存储器，该存储器的内容是操作数所在存储单元的地址。使用存储器间接寻址可以改变操作数的地址，在循环程序中经常使用存储器间接寻址。

地址指针可以是字或双字，定时器（T）、计数器（C）、数据块（DB）、功能块（FB）和功能（FC）的编号范围小于 65 535，使用字指针就可以。

其他地址则要使用双字指针，如果要用双字格式的指针访问一个字、字节或双字存储器，必须保证指针的位编号为 0，例如 P#Q20.0。双字指针的格式位 0～2 为被寻址地址中位的编号（0～7），位 3～18 为被寻址的字节的编号（0～65535）。只有双字 MD、LD、DBD 和 DID 能作地址指针。

4. 寄存器间接寻址

S7 中有两个地址寄存器 AR1 和 AR2，通过它们可以对各存储区的存储器内容作寄存器间接寻址。地址寄存器的内容加上偏移量形成地址指针，后者指向数值所在的存储单元。

地址寄存器存储的双字地址指针中第 0～2 位（XXX）为被寻址地址中位的编号（0～7），第 3～18 位（bbbb bbbb bbbb bbbb）为被寻址地址的字节的编号（0～65535）。第 24～26 位（rrr）为被寻址地址的区域标识号，第 31 位 x=0 为区域内的间接寻址，第 31 位 x=1 为区域间的间接寻址。

第一种地址指针格式包括被寻址数值所在存储单元地址的字节编号和位编号，存储区的类型在指令中给出，例如 L DBB[AR1，P#6.0]。这种指针格式适用于在某一存储区内寻址，即区内寄存器间接寻址。第 24～26 位（rrr）应为 0。

第二种地址指针格式的第 24～26 位还包含了说明数值所在存储区的存储区域标识符的编号 rrr，用这几位可实现跨区寻址，这种指针格式用于区域间寄存器间接寻址。

如果要用寄存器指针访问一个字节、字或双字，必须保证指针中的位地址编号为 0。

指针常数 P#5.0 对应的二进制数为 2#0000 0000 0000 0000 0000 0000 0010 1000。下面是区内间接寻址的例子：

```
L    P#5.0                  //将间接寻址的指针装入累加器 1
L    AR1                    //将累加器 1 中的内容送到地址寄存器 1
A    M[AR1, P#2.3]          //AR1 中的 P#5.0 加偏移量 P#2.3,实际上是对 M7.3 进行操作
=    Q[AR1, P#0.2]          //逻辑运算的结果送 Q5.2
L    DBW[AR1, P#18.0]       //将 DBW23 装入累加器 1
```

下面是区域间间接寻址的例子：

```
L    P#M6.0                 //将存储器位 M6.0 的双字指针装入累加器 1
L    AR1                    //将累加器 1 中的内容送到地址寄存器 1
T    W[AR1, P#50.0]         //将累加器 1 的内容传送到存储器字 MW56
```

P#M6.0 对应的二进制数为 2#1000 0011 0000 0000 0000 0000 0011 0000，因为地址指针 P#M6.0 中已经包含有区域信息，使用间接寻址的指令 T W[AR1，P#50]中没有必要再用地址标识符 M。

9.3 S7-300/400 的指令系统

9.3.1 位逻辑指令

位逻辑指令用于二进制数的逻辑运算，二进制数只有 0 和 1 这两个数，位逻辑指令只使用 1 和 0 两个数字。在触点和线圈领域中，1 表示激活或激励状态，0 表示未激活或未激励状态。位逻辑指令对 1 和 0 信号状态加以解释，并按照布尔逻辑组合它们。这些组合会产生由 1 或 0 组成的结果，位逻辑运算的结果（Result of Logic Operation，RLO），位逻辑指令符号表见表 9-2。

表 9-2　　　　　　　　　　位 逻 辑 指 令 符 号 表

序号	指令分类	LAD	说　明
1	位逻辑命令	—||—	动合触点（地址）
2		—|/|—	动断触点（地址）
3		—|NOT|—	信号流反向
4		—( )—	结果输出/赋值
5		—(#)—	中间输出
6		—(R)—	复位
7		—(S)—	置位
8		RS	复位置位触发器
9		SR	置位复位触发器
10		—(N)—	RLO 下降沿检测
11		—(P)—	RLO 上升沿检测
12		—(SAVE)—	将 RLO 存入 BR 存储器
13		NEG	地址下降沿检测
14		POS	地址上升沿检测

第9章 S7-300/400 系列 PLC 的指令系统

1. ─| |─ 常开触点

参数	数据类型	内存区域	说明
<address>	BOOL	I、Q、M、L、D、T、C	选中的位

─| |─ 存储在指定<地址>的位值为"1"时，（常开触点）处于闭合状态。触点闭合时，梯形图轨道能流流过触点，逻辑运算结果（RLO）= "1"。

否则，如果指定<地址>的信号状态为"0"，触点将处于断开状态。触点断开时，能流不流过触点，逻辑运算结果（RLO）= "0"。

动合触点对应的地址位为 1 状态时，该触点闭合。

串联使用时，通过 AND 逻辑将─| |─ 与 RLO 位进行链接。并联使用时，通过 OR 逻辑将其与 RLO 位进行链接。

满足下列条件之一时，将会通过能流，Q16.4 通电：输入端 I4.0 和 I4.1 的信号状态为"1"时或输入端 I4.2 的信号状态为"1"时。

动合触点实例如图 9-2 所示。

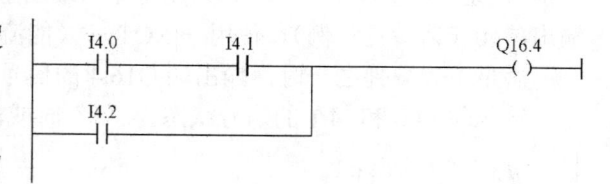

图 9-2 动合触点实例图

2. ─|/|─ 动断触点

参数	数据类型	内存区域	说明
<address>	BOOL	I、Q、M、L、D、T、C	选中的位

─|/|─ 存储在指定<地址>的位值为"0"时，（动断触点）处于闭合状态。触点闭合时，梯形图轨道能流流过触点，逻辑运算结果（RLO）= "1"。

否则，如果指定<地址>的信号状态为"1"，将断开触点。触点断开时，能流不流过触点，逻辑运算结果（RLO）= "0"。

动断触点对应的地址位为"0"状态时该触点闭合。

串联使用时，通过 AND 逻辑将，─|/|─与 RLO 位进行链接。并联使用时，通过 OR 逻辑将其与 RLO 位进行链接。

满足下列条件之一时，将会通过能流，Q16.4 通电：输入端 I4.0 和 I4.1 的信号状态为"1"时或输入端 I4.2 的信号状态为"0"时。

动断触点实例如图 9-3 所示。

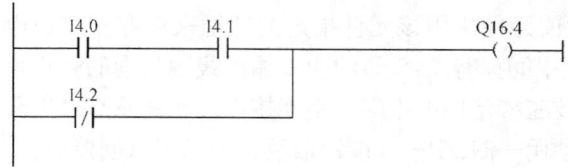

图 9-3 动断触点实例图

3. ─|NOT|─ 能流取反

─|NOT|─（能流取反）取反 RLO 位。取反触点的中间标有"NOT"，用来将它左边电路的逻辑运算结果 RLO 取反（见图 9-4），运算结果若为 1 则变为 0，为 0 则变为 1，该指令没有操作数。换句话说，能流

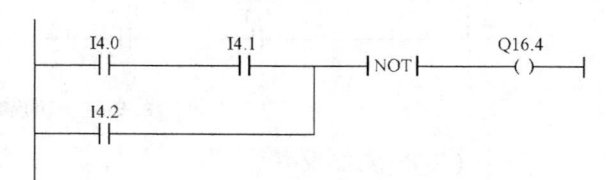

图 9-4 能流取反实例图

到达该触点即停止流动；若能流未到达该触点，该触点给右侧供给能流。

满足下列条件之一时，输出端 Q16.4 的信号状态将是"0"：

输入端 I4.0 和 I4.1 的信号状态为"1"时或当输入端 I4.2 的信号状态为"1"时。

4. —( )—输出线圈

参数	数据类型	内存区域	说明
\<address\>	BOOL	I、Q、M、L、D	分配位

—( )—（输出线圈）的工作方式与继电器逻辑图中线圈的工作方式类似。如果有能流通过线圈（RLO = 1），将置位<地址>位置的位为"1"。如果没有能流通过线圈（RLO =0），将置位<地址>位置的位为"0"。只能将输出线圈置于梯级的右端。可以有多个（最多 16 个）输出单元（请参见实例）。使用—|NOT|—（能流取反）单元可以创建取反输出。

满足下列条件之一时，输出端 Q16.4 的信号状态将是"1"：

输入端 I4.0 和 I4.1 的信号状态为"1"时或输入端 I4.2 的信号状态为"0"时。

满足下列条件之一时，输出端 Q16.5 的信号状态将是"1"：

输入端 I4.0 和 I4.1 的信号状态为"1"时或输入端 I4.2 的信号状态为"0"、输入端 I4.3 的信号状态为"1"时。

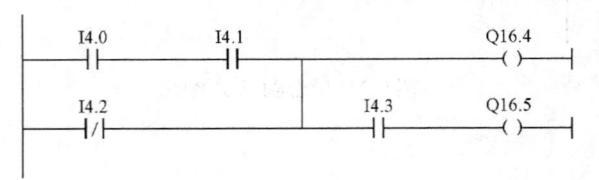

图 9-5 输出线圈实例图

图 9-5 所示为输出线圈实例图。

5. —(#)—中间输出

参数	数据类型	内存区域	说明
\<address\>	BOOL	I、Q、M、*L、D	分配位

* 只有在逻辑块（FC、FB、OB）的变量声明表中将 L 区地址声明为 TEMP 时，才能使用 L 区地址。

—(#)—（中间输出）是中间分配单元，它将 RLO 位状态（能流状态）保存到指定<地址>。中间输出单元保存前面分支单元的逻辑结果。以串联方式与其他触点连接时，可以像插入触点那样插入—(#)—，不能将—(#)—单元连接到电源轨道、直接连接在分支连接的后面或连接在分支的尾部。中线输出是一种中间赋值元件，用该元件指定的地址来保存它左边电路的逻辑运算结果（RLO 位，或能流的状态）。中间标有"#"号的中线输出线圈与别的触点串联，就像一个插入的触点一样。中线输出只能放在梯形图的中间，不能接在左侧的垂直"电源线"上，也不能放在电路最右端结束的位置。使用—|NOT|—（能流取反）单元可以创建取反。

图 9-6 所示为中间输出实例图。

图 9-6 中间输出实例图

6. —(R)—复位线圈

参数	数据类型	内存区域	说明
\<address\>	BOOL	I、Q、M、L、D、T、C	复位

只有在前面指令的 RLO 为 "1"（能流通过线圈）时，才会执行—(R)—（复位线圈）。如果能流通过线圈（RLO 为 "1"），将把单元的指定<地址>复位为 "0"。即使 RLO 变为 0，它也仍然保持 1 状态，除非有新的操作。RLO 为 "0"（没有能流通过线圈）将不起作用，单元指定地址的状态将保持不变。<地址>也可以是置复位为 "0" 的定时器（T 编号）或置复位为 "0" 的计数器（C 编号）。如果被指定复位的是定时器（T）或计数器（C），将清除定时器/计数器的定时/计数当前值，并将它们的地址位复位。

满足下列条件之一时，将把输出端 Q16.4 的信号状态复位为 "0"：输入端 I4.0 和 I4.1 的信号状态为 "1" 时或输入端 I4.2 的信号状态为 "0" 时；如果 RLO 为 "0"，输出端 Q16.4 的信号状态将保持不变。

满足下述条件时才会复位定时器 T0 的信号状态：输入端 I4.3 的信号状态为 "1" 时；满足下列条件时才会复位计数器 C0 的信号状态：输入端 I4.4 的信号状态为 "1" 时。

复位线圈实例如图 9-7 所示。

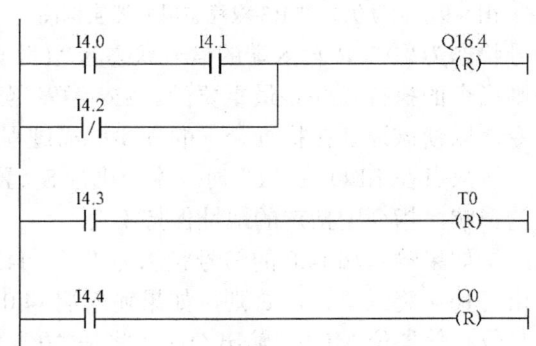

图 9-7　复位线圈实例图

7. —(S)—置位线圈

只有在前面指令的 RLO 为 "1"（能流通过线圈）时，才会执行—(S)—（置位线圈）。
即使 RLO 变为 0，它也仍然保持 1 状态，除非有新的操作。
如果 RLO 为 "1"，将把单元的指定<地址>置位为 "1"。
RLO = 0 将不起作用，单元的指定地址的当前状态将保持不变。

满足下述条件之一时，输出端 Q16.4 的信号状态将是 "1"：输入端 I4.0 和 I4.1 的信号状态为 "1" 时或输入端 I4.2 的信号状态为 "0" 时。如果 RLO 为 "0"，输出端 Q16.4 的信号状态将保持不变。

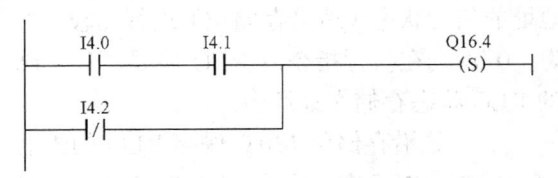

图 9-8　置位线圈实例图

置位线圈实例如图 9-8 所示。

8. RS 置位优先型 RS 双稳态触发器

如果 R 输入端的信号状态为 "1"，S 输入端的信号状态为 "0"，则复位 RS（置位优先型 RS 双稳态触发器）。否则，如果 R 输入端的信号状态为 "0"，S 输入端的信号状态为 "1"，则置位触发器。如果两个输入端的 RLO 均为 "1"，则指令的执行顺序是最重要的。RS 触发器先在指定<地址>执行复位指令，然后执行置位指令，以使该地址在执行余下的程序扫描过程中保持置位状态。

只有在 RLO 为 "1" 时，才会执行 S（置位）和 R（复位）指令。这些指令不受 RLO "0" 的影响，指令中指定的地址保持不变。

如果输入端 I4.0 的信号状态为 "1"，I4.1 的信号状态为 "0"，则复位存储器位 M0.0，输出 Q16.4 将是 "0"。否则，如果输入端 I4.0 的信号状态为 "0"，I4.1 的信号状态为 "1"，则置位存储器位 M0.0，输出 Q16.4 将是 "1"。如果两个信号状态均为 "0"，则不会发生任何变化。如果两个信号状态均为 "1"，将因顺序关系执行置位指令；置位 M0.0，Q16.4 将是 "1"。

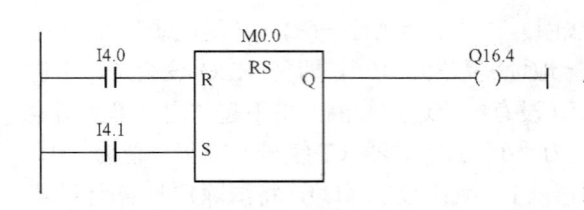

置位优先型 RS 双稳态触发器实例如图 9-9 所示。

9. SR 复位优先型 SR 双稳态触发器

如果 S 输入端的信号状态为"1"，R 输入端的信号状态为"0"，则置位 SR（复位优先型 SR 双稳态触发器）。否则，如果 S 输入端的信号

图 9-9 置位优先型 RS 双稳态触发器实例图

号状态为"0"，R 输入端的信号状态为"1"，则复位触发器。如果两个输入端的 RLO 均为"1"，则指令的执行顺序是最重要的。SR 触发器先在指定<地址>执行置位指令，然后执行复位指令，以使该地址在执行余下的程序扫描过程中保持复位状态。

只有在 RLO 为"1"时，才会执行 S（置位）和 R（复位）指令。这些指令不受 RLO "0"的影响，指令中指定的地址保持不变。

如果输入端 I4.0 的信号状态为"1"，I4.1 的信号状态为"0"，则置位存储器位 M0.0，输出 Q16.4 将是"1"。否则，如果输入端 I4.0 的信号状态为"0"，I4.1 的信号状态为"1"，则复位存储器位 M0.0，输出 Q16.4 将是"0"。如果两个信号状态均为"0"，则不会发生任何变化。如果两个信号状态均为"1"，将因顺序关系执行复位指令；复位 M0.0，Q16.4 将是"0"。

复位优先型 SR 双稳态触发器实例如图 9-10 所示。

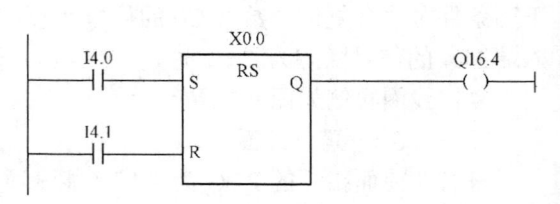

图 9-10 复位优先型 SR 双稳态触发器实例图

10. —(N)—RLO 负跳沿检测

—(N)—（RLO 负跳沿检测）检测地址中"1"到"0"的信号变化，并在指令后将其显示为 RLO = "1"。将 RLO 中的当前信号状态与地址的信号状态（边沿存储位）进行比较。如果在执行指令前地址的信号状态为"1"，RLO 为"0"，则在执行指令后 RLO 将是"1"（脉冲），在所有其他情况下将是"0"。指令执行前的 RLO 状态存储在地址中。

边沿存储位 M0.0 保存 RLO 的先前状态。RLO 的信号状态从"1"变为"0"时，程序将跳转到标号 CAS1。

RLO 负跳沿检测实例如图 9-11 所示。

11. —(P)—RLO 正跳沿检测

—(P)—（RLO 正跳沿检测）检测地

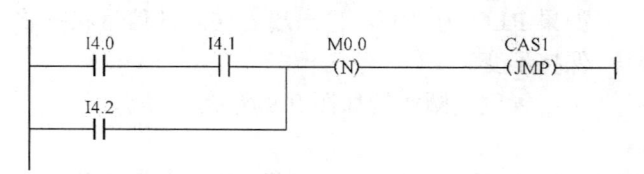

图 9-11 RLO 负跳沿检测实例图

址中"0"到"1"的信号变化，并在指令后将其显示为 RLO = "1"。将 RLO 中的当前信号状态与地址的信号状态（边沿存储位）进行比较。如果在执行指令前地址的信号状态为"0"，RLO 为"1"，则在执行指令后 RLO 将是"1"（脉冲），在所有其他情况下将是"0"。指令执行前的 RLO 状态存储在地址中。

边沿存储位 M0.0 保存 RLO 的先前状态。RLO 的信号状态从"0"变为"1"时，程序将跳转到标号 CAS1。

RLO 正跳沿检测实例如图 9-12 所示。

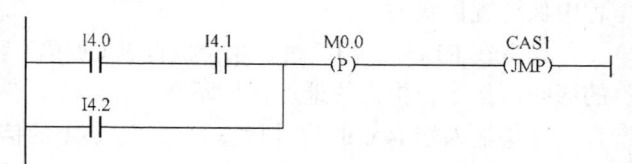

图 9-12 RLO 正跳沿检测实例图

第 9 章 S7–300/400 系列 PLC 的指令系统

12. —(SAVE)—将 RLO 状态保存到 BR

—(SAVE)—（将 RLO 状态保存到 BR）将 RLO 保存到状态字的 BR 位。未复位第一个校验位/FC。因此，BR 位的状态将包含在下一程序段的 AND 逻辑运算中。

指令"SAVE"（LAD、FBD、STL）适用下列规则，手册及在线帮助中提供的建议用法并不适用：

建议用户不要在使用 SAVE 后在同一块或从属块中校验 BR 位，因为这期间执行的指令中有许多会对 BR 位进行修改。建议用户在退出块前使用 SAVE 指令，因为 ENO 输出（= BR 位）届时已设置为 RLO 位的值，所以可以检查块中是否有错误。

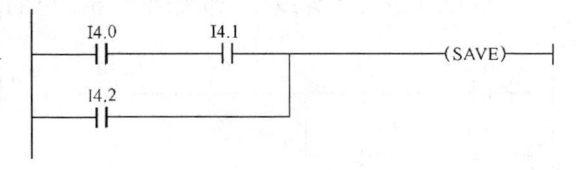

将梯级（=RLO）的状态保存到 BR 位。

图 9-13 所示为 SAVE 实例图。

图 9-13 SAVE 实例图

13. NEG 地址下降沿检测

NEG（地址下降沿检测）是单个地址位提供的信号的下降沿检测指令，比较<address1>的信号状态与前一次扫描的信号状态（存储在<address2>中）。如果当前 RLO 状态为"0"且其前一状态为"1"（检测到下降沿），执行此指令后 RLO 位将是"1"。相应的输出线圈"通电"一个扫描周期。

满足下列条件时，输出 Q16.0 的信号状态将是"1"：

（1）输入 I4.0、I4.1 和 I4.2 的信号状态是"1"；
（2）输入 I4.3 有下降沿；
（3）输入 I4.4 的信号状态为"1"。

图 9-14 所示为地址下降沿检测实例图。

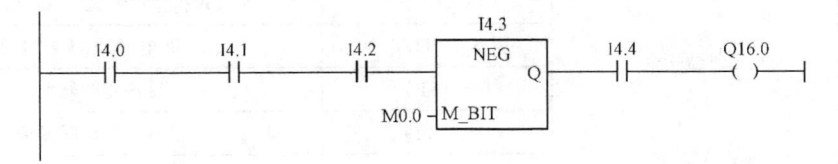

图 9-14 地址下降沿检测实例图

14. POS 地址上升沿检测

POS（地址上升沿检测）是单个地址位提供的信号的上升沿检测指令，比较<address1>的信号状态与前一次扫描的信号状态（存储在<address2>中）。如果当前 RLO 状态为"1"且其前一状态为"0"（检测到上升沿），执行此指令后 RLO 位将是"1"。 相应的输出线圈"通电"一个扫描周期。图 9-15 所示为地址上升沿检测实例图。

图 9-15 地址上升沿检测实例图

满足下列条件时，输出 Q16.0 的信号状态将是"1"：

（1）输入 I4.0、I4.1 和 I4.2 的信号状态是"1"；
（2）输入 I4.3 有上升沿；
（3）输入 I4.4 的信号状态为"1"。

15. XOR 逻辑"异或"

对于 XOR 函数，必须按以下所示创建由动合触点和动断触点组成的程序段。
XOR（逻辑"异或"）如果两个指定位的信号状态不同，则创建状态为"1"的 RLO。

```
    I4.0    I4.1           Q16.0
  ──┤/├────┤├──────────────( )──
    I4.0    I4.1
  ──┤├─────┤/├──
```

如果（I4.0 = "0"且 I4.1 = "1"）或者（I4.0 = "1"且 I4.1 = "0"），输出 Q16.0 将是"1"。
逻辑"异或"实例如图 9-16 所示。

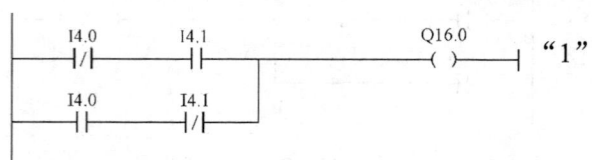

图 9-16 逻辑"异或"实例图

9.3.2 定时器指令

一、定时器概述

1. 定时器的种类

定时器相当于继电器电路中的时间继电器，S7 300/400 的定时器分为脉冲定时器（SP）、扩展脉冲定时器（SE）、接通延时定时器（SD）、保持型接通延时定时器（SS）和断开延时定时器（SF），定时器指令符号见表 9-3。

表 9-3　　　　　定时器指令符号表

序号	指令分类	LAD	说　明
15	定时器指令	S_PULSE	脉冲 S5 定时器
16		S_PEXT	扩展脉冲 S5 定时器
17		S_ODT	接通延时 S5 定时器
18		S_ODTS	保持型接通延时 S5 定时器
19		S_OFFDT	断电延时 S5 定时器
20		—（SP）	脉冲定时器输出
21		—（SE）	扩展脉冲定时器输出
22		—（SD）	接通延时定时器输出
23		—（SS）	保持型接通延时定时器输出
24		—（SF）	断开延时定时器输出

脉冲定时器，在输入信号的上升沿开始定时，输出为 1，当定时时间到或输入信号变为 0 或者复位输入信号为 1 时，则输出为 0；

扩展脉冲定时器，在输入信号的上升沿开始定时，输出为 1，当定时时间到或复位输入信号为 1，则输出为 0，脉冲定时器和扩展脉冲定时器的主要区别在于开始定时后，在定时时间未到时是否受到输入信号的影响；

接通延时定时器，是使用的最多的定时器，在输入信号的上升沿开始定时，当输入信号为 1 且定时时间到时输出才为 1，否则输出为 0；

保持型接通延时定时器，在输入信号的上升沿开始定时，定时时间到时输出为 1，当复位输入信号为 1 时，输出为 0，与接通延时定时器的主要区别在于开始定时后是否受到输入信号的影响；

断开延时定时器，在输入信号的上升沿输出为 1，在输入信号的下降沿才开始定时，时间到时或复位输入信号为 1 时输出为 0。

定时器指令的工作时序图如图 9-17 所示。

2. 定时器的存储区

S5 是西门子 PLC 老产品的系列号，S5 定时器是 S5 系列 PLC 的定时器，在梯形图中用指令框（Box）的形式表示。此外每一个 S5 定时器都有功能相同的用线圈形式表示的定时器。

S7 CPU 为定时器保留了一片存储区域。每个定时器有一个 16 位的字和一个二进制位，定时器的字用来存放它当前的定时时间值，定时器触点的状态由它的位的状态来决定。用定时器地址（T 和定时器号，例如 T6）来存取它的时间值和定时器位，带位操作数的指令存取定时器位，带字操作数的指令存取定时器的时间值。不同的 CPU 支持 32～512 个定时器。梯形图逻辑指令集支持 256 个定时器。

3. 定时器字的表示方法

用户使用的定时器由 3 位 BCD 码时间值（0～999）和时基组成，时基是时间基准的简称，时间值以指定的时基为单位。在 CPU 内部，时间值以二进制格式存放，占定时器字的 0～9 位。定时器字的 0 到 9 位包含二进制编码的时间值。时间值指定单位数。时间更新操作按以时间基准指定的时间间隔，将时间值递减一个单位。递减至时间值等于零。可以用二进制、十六进制或以二进制编码的十进制（BCD）格式，将时间值装载到累加器 1 的低位字中，定时器字如图 9-18 所示。

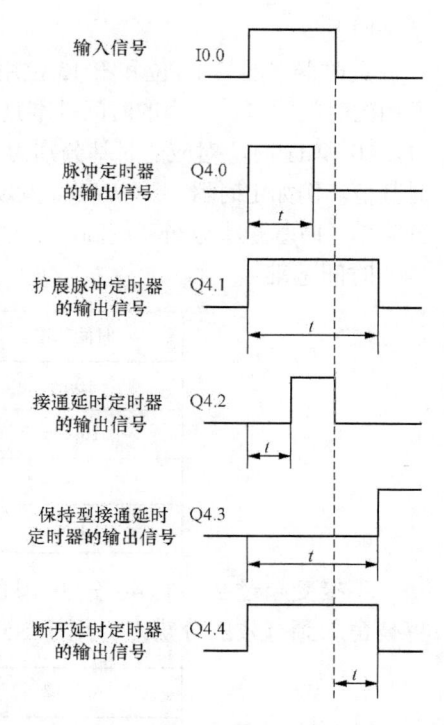

图 9-17 定时器指令工作时序图

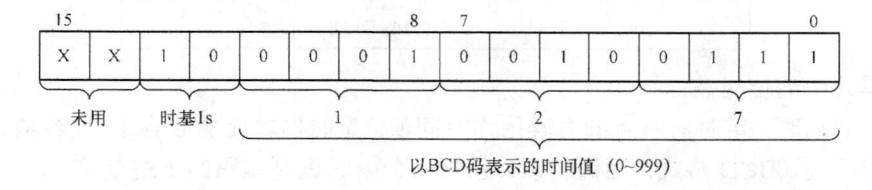

图 9-18 定时器字

可以使用以下任意一种格式预先装载时间值：
十六进制数　　　　　　　　　　W#16#wxyz
其中，w = 时间基准（即时间间隔或分辨率）
其中，xyz = 以二进制编码的十进制格式表示的时间值
　　　　　　S5T#aH_bM_cS_dMS
其中，H 为小时，M 为分钟，S 为秒，MS 为毫秒；a、b、c、d 为用户设置的值。
时基是 CPU 自动选择的，选择的原则是在满足定时范围要求的条件下选择最小的时基。

可以输入的最大时间值是 9990 秒或 2 小时_46 分钟_30 秒。
S5TIME#4S = 4 秒
s5t#2h_15m = 2 小时 15 分钟
S5T#1H_12M_18S = 1 小时 12 分钟 18 秒

时基

定时器字的第 12 位和第 13 位用于时基（时间基准），时间基准定义将时间值递减一个单位所用的时间间隔。最小的时间基准是 10ms；最大的时间基准是 10s。时基代码为二进制数 00、01、10 和 11 时，对应的时基分别为 10ms、100ms、1s 和 10s。实际的定时时间等于时间值乘以时基值。例如定时器字为 W#16#3999 时，时基为 10s，定时时间为 9990s。时基反映了定时器的分辨率，时基越小分辨率越高，定时的时间越短；时基越大分辨率越低，定时的时间越长。

时间基准：

时间基准	时间基准的二进制编码
10ms	00
100ms	01
1s	10
10s	11

不接受超过 2 小时 46 分 30 秒的数值。其分辨率超出范围限制的值（例如 2 小时 10 毫秒）将被舍入到有效的分辨率。用于 S5TIME 的通用格式对范围和分辨率的限制如下：

分辨率	范　围
0.01s	10ms 到 9s_990ms
0.1s	100ms 到 1m_39s_900ms
1s	1s 到 16m_39s
10s	10s 到 2h_46m_30s

时间单元中的位组态：

定时器启动时，定时器单元的内容用作时间值。定时器单元的 0 到 11 位容纳二进制编码的十进制时间值（BCD 格式：四位一组，包含一个用二进制编码的十进制值）。12 和 13 位存储二进制编码的时间基准。

读取时间和时间基准：

每个定时器逻辑框提供两种输出：BI 和 BCD，从中可指示一个字位置。BI 输出提供二进制格式的时间值。BCD 输出提供二进制编码的十进制（BCD）格式的时间基准和时间值。

二、定时器指令

（1）S_PULSE 脉冲 S5 定时器。

脉冲定时器类似于数字电路中上升沿触发的单稳态电路。脉冲定时器线圈通电，定时器开始定时，T0 的定时器位变为 1，其动合触点闭合，动断触点断开。定时器的当前时间值等于 SP 线圈下面的预置值（即初值）减去启动后的时间值。定时时间到时，当前时间值为 0，T0

的动合触点断开。在定时期间，如果 I4.0 变为 0 状态，或者复位输入 I4.1 为 1，T0 的动合触点都将断开，定时器的当前值被清 0。定时器时序如图 9-19 所示。

如果在启动（S）输入端有一个上升沿，S_PULSE（脉冲 S5 定时器）将启动指定的定时器。信号变化始终是启用定时器的必要条件。定时器在输入端 S 的信号状态为"1"时运行，但最长周期是由输入端 TV 指定的时间值。只要定时器运行，输出端 Q 的信号状态就为"1"。如果在时间间隔结束前，S 输入端从"1"变为"0"，则定时器将停止。这种情况下，输出端 Q 的信号状态为"0"。

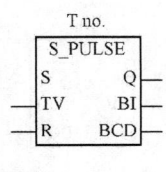

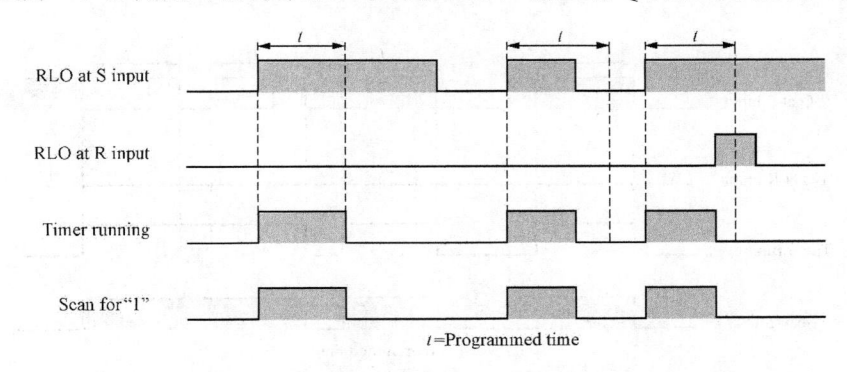

图 9-19　S_PULSE 脉冲 S5 定时器时序图

如果在定时器运行期间定时器复位（R）输入从"0"变为"1"时，则定时器将被复位。当前时间和时间基准也被设置为 0。如果定时器不是正在运行，则定时器 R 输入端的逻辑"1"没有任何作用。

可在输出端 BI 和 BCD 上扫描当前时间值。时间值在 BI 端是二进制编码，在 BCD 端是 BCD 编码。当前时间值为初始 TV 值减去定时器启动后经过的时间。

如果输入端 I4.0 的信号状态从"0"变为"1"（RLO 中的上升沿），则定时器 T0 将启动。只要 I4.0 为"1"，定时器就将继续运行指定的两秒（2s）时间。如果定时器达到预定时间前，I4.0 的信号状态从"1"变为"0"，则定时器将停止。如果输入端 I4.1 的信号状态从"0"变为"1"，而定时器仍在运行，则时间复位。

只要定时器运行，输出端 Q16.0 就是逻辑"1"，如果定时器预设时间结束或复位，则输出端 Q16.0 变为"0"。

定时器 S 实例图如图 9-20 所示。

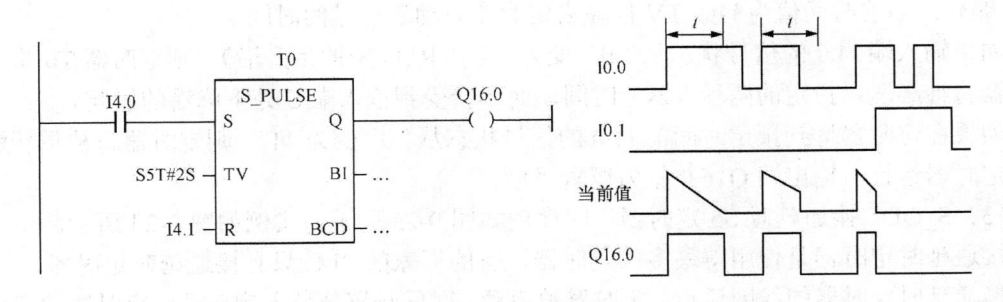

图 9-20　S_PULSE 脉冲 S5 定时器 S 实例图

(2) S_PEXT 扩展脉冲 S5 定时器，时序图如图 9-21 所示，实例如图 9-22 所示。

如果在启动（S）输入端有一个上升沿，S_PEXT（扩展脉冲 S5 定时器）将启动指定的定时器。信号变化始终是启用定时器的必要条件。定时器以在输入端 TV 指定的预设时间间隔运行，即使在时间间隔结束前，S 输入端的信号状态变为"0"。只要定时器运行，输出端 Q 的信号状态就为"1"。如果在定时器运行期间输入端 S 的信号状态从"0"变为"1"，则将使用预设的时间值重新启动（"重新触发"）定时器。

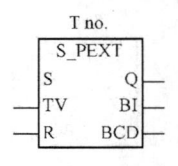

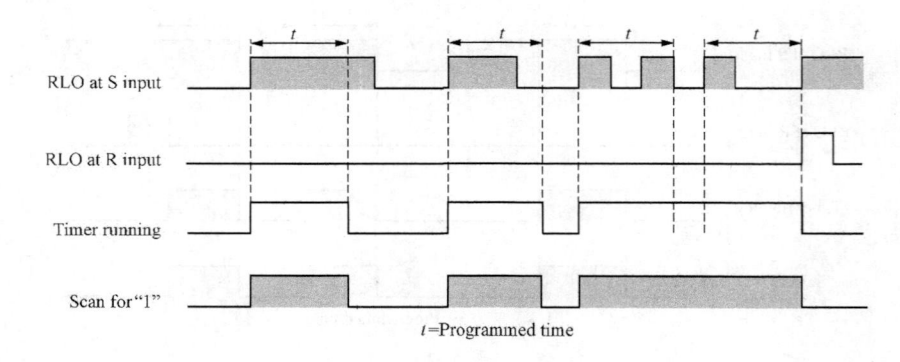

图 9-21　S_PEXT 扩展脉冲 S5 定时器时序图

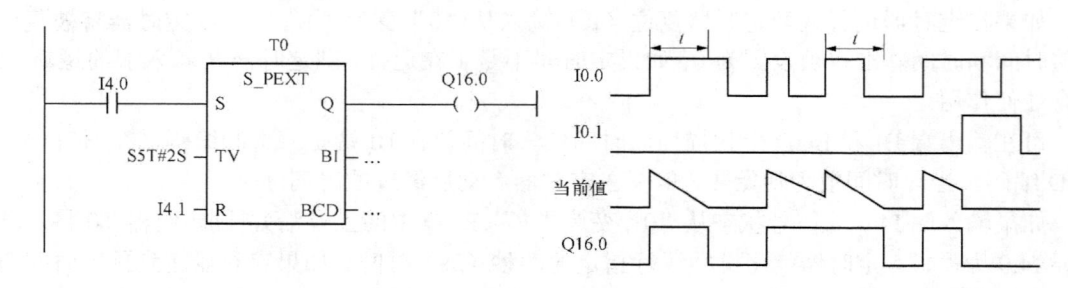

图 9-22　S_PEXT 扩展脉冲 S5 定时器实例图

如果在定时器运行期间复位（R）输入从"0"变为"1"，则定时器复位。当前时间和时间基准被设置为零。

可在输出端 BI 和 BCD 上扫描当前时间值。时间值在 BI 处为二进制编码，在 BCD 处为 BCD 编码。当前时间值为初始 TV 值减去定时器启动后经过的时间。

如果输入端 I4.0 的信号状态从"0"变为"1"（RLO 中的上升沿），则定时器 T0 将启动。定时器将继续运行指定的两秒（2s）时间，而不会受到输入端 S 处下降沿的影响。

如果在定时器达到预定时间前 I4.0 的信号状态从"0"变为"1"，则定时器将被重新触发。只要定时器运行，输出端 Q16.0 就为逻辑"1"。

(3) S_ODT 接通延时 S5 定时器，时序图如图 9-23 所示，实例如图 9-24 所示。

接通延时定时器是使用得最多的定时器，有的厂家的 PLC 只有接通延时定时器。

接通延时定时器的线圈通电，定时器被启动，时间预置值装入定时器。定时器被启动后，从预置值开始，在每一个时间基准内，它的时间值减1，直到减为0，表示定时时间到，这时

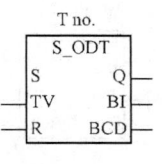

定时器位被置为 1，梯形图中该定时器的动合触点闭合，动断触点断开。

如果在启动（S）输入端有一个上升沿，S_ODT（接通延时 S5 定时器）将启动指定的定时器。信号变化始终是启用定时器的必要条件。只要输入端 S 的信号状态为正，定时器就以在输入端 TV 指定的时间间隔运行。定时器达到指定时间而没有出错，并且 S 输入端的信号状态仍为"1"时，输出端 Q 的信号状态为"1"。如果定时器运行期间输入端 S 的信号状态从"1"变为"0"，定时器将停止。这种情况下，输出端 Q 的信号状态为"0"。

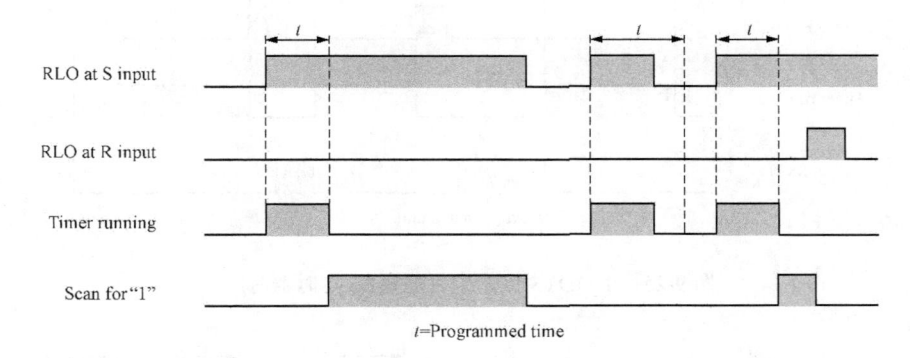

图 9-23　S_ODT 接通延时 S5 定时器时序图

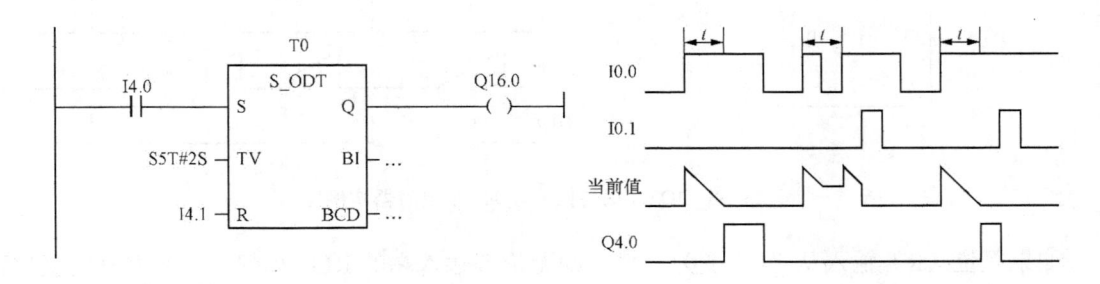

图 9-24　S_ODT 接通延时 S5 定时器实例图

如果在定时器运行期间复位（R）输入从"0"变为"1"，则定时器复位。当前时间和时间基准被设置为零。然后，输出端 Q 的信号状态变为"0"。如果在定时器没有运行时 R 输入端有一个逻辑"1"，并且输入端 S 的 RLO 为"1"，则定时器也复位。

可在输出端 BI 和 BCD 上扫描当前时间值。时间值在 BI 处为二进制编码，在 BCD 处为 BCD 编码。当前时间值为初始 TV 值减去定时器启动后经过的时间。

如果 I4.0 的信号状态从"0"变为"1"（RLO 中的上升沿），则定时器 T0 将启动。如果指定的两秒时间结束并且输入端 I4.0 的信号状态仍为"1"，则输出端 Q16.0 将为"1"。如果 I4.0 的信号状态从"1"变为"0"，则定时器停止，并且 Q16.0 将为"0"（如果 I4.1 的信号状态从"0"变为"1"，则无论定时器是否运行，时间都复位）。

（4）S_ODTS 保持接通延时 S5 定时器，时序图如图 9-25 所示，实例如图 9-26 所示。

如果在启动（S）输入端有一个上升沿，S_ODTS（保持接通延时 S5 定时器）将启动指定的定时器。信号变化始终是启用定时器的必要条件。定时器以在输入端 TV 指定的时间间

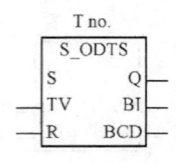

隔运行，即使在时间间隔结束前，输入端 S 的信号状态变为"0"。定时器预定时间结束时，输出端 Q 的信号状态为"1"，而无论输入端 S 的信号状态如何。如果在定时器运行时输入端 S 的信号状态从"0"变为"1"，则定时器将以指定的时间重新启动（重新触发）。

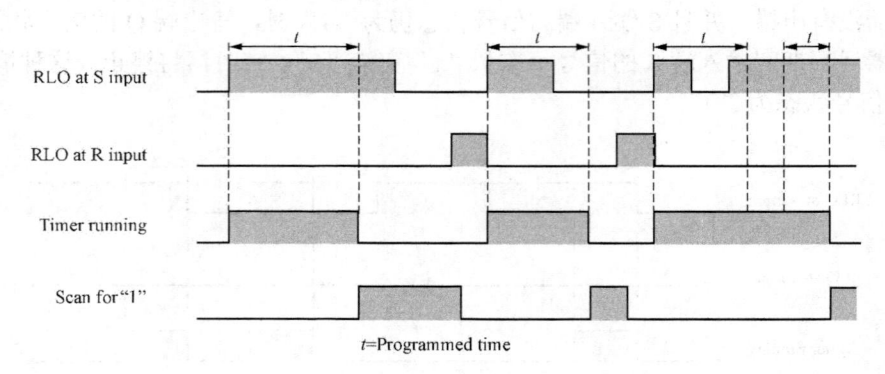

图 9-25　S_ODTS 保持接通延时 S5 定时器时序图

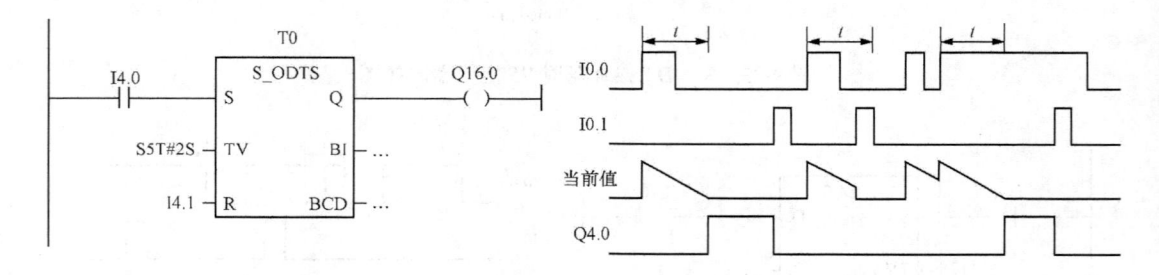

图 9-26　S_ODTS 保持接通延时 S5 定时器实例图

如果复位（R）输入从"0"变为"1"，则无论 S 输入端的 RLO 如何，定时器都将复位。然后，输出端 Q 的信号状态变为"0"。

可在输出端 BI 和 BCD 上扫描当前时间值。时间值在 BI 端是二进制编码，在 BCD 端是 BCD 编码。当前时间值为初始 TV 值减去定时器启动后经过的时间。

如果 I4.0 的信号状态从"0"变为"1"（RLO 中的上升沿），则定时器 T0 将启动。无论 I4.0 的信号是否从"1"变为"0"，定时器都将运行。如果在定时器达到指定时间前，I4.0 的信号状态从"0"变为"1"，则定时器将重新触发。如果定时器达到指定时间，则输出端 Q16.0 将变为"1"。（如果输入端 I0.1 的信号状态从"0"变为"1"，则无论 S 处的 RLO 如何，时间都将复位）

（5）S_OFFDT 断开延时 S5 定时器。

如图 9-26 所示，在定时的时候，如果 I4.0 的动合触点由断开变为接通，定时器的时间值保持不变，停止定时。如果 I4.0 的动合触点重新断开，定时器从预置值开始重新起动定时。

复位输入 I4.1 为 1 状态时，定时器被复位，时间值被清为 0，Q16.0 的线圈断电。

如果在启动（S）输入端有一个下降沿，S_OFFDT（断开延时 S5 定时器）将启动指定的定时器。信号变化始终是启用定时器的必要条件。如果 S 输入端的信号状态为"1",或定时器正在运行,则输出端 Q 的信号状态为"1"。如果在定时器运行期间输入端 S 的信号状态从"0"变为"1"时,定时器将复位。输入端 S 的信号状态再次从"1"变为"0"后,定时器才能重新启动。

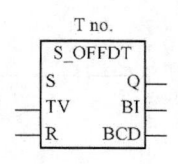

如果在定时器运行期间复位(R)输入从"0"变为"1"时,定时器将复位。

可在输出端 BI 和 BCD 上扫描当前时间值。时间值在 BI 端是二进制编码,在 BCD 端是 BCD 编码。当前时间值为初始 TV 值减去定时器启动后经过的时间。

如果 I4.0 的信号状态从"1"变为"0",则定时器启动。

I4.0 为"1"或定时器运行时,Q16.0 为"1"。(如果在定时器运行期间 I4.1 的信号状态从"0"变为"1",则定时器复位。)

S_OFFDT 断开延时 S5 定时器的时序和实例分别如图 9-27 和图 9-28 所示。

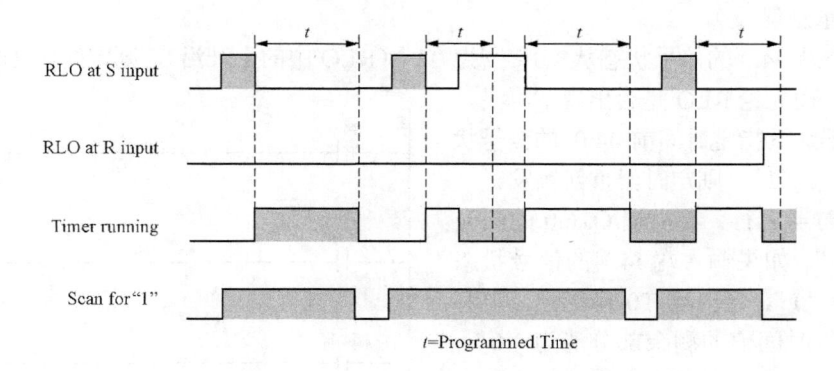

图 9-27 S_OFFDT 断开延时 S5 定时器时序图

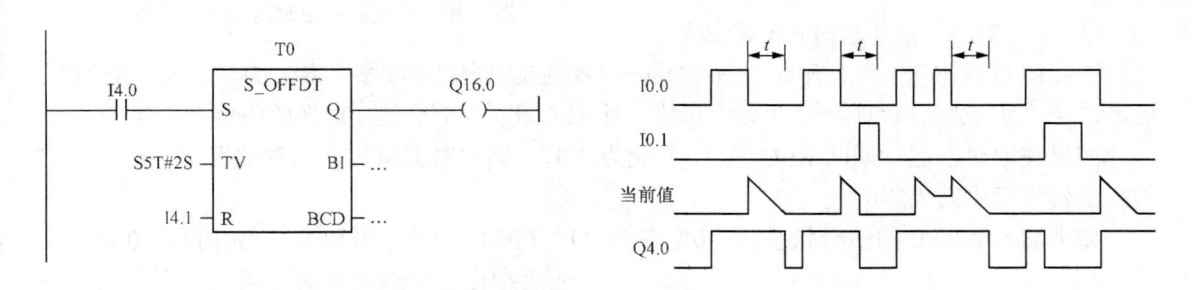

图 9-28 S_OFFDT 断开延时 S5 定时器实例图

(6) —(SP)—脉冲定时器线圈,其实例如图 9-29 所示。

如果 RLO 状态有一个上升沿,—(SP)—(脉冲定时器线圈)将以该<时间值>启动指定的定时器。只要 RLO 保持正值("1"),定时器就继续运行指定的时间间隔。只要定时器运行,计数器的信号状态就为"1"。如果在达到时间值前,RLO 中的信号状态从"1"变为"0",则定时器将停止。这种情况下,对于"1"的扫描始终产生结果"0"。

如果输入端 I4.0 的信号状态从"0"变为"1"(RLO 中的上升沿),则定时器 T0 启动。只要输入端 I4.0 的信号状态为"1",定时器就继续运行指定的 2s 时间。如果在指定的时间结束前输入端 I4.0 的信号状态从"1"变为"0",则定时器停止。

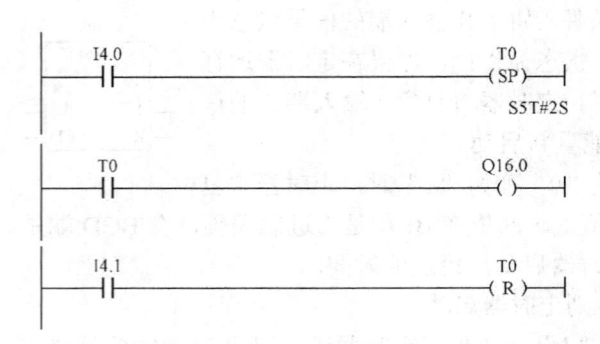

```
   I4.0                    T0
───┤ ├──────────────────( SP )──
                          S5T#2S

   T0                    Q16.0
───┤ ├──────────────────(   )──

   I4.1                   T0
───┤ ├──────────────────( R )──
```

图 9-29 脉冲定时器线圈实例图

状态就为"1"。如果在定时器运行期间 RLO 从"0"变为"1"，则将以指定的时间值重新启动定时器（重新触发）。

如果输入端 I4.0 的信号状态从"0"变为"1"（RLO 中的上升沿），则定时器 T0 启动。定时器继续运行，而无论 RLO 是否出现下降沿。如果在定时器达到指定时间前 I4.0 的信号状态从"0"变为"1"，则定时器重新触发。

只要定时器运行，输出端 Q16.0 的信号状态就为"1"。如果输入端 I4.1 的信号状态从"0"变为"1"，定时器 T0 将复位，定时器停止，并将时间值的剩余部分清为"0"。

图 9-30 所示为扩展脉冲定时器线圈实例图。

（8）—(SD)—接通延时定时器线圈。

如果 RLO 状态有一个上升沿，—(SD)—（接通延时定时器线圈）将以该<时间值>启动指定的定时器。如果达到该<时间值>而没有出错，且 RLO 仍为"1"，则定时器的信号状态为"1"。

如果在定时器运行期间 RLO 从"1"变为"0"，则定时器复位。这种情况下，对于"1"的扫描始终产生结果"0"。

如果输入端 I4.0 的信号状态从"0"变为"1"（RLO 中的上升沿），则定时器 T0 启动。

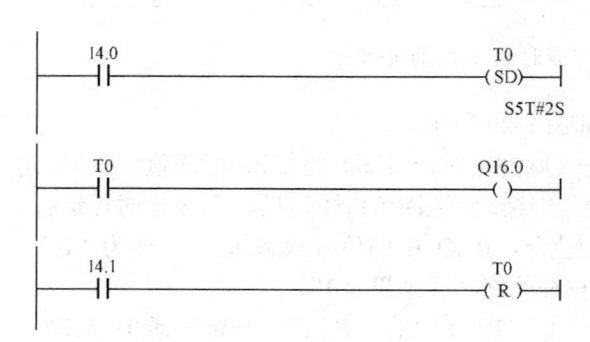

```
   I4.0                    T0
───┤ ├──────────────────( SD )──
                          S5T#2S

   T0                    Q16.0
───┤ ├──────────────────(   )──

   I4.1                   T0
───┤ ├──────────────────( R )──
```

图 9-31 接通延时定时器线圈实例图

如果 RLO 状态有一个上升沿，—(SS)—（保持接通延时定时器线圈）将启动指定的定

只要定时器运行，输出端 Q16.0 的信号状态就为"1"。如果输入端 I4.1 的信号状态从"0"变为"1"，定时器 T0 将复位，定时器停止，并将时间值的剩余部分清为"0"。

（7）—(SE)—扩展脉冲定时器线圈。

如果 RLO 状态有一个上升沿，—(SE)—（扩展脉冲定时器线圈）将以指定的<时间值>启动指定的定时器。定时器继续运行指定的时间间隔，即使定时器达到指定时间前 RLO 变为"0"。只要定时器运行，计数器的信号

```
   I4.0                    T0
───┤ ├──────────────────( SE )──
                          S5T#2S

   T0                    Q16.0
───┤ ├──────────────────(   )──

   I4.1                   T0
───┤ ├──────────────────( R )──
```

图 9-30 扩展脉冲定时器线圈实例图

如果指定时间结束而输入端 I4.0 的信号状态仍为"1"，则输出端 Q16.0 的信号状态将为"1"。如果输入端 I4.0 的信号状态从"1"变为"0"，则定时器保持空闲，并且输出端 Q16.0 的信号状态将为"0"。如果输入端 I4.1 的信号状态从"0"变为"1"，定时器 T0 将复位，定时器停止，并将时间值的剩余部分清为"0"。

图 9-31 所示为接通延时定时器线圈实例图。

（9）—(SS)—保持接通延时定时器线圈。

时器。如果达到时间值，定时器的信号状态为"1"。只有明确进行复位，定时器才可能重新启动。只有复位才能将定时器的信号状态设为"0"。

如果在定时器运行期间 RLO 从"0"变为"1"，则定时器以指定的时间值重新启动。

如果输入端 I4.0 的信号状态从"0"变为"1"（RLO 中的上升沿），则定时器 T0 启动。如果在定时器达到指定时间前输入端 I4.0 的信号状态从"0"变为"1"，则定时器将重新触发。如果定时器达到指定时间，则输出端 Q16.0 将变为"1"。输入端 I4.1 的信号状态"1"将复位定时器 T0，使定时器停止，并将时间值的剩余部分清为"0"。

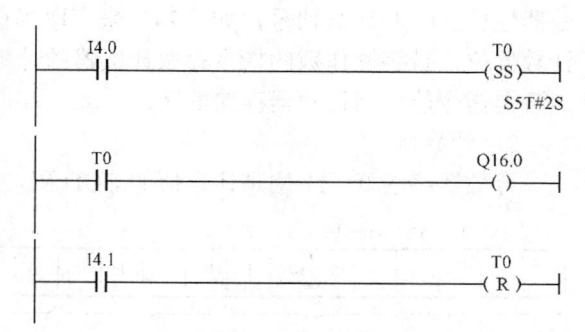

图 9-32 保持接通延时定时器线圈实例图

图 9-32 所示为保持接通延时定时器线圈实例图。

（10）—(SF)—断开延时定时器线圈。

如果 RLO 状态有一个下降沿，—(SF)—（断开延时定时器线圈）将启动指定的定时器。当 RLO 为"1"时或只要定时器在<时间值>时间间隔内运行，定时器就为"1"。如果在定时器运行期间 RLO 从"0"变为"1"，则定时器复位。只要 RLO 从"1"变为"0"，定时器即会重新启动。

如果输入端 I4.0 的信号状态从"1"变为"0"，则定时器启动。

如果输入端 I4.0 为"1"或定时器正在运行，则输出端 Q16.0 的信号状态为"1"。如果输入端 I4.1 的信号状态从"0"变为"1"，定时器 T0 将复位，定时器停止，并将时间值的剩余部分清为"0"。

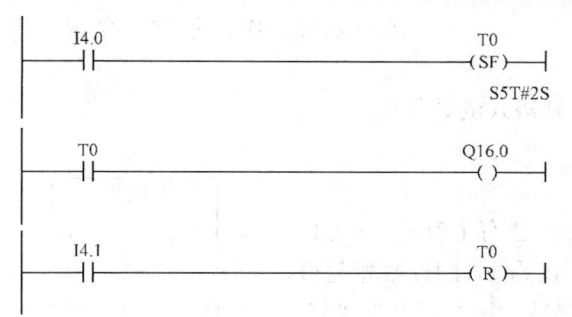

图 9-33 断开延时定时器线圈实例图

图 9-33 所示为断开延时定时器线圈实例图。

9.3.3 计数器指令

一、计数器概述

计数器指令表见表 9-4。

1. 计数器的存储器区

表 9-4　　　　　　　　　　计　数　器　指　令　表

序号	指令分类	LAD	说　明
1	计数器指令	—(CD)—	减计数器线圈
2		—(CU)—	加计数器线圈
3		—(SC)—	设置计数器值
4		S_CD	减计数器
5		S_CU	加计数器
6		S_CUD	加—减计数器

S7 CPU 为计数器保留了一片计数器存储区。每个计数器有一个 16 位的字和一个二进制位，计数器的字用来存放它的当前计数值，计数器触点的状态由它的位的状态来决定。用计数器地址（C 和计数器号，如 C24）来存取当前计数值和计数器位，带位操作数的指令存取计数器位，带字操作数的指令存取计数器的计数值。梯形图指令集支持 256 个计数器。只有计数器指令能访问计数器存储区。

2. 计数值

计数器字的 0～11 位是计数值的 BCD 码，计数值的范围为 0～999。

计数器字的计数值为 BCD 码 127 时，计数器单元中的各位如图 9-34 所示，用格式 C#127 表示 BCD 码 127。二进制格式的计数值只占用计数器字的 0～9 位。

计数器中的位组态：输入从 0～999 的数字，用户可为计数器提供预设值，例如，使用下列格式输入 127：C#127。其中 C#代表二进制编码十进制格式（BCD 格式：四位一组，包含一个用二进制编码的十进制值）。

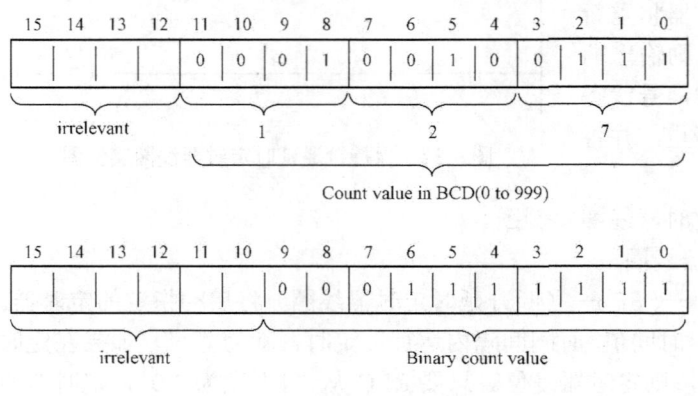

图 9-34 计数器字组成表

计数器中的 0～11 位包含二进制编码十进制格式的计数值。

二、计数器指令

1. S_CUD 双向计数器

图 9-35 所示为双向计数器实例图。如果输入 S 有上升沿，S_CUD（双向计数器）预置为输入 PV 的值。如果输入 R 为 1，则计数器复位，并将计数值设置为零。如果输入 CU 的信号状态从"0"切换为"1"，并且计数器的值小于"999"，则计数器的值增 1。如果输入 CD 有上升沿，并且计数器的值大于"0"，则计数器的值减 1。

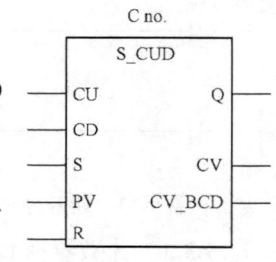

如果两个计数输入都有上升沿，则执行两个指令，并且计数值保持不变。如果已设置计数器，并且输入 CU/CD 的 RLO = 1，则即使没有从上升沿到下降沿或下降沿到上升沿的切换，计数器也会在下一个扫描周期进行相应的计数。

如果计数值大于零（"0"），则输出 Q 的信号状态为"1"。

注意：避免在多个程序点使用同一计数器（可能出现计数出错）。

如果 I4.2 从"0"变为"1"，则计数器预设为 MW10 的值。如果 I4.0 的信号状态从"0"改变为"1"，则计数器 C0 的值将增加 1，当 C0 的值等于"999"时除外。如果 I4.1 从"0"改变为"1"，则 C0 减少 1，但当 C0 的值为"0"时除外。如果 C0 不等于零，

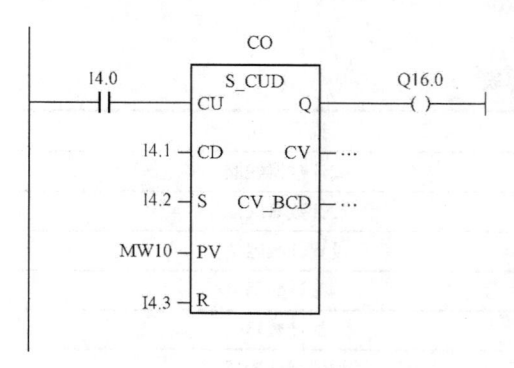

图 9-35 双向计数器实例图

则 Q16.0 为 "1"。

2. S_CU 升值计数器

如果输入 S 有上升沿，则 S_CU（升值计数器）预置为输入 PV 的值。

如果输入 R 为 "1"，则计数器复位，并将计数值设置为 0。

如果输入 CU 的信号状态从 "0" 切换为 "1"，并且计数器的值小于 "999"，则计数器的值增 1。

如果已设置计数器，并且输入 CU 的 RLO = 1，则即使没有从上升沿到下降沿或下降沿到上升沿的切换，计数器也会在下一个扫描周期进行相应的计数。

如果计数值大于零（"0"），则输出 Q 的信号状态为 "1"。计数值大于 0 时计数器位（即输出 Q）为 1；计数值为 0 时，计数器位亦为 0。

注意：避免在多个程序点使用同一计数器（可能出现计数出错）。

如果 I4.2 从 "0" 变为 "1"，则计数器预设为 MW10 的值。如果 I4.0 的信号状态从 "0" 改变为 "1"，则计数器 C0 的值将增加 1，当 C0 的值等于 "999" 时除外。如果 C0 不等于零，则 Q16.0 为 "1"。

升值计数器实例如图 9-36 所示。

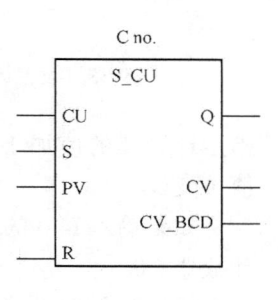

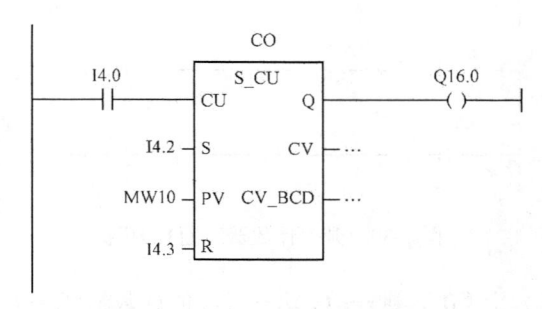

图 9-36 升值计数器实例图

3. S_CD 降值计数器

如果输入 S 有上升沿，则 S_CD（降值计数器）设置为输入 PV 的值。

如果输入 R 为 1，则计数器复位，并将计数值设置为 0。

如果输入 CD 的信号状态从 "0" 切换为 "1"，并且计数器的值大于 0，则计数器的值减 1。

如果已设置计数器，并且输入 CD 的 RLO = 1，则即使没有从上升沿到下降沿或下降沿到上升沿的改变，计数器也会在下一个扫描周期进行相应的计数。

如果计数值大于零（"0"），则输出 Q 的信号状态为 "1"。

注意：避免在多个程序点使用同一计数器（可能出现计数出错）。

如果 I4.2 从 "0" 变为 "1"，则计数器预设为 MW10 的值。如果 I4.0 的信号状态从 "0" 改变为 "1"，则计数器 C0 的值将减 1，当 C0 的值等于 "0" 时除外。如果 C0 不等于零，则 Q16.0 为 "1"。

图 9-37 所示为降值计数器实例。

4. —(SC)—设置计数器值

仅在 RLO 中有上升沿时，—(SC)—（设置计数器值）才会执行。此时，预设值被传送至指

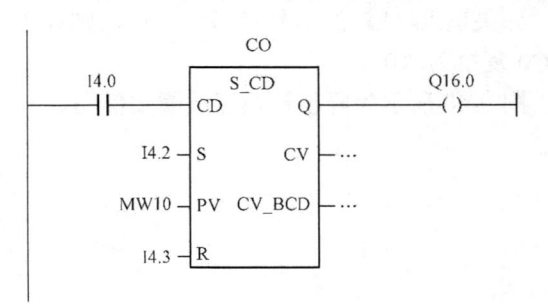

图 9-37 降值计数器实例图

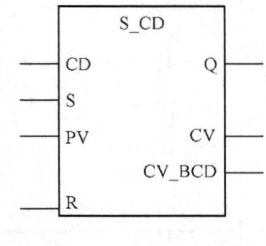

定的计数器。

如在 I4.0 有上升沿（从"0"改变为"1"），则计数器 C0 预置为 100。如果没有上升沿，则计数器 C0 的值保持不变。

```
    I4.0                    C0
────┤ ├──────────────────(SC)────
                         C#100
```

图 9-38　设置计数器值实例图

图 9-38 所示为设置计数器值实例。

5．—（CU）—升值计数器线圈

如在 RLO 中有上升沿，并且计数器的值小于"999"，则—（CU）—（升值计数器线圈）将指定计数器的值加 1。如果 RLO 中没有上升沿，或者计数器的值已经是"999"，则计数器值不变。

如果输入 I4.0 的信号状态从"0"改变为"1"（RLO 中有上升沿），则将预设值 100 载入计数器 C0。

如果输入 I4.1 的信号状态从"0"改变为"1"（在 RLO 中有上升沿），则计数器 C0 的计数值将增加 1，但当 C0 的值等于"999"时除外。如果 RLO 中没有上升沿，则 C0 的值保持不变。

如果 I4.2 的信号状态为"1"，则计数器 C0 复位为"0"。

图 9-39 所示为升值计数器线圈实例。

```
    I4.0                    C0
────┤ ├──────────────────(SC)────
                         C#100
    I4.1                    C0
────┤ ├──────────────────(CU)────
    I4.2                    C0
────┤ ├──────────────────( R)────
```

图 9-39　升值计数器线圈实例图

6．—（CD）—降值计数器线圈

如果 RLO 状态中有上升沿，并且计数器的值大于"0"，则—（CD）—（降值计数器线圈）将指定计数器的值减 1。如果 RLO 中没有上升沿，或者计数器的值已经是"0"，则计数器值不变。

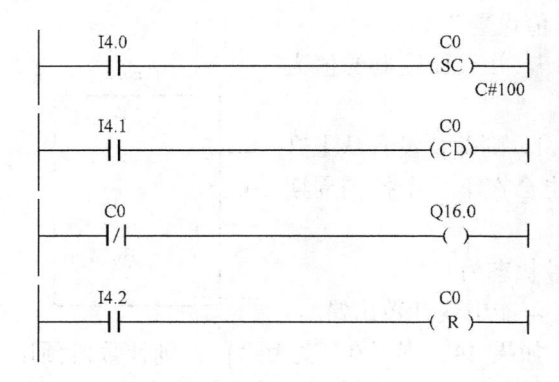

```
    I4.0                    C0
────┤ ├──────────────────(SC)────
                         C#100
    I4.1                    C0
────┤ ├──────────────────(CD)────
    C0                    Q16.0
────┤/├──────────────────(   )────
    I4.2                    C0
────┤ ├──────────────────( R)────
```

图 9-40　降值计数器线圈实例图

如果输入 4.0 的信号状态从"0"改变为"1"（RLO 中有上升沿），则将预设值 100 载入计数器 C0。

如果输入 I4.1 的信号状态从"0"改变为"1"（在 RLO 中有上升沿），则计数器 C0 的计数值将减 1，但当 C0 的值等于"0"时除外。如果 RLO 中没有上升沿，则 C0 的值保持不变。

如果计数值= 0，则接通 Q16.0。

如果输入 I4.2 的信号状态为"1"，则计数器 C0 复位为"0"。

图 9-40 所示为降值计数器线圈实例图。

9.3.4　传送指令

传送指令符号为

```
┌─────────┐
│  MOVE   │
┤EN    ENO├
│         │
┤IN    OUT├
└─────────┘
```

传送指令参数见表 9-5。

表 9-5 传送指令参数表

参数	数据类型	内存区域	说明
EN	BOOL	I、Q、M、L、D	使能输出
ENO	BOOL	I、Q、M、L、D	使能输出
IN	所有长度为 8、16 或 32 位的基本数据类型	I、Q、M、L、D、常数	源值
OUT	所有长度为 8、16 或 32 位的基本数据类型	I、Q、M、L、D	目标地址

MOVE（分配值）通过启用 EN 输入来激活。在 IN 输入指定的值将复制到在 OUT 输出指定的地址。ENO 与 EN 的逻辑状态相同。MOVE 只能复制 BYTE、WORD 或 DWORD 数据对象。用户自定义数据类型（如数组或结构）必须使用系统功能"BLKMOVE"（SFC 20）来复制。

只有当"传送"框位于激活的 MCR（主控继电器）区内时，才会激活 MCR 依存。在激活的 MCR 区内，如果开启了 MCR，同时有通往启用输入的电流，则按如上所述复制寻址的数据。如果 MCR 关闭，并执行了 MOVE，则无论当前 IN 状态如何，均会将逻辑"0"写入到指定的 OUT 地址。

传送指令实例如图 9-41 所示。

如果 I0.0 为"1"，则执行指令。把 MW10 的内容复制到当前打开 DB 的数据字 12。如果

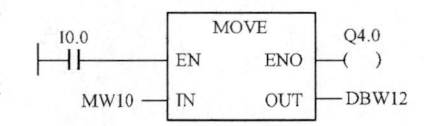

图 9-41 传送指令实例图

执行了指令，则 Q4.0 为"1"。如果 MCR 开启，则按如上所述将 MW10 数据复制到 DBW12。如果 MCR 关闭，则将"0"写入到 DBW12。

图 9-42 所示程序可以产生幅值和占空比可调的方波。程序运行时定时器 T1 计时开始时，"0"被赋给地址为 PQW658 的模拟量输出端口（地址由系统自动分配，地址区符号定义见表 9-1，输出的模拟量数值见表 7-6）；T1 计时时间到后，置位 M0.0，触发 T2 计时的同时停止 T1 计时的同时并将"1000"赋给地址为 PQW658 的模拟量输出端口。程序每执行一次，便产生一个方波，通过修改 T1、T2 和 MOVE 指令中 IN 值，可改变方波的周期和幅值。

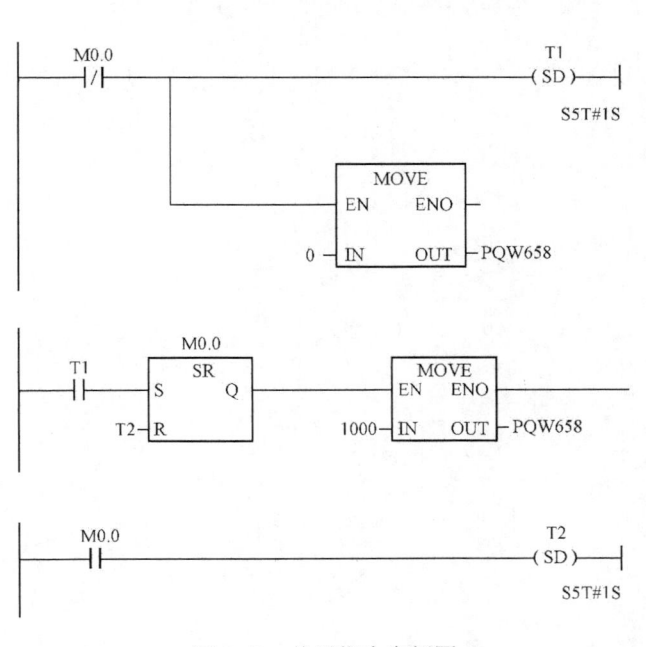

图 9-42 传送指令实例图

思 考 与 练 习

9.1 简述 CPU 存储区中系统存储器中各地址区域的功能。

9.2 简述语句表、梯形图和功能框图可否相互切换。
9.3 简述西门子 S7-300/400 系列 PLC 的指令与其他厂家的 PLC 指令的不同。
9.4 简述如何查找指令帮助。
9.5 简述语句表、梯形图和功能框图各自的优缺点。
9.6 简述什么是时基？S7-300/400 系列 PLC 定时器的最小时基是多少。
9.7 简述不同类型的数据可否出现在同一条指令里。
9.8 尝试多种给定时器赋值的方法（例如，让定时器定时 10s）。
9.9 试设计一个延时时间为 8h 的长延时定时器。
9.10 尝试用定时器指令实现分频器的功能（例如，2 分频、4 分频等）。

第 10 章　S7-300/400 用户程序结构

10.1　用户程序基本结构

PLC 程序可分为操作系统和用户程序。用户程序由用户生成，将它下载到 CPU 后，由系统以特定的方式进行统一的管理。了解用户程序的存储及管理机制，可以简化程序组织，使程序易于修改、查错和调试，并且显著地增加了 PLC 程序的组织透明性、可理解性和易维护性。

10.1.1　用户程序中的块

PLC 中的程序分为两种：一种为操作系统，另一种是用户程序。操作系统用来实现与特定的控制任务无关的功能，如处理 PLC 的启动、刷新输入/输出过程映像表、调用用户程序、处理中断和错误、管理存储区和处理通信等；用户程序用来处理用户特定的自动化任务所需要的所有功能。

用户程序通常还分为程序和数据，STEP 7 将用户编写的程序和程序所需的数据分别放置在不同的块中，通过在块内或块之间类似子程序的调用，增加 PLC 程序可理解性和易维护性。各种块的简要说明见表 10-1，OB、FB、FC、SFB 和 SFC 都包含部分程序，统称为逻辑块。

表 10-1　　　　　　　　　　　用户程序中的块

块	功　能　描　述
组织块（OB）	操作系统与用户程序接口，决定用于程序的结构
系统功能块（SFB）	集成在 CPU 模块中，通过 SFB 调用一些重要的系统功能，有存储区
系统功能（SFC）	集成在 CPU 模块中，通过 SFC 调用一些重要的系统功能，无存储区
功能块（FB）	用户编写的包含经常使用功能的子程序，有存储区
功能（FC）	用户编写的包含经常使用功能的子程序，无存储区
背景数据块（DI）	调用 FB 和 SFB 时用于传递参数的数据块，在编译过程中自动生成数据
共享数据块（DB）	存储用户数据的数据区域，供所有的块共享

1. 组织块（OB）

组织块是操作系统与用户程序的接口，由操作系统调用，用于控制扫描循环和中断程序的执行、PLC 的启动和错误处理等，有的 CPU 只能使用部分组织块。

组织块分为以下几类。

（1）启动组织块：启动组织块用于系统初始化，CPU 上电或操作模式改为 RUN 时，根据启动的方式执行启动程序 OB100~OB102 中的一个。

（2）循环执行的组织块：需要连续执行的程序存放在 OB1 中，执行完后又开始新的循环。

（3）定期执行的组织块：包括日期时间中断组织块 OB10~OB17 和循环中断组织块 OB30~OB38，可以根据设定的日期时间或时间间隔执行中断程序。

（4）事件驱动的组织块：延时中断OB20～OB23在过程事件出现后延时一定的时间再执行中断程序；硬件中断OB40～OB47用于需要快速响应的过程事件，事件出现时马上中止循环程序，执行对应的中断程序。异步错误中断OB80～OB87和同步错误中断OB121、OB122用来决定在出现错误时系统如何响应。

组织块的说明详见附录5。

2. 系统功能块（SFB）

系统功能块和系统功能是为用户提供的已经编好程序的块，可以在用户程序中调用这些块，但是用户不能修改它们。它们作为操作系统的一部分，不占用程序空间。SFB有存储功能，其变量保存在指定给它的背景数据块中。

3. 系统功能（SFC）

系统功能是集成在S7 CPU的操作系统中预先编好程序的逻辑块，例如时间功能和块传送功能等。SFC属于操作系统的一部分，可以在用户程序中调用。与SFB相比，SFC没有存储功能。

S7 CPU提供以下的SFC：

1）复制及块功能；
2）检查程序；
3）处理时钟和运行时间计数器；
4）数据传送；
5）在多CPU模式的CPU之间传送事件；
6）处理日期时间中断和延时中断；
7）处理同步错误、中断错误和异步错误；
8）有关静态和动态系统数据的信息；
9）过程映像刷新和位域处理；
10）模块寻址；
11）分布式I/O；
12）全局数据通信；
13）非组态连接的通信；
14）生成与块相关的信息。

4. 功能块（FB）

功能块是用户编写的有自己的存储区（背景数据块）的块，每次调用功能块时需要提供各种类型的数据给功能块，功能块也要返回变量给调用它的块。这些数据以静态变量（STAT）的形式存放在指定的背景数据块（DI）中，临时变量存储在局域数据堆栈中。功能块执行完后，背景数据块中的数据不会丢失，但是不会保存局域数据堆栈中的数据。

在编写调用FB或系统功能块（SFB）的程序时，必须指定DI的编号，调用时DI被自动打开。在编译FB或SFB时自动生成背景数据块中的数据。可以在用户程序中或通过HMI（人机接口）访问这些背景数据。

一个功能块可以有多个背景数据块，使功能块用于不同的被控对象。

可以在FB的变量声明表中给形参赋初值，它们被自动写入相应的背景数据块中。在调用块时，CPU将实参分配给形参的值存储在DI中。如果调用块时没有提供实参，将使用上一次存储在背景数据块中的参数。

5. 功能（FC）

功能是用户编写的没有固定的存储区的块，其临时变量存储在局域数据堆栈中，功能执行结束后，这些数据就丢失了。可以用共享数据区来存储那些在功能执行结束后需要保存的数据，不能为功能的局域数据分配初始值。

6. 数据块

数据块（DB）是用于存放执行用户程序时所需的变量数据的数据区。与逻辑块不同，在数据块中没有 STEP 7 的指令，STEP 7 按数据生成的顺序自动地为数据块中的变量分配地址。数据块分为共享数据块和背景数据块。数据块的最大允许容量与 CPU 的型号有关。

数据块中基本的数据类型有 BOOL（二进制位），REAL（实数或浮点数）和 INTEGER（整数）等。结构化数据类型（数组和结构）由基本数据类型组成。可以用符号表中定义的符号来代替数据块中的数据的地址，这样更便于程序的编写和阅读。

（1）共享数据块（Share Block）。

共享数据块存储的是全局数据，所有的 FB、FC 或 OB（统称为逻辑块）都可以从共享数据块中读取数据，或将数据写入共享数据块。CPU 可以同时打开一个共享数据块和一个背景数据块。如果某个逻辑块被调用，它可以使用它的临时局域数据区（即 L 堆栈）。逻辑块执行结束后，其局域数据区中的数据丢失，但是共享数据块中的数据不会被删除。

（2）背景数据块（Instance Data Block）。

背景数据块中的数据是自动生成的，它们是功能块的变量声明表中的数据（不包括临时变量 TEMP）。背景数据块用于传递参数，FB 的实参和静态数据存储在背景数据块中。调用功能块时，应同时指定背景数据块的编号或符号，背景数据块只能被指定的功能块访问。

应首先生成功能块，然后生成它的背景数据块。在生成背景数据块时，应指明它的类型为背景数据块（Instance），并指明它的功能块的编号，例如 FB2。

背景数据块的功能块被执行完后，背景数据块中存储的数据不会丢失。

在调用功能块时使用不同的背景数据块，可以控制多个同类的对象。

7. 块的调用

可以用 CALL 指令调用没有参数的 FC 和有参数的 FC 和 FB，用 CU（无条件调用）和 CC（RLO=1 时调用）指令调用没有参数的 FC 和 FB。用 CALL 指令调用 FB 和 SFB 时必须指定背景数据块，静态变量和临时变量不能出现在调用指令中。

10.1.2 用户程序使用的堆栈

堆栈是 CPU 中的一块特殊的存储区，它采用"先入后出"的规则存入和取出数据。堆栈中最上面的存储单元称为栈顶，要保存的数据从栈顶"压入"堆栈时，堆栈中原有的数据依次向下移动一个位置，最下面的存储单元中的数据丢失。在取出栈顶的数据后，堆栈中所有的数据依次向上移动一个位置。堆栈的这种"先入后出"的存取规则刚好满足块的调用（包括中断处理时块的调用）的要求，因此在计算机的程序设计中得到了广泛的应用。

下面介绍 STEP 7 中 3 种不同的堆栈。

1. 局域数据堆栈（L）

局域数据堆栈用来存储块的局域数据区的临时变量、组织块的启动信息、块传递参数的信息和梯形图程序的中间结果。局域数据可以按位、字节、字和双字来存取，如 L0.0、LB9、

LW4 和 LD52。

各逻辑块均有自己的局域变量表，局域变量仅在它被创建的逻辑块中有效。对组织块编程时，可以声明临时变量（TEMP）。临时变量仅在块被执行的时候使用，块执行完后将被别的数据覆盖。

在首次访问局域数据堆栈时，应对局域数据初始化。每个组织块需要 20B 的局域数据来存储它的启动信息。

CPU 分配给当前正在处理的块的临时变量（即局域数据）的存储器容量是有限的，这一存储区（即局域堆栈）的大小与 CPU 的型号有关。CPU 给每一优先级分配了相同数量的局域数据区，这样可以保证不同优先级的 OB 都有它们可以使用的局域数据空间。

在局域数据堆栈中，并非所有的优先级都需要相同数量的存储区。通过在 STEP 7 中设置参数，可以给 S7-400CPU 和 CPU 318 的每一优先级指定不同大小的局域数据区。其余的 S7-300 CPU 每一优先级的局域数据区的大小是固定的。

2. 块堆栈（B 堆栈）

如果一个块的处理因为调用另外一个块，或被更高优先级的块中止，或者被对错误的服务中止，CPU 将在块堆栈中存储以下信息：

（1）被中断的块的类型（OB、FB、FC、SFB、SFC）、编号和返回地址。

（2）从 DB 和 DI 寄存器中获得的块被中断时打开的共享数据块和背景数据块的编号。

（3）局域数据堆栈的指针。

利用这些数据，可以在中断它的任务处理完后恢复被中断的块的处理。在多重调用时，堆栈可以保存参与嵌套调用的几个块的信息。

CPU 处于 STOP 模式时，可以在 STEP 7 中显示 B 堆栈中保存的在进入 STOP 模式时没有处理完的所有的块，在 B 堆栈中，块按照它们被处理的顺序排列。每个中断优先级对应的块堆栈中可以储存的数据的字节数与 CPU 的型号有关。

3. 中断堆栈（I 堆栈）

如果程序的执行被优先级更高的 OB 中断，操作系统将保存下述寄存器的内容：当前的累加器和地址寄存器的内容、数据块寄存器 DB 和 DI 的内容、局域数据的指针、状态字、MCR（主控继电器）寄存器和 B 堆栈的指针。

新的 OB 执行完后，操作系统从中断堆栈中读取信息，从被中断的块被中断的地方开始继续执行程序。

CPU 在 STOP 模式时，可以在 STEP7 中显示 I 堆栈中保存的数据，用户可以由此找出使 CPU 进入 STOP 模式的原因。

10.2 数 据 块

本节介绍了数据块中常用的数据类型，包括基本数据类型、符合数据类型、数组和结构等。并介绍了在 SIMATIC 管理器中生成数据块的方法。

10.2.1 数据块中的数据类型

1. 基本数据类型

基本数据类型包括位（Bool）、字节（Byte）、字（Word）、双字（Dword）、整数（INT）、

双整数（DINT）和浮点数（Float，或称实数 Real）等。

2. 复合数据类型

复合数据类型包括日期和时间（DATE_AND_TIME）、字符串（STRING）、数组（ARRAY）、结构（STRCT）和用户定义数据类型（UDT）。

3. 数组

数组（ARRAY）是同一类型的数据组合而成的一个单元。生成数组时，应指定数组的名称，例如 PRESS，声明数组的类型时要使用关键字 ARRAY，用下标（Index）指定数组的维数和大小，数组的维数最多为 6 维。方括号中的数字用来定义每一维的起始元素和结束元素在该维中的编号，可以取 −32768～32767 之间的整数。各维之间的数字用逗号隔开，每一维开始和结束的编号用两个小数点隔开，如果某一维有 n 个元素，该维的起始元素和结束元素的编号一般采用 1 和 n，例如 ARRAY[1..2，1..3]。

如果数组 ARRAY 是数据块 TANK 的一部分，访问数组中的数据时，需要指出数据块和数组的名称，以及数组元素的下标，如"TANK".PRESS[2, 1]。其中，TANK 是数据块的符号名，PRESS 是数组的名称，它们用英语的句号分开。方括号中是数组元素的下标，该元素是数组中的第 4 个元素。

如果在块的变量声明表中声明形参的类型为 ARRAY，可以将整个数组而不是某些元素作为参数来传递。在调用块时也可以将某个数组元素赋值给同一类型的参数。

将数组作为参数传递时，并不要求作为形参和实参的两个数组有相同的名称，但是它们应该有相同的结构，例如，都是由整数组成的 2×3 格式的数组。

4. 结构

结构（STRUCT）是不同类型的数据的组合。可以用基本数据类型、复杂数据类型（包括数组和结构）和用户定义数据类型 UDT 作为结构中的元素，例如一个结构由数组和结构组成，结构可以嵌套 8 层。用户可以把过程控制中有关的数据统一组织在一个结构中，作为一个数据单元来使用，而不是使用大量的单个的元素，为统一处理不同类型的数据或参数提供了方便。

数组和结构可以在数据块中定义，也可以在逻辑块的变量声明表中定义。可以用结构中的元素的绝对地址或符号地址来访问结构中的元素。数据块 TANK 内结构 STACK 的元素 AMOUNT 应表示为"TANK".STACK.AMOUNT。

如果在块的变量声明表中，声明形参的类型为 STRUCT，可以将整个结构而不是某些元素作为参数来传递。在调用块时也可以将某个结构元素赋值给同一类型的参数。

将结构作为参数传递时，作为形参和实参的两个结构必须有相同的数据结构，即相同数据类型的结构元素和相同的排列顺序。

5. 用户定义数据类型

用户定义数据类型（UDT）是一种特殊的数据结构，由用户自己生成，定义好后可以在用户程序中多次使用。用户定义数据类型由基本数据类型或复杂数据类型组成。定义好后可以在符号表中为它指定一个符号名，使用 UDT 可以节约录入数据的时间。

使用用户定义数据类型时，只需要对它定义一次，就可以用它来产生大量的具有相同数据结构的数据块，可以用这些数据块来输入用于不同目的的实际数据。例如可以生成用于颜料混合配方的 UDT，然后用它生成用于不同颜色配方的数据组合。

10.2.2 数据块的生成与使用

数据块（DB）用来分类存储设备或生产线中变量的值，数据块也是用来实现各逻辑块之间的数据交换、数据传递和共享数据的重要途径。数据块丰富的数据结构便于提高程序的执行效率和进行数据管理。与逻辑块不同，数据块只有变量声明部分，没有程序指令部分。

不同的 CPU 允许建立的数据块的块数和每个数据块可以占用的最大字节数是不同的，具体的参数可以查看选型手册。

1. 数据块的类型

数据块分为共享数据块（DB）和背景数据块（DI）两种。

共享数据块又称为全局数据块，它不附属于任何逻辑块。在共享数据块中和全局符号表中声明的变量都是全局变量。用户程序中所有的逻辑块（FB、FC、OB 等）都可以使用共享数据块和全局符号表中的数据。

背景数据块是专门指定给某个功能块（FB）或系统功能块（SFB）使用的数据块，它是 FB 或 SFB 运行时的工作存储区。当用户将数据块与某一功能块相连时，该数据块即成为该功能块的背景数据块，功能块的变量声明表决定了它的背景数据块的结构和变量。不能直接修改背景数据块，只能通过对应的功能块的变量声明表来修改它。调用 FB 时，必须同时指定一个对应的背景数据块。只有 FB 才能访问存放在它的背景数据块中的数据。

在符号表中，共享数据块的数据类型是它本身，背景数据块的数据类型是对应的功能块。

2. 生成共享数据块

在 SIMATIC 管理器中用鼠标右键点击 SIMATIC 管理器的块工作区，在弹出的菜单中选择可以生成新的数据块。

【例 10-1】 生成共享数据块。

在 SIMATIC 管理器中用鼠标右键点击 SIMATIC 管理器的块工作区，在弹出的菜单中选择【Insert New Object】/【Data Block】命令，可以生成新的数据块，如图 10-1 所示。

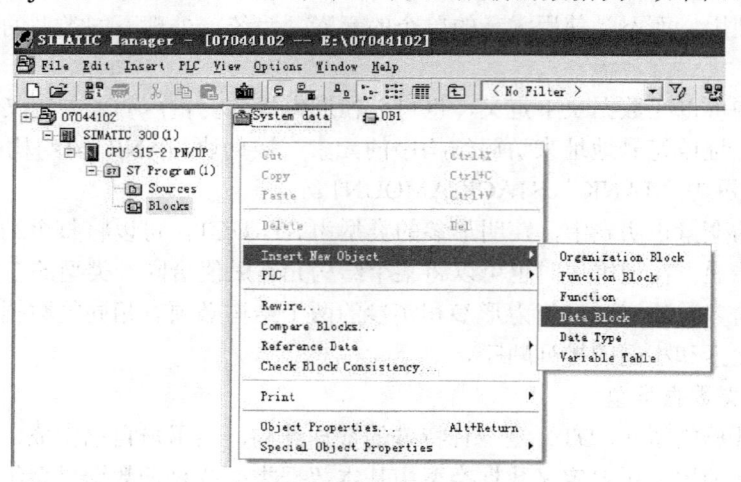

图 10-1 生成数据块示意图

数据块有两种显示方式，即声明表显示方式和数据显示方式，菜单命令【View】/【Declaration View】和【View】/【Data View】分别用来指定这两种显示方式，如图 10-2 所示。

声明表显示状态用于定义和修改共享数据块中的变量，指定它们的名称、类型和初值，STEP 7 根据数据类型给出默认的初值，用户可以修改初值。可以用中文给每个变量加上注释，声明表中的名称只能使用字母、数字和下划线，地址是 CPU 自动指定的。

在数据显示状态，显示声明表中的全部信息和变量的实际值，用户只能改变每个元素的实际值。复杂数据类型变量的元素（例如数组中的各元素）用全名列出。如果用户输入的实际值与变量的数据类型不符，将用红色显示错误的数据。在数据显示状态下，用菜单命令【Edit】/【Initialize Data Block】可以恢复变量的初始值，如图 10-3 所示。

图 10-2　数据块显示方式示意图

图 10-3　恢复变量的初始值示意图

3. 生成背景数据块

要生成背景数据块，首先应生成对应的功能块（FB），然后再生成背景数据块。

【例 10-2】　生成背景数据块。

在 SIMATIC 管理器中，用菜单命令【Insert】/【S7 Block】/【Data Block】生成数据块，如图 10-4 所示。在弹出的窗口中，选择数据块的类型为背景数据块（Instance），并输入对应的功能块的名称。操作系统在编译功能块时将自动生成功能块对应的背景数据块中的数据，其变量与对应的功能块的变量声明表中的变量相同，不能在背景数据块中增减变量，只能在数据显示（Data View）方式修改其实际值。在数据块编辑器的【View】菜单中选择是声明表显示方式还是数据显示方式。

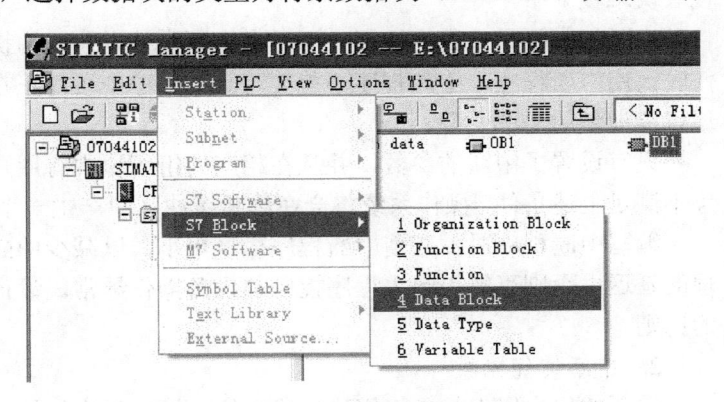

图 10-4　生成数据块示意图

4. 访问数据块

在访问数据块时，需要指明被访问的是哪一个数据块，以及访问该数据块中的哪一个数

据。有两种访问数据块中的数据的方法:
(1) 访问数据块中的数据时，需要用 OPN 指令先打开它。
(2) 在指令中同时给出数据块的编号和数据在数据块中的地址，例如 DB2.DBX2.0，可以直接访问数据块中的数据。DB2 是数据块的名称，DBX2.0 是数据块内第 2 个字节的第 0 位。这种访问方法不容易出错，建议尽量使用这种方法。

10.3 组 织 块

组织块是操作系统与用户程序之间的接口。S7 提供了各种不同的组织块（OB），用组织块可以创建在特定的时间执行的程序和响应特定事件的程序，如延时中断 OB、外部硬件中断 OB 和错误处理 OB 等。

10.3.1 中断的基本概念

1. 中断过程

中断处理用来实现对特殊内部事件或外部事件的快速响应。如果没有中断，CPU 循环执行组织块 OB1。因为除背景组织块 OB90 以外，OB1 的中断优先级最低，CPU 检测到中断源的中断请求时，操作系统在执行完当前程序的当前指令（即断点处）后，立即响应中断。CPU 暂停正在执行的程序，调用中断源对应的中断程序。在 S7-300/400 中，中断用组织块（OB）来处理。执行完中断程序后，返回被中断的程序的断点处继续执行原来的程序。

PLC 的中断源可能来自 I/O 模块的硬件中断，或是 CPU 模块内部的软件中断，例如日期时间中断、延时中断、循环中断和编程错误引起的中断。

如果在执行中断程序（组织块）时，又检测到一个中断请求，CPU 将比较两个中断源的中断优先级。如果优先级相同，按照产生中断请求的先后次序进行处理。如果后者的优先级比正在执行的 OB 的优先级高，将中止当前正在处理的 OB，改为调用较高优先级的 OB。这种处理方式称为中断程序的嵌套调用。

一个 OB 被另一个 OB 调用时，操作系统对现场进行保护。被中断的 OB 的局域数据压入 L 堆栈（局域数据堆栈），被中断的断点处的现场信息保存在 I 堆栈（中断堆栈）和 B 堆栈（块堆栈）中。

中断程序不是由程序调用，而是在中断事件发生时由操作系统调用。因为不能预知系统何时调用中断程序，中断程序不能改写其他程序中可能正在使用的存储器，应在中断程序中尽可能地使用局域变量。

只有设置了中断的参数，并且在相应的组织块中有用户程序存在，中断才能被执行。如果不满足上述条件，操作系统将会在诊断缓冲区中产生一个错误信息，并执行一步错误处理。

编写中断程序时，应使中断程序尽量短小，以减少中断程序的执行时间，减少对其他处理的延迟，否则可能引起主程序控制的设备操作异常。设计中断程序时应遵循"越短越好"的原则。

2. 中断的优先级

中断的优先级也就是组织块的优先级，较高优先级的组织块可以中断较低优先级的组织块的处理过程。如果同时产生的中断请求不止一个，最先执行优先级最高的 OB，然后按照优先级由高到低的顺序执行其他 OB。

下面是优先级的顺序（后面的比前面的优先）：背景循环、主程序扫描循环、日期时间中断、时间延时中断、循环中断、硬件中断、多处理器中断、I/O 冗余错误、异步故障（OB80～87）、启动和 CPU 冗余，背景循环的优先级最低。

S7-300 CPU（不包括 CPU 318）中组织块的优先级是固定的，可以用 STEP 7 修改 S7-400CPU 和 CPU 318 下述组织块的优先级：OB10～OB47（优先级 2～23），OB70～OB72（优先级 25 或 28，只适用于 H 系列 CPU），以及在 RUN 模式下的 OB81～OB87（优先级 26 或 28）。

同一个优先级可以分配给几个 OB，具有相同优先级的 OB 按启动它们的事件出现的先后顺序处理。被同步错误启动的故障 OB 的优先级与错误出现时正在执行的 OB 的优先级相同。

生成逻辑块 OB、FB 和 FC 时，同时生成临时局域变量数据，CPU 的局域数据区按优先级划分。可以用 STEP 7 在"优先级"参数块中改变 S7-400 每个优先级的局域数据区的大小。

每个组织块的局域数据区都有 20 个字节的启动信息，它们是只在该块被执行时使用的临时变量（TEMP），这些信息在 OB 启动时由操作系统提供，包括启动事件、启动日期与时间，错误及诊断事件。将优先级赋值为 0，或分配小于 20 字节的局域数据给某一个优先级，可以取消相应的中断 OB。

3. 对中断的控制

日期时间中断和延时中断有专用的允许处理中断（或称激活、使能中断）和禁止中断的系统功能（SFC）。

SFC 39【DIS_INT】用来禁止中断和异步错误处理，可以禁止所有的中断，有选择地禁止某些优先级范围内的中断，或者只禁止指定的某个中断。SFC 40【EN_INT】用来激活（使能）新的中断和异步错误处理，可以全部允许或有选择地允许。如果用户希望忽略中断，更有效的方法不是禁止它们，而是下载一个只有块结束指令 BEU 的空的 OB。

SFC 41【DIS_AIRT】延迟处理比当前优先级高的中断和异步错误，直到用 SFC 42 允许处理中断或当前的 OB 执行完毕。SFC 42【EN_AIRT】用来允许立即处理被 SFC 41 暂时禁止的中断和异步错误，SFC 42 和 SFC 41 配对使用。

10.3.2 日期时间中断组织块

各 CPU 可以使用的日期时间中断 OB（OB10～OB17）的个数与 CPU 的型号有关，S7-300（不包括 CPU 318）CPU 只能使用 OB10。

日期时间中断 OB 可以在某一特定的日期和时间执行一次，也可以从设定的日期时间开始，周期性地重复执行，例如每分钟、每小时、每天、甚至每年执行一次。可以用 SFC 28～SFC 30 取消、重新设置或激活日期时间中断。

只有设置了中断的参数，并且在相应的组织块中有用户程序存在，日期时间中断才能被执行。如果不满足上述条件，操作系统将会在诊断缓冲区中产生一个错误信息，并执行异步错误处理。如果设置从 1 月 31 日开始每月执行一次 OB10，只在有 31 天的那些月启动它。

日期时间中断在 PLC 暖启动或热启动时被激活，而且只能在 PLC 启动过程结束之后才能执行。暖启动后必须重新设置日期时间中断。

1. 设置和启动日期时间中断

为了启动日期时间中断，用户首先必须设置日期时间中断的参数，然后再激活它。有以下三种方法可以启动日期时间中断：

（1）在用户程序中用 SFC 28【SET_TINT】和 SFC 30【ACT_TINT】设置和激活日期时间中断。

（2）在 STEP 7 中打开硬件组态工具，双击机架中 CPU 模块所在的行，打开设置 CPU 属性的对话框，点击【Time-of-Day Interrupts】选项卡，设置启动时间日期中断的日期和时间，选中【Active】（激活）复选框，在【Execution】列表框中选择执行方式。将硬件组合数据下载到 CPU 中，可以实现日期时间中断的自动启动。

（3）用上述方法设置日期时间中断的参数，但是不选择【Active】，而是在用户程序中用 SFC 30【ACT TINT】激活日期时间中断。

2. 查询日期时间中断

要想查询设置了哪些日期时间中断，以及这些中断已经中断了什么事件发生，用户可以调用 SFC 31【QRY_TINT】，或查询系统状态表中的"中断状态"表。

3. 禁止与激活日期时间中断

用户可以 SFC 29【CAN_TINT】取消（禁止）日期时间中断，用 SFC 28【SET_TINT】重新设置那些被禁止的日期中断，用 SFC 30【ACT_TINT】重新激活日期时间中断。

在调用 SFC 28 时，如果参数"OB10_PERIOD_EXE"为十六进制数 W#16#0000、W#16#0201、W#16#0401、W#16#1001、W#16#1201、W#16#1401、W#16#1801 和 W#16#2001，分别表示执行一次、每分钟、每小时、每天、每周、每月、每年和月末执行一次。

10.3.3 延时中断组织块

PLC 中的普通定时器的工作与扫描工作方式有关，其定时精度受到不断变化的循环周期的影响。使用延时中断可以获得精度较高的延时，延时中断以毫秒（ms）为单位定时。

各 CPU 可以使用的延时中断 OB（OB20～OB23）的个数与 CPU 的型号有关，S7-300 CPU（不包括 CPU 318）只能使用 OB20。延时中断 OB 优先级的默认设置值为 3～6 级。

延时中断 OB 用 SFC 32【SRT_DINT】启动，延时时间在 SFC 32 中设置，启动后经过设定的延时时间后触发中断，调用 SFC 32 指定的 OB。需要延时执行的操作放在 OB 中，必须将延时中断 OB 作为用户程序的一部分下载到 CPU。

如果延时中断已被启动，延时时间还没有到达，可以用 SFC 33【CAN DINT】取消延时中断的执行。SFC 34【QRY_DINT】用来查询延时中断的状态。只有在 CPU 处于运行状态时才能执行延时中断 OB，暖启动或冷启动都会清除延时中断 OB 的启动事件。

如果下列任何一种情况发生，操作系统将会调用异步错误 OB：

OB 已经被 SFC 32 启动，但是没有下载到 CPU。

延时中断 OB 正在执行延时，又有一个延时中断 OB 被启动。

10.3.4 循环中断组织块

循环中断组织块用于按一定时间间隔循环执行中断程序，例如周期性地定时执行闭环控制系统的 PID 运算程序，间隔时间从 STOP 切换到 RUN 模式时开始计算。

用户定义时间间隔时，必须确保两次循环中断之间的时间间隔中有足够的时间处理循环中断程序。

各 CPU 可以使用的循环中断 OB（OB30～OB38）的个数与 CPU 的型号有关，S7-300CPU（不包括 CPU 318）只能使用 OB35。

如果两个 OB 的时间间隔成整倍数，不同的循环中断 OB 可能同时请求中断，造成处理循环中断服务程序的时间超过指定的循环时间。为了避免出现这样的错误，用户可以定义一个相位偏移。相位偏移用于在循环时间间隔到达时，延时一定的时间后再执行循环中断。相位偏移 m 的单位为 ms，应有 0≤m<n，n 为循环的时间间隔。

假设 OB38 和 OB37 的中断时间间隔分别为 10ms 和 20ms，它们的相位偏移分别为 0ms 和 3ms。OB38 分别在 t=10ms、20ms、…、60ms 时产生中断，而 OB37 分别在 t=23ms、43ms、63ms 产生中断。

没有专用的 SFC 来激活和禁止循环中断，可以用 SFC 40 和 SFC 39 来激活和禁止它们。SFC 40【EN_INT】是用于激活新的中断和异步错误的系统功能，其参数 MODE 为 0 时激活所有的中断和异步错误，为 1 时激活部分中断和错误，为 2 时激活指定的 OB 编号对应的中断和异步错误。SFC 39【DIS_INT】是禁止新的中断和异步错误的系统功能，MODE 为 2 时禁止指定的 OB 编号对应的中断和异步错误，MODE 必须用十六进制数来设置。

10.3.5 硬件中断组织块

硬件中断组织块（OB40～OB47）用于快速响应信号模块（SM，即输入/输出模块）、通信处理器（CP）和功能模块（FM）的信号变化。具有中断能力的信号模块将中断信号传送到 CPU 时，或者当功能模块产生一个中断信号时，将触发硬件中断。

各 CPU 可以使用的硬件中断 OB（OB40～OB47）的个数与 CPU 的型号有关，S7-300 的 CPU（不包括 CPU 318）只能使用 OB40。

用户可以用 STEP 7 的硬件组态功能来决定信号模块哪一个通道在什么条件下产生硬件中断，将执行哪个硬件中断 OB，OB40 被默认用于执行所有的硬件中断。对于 CP 和 FM，可以在对话框中设置相应的参数来启动 OB。

只有用户程序中有相应的组织块，才能执行硬件中断。否则操作系统会向诊断缓冲区中输入错误信息，并执行异步错误处理组织块 OB80。

硬件中断 OB 的缺省优先级为 16～23，用户可以设置参数改变优先级。

硬件中断被模块触发后，操作系统将自动识别是哪一个槽的模块和模块中哪一个通道产生的硬件中断。硬件中断 OB 执行完后，将发送通道确认信号。

如果在处理硬件中断的同时，又出现了其他硬件中断事件，新的中断按以下方法识别和处理：

如果正在处理某一中断事件，又出现了同一模块同一通道产生的完全相同的中断事件，新的中断事件将丢失，即不处理它。

如果正在处理某一中断信号时同一模块中其他通道产生了中断事件，新的中断不会被立即触发，但是不会丢失。在当前已激活的硬件中断执行完后，再处理被暂存的中断。

如果硬件中断被触发，并且它的 OB 被其他模块中的硬件中断激活，新的请求将被记录，空闲后再执行该中断。

用 SFC39～SFC42 可以禁止、延迟和再次激活硬件中断。

10.3.6 启动时使用的组织块

一、CPU 模块的启动方式

CPU 有 3 种启动方式：暖启动、热启动（仅 S7-400 有）和冷启动，在用 STEP 7 设置 CPU 的属性时可以选择 S7-400 上电后启动的方式。S7-300 CPU（不包括 CPU 318）只有暖启动。

在启动期间，不能执行时间驱动的程序和中断驱动的程序，运行时间计数器开始工作，所有的数字量输出信号都为"0"状态。

1. 暖启动（Warm Restart）

暖启动时，过程映像数据以及非保持的存储器位、定时器和计数器被复位。具有保持功能的存储器位、定时器、计数器和所有数据块将保留原数值。程序将重新开始运行，执行启动 OB 或 OB1。手动暖启动时，将模式选择开关扳到 STOP 位置，"STOP" LED 亮，然后扳到 RUN 或 RUN-P 位置。

2. 热启动（Hot Restart）

在 RUN 状态时如果电源突然丢失，然后又重新上电，S7-400 CPU 将执行一个初始化程序，自动地完成热启动。热启动从上次 RUN 模式结束时程序被中断之处继续执行，不对计数器等复位。热启动只能在 STOP 状态时没有修改用户程序的条件下才能进行。

3. 冷启动（Cold Restart，CPU 417 和 CPU 417H）

冷启动时，过程数据区的所有过程映像数据、存储器位、定时器、计数器和数据块均被清除，即被复位为零，包括有保持功能的数据。用户程序将重新开始运行，执行启动 OB 和 OB1。手动冷启动时将模式选择开关扳到 STOP 位置，STOP LED 亮，再扳到 MRES 位置，STOPLED 灭 1s，亮 1s，再灭 1s 后保持亮。最后将它扳到 RUN 或 RUN-P 位置。

二、启动组织块（OB100～OB102）

下列事件发生时，CPU 执行启动功能：PLC 电源上电后；CPU 的模式选择开关从 STOP 位置扳到 RUN 或 RUN-P 位置；接收到通过通信功能发送来的启动请求；多 CPU 方式同步之后和 H 系统连接好后（只适用于备用 CPU）。

启动用户程序之前，先执行启动 OB。在暖启动、热启动或冷启动时，操作系统分别调用 OB100、OB101 或 OB102，S7-300 和 S7-400H 不能热启动。

用户可以通过在启动组织块 OB100～OB102 中编写程序，来设置 CPU 的初始化操作，例如开始运行的初始值，I/O 模块的起始值等。

启动程序没有长度和时间的限制，因为循环时间监视还没有被激活，在启动程序中不能执行时间中断程序和硬件中断程序。

CPU 318-2 只允许手动暖启动或冷启动。对于某些 S7-400 CPU，如果允许用户通过 STEP7 的参数设置手动启动，用户可以使用状态选择开关和启动类型开关（CRST/WIRST）进行手动启动。

在设置 CPU 模块属性的对话框中，选择【Startup】选项卡，可以设置启动的各种参数。

启动 S7-400 CPU 时，作为默认的设置，将输出过程映像区清零。如果用户希望在启动之后继续在用户程序中使用原有的值，也可以选择不将过程映像区清零。

为了在启动时监视是否有错误，用户可以选择以下的监视时间：

向模块传递参数的最大允许时间。

上电后模块向 CPU 发送"准备好"信号允许的最大时间。

S7-400 CPU 热启动允许的最大时间，即电源中断的时间或由 STOP 转换为 RUN 的时间。一旦超过监视时间，CPU 将进入停机状态或只能暖启动。如果监控时间设置为 0，表示不监控。

OB100 的变量声明表中的 OB100_STRTUP 用代码表示各种不同的启动方式，OB100_STOP 是引起停机的事件号，OB100_STRT_INFO 是当前启动的更详细的信息。各参数的具体意义参见有关的参考手册。

10.3.7 异步错误组织块

1. 错误处理概述

S7-300/400 有很强的错误（或称故障）检测和处理能力。这里所说的错误是 PLC 内部的功能性错误或编程错误，而不是外部传感器或执行机构的故障。CPU 检测到某种错误后，操作系统调用对应的组织块，用户可以在组织块中编程，对发生的错误采取相应的措施。对于大多数错误，如果没有给组织块编程，出现错误时 CPU 将进入 STOP 模式。

系统程序可以检测出下列错误：不正确的 CPU 功能、系统程序执行中的错误、用户程序中的错误和 I/O 中的错误。根据错误类型的不同，CPU 被设置为进入 STOP 模式或调用一个错误处理 OB。

当 CPU 检测到错误时，会调用适当的组织块，如果没有相应的错误处理 OB，CPU 将进入 STOP 模式。用户可以在错误处理 OB 中编写如何处理这种错误的程序，以减小或消除错误的影响。

为避免发生某种错误时 CPU 进入停机状态，可以在 CPU 中建立一个对应的空的组织块。

操作系统检测到一个异步错误时，将启动相应的 OB。异步错误 OB 具有最高等级的优先级，如果当前正在执行的 OB 的优先级低于 26，异步错误 OB 的优先级为 26，如果当前正在执行的 OB 的优先级为 27（启动组织块），异步错误 OB 的优先级为 28，其他 OB 不能中断它们。如果同时有多个相同优先级的异步错误 OB 出现，将按出现的顺序处理它们。

用户可以利用 OB 中的变量声明表提供的信息来判别错误的类型，OB 的局域数据中的变量 OB8x_FLT_ID 和 OB12x_SW_FLT 包含有错误代码。

2. 错误的分类

被 S7 CPU 检测到并且用户可以通过组织块对其进行处理的错误分为两个基本类型：

（1）异步错误。异步错误是与 PLC 的硬件或操作系统密切相关的错误，与程序执行无关。异步错误的后果一般都比较严重。异步错误对应的组织块为 OB70~OB73 和 OB80~OB87，有最高的优先级。

（2）同步错误。同步错误是与程序执行有关的错误，OB121 和 OB122 用于处理同步错误，它们的优先级与出现错误时被中断的块的优先级相同，即同步错误 OB 中的程序可以访问块被中断时累加器和状态寄存器中的内容。对错误进行适当处理后，可以将处理结果返回被中断的块。

3. 电源故障处理组织块（OB81）

电源故障包括后备电池失效或未安装，S7-400 的 CPU 机架或扩展机架上的 DC 24V 电源故障。电源故障出现和消失时操作系统都要调用 OB81。OB81 的局域变量 OB81_FLT_ID 是 OB81 的错误代码，指出属于哪一种故障，OB81_EV_CLASS 用于判断故障刚出现或是刚消失。

4. 时间错误处理组织块（OB80）

循环监控时间的默认值为 150ms，时间错误包括实际循环时间超过设置的循环时间、因为向前修改时间而跳过日期时间中断、处理优先级时延迟太多等。

5. 诊断中断处理组织块（OB82）

如果模块有诊断功能并且激活了它的诊断中断，当它检测到错误时，以及错误消失时，操作系统都会调用 OB82。当一个诊断中断被触发时，有问题的模块自动地在诊断中断 OB 的启动信息和诊断缓冲区中存入 4 个字节的诊断数据和模块的起始地址。在编写 OB82 的程序时，要从 OB82 的启动信息中获得与出现的错误有关的更确切的诊断信息，例如是哪一个通道出错，出现的是哪种错误。使用 SFC 51【RDSYSST】可以读出模块的诊断数据，用 SFC 52【WR_USMSG】可以将这些信息存入诊断缓冲区。也可以发送一个用户定义的诊断报文到监控设备。

OB82 在下列情况时被调用：有诊断功能的模块的断线故障，模拟量输入模块的电源故障，输入信号超过模拟量模块的测量范围等。

6. 插入/拔出模块中断组织块（OB83）

S7-400 可以在 RUN，STOP 或 STARTUP 模式下带电拔出和插入模块，但是不包括 CPU 模块、电源模块、接口模块和带适配器的 S5 模块，上述操作将会产生插入/拔出模块中断。

7. CPU 硬件故障处理组织块（OB84）

当 CPU 检测到 MPI 网络的接口故障、通信总线的接口故障或分布式 I/O 网卡的接口故障时，操作系统调用 OB84。故障消除时也会调用该 OB 块。

8. 优先级错误处理组织块（OB85）

以下情况将会触发优先级错误中断：

（1）产生了一个中断事件，但是对应的 OB 块没有下载到 CPU。

（2）访问一个系统功能块的背景数据块时出错。

（3）刷新过程映像表时 I/O 访问出错，模块不存在或有故障。

9. 机架故障组织块（OB86）

出现下列故障或故障消失时，都会触发机架故障中断，操作系统将调用 OB86；扩展机架故障（不包括 CPU 318），DP 主站系统故障或分布式 I/O 的故障，故障产生和故障消失时都会产生中断。

10. 通信错误组织块（OB87）

在使用通信功能块或全局数据（GD）通信进行数据交换时，如果出现下列通信错误，操作系统将调用 OB87：

（1）接收全局数据时，检测到不正确的帧标识符（ID）；

（2）全局数据通信的状态信息数据块不存在或太短；

（3）接收到非法的全局数据包编号。

10.3.8 同步错误组织块

1. 同步错误

同步错误是与执行用户程序有关的错误，程序中如果有不正确的地址区、错误的编号或错误的地址，都会出现同步错误，操作系统将调用同步错误 OB。

OB121 用于对程序错误的处理；OB122 用于处理模块访问错误。

同步错误 OB 的优先级与检测到出错的块的优先级一致。因此 OB121 和 OB122 可以访问中断发生时累加器和其他寄存器中的内容。用户程序可以用它们来处理错误，例如出现对某个模拟量输入模块的访问错误时，可以在 OB122 中用 SFC 44 定义一个替代值。

同步错误可以用 SFC 36【MASK_FLT】来屏蔽，使某些同步错误不触发同步错误 OB 的调用，但是 CPU 在错误寄存器中记录发生的被屏蔽的错误。用错误过滤器中的一位来表示某种同步错误是否被屏蔽。错误过滤器分为程序错误过滤器和访问错误过滤器，分别占一个双字。

调用 SFC 37【DMSK_FLT】并且在当前优先级被执行完后，将解除被屏蔽的错误，并且清除当前优先级的事件状态寄存器中相应的位。

可以用 SFC 38【READ_ERR】读出已经发生的被屏蔽的错误。

对于 S7-300（CPU 318 除外），不管错误是否被屏蔽，错误都会被送入诊断缓冲区，并且 CPU 的"组错误"LED 会被点亮。

2. 编程错误组织块（OB121）

出现编程错误时，CPU 的操作系统将调用 OB121。局域变量 OB121_SW_FLT 给出了错误代码。

3. I/O 访问错误组织块（OB122）

STEP7 指令访问有故障的模块，例如直接访问 I/O 错误（模块损坏或找不到），或者访问了一个 CPU 不能识别的 I/O 地址，此时 CPU 的操作系统将会调用 OB122。

OB122 的局域变量提供了错误代码、S7-400 出错的块的类型、出现错误的存储器地址、存储区与访问类型等信息。错误代码 B#16#44 和 B#16#45 表示错误相当严重，例如可能是因为访问的模块不存在，导致多次访问出错，这时应采取停机的措施。

对于某些同步错误，可以调用系统功能 SFC 44，为输入模块提供一个替代值来代替错误值，以便使程序能继续执行。

【例 10-3】 查询系统错误。

用仿真软件编制程序，在 OB1 无条件调用 FC1，FC1 在 I0.0 为 1 时调用 FC2。I0.0 为 0 时程序正常运行，令 I0.0 为 1，程序调用有错误的 FC2，CPU 视图对象上的红色 SF 灯亮，绿色的 RUN 灯熄灭，橙色的 STOP 灯亮，PLC 切换到 STOP 状态。

在管理器中执行菜单命令【PLC】/【Diagnostics/Settings】/【Module Information】，如图 10-5 所示。打开模块信息对话框，选择诊断缓冲区选项卡，可以看到红色的错误标志，如图 10-6 所示。点击【Help】按钮可以得到有关的帮助信息。

图 10-5 打开模块诊断窗口示意图

诊断缓冲区的第 1 条是最新的信息，选中图中的第 1 条信息，下面的【Details on】窗口指出停机原因的详细信。返回 SIMATIC 管理器，生成 OB121（可以是一个空的模块），下载后重新运行，可以看到用 I0.0 调用 FC2 时不会停机，但是 SF 灯会亮。

10.3.9 背景组织块

CPU 可以保证设置的最小扫描循环时间，如果它比实际的扫描循环时间长，在循环程序结束后 CPU 处于空闲的时间内可以执行背景组织块（OB90）。如果没有对 OB90 编程，CPU 要等到定义的最小扫描循环时间到达

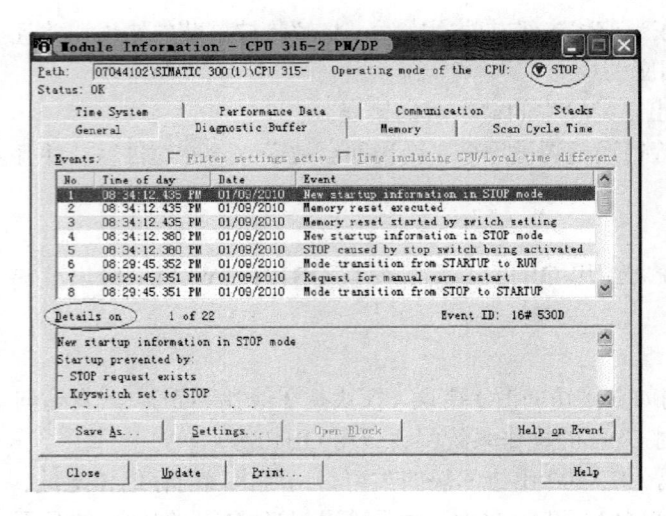

图 10-6 模块诊断窗口示意图

为止，再开始下一次循环的操作。用户可以将对运行时间要求不高的操作放在 OB90 中去执行，以避免出现等待时间。

背景 OB 的优先级为 29（最低），不能通过参数设置进行修改。OB90 可以被所有其他的系统功能和任务中断。

由于 OB90 的运行时间不受 CPU 操作系统的监视，用户可以存 OB90 中编写长度不受限制的程序。

思 考 与 练 习

10.1 简述为什么可以将组织块 OB1 当作主程序来使用。
10.2 简述需要初始化的程序如何处理。
10.3 简述如何使程序具有掉电保持功能。
10.4 简述优先级相同的 2 个中断如何处理。
10.5 简述执行中断需要满足什么条件。
10.6 简述设计中断程序的原则是什么。

第 11 章 STEP 7 编程软件的使用方法

11.1 STEP 7 编程软件简介

STEP7 编程软件用于 SIMATIC S7、M7、C7 和基于 PC 的 WinAC，提供它们编程、监控和参数设置的标准工具。本书对 STEP7 操作的描述，都是基于 STEP 7 V5.2 版的。

1. STEP 7 概述

STEP 7 具有以下功能：硬件配置和参数设置、通信组态、编程、测试、启动和维护、文件建档、运行和诊断功能等。

在 STEP 7 中，用项目来管理一个自动化系统的硬件和软件。STEP 7 用 SIMATIC 管理器对项目进行集中管理，它可以方便地浏览 SIMATIC S7、M7、C7 和 WinAC 的数据。实现 STEP7 各种功能所需的 SIMATIC 软件工具都集成在 STEP 7 中。

2. STEP 7 的硬件接口

PC/MPI 适配器用于连接安装了 STEP 7 的计算机的 RS-232C 接口和 PLC 的 MPI 接口。计算机一侧的通信速率为 19.2kbit/s 或 38.4kbit/s，PLC 一侧的通信速率为 19.2kbit/s～1.5Mbit/s。除了 PC 适配器，还需要一根标准的 RS-232C 通信电缆。

使用计算机的通信卡 CP 5611（PCI 卡）、CP 5511 或 CP 5512（PCMCIA 卡），可以将计算机连接到 MPI 或 PROFIBUS 网络，通过网络实现计算机与 PLC 的通信。

也可以使用计算机的工业以太网通信卡 CP 1512（PCMCIA 卡）或 CP 1612（PCI 卡），通过工业以太网实现计算机与 PLC 的通信。

在计算机上安装好 STEP 7 后，在管理器中执行菜单命令【Option】/【Setting the PG/PCInterface】，打开"Setting PG/PC Interface"对话框。在中间的选择框中，选择实际使用的硬件接口。点击【Select…】按钮，打开"Install/Remove Interfaces"对话框，可以安装选择框中没有列出的硬件接口的驱动程序。点击【Properties…】按钮，可以设置计算机与 PLC 通信的参数。

3. STEP 7 的授权

使用 STEP 7 编程软件时需要产品的特别授权（用户权），STEP 7 与可选的软件包需要不同的授权。

STEP 7 的授权存放在一张只读的授权软盘中。STEP 7 的光盘的程序 AuthorsW 用于显示、安装和取出授权。每安装一个授权，授权磁盘上的授权计数器减1，当计数值为 0 时，不能用这张磁盘再安装授权。使用 AuthorsW 程序可以把授权传回授权磁盘，以后可以用这张磁盘再次安装授权，也可以在硬盘的不同分区之间移动授权。

没有授权也可以使用 STEP 7，以便熟悉用户接口和功能，但是在使用时每隔一段时间将会搜索授权，提醒使用者安装授权，只有安装了授权才能有效地使 STEP 7 工作。

如果因为硬盘出现故障而丢失授权，可以使用授权盘上的紧急授权，它允许 STEP 7 继续运行一段有限的时间。在此期间应与当地西门子代表处联系，以获得丢失授权的替换授权。

4. STEP 7 的编程功能

（1）编程语言

STEP 7 的标准版只配置了 3 种基本的编程语言：梯形图（LAD）、功能块图（FBD）和语句表（STL），有鼠标拖放、复制和粘贴功能。语句表是一种文本编程语言，使用户能节省输入时间和存储区域，并且"更接近硬件"。

STEP 7 专业版的编程语言包括 S7-SCI（结构化控制语言）、S7-GRAPH（顺序功能图语言）、S7 HiGraph 和 CFC，这 4 种编程语言对于标准版是可选的。

（2）符号表编辑器

STEP 7 用符号表编辑器工具管理所有的全局变量，用于定义符号名称、数据类型和全局变量的注释。使用这一工具生成的符号表可供所有应用程序使用，所有工具自动识别系统参数的变化。

（3）增强的测试和服务功能

测试功能和服务功能包括设置断点、强制输入和输出、多 CPU 运行（仅限于 S7-400）、重新布线、显示交叉参考表、状态功能、直接下载和调试块、同时监测几个块的状态等。程序中的特殊点可以通过输入符号名或地址快速查找。

（4）STEP 7 的帮助功能

选定想得到在线帮助的菜单项目，或打开对话框，按 F1 键便可以得到与它们有关的在线帮助。执行菜单命令【Help】/【Contents】进入【帮助】窗口，借助目录浏览器寻找需要的帮助主题，窗口中的检索部分提供了按字母顺序排列的主题关键词，可以查找与某一关键词有关的帮助。

点击工具栏上有问号和箭头的图标，出现带问号的光标，用它点击画面上的对象时，将会进入相应的【帮助】窗口。

11.2 组　　态

英语单词"Configuring"（配置、设置）一般被翻译为"组态"。硬件组态工具用于对自动化工程中使用的硬件进行配置和参数设置。

11.2.1 组态概述

对系统硬件组态包括硬件组态和通信组态。

硬件组态就是从图 11-2 右侧所示的目录中选择硬件机架，并将所选模块分配给机架中希望的插槽。同时可以设置 CPU 模块的多种属性，如启动特性、扫描监视时间等，输入的数据储存在 CPU 的系统数据块中。对于所选用的模块，用户可以在屏幕上定义所有硬件模块的可调整参数，包括功能模块（FM）与通信处理器（CP），不必通过 DIP 开关来设置。在参数设置屏幕中，有的参数由系统提供若干个选项，有的参数只能在允许的范围输入，因此可以防止输入错误的数据。

通信的组态包括连接的组态和显示。设置用 MPI 或 PROFIBUS-DP 连接的设备之间的周期性数据传送的参数，选择通信的参与者，在表中输入数据源和数据目的地后，通信过程中数据的生成和传送均是自动完成的。设置用 MPI、PROFIBUS 或工业以太网实现的事件驱动的数据传输，包括定义通信链路。从集成块库中选择通信块（CFB），用通用的编程语言（例如梯形图）对所选的通信块进行参数设置。

11.2.2 组态步骤

1. 新建工程

（1）双击桌面的图标 ![图标]，打开【SIMATIC Manager】的主窗口。

主窗口中的对话框为项目创建向导。可以利用项目创建向导新建一个项目，也可以取消此向导，按文后的说明一步步手动新建项目。（如果向导中有需要的 CPU 型号，建议使用向导新建项目，并将其自动生成的 OB 块一并选中。）

（2）单击向导示意图中的 Cancel 按钮，取消向导后，点击工具栏中的 □，或在菜单栏里选择【FILE】/【NEW】。填写项目名称和保存的路径。

（3）在图 11-1 中空白区域点击鼠标右键，选择【INSERT NEW OBJECT】/【SIMATIC 300 STATION】。

2. 硬件配置

完成新建一个工程后，接下来就要进行硬件配置。

完成图 11-1 所示的操作后，即可进入进行硬件配置示意图的界面。在进行硬件配置示意图的界面中双击"HARDWARE"后，进入【HW CONFIG】窗口。先插入一个 300 站的机架（SIMATIC 300-RACK-300-RAIL）。可以选中 RAIL 拖入画面中区域，或者双击 RAIL 自动添加。（其他模块添加方法类似，以下省略。）

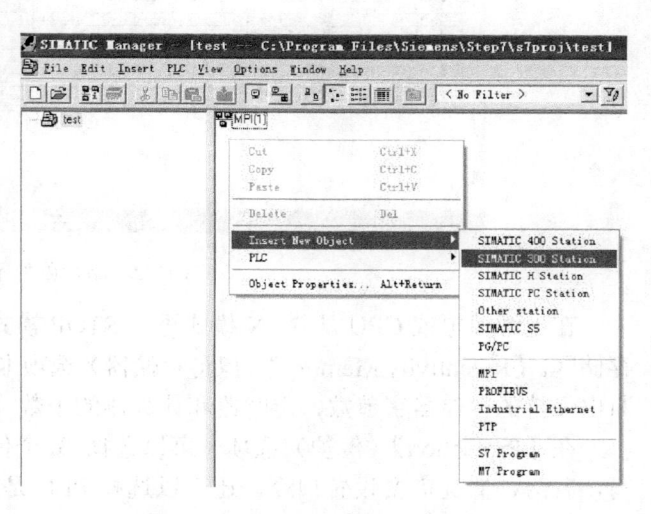

图 11-1 插入一个 S7-300 站示意图

按照实际选用设备的型号添加硬件，如图 11-2 所示。

图 11-2 提供的清单表格即为实际使用的设备名称和型号，注意硬件的 ORDER NUMBER 和版本号，可能有细小的差异。

3. 参数设置

（1）CPU 模块的参数设置。

S7-300/400 各种模块的参数用 STEP 7 编程软件来设置。在 STEP 7 的 SIMATIC 管理器中点击"Hardware"（硬件）图标，进入"HW Config"（硬件组态）画面后，双击 CPU 模块所在的行，在弹出的【Properties】（属性）窗口中点击某一选项卡，便可以设置相应的属性。下面以 S7 313-2DP 为例，介绍 CPU 主要参数的设置方法。

用鼠标点击某小正方形的检查框，框中出现一个"√"，表示选中（激活）了该选项，再点击一下，"√"消失，表示没有选中该选项，该选项被禁止。

【Setup】（启动）选项卡用于设置启动特性，S7-300 只能执行暖启动（warm restart）。

【Cycle/Clock Memory】（循环/时钟存储器）选项卡用于设置扫描循环监视时间、通信处理占扫描周期的百分比和时钟脉冲字节。一个字节的时钟存储器的每一位对应一个时钟脉冲，时钟脉冲是一些可供用户程序使用的占空比为 1:1 的方波信号。

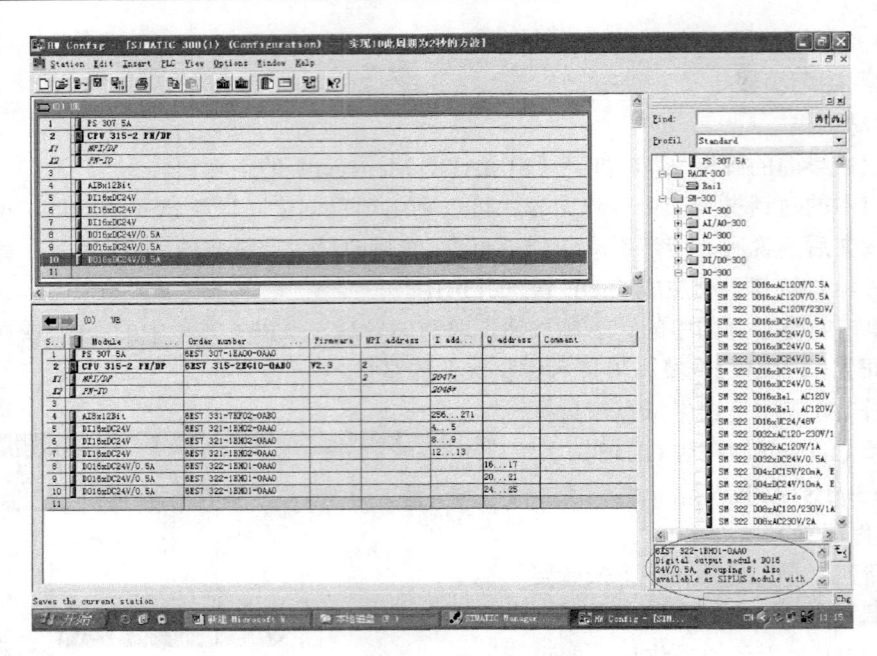

图 11-2　添加硬件示意图

在电源掉电或 CPU 从 RUN 模式进入 STOP 模式后，其内容保持不变的存储区称为保持存储区。【Retentivity Memory】（保持存储器）选项卡用来设置从 MB0、T0 和 C0 开始的需要断电保持的存储器字节数、定时器和计数器的个数，设置的范围与 CPU 的型号有关。

在【Protection】（保护）选项卡可以选择 3 个保护级别：允许读写，只允许读和禁止读写，后两种情况需要设置口令。还可以选择 PLC 是处于限制测试功能的 Operation（运行模式），或是处于可以执行所有的测试功能的测试模式。

【Time-Of-Day Interrupts】选项卡用于设置日期一时间中断的参数。在【Cyclic Interrupts】选项卡中可以设置循环中断的参数。在【Interrupts】选项卡中，可以设置硬件中断、延迟中断、DPV1（PROFIBUS-DP）中断和异步错误中断的参数。

【Communication】（通信）选项卡用于设置 PG（编程器或计算机）通信、OP（操作员面板）通信和 S7 standard（标准 S7）通信使用的连接的个数。

CPU 313-2DP 有集成的 16DI（数字量输入），16DO（数字量输出），双击对话框左边窗口第 4 行中的"DI16/DO16"，可以设置集成 DI 和集成 DO 的参数，设置的方法与普通的 DI，DO 的设置方法基本上相同。

（2）数字量输入模块的参数设置。

输入/输出模块的参数在 STEP 7 中设置，参数设置必须在 CPU 处于 STOP 模式下进行。设置完所有的参数后，应将参数下载到 CPU 中。当 CPU 从 STOP 模式转换为 RUN 模式时，CPU 将参数传送到每个模块。

在 STEP 7 的 SIMATIC 管理器中点击"Hardware"（硬件）图标，进入"HW Confiz"（硬件组态）画面。双击图中左边机架 4 号槽中的"DI16×DC 24V"（订货号为 6ES7321-7BH00-0AB0），出现的【Properties】（属性）窗口。点击【Addresses】（地址）选项卡，可以设置模块的起始字节地址。

打开【Inputs】选项卡，用鼠标点击检查框（Check Box），可以设置是否允许产生硬件中断（Hardware Interrupt）和诊断中断（Diagnostics Interrupt）。检查框内出现"√"表示允许产生中断。

模块给传感器提供带熔断器保护的电源。以 8 点为单位，可以设置是否诊断传感器电源丢失。传感器电源丢失时，模块将这个诊断事件写入诊断数据区，用户程序可以用系统功能 SFC 51 读取系统状态表中的诊断信息。

选择了允许硬件中断后，以组为单位（每组两个输入点），可以选择上升沿中断（Rising）、下降沿中断（Falling）或上升沿和下降沿均产生中断。出现硬件中断时，CPU 的操作系统将调用组织块 OB 40。

打开【Input Delay】（输入延迟）输入框，在弹出的菜单中选择以毫秒为单位的整个模块的输入延迟时间，有的模块可以分组设置延迟时间。

（3）数字量输出模块的参数设置。

双击左边窗口 5 号槽中的"DO16×DC 24V"（订货号为 6ES7 322-5GH00-0AB0），出现的【Properties】（属性）窗口。打开【Outputs】选项卡，用鼠标点击检查框可以设置是否允许产生诊断中断（Diagnostics Interrupt）。

【Reaction to CPU STOP】选择框用来选择 CPU 进入 STOP 模式时模块各输出点的处理方式。如果选择"Keep last valid value"，CPU 进入 STOP 模式后，模块将保持最后的输出值。

如果选择"Substitute a value"（替代值），CPU 进入 STOP 模式后，可以使各输出点分别输出"0"或"1"。窗口中间的"Substitute '1'"所在行中某一输出点对应的检查框如果被选中，进入 STOP 模式后该输出点将输出"1"，反之输出"0"。

（4）模拟量输入模块的参数设置。

模块诊断与中断的设置：打开 8 通道 12 位模拟量输入模块（订货号为 6ES7 331-7KF02-0AB0）的参数设置对话框。打开【Inputs】（输入）选项卡，在该页可以设置是否允许诊断中断和模拟值超过限制值的硬件中断，有的模块还可以设置模拟量转换的循环结束时的硬件中断和断线检查。如果选择了超限中断，窗口下面的"High limit"（上限）和"Low limit"（下限）由灰变白，可以设置通道 0 和通道 1 产生超限中断的上限值和下限值。每两个通道为一组，可以设置是否对各组进行诊断。

模块测量范围的选择：可以分别对模块的每一通道组选择允许的任意量程，每两个通道为一组。例如在【Inputs】选项卡中点击 0 号和 1 号通道的测量种类输入框，在弹出的菜单中选择测量的种类，选择的"4DMU"是 4 线式传感器电流测量；"R-4L"是 4 线式热电阻；"TC-I"是热电偶；"E"表示测量种类为电压。如果未使用某一组的通道，应选测量种类中的"Deactivated"（禁止使用），以减小模拟量输入模块的扫描时间。点击测量范围输入框，在弹出的菜单中选择量程，图中第一组的测量范围为 4～20mA。量程框的下面的"c"表示 0 号和 1 号通道对应的量程卡的位置应设置为"C"，即量程卡上的"C"旁边的三角形箭头应对准输入模块上的标记。在选择测量种类时，应保证量程卡的位置与 STEP 7 中的设置一致。

模块测量精度与转换时间的设置：SM 331 采用积分式 A/D 转换器，积分时间直接影响到 A/D 转换时间、转换精度和干扰抑制频率。积分时间越长，精度越高，快速性越差。积分时间与干扰抑制频率互为倒数。积分时间为 20ms 时，对 50Hz 的干扰噪声有很强的抑制作用。为了抑制工频频率，一般选用 20ms 的积分时间。SM 331 的转换时间由积分时间、电阻测量的附加时间（1ms）和断线监视的附加时间（10ms）组成。以上均为每一通道的处理时间，如果一块模块中使用了 N 个通道，总的转换时间（称为循环时间）为各个通道的转换时间之和。打开【积分时间】所在行最右边的【integration time】，（积分时间）所在的方框，在弹出的菜单内选择按积分时间设置或按干扰抑制频率来设置参数。点击某一组的积分时间设置框后，在弹出的菜单内选择需要的参数。

设置模拟值的平滑等级：有些模拟量输入模块用 STEP 7 设置模拟值的平滑等级。模拟值的平滑处理可以保证得到稳定的模拟信号。这对于缓慢变化的模拟值（例如温度测量值）是很有意义的。平滑处理用平均值数字滤波来实现，即根据系统规定的转换次数来计算转换后的模拟值的平均值。用户可以在平滑参数的四个等级（无、低、平均、高）中进行选择。这四个等级决定了用于计算平均值的模拟信号数量。所选的平滑等级越高，平滑后的模拟值越稳定，但是测量的快速性越差。随书光盘中的 S7-300 模板规范参考手册给出了模拟量四个平滑等级的阶跃响应曲线。

(5) 模拟量输出模块的参数设置。

模拟量输出模块的设置与模拟量输入模块的设置有很多类似的地方。模拟量输出模块可能需要设置下列参数：

确定每一通道是否允许诊断中断。

选择每一通道的输出类型为"Deactivated"（关闭）、电压输出或电流输出。选定输出类型后，再选择输出信号的量程。

CPU 进入 STOP 时的响应：可以选择不输出电流电压（0CV）、保持最后的输出值（KLV）和采用替代值（SV）。

4. 下载配置及程序

(1) 完成硬件配置后，重新回到 SIMATIC MANAGER 界面。

(2) 点击界面中的下载按钮 或菜单栏里 PLC-DOWNLOAD，把刚才配置好的软硬件下载到 PLC 中。点击界面中的下载按钮 或菜单栏里 PLC-DOWNLOAD 后会出现图 "Select Target Module" 对话框，选择目标 CPU 后即可。

(3) 点击下载目标选择示意图中的 `OK` 按钮后会出现 "Select Mode Address" 对话框，选择你要下载的 CPU 地址（此处只有一个）。

(4) 如果不是第一次下载会弹出覆盖原配置的确认框，单击 `Yes` 按钮后便完成下载过程。

11.2.3 组态分布式 I/O

具有常规组态的自动化系统用电缆来连接传感器和执行器，这些电缆直接插入到中央可编程逻辑控制器的 I/O 模块上。这通常意味着需要用到大量的接线。使用分布式组态，可将输入输出模块放置到离传感器和执行器很近的地方，从而减少接线量。可以使用 PROFIBUS DP 来建立可编程控制器、I/O 模块和现场设备之间的连接。

创建分布式组态和创建中央组态没有区别。从硬件目录中选择要使用的模块并将它们安置在机架上，按照要求修改其属性，具体步骤如下。

1. 创建新项目

(1) 从 SIMATIC 管理器开始。为简化操作过程，请先关闭所有打开的项目。

(2) 创建一个新项目。

(3) 在相应的对话框中选择 CPU 315-2DP（带有 PROFIBUS-DP 网络的 CPU）。按照与第 11.2 节中相同的方法进行，并为该项目分配名称"GS-DP"（Getting Started - Distributed I/O）。如果想在此处创建自己的组态，请现在指定 CPU。

CPU 必须能够支持分布式 I/O。

2. 插入 PROFIBUS 网络

选择 GS-DP 文件夹。在右半窗口中用鼠标单击右键，然后插入 PROFIBUS 网络。

3. 组态站

（1）选择 SIMATIC 300 站文件夹并双击硬件。

（2）CPU 315-2 DP 已经显示在机架中，如有必要，使用菜单命令【视图】/【硬件配置】或工具栏中的相应按钮打开硬件目录。

（3）电源模块 PS307 2A 拖放到插槽 1，按照相同的方法，在插槽 4 和插槽 5 插入 I/O 模块。

4. 组态 DP 主站系统

（1）选择槽 2.X1 中的 DP 主站，并插入 DP 主站系统。

（2）使用对话框中显示的建议地址。在"子网"域中选择"PROFIBUS（1）"，然后单击 OK 按钮。

（3）在硬件目录中查找到模块 B-16DI，将该模块插入到主站系统（拖动对象到主站系统，直到光标变为一个"+"号时放开该对象）。

（4）在"Properties"对话框的【Parameters】选项卡中修改已插入的模块的节点地址，可以使用推荐的地址，单击 OK 按钮接受推荐的地址。

（5）用同样的方式可将模块 B-16DO 拖放到主站系统。

（6）将接口模块 IM 153 拖放至主站系统并再次确认站地址。

（7）在网络中选择 ET 200M，ET 200M 的空插槽显示在组态表的下部。

（8）此处选择插槽 4，如图 11-3 所示。

（9）ET 200M 本身可以有附加的 I/O 模块。例如，为插槽 4 选择模块 DI32xDC 24V，然后双击该模块将其插入。

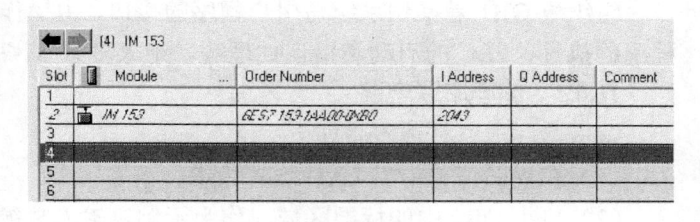

图 11-3 选择插槽 4 示意图

5. 修改节点地址

在此示例中，不需要修改节点地址。但是在实际的项目开发过程中，经常需要修改节点地址。

如果想要修改 ET 200M 的地址：选择 ET 200M 并双击 DI32xDC 24V（插槽 4）。

修改"属性"对话框的"地址"标签中的输入地址，将 4 改成 12。用 OK 按钮关闭对话框。

11.3 使用符号编程

11.3.1 绝对地址

每个输入和输出都有一个由硬件配置预定义的绝对地址。该地址是直接指定的，即为绝对地址。该绝对地址可以用所选择的任何符号名替换。如果在 S7 程序中寻址的输入输出并步多，应该使用绝对地址编程，如图 11-4 所示。

11.3.2 符号编程

在符号表中，可以为所有要在程序中寻址的绝对地址分配符号名和数据类型；例如，为输入 I1.0 分配符号名 Key1。这些名称可以用在程序的所有部分，即是所说的全局变量。使用符号编程可以大大地提高已创建的 S7 程序的可读性。具体步骤如下：

（1）在"Getting Started"项目窗口查找到 S7 程序（1），然后双击打开符号组件。

当前符号表中只包括预定义的组织块 OB1。

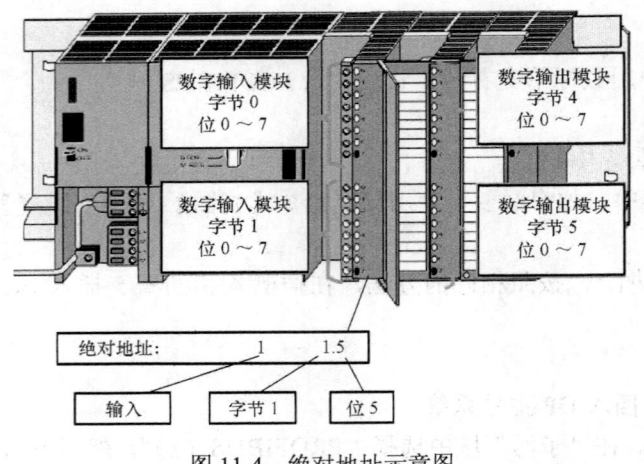

图 11-4 绝对地址示意图

（2）单击循环执行，且用"主程序"作为我们的示例将其重写，在第二行输入"Green Light"和"Q4.0"。将自动添加数据类型。单击第一行或第二行的注释栏，为符号输入注释。完成一行后按回车键，会自动添加一新行。在第三行输入"Red Light"和"Q4.1"，按回车键结束该项。

（3）以此类推，直至建完符号表，并保存。建好的符号表。

11.4 在 OB1 中创建程序

组织块 OB1 是操作系统与用户程序的接口，由操作系统调用，用于控制扫描循环和中断程序的执行、PLC 的启动和错误处理等。绝大多数 S7-300/400PLC 的程序都在 OB1 里编制。

11.4.1 编程串联电路

编程串联电路具体步骤如下：
（1）在视图菜单中将 LAD 设置为编程语言；
（2）单击 OB1 中的标题区域，作为示例，输入"循环处理的主程序"；
（3）为第一个元素选择电流通路；
（4）单击工具栏中的 ┤├ 按钮，并插入一个常开触点，以同样的方式，插入第二个常开触点；
（5）在电流通路的右端插入一个线圈；
（6）请单击??.?符号并输入符号名"Key_1"（不包括引号）。同样，也可以从所显示的下拉列表中选择名称。用回车键确认。为第二个动合触点输入符号名"Key_2"。为线圈输入名称"Green_Light"。现在已经编程了一个完整的串联电路。

11.4.2 编程并联电路

编程并联电路具体步骤如下：
（1）选择程序段 1，插入一个新的程序段，如图 11-5 所示；

(2) 再次选择电流通路，插入一个动合触点和一个线圈，如图 11-6 所示；

图 11-5　插入一个新的程序段示意图　　　　图 11-6　插入一个动合触点和一个线圈示意图

(3) 选择电流通路的垂直，插入一个并行分支，在并行分支上添加另一个动合触点，如图 11-7 所示；

(4) 闭合分支（如有必要，可选择向下的箭头），如图 11-8 所示；

图 11-7　插入一个并行分支示意图　　　　图 11-8　闭合分支示意图

(5) 要分配符号地址，可按照与串联电路相同的方法进行。用"Key_3"来覆盖上面的动合触点，用"Key_4"覆盖下面的触点，线圈则为"Red_Light"。

11.4.3　编程存储器功能

编程存储器功能具体步骤如下：
(1) 选择程序段 2 并插入另一程序段，再次选择电流通路；
(2) 在编程元素目录的位逻辑下查找到 SR 元素，双击插入该元素；
(3) 分别在 S 和 R 的输入之前插入一个动合触点；
(4) 为 SR 元素输入以下符号名：上面触点的名称为"Automatic_On"下面触点的名称为"Manual_On" SR 元素的名称为"Automatic_Mode"。

11.5　创建一个带有功能块和数据块的程序

功能块（FB）在程序的体系结构中位于组织块之下。它包含程序的一部分，这部分程序在 OB1 中可以多次调用。功能块的所有形参和静态数据都存储在一个单独的、被指定给该功能块的数据块（DB）中。

11.5.1　创建并打开功能块（FB）

在【LAD/STL/FBD】编程窗口编程功能块（FB1，符号名"Engine"；），具体步骤如下：
(1) 将符号表复制到项目"Getting Started"中，打开"Getting Started"项目；
(2) 找到 Blocks 文件夹并打开它。用鼠标右击右窗口；
(3) 按鼠标右键出现的弹出菜单中包含菜单栏中最重要的命令。插入一个功能块作为新对象；
(4) 在"属性—功能块"对话框中，选择用以生成块的语言，激活多重背景 FB 的检查框，用确定确认其余的设置；
(5) 将功能块 FB1 插入到 Blocks 文件夹中，双击 FB1，打开 LAD/STL/FBD 编程窗口。

11.5.2　编程 FB

在本例中，该功能块使用两个不同的数据块控制和监视汽油或柴油发动机。所有"发动机特定的"信号都是作为块参数从组织块传送给功能块的，因此必须作为输入和输出参数在变量声明表中列出（声明"in"和"out"）。具体步骤如下：

声明/定义变量

【LAD/STL/FBD】编程窗口已经打开，并已激活选项【视图】/【LAD】（编程语言）。

注意，FB1 现在显示在标题栏中，因为是通过双击 FB1 打开的编程窗口。

变量声明区域由变量总览视窗口（左窗格）和变量详细视窗口（右窗格）组成。在变量总览视窗口中，依次选择声明类型"IN"，"OUT"和"STAT"，并在相应的变量详细视窗口中输入如下声明。在变量总览视窗口中，单击相应的单元并在随后出现的图中应用条目。可以从所显示的下拉列表中选择数据类型。

编程一个发动机的开动和停机：

使用工具栏中相应的按钮或编程元素目录在程序段 1 中依次插入一个动合触点、一个动断触点和一个 SR 元素。然后在输入 R 之前选择电流通路。插入另一个动合触点。在该触点前选择电流通路。

选中问号并输入变量声明表中相应的名称（自动分配符号#）。为串联电路中的动断触点输入符号名"Automatic_Mode"，然后保存程序。

编程速度监视：

插入一个新的程序段并选择电流通路。然后在编程元素目录中浏览直至找到比较功能并插入 CMP >= I。另外在电流通路中插入一个线圈。

再次选择问号，并使用变量声明表中的名称标定线圈和比较器，然后保存程序。

当变量#Switch_On 的信号状态为"1"并且变量"Automatic_Mode"的信号状态为"0"时，开动发动机。只有当对"Automatic_Mode"取反时（动断触点），才能够启用该功能。当变量#Switch_Off 的信号状态为"1"或变量#Fault 的信号状态为"0"时，发动机关闭。同样，可以通过取反#Faul 实现该功能（#Fault 是一个"0 激活"信号，它在常态下的信号为"1"，如果出现故障则为"0"）。

11.5.3 生成背景数据块和修改实际值

为了以后能在 OB1 中编写指令调用此功能块，必须生成相应的数据块。一个背景数据块（DB）总是被指定给一个功能块。在这个例子中，这个功能块用于控制和监视一台汽油或柴油发动机。不同的发动机的预设速度分别存储在两个数据块中，可在其中修改实际值（#Setpoint_Speed）。通过一次性集中编写功能块，可以减少相关的编程量。具体步骤如下：

（1）在 SIMATIC 管理器中打开项目"Getting Started"，查找到 Blocks 文件夹并用鼠标右击右窗口，右击鼠标，使用弹出菜单插入一个数据块；

（2）在"数据块属性"对话框中使用名称 DB1，然后在相邻的下拉列表中选择应用程序"背景 DB"，并应用所分配的功能块名"FB1"。确认"属性"对话框中的所有设置。数据块 DB1 被添加到"Getting Started"项目中。双击打开 DB1；

（3）单击 `Yes` 按钮确认随后出现的对话框，可将参数分配给背景数据块；

（4）接着在"实际值"栏中为汽油机输入数值"1500"。现在已经为该发动机定义了最大速度。保存 DB1，并关闭编程窗口。按相同的方法，为 FB1 生成另一个数据块 DB2。现在为柴油机输入实际值"1200"。保存 DB2，并关闭编程窗口。

11.5.4 编程块调用

为编程功能块所做的所有工作，只有在 OB1 中调用该功能块时才有用处。一个功能块调用使用一个数据块，这样两个发动机都可以进行控制。具体步骤如下：

（1）SIMATIC 管理器随着项目"Getting Started"一起打开。查找到 Blocks 文件夹并打开 OB1。

（2）在编程元素目录中找到 FB1，并双击将其插入。

（3）在以下各项前面插入一个动合触点：Switch_On、Switch_Off 和 Fault。单击"Engine"上面的???符号，然后将光标保持在同一位置，用鼠标右击输入框。右击鼠标，在显示的快捷菜单中单击插入符号。将会出现一个下拉列表。

（4）双击数据块 Petrol。然后该块则自动被输入到输入框中，并加上引号。

（5）单击问号，然后使用下拉列表中的相应符号名输入到引号中，为功能块中的其他参数输入地址。

11.6 编程一个功能（FC）

功能和功能块一样，在程序分级结构中位于组织块的下面。为使一个功能被 CPU 处理，必须在程序分级结构中的上一级调用它。与功能块不同的是，功能不需要数据块。在功能中，参数也列在变量声明表中，但是不允许使用静态局部数据。

11.6.1 创建和打开功能（FC）

可以使用【LAD/STL/FBD】编程窗口编程一个功能，其方法与编程一个功能块完全相同。具体步骤如下：

（1）使用菜单命令【文件】/【新建项目向导】在 SIMATIC 管理器中创建一个新项目，并且将项目重命名为"Getting Started Function"。

（2）找到 Blocks 文件夹并打开它。用鼠标右键单击右部窗口。

（3）从弹出菜单中插入一个功能（FC）。

（4）在"属性—功能"对话框中，接受名称 FC1 并选择所需要的编程语言，单击【确定】按钮确认其余的缺省设置。

功能 FC1 被添加到 Blocks 文件夹中。双击打开 FC1。

11.6.2 编程功能

以编程一个定时器功能为例，当发动机开动时，该定时器功能将使风扇打开，然后，在发动机停机后，该风扇继续运行 4s（延迟断开）。如前所述，必须在变量详细视图中指定该功能的输入和输出参数（"in"和"out"声明），具体过程如下。

（1）打开【LAD/STL/FBD】编程窗口，使用该变量详细视图的方法与使用功能块的详细视图一样输入如下声明，如图 11-9 所示。

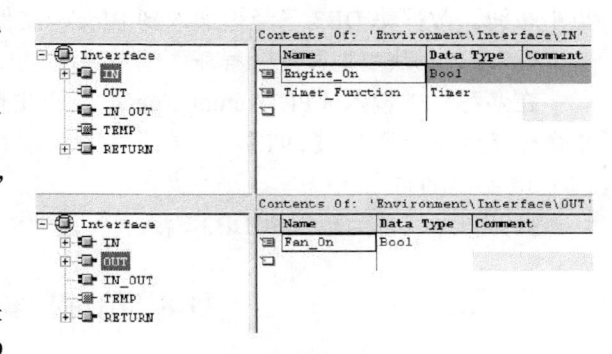

图 11-9 输入变量声明示意图

（2）选择输入梯形图指令的当前路径。在编程元素目录中查找到 S_OFFDT（启动延时断开定时器），并选择该元素。

（3）在输入 S 前插入一个动合触点。在输出 Q 之后插入一个线圈。

（4）选择问号，输入"#"并选择相应的名称。

11.6.3 在 OB1 中调用功能

对功能 FC1 的调用的执行方式与在 OB1 中对功能块的调用相似，在 OB1 中用汽油机或者柴油机的相应的地址给功能的所有参数赋值。由于这些地址还未在符号表中定义，现在将添加这些地址的符号名，具体过程如下：

（1）SIMATIC 管理器连同项目"Getting Started"一同打开。查找到 Blocks 文件夹并打开 OB1。

（2）打开【LAD/STL/FBD】编程窗口，插入一个新的程序段，在编程元素目录中查找到 FC1，插入该功能。

（3）在"Engine_On"前插入一个动合触点。

（4）单击 FC1 调用的问号，插入符号名。

（5）在程序段中使用柴油机的地址对功能 FC1 的调用进行编程，可以采用与前一程序段相同的方法。

11.7　编程共享数据块

如果 CPU 中没有足够的内部存储位来保存所有数据，可将一些指定的数据存储到一个共享数据块中。存储在共享数据块中的数据可以被其他的任意一个块使用。而一个背景数据块被指定给一个特定的功能块，它的数据只在这个功能块中有效。编程共享数据块的具体步骤如下：

1. 新建项目

（1）使用菜单命令【文件】/【新建项目向导】在 SIMATIC 管理器中创建一个新项目，并且将项目重命名为"Getting Started Function"。

（2）查找到 Blocks 文件夹并打开它，用鼠标右键点击右部窗口。

（3）从弹出菜单中插入一个数据块（DB）。

（4）在【属性—数据块】对话框中用确定接受所有的缺省设置。需要进一步的信息，请点击按钮。数据块 DB3 已经被加入到 Blocks 文件夹。双击打开 DB3。

2. 在数据块中编写变量程序

在名称栏中输入"PE_Actual_Speed"，点击鼠标右键选择类型，使用弹出式菜单中的菜单命令【元素类型】/【INT】。

3. 分配符号

打开符号表并为数据块 DB3 输入符号名"S_Data"。

11.8　编程多重背景

在 S7 体系里，多重背景数据块与多个背景数据块是两个概念。不同编号相同结构的数据块是多背景数据块，比如常用的 PID 函数 FB41 可以有多个不同的背景数据块。多重背景数据块是在一个背景数据块里包含有不同 FB 的背景数据块，一般只在 DB 块非常多，系统 DB 编号资源不够用或出于管理方便等目的才会用到。这样用一个大的背景数据块装入很多小的数据块，减少了 DB 的数量。这些小的数据块结构取决于不同的 FB，可以相同也可以不同。

11.8.1 创建和打开较高一级的功能块

在前面的实例中创建了一个功能块"Engine"（FB1）控制一台发动机的程序。当功能块 FB1 在组织块 OB1 中调用时，它使用了数据块"Petrol"（DB1）和"Diesel"（DB2）。每个数据块包含发动机的不同数据（例如，#Setpoint_Speed）。如果自动化设备还需要其他的程序控制发动机，例如，用于菜子油发动机的控制程序，或者用于氢发动机的控制程序等。按照目前的步骤，现在要为一个附加的发动机控制程序使用 FB1，并且每次为发动机的数据分配新的数据块，例如，FB1 和 DB3 用于控制菜子油发动机，FB1 和 DB4 用于控制氢发动机，等。一方面，当创建新的发动机控制程序时，块数量的增加是非常大的。另一方面，通过使用多重背景可以减少块的数量。为此，要创建一个新的、更高级别的功能块（在示例中是 FB10），并在其中调用未作任何修改的 FB1 作为"局部背景"。对每一个调用，子程序 FB1 将它的数据存储在较高一级 FB10 的数据块 DB10 中。这就意味着无需给 FB1 分配任何数据块。所有的功能块都指向一个数据块（此处是 DB10）。

（1）创建示例项目"Getting Started"。

（2）查找到 Blocks 文件夹并打开它。在右半窗口中击鼠标右键，然后使用弹出菜单插入一个功能块。

（3）将块名改为 FB10 并选择所需要的编程语言。如有必要，激活多重背景 FB，并用确定确认其余的缺省设置。FB10 被加入到 Blocks 文件夹。双击以打开 FB10。

11.8.2 编程多重背景

要将 FB1 作为 FB10 的一个"局部背景"调用，则需要在变量详细视图中为每一个计划调用的 FB1 声明一个具有不同名字的静态变量。这里，数据类型是 FB1（"Engine"）。具体步骤如下：

1. 声明/定义变量

FB10 在【LAD/STL/FBD】编程窗口中打开。将顺序映像的声明传送到变量详细视图中。为此，请依次选择声明类型"OUT"、"STAT"以及"TEMP"，并在变量详细视图中进行输入。从下拉列表中选择"FB <nr>"作为声明类型"STAT"的数据类型，并用"1"来替换字符串"<nr>"。

2. 编程 FB10

（1）在程序段 1 中插入调用"Petrol_Engine"作为多重背景数据块"Petrol_Engine"。

（2）然后插入所需的动合触点并用符号名完成调用。

（3）插入一个新的程序段，并为柴油机编写调用程序。按照与程序段 1 相同的方法进行。

（4）插入一个新的程序段，并用相应的地址编程一个串联电路。保存程序并关闭块，使用相应的临时变量。将通过下拉菜单中左边所显示的符号来识别临时变量。最后保存程序并关闭块。

11.8.3 生成多重背景并调整实际值

新的数据块 DB10 将替代数据块 DB1 以及 DB2。用于汽油机和柴油机的数据存储在 DB10

中，后面在 OB1 中调用 FB1 时将会用到。

在 SIMATIC 管理器中，使用弹出菜单在项目 "Getting Started" 的 Blocks 文件夹中创建数据块 DB10。

为此，在出现的对话框 "属性-数据块" 中将数据块名修改为 DB10，并在相邻的下拉列表中选择应用程序 "背景数据块"。在右边的下拉式列表中，选择要分配的功能块 "FB10" 并且用确定来确认其余的设置。数据块 DB10 已经被添加到 "Getting Started" 项目中。

双击 DB1，在下面的对话框中将柴油机的实际值更改为 "1300"，存储该块然后关闭它。

现在所有的变量都包含在 DB10 的变量声明表中。在前半部分，可以看到调用功能块 "Petrol_Engine" 的变量，在后半部分中则是调用功能块 "Diesel_Engine"。FB1 的 "内部" 变量仍然保持它们的符号名，例如，"Switch_On"。

11.8.4 在 OB1 中调用多重背景

打开项目中的 OB1。

【LAD/STL/FBD】编程窗口打开。用菜单命令【选项】/【符号表】打开符号表，为功能块 FB10 和数据块 DB10 在符号表中输入符号名。

在 OB1 的结尾处，插入一个新的程序段并添加对 FB10（"Engines"）的调用。

用相应的符号名完成下面的调用。删除 OB1 中对 FB1 的调用，因为现在通过 FB10 来集中调用 FB1。

11.9 S7-PLCSIM 仿真软件的使用

STEP 7 专业版包含 S7-PLCSIM，安装 STEP 7 的同时也安装了 S7-PLCSIM。在安装好标准版 STEP 7 后再安装 S7-PLCSIM，S7-PLCSIM 将自动嵌入 STEP 7。

S7-PLCSIM 可以在计算机上对 S7-300/400 PLC 的用户程序进行离线仿真与调试，因为 S7-PLCSIM 与 STEP 7 是集成在一起的，仿真时计算机不需要连接任何 PLC 的硬件。S7-PLCSIM 可以模拟 PLC 的输入/输出存储器区，通过在仿真窗口中改变输入变量的 ON/OFF 状态，来控制程序的运行，通过观察有关输出变量的状态来监视程序运行的结果。

S7-PLCSIM 提供了用于监视和修改程序中使用的各种参数的简单的接口，例如使输入变量变为 ON 或 OFF。和实际 PLC 一样，在运行仿真 PLC 时可以使用变量表和程序状态等方法来监视和修改变量。S7-PLCSIM 可以实现定时器和计数器的监视和修改，通过程序使定时器自动运行，或者手动对定时器复位。S7-PLCSIM 还可以模拟对下列地址的读写操作：位存储器（M）、外设输入（PI）变量区和外设输出（PQ）变量区，以及存储在数据块中的数据。

除了可以对数字量控制程序仿真外，还可以对大部分组织块（OB）、系统功能块（SFB）和系统功能（SFC）仿真，包括对许多中断事件和错误事件仿真。可以对语句表、梯形图、功能块图和 S7 Graph（顺序功能图）、S7 HiGraph、S7-SCL 和 CFC 等语言编写的程序仿真。

11.9.1 使用 S7-PLCSIM 仿真软件调试程序的步骤

用户程序的调试是通过视图对象（View Objects）来进行的。S7-PLCSIM 提供了多种视图对象，用它们可以实现对仿真 PLC 内的各种变量、计数器和定时器的监视与修改。下面是用 PLCSIM 调试程序的步骤。

（1）在 STEP7 编程软件中生成项目，编写用户程序。

（2）点击 STEP 7 的 SIMATIC 管理器工具条中的【Simulation on/off】按钮，或执行菜单命令【Options】/【Simulate Modules】，打开 S7-PLCSIM 窗口，窗口中自动出现 CPU 视图对象，同时自动建立了 STEP 7 与仿真 CPU 的连接。此时仿真 PLC 的电源处于接通状态，CPU 处于 STOP 模式，扫描方式为连续扫描。

（3）在 SIMATIC 管理器中打开要仿真的用户项目，选中【Blocks】对象，点击工具条中的下载按钮，或执行菜单命令【PLC】/【Download】，将所有的块下载到仿真 PLC 中。

（4）点击 S7-PLCSIM 工具条中标有"I"的按钮，或执行菜单命令【Insert】/【Input Variable】，创建输入 IB 字节视图对象。用类似的方法可以生成输出字节 QB、位存储器 M、定时器和计数器的视图对象。输入和输出一般以字节中的位的形式显示，根据被监视变量的情况确定 M 视图对象的显示格式。

此外还可以生成通用变量、累加器与状态字、块寄存器、嵌套堆栈（Nesting Stacks）、垂直位变量等视图对象。可以选择多种数据格式。

（5）用视图对象来模拟实际 PLC 的输入/输出信号，用它来产生 PLC 的输入信号。或通过它来观察 PCL 的输出信号和内部元件的变化情况，检查下载的用户程序是否能正确执行。

11.9.2 应用举例

下面以调试电动机的控制程序为例，介绍用 S7-PLCSIM 进行仿真的步骤。

OB1 中的控制程序实现下述功能：按下开机按钮 I1.0，Q4.0 变为 1 状态，电动机串电阻降压启动，同时定时器 T1 开始定时。9s 后定时时间到，Q4.1 变为 1 状态，启动电阻被短接，电动机全压运行。MW2 中电动机的实际转速与程序中预置的转速（本例中为 1400r/min）进行比较，超速时发出报警信号 Q4.2；按下停机按钮 I1.1，Q4.0 和 Q4.1 变为 0 状态，电动机停止运行。输入完程序后，将它下载到仿真 PLC。

在 PLCSIM 中创建输入字节 IB1、输出字节 QB4、位存储器 MW2 和定时器 T1 的视图对象，IB1 和 QB4 以位的形式显示，MW2 以十进制形式显示。点击 CPU 视图对象中标有 RUN 或 RUN-P 的小框，将仿真 PLC 的 CPU 置于运行模式。

1. 开机控制

给 IB1 的第 0 位（I1.0）施加一个脉冲，模拟按下启动按钮，即用鼠标点击 IB1 视图对象中第 0 位的单选按钮，出现符号"√"，IB1.0 变为 ON；再点击一次"√"消失，IB1.0 变为 OFF，相当于放开启动按钮。

IB1.0 变为 ON 后，观察到视图对象 QB4 中的第 0 位的小框内出现符号"√"，表示 Q4.0 变为 ON，即电动机开始降压启动。与此同时，视图对象 T1 的时间值由 0 变为 900（因为此时的时间分辨率为 10ms，900 相当于 9s），并不断减少。9s 后减为 0，定时时间到，T1 的动合触点接通，视图对象 QB4 中的第 1 位（即 Q4.1）ON，电动机全压运行。

2. 速度监视

Q4.0 变为 ON 后，为了模拟采集到的实际转速，在 MW2 视图对象中分别输入十进制数 1399、1400 和 1401（电动机的实际转速分别低于、等于和高于预置转速），观察到 Q4.2 的状态分别为 OFF、OFF 和 ON，说明超速报警功能正常。在 MW2 视图对象中输入数据后，需要按（Enter）键确认。

3. 停机控制

给 I1.1 施加一个脉冲，观察到 Q4.0～Q4.2 立即变为 OFF，表示电动机停止运行。

在用 S7-PLCSIM 进行仿真时，可以同时打开 OB1 中的梯形图程序，用菜单命令【Debug】/【Monitor】在梯形图中监视程序的运行状态。

11.9.3 视图对象与仿真软件的设置与存档

1. CPU 视图对象

开始新的仿真时，将自动出现 CPU 视图对象。选择菜单命令【PLC】/【Clear/Reset】或点击 CPU 视图对象中的 MRES 按钮，可以复位仿真 PLC 的存储器，删除程序块和硬件组态信息，CPU 将自动进入 STOP 模式。

CPU 视图对象中的 LED 指示灯"SF"表示有硬件、软件错误，"RUN"与"STOP"指示灯表示运行模式与停止模式；"DP"（分布式外设或远程 I/O）用于指示 PLC 与分布式外设或远程 I/O 的通信状态；"DC"（直流电源）用于指示电源的通断情况。用【PLC】菜单中的命令可以接通或断开仿真 PLC 的电源。

2. 其他视图对象

通用变量（Generic Variable）视图对象用于访问仿真 PLC 所有的存储区（包括数据块）。垂直位（Vertical Bits）视图对象可以用绝对地址或符号地址来监视和修改 I、Q、M 等存储区。

累加器与状态字视图对象用来监视 CPU 中的累加器、状态字和用于间接寻址的地址寄存器 AR1 和 AR2。

块寄存器视图对象用来监视数据块地址寄存器的内容，也可以显示当前和上一次打开的逻辑块的编号，以及块中的步地址计数器 SAC 的值。

嵌套堆栈（Nesting Stacks）视图对象用来监视嵌套堆栈和 MCR（主控继电器）堆栈。嵌套堆栈有 7 个项，用来保存嵌套调用逻辑块时状态字中的 RLO（逻辑运算结果）和 OR 位。每一项用于逻辑串的起始指令（A、AN、O、ON、X、XN）。MCR 堆栈最多可以保存 8 级嵌套的 MCR 指令的 RLO 位。

定时器视图对象和计数器视图对象用于监视和修改它们的实际值，在定时器视图对象中可以设置定时器的时间基准。视图对象和工具条的按钮分别用来复位指定的定时器或所有的定时器。可以在【Execute】菜单中设置定时器为自动方式或手动方式。手动方式允许修改定时器的时间值或将定时器复位，自动方式时定时器受用户程序的控制。

3. 设置扫描方式

可以用工具条中的按钮或用【Execute】菜单中的命令选择两种扫描方式：

（1）单次扫描：CPU 执行一次扫描后处于等待状态，可以观察扫描后各变量的变化。

（2）连续扫描：与实际的 CPU 执行用户程序相同，CPU 不断地循环扫描。

4. 设置 MPI 地址

使用菜单命令【PLC】/【MPI Address…】，可以设置仿真 PLC 在指定的网络中的节点地址。

5. LAY 文件和 PLC 文件

LAY 文件用于保存仿真时各视图对象的信息；PLC 文件用于保存上次仿真运行时设置的数据和动作等。退出仿真软件时将会询问是否保存 LAY 文件或 PLC 文件，一般选择不保存。

11.10 系 统 调 试

进行系统调试是可编程控制器构成控制系统的一个重要设计步骤。用户程序在最后投入使用前都需进行模拟调试。

11.10.1 STEP 7 与 PLC 的在线连接与在线操作

1. 装载存储器与工作存储器

用户程序被编译后，逻辑块、数据块、符号表和注释保存在计算机的硬盘中。在完成组态、参数赋值、程序创建和建立在线连接后，可以将整个用户程序或个别的块下载到 PLC。系统数据（System Data）包括硬件组态、网络组态和连接表，也应下载到 CPU。

CPU 中的装载存储器用来存储没有符号表和注释的完整的用户程序，这些符号和注释保存在计算机的存储器中。为了保证快速地执行用户程序，CPU 只是将块中与程序执行有关的部分装入 RAM 组成的工作存储器。

在源程序中用 STL 生成的数据块可以标记为"与执行无关"，其关键字为"UNLINKED"。它们被下载到 CPU 时只是保存在装载存储器中。

下载的用户程序保存在装载存储器的快闪存储器（FEPROM）中，断电时信息也不会丢失。CPU 电源掉电又重新恢复时，FEPROM 中的内容被重新复制到 CPU 存储器的 RAM 区。

2. 在线连接的建立与在线操作

打开 STEP 7 的 SIMATIC 管理器时，建立的是离线窗口，看到的是计算机硬盘上的项目信息。Block（块）文件夹中包含硬件组态时产生的系统数据和用程序编辑器生成的块。

STEP 7 与 CPU 成功地建立起连接后，将会自动生成在线窗口，该窗口中显示的是通过通信得到的 CPU 中的项目结构。

（1）建立在线连接。

为了建立在线连接，计算机和 PLC 必须通过硬件接口（例如多点接口 MPI）连接起来，然后通过在线的项目窗口或【Accessible Nodes】（可访问站）窗口访问 PLC。

如果 STEP 7 的项目中有已经组态的 PLC，可以选择通过在线的项目窗口建立在线连接。

在 SIMATIC 管理器中执行菜单命令【View】/【Online】进入在线状态，执行菜单命令【View】/【Offline】进入离线状态。也可以用管理器工具条上的"Online"和"Offine"图标来切换两种状态。在线状态意味着 STEP 7 与 CPU 成功地建立了连接。

在线窗口最上面的标题栏中的背景变为浅蓝色，在块工作区出现了 CPU 中大量的系统功能块 SFB、系统功能 SFC 和已下载到 CPU 的用户编写的块。在线窗口显示的是 PLC 中的内容，而离线窗口显示的是计算机中的内容。SIMATIC 管理器的【PLC】菜单中的某些功能只能在在线窗口中激活，不能在离线窗口中使用。

如果 PLC 与 STEP 7 中的程序和组态数据是一致的，在线窗口显示的是 PLC 与 STEP 7 中的数据的组合。例如在在线项目中打开一个 S7 块，将显示来自 PLC 的 CPU 中块的指令代码部分，以及来自编程设备数据库中的注释和符号。

（2）处理模式与测试模式。

可以在设置 CPU 属性的对话框中的【Protection】（保护）选项卡选择处理（Process）模式或测试（Test）模式，这两种模式与 S7-400 和 CPU318-2 无关。

在处理模式，不能使用断点测试和程序的单步执行功能。在测试模式，所有的测试功能都可以不受限制地使用，即使这些功能可能会使循环扫描时间显著地增加。

（3）在线操作。

进入在线状态后，执行菜单命令【PLC】/【Diagnostics/Settings】中不同的子命令，可以显示和改变 CPU 的运行模式，显示与设置时间和日期，显示 CPU 模块的大量的信息，复位存储区中的用户数据，对硬件进行诊断等。

进入在线状态后，通过【PLC】主菜单中的命令可以显示"可以访问的节点"（即网络中的站），显示被强制的值，启动变量表对变量进行监视和修改。

设置了口令后，执行在线功能时，会显示出"Enter Password"对话框。若输入的口令正确，就可以访问该模块。此时可以与被保护的模块建立在线连接，并执行属于指定的保护级别的在线功能。执行菜单命令【PLC】/【Access Rights】/【Setup】，在出现的"EnterPassword"对话框中输入口令，可以用菜单命令【PLC】/【Access Rights】/【Cancel】取消口令。

3. 下载与上载

（1）下载的准备工作。

下载之前计算机与 CPU 之间必须建立起连接，要下载的程序已编译好；CPU 处在允许下载的工作模式下。在 RUN-P 模式一次只能下载一个块，建议在 STOP 模式下载。

在保存块或下载块时，STEP 7 首先进行语法检查，应改正检查出来的错误。下载前用编程电缆连接 PC（个人计算机）和 PLC，接通 PLC 的电源，将 CPU 模块上的模式选择开关扳到"STOP"位置，"STOP"LED 亮。

下载用户程序之前应将 CPU 中的用户存储器复位，以保证 CPU 内没有旧的程序。可以用模式选择开关复位，也可以执行菜单命令【PLC】/【Diagnostics/Settings】/【OperatingMode】，使 CPU 进入 STOP 模式，再执行菜单命令【PLC】/【Clear/Reset】复位存储器。

（2）下载的方法。

在管理器的块工作区选择块，可用 Ctrl 键和 Shift 键选择多个块，用菜单命令【PLC】/【Download】将被选择的块下载到 CPU。也可以在管理器左边的目录窗口中选择 Blocks 对象，用菜单命令【PLC】/【Download】下载所有的块和系统数据。

对块编程或组态硬件和网络时，可以在当时的应用程序的主窗口中，用菜单命令【PLC】/【Download】下载当前正在编辑的对象。

下载完成后，将 CPU 的运行模式选择开关扳到 RUN-P 位置，绿色的"RUN"LED 亮，开始运行程序。

（3）上载程序。

可以用【PLC】/【Upload】命令从 CPU 的 RAM 装载存储器中，把块的当前内容上载到计算机编程软件打开的项目中，该项目原来的内容将被覆盖。

11.10.2 调试程序

一、用程序状态调试程序

使用程序状态功能，可以在一个块中测试程序。要实现这一功能的前提是：已经建立了与 CPU 的在线连接，该 CPU 处于 RUN 模式或 RUN-P 模式，并且程序已经下载。

在项目窗口【Getting Started 在线】中打开 OB1。打开【LAD/STL/FBD】编程窗口。

激活功能【调试】/【监视】，如图 11-10 所示。

程序段 1 中的串联电路以梯形图的形式显示。当前支路一直到 Key 1（I 0.1）表示为一条实线；这表明正在为该电路供电。

二、用变量表调试程序

可以通过监视和修改各个程序的变量来对它们进行测试。要实现这一功能的要求是：已经建立了与 CPU 的在线连接，该 CPU 在 RUN-P 模式，并且程序已经下载。和用程序状态测试一样，可以在变量表中监视程序段 1（串联电路或 AND 功能）中的输入和输出。还可以通过预置实际速度测试 FB1 中用于发动机速度比较的比较器。具体步骤如下：

1. 创建变量表

（1）起始点还是在打开的 SIMATIC 管理器以及【Getting Started】离线项目窗口。查找到 Blocks 文件夹并用鼠标右键单击窗口右半边。

（2）使用鼠标右键的弹出菜单插入一个变量表。

（3）用 OK 关闭"Proferties"对话框，接受缺省设置。或者可以为变量表分配一个符号名并输入符号注释。

（4）在 Blocks 文件夹中创建一个 VAT1（变量表）。双击"VAT1"图标，打开【监视和修改变量】窗口。

（5）变量表起初是空的。按照下面插图 11-11 所示，为"Getting Started"示例输入符号名或地址。当用回车键完成输入项时，其余的详细资料会添加进来。

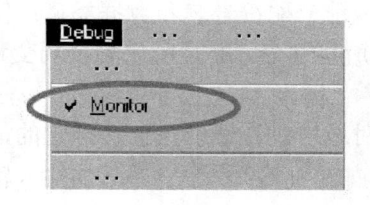

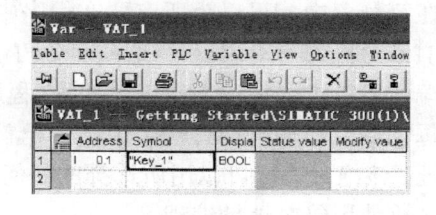

图 11-10　激活监视示意图　　　　图 11-11　填写变量表示意图

2. 将变量表切换到在线方式

建立与已组态的 CPU 之间的连接，将会在状态栏中显示出 CPU 的操作模式，将 CPU 的钥匙开关设置为 RUN-P（如果尚未将其设置为 RUN-P 模式）。

3. 监视变量

按下测试组态中的 Key1，并监视变量表中的结果。变量表中的状态值将由 false 变为 true。

4. 修改变量

（1）在修改变量对话框中"Modify value"一栏中为地址 MW2 输入数值"1500"，为地址 MW4 输入"1300"。

（2）将修改的值传送到 CPU，传送后，这些值将在 CPU 中进行处理。可以看到结果的比较。

由于受到屏幕空间的限制，经常不能完全显示超大的变量表。如果现在所使用的变量表过大，我们建议使用 STEP 7 为一个 S7 程序生成多个变量表。可以通过调整变量表，来使之满足自己的测试要求。可以为每个变量表分配不同的名称，命名的方法与为块命名的方法相同（例如，用 OB1_Network1 代替 VAT1），使用符号表来分配新名称。

11.10.3　故障诊断

在极端情况下，如果在处理一个 S7 程序时 CPU 进入了 STOP 状态，或者当您下载程序后无法将 CPU 切换为 RUN 状态，您可以从诊断缓冲区的事件列表中判断出现故障的原因。实现这一功能的要求是已经建立了与 CPU 的在线连接，并且 CPU 在 STOP 模式下。具体步骤如下：

（1）首先将 CPU 上的操作模式开关切换到 STOP 状态。

（2）起始点还是在打开的 SIMATIC 管理器以及【Getting Started】项目窗口，请选择 Blocks 文件夹。

（3）如果您的项目中有多个 CPU，首先要确定哪个 CPU 进入了 STOP 状态。

（4）所有可访问的 CPU 都列在"诊断硬件"对话框中。处于 STOP 操作模式的 CPU 将高亮显示。在"Getting Started"项目中只显示有一个 CPU。单击模块信息，对该 CPU 诊断缓冲区进行评估。

（5）【模块信息】窗口为您提供关于您的 CPU 的属性及参数的信息。现在选择"诊断缓冲区"标签，以确定造成进入 STOP 状态的原因。

最近的事件（编号为 1）在列表的最上面。显示进入 STOP 状态的原因。关闭除了 SIMATIC 管理器之外的所有窗口。如果是由于编程错误造成 CPU 进入 STOP 模式，请选择该事件并单击"打开块"按钮。该块则在您所熟悉的【LAD/STL/FBD】编程窗口中打开，同时出错的程序段将高亮显示。

11.10.4　使用符号编程

在符号表中，可以为所有要在程序中寻址的绝对地址分配符号名和数据类型；例如，为输入 I1.0 分配符号名 Key1。这些名称可以用在程序的所有部分，即是所说的全局变量。使用符号编程可以大大地提高已创建的 S7 程序的可读性。

每个输入和输出都有一个由硬件配置预定义的绝对地址。该地址是直接指定的，即为绝对地址。该绝对地址可以用所选择的任何符号名替换。如果在 S7 程序中寻址的输入输出并不多，应该使用绝对地址编程。

使用符号编程的具体步骤如下：

（1）在【Getting Started】项目窗口查找到 S7 程序（1），然后双击打开符号组件。

（2）在第有一行输入"Engine"，系统将自动添加数据类型。单击第一行或第二行的注释栏，为符号输入注释。完成一行后按回车键，会自动添加一新行。以此类推，直至建完符号表，并保存。

思 考 与 练 习

11.1　简述 STEP 7 硬件接口的方式。

11.2　简述组态的概念。

11.3　简述如果组态信息和实际设备不一致，下载后会有什么现象。

11.4　简述用绝对地址编程和符号编程的区别。

11.5　简述 S7-PLCSIM 的主要功能。

11.6　正在运行的 PLC 可以使用 S7-PLCSIM 进行调试吗？

11.7　简述使用哪些手段可以增加系统调试的效率。

11.8　简述硬件组态的任务和步骤。

第12章 PLC 控制系统实例

12.1 五层电梯控制系统

12.1.1 控制系统模型简介

电梯是生活中常见的垂直运输设备，现已广泛应用于各种建筑设备和工矿企业，是城市物质文明的标志之一。电梯由轿厢、配重、拖动电机、减速传动机械、井道、井道设备、呼唤系统和安全装置构成。电梯具有完善的机械构造及复杂的电气控制系统，它可以根据外部呼叫信号以及自身控制规律来运行，而可编程序控制器（PLC）的出现为电梯的电器控制提供了许多新的思路和方法。

电梯模型既反映了 PLC 技术在日常生活中的应用，又带有典型的顺序、逻辑控制等多种特征，所以用此作为控制对象进行 PLC 教学有一定的代表性，适合于大、中专院校进行教学演示、毕业设计、课程设计等。本书中介绍的电梯模型外观如图 12-1 所示。

电梯内有可开关门的轿厢，轿厢内由门控电机控制，执行开关门动作，轿厢由顶部升降电机带动可上下运动。主体的每一层均设有限位开关、外呼按钮和指示灯。控制盒内装有开关电源，可为 PLC 和电梯模型供电。配备控制盒，方便电路的检查和各 IO 工作情况的监控。电梯提供接线端口，可方便的与多种型号的 PLC 相连接。轿厢的上下行由一个电机的正反转控制，轿厢的开关门也是由一个电机的正反转控制，电梯曳引机结构图如图 12-2 所示。

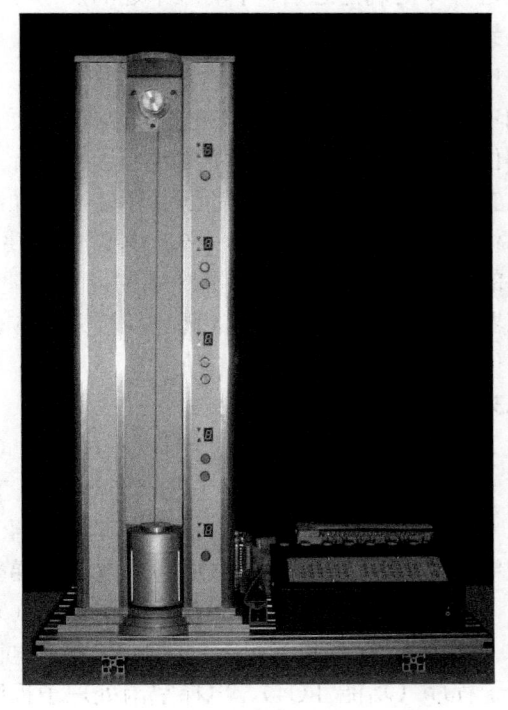

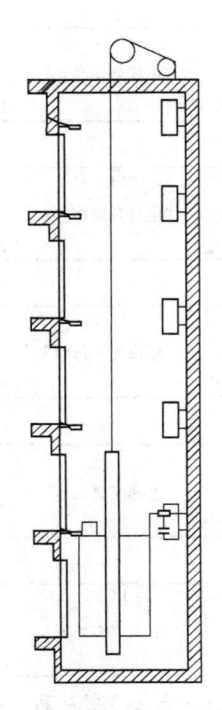

图 12-1 五层电梯外观图　　　　图 12-2 电梯曳引机结构图

12.1.2 控制系统功能描述

电梯是生活中常见的垂直运输设备，现已广泛应用于建筑设备和工矿企业，是城市物质文明的标志之一。电梯由轿厢、配重、拖动电机、减速传动机械、井道、井道设备、呼唤系统和安全装置构成。电梯具有完善的机械构造及复杂的电气控制系统，它可以根据外部呼叫信号以及自身控制规律来运行，而可编程序控制器（PLC）的出现为电梯的电器控制提供了许多新的思路和方法。

应用可编程序控制器（PLC）对五层电梯模型进行控制，克服了继电气控制的诸多缺点，大大提高了电梯可靠性、可维护性以及灵活性，同时缩短了电梯的开发周期。

电梯的安全运行有以下一些主要控制要求。

（1）轿厢内的运行命令及门厅的召唤信号。

司机及乘客可按下轿厢内操控盘上的选层按钮选定电梯运行的目的楼层，此为内选信号。按钮按下后，该信号应被记忆并使相应的指示灯点亮。在门厅等候电梯的乘客可以按门厅的上行或下行召唤信号，此为外呼信号。该信号也需记忆并点亮门厅的上行或下行指示灯，这些保持信号在要求得到满足时应能自动消号。

（2）轿厢的平层与停车。

轿厢运行后需确定在哪一层站停车，平层即是指停车时，轿厢的底与门厅"地平面"应相平齐。平层停车过程需在轿厢底面与停车楼面相平之前开始，先是减速，再是制动，以满足平层的准确性及乘客的舒适感。传统电梯的平层开始信号由平层感应器发出。

（3）电梯自动运行时的信号响应。

电梯自动运行时应根据内呼外唤信号，决定电梯的运行方向及在哪些站点停站。一般情况下电梯按先上后下的原则安排运送乘客的次序，而且规定在运行方向确定之后，不响应中途的反向呼唤要求，直到到达本方向的最远站点才开始返程。

（4）电梯位置的确定与显示。

轿厢中的乘客及门厅中等待电梯的人都需要知道电梯的位置，因而轿厢及门厅中都设有以楼层标志的电梯位置。但这还不够，电梯的运行还需要更加准确的电梯位置信号，以满足制动停车等控制的需要。传统电梯的位置信号一般由设在井道中的位置开关，如磁感应器提供，当轿厢上设置的隔磁板插入感应器时，发出位置信号，并启动楼层指示。

12.1.3 控制程序分析

本电梯控制系统设计以西门子公司生产的S7-300 PLC进行控制，具有自动平层、自动开关门、顺向响应轿内外呼梯信号、长时间空闲处理等功能。本电梯控制程序主要由主程序（OB1）、电梯呼梯登记子程序（功能FC1）、电梯开关门控制子程序（功能FC2）、电梯上下行控制子程序（功能FC3）、电梯楼层显示子程序（功能FC4）、电梯空闲处理子程序（功能FC5）等组成，其主程序（OB1）如图 12-3 所

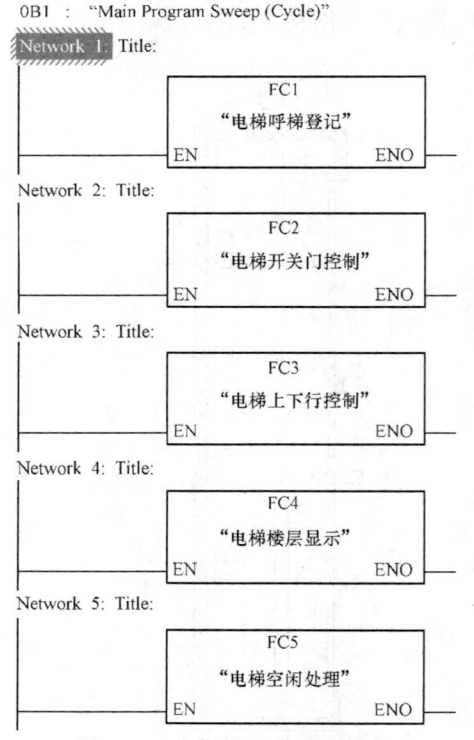

图 12-3 电梯控制系统主程序

示，详见配套光盘中的实例五层电梯。

电梯控制系统参考输入、输出地址分配见表12-1。

表12-1　　　　　　　　　　　　　输入、输出地址分配表

序号	输	入	输	出
1	I4.0	电梯一层上外呼叫	Q16.0	电梯下降
2	I4.1	电梯二层下外呼叫	Q16.1	电梯上升
3	I4.2	电梯二层上外呼叫	Q16.2	电梯开门
4	I4.3	电梯三层下外呼叫	Q16.3	电梯关门
5	I4.4	电梯三层上外呼叫	Q16.4	电梯一层上外呼叫显示
6	I4.5	电梯四层下外呼叫	Q16.5	电梯二层下外呼叫显示
7	I4.6	电梯四层上外呼叫	Q16.6	电梯二层上外呼叫显示
8	I4.7	电梯五层下外呼叫	Q16.7	电梯三层下外呼叫显示
9	I5.0	一层限位开关	Q17.0	电梯三层上外呼叫显示
10	I5.1	二层限位开关	Q17.1	电梯四层下外呼叫显示
11	I5.2	三层限位开关	Q17.2	电梯四层上外呼叫显示
12	I5.3	四层限位开关	Q17.3	电梯五层下外呼叫显示
13	I5.4	五层限位开关	Q17.4	电梯上行显示
14	I5.5	下极限限位开关	Q17.5	电梯下行显示
15	I5.6	一层内呼	Q17.6	一层内呼显示
16	I5.7	二层内呼	Q17.7	二层内呼显示
17	I8.0	三层内呼	Q20.0	三层内呼显示
18	I8.1	四层内呼	Q20.1	四层内呼显示
19	I8.2	五层内呼	Q20.2	五层内呼显示
20	I8.3	电梯开门控制	Q20.3	开门显示
21	I8.4	电梯关门控制	Q20.4	关门显示
22	I8.5	启停开关	Q20.5	数码管A段
23			Q20.6	数码管B段
24			Q20.7	数码管C段
25			Q21.0	数码管D段
26			Q21.1	数码管E段
27			Q21.2	数码管F段
28			Q21.3	数码管G段

1. 电梯呼梯登记子程序

电梯的呼梯登记子程序主要由轿厢内召唤和厅外召唤组成，其主要应用梯形图编程的自锁原理，将呼梯信号锁存在中间寄存器里，直至电梯运行到该层满足判断条件后清除信号，实例中呼梯登记子程序采用了内呼优先和外呼选择的原则进行编程，内呼优先即当轿厢到达相应层位后消除对应内呼信号，外呼选择即若有多个呼梯登记，当轿厢到达相应层位后需要判断轿厢运行方向，上行消除对应上外呼信号，下行消除对应下外呼信号，若只有1个呼梯登记则当轿厢到达相应层位后消除对应的呼梯登记。下面以二层呼梯信号为例说明内呼优先和外呼选择的原则。

图12-4 所示为电梯二层内呼登记的梯形图，若二层内呼有信号，I5.7（二层内呼）为电

梯轿厢内二层按钮的输入信号，当按钮被按下后，电源接通，将 M0.1 置"1"，并且由于自锁 M0.1 将一直保持为"1"，直至轿厢运行到二层，将二层限位开关 I5.1（二层限位）接通，此时程序中的动断触点 I5.1（二层限位）将断开，清除二层内呼信号，电梯开门，乘客上下电梯。

图 12-5 所示为电梯二层外呼登记的梯形图，自锁原理同二层内呼信号，当 I4.1（二层下外呼）按钮被按下后，电源接通，将 M1.1 置"1"，并且由于自锁 M1.1 将一直保持为"1"，消除信号的停止条件是一个并联的复合逻辑条件，条件一为轿厢到达二层，将二层限位开关 I5.1（二层限位）接通，条件二为电梯下行控制条件为"1"或只有一个呼梯登记，触发 M2.0（详见图 12-6）为"1"，条件三为电梯轿厢停在二层，有呼梯信号执行开关门动作（Q16.2 为"1"），只有当三个条件都满足时才能消除二层下外呼信号，I4.2（二层上外呼）信号原理同 I4.1（二层下外呼）信号。

图 12-5 中，为了能更好地分清呼梯登记的启动条件和停止条件，并未对梯形图进行优化处理，优化方法详见"梯形图程序的优化"章节的内容。

图 12-6 所示为电梯外呼信号消除判断条件的梯形图，M2.0 和 M2.1 分别为电梯下外呼和上外呼消除信号的条件。其启动条件有两个：一个是 M20.1（下行控制条件）和 M20.0（上行控制条件）；另一个是相应的下外呼和上外呼的并联信号，完成外呼选择原则功能的实现，同时解决下行不消除唯一一个上外呼信号和上行不消除唯一一个下外呼信号的问题。T0 和 T1 两个定时器用来解决只有一个楼层的上外呼信号和下外呼信号存在时，电梯轿厢运行到该楼层时同时消除两个呼梯登记的问题，实例中采用此方法解决有关问题。

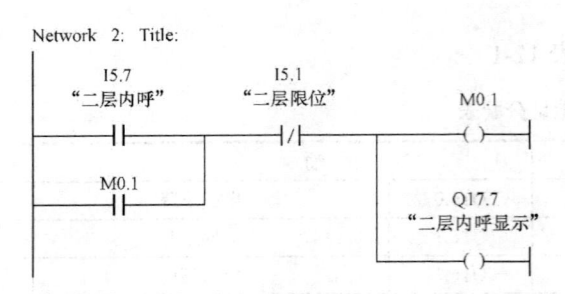

图 12-4　电梯二层内呼登记梯形图

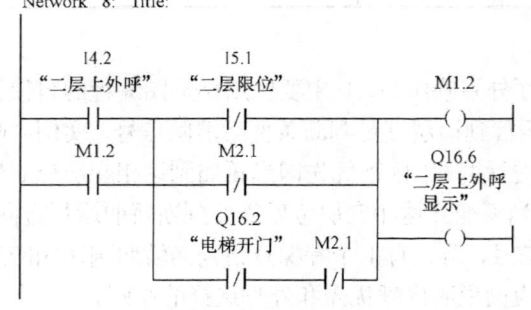

图 12-5　电梯二层外呼登记梯形图

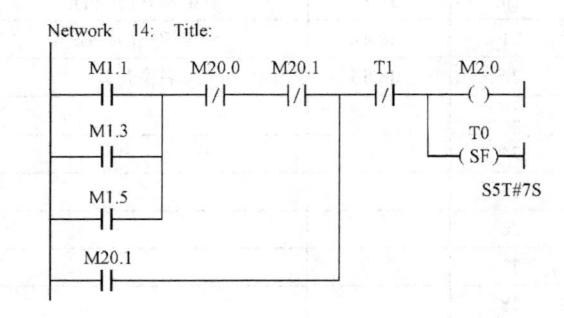

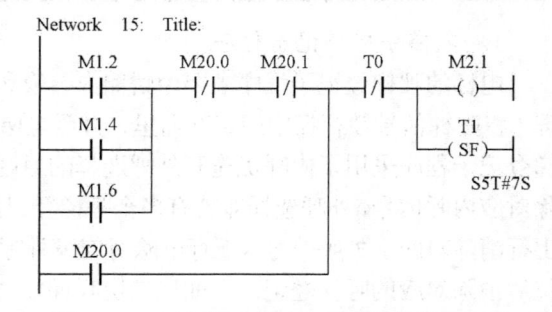

图 12-6　电梯外呼信号消除判断条件梯形图

2. 电梯开关门控制子程序

图 12-7 所示为电梯开门判断梯形图，M10.0 为电梯开门判断条件，若 M10.0 为"1"，则停止上下行，响应开门动作，M10.0 的启动条件也是一个复合的逻辑条件，以二层开门启动条件为例，若在二层且 M0.2 （二层内呼梯登记）、M1.1（二层下外呼梯登记）和 M1.2（二层上外呼梯登记）信号中的一个有下降沿，或者轿厢在二层 I5.7（二层内呼）、I4.1（二层下外呼）和 I4.2（二层上外呼）信号有下降沿，则开门判断条件 M10.0 为"1"，停止条件是 Q16.2（电梯开门）。此外，实例中的电梯模型没有开门到位和关门到位检测元件，因此，开门动作时间和关门动作时间由定时器来完成，电梯的开关门是由一个电机的正反转来控制的，所以关门时间略长于开门时间。

电梯开门判断条件 M10.0 在开门控制程序中做启动信号，在上下行控制程序中做停止信号。

电梯开门 Q16.2 的启动条件有两个：一个是 M10.0 开门判断条件；另一个是 I8.3 手动开门信号。开门动作时间由接通延时

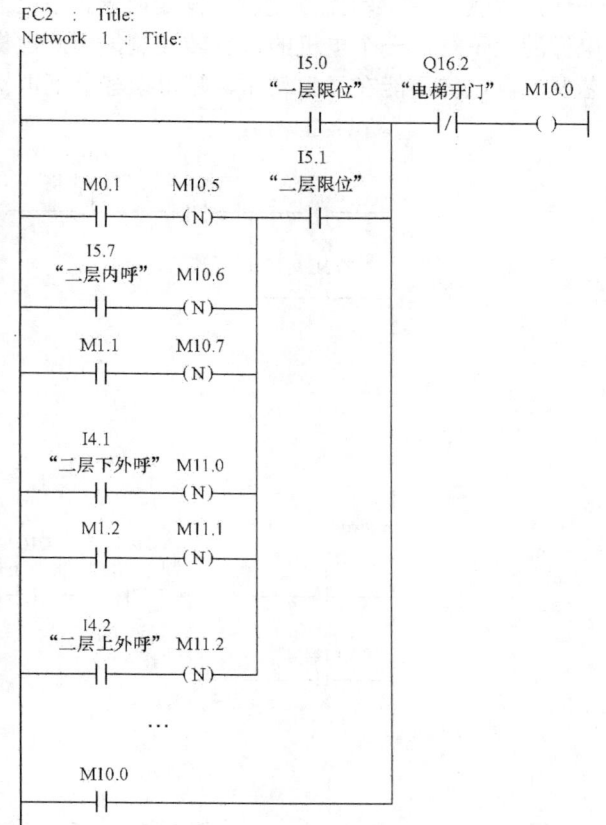

图 12-7 电梯开门判断梯形图

定时器 T6 控制，实例中设定的时间为 1.5s，等待乘客上下电梯的时间由断开延时定时器 T7 控制，实例中设定的时间为 2s，梯形图如图 12-8 中 Network 2 所示。

电梯关门 Q16.3 的启动条件也是两个，一个是 T7 的下降沿，另一个是 I8.4 手动关门信号，关门动作时间由接通延时定时器 T8 控制，实例中设定的时间为 2s，梯形图如图 12-8 中 Network 3 所示。

3. 电梯上下行控制子程序

当 PLC 的 CPU 扫描过各输入节点后，CPU 将判定是否有呼梯请求，并判断电梯的运行方向，此功能梯形图如图 12-9 所示，当电梯轿厢停在一层时程序中二～五层限位开关的动断触点都是导通的，若某一层有呼梯登记信号则回路将被接通，M20.0（电梯上行定向判断）将被置"1"，完成定向操作。例如当电梯轿厢停在三层，则此时三层限位开关被触发，程序中的动断触点 I5.3（三层限位开关）将断开，因而即使此时三层以下有呼梯信号程序也不会响应，只有当四、五层有呼梯召唤时程序才会将 M20.0 置"1"，所以本段程序具有判断电梯上行定向的功能，判断电梯下行功能的程序段与此类似。

图 12-10 所示为电梯上行控制程序，当上行定向程序段的 M20.0 被置"1"且停止条件都为"0"时，该回路被接通，Q16.1（电梯上升）为"1"，驱动电梯上行，当停止条件中的任何一个为"1"时，则 Q16.1 为"0"，电梯轿厢上行动作停止，其中，M10.0 为电梯开门判断

条件，T7 为等待乘客上下电梯时间定时器，停止条件都为互锁条件，限定其工作条件，例如，电梯的上下行由一个电机的正反转控制，因此电梯的上下行动作为互锁条件；根据电梯的工艺要求，电梯不能在开门动作、等待乘客上下电梯和关门动作时上行，因此也是互锁条件。

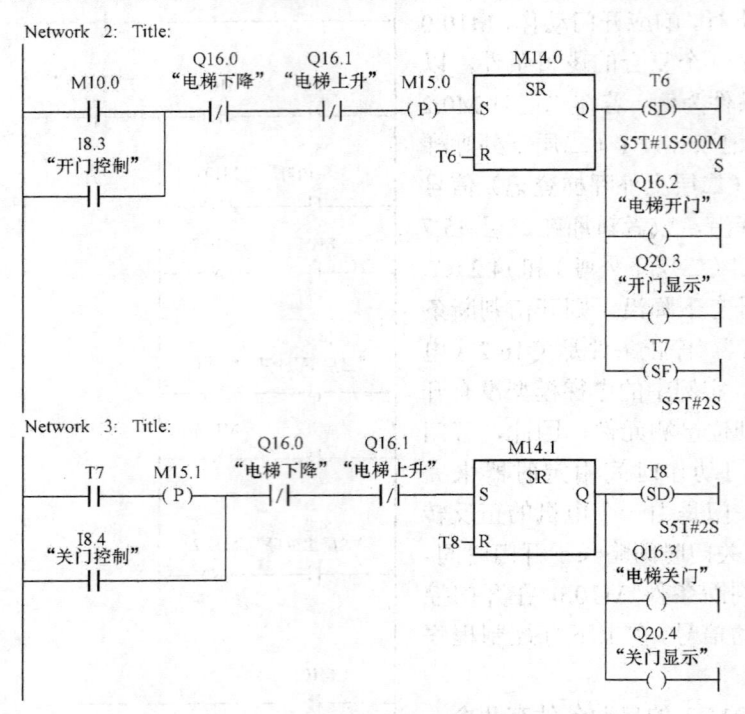

图 12-8 电梯开关门控制梯形图

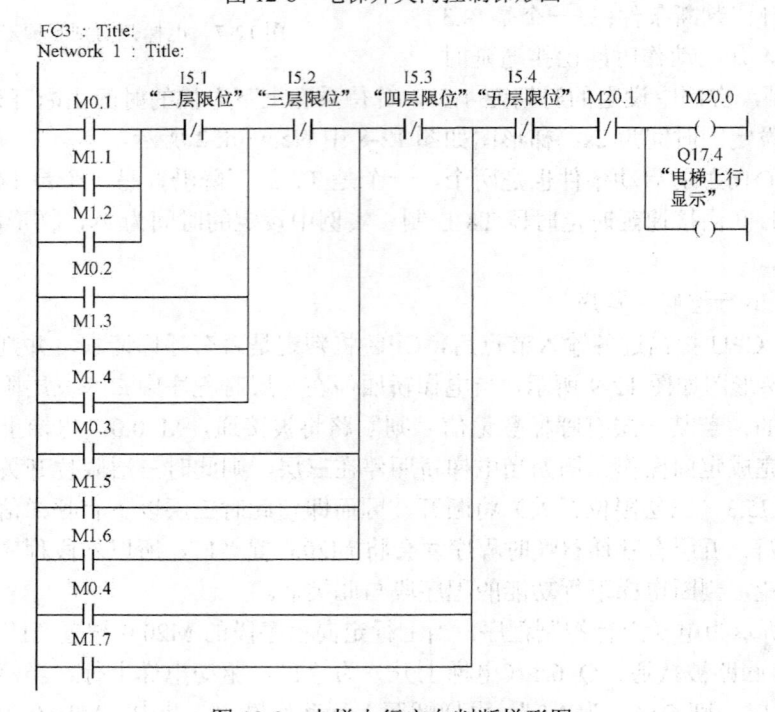

图 12-9 电梯上行定向判断梯形图

第 12 章 PLC 控制系统实例

```
Network 3 : Title:
         Q16.2        Q16.3   Q16.0    I5.4     Q16.1
M20.0  M10.0  "电梯开门"  T7  "电梯关门" "电梯下降" "五层限位" "电梯上升"
──┤├──┤/├──┤/├──┤/├──┤/├──┤/├──┤/├────( )──
```

图 12-10 电梯上行控制梯形图

4. 电梯楼层显示子程序

楼层位置指示程序主要是驱动七段数码管显示楼层位置，此段程序主要分为两部分，一是楼层数字显示判断程序，二是数码管显示程序，实例中楼层显示判断程序主要采用上行就上原则和下行就下原则，即在二层显示数字 2，在三层显示数字 3，在二层和三层中间上行状态显示数字 3，下行状态显示数字 2。

下面以显示楼层数字 2 为例举例说明，显示楼层数字 2 的条件有三个，一是停在二层时，二是离开一层上行未到二层时，三是离开三层下行未到二层时，将三个条件的文字表述编制为梯形图即图 12-11 中 RS 触发器 S 置位端并联的三个条件，R 复位端为不显示数字 2 的条件，M30.2 为显示数字 2 判断条件的存储位。

实例中采用工程上常见的译码电路，根据译码原理，数字 1~5 的译码表见表 12-2。根据译码表，用楼层显示数字的存储位驱动对应数码管的各段，由数码管各段的不同组合显示出楼层的数字。如图 12-12 为 Q20.6（数码管 B 段）的梯形图，M30.1、M30.2、M30.3 和 M30.4 分别为楼层显示数字 1、2、3、4 的存储位。

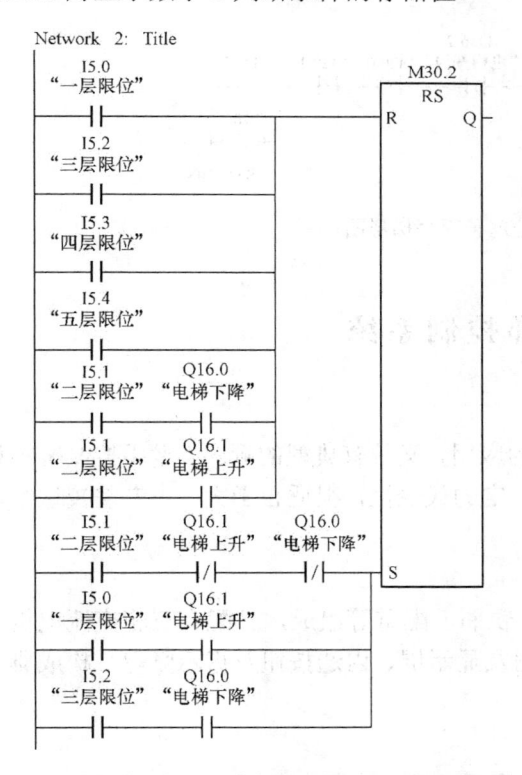

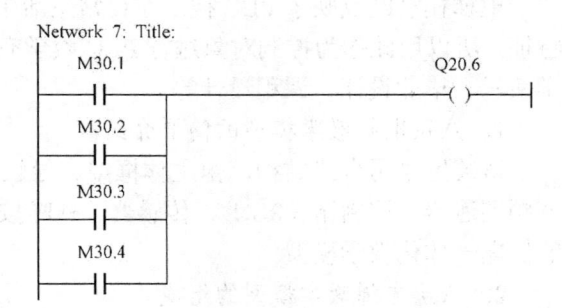

图 12-11 楼层数字显示判断梯形图　　图 12-12 数码管 B 段的梯形图

表 12-2　　　　　数 字 译 码 表

数字	A 段	B 段	C 段	D 段	E 段	F 段	G 段
数字 1	0	1	1	0	0	0	0
数字 2	1	1	0	1	1	0	1

续表

数　字	A段	B段	C段	D段	E段	F段	G段
数字 3	1	1	1	1	0	0	1
数字 4	0	1	1	0	0	1	1
数字 5	1	0	1	1	0	1	1

5. 电梯空闲处理子程序

实例中加入了电梯空闲处理子程序，即当电梯没有呼梯登记一段时间后，电梯自动下行至一层，设定的时间为 10s，梯形图如图 12-13 所示。

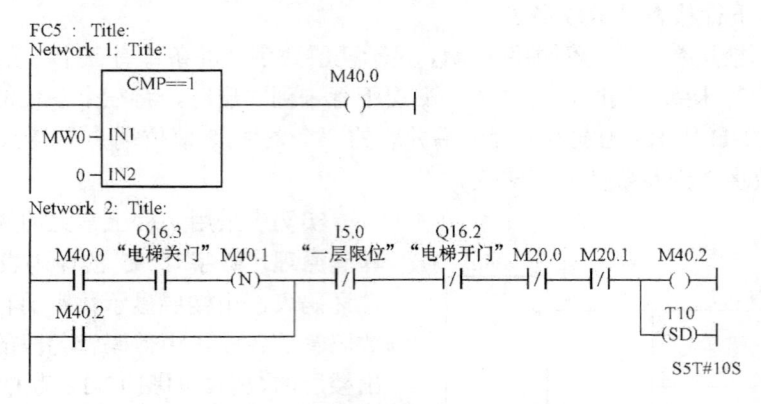

图 12-13　电梯空闲处理子程序梯形图

12.2　八层电梯控制系统

12.2.1　电梯控制系统模型简介

电梯模型既反映了 PLC 技术在日常生活中的应用，又带有典型的顺序、逻辑控制等多种特征，所以用此作为控制对象进行 PLC 教学有一定的代表性，很适合于大、中专院校进行教学演示、毕业设计、课程设计等。

1. 八层电梯教学模型的简要介绍

该装置采用台式结构，由主体框架、导轨、轿厢、配重等组成，并配有三相交流电机、变频调速器、控制器（PLC）、传感器、外呼按钮及显示屏、内选按钮及指示灯等，构成典型的机电一体化教学模型。

2. 八层电梯教学模型的组成

装置由主体框架及导轨、轿厢及门控系统、配重、驱动电机、外呼按钮及显示屏、内选按钮及指示灯和控制系统组成，电梯模型正面结构示意图如图 12-14 所示。

如图 12-15 所示，主体框架及导轨是由特制铝型材制成，它保证了轿厢的支撑和顺畅运行。

轿厢及门控系统是电梯的主要被控对象，它采用钢丝索和滑轮组结构悬吊于导轨之间，具有仿真度高的特点。轿厢的开关门自动控制系统是由门导轨、滑块、传动皮带、驱动直流电机、位置传感器组成。在 PLC 的控制下，轿厢到位后完成门的自动开启、延时、自动关闭的动作。

配重是与轿厢配合完成上下运行的重要部件，可使轿厢运行平稳、能耗低。

驱动电机是轿厢运行的曳引原动机，它采用三相交流电机配合变频调速器实现加减速控制、正反转控制、点动控制等操作。

外呼按钮及显示屏是模拟实际电梯轿厢以外各楼层的呼梯信号及显示轿厢位置的部件。

内选按钮及指示灯是模拟实际电梯轿厢内的楼层选择信号以及开关门选择的部件。

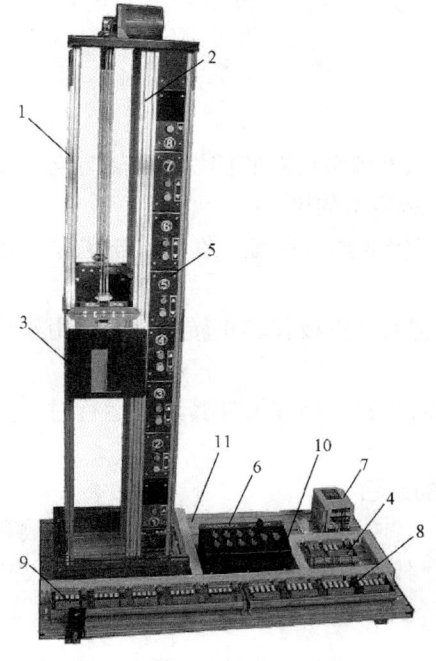

图 12-14 电梯模型正面结构示意图
1—主体框架；2—导轨；3—轿厢；4—驱动电机；
5—外呼按钮及显示；6—内选按钮及指示；
7—变频调速器；8—输出转换端子；
9—输入转换端子；10—直流
电源；11—底盘

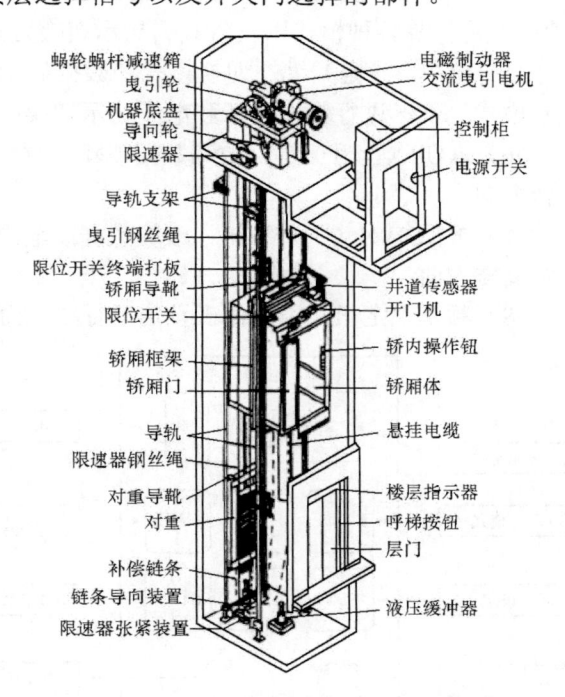

图 12-15 电梯基本结构图

12.2.2 电梯控制系统功能描述

八层电梯的基本工作原理同五层电梯，只是相对五层电梯模型而言八层电梯模型仿真程度更高一些，一是将轿厢的上下行控制，将每层的限位开关更换为上中下三个限位，并使用变频器驱动交流电机控制轿厢的运行，可实现对轿厢的变频调速控制；二是增加了一个配重块，提高系统的安全性；三是增加了轿厢门开关的检测元件，使轿厢的开关门仿真程度更高，下面主要从与五层电梯的不同点描述其功能。

1. 轿厢的变频调速控制

随着电力电子技术、微电子技术和计算机控制技术的飞速发展，交流变频调速技术的发展也十分迅速。电动机交流变频技术是当今节电，改善工艺流程以提高产品质量和改善环境、推动技术进步的一种手段。变频调速以其优异的调速性能和起制动平稳性能、高效率、高功率因数和节电效果，广泛的适用范围及其他许多优点而被国内外公认为最有发展前途的调速方式，因此变频器在电梯的控制中越来越重要。

变频器就是通过改变电动机电源频率实现速度调节的，是一种理想的高效率、高性能的调速手段。八层电梯教学模型所使用的变频器是松下 VFO 超小型变频器，操作板的面板如图 12-16 所示。

（1）显示部位：显示输出频率、电流、线速度、异常内容、设定功能时的数据及参数 No；

（2）RUN（运行）键：使变频器运行的键；

（3）STOP（停止）键：使变频器运行停止的键；

（4）MODE（模式）键：切换"输出频率电流显示"、"频率设定监控"、"旋转方向设定"、"功能设定"等各种模式以及将数据显示切换为模式显示所用的键；

（5）SET（设定）键：切换模式和数据显示以及存储数据所用键。在"输出频率·电流显示模式"下，进行频率显示和电流显示切换；

（6）▲UP（上升）键：改编数据或输出频率以及利用操作板使其正转运行时，用于设定正转方向；

（7）▼DOWN（下降）键：改编数据或输出频率以及利用操作板使其反转运行时，用于设定反转方向；

（8）频率设定钮：用操作板设定运行频率而使用的旋钮。

变频器控制运行方式及参数和接线原理如图 12-17 所示，SW1，SW2，SW3 决定电机的三种运行速度。

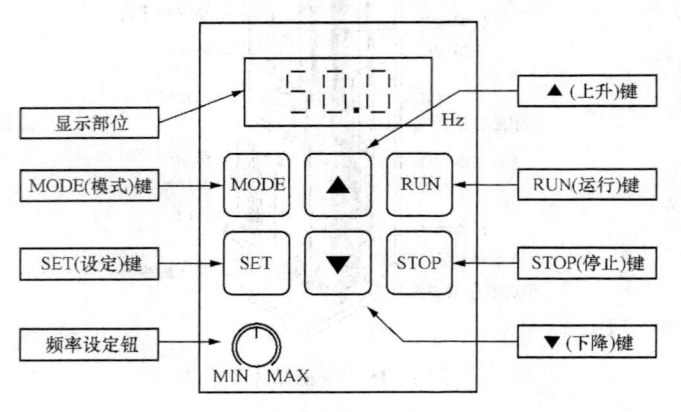

图 12-16 操作板的面板

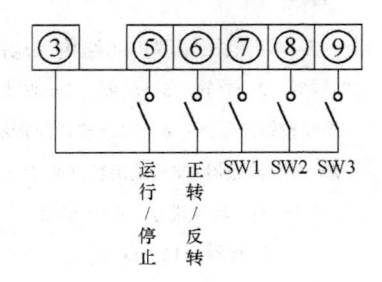

图 12-17 变频器接线原理

变频器的参数设置：八层电梯模型中实现变频调速，需要设置变频器的参数可参见表 12-3。

用 SW1、2、3 的 3 个开关信号可选择切换 8 种频率进行控制，参见表 12-4。（1 速：参数 P09 的设定信号，2~8 速：参数 P32~P38 的设定频率。）

表 12-3　　　　　　　　　　　　变频器主要参数简表

No.	功 能 名 称	设定范围	出厂数据/设定值
P01	第一加速时间（s）	0.1~999	05.0
P02	第一减速时间（s）	0.1~999	05.0

续表

No.	功能名称	设定范围	出厂数据/设定值
P08	选择运行指令	0～5	0
P09	频率设定信号（常速）	0～5	0
P19	选择SW1功能	0～7	0
P20	选择SW2功能	0～7	0
P21	选择SW3功能	0～8	0
P32	第二速频率（Hz）	0.5～250	20.0
P33	第三速频率（Hz）	0.5～250	30.0
P34	第四速频率（Hz）	0.5～250	40.0
P40	第五速频率（Hz）	0.5～250	15.0
P09	第六速频率（Hz）	0.5～250	25.0
P19	第七速频率（Hz）	0.5～250	35.0
P20	第八速频率（Hz）	0.5～250	45.0
P39	第二加速时间（s）	0.1～999	05.0
P40	第二减速时间（s）	0.1～999	05.0

注 要想深入的学习该变频器，查看松下VFO超小型变频器使用手册。

表12-4　　　　　　　　变 频 器 速 度 设 置 表

SW1（端子No.7）	SW2（端子No.8）	SW3（端子No.9）	运行频率
0	0	0	常速
1	0	0	第二速频率
0	1	0	第三速频率
1	1	0	第四速频率
0	0	1	第五速频率
1	0	1	第六速频率
0	1	1	第七速频率
1	1	1	第八速频率

使用变频器控制八层电梯，实现电梯的变速运行需要3个速度，实例中的3个速度是常速运行频率2.5Hz，加速和减速的两个运行频率是2.0Hz和1.5Hz，还需要使用两个输出端口（Q24.2、Q24.3），因此需要将P09设置为2.5Hz，P32设置为2.0Hz、P33设置为1.5Hz即可实现。

2. 层定位原理

层定位传感器结构原理示意图如图12-18所示。

在主框架上每个层位都安装一只传感器组件（传感器为缝隙式光电传感器），每只传感器组件上共安装三只传感器（A，B，C），挡片随轿厢运行时经过传感器缝隙，发出到位信号。

层定位传感器应用原理如下：当轿厢上、下运行时，挡片在传感器的缝隙中穿行，遮挡光线，至传感器输出信号。

(1) 上升：低速启动——C的下跳沿变中速——B的下跳沿变高速；

(2) 上升停车：A的上跳沿变中速——C的上跳沿变低速——B的上跳沿停车；

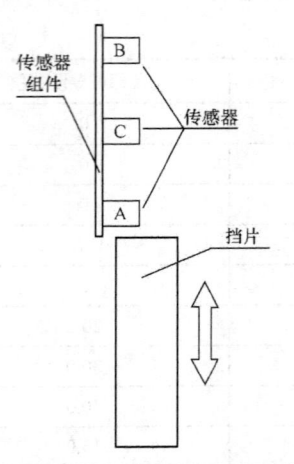

(3) 下降：低速启动——C 的下跳沿变中速——A 的下跳沿变高速；

(4) 下降停车：B 的上跳沿变中速——C 的上跳沿变低速——A 的上跳沿停车。

其中，八层共有 8 只传感器组件；每只组件上的 A，B 传感器分别独立产生输出信号；所有 8 个 C 传感器并联产生一个共用信号。

3. 轿厢门控原理

轿厢门由直流减速电机驱动，PLC 通过电机驱动板控制该电机运行及限位保护，门控原理如图 12-19 所示，随着轿厢门的开闭两只传感器分别发出到位信号。

图 12-18 层定位传感器原理示意图

控制系统由控制器（通常为 PLC，也可配备其他类型的逻辑控制装置）、传感器、变频调速器、端子板和直流电源等组成。控制器接收外呼按钮、内选按钮和设在导轨上各楼层传感器的信号并通过预先设定的程序对变频调速器、指示灯和楼层显示屏进行控制，使轿箱按照规定的运行规律升降、顺向响应、变速、平层、开关门及显示等，通过编程实现对电梯的智能控制。

12.2.3 控制程序分析

本电梯控制系统设计以西门子公司生产的 S7-300 PLC 进行控制，具有自动平层、自动开关门、顺向响应轿内外呼梯信号、长时间空闲处理等功能。本电梯控制程序主要由主程序（OB1）、电梯呼梯登记子程序（功能 FC1）、电梯开关门控制子程序（功能 FC2）、电梯上下行控制子程序（功能 FC3）、电梯楼层显示子程序（功能 FC4）、电梯空闲处理子程序（功能 FC5）等组成，其主程序（OB1）如图 12-20 所示，程序结构、基本原理与五层电梯控制系统相同。

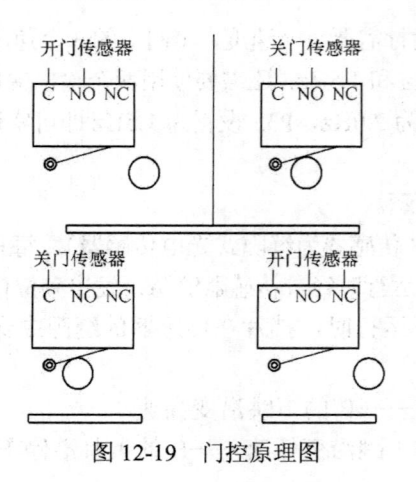

图 12-19 门控原理图

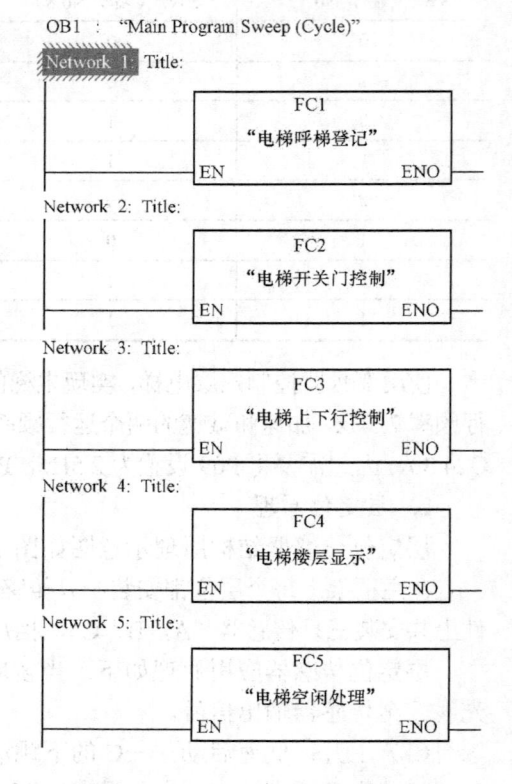

图 12-20 电梯控制系统主程序

电梯控制系统参考输入、输出地址分配见表 12-5。

表 12-5　　　　　　　　　　　　输入、输出地址分配表

序　号	输入 I	名　　称	序号	输出 Q	名　　称
1	I4.0	电梯一层上外呼	1	Q16.0	电梯一层上外呼叫显示
2	I4.1	电梯二层下外呼	2	Q16.1	电梯二层下外呼叫显示
3	I4.2	电梯二层上外呼	3	Q16.2	电梯二层上外呼叫显示
4	I4.3	电梯三层下外呼	4	Q16.3	电梯三层下外呼叫显示
5	I4.4	电梯三层上外呼	5	Q16.4	电梯三层上外呼叫显示
6	I4.5	电梯四层下外呼	6	Q16.5	电梯四层下外呼叫显示
7	I4.6	电梯四层上外呼	7	Q16.6	电梯四层上外呼叫显示
8	I4.7	电梯五层下外呼	8	Q16.7	电梯五层下外呼叫显示
9	I5.0	电梯五层上外呼	9	Q17.0	电梯五层上外呼叫显示
10	I5.1	电梯六层下外呼	10	Q17.1	电梯六层下外呼叫显示
11	I5.2	电梯六层上外呼	11	Q17.2	电梯六层上外呼叫显示
12	I5.3	电梯七层下外呼	12	Q17.3	电梯七层下外呼叫显示
13	I5.4	电梯七层上外呼	13	Q17.4	电梯七层上外呼叫显示
14	I5.5	电梯八层下外呼	14	Q17.5	电梯八层下外呼叫显示
15	I5.6	一层下限位开关	15	Q17.6	一层内呼显示
16	I5.7	一层上限位开关	16	Q17.7	二层内呼显示
17	I8.0	二层下限位开关	17	Q20.0	三层内呼显示
18	I8.1	二层上限位开关	18	Q20.1	四层内呼显示
19	I8.2	三层下限位开关	19	Q20.2	五层内呼显示
20	I8.3	三层上限位开关	20	Q20.3	六层内呼显示
21	I8.4	四层下限位开关	21	Q20.4	七层内呼显示
22	I8.5	四层上限位开关	22	Q20.5	八层内呼显示
23	I8.6	五层下限位开关	23	Q20.6	数码管 a 段
24	I8.7	五层上限位开关	24	Q20.7	数码管 b 段
25	I9.0	六层下限位开关	25	Q21.0	数码管 c 段
26	I9.1	六层上限位开关	26	Q21.1	数码管 d 段
27	I9.2	七层下限位开关	27	Q21.2	数码管 e 段
28	I9.3	七层上限位开关	28	Q21.3	数码管 f 段
29	I9.4	八层下限位开关	29	Q21.4	数码管 g 段
30	I9.5	八层上限位开关	30	Q21.5	电梯上行显示
31	I9.6	层位中限位开关	31	Q21.6	电梯下行显示

续表

序号	输入I	名称	序号	输出Q	名称
32	I9.7	一层内呼	32	Q21.7	电梯运行显示
33	I12.0	二层内呼	33	Q24.0	电梯开门
34	I12.1	三层内呼	34	Q24.1	电梯关门
35	I12.2	四层内呼	35	Q24.2	SW1（V-7）
36	I12.3	五层内呼	36	Q24.3	SW2（V-8）
37	I12.4	六层内呼	37	Q24.4	SW3（V-9）
38	I12.5	七层内呼	38	Q24.5	电梯运行（V-5）/电梯上行
39	I12.6	八层内呼	39	Q24.6	电梯方向（V-6）/电梯下行
40	I12.7	电梯关门控制	—	—	—
41	I13.0	电梯开门控制	—	—	—
42	I13.1	开门限位开关	—	—	—
43	I13.2	关门限位开关	—	—	—
44	I13.3	运行检修开关	—	—	—

1. 电梯呼梯登记子程序

电梯的呼梯登记子程序主要由轿厢内召唤和厅外召唤组成，其主要应用了梯形图编程的自锁原理，将呼梯信号锁存在中间寄存器里，直至电梯运行到该层满足判断条件后清除信号，实例中呼梯登记子程序采用了内呼优先和外呼选择的原则进行编程，内呼优先即当轿厢到达相应层位后消除对应内呼信号，外呼选择即若有多个呼梯登记，当轿厢到达相应层位后需要判断轿厢运行方向，上行消除对应上外呼信号，下行消除对应下外呼信号，若只有1个呼梯登记则当轿厢到达相应层位后消除对应的呼梯登记。下面以二层呼梯信号为例说明内呼优先和外呼选择的原则。

图12-21所示为电梯二层内呼登记的梯形图，若二层内呼有信号，I12.0（二层内呼）为电梯轿厢内二层按钮的输入信号，当按钮被按下后，电源接通，将M0.1置"1"，并且由于自锁M0.1将一直保持为"1"，直至轿厢运行到二层，若轿厢上行，则M20.0（上行控制条件）为"1"，二层限位开关I8.0（二层下限位）接通，此时程序中的动断触点I8.0（二层下限位）将断开，清除二层内呼信号，电梯开门，乘客上下电梯；若轿厢下行，则M20.1（下行控制条件）为"1"，二层限位开关I8.1（二层上限位）接通，此时程序中的动断触点I8.1（二层上限位）将断开，清除二层内呼信号，电梯开门，乘客上下电梯。

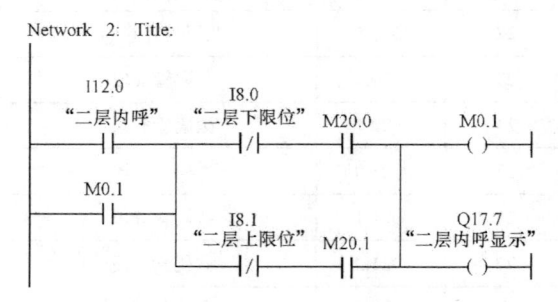

图12-21 电梯二层内呼登记梯形图

图12-22所示为电梯二层外呼登记的梯形图，自锁原理同二层内呼信号，当I4.1（二

层下外呼）按钮被按下后，电源接通，将 M1.1 置"1"，并且由于自锁 M1.1 将一直保持为"1"，消除信号的停止条件是一个并联的复合逻辑条件，条件一为轿厢上行到达二层，M20.0（上行控制条件）为"1"，二层限位开关 I8.0（二层下限位）接通，条件二为轿厢下行到达二层，M20.1（下行控制条件）为"1"，二层限位开关 I8.1（二层上限位）接通，条件三为电梯下行控制条件为"1"或只有一个呼梯登记，触发 M4.0（详见图 12-23）为"1"，条件四为电梯轿厢停在二层，有呼梯信号执行开关门动作（Q24.0 为"1"），只有当四个条件都满足时才能消除二层下外呼信号，I4.2（二层上外呼）信号原理同 I4.1（二层下外呼）信号。

图 12-22 中，为了能更好地分清呼梯登记的启动条件和停止条件，并未对梯形图进行优化处理，优化方法详见"梯形图程序的优化"章节的内容。

图 12-23 所示为电梯外呼信号消除判断条件的梯形图，M4.0 和 M4.1 分别为电梯下外呼和上外呼消除信号的条件，其启动条件有两个，一个是 M20.1（下行控制条件）和 M20.0（上行控制条件），另一个是相应的下外呼和上外呼的并联信号，完成外呼选择原则功能的实现，同时解决下行不消除唯一一个上外呼信号和上行不消除唯一一个下外呼信号的问题，T0 和 T1 两个定时器用来解决只有一个楼层的上外呼信号和下外呼信号存

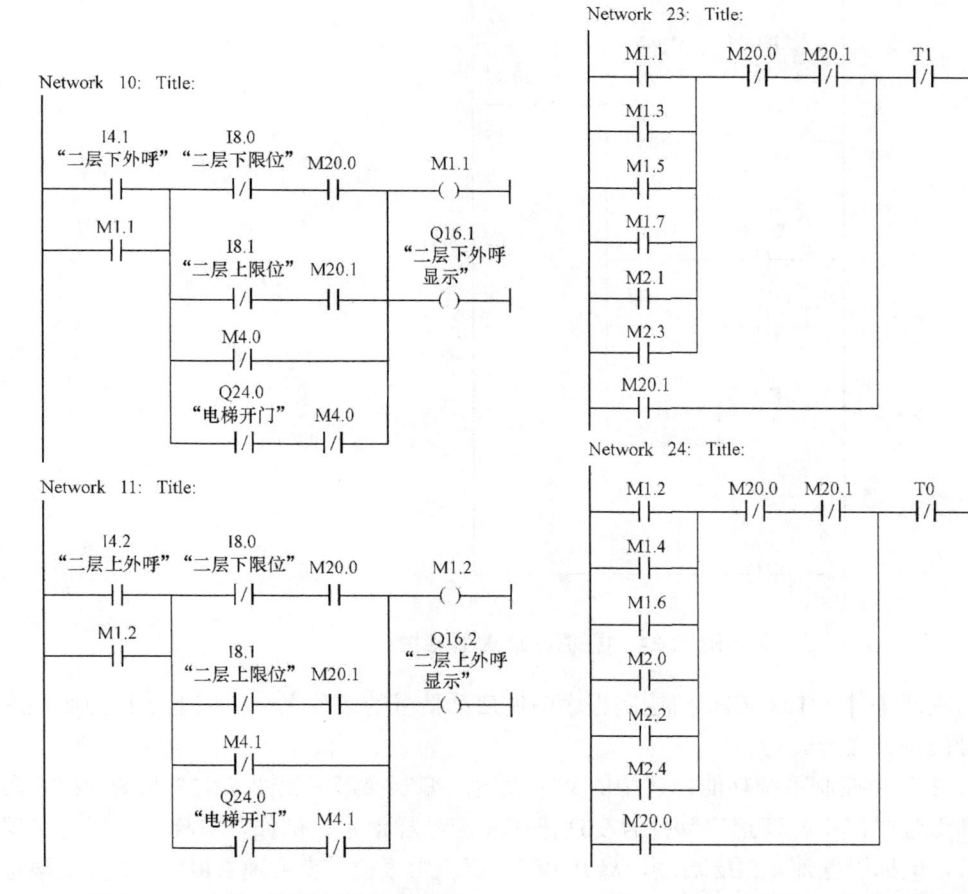

图 12-22 电梯二层外呼登记梯形图　　图 12-23 电梯外呼信号消除判断条件梯形图

在时，电梯轿厢运行到该楼层时同时消除两个呼梯登记的问题，实例中采用此方法解决有关问题。

2. 电梯开关门控制子程序

图 12-24 所示为电梯开门判断梯形图，M10.0 为电梯开门判断条件，若 M10.0 为"1"，则停止上下行，响应开门动作，M10.0 的启动条件也是一个复合的逻辑条件，以二层开门启动条件为例，若在二层且 M0.1（二层内呼梯登记）、M1.1（二层下外呼梯登记）和 M1.2（二层上外呼梯登记）信号中的一个有下降沿，或者轿厢在二层 I12.0（二层内呼）、I4.1（二层下外呼）和 I4.2（二层上外呼）信号有下降沿，则开门判断条件 M10.0 为"1"，停止条件是 Q24.0（电梯开门）。

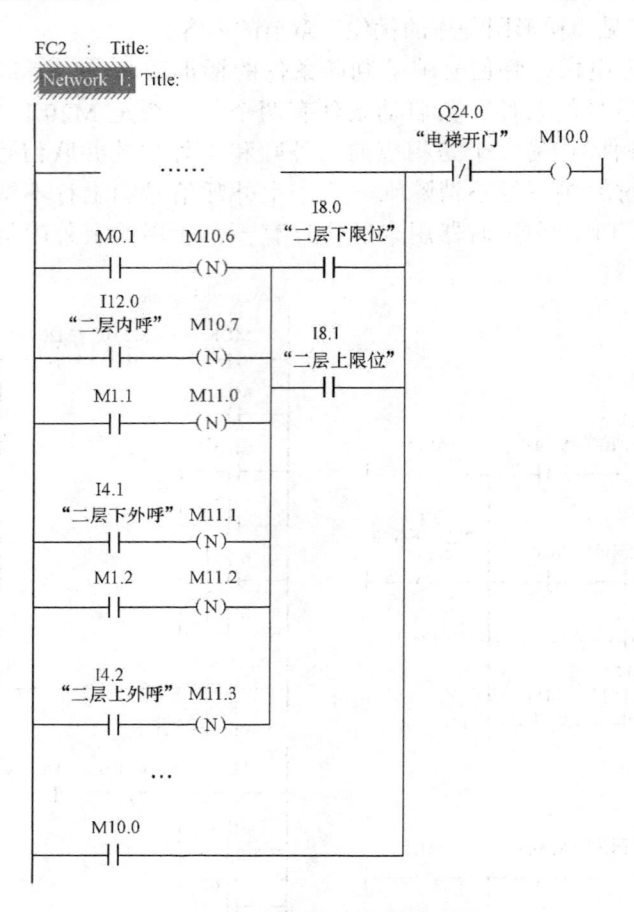

图 12-24　电梯开门判断梯形图

电梯开门判断条件 M10.0 在开门控制程序中做启动信号的条件之一，在上下行控制程序中做停止信号的条件之一。

根据 12.2.2 节中控制系统功能描述中的文字表述，编制梯形图如图 12-25 和图 12-26 所示，当有呼梯信号时，电梯变速启动并且变速停车相应呼梯信号。例如，电梯在一层，二层上外呼有信号，电梯以低速 1.5Hz 启动，离开 I9.6（层位中限位）变中速 2.0Hz，离开上限位变高速 2.5Hz，触发二层下限位变中速 2.0Hz，触发 I9.6（层位中限位）变低速 1.5Hz，触发二层上限位停车。

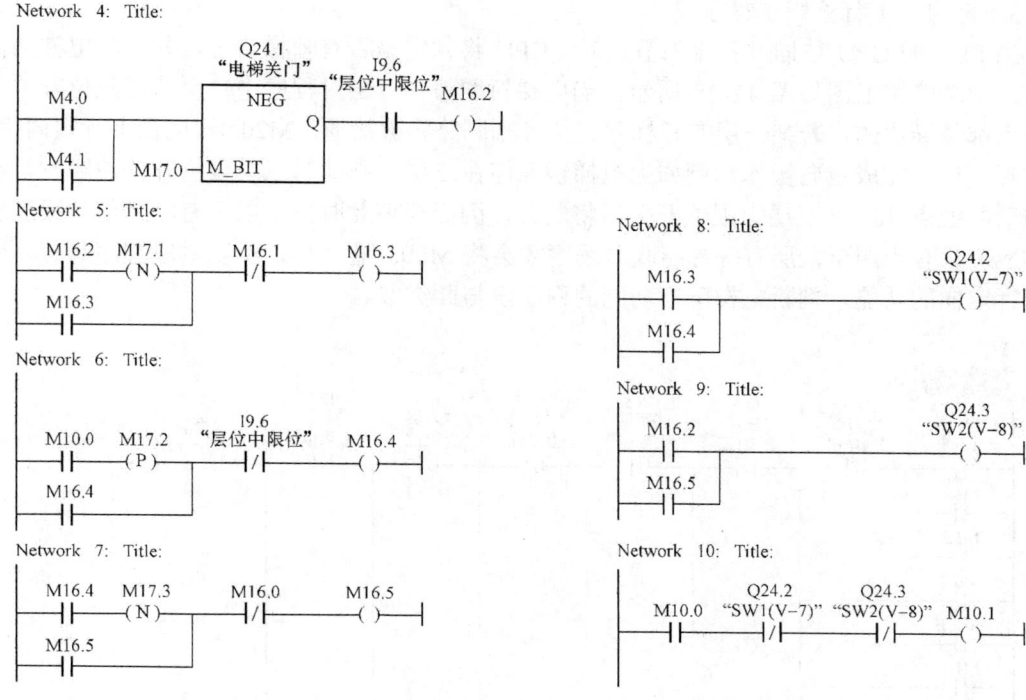

图 12-25 电梯启停变速梯形图

图 12-26 电梯变速输出梯形图

电梯开门 Q24.0 的启动条件有两个：一个是 M10.1 开门条件，另一个是 I13.0 手动开门信号。停止条件是开门限位 I13.1，等待乘客上下电梯的时间由断开延时定时器 T7 控制，实例中设定的时间为 2s，梯形图如图 12-27 中 Network 11 所示。

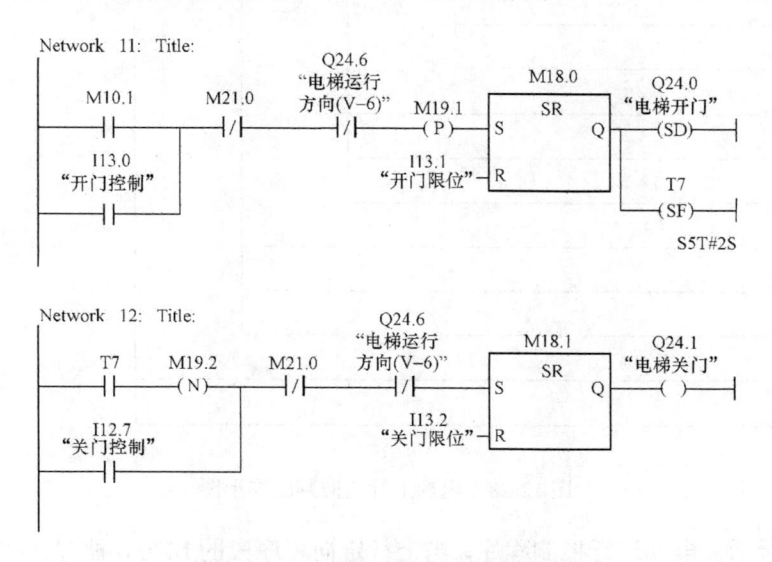

图 12-27 电梯开关门控制梯形图

电梯关门 Q24.1 的启动条件也是两个，一个是 T7 的下降沿，另一个是 I12.7 手动关门信号，停止条件是关门限位 I13.2，梯形图如图 12-27 中 Network 12 所示。

3. 电梯上下行控制子程序

当 PLC 的 CPU 扫描过各输入节点后，CPU 将判定是否有呼梯请求，并判断电梯的运行方向，此功能梯形图如图 12-28 所示，当电梯轿厢停在一层时程序中二至八层限位开关的动断触点都是导通的，若某一层有呼梯登记信号则回路将被接通，M20.0（电梯上行定向判断）将被置"1"，完成定向操作。例如当电梯轿厢停在三层，则此时三层限位开关被触发，程序中的动断触点 I8.3（三层上限位开关）将断开，因而即使此时三层以下有呼梯信号程序也不会响应，只有当四至八层有呼梯召唤时程序才会将 M20.0 置"1"，所以本段程序具有判断电梯上行定向的功能，判断电梯下行功能的程序段与此类似。

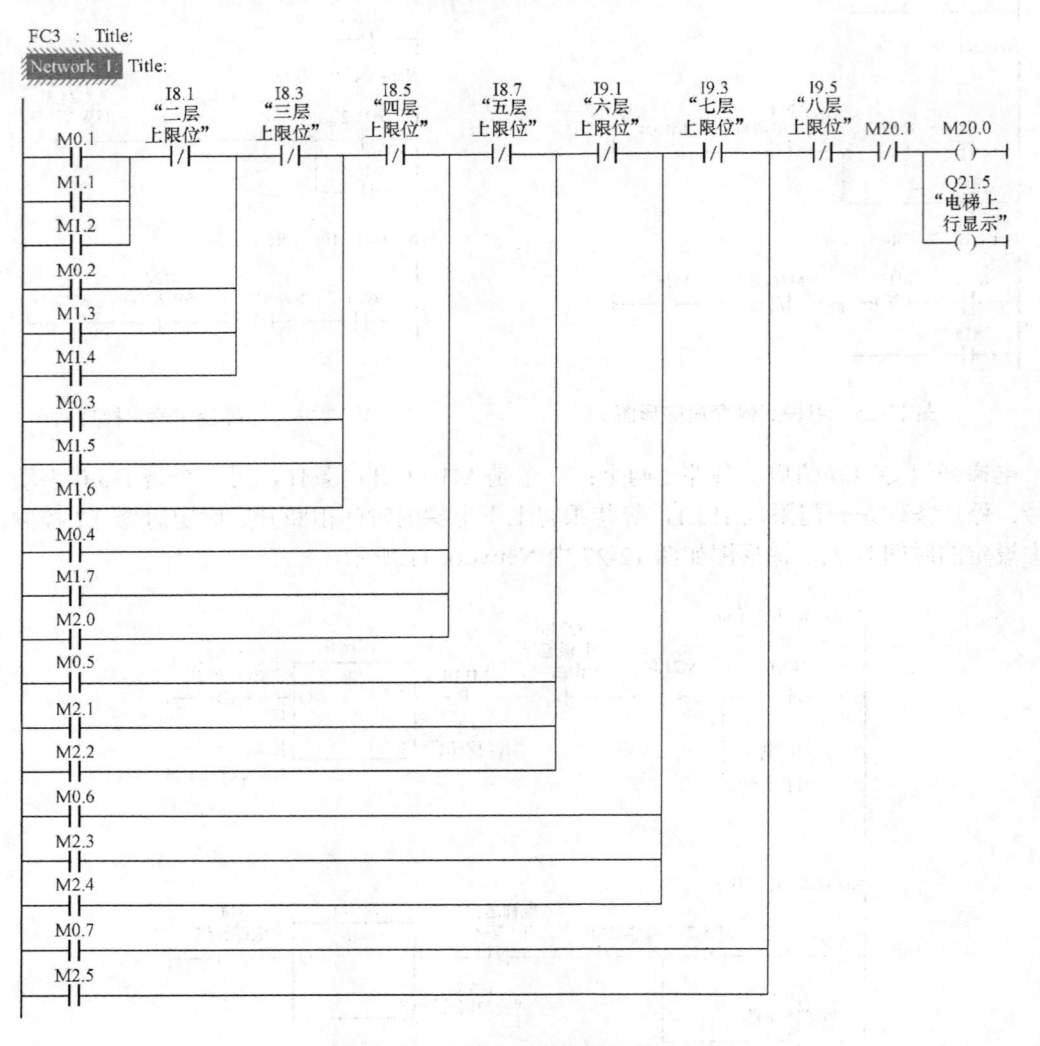

图 12-28　电梯上行定向判断梯形图

图 12-29 所示为电梯运行控制程序，当上行定向程序段的 M20.0 被置"1"且停止条件都为"0"时，该回路被接通，M21.0（电梯上升动作保持）为"1"，当停止条件中的任何一个为"1"时，则 M21.0 为"0"，其中，M10.0 为电梯开门判断条件，T7 为等待乘客上下电梯

时间定时器，停止条件都为互锁条件，限定其工作条件，例如，电梯的上下行由一个电机的正反转控制，因此电梯的上下行动作为互锁条件；根据电梯的工艺要求，电梯不能在开门动作、等待乘客上下电梯和关门动作时上行，因此也是互锁条件。

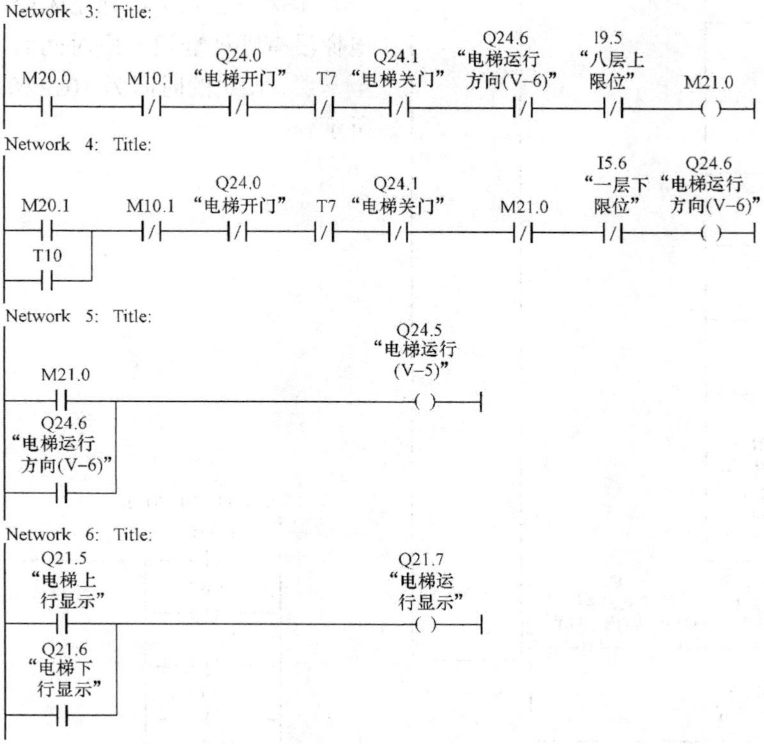

图 12-29 电梯上行控制梯形图

Q20.5（电梯运行）是变频器运行的控制端口，Q20.5 为"1"且 Q20.6 为"0"时，电梯上行，若要实现下行，需要 Q20.5（电梯运行）和 Q20.6（电梯方向）同时为"1"才能实现。

4. 电梯楼层显示子程序

楼层位置指示程序主要是驱动七段数码管显示楼层位置，此段程序主要分为两部分，一是楼层数字显示判断程序，二是数码管显示程序，实例中楼层显示判断程序主要采用上行就上原则和下行就下原则，即在二层显示数字 2，在三层显示数字 3，在二层和三层中间上行状态显示数字 3，下行状态显示数字 2。

下面以显示楼层数字 2 为例举例说明，显示楼层数字 2 的条件有三个，一是停在二层时，二是离开一层上行未到二层时，三是离开三层下行未到二层时，将三个条件的文字表述编制为梯形图即图 12-30 中 RS 触发器 S 置位端并联的三个条件，R 复位端为不显示数字 2 的条件，M30.1 为显示数字 2 判断条件的存储位。

实例中采用工程上常见的译码电路，根据译码原理，用楼层显示数字的存储位驱动对应数码管的各段，由数码管各段的不同组合显示出楼层的数字。图 12-31 所示为 Q20.7（数码管 B 段）的梯形图，M30.0、M30.1、M30.2、M30.3、M30.4、M30.5、M30.6 和 M30.7 分别为

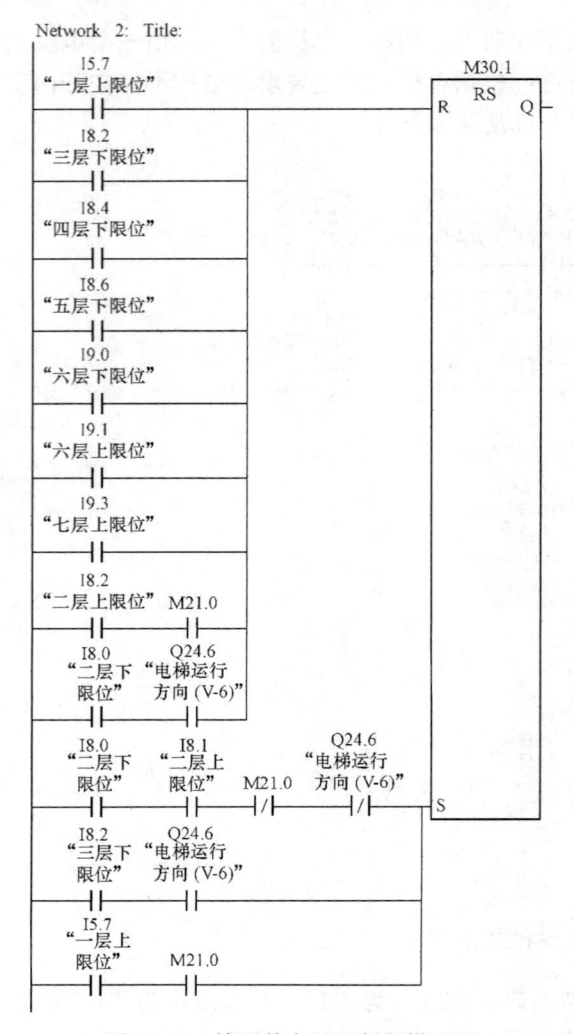

268　第三篇　S7–300/400 系列 PLC

楼层显示数字 1、2、3、4、5、6、7、8 的存储位。

5. 电梯空闲处理子程序

实例中加入了电梯空闲处理子程序，即当电梯没有呼梯登记一段时间后，电梯自动下行至一层，设定的时间为 10s，梯形图如图 12-32 所示。

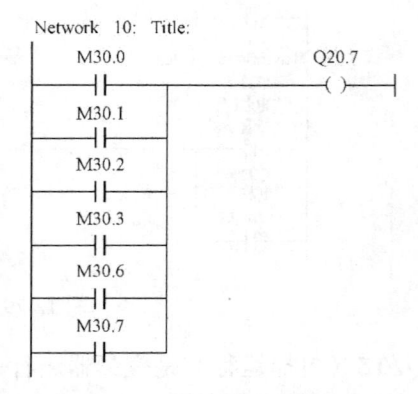

图 12-30　楼层数字显示判断梯形图

图 12-31　数码管 B 段的梯形图

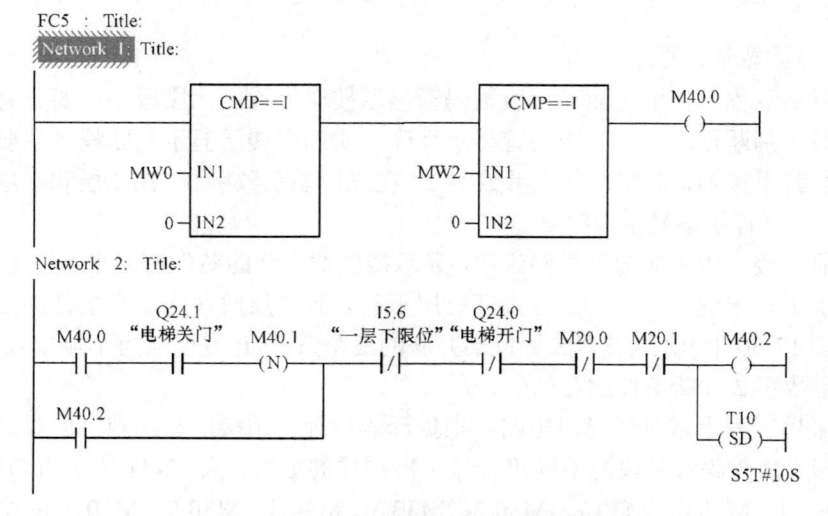

图 12-32　电梯空闲处理子程序梯形图

12.3 实 例 分 析

12.3.1 汽车自动清洗指示系统

汽车自动清洗指示系统认知与实践的主要内容包括：设计汽车自动清洗指示系统的硬件模型、编写 I/O 分配表、画 PLC 接线图、编写梯形图程序以及程序的调试和运行。

1. 汽车自动清洗指示系统的控制要求

汽车自动清洗指示系统如图 12-33 所示。系统由一个启动按钮控制，当按下启动按钮时，系统按如下顺序工作：

（1）按下启动按钮 SB1，系统启动，当车辆检测器检测到有车辆进来且清洗机和车辆到位后，清洗指示灯和喷淋指示灯亮，10s 后刷子指示灯亮，刷洗开始；

（2）当清洗机开始 2min 车辆离开后，清洗指示灯灭、喷淋指示灯和刷子指示灯灭，清洗结束；

（3）若按下停止按钮 SB2，系统停止。

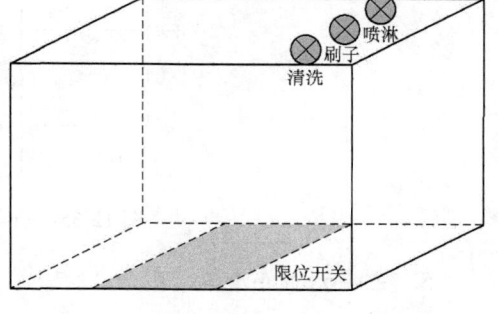

图 12-33 汽车自动清洗装置示意图

2. 时序图

根据汽车自动清洗指示的控制要求，汽车自动清洗指示的时序图如图 12-34 所示，这是编制梯形图的基础。

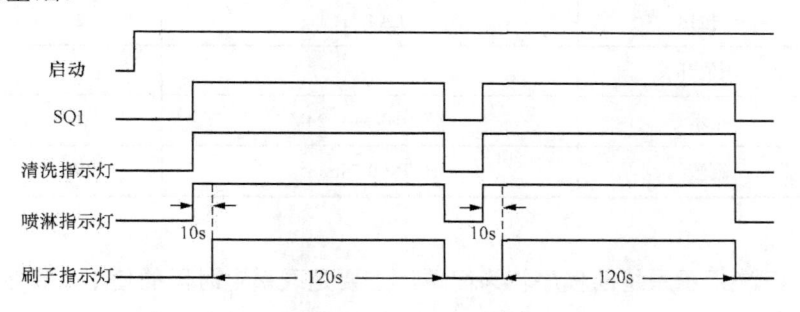

图 12-34 汽车自动清洗装置时序图

3. I/O 地址分配表

根据汽车自动清洗指示的控制要求，本系统所用的硬件包括西门子 S7-300 PLC、启动按钮 SB1、停止按钮 SB2、输出器件。

系统的 I/O 分配表见表 12-6。

表 12-6　　　　　　　　　　I/O 地 址 表

输入			输出		
地址	代号	输入信号	地址	代号	输出信号
I1.0	SB1	启动按钮	Q11.0	HL1	清洗指示灯
I1.1	SB2	停止按钮	Q11.1	HL2	喷淋指示灯
I1.2	SQ1	限位开关	Q11.2	HL3	刷子指示灯

4. 系统接线图

根据汽车自动清洗指示的控制要求，PLC 接线图如图 12-35 所示。

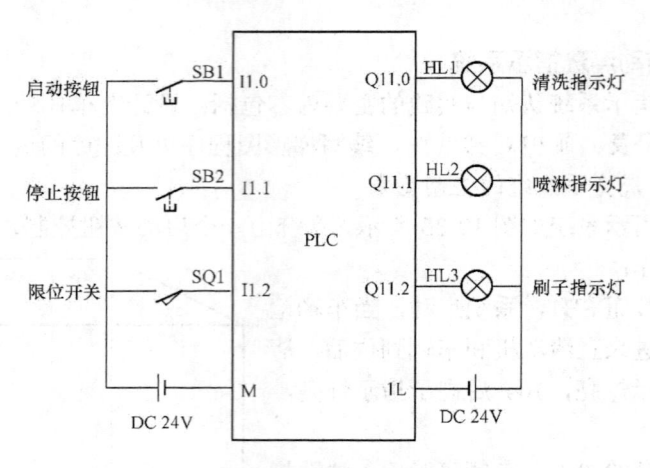

图 12-35　汽车自动清洗装置 PLC 接线图

5. 主要元器件清单（见表 12-7）

表 12-7　　　　　　　　　　主 要 元 器 件 清 单

序号	名称	型 号 规 格	数量	单位
1	按钮	LA4-3H	2	只
2	限位开关		1	个
3	指示灯	XB2-BVB4C 24V	3	只
4	铜塑线	BVR7/0.75mm^2	20	m

6. 程序分析

汽车自动清洗指示系统的程序较为简单，主要是联系定时器的使用，梯形图如图 12-36 所示。

12.3.2　七彩霓虹灯控制系统

七彩霓虹灯控制系统的 PLC 控制认知与实践的主要内容包括：设计七彩霓红灯的硬件模型、编写 I/O 分配表、画 PLC 接线图、编写梯形图程序以及程序的调试和运行。

1. 七彩霓虹灯控制系统的控制要求

七彩霓虹灯如图 12-37 所示。信号灯由一个启动按钮控制，当按下启动按钮时，系统按如下顺序工作：

七彩霓虹灯有三组，分别是第 1 组、第 2 组、第 3 组，工作过程是：启动按钮按下后，第 1 组亮 1s 后停止，第 2 组亮 1s 后停止，第 3 组亮 1s 后停止，第 1、2、3 组同时亮 1s，第 1、2、3 组同时灭 1s，第 1、2、3 组同时亮 1s，第 1、2、3 组同时灭 1s 后开始下一个循环。

系统停止的要求，当按下停止按钮时，系统停止工作。

2. 时序图

根据七彩霓虹灯的控制要求，七彩霓虹灯的时序图如图 12-38 所示。

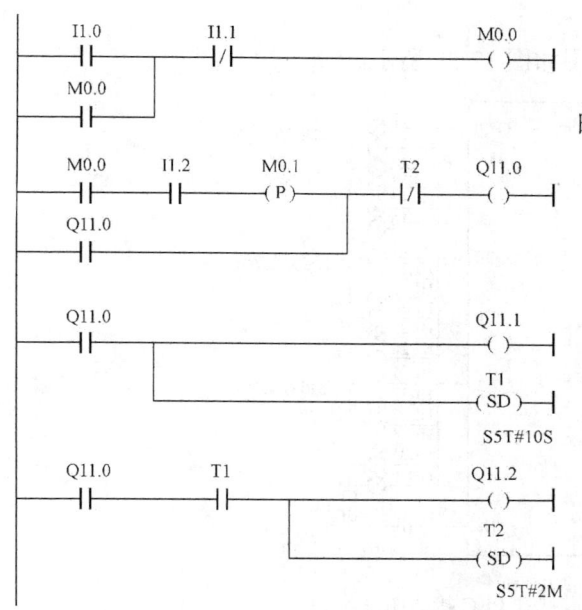

图 12-36 汽车自动清洗指示系统梯形图

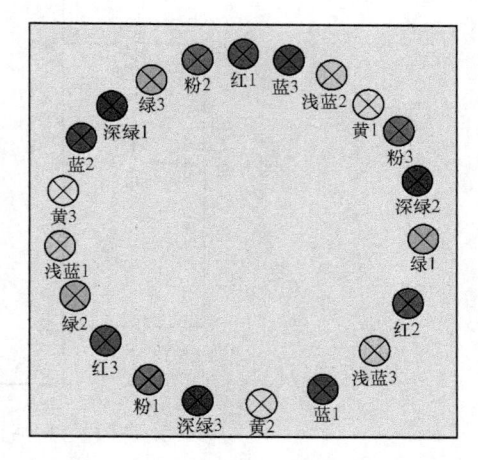

图 12-37 七彩霓虹灯示意图

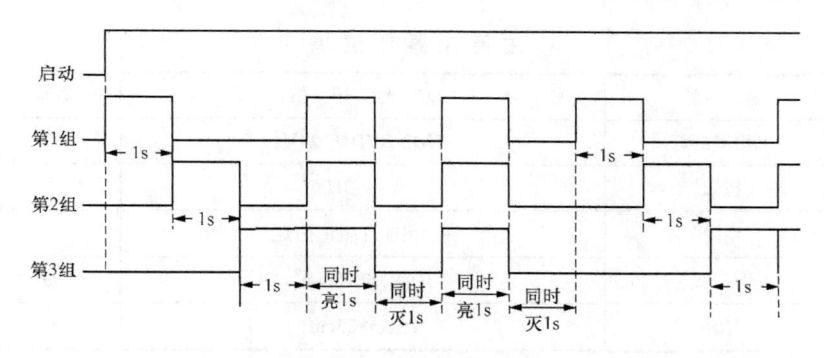

图 12-38 七彩霓虹灯时序图

3. I/O 地址分配表

根据七彩霓虹灯的控制要求，本系统所用的硬件包括西门子 S7-300 PLC、启动按钮 SB1、停止按钮 SB2、七彩信号灯各 3 只。

系统的 I/O 地址分配表见表 12-8。

表 12-8　　　　　　　　　　I/O 地 址 分 配 表

输　　　入			输　　　出		
地址	代号	输入信号	地址	代号	输出信号
I1.0	SB1	启动按钮	Q7.0	HL11-17	七彩灯第 1 组
I1.1	SB2	停止按钮	Q7.1	HL21-27	七彩灯第 2 组
			Q7.2	HL31-37	七彩灯第 3 组

4. 系统接线图

根据七彩霓虹灯的控制要求，PLC 接线图如图 12-39 所示。

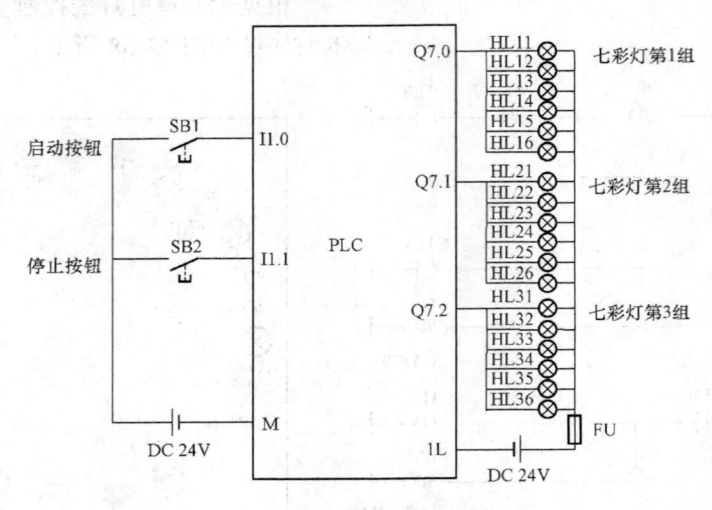

图 12-39 七彩霓虹灯 PLC 接线图

5. 主要元器件清单（见表 12-9）

表 12-9　　　　　　　　　　主要元器件清单

序号	名　称	型号规格	数量	单位
1	七彩霓虹灯	XB2-BVB*C 24V	21	只
2	按钮	LA4-3H	2	只
3	电阻	视 LED 灯阻值而定	3	个
4	铜塑线	BVR7/0.75mm²	30	m
5	铝塑板	35cm×25cm	1	块

6. 程序分析

根据时序图的要求，依次设计定时器 T1～T7 满足系统要求，梯形图如图 12-40 所示。

根据时序图的要求，对定时器进行逻辑组合，输出给七彩霓虹灯，输出程序如图 12-41 所示。

12.3.3　LED 灯图形控制系统

LED 灯图形控制系统的 PLC 控制认知与实践的主要内容包括：设计 LED 灯图形控制系统的硬件模型、编写 I/O 分配表、画 PLC 接线图、编写梯形图程序以及程序的调试和运行。用于培养自动化等专业学生的实践教学。

1. LED 灯图形控制系统的控制要求

LED 灯图形控制系统如图 12-42 所示。控制系统由一个启动按钮控制，当按下启动按钮时，系统按如下顺序工作：

LED 灯图形控制系统有图形 8 个，当按下开关后，箭一和双心亮，1s 后箭一灭箭二亮，依次到箭四，如时序图所示，箭四和双心同时灭，"I" 和 "U" 同时亮，大心闪烁，3s 后开

第 12 章 PLC 控制系统实例

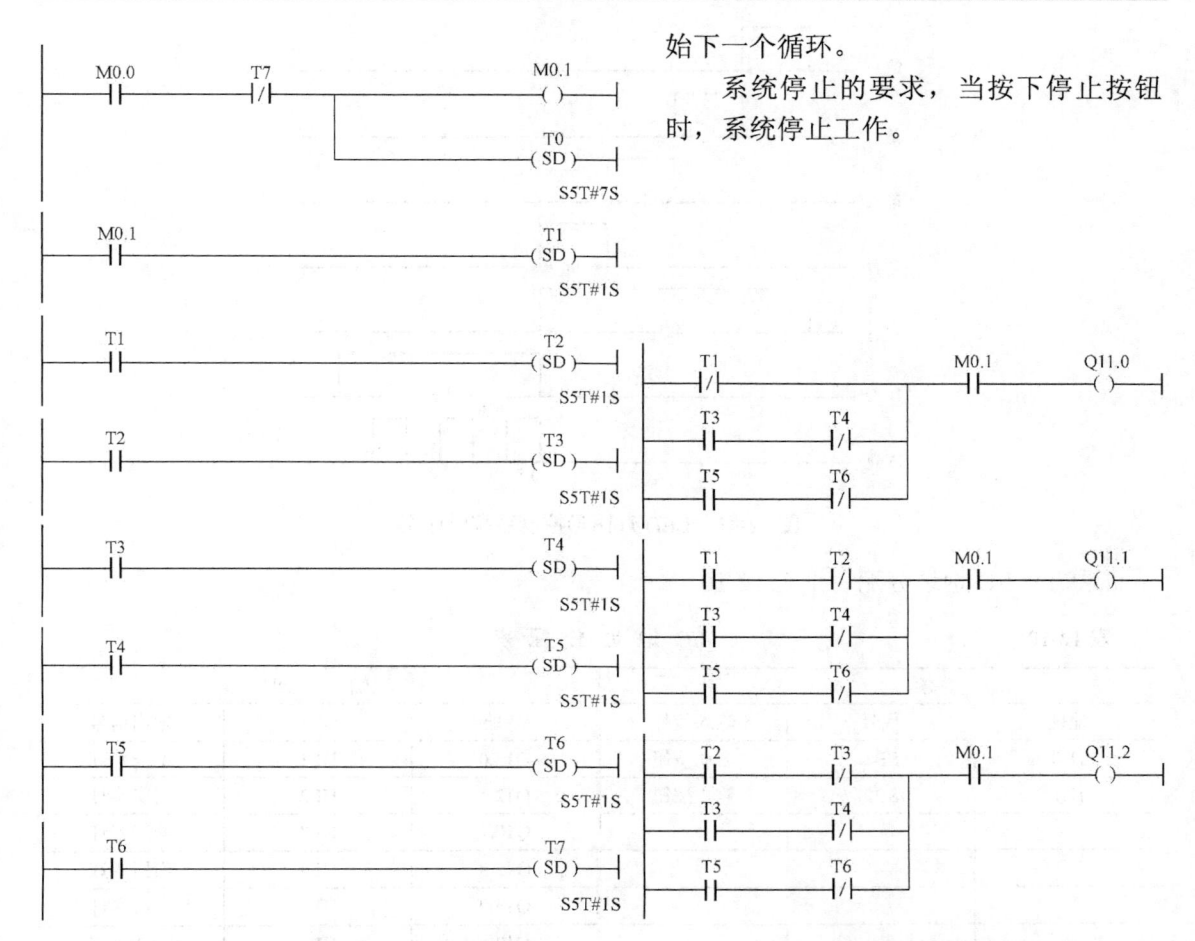

始下一个循环。

系统停止的要求,当按下停止按钮时,系统停止工作。

图 12-40 定时器 T1~T7 梯形图

图 12-41 七彩霓虹灯的输出程序

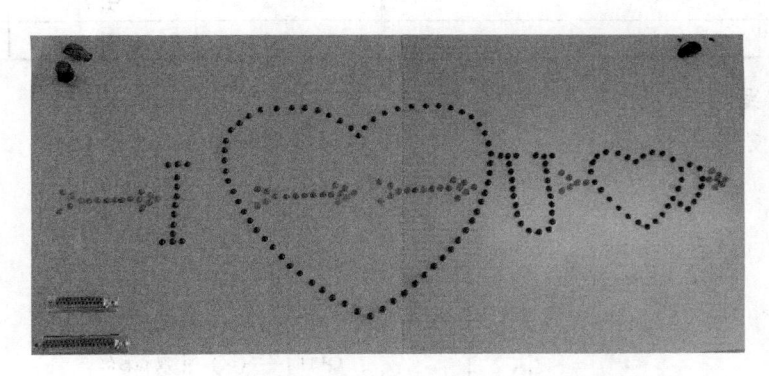

图 12-42 LED 灯图形控制系统示意图

2. 时序图

根据 LED 灯图形控制系统的控制要求,LED 灯图形控制系统的时序图如图 12-43 所示。

3. I/O 地址分配表

根据 LED 灯图形控制系统的控制要求,本系统所用的硬件包括西门子 S7-300 PLC、启动按钮 SB1、停止按钮 SB2、七彩信号灯各 3 只。

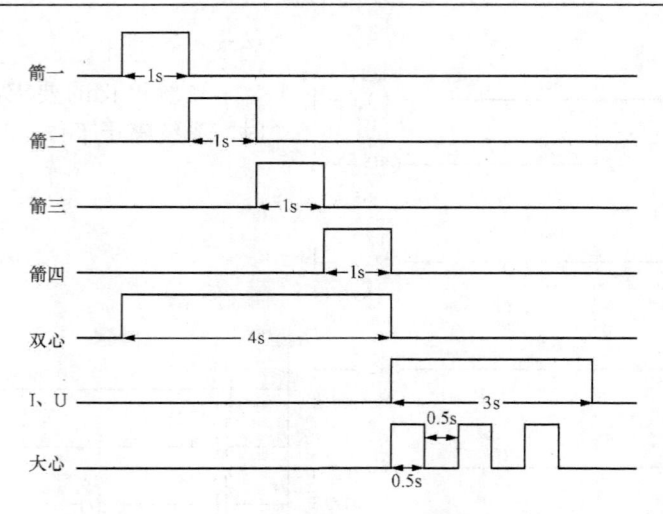

图 12-43 LED 灯图形控制系统时序图

系统的 I/O 地址分配表见表 12-10。

表 12-10　　　　　　　　　I/O 地 址 分 配 表

输入			输出		
地址	代号	输入信号	地址	代号	输出信号
I1.0	SB1	启动按钮	Q12.0	HL1	箭一彩灯
I1.1	SB2	停止按钮	Q12.1	HL2	箭二彩灯
			Q12.2	HL3	箭三彩灯
			Q12.3	HL4	箭四彩灯
			Q13.0	HL5	双心彩灯
			Q13.1	HL6	大心彩灯
			Q13.2	HL7	"I" 彩灯
			Q13.3	HL8	"U" 彩灯

4. 系统接线图

根据 LED 灯图形控制系统的控制要求，PLC 接线图如图 12-44 所示。

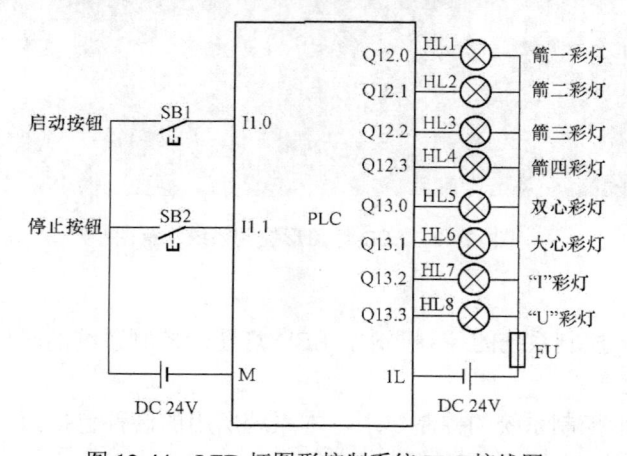

图 12-44　LED 灯图形控制系统 PLC 接线图

5. 主要元器件清单（见表12-11）

表 12-11　　　　　　　主 要 元 器 件 清 单

序号	名　称	型 号 规 格	数量	单位
1	LED 灯	φ8 红色	135	只
2	LED 灯	φ8 黄色	64	只
3	按钮	LA4-3H	2	只
4	铜塑线	BVR7/0.75mm^2	30	m
5	铝塑板	50cm×30cm	1	块

6. 程序分析

根据时序图的要求，依次设计定时器 T0-T6 满足系统要求，梯形图如图 12-45～图 12-48 所示。

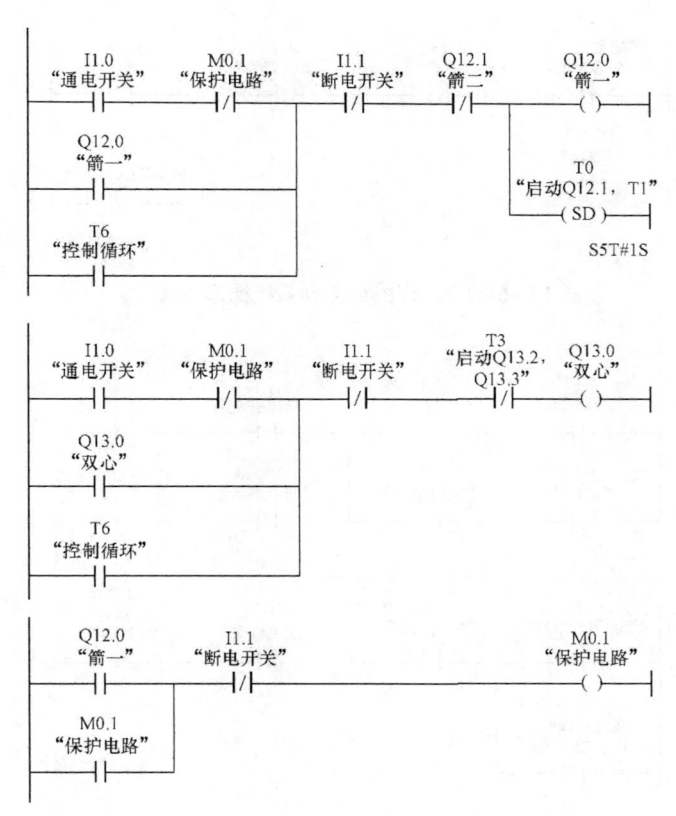

图 12-45　LED 灯图形控制系统梯形图（一）

12.3.4　运料小车控制系统

运料小车控制系统的 PLC 控制认知与实践的主要内容包括：设计运料小车的硬件模型、编写 I/O 分配表、画 PLC 接线图、编写梯形图程序以及程序的调试和运行。用于培养自动化等专业学生的实践教学。

图 12-46　LED 灯图形控制系统梯形图（二）

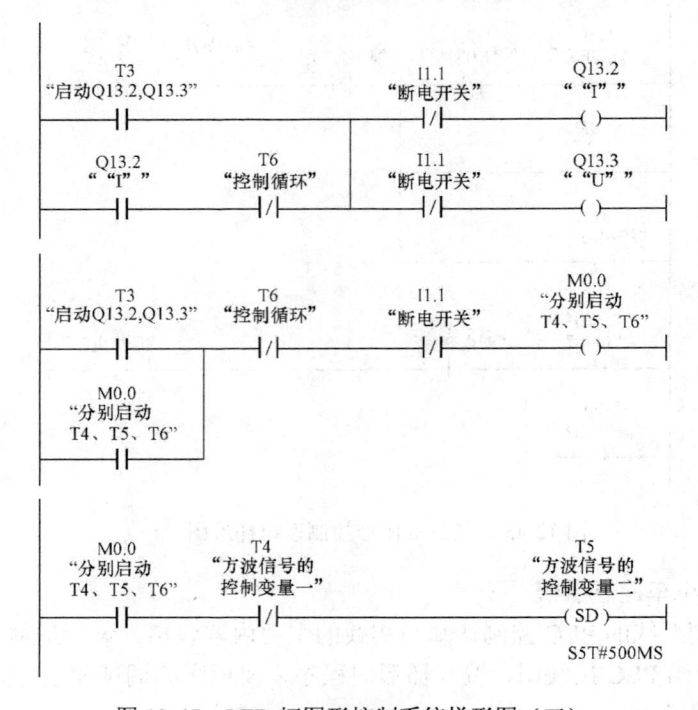

图 12-47　LED 灯图形控制系统梯形图（三）

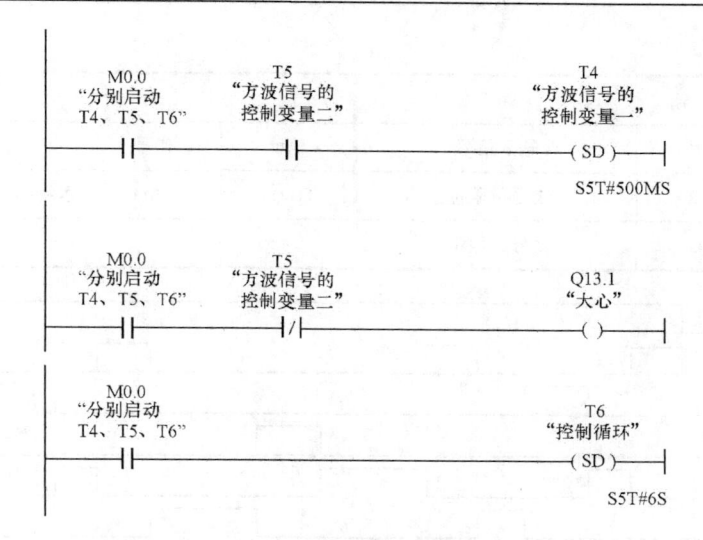

```
   M0.0          T5              T4
 "分别启动    "方波信号的      "方波信号的
  T4、T5、T6"  控制变量二"      控制变量一"
 ──┤├────────┤├──────────────────( SD )──
                                 S5T#500MS

   M0.0          T5                       Q13.1
 "分别启动    "方波信号的                 "大心"
  T4、T5、T6"  控制变量二"
 ──┤├────────┤/├────────────────────( )──

   M0.0                                    T6
 "分别启动                                "控制循环"
  T4、T5、T6"
 ──┤├──────────────────────────────( SD )──
                                     S5T#6S
```

图 12-48　LED 灯图形控制系统梯形图（四）

1. 运料小车控制系统的控制要求

运料小车自动往返顺序控制系统示意图，如图 12-49 所示，小车在启动前位于原位 A 处，一个工作周期的流程控制要求如下：

（1）按下启动按钮 SB1，小车从原位 A 装料，10s 后小车前进驶向 1 号位，到达 1 号位后停 8s 卸料并后退；

（2）小车后退到原位 A 继续装料，10s 后小车第二次前进驶向 2 号位，到达 2 号位后停 8s 卸料并再次后退返回原位 A 然后开始下一轮循环工作；

（3）若按下停止按钮 SB2，需完成一个工作周期后才停止工作。

2. 时序图

根据运料小车的控制要求，运料小车灯的时序图如图 12-50 所示。

3. I/O 地址分配表

根据运料小车的控制要求，本系统所用的硬件包括西门子 S7-300 PLC、启动按钮 SB1、停止按钮 SB2、接触器 2 只个、运料小车 1 个。

系统的 I/O 地址分配表见表 12-12。

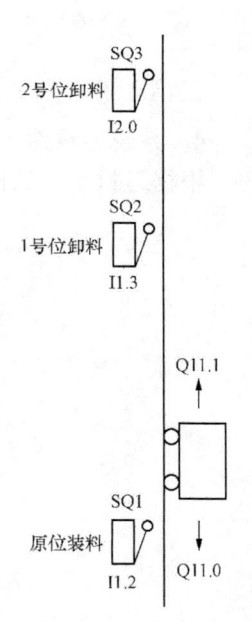

图 12-49　运料小车示意图

表 12-12　　　　　　　　　　I/O 地 址 分 配 表

输入			输出		
地址	代号	输入信号	地址	代号	输出信号
I1.0	SB1	启动按钮	Q11.0	KM1	运料小车升降电机下行控制
I1.1	SB2	停止按钮	Q11.1	KM2	运料小车升降电机上行控制
I1.2	SQ1	原位限位	Q11.2	KM3	运料小车装卸料电机装料控制

续表

输入			输出		
地址	代号	输入信号	地址	代号	输出信号
I1.3	SQ2	1号位限位	Q11.3	KM4	运料小车装卸料电机卸料控制
I2.0	SQ3	2号位限位			

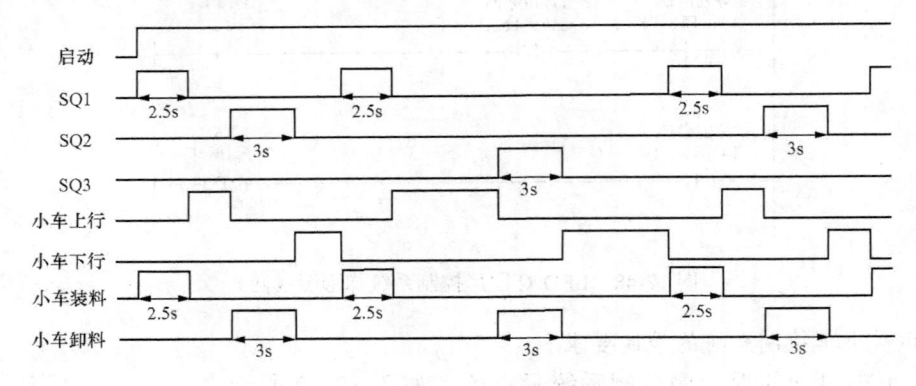

图 12-50 运料小车时序图

4. 系统接线图

根据运料小车的控制要求，PLC 接线图如图 12-51 所示。

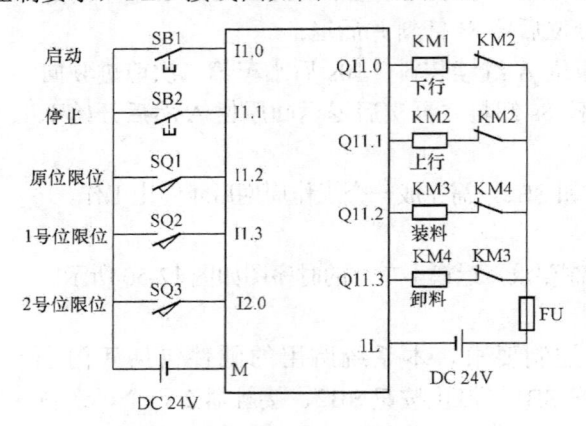

图 12-51 运料小车 PLC 接线图

5. 主要元器件清单（见表 12-13）

表 12-13   主 要 元 器 件 清 单

序号	名 称	型 号 规 格	数量	单位
1	运料小车		1	个
2	接触器		2	个
3	按钮	LA4-3H	2	只
4	限位开关		3	个
5	铜塑线	BVR7/0.75mm^2	20	m

第 12 章 PLC 控制系统实例

6. 程序分析

根据时序图的要求，按照逻辑顺序编制运料小车控制系统工作过程梯形图如图 12-52 所示。

根据时序图的要求，按照控制系统的功能编制系统输出控制梯形图如图 12-53 所示。

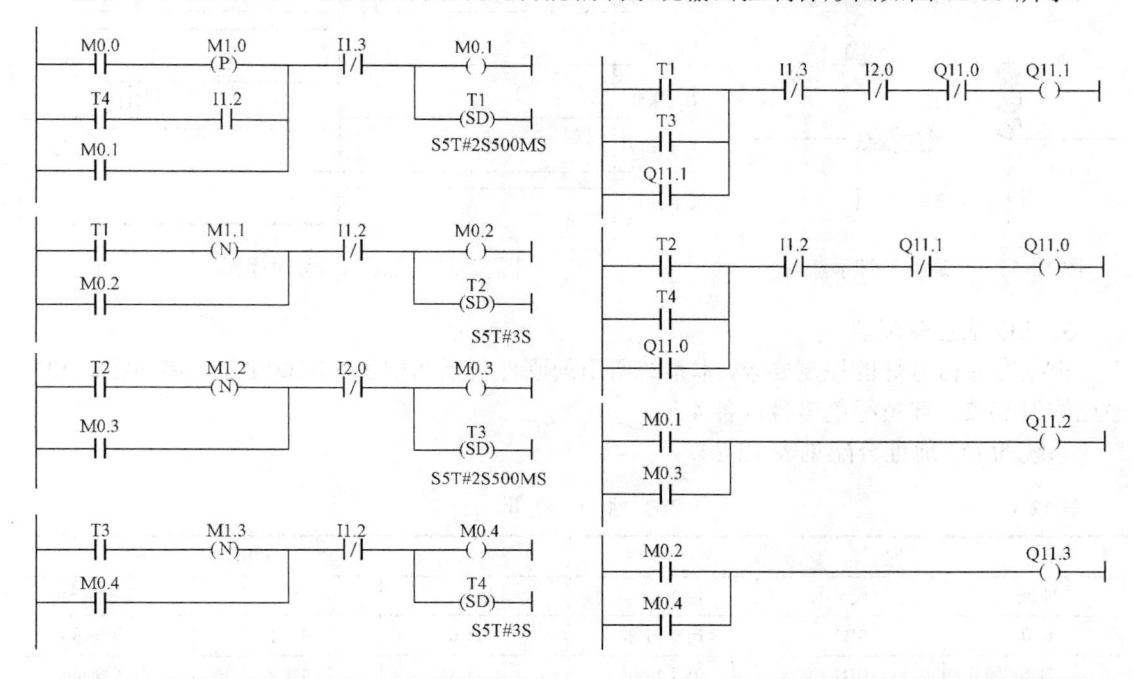

图 12-52 运料小车控制系统工作过程梯形图

图 12-53 运料小车控制系统输出控制梯形图

12.3.5 交通信号灯控制系统

交通信号灯控制系统的 PLC 控制认知与实践的主要内容包括：设计交通信号灯控制系统的硬件模型、编写 I/O 分配表、画 PLC 接线图、编写梯形图程序以及程序的调试和运行。

1. 交通信号灯控制系统的控制要求

十字路口交通指挥信号灯如图 12-54 所示。信号灯由一个启动按钮控制，当按下启动按钮时，系统按如下顺序工作：

（1）东西方向红灯亮、南北方向绿灯亮，维持 10s。
（2）东西方向红灯亮、南北方向绿灯闪，维持 3s。
（3）东西方向红灯亮、南北方向黄灯亮，维持 2s。
（4）南北方向红灯亮、东西方向绿灯亮，维持 10s。
（5）南北方向红灯亮、东西方向绿灯闪，维持 3s。
（6）南北方向红灯亮、东西方向黄灯亮，维持 2s。之后，又回到步骤 1，周而复始地运行。

系统停止的要求，当按下停止按钮时，系统停止工作。

2. 时序图

根据交通信号灯的控制要求，交通信号灯的时序图如图 12-55 所示。

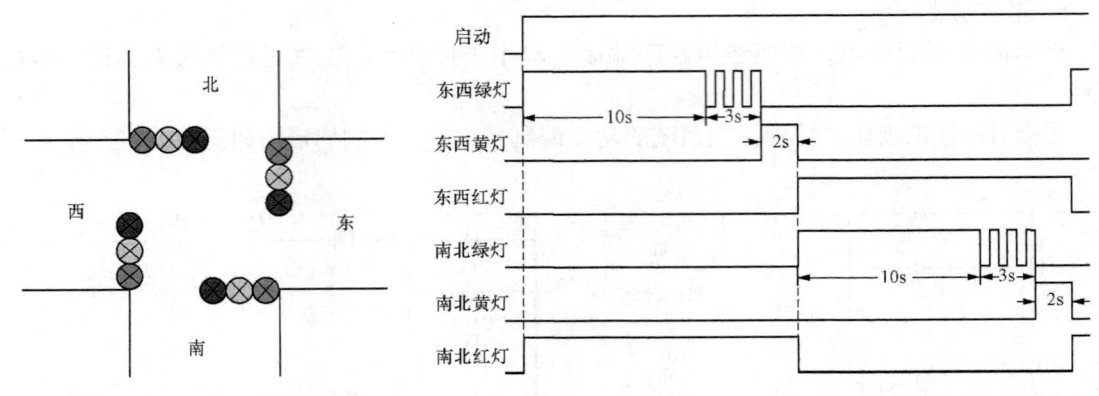

图 12-54 交通信号灯示意图　　　　图 12-55 交通信号灯时序图

3. I/O 地址分配表

根据交通信号灯的控制要求，本系统所用的硬件包括西门子 S7-300 PLC、启动按钮 SB1、停止按钮 SB2、红黄绿色信号灯各 4 只。

系统的 I/O 地址分配见表 12-14。

表 12-14　　　　　　　　　　　I/O 地 址 分 配 表

输入			输出		
地址	代号	输入信号	地址	代号	输出信号
I1.0	SB1	启动按钮	Q11.0	HL1	东西向绿灯
I1.1	SB2	停止按钮	Q11.1	HL2	东西向黄灯
			Q11.2	HL3	东西向红灯
			Q11.3	HL4	南北向绿灯
			Q12.0	HL5	南北向黄灯
			Q12.1	HL6	南北向红灯

4. 系统接线图

根据交通信号灯的控制要求，PLC 接线图如图 12-56 所示。

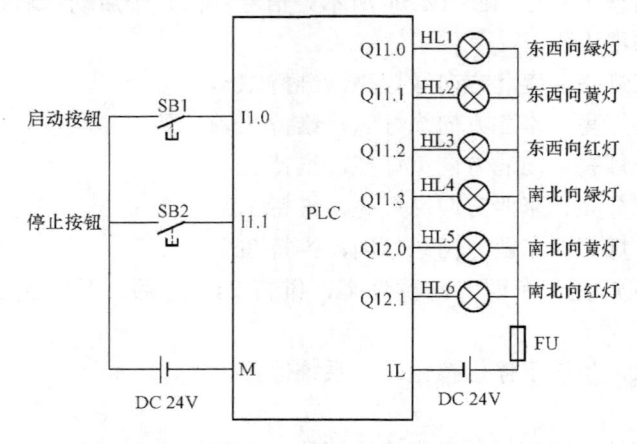

图 12-56 交通信号灯 PLC 接线图

5. 主要元器件清单（见表 12-15）

表 12-15　　　　　　　　　　　主 要 元 器 件 清 单

序号	名　　称	型　号　规　格	数量	单位
1	指示灯	XB2-BVB3C 24V	2	只
		XB2-BVB4C 24V	2	只
		XB2-BVB5C 24V	2	只
2	按钮	LA4-3H	2	只
3	铜塑线	BVR7/0.75mm^2	30	m
4	铝塑板	35cm×25cm	1	块

6. 程序分析

实例中用两种方法分别实现交通信号灯控制系统的功能，一种方法是用经验法编制梯形图，如图 12-57 所示；另一种方法是用顺序控制设计方法编制梯形图，状态切换图如图 12-58 所示，梯形图如图 12-59 所示。

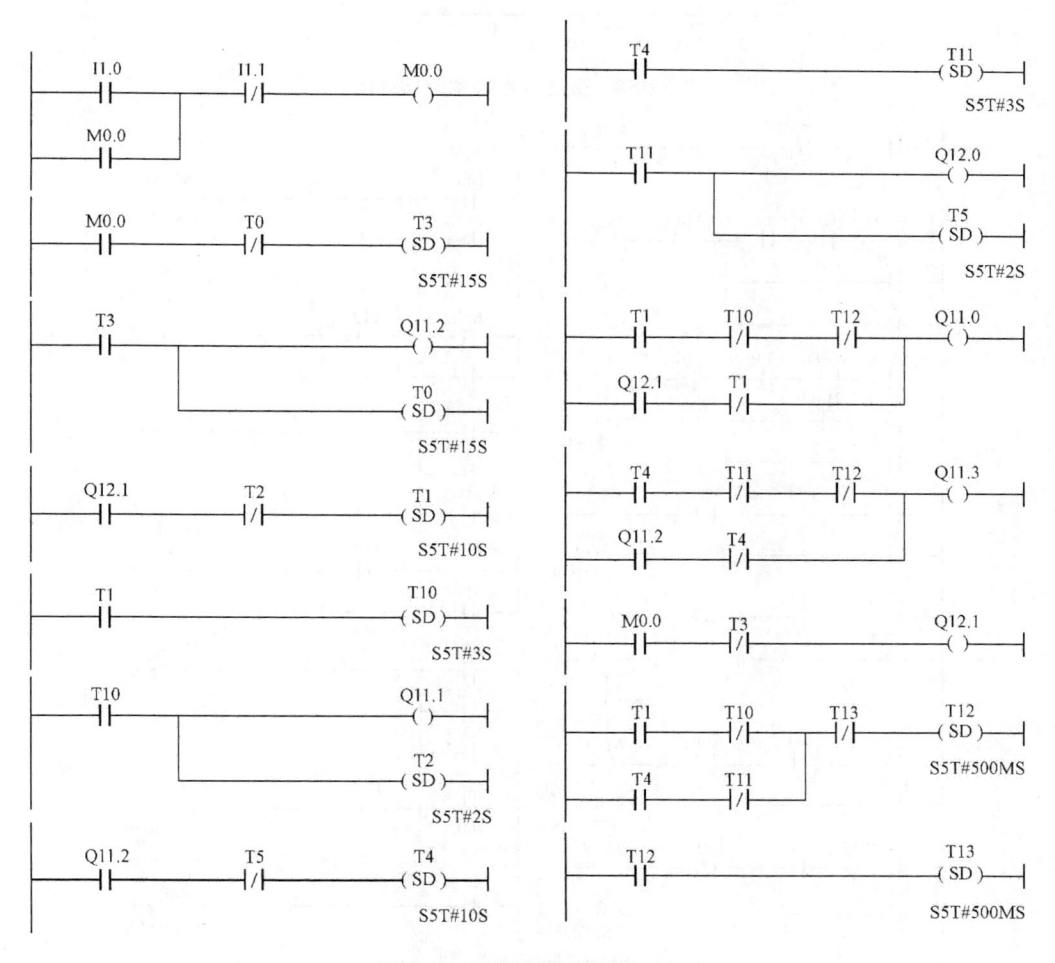

图 12-57　交通信号灯梯形图

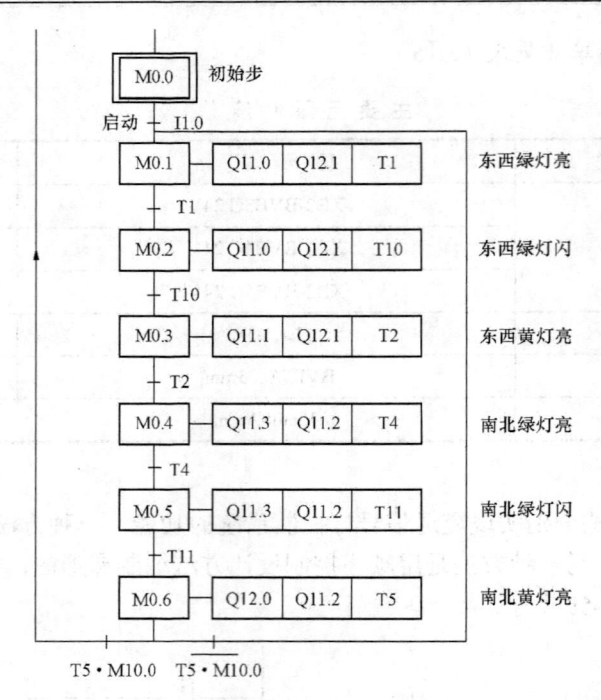

图 12-58 交通信号灯状态切换图

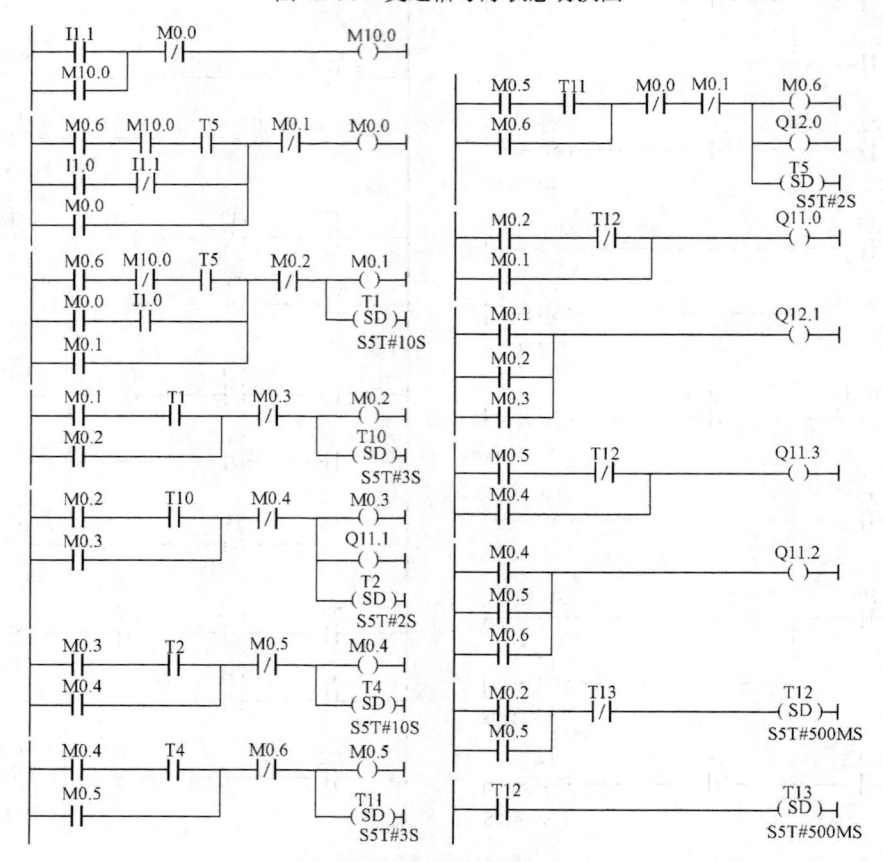

图 12-59 交通信号灯梯形图

12.3.6 密码锁控制系统

密码锁控制系统的 PLC 控制认知与实践的主要内容包括设计密码锁的硬件模型、编写 I/O 分配表、画 PLC 接线图、编写梯形图程序以及程序的调试和运行。用于培养自动化等专业学生的实践教学。

1. 密码锁控制系统的控制要求

密码锁控制示意图如图 12-60 所示，由一个数字小键盘控制，当设定或输入密码后会亮起相应的指示信号灯。

2. I/O 地址分配表

根据密码锁的控制要求，本系统所用的硬件包括西门子 S7-300 PLC、数字键盘 1 个、指示信号灯 5 个等，系统的 I/O 分配见表 12-16。

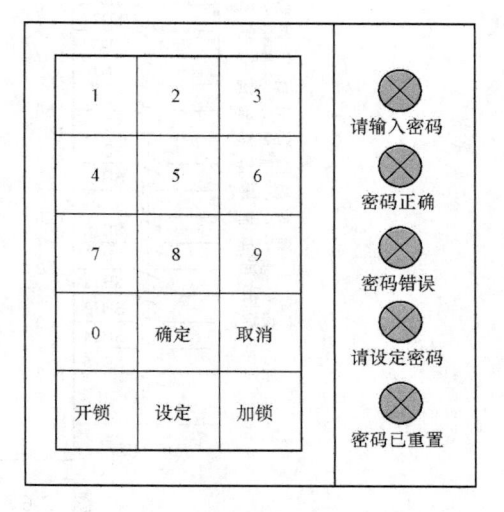

图 12-60 密码锁示意图

表 12-16　　　　　　I/O 地 址 分 配 表

输入			输出			中间存储位	
地址	代号	信号名称	地址	代号	信号名称	地址	信号名称
I1.0	SB1	数字键 0	Q11.0	HL1	请输入密码指示灯	MW10	当前密码位的值
I1.1	SB2	数字键 1	Q11.1	HL2	密码正确指示灯	MW0	密码第 1 位
I1.2	SB3	数字键 2	Q11.2	HL3	密码错误指示灯	MW2	密码第 2 位
I1.3	SB4	数字键 3	Q11.3	HL4	请设定密码指示灯	MW4	密码第 3 位
I2.0	SB5	数字键 4	Q12.0	HL5	密码已重置指示灯	MW6	密码第 4 位
I2.1	SB6	数字键 5	Q12.1	HL6	键盘已加锁	MW30	输入密码第 1 位
I2.2	SB7	数字键 6				MW32	输入密码第 2 位
I2.3	SB8	数字键 7				MW34	输入密码第 3 位
I3.0	SB9	数字键 8				MW36	输入密码第 4 位
I3.1	SB10	数字键 9				MW50	预设密码第 1 位
I3.2	SB11	确定				MW52	预设密码第 2 位
I3.3	SB12	取消				MW54	预设密码第 3 位
I4.0	SB13	设定				MW56	预设密码第 4 位
I4.1	SB14	开锁				FC5	开锁
I4.2	SB15	加锁				FC6	设定

3. 系统接线图

根据密码锁的控制要求，PLC 接线图如图 12-61 所示。

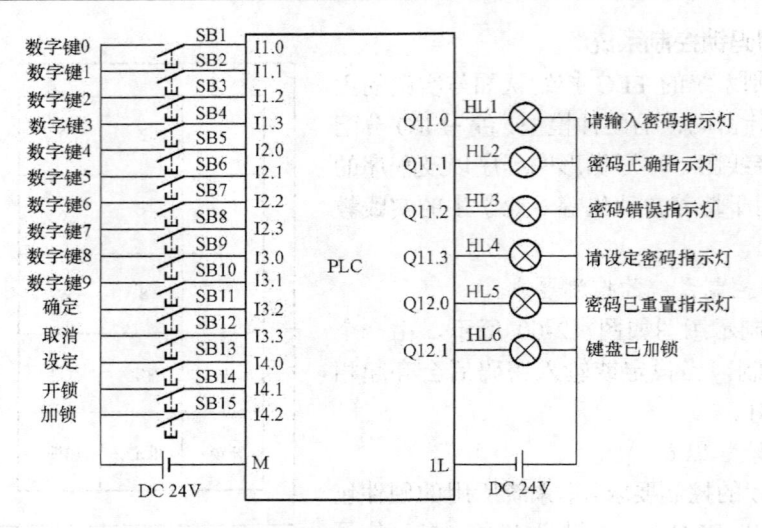

第三篇 S7-300/400 系列 PLC

```
数字键0 —SB1— I1.0
数字键1 —SB2— I1.1
数字键2 —SB3— I1.2
数字键3 —SB4— I1.3
数字键4 —SB5— I2.0
数字键5 —SB6— I2.1
数字键6 —SB7— I2.2
数字键7 —SB8— I2.3
数字键8 —SB9— I3.0
数字键9 —SB10— I3.1
确定  —SB11— I3.2
取消  —SB12— I3.3
设定  —SB13— I4.0
开锁  —SB14— I4.1
加锁  —SB15— I4.2
                M              1L
              DC 24V         DC 24V

PLC 输出:
Q11.0 — HL1 — 请输入密码指示灯
Q11.1 — HL2 — 密码正确指示灯
Q11.2 — HL3 — 密码错误指示灯
Q11.3 — HL4 — 请设定密码指示灯
Q12.0 — HL5 — 密码已重置指示灯
Q12.1 — HL6 — 键盘已加锁
```

图 12-61　密码锁 PLC 接线图

4. 主要元器件（见表 12-17）

表 12-17　　　　　　主要元器件

序号	名称	型号规格	数量	单位
1	按键	普通按键	15	个
2	指示灯	XB2-BVB4C 24V	5	个
3	铜塑线	BVR7/0.75mm²	20	m
4	铝塑板	35cm×25cm	1	块

5. 程序分析

密码锁控制系统程序主要有主程序（OB1）、密码锁 1 开锁子程序（FC1）和密码锁 2 设定子程序（FC2）3 个部分组成，在 OB1 中设定初始密码"0000"，梯形图如图 12-62 所示。

```
OB1: "Main Program Sweep(Cycle)"
Network 1: Title:

   M8.0      M8.1
 ──┤ ├──────┤(P)├──┬── MOVE ──
                   │  EN   ENO
   M8.0            │ W#16#1 IN OUT ── MW0
 ──┤/├─────────────┤
                   ├── MOVE ──
                   │  EN   ENO
                   │ W#16#1 IN OUT ── MW2
                   │
                   ├── MOVE ──
                   │  EN   ENO
                   │ W#16#1 IN OUT ── MW4
                   │
                   └── MOVE ──
                      EN   ENO
                     W#16#1 IN OUT ── MW6
```

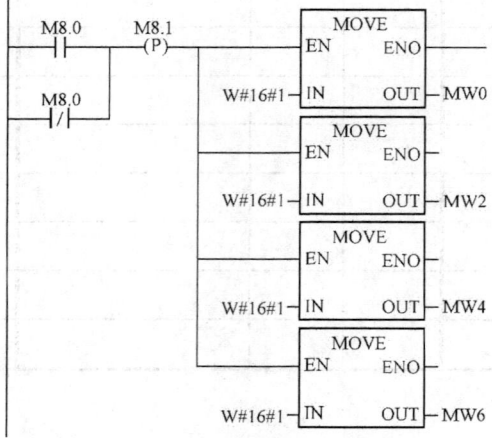

图 12-62　设定密码锁初始密码梯形图

第 12 章 PLC 控制系统实例

在 OB1 中分别调用密码锁 1 开锁子程序（FC1）和密码锁 2 设定子程序（FC2），梯形图如图 12-63 所示。

在 OB1 中编制锁键盘程序，锁键盘时复位计数器，锁定键盘，梯形图如图 12-64 所示。

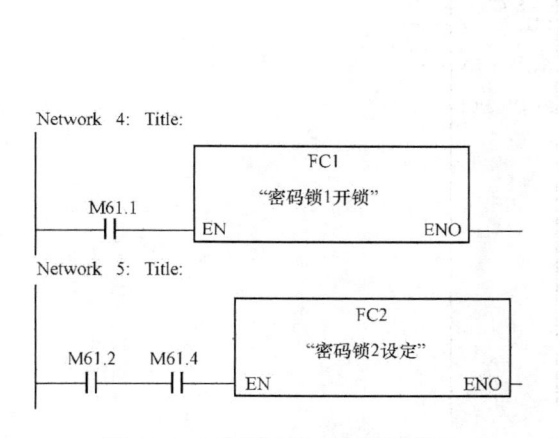

图 12-63　分别调用子程序梯形图

图 12-64　锁键盘复位计数器

为检测键盘输入，在子程序中建立键盘数字输入地址区，对应地址区如图 12-65 所示，子程序中的梯形图如图 12-66 所示。

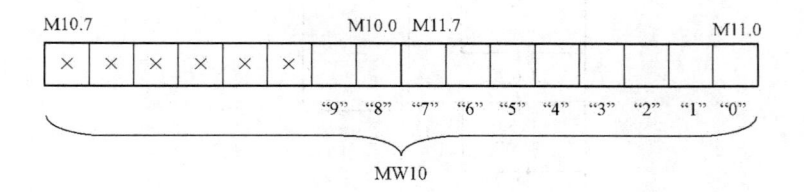

图 12-65　键盘数字地址区对照图

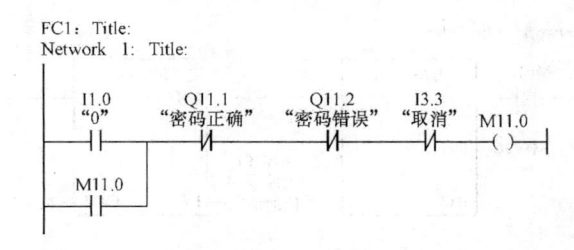

图 12-66　键盘数字信号梯形图

密码输入时需要记录次序，并按照顺序进行分配，实例中取出计数器的当前值参与密码的分配与判断，计数器指令的梯形图如图 12-67 所示，计数器当前值使用方法的梯形图如图 12-68 所示。

输入密码的判断条件为 5 个，除 4 位密码外加了 1 个输入密码的位数，提高了密码锁的安全性，梯形图如图 12-69 所示。

密码锁2 设定子程序（FC2）中增加了预设密码地址区，防止因疏忽大意误改了密码，梯形图如图 12-70 所示，密码输入等梯形图与密码锁 1 开锁子程序（FC1）中的梯形图相同，这里不再赘述。

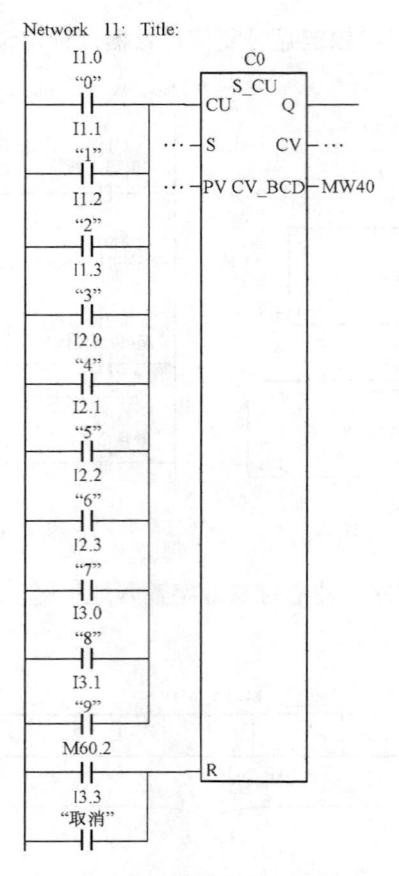

图 12-67　计数器控制梯形图

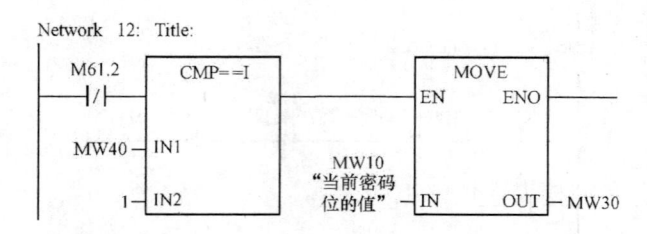

图 12-68　计数器当前值的使用方法

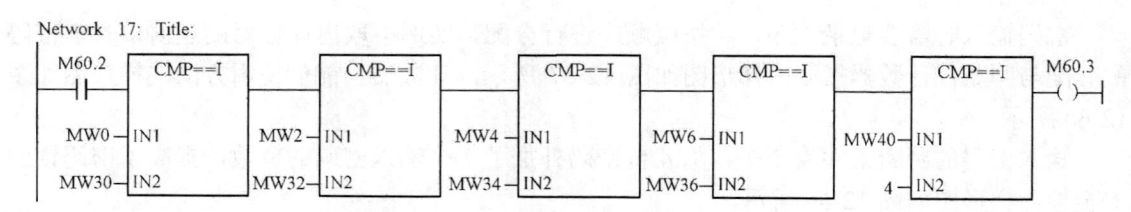

图 12-69　判断输入密码是否正确的梯形图

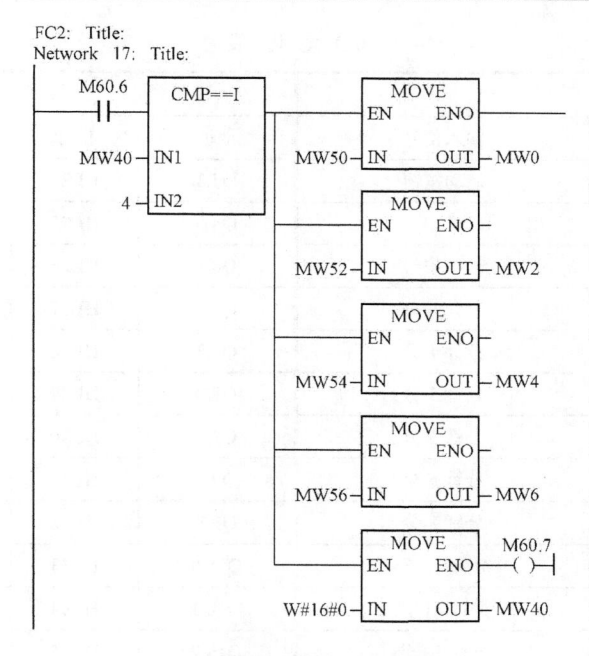

```
FC2: Title:
Network 17: Title:
```

[梯形图：M60.6 → CMP==I (MW40, 4) → MOVE MW50→MW0, MOVE MW52→MW2, MOVE MW54→MW4, MOVE MW56→MW6, MOVE W#16#0→MW40, M60.7]

图 12-70 重置密码梯形图

12.3.7 电子时钟控制系统

电子时钟控制系统认知与实践的主要内容包括：设计电子时钟控制系统的硬件模型、编写 I/O 分配表、画 PLC 接线图、编写梯形图程序以及程序的调试和运行。

1. 电子时钟控制系统的控制要求

按照钟表的表盘设计时针和分针，分配 LED 灯的位置，为了使表盘相对规整，将表盘分为 36 等分，电子时钟控制系统实物正面和背面图如图 12-71、图 12-72 所示。系统由一个启动按钮控制，当按下启动按钮时，系统按设定时钟顺序工作。

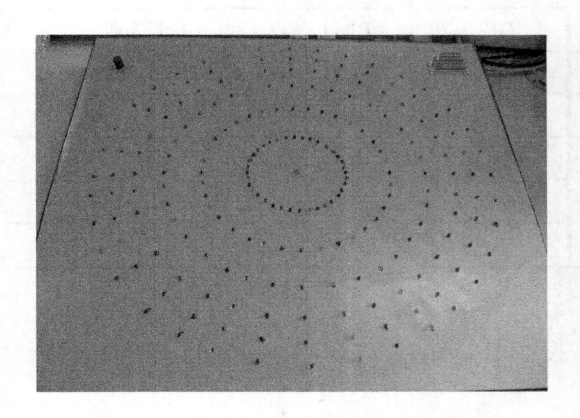

图 12-71 电子时钟控制系统实物正面图 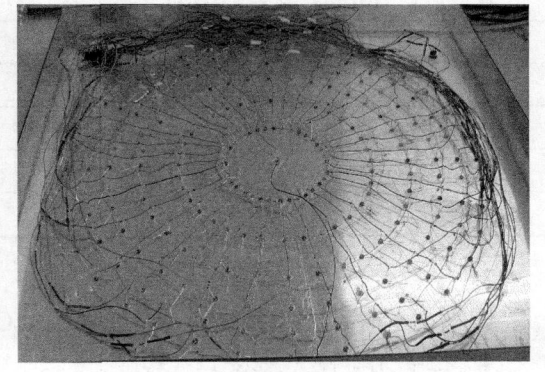   图 12-72 电子时钟控制系统实物背面图

2. I/O 地址分配表

根据电子时钟控制系统的控制要求，本系统所用的硬件包括西门子 S7-300 PLC、启动按钮 SB1 和 LED 灯若干。系统的 I/O 分配表如表 12-18 所示。

表 12-18　　　　　　　　　　　　　I/O 地 址 表

输入			输出		
地址	代号	输入信号	地址	代号	输出信号
I1.0	SB1	启动按钮	Q7.3	HL24	分针 38 分
输出			Q8.0	HL25	分针 40 分
地址	代号	输出信号	Q8.1	HL26	分针 41 分
Q2.0	HL1	分针 0 分	Q8.2	HL27	分针 43 分
Q2.1	HL2	分针 1 分	Q8.3	HL28	分针 45 分
Q2.2	HL3	分针 3 分	Q9.0	HL29	分针 46 分
Q2.3	HL4	分针 5 分	Q9.1	HL30	分针 48 分
Q3.0	HL5	分针 6 分	Q9.2	HL31	分针 50 分
Q3.1	HL6	分针 8 分	Q9.3	HL32	分针 51 分
Q3.2	HL7	分针 10 分	Q10.0	HL33	分针 53 分
Q3.3	HL8	分针 11 分	Q10.1	HL34	分针 55 分
Q4.0	HL9	分针 13 分	Q10.2	HL35	分针 56 分
Q4.1	HL10	分针 15 分	Q10.3	HL36	分针 58 分
Q4.2	HL11	分针 16 分	Q11.0	HL37	时针 12 时
Q4.3	HL12	分针 18 分	Q11.1	HL38	时针 1 时
Q5.0	HL13	分针 20 分	Q11.2	HL39	时针 2 时
Q5.1	HL14	分针 21 分	Q11.3	HL40	时针 3 时
Q5.2	HL15	分针 23 分	Q12.0	HL41	时针 4 时
Q5.3	HL16	分针 25 分	Q12.1	HL42	时针 5 时
Q6.0	HL17	分针 26 分	Q12.2	HL43	时针 6 时
Q6.1	HL18	分针 28 分	Q12.3	HL44	时针 7 时
Q6.2	HL19	分针 30 分	Q13.0	HL45	时针 8 时
Q6.3	HL20	分针 31 分	Q13.1	HL46	时针 9 时
Q7.0	HL21	分针 33 分	Q13.2	HL47	时针 10 时
Q7.1	HL22	分针 35 分	Q13.3	HL48	时针 11 时
Q7.2	HL23	分针 36 分	Q14.0	HL49	秒针

3. 系统接线图

根据电子时钟控制系统的控制要求，PLC 接线图如图 12-73 所示。

4. 主要元器件（见表 12-19）

表 12-19　　　　　　　　　　　　　主 要 元 器 件

序号	名　称	型号规格	数量	单位
1	按钮	LA4-3H	1	个
2	三色全彩灯	$\phi 10$	1	只

续表

序号	名称	型号规格	数量	单位
3	LED 灯	$\phi 8$	216	只
4	电阻	1k，2k	若干	个
5	铝塑板	65cm×65cm	1	块
6	铜塑线	BVR7/0.75mm^2	30	m

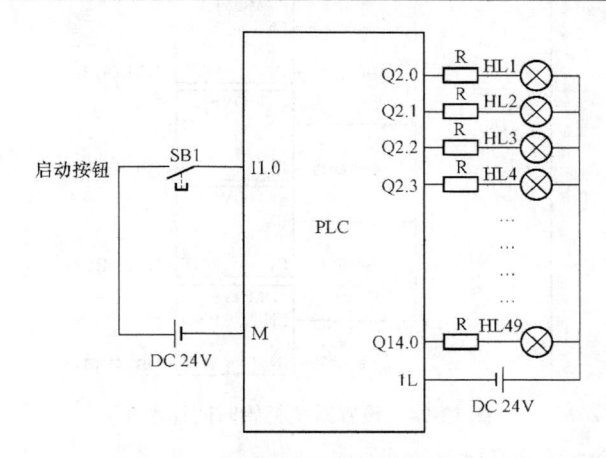

图 12-73　电子时钟控制系统 PLC 接线图

5. 程序分析

使用系统功能 SFC0（SET_CLK）设定 CPU 的时间和日期，CPU 的时钟将以设定的时间和日期运行，数据类型"DATE_AND_TIME"的时间和日期是以 BCD 码的格式存储在 8 个字节里，该数据类型显示的范围是：

DT#1990-1-1-0:0:0.0 到 DT#2089-12-31-23:59:59.999

表 12-20 给出一个实例表示 2004 年 8 月 5 日，星期四，8 点 12 分 5.250 秒，并且给出每个字节所包含的时间和日期数据的内容，通过功能块 SFC0 将输入变量装载并传输到变量"DATE_AND_TIME"中的年、月、日、小时等各自的字节中，梯形图如图 12-74 和图 12-75 所示。

表 12-20　　　　　　　　　时间和日期的数据格式

字节	内容	例子
0	年	B#16#04
1	月	B#16#08
2	日	B#16#05
3	小时	B#16#08
4	分钟	B#16#12
5	秒	B#16#05
6	毫秒的百位和十位数值	B#16#25
7（高 4 位）	毫秒的个位数值	B#16#0
7（低 4 位）	星期：1：星期日，2：星期一，3：星期二，4：星期三，5：星期四，6：星期五，7：星期六	B#16#05

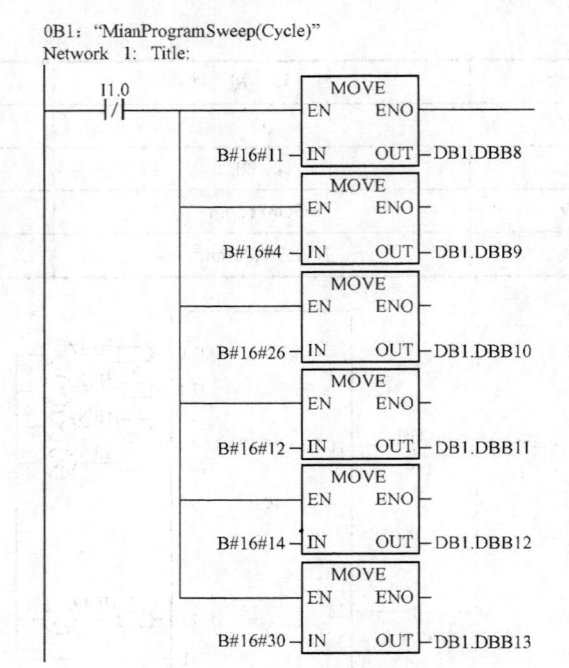

OB1: "MianProgramSweep(Cycle)"
Network 1: Title:

```
    I1.0                  MOVE
────┤/├────────┬─────────EN    ENO─────
               │
               ├─B#16#11─IN    OUT─DB1.DBB8
               │          MOVE
               ├─────────EN    ENO─────
               │
               ├─B#16#4──IN    OUT─DB1.DBB9
               │          MOVE
               ├─────────EN    ENO─────
               │
               ├─B#16#26─IN    OUT─DB1.DBB10
               │          MOVE
               ├─────────EN    ENO─────
               │
               ├─B#16#12─IN    OUT─DB1.DBB11
               │          MOVE
               ├─────────EN    ENO─────
               │
               ├─B#16#14─IN    OUT─DB1.DBB12
               │          MOVE
               └─────────EN    ENO─────
                 B#16#30─IN    OUT─DB1.DBB13
```

图 12-74　设置系统初始时间梯形图

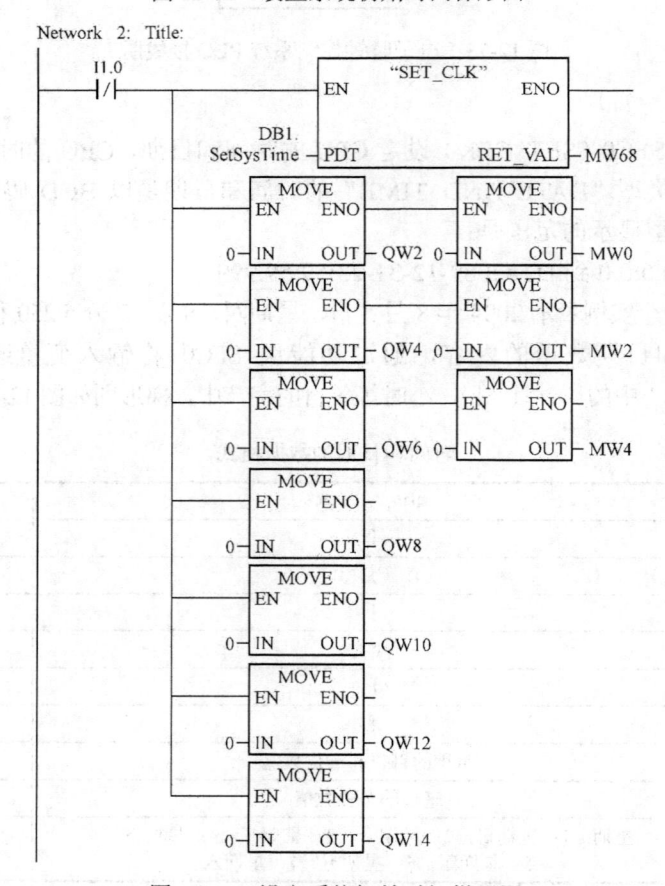

Network 2: Title:

```
    I1.0                    "SET_CLK"
────┤/├────────┬────────────EN         ENO────
               │   DB1.
               │   SetSysTime─PDT   RET_VAL─MW68
               │      MOVE              MOVE
               ├────EN   ENO───────────EN   ENO─
               │  0─IN   OUT─QW2    0─IN   OUT─MW0
               │      MOVE              MOVE
               ├────EN   ENO───────────EN   ENO─
               │  0─IN   OUT─QW4    0─IN   OUT─MW2
               │      MOVE              MOVE
               ├────EN   ENO───────────EN   ENO─
               │  0─IN   OUT─QW6    0─IN   OUT─MW4
               │      MOVE
               ├────EN   ENO─
               │  0─IN   OUT─QW8
               │      MOVE
               ├────EN   ENO─
               │  0─IN   OUT─QW10
               │      MOVE
               ├────EN   ENO─
               │  0─IN   OUT─QW12
               │      MOVE
               └────EN   ENO─
                  0─IN   OUT─QW14
```

图 12-75　设定系统初始时间梯形图

使用系统功能 SFC1（READ_CLK）实时读出 CPU 的系统时间，系统功能 SFC1 的输出参数 "CDT" 接收的时间和日期的格式为 "DATE_AND_TIME"，对应字节读出时间值，梯形图如图 12-76 所示。

秒针的显示是编制一个周期为 2s 的方波信号，并输出给中心的全彩 LED 灯，梯形图如图 12-77 所示。

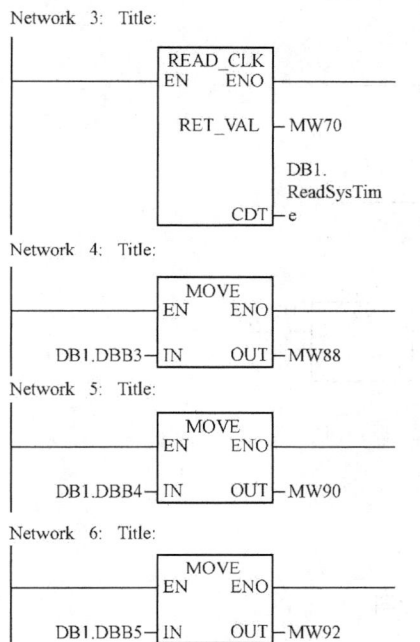

图 12-76 读取系统时间梯形图

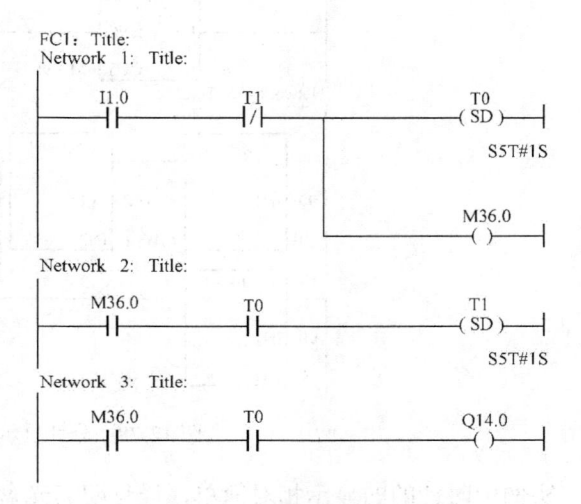

图 12-77 秒针显示的梯形图

分针的显示需要对数据进行处理，原因有两个，一是设计时将表盘分为 36 等分，所以要对读出的分针的数据进行处理才能输出显示；二是取出的时间是 BCD 码的格式，要对数据进行换算，换算表见表 12-21，梯形图如图 12-78 所示。

表 12-21　　　　　　　　　十进制数与十六进制数的换算表

序号	十进制	十六进制	十进制	十六进制	十进制	十六进制	十进制	十六进制
1	1	1	22	16	49	31	70	46
2	2	2	23	17	50	32	71	47
3	3	3	24	18	51	33	72	48
4	4	4	25	19	52	34	73	49
5	5	5	32	20	53	35	80	50
6	6	6	33	21	54	36	81	51
7	7	7	34	22	55	37	82	52
8	8	8	35	23	56	38	83	53
9	9	9	36	24	57	39	84	54
10	16	10	37	25	64	40	85	55
11	17	11	38	26	65	41	86	56
12	18	12	39	27	66	42	87	57
13	19	13	40	28	67	43	88	58
14	20	14	41	29	68	44	89	59
15	21	15	48	30	69	45	96	60

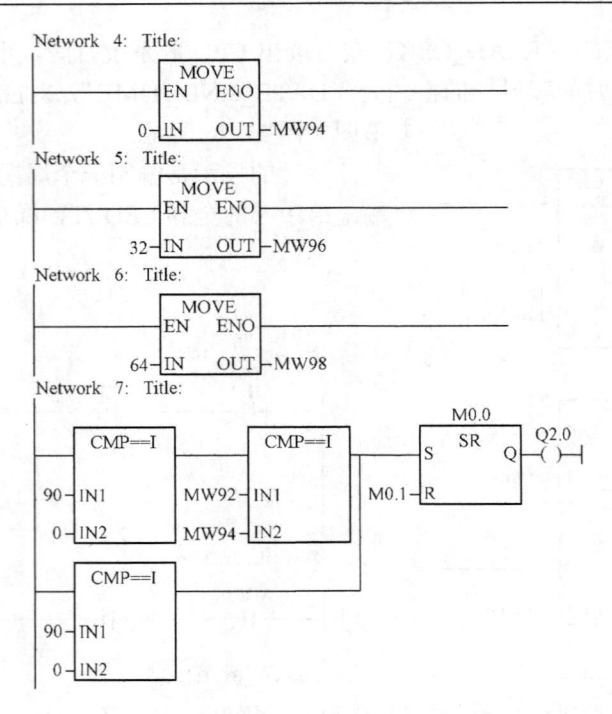

图 12-78 分针显示的梯形图

实例中时针的的显示相对简单,详见配套光盘中的实例电子时钟。

思考与练习

12.1 请画出所给梯形图 12-79 中对应 M5.2、Q16.2、T1、T2 的时序图,并在图中标出时间值。

注：已知 I4.1、I4.2、I3.1、I3.2（图 12-80）。

12.2 请画出梯形图 12-81 中 M0.0、M0.1、M0.2、Q16.0、Q16.1 的时序图,并在图中单个扫描周期。

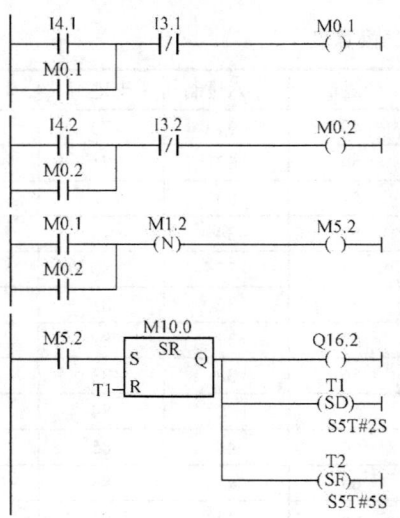

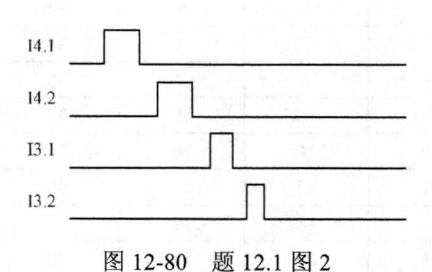

图 12-79 题 12.1 图 1

图 12-80 题 12.1 图 2

注：已知 I4.0、I4.1、I4.2（图 12-82）。

图 12-81 题 12.2 图 1

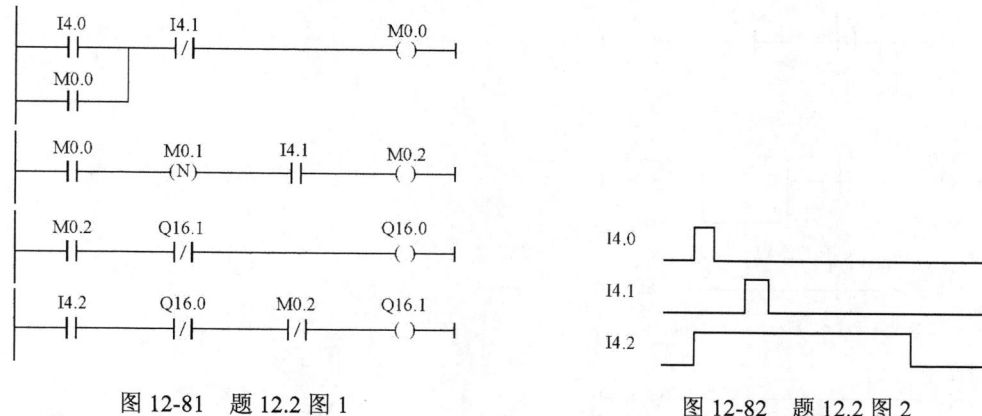

图 12-82 题 12.2 图 2

12.3 请画出梯形图（图 12-83）中 M0.0、Q16.2、T1、T2、T3 的时序图，并在图中标出单个的扫描周期和时间值。

注：已知 I4.0（图 12-84）。

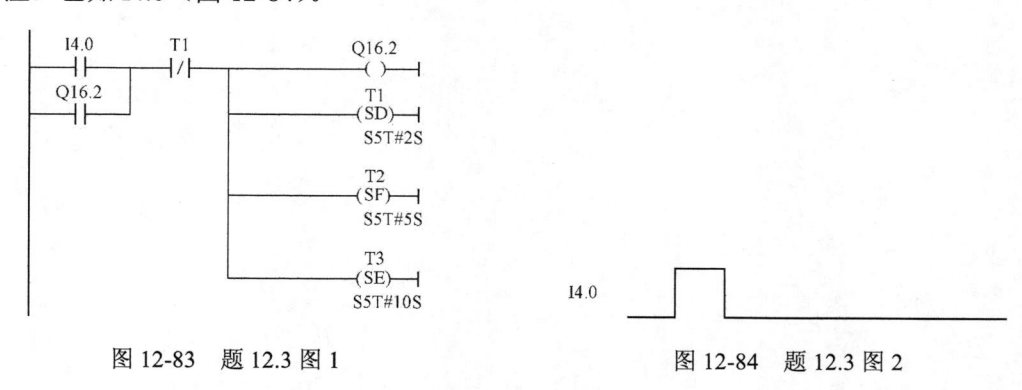

图 12-83 题 12.3 图 1

图 12-84 题 12.3 图 2

12.4 请画出依次对应 Q16.2、T1、T2 的时序图（图 12-85），并在图中标出时间值。

注：已知 I4.0（图 12-86）

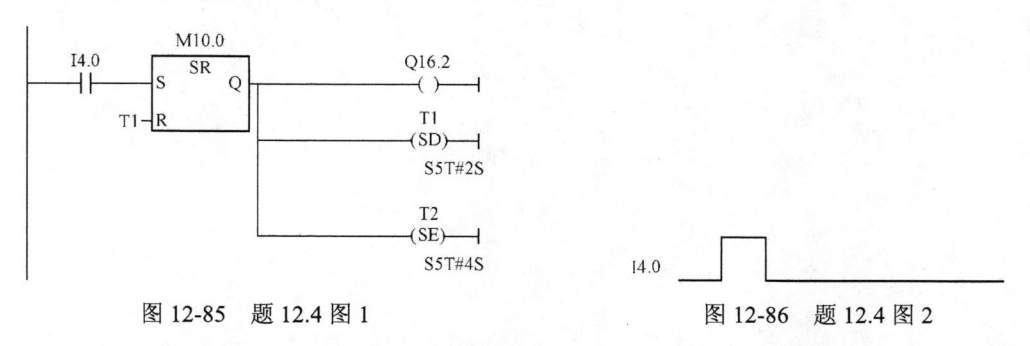

图 12-85 题 12.4 图 1

图 12-86 题 12.4 图 2

12.5 请画出所给梯形图（图 12-87）对应 M0.0、T1、T2 和 Q16.6 的时序图，并在图中标出时间值。

注：已知 I4.0（图 12-88）。

12.6 试用两种方法设计出周期为 2s，占空比为 50%方波信号的梯形图。

注：信号启动开关：I4.0，信号停止开关；I4.1，输出信号灯：Q16.4。

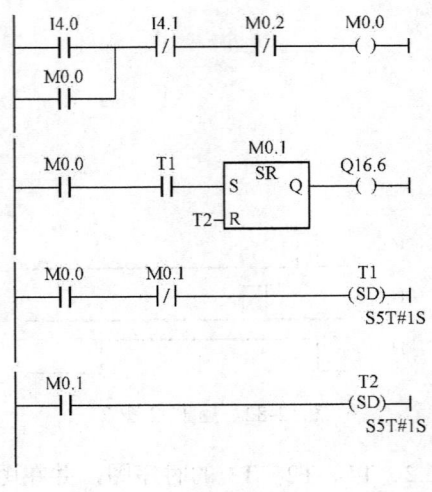

```
   I4.0   I4.1   M0.2   M0.0
───┤├─────┤/├────┤/├────( )───
   │
   M0.0
───┤├───

   M0.0   T1    ┌─────┐   Q16.6
───┤├─────┤├────┤S  SR ├───( )───
                │      │
           T2───┤R   Q │
                └──────┘

   M0.0   M0.1              T1
───┤├─────┤/├──────────────(SD)──
                          S5T#1S

   M0.1                     T2
───┤├──────────────────────(SD)──
                          S5T#1S
```

图 12-87 题 12.5 图 1

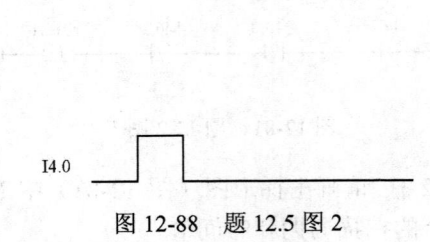

```
        ┌──┐
I4.0    │  │
────────┘  └────────
```

图 12-88 题 12.5 图 2

第四篇　PLC 控制系统设计方法

第 13 章　数字量控制系统梯形图设计方法

13.1　梯形图编程规则

梯形图编程规则如下。

（1）每个梯形图程序段都必须以输出线圈或指令框（Box）结束，比较指令框（相当于触点）、中线输出线圈和上升沿、下降沿线圈不能用于程序段结束。

（2）指令框的使能输出端"ENO"可以和右边的指令框的使能输入端"EN"连接，如图 13-1 所示。

图 13-1　使能端连接的梯形图

（3）下述线圈要求布尔逻辑，即必须用触点电路控制它们，它们不能与左侧垂直"电源线"直接相连：输出线圈、置位（S）、复位（R）线圈；中线输出线圈和上升沿、下降沿线圈；计数器和定时器线圈；逻辑非跳转（JMPN）；主控继电器接通（MCR<）；将 RLO 存入 BR 存储器（SAVE）和返回线圈（RET）。

恒"0"与恒"1"信号生成的梯形图如图 13-2 所示。

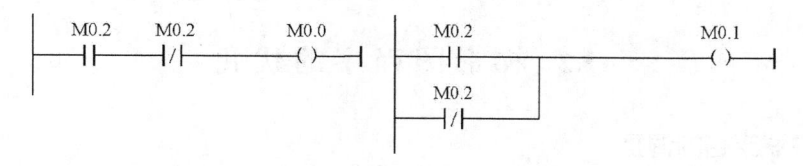

图 13-2　恒"0"与恒"1"信号的梯形图

下面的线圈不允许布尔逻辑，即这些线圈必须与左侧垂直"电源线"直接相连：主控继电器激活（MCRA）；主控继电器关闭（MCRD）和打开数据块（OPN）。

其他线圈既可以用布尔逻辑操作也可以不用。

（4）下列线圈不能用于并联输出：逻辑非跳转（JMPN）、跳转（JMP）、调用（CALL）和返回（RET）。

（5）如果分支中只有一个元件，删除这个元件时，整个分支也同时被删掉。删除一个指令框时，该指令框除主分支外所有的布尔输入分支都将同时被删除。

（6）能流只能从左到右流动，不允许生成使能流流向相反方向的分支。例如，图 13-3 中的 I4.2 的动合触点断开时，能流流过 I4.3 的方向是从右到左，这是不允许的。从本质上来说，该电路不能用触点的串、并联指令来表示。

（7）不允许生成引起短路的分支。

（8）线圈重复输出（指同编号的输出线圈使用两次以上时），最后一个条件最为优先，线圈重复输出的示例梯形图如图 13-4 所示，逻辑运算表见表 13-1。

图 13-3　错误的梯形图　　　　　图 13-4　线圈重复输出的示例梯形图

表 13-1　　　　　　　　　　线圈重复输出的示例逻辑运算表

序　号	I4.0	I4.1	I4.2	Q16.4	Q16.5
1	0	0	0	0	0
2	1	1	1	1	1
3	1	1	0	0	1
4	1	0	1	1	1
5	1	0	0	0	0
6	0	1	1	1	0
7	0	1	0	0	0
8	0	0	1	1	0

13.2　梯形图程序的优化

13.2.1　并联支路的调整

并联支路的设计应考虑逻辑运算的一般规则，在若干支路并联时，应将具有串联触点的支路放在上面。这样可以省略程序执行时的堆栈操作，减少指令步数。并联支路的优化如图 13-5 所示。

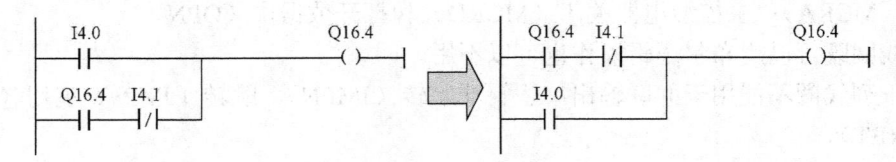

图 13-5　并联支路的优化

13.2.2　串联支路的调整

串联支路的设计同样应考虑逻辑运算的一般规则，在若干支路串联时，应将具有并联触点的支路放在前面。这样可以省略程序执行时的堆栈操作，减少指令步数。串联支路的优化如图13-6所示。

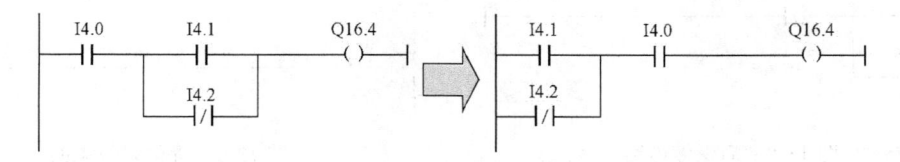

图13-6 串联支路的优化

13.2.3 内部继电器的使用

为了简化程序，减少指令步数，在程序设计时对于需要多次使用的若干逻辑运算的组合，应尽量使用内部继电器。这样不仅可以简化程序，减少指令步数，更重要的是在逻辑运算条件需要修改时，只需要修改内部继电器的控制条件，而无需修改所有程序，为程序的修改与调整增加便利。内部继电器的使用如图13-7所示。

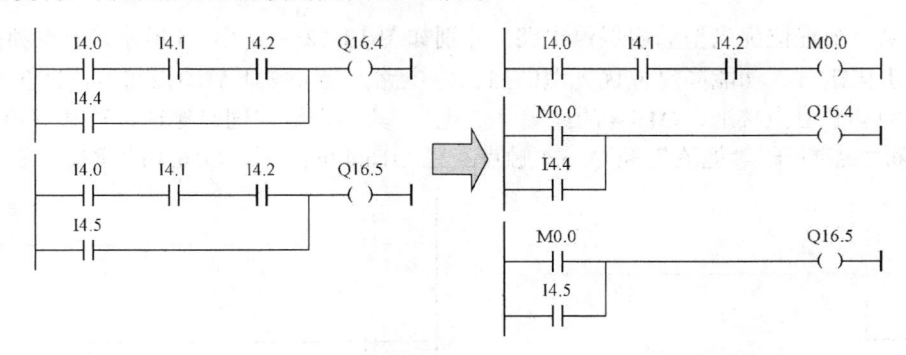

图13-7 内部继电器的使用

13.3 梯形图的经验设计法

数字量控制系统又称为开关量控制系统，继电器控制系统就是典型的数字量控制系统。

13.3.1 启动、保持与停止电路

启动、保持和停止电路简称为启保停电路，在梯形图中得到了广泛的应用。我们首先介绍一下复位优先型的启保停电路，图13-8中启动按钮和停止按钮提供的启动信号I4.0和停止信号I4.1为1状态的时间很短。当只按启动按钮时，I4.0的动合触点和I4.1的动断触点均接通，Q16.4的线圈"通电"，它的动合触点同时接通。放开启动按钮，I4.0的动合触点断开，"能流"经Q16.4和I4.1的触点流过Q16.4的线圈，这就是所谓的"自锁"或"自保持"功能。当只按停止按钮时，I4.1的动断触点断开，使Q16.4的线圈"断电"，其动合触点断开，以后即使放开停止按钮，I4.1的动断触点恢复接通状态，Q16.4的线圈仍然"断电"。当先按下启动按钮时，I4.0的动合触点和I4.1的动断触点接通，Q16.4的线圈"通电"，其动合触点同时接通，再按下停止按钮，I4.1的动断触点断开，Q16.4的线圈"断电"。这种功能可以用图13-9中的S（置位）和R（复位）指令来实现，也可以用图13-10中的SR置位复位触发器指令框来实现。图13-11所示为复位优先型启保停电路逻辑时序图。

图 13-8　启保停电路　　　　　　　　图 13-9　置位复位电路

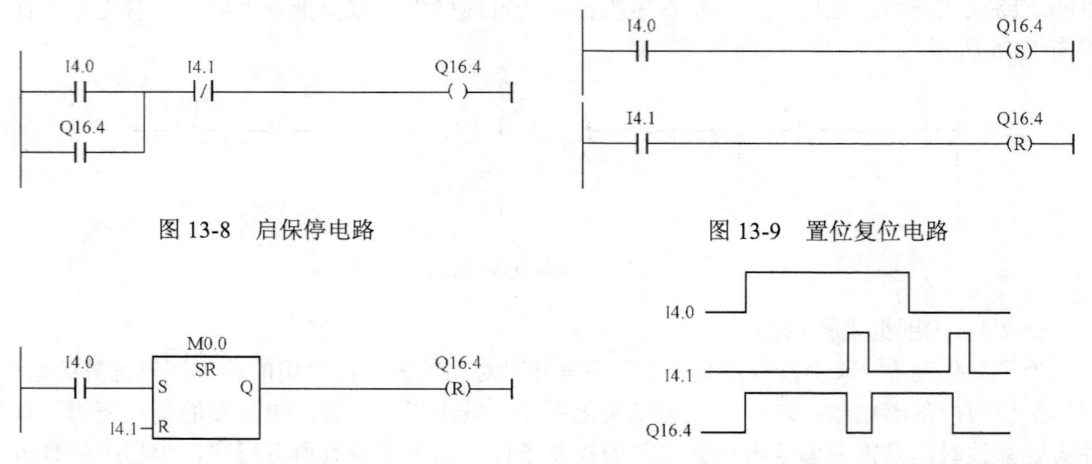

图 13-10　触发器电路　　　　图 13-11　复位优先型启保停电路逻辑时序图

接下来介绍置位优先型的启保停电路，分别如图 13-12～图 13-15 所示。当单独按下启动按钮或停止按钮时，功能同复位优先型的启保停电路，当先按下启动按钮时，I4.0 的动合触点和 I4.1 的动断触点接通，Q16.4 的线圈"通电"，其动合触点同时接通，再按下停止按钮，I4.1 的动断触点断开，"能流"经 Q16.4 触点流过 Q16.4 的线圈，Q16.4 的线圈"通电"。

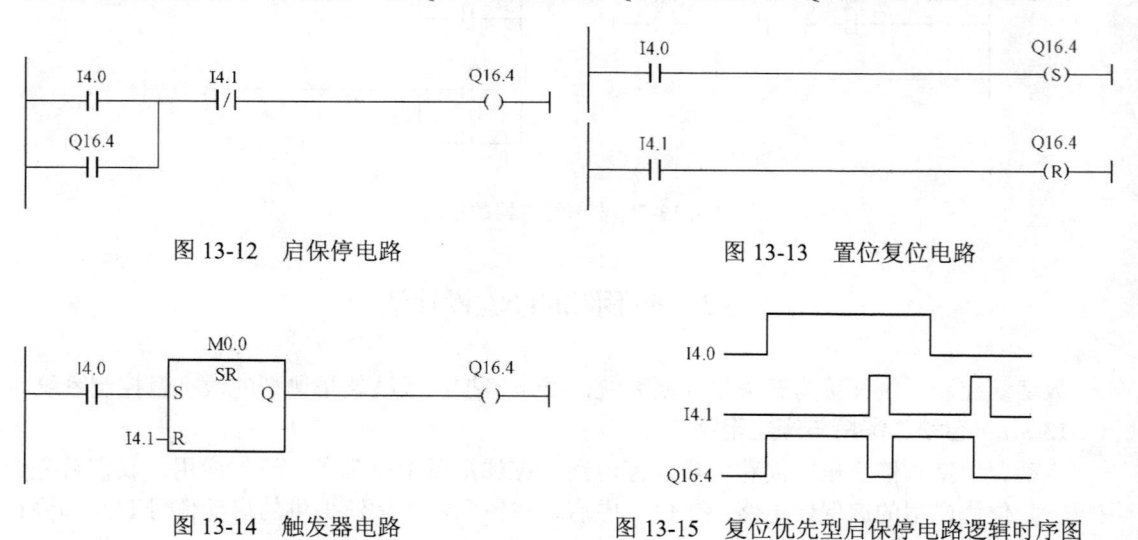

图 13-12　启保停电路　　　　　　　　图 13-13　置位复位电路

图 13-14　触发器电路　　　　图 13-15　复位优先型启保停电路逻辑时序图

工程中，我们可根据具体的要求选择不同的启保停电路完成控制功能。在实际电路中，启动信号和停止信号可能由多个触点组成的串、并联电路提供。

可以用设计继电器电路图的方法来设计比较简单的数字量控制系统的梯形图，即在一些典型电路的基础上，根据被控对象对控制系统的具体要求，不断地修改和完善梯形图。有时需要反复多次地调试和修改梯形图，增加一些中间编程元件和触点，最后才能得到一个较为满意的结果。电工手册中常用的继电器电路图可以作为设计梯形图的参考电路。

这种方法没有普遍的规律可以遵循，具有很大的试探性和随意性，最后的结果不是唯一的，设计所用的时间、设计的质量与设计者的经验有很大的关系，所以有人把这种设计方法

第 13 章　数字量控制系统梯形图设计方法　　299

叫做经验设计法，它可以用于较简单的梯形图（例如手动程序）的设计。

13.3.2　三相异步电动机的正反转控制

图 13-16 所示为三相异步电动机正反转控制的主电路和继电器控制电路图，KM1、KM2 和 KM3 分别是控制正转运行、反转运行和换速运行的交流接触器。用 KM1 和 KM2 的主触点改变进入电动机的三相电源的相序，即可以改变电动机的旋转方向，用 KM3 可改变三相异步电动机的转速。图中的 FR 是热继电器，在电动机过载时，它的动断触点断开，使 KM1 或 KM2 的线圈断电，电动机停转。

图 13-16 中的控制电路由两个启保停电路组成，为了节省触点，FR 和 SB1 的动断触点供两个启保停电路公用。

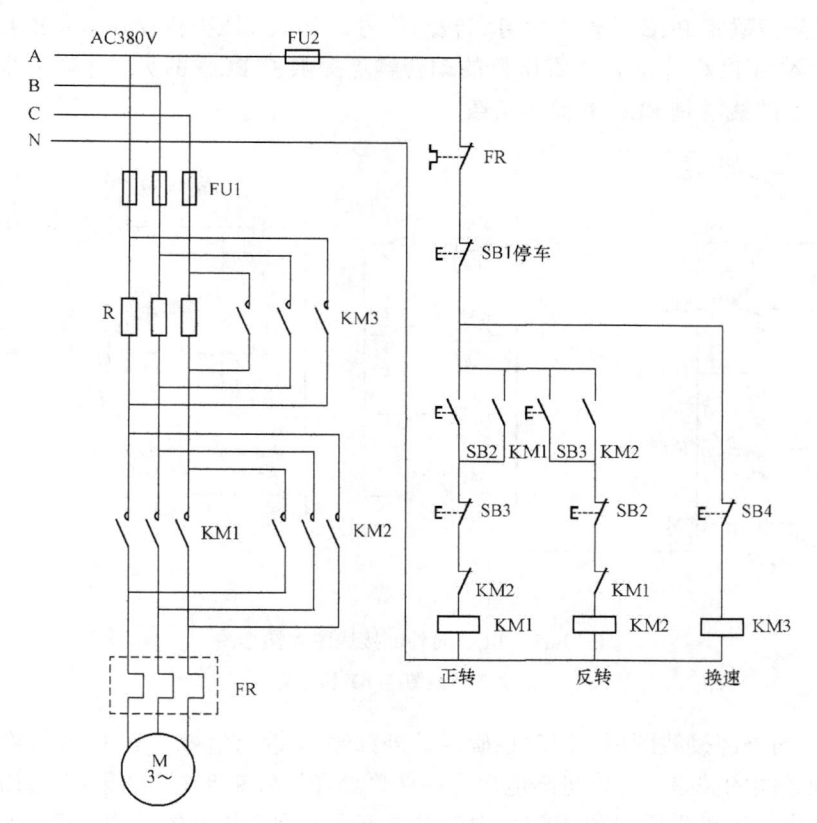

图 13-16　异步电动机正反转控制电路图

按下正转启动按钮 SB2，KM1 的线圈通电并自保持，电动机正转运行。按下反转启动按钮 SB3、KM2 的线圈通电并自保持，电动机反转运行。按下停止按钮 SB1，KM1 或 KM2 的线圈断电，电动机停止运行。

为了方便操作和保证 KM1 和 KM2 不会同时为 ON，在图 13-16 中设置了"按钮联锁"，即将正转启动按钮 SB2 的动断触点与控制反转的 KM2 的线圈串联，将反转启动按钮 SB3 的动断触点与控制正转的 KM1 的线圈串联。设 KM1 的线圈通电，电动机正转，这时如果想改为反转，可以不按停止按钮 SB1，直接按反转启动按钮 SB3，它的动断触点断开，使 KM1

的线圈断电，同时 SB3 的动合触点接通，使 KM2 的线圈得电，电动机由正转变为反转。

由主回路可知，如果 KM1 和 KM2 的主触点同时闭合，将会造成三相电源相间短路的故障。在二次回路中，KM1 的线圈串联了 KM2 的辅助动断触点，KM2 的线圈串联了 KM1 的辅助动断触点，它们组成了硬件互锁电路。

假设 KM1 的线圈通电，其主触点闭合，电动机正转。因为 KM1 的辅助动断触点与主触点是联动的，此时与 KM2 的线圈串联的 KM1 的动断触点断开，因此按反转启动按钮 SB3 之后，要等到 KM1 的线圈断电，它的动断触点闭合，KM2 的线圈才会通电，因此这种互锁电路可以有效地防止短路故障。

图 13-17 所示为实现上述功能的 PLC 的外部接线图和梯形图。在将继电器电路图转换为梯形图时，首先应确定 PLC 的输入信号和输出信号。三个按钮提供操作人员的指令信号，按钮信号必须输入到 PLC 中去，热继电器的动合触点提供了 PLC 的另一个输入信号。显然，两个交流接触器的线圈是 PLC 的输出负载。

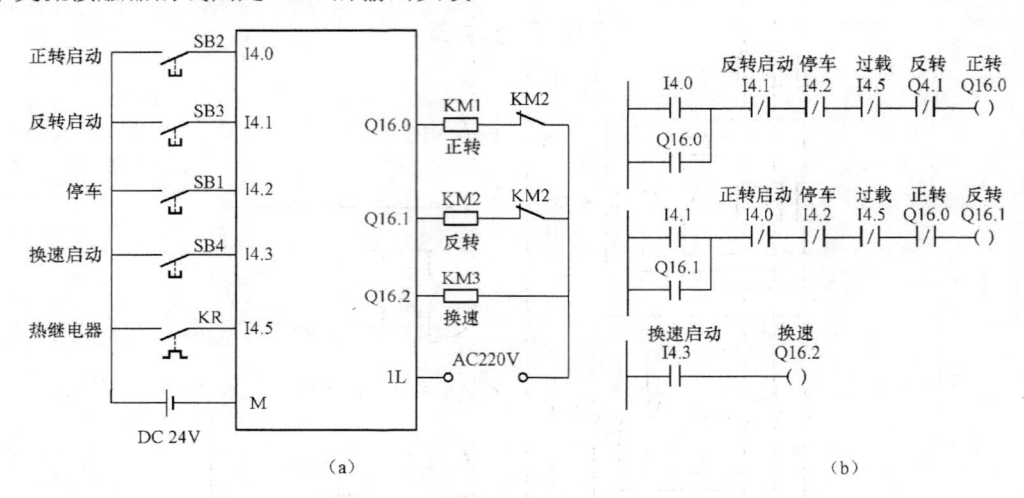

图 13-17　PLC 的外部接线图和梯形图
(a) 外部接线图；(b) 梯形图

画出 PLC 的外部接线图后，同时也确定了外部输入/输出信号与 PLC 内的输入/输出过程映像位的地址之间的关系。可以将继电器电路图"翻译"为梯形图。如果在 STEP 7 中用梯形图语言输入程序，可以采用与图 13-16 中的继电器电路完全相同的结构来画梯形图。各触点的动合、动断的性质不变，根据 PLC 外部接线图中给出的关系，来确定梯形图中各触点的地址。

CPU 在处理图 13-18（a）中的梯形图时，实际上使用了局域数据位（如 L20.0）来保存 A 点的运算结果，将它转换为语句表后，有 8 条语句。将图中的两个线圈的控制电路分离开后变为两个网络，一共只有 6 条指令。

如果将图 13-16 中的继电器电路图"原封不动"地转换为梯形图，也存在着同样的问题。图 13-17 中的梯形图将控制 Q16.0 和 Q16.1 的两个启保停电路分离开来，虽然多用

图 13-18　梯形图

了两个动断触点，但是避免了使用与局域数据位有关的指令。此外，将各线圈的控制电路分离开后，电路的逻辑关系也比较清晰。

在图 13-17 中使用了 Q16.0 和 Q16.1 的动断触点组成的软件互锁电路，它们只能保证输出模块中与 Q16.0 和 Q16.1 对应的硬件继电器的动合触点不会同时接通。如果从正转马上切换到反转，由于切换过程中电感的延时作用，可能会出现原来接通的接触器的主触点还未断弧，另一个接触器的主触点已经合上的现象，从而造成交流电源瞬间短路的故障。

此外，如果因主电路电流过大或接触器质量不好，某一接触器的主触点被断电时产生的电弧熔焊而被黏结，其线圈断电后主触点仍然是接通的，这时如果另一个接触器的线圈通电，仍将造成三相电源短路事故。为了防止出现这种情况，应在 PLC 外部设置由 KM1 和 KM2 的辅助动断触点组成的硬件互锁电路（见图 13-17）。这种互锁与图 13-16 中的继电器电路的互锁原理相同，假设 KM1 的主触点被电弧熔焊，这时它与 KM2 线圈串联的辅助动断触点处于断开状态，因此 KM2 的线圈不可能得电。

13.3.3 动断触点输入信号的处理

前面在介绍梯形图的设计方法时，输入的数字量信号均由外部动合触点提供，但是在实际的系统中有些输入信号只能由动断触点提供。

在图 13-17 中，如果将热继电器 KR 的动合触点换成动断触点，没有过载时 KR 的动断触点闭合，I4.5 为 1 状态，其动合触点闭合，动断触点断开。为了保证没有过载时电动机的正常运行，显然应在 Q16.0 和 Q16.1 的线圈回路中串联 I0.5 的动合触点，而不是像继电器系统那样，串联 I4.5 的动断触点。过载时 FR 的动断触点断开，I4.5 为 0 状态，其动合触点断开，使 Q16.0 或 Q16.1 的线圈"断电"，起到了保护作用。

这种处理方法虽然能保证系统的正常运行，但是作过载保护的 I4.5 的触点类型与继电器电路中的刚好相反，熟悉继电器电路的人看起来很不习惯，在将继电器电路"转换"为梯形图时也很容易出错。

为了使梯形图和继电器电路图中触点的动合/动断的类型相同，建议尽可能地用动合触点作 PLC 的输入信号。如果某些信号只能用动断触点输入，可以按输入全部为动合触点来设计，然后将梯形图中相应的输入位的触点改为相反的触点，即动合触点改为动断触点，动断触点改为动合触点。

13.3.4 运料车控制程序的设计

图 13-19 中的运料车开始时停在左边，左极限限位开关 SQ1 的动合触点闭合。要求按下列顺序控制运料车：

（1）按下右行启动按钮 SB2，运料车右行。

（2）走到右换速开关 SQ4 处换速继续右行，到右极限限位开关 SQ2 处停止运动，延时 8s 后开始左行。

（3）回行至左换速开关 SQ3 处换速继续左行，到左极限限位开关 SQ1 处时停止运动。

在异步电动机正反转控制电路的基础上设计的满足上述要求的梯形图如图 13-20 所示。在控制右行的 Q16.0 的线圈回路中串联了 I4.4 的动断触点，运料车走到右极限限位开关 SQ2 处时，I4.4 的动断触点断开，使 Q16.0 的线圈断电，运料车停止右行。同时 I4.4 的动合触点闭合，T0 的线圈通电，开始定时。8s 后定时时间到，T0 的动合触点闭合，使 Q16.1 的线圈通电并自保持，运料车开始左行。离开右极限限位开关 SQ2 后，I4.4 的动合触点断开，T0

的动合触点因为其线圈断电而断开。运料车运行到左边的起始点时，左极限限位开关 SQ1 的动合触点闭合，I4.3 的动断触点断开，使 Q16.1 的线圈断电，运料车停止运动。在运料车的行程上增加了左换速开关和右换速开关，使运料车从运行到停车更加平稳，符合工业控制要求。

在梯形图中（见图 13-20），保留了左行启动按钮 I4.1 和停止按钮 I4.2 的触点，使系统有手动操作的功能。串联在启保停电路中的左限位开关 I4.3 和右限位开关 I4.4 的动断触点在手动时可以防止运料车的运动超限。

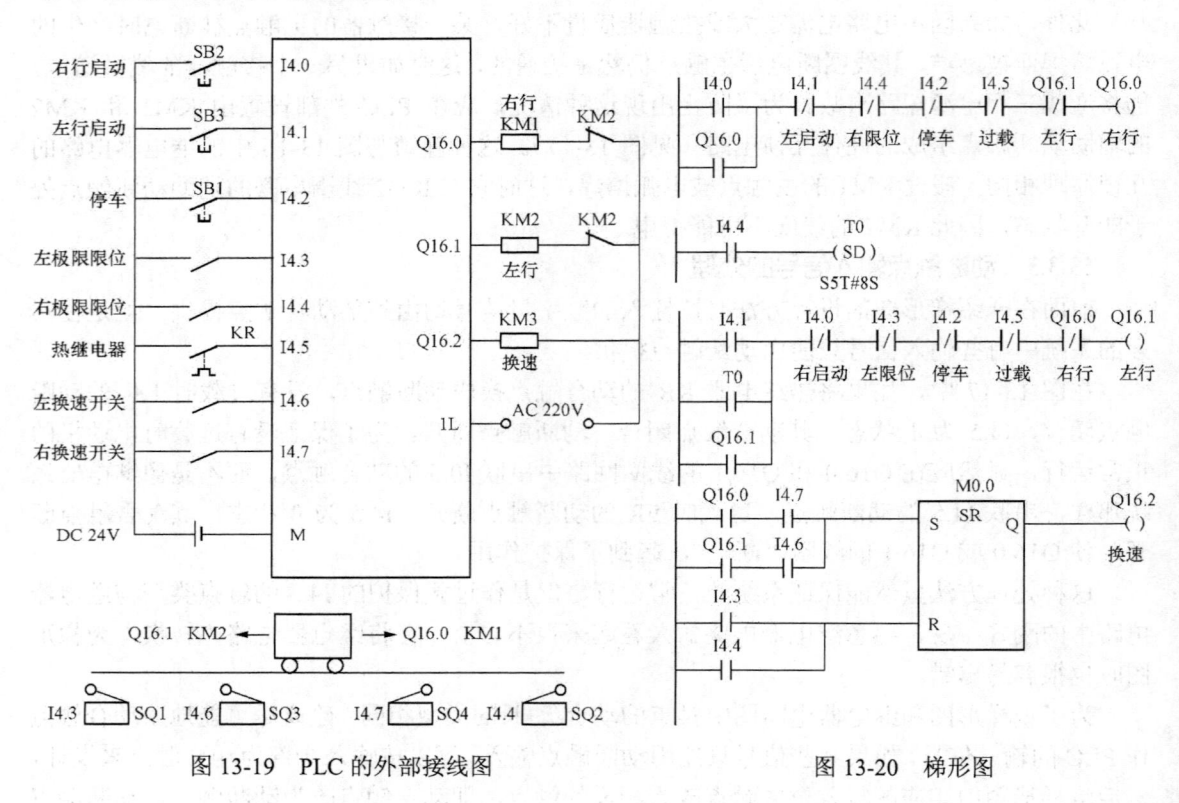

图 13-19　PLC 的外部接线图

图 13-20　梯形图

13.4　顺序控制设计方法

13.4.1　顺序控制设计法

用经验设计法设计梯形图时，没有一套固定的方法和步骤可以遵循，具有很大的试探性和随意性，对于不同的控制系统，并没有一种通用的容易掌握的设计方法。在设计复杂系统的梯形图时，用大量的中间单元来完成记忆、联锁和互锁等功能，由于需要考虑的因素很多，它们往往又交织在一起，分析起来非常困难，一般不可能把所有的问题都考虑得很周到，程序设计出来后，需要模拟调试或在现场调试，发现问题后再针对问题对程序进行修改。即使是非常有经验的工程师，也很难做到设计出的程序能一次成功。修改某一局部电路时，很可能会引发出其他问题，对系统的其他部分产生意想不到的影响，因此梯形图的修改也很麻烦，往往花了很长的时间还得不到一个满意的结果。用经验法设计出的梯形图很难阅读，给系统的维修和改进带来了很大的困难。

所谓顺序控制，就是按照生产工艺预先规定的顺序，在各个输入信号的作用下，根据内部状态和时间的顺序，在生产过程中各个执行机构自动地有秩序地进行操作。使用顺序控制设计法时首先根据系统的工艺过程，画出状态切换图（Sequential function chart），然后根据状态切换图画出梯形图。STEP 7 的 S7 Graph 就是一种顺序功能图语言，在 S7 Graph 中生成顺序功能图后便完成了编程工作。

顺序控制设计法是一种先进的设计方法，很容易被初学者接受，对于有经验的工程师，也会提高设计的效率，节约大量的设计时间。程序的调试、修改和阅读也很方便。只要正确地画出了描述系统工作过程的顺序功能图，一般调试程序时都可以一次成功。

顺序控制设计法最基本的思想是将系统的一个工作周期划分为若干个顺序相连的阶段，这些阶段称为过程，然后用编程元件（如存储器位 M）来代表各过程。过程是根据输出量的 ON/OFF 状态的变化来划分的，在任何一过程之内，各输出量的状态不变，但是相邻两过程输出量总的状态是不同的，过程的这种划分方法使代表各过程的编程元件的状态与各输出量的状态之间有着极为简单的逻辑关系。

使系统由当前过程进入下一过程的信号称为切换条件，切换条件可以是外部的输入信号，例如按钮、指令开关、限位开关的接通/断开等；也可以是 PLC 内部产生的信号，如定时器、计数器的触点提供的信号，切换条件还可能是若干个信号的与、或、非逻辑组合。

顺序控制设计法用切换条件控制代表各过程的编程元件，让它们的状态按一定的顺序变化，然后用代表各过程的编程元件去控制 PLC 的各输出位。

状态切换图是描述控制系统的控制过程、功能和特性的一种图形，也是设计 PLC 的顺序控制程序的有力工具。

状态切换图并不涉及所描述的控制功能的具体技术，它是一种通用的直观的技术语言，可以供进一过程设计和不同专业的人员之间进行技术交流之用。对于熟悉设备和生产流程的现场情况的电气工程师来说，状态切换图是很容易画出的。

在 IEC 的 PLC 标准（IEC 61131）中，顺序功能图是 PLC 位居首位的编程语言。我国在 1986 年颁布了顺序功能图的国家标准 GB 6988.6—1986。顺序功能图主要由过程、有向连线、切换、切换条件和动作（或命令）组成。

13.4.2 过程与动作

1. 过程

图 13-21 所示某刨床的进给运动示意图和输入输出信号的时序图，为了节省篇幅，将几个脉冲输入信号的波形画在一个波形图中。设动力滑台在初始位置时停在左边，限位开关 I4.3 为 1 状态，Q16.0~Q16.2 是控制动力滑台运动的 3 个电磁阀。按下启动按钮后，动力滑台的一个工作周期由快进、工进、暂停和快退组成，返回初始位置后停止运动。根据 Q16.0~Q16.2 的 ON/OFF 状态的变化，一个工作周期可以分为快进、工进、暂停和快退这 4 过程，另外还应设置等待启动的初始过程，图中分别用 M0.0~M0.4 来代表这 5 个过程。图 13-21 的右边是描述该系统的状态切换图，图中用矩形方框表示过程，方框中可以用数字表示各过程的编号，也可以用代表各过程的存储器位的地址作为过程的编号，如 M0.0 等，这样在根据状态切换图设计梯形图时较为方便。

2. 初始过程

初始状态一般是系统等待启动命令的相对静止的状态。系统在开始进行自动控制之前，首先应进入规定的初始状态。与系统的初始状态相对应的过程称为初始过程，初始用双线方框来表示，每一个状态切换图至少应该有一个初始过程。

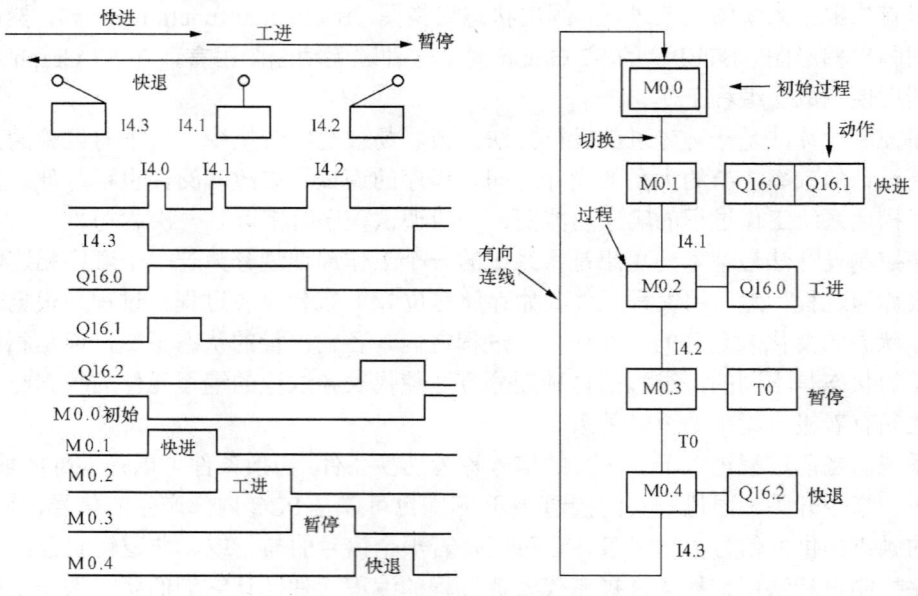

图 13-21 某刨床的状态切换图

3. 与过程对应的动作或命令

可以将一个控制系统划分为被控系统和施控系统，例如，在数控车床系统中，数控装置是施控系统，而车床是被控系统。对于被控系统，在某一过程中要完成某些"动作"（Action）；对于施控系统，在某一过程中则要向被控系统发出某些"命令"（Command）。为了叙述方便，下面将命令或动作统称为动作，并用矩形框中的文字或符号来表示动作，该矩形框与相应的过程的方框用水平短线相连。

如果某一过程有几个动作，可以用图 13-22 中的两种画法来表示，但是并不隐含这些动作之间的任何顺序。当系统正处某一过程所在的阶段时，该过程处于工作状态，称该过程为"活动过程"。过程处于活动状态时，相应的动作被执行；处于不活动状态时，相应的非存储型动作被停止执行。

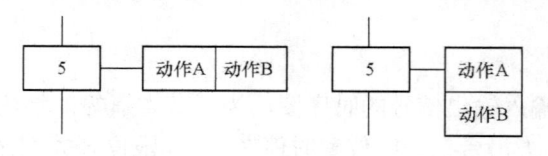

图 13-22 动作

说明命令的语句应清楚地表明该命令是存储型的还是非存储型的。非存储型动作"打开 1 号阀"，是指该过程为活动过程时打开 1 号阀，为不活动时关闭 1 号阀。非存储型动作与它所在的过程是"同生共死"的，例如，图 13-21 中的 M0.4 与 Q16.2 的波形完全相同，它们同时由 0 状态变为 1 状态，又同时由 1 状态变为 0 状态。

某过程的存储型命令"打开 1 号阀并保持"，是指该过程为活动过程时 1 号阀被打开，该过程变为不活动过程时继续打开，直到在某一过程 1 号阀被复位。在表示动作的方框中，可以用 S 和 R 来分别表示对存储型动作的置位（例如打开阀门并保持）和复位（例如关闭阀门）。

在图 13-21 的暂停过程中，PLC 所有的输出量均为 0 状态。接通延时定时器 T0 用来给暂停过程定时，在暂停过程中，T0 的线圈应一直通电，切换到下一过程后，T0 的线圈断电。

从这个意义上来说，T0 的线圈相当于暂停过程的一个非存储型的动作，因此可以将这种为某一过程定时的接通延时定时器放在与该过程相连的动作框内，它表示定时器的线圈在该过程内"通电"。

除了以上的基本结构之外，使用动作的修饰词可以在一过程中完成不同的动作。修饰词允许在不增加逻辑的情况下控制动作。例如，可以使用修饰词 L 来限制某一动作执行的时间。不过在使用动作的修饰词时比较容易出错，除了修饰词 S 和 R（动作的置位与复位）以外，建议初学者使用其他动作的修饰词时要特别小心。

13.4.3 有向连线与切换

1. 有向连线

在状态切换图中，随着时间的推移和切换条件的实现，将会发生过程的活动状态的进展，这种进展按有向连线规定的路线和方向进行。在画状态切换图时，将代表各过程的方框按它们成为活动过程的先后次序顺序排列，并且用有向连线将它们连接起来。过程的活动状态习惯的进展方向是从上到下或从左至右，在这两个方向有向连线上的箭头可以省略。如果不是上述的方向，应在有向连线上用箭头注明进展方向。在可以省略箭头的有向连线上，为了更易于理解也可以加箭头。

如果在画图时有向连线必须中断，例如在复杂的图中，或用几个图来表示一个状态切换图时，应在有向连线中断之处标明下一过程的标号和所在的页数。

2. 切换

切换用有向连线上与有向连线垂直的短划线来表示，切换将相邻两过程分隔开。过程的活动状态的进展是由切换的实现来完成的，并与控制过程的发展相对应。

3. 切换条件

切换条件是与切换相关的逻辑命题，切换条件可以用文字语言来描述，例如"触点 A 与触点 B 同时闭合"，也可以用表示切换的短线旁边的布尔代数表达式来表示，$I4.0 + \overline{I4.1}$。

图 13-23 中，用高电平表示过程 M2.1 为活动过程，反之则用低电平来表示。切换条件 I4.0 表示 I4.0 为 1 状态时切换实现，切换条件：表示 I4.0 为 0 状态时切换实现。切换条件：表示 I4.1 的动合触点闭合或 I4.1 的动断触点闭合时切换实现，在梯形图中则用两个触点的并联来表示这样的"或"逻辑关系。

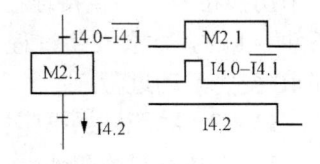

图 13-23 切换与切换条件

符号 ↑I4.2 和 ↓I4.2 分别表示当 I4.2 从 0 状态变为 1 状态和从 1 状态变为 0 状态时切换实现。实际上切换条件 ↑I4.2 和 I4.2 是等效的，因为一旦 I4.2 由 0 状态变为 1 状态（即在 I4.2 的上升沿），切换条件 I4.2 也会马上起作用。

在图 13-21 中，切换条件 T0 相当于接通延时定时器 T0 的动合触点，即在 T0 的定时时间到时切换条件满足。

13.4.4 状态切换图的基本结构

1. 单序列

单序列由一系列相继激活的过程组成，每一过程的后面仅有一个切换，每一个切换的后面只有一个过程 [见图 13-24（a）]，单序列的特点是没有分支与合并。

2. 选择序列

选择序列的开始称为分支 [见图 13-24（b）]，切换符号只能标在水平连线之下。如果过程 5 是活动过程，并且切换条件 h=1，则发生由过程 5→过程 8 的进展。如果过程 5 是活动过程，并且 k=1，则发生由过程 5→10 的进展。

在过程 5 之后选择序列的分支处，每次只允许选择一个序列，如果将选择条件 k 改为 kh，则当 k 和 h 同时为 ON 时，将优先选择 h 对应的序列。

选择序列的结束称为合并［见图 13-24（b）］，几个选择序列合并到一个公共序列时，用需要重新组合的序列相同数量的切换符号和水平连线来表示，切换符号只允许标在水平连线之上。

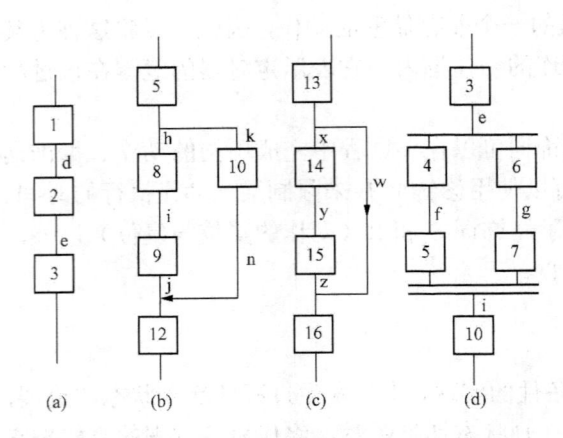

图 13-24 单序列、选择序列与并行序列

如果过程 9 是活动过程，并且切换条件 j=1，则发生由过程 9→过程 12 的进展。如果过程 10 是活动过程，并且 n=1，则发生由过程 10→过程 12 的进展。

允许选择序列的某一条分支上没有过程，但是必须有一个切换。这种结构称为"跳过程"［见图 13-24（c）］。跳过程是选择序列的一种特殊情况。

3. 并行序列

并行序列的开始称为分支［见图 13-24（d）］，当切换的实现导致几个序列同时激活时，这些序列称为并行序列。当过程 3 是活动的，并且切换条件 e=1，4 和 6 这两过程同时变为活动过程，同时过程 3 变为不活动过程。为了强调切换的同过程实现，水平连线用双线表示。过程 4、6 被同时激活后，每个序列中活动过程的进展将是独立的。在表示同过程的水平双线之上，只允许有一个切换符号。并行序列用来表示系统的几个同时工作的独立部分的工作情况。

并行序列的结束称为合并［见图 13-24（d）］，在表示同过程的水平双线之下，只允许有一个切换符号。当直接连在双线上的所有前级过程（过程 5、7）都处于活动状态，并且切换条件 i=1 时，才会发生过程 5、7 到过程 10 的进展，即过程 5、7 同时变为不活动过程，而过程 10 变为活动过程。

13.4.5 状态切换图中切换实现的基本规则

1. 切换实现的条件

在状态切换图中，过程的活动状态的进展是由切换的实现来完成的。切换实现必须同时满足两个条件：

（1）该切换所有的前级过程都是活动过程；

（2）相应的切换条件得到满足。

如果切换的前级过程或后续过程不止一个，切换的实现称为同时实现（见图 13-25）。为了强调同时实现，有向连线的水平部分用双线表示。

2. 切换实现应完成的操作

切换实现时应完成以下两个操作：

（1）使所有由有向连线与相应切换符号相连的后续过程都变为活动过程；

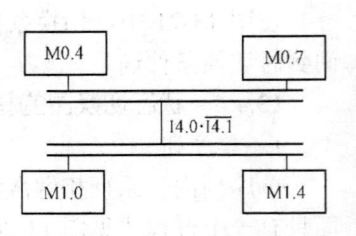

图 13-25 切换的同过程实现

（2）使所有由有向连线与相应切换符号相连的前级过程都变为不活动过程。

以上规则可以用于任意结构中的切换，其区别如下：在单序列中，一个切换仅有一个前级过程和一个后续过程。在选择序列的分支与合并处，一个切换也只有一个前级过程和一个后续过程，但是一个过程可能有多个前级过程或多个后续过程（见图13-24）。在并行序列的分支处，切换有几个后续过程（见图13-25），在切换实现时应同时将它们对应的编程元件置位。在并行序列的合并处，切换有几个前级过程，它们均为活动过程时才有可能实现切换，在切换实现时应将它们对应的编程元件全部复位。

切换实现的基本规则是根据状态切换图设计梯形图的基础，它适用于状态切换图中的各种基本结构，也是下面要介绍的设计顺序控制梯形图的各种方法的基础。

在梯形图中，用编程元件（如存储器位M）来代表过程，当某过程为活动过程时，该过程对应的编程元件为1状态。当该过程之后的切换条件满足时，切换条件对应的触点或电路接通，因此可以将该触点或电路与代表所有前级过程的编程元件的动合触点串联，作为与切换实现的两个条件同时满足对应的电路。例如，图13-25中切换条件的布尔代数表达式为·，它的两个前级过程用M0.4和M0.7来代表，所以应将I4.1的动断触点和I4.0、M0.4、M0.7的动合触点串联，作为切换实现的两个条件同时满足对应的电路。在梯形图中，该电路接通时，应使所有代表前级过程的编程元件（M0.4和M0.7）复位，同时使所有代表后续过程的编程元件（M1.0和M1.4）置位（变为1状态并保持），完成以上任务的电路将在本章后面的内容中介绍。

下面是针对绘制状态切换图时常见的错误提出的注意事项：

（1）两个过程绝对不能直接相连，必须用一个切换将它们隔开。

（2）两个切换也不能直接相连，必须用一个过程将它们隔开。

（3）状态切换图中的初始过程一般对应于系统等待启动的初始状态，这一过程可能没有什么输出处于ON状态，因此在画状态切换图时很容易遗漏这一过程。初始过程是必不可少的，一方面因为该过程与它的相邻过程相比，从总体上说输出变量的状态各不相同；另一方面如果没有该过程，无法表示初始状态，系统也无法返回停止状态。

（4）自动控制系统应能多次重复执行同一工艺过程，因此在状态切换图中一般应有由过程和有向连线组成的闭环，即在完成一次工艺过程的全部操作之后，应从最后一过程返回初始过程，系统停留在初始状态（单周期操作，见图13-21，在连续循环工作方式时，将从最后一过程返回下一工作周期开始运行的第一过程。

（5）如果选择有断电保持功能的存储器位（M）来代表顺序控制图中的各位，在交流电源突然断电时，可以保存当时的活动过程对应的存储器位的地址。系统重新上电后，可以使系统从断电瞬时的状态开始继续运行。如果用没有断电保持功能的存储器位代表各过程，进入RUN工作方式时，它们均处于OFF状态，必须在OB100中将初始过程预置为活动过程，否则因状态切换图中没有活动过程，系统将无法工作。如果系统有自动、手动两种工作方式，状态切换图是用来描述自动工作过程的，这时还应在系统由手动工作方式进入自动工作方式时，用一个适当的信号将初始过程置为活动过程，并将非初始过程置为不活动过程。

在硬件组态时，双击CPU模块所在的行，打开CPU模块的属性对话框，选择"Retentive Memory"（有保持功能的存储器）选项卡，可以设置有断电保持功能的存储器位（M）的地址范围。

13.4.6 顺序控制设计法的本质

经验设计法实际上是试图用输入信号 I 直接控制输出信号 Q [见图 13-26（a）]，如果无法直接控制，或为了实现记忆、联锁、互锁等功能，只好被动地增加一些辅助元件和辅助触点。由于不同的系统的输出量 Q 与输入量 I 之间的关系各不相同，以及它们对联锁、互锁的要求千变万化，不可能找出一种简单通用的设计方法。

图 13-26 信号关系图

顺序控制设计法则是用输入量 I 控制代表各过程的编程元件（如存储器位 M），再用它们控制输出量 Q [见图 13-26（b）]。过程是根据输出量 Q 的状态划分的，M 与 Q 之间具有很简单的"与"的逻辑关系，输出电路的设计极为简单。任何复杂系统的代表过程的 M 存储器位的控制电路，其设计方法都是相同的，并且很容易掌握，所以顺序控制设计法具有简单、规范、通用的优点。由于 M 是依次顺序变为 1 状态的，实际上已经基本上解决了经验设计法中的记忆、联锁等问题。

13.4.7 使用启保停电路的顺序控制梯形图编程方法

1. 顺序控制梯形图设计中的基本问题

S7-300/400 的编程软件 STEP 7 中的 S7 Graph 是一种状态切换图编程语言。如果购买 STEP 7 的标准版，S7 Graph 属于可选的编程语言，需要单独付费，学习使用 S7 Graph 也需要花一定的时间。此外现在大多数 PLC（包括西门子的 S7-200 系列）还没有状态切换图语言。因此有必要学习根据状态切换图来设计顺序控制梯形图的编程方法。

本节介绍的两种通用的编程方法很容易掌握，用它们可以迅速地、得心应手地设计出任意复杂的数字量控制系统的梯形图，它们的适用范围广，可以用于所有生产厂家的各种型号的 PLC。

（1）程序的基本结构。

绝大多数自动控制系统除了自动工作模式外，还需要设置手动工作模式。在下列两种情况下需要工作在手动模式。

1）启动自动控制程序之前，系统必须处于要求的初始状态。如果系统的状态不满足启动自动程序的要求，需要进入手动工作模式，用手动操作使系统进入规定的初始状态，然后再回到自动工作模式。一般在调试阶段使用手动工作模式。

2）顺序自动控制对硬件的要求很高，如果有硬件故障，例如某个限位开关有故障，不可能正确地完成整个自动控制过程。在这种情况下，为了使设备不至于停机，可以进入手动工作模式，对设备进行手动控制。

有自动、手动工作方式的控制系统的两种典型的程序结构如图 13-27 所示，公用程序用于处理自动模式和手动模式都需要执行的任务，以及处理两种模式的相互切换。

图 13-27 中的 I4.0 是自动/手动切换开关，在左边的梯形图中，当 I4.0 为 1 时第一条条件跳转指令（JMP）的跳过程条件满足，将跳过自动程序，执行手动程序。I4.0 为 0 时第二条条件跳转指令的跳过程条件满足，将跳过手动程序，执行自动程序。

在图 13-27 右边的梯形图中，当 I4.0 为 1 时调用处理手动操作的功能"MAN"，为 0 时调用处理自动操作的功能"AUTO"。

(2) 执行自动程序的初始状态。

开始执行自动程序之前，要求系统处于规定的初始状态。如果开机时系统没有处于初始状态，则应进入手动工作方式，用手动操作使系统进入初始状态后，再切换到自动工作方式，也可以设置使系统自动进入初始状态的工作方式。

系统满足规定的初始状态后，应将状态切换图的初始过程对应的存储器位置 1，使初始过程变为活动过程，为启动自动运行作好准备。同时还应将其余各过程对应的存储器位复位为 0 状态，这是因为在没有并行序列或并行序列未处于活动状态时，同时只能有一个活动过程。

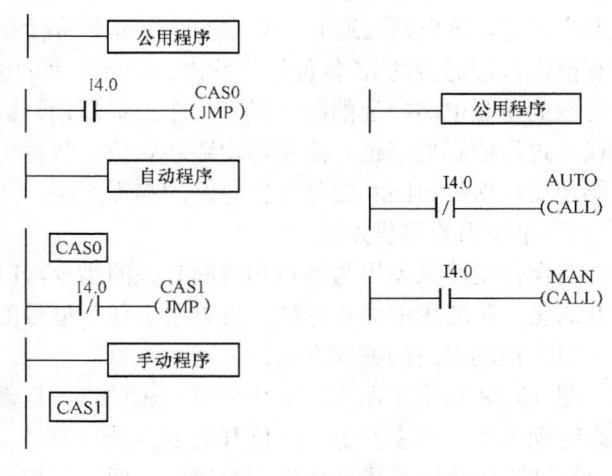

图 13-27 自动/手动程序

假设用来代表过程的存储器位没有被设置为有断电保持功能，刚开始执行用户程序时，系统已处于要求的初始状态，并通过 OB100 将初始过程对应的存储器位（M）置 1，其余各过程对应的存储器位均为 0 状态，为切换的实现作好了准备。

(3) 双线圈问题。

在图 13-27 的自动程序和手动程序中，都需要控制 PLC 的输出 Q，因此同一个输出位的线圈可能会出现两次或多次，称为双线圈现象。

在跳过程条件相反的两个程序段（例如，图 13-24 中的自动程序和手动程序）中，允许出现双线圈，即同一元件的线圈可以在自动程序和手动程序中分别出现一次。实际上 CPU 在每一次循环中，只执行自动程序或只执行手动程序，不可能同时执行这两个程序。对于分别位于这两个程序中的两个相同的线圈，每次循环只处理其中的一个，因此在本质上并没有违反不允许出现双线圈的规定。

在图 13-27 中用相反的条件调用功能（FC）时，也允许同一元件的线圈在自动程序功能和手动程序功能中分别出现一次。因为两个功能的调用条件相反，在一个扫描周期内只会调用其中的一个功能，而功能中的指令只是在该功能被调用时才执行，没有调用时则不执行。因此实际上 CPU 只处理被调用的功能中的双线圈元件中的一个线圈。

(4) 设计顺序控制程序的基本方法。

根据状态切换图设计梯形图时，可以用存储器位 M 来代表过程。为了便于将状态切换图切换为梯形图，用代表各过程的存储器位的地址作为过程的代号，并用编程元件地址的逻辑代数表达式来标注切换条件，用编程元件的地址来标注各过程的动作。

由图 13-26 可知，顺序控制程序分为控制电路和输出电路两部分。输出电路的输入量是代表过程的编程元件 M，输出量是 PLC 的输出位 Q。它们之间的逻辑关系是极为简单的相等或相"或"的逻辑关系，输出电路是很容易设计的。

控制电路用 PLC 的输入量来控制代表过程的编程元件，上节中介绍的切换实现的基本规则是设计控制电路的基础。

某一过程为活动过程时，对应的存储器位 M 为 1 状态，某一切换实现时，该切换的后续过程应变为活动过程，前级过程应变为不活动过程。可以用一个串联电路来表示切换实现的这两个条件，该电路接通时，应将该切换所有的后续过程对应的存储器位 M 置为 1 状态，将所有前级过程对应的 M 复位为 0 状态。由单序列的编程方法的分析可知，切换实现的两个条件对应的串联电路接通的时间只有一个扫描周期，因此应使用有记忆功能的电路或指令来控制代表过程的存储器位。启保停电路和置位、复位电路都有记忆功能，本节和下一节将分别介绍使用启保停电路和置位复位电路的编程方法。

2. 单序列的编程方法

启保停电路只使用与触点和线圈有关的指令，任何一种 PLC 的指令系统都有这一类指令，因此这是一种通用的编程办法，可以用于任意型号的 PLC。

（1）控制电路的编程方法。

图 13-28 给出了图 13-21 中的某刨床的进给运动示意图、状态切换图和梯形图。在初始状态时动力滑台停在左边，限位开关 I4.3 为 1 状态。按下启动按钮 I4.0，动力滑台在各过程中分别实现快进、工进、暂停和快退，最后返回初始位置和初始过程后停止运动。

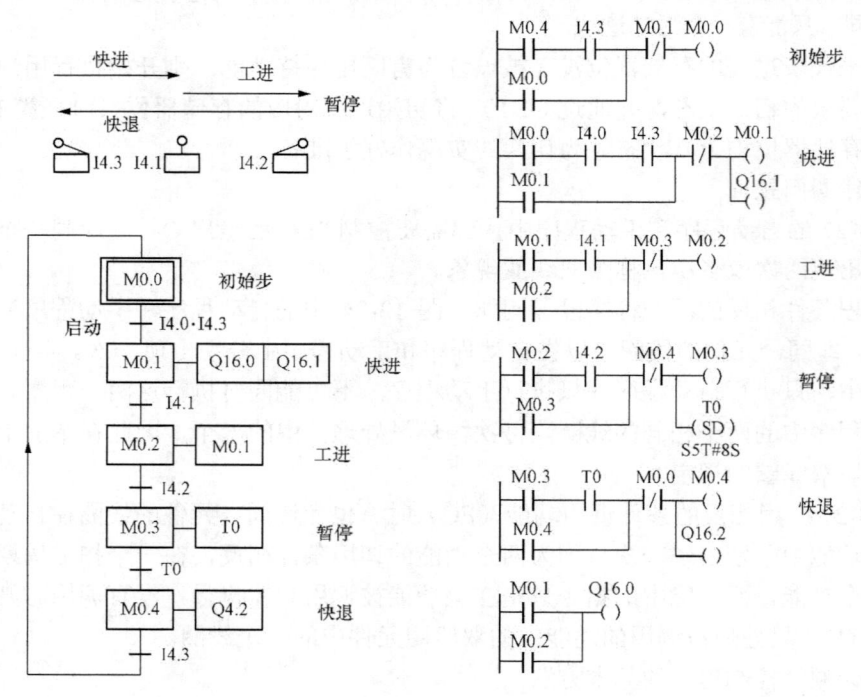

图 13-28 某刨床的状态切换图

如果使用的 M 区被设置为没有断电保持功能，在开机时 CPU 调用 OB100 将初始过程对应的 M0.0 置为 1 状态，开机时其余各过程对应的存储器位被 CPU 自动复位为 0 状态。

设计启保停电路的关键是确定它的启动条件和停止条件。根据切换实现的基本规则，切换实现的条件是它的前级过程为活动过程，并且相应的切换条件满足。以控制 M0.2 的启保停电路为例，过程 M0.2 的前级过程为活动过程时，M0.1 的动合触点闭合，它前面的切换条件满足时 I4.1 的动合触点闭合。两个条件同时满足时 M0.1 和 I4.1 的动合触点组成的串联电路接通。因此在启保停电路中，应将代表前级过程的 M0.1 的动合触点和代表切换条件的 I4.1

的动合触点串联，作为控制 M0.2 的启动电路。

在快进过程，M0.1 一直为 1 状态，其动合触点闭合。滑台碰到中限位开关时，I4.1 的动合触点闭合，由 M0.1 和 I4.1 的动合触点串联而成的 M0.2 的启动电路接通，使 M0.2 的线圈通电。在下一个扫描周期，M0.2 的动断触点断开，使 M0.1 的线圈断电，其动合触点断开，使 M0.2 的启动电路断开。由以上的分析可知，启保停电路的启动电路只能接通一个扫描周期，因此必须用有记忆功能的电路来控制代表过程的存储器位。

当 M0.2 和 I4.1 的动合触点均闭合时，过程 M0.3 变为活动过程，这时过程 M0.2 应变为不活动过程，因此可以将 M0.3=1 作为使存储器位 M0.2 变为 0 状态的条件，即将 M0.3 的动断触点与 M0.2 的线圈串联。上述的逻辑关系可以用逻辑代数式表示为

$$M0.2=(M0.1 \cdot I4.1+M0.2) \cdot \overline{M0.3}$$

在这个例子中，可以用 I4.1 的动断触点代替 M0.3 的动断触点。但是当切换条件由多个信号"与、或、非"逻辑运算组合而成时，需要将它的逻辑表达式求反，经过逻辑代数运算后再将对应的触点串并联电路作为启保停电路的停止电路，不如使用后续过程对应的动断触点这样简单方便。

根据上述的编程方法和状态切换图，很容易画出梯形图。以过程 M0.1 为例，由状态切换图可知，M0.0 是它的前级过程，二者之间的切换条件为 I4.0·I4.3，所以应将 M0.0、I4.0 和 I4.3 的动合触点串联，作为 M0.1 的启动电路。启动电路并联了 M0.0 的自保持触点。后续过程 M0.2 的动断触点与 M0.1 的线圈串联，M0.2 为 1 时 M0.1 的线圈"断电"，过程 M0.1 变为不活动过程。

（2）输出电路的编程方法。

下面介绍设计梯形图的输出电路部分的方法。因为过程是根据输出变量的状态变化来划分的，它们之间的关系极为简单，可以分为两种情况来处理：

某一输出量仅在某一过程中为 ON，例如，图 13-28 中的 Q4.1 就属于这种情况，可以将其线圈与对应过程的存储器位 M0.1 的线圈并联。从状态切换图还可以看出可以将定时器 T0 的线圈与 M0.3 的线圈并联，将 Q4.2 的线圈和 M0.4 的线圈并联。

有人也许觉得既然如此，不如用这些输出位来代表该过程，例如用 Q4.1 代替 M0.1。这样可以节省一些编程元件，但是存储器位 M 是完全够用的，多用一些不会增加硬件费用，在设计和输入程序时也多花不了多少时间。全部用存储器位来代表过程具有概念清楚、编程规范、梯形图易于阅读和查错的优点。

如果某一输出在几过程中都为 1 状态，应将代表各有关过程的存储器位的动合触点并联后，驱动该输出的线圈。图 13-28 中 Q16.0 在 M0.1 和 M0.2 这两过程中均应工作，所以用 M0.1 和 M0.2 的动合触点组成的并联电路来驱动 Q4.0 的线圈。

3. 选择序列与并行序列的编程方法

（1）选择序列的分支的编程方法。

图 13-29 中，过程 M0.0 之后有一个选择序列的分支，设 M0.0 为活动过程，当它的后续过程 M0.1 或 M0.2 变为活动过程时，它都应变为不活动过程（M0.0 变为 0 状态），所以应将 M0.1 和 M0.2 的动断触点与 M0.0 的线圈串联。

如果某一过程的后面有一个由 N 条分支组成的选择序列，该过程可能切换到不同的 N 过程去，则应将这 N 个后续过程对应的存储器位的动断触点与该过程的线圈串联，作为结束该

（2）选择序列的合并的编程方法。

图 13-29 中，过程 M0.2 之前有一个选择序列的合并，当过程 M0.1 为活动过程（M0.1 为 1），并且切换条件 I4.1 满足，或过程 M0.0 为活动过程，并且切换条件 I4.2 满足，过程 M0.2 都应变为活动过程，即代表该过程的存储器位 M0.2 的启动条件应为 M0.1·I4.1+M0.0·I4.2，对应的启动电路由两条并联支路组成，每条支路分别由 M0.1、I4.1 或 M0.0，I4.2 的动合触点串联而成，如图 13-30 所示。

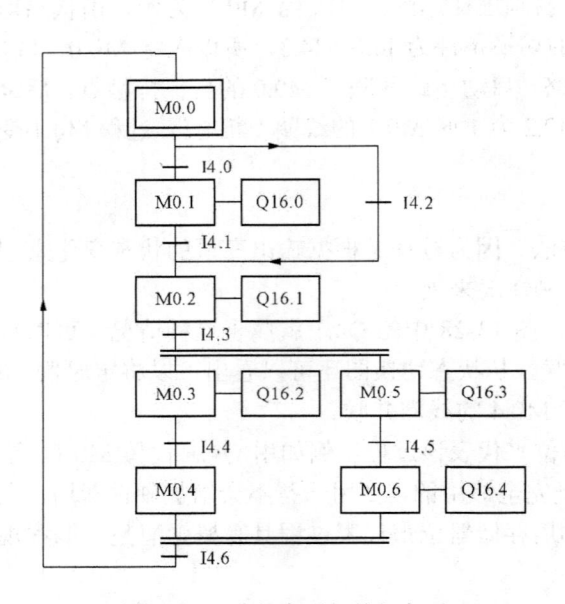

图 13-29 选择序列与并行序列

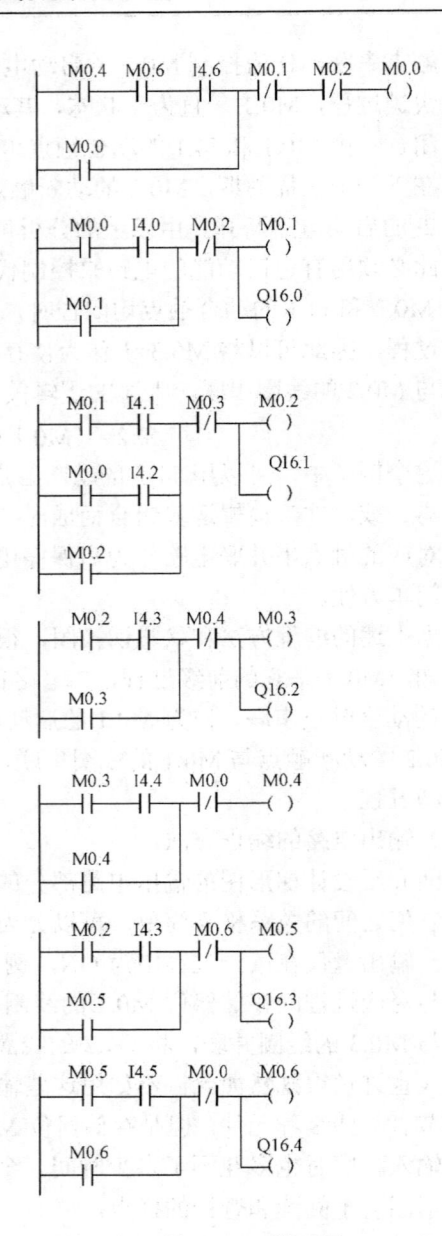

图 13-30 梯形图

一般来说，对于选择序列的合并，如果某一过程之前有 N 个切换，即有 N 条分支进入该过程，则代表该过程的存储器位的启动电路由 N 条支路并联而成，各支路由某一前级过程对应的存储器位的动合触点与相应切换条件对应的触点或电路串联而成。

（3）并行序列的分支的编程方法。

图 13-29 中，过程 M0.2 之后有一个并行序列的分支，当过程 M0.2 是活动过程并且切换条件 I4.3 满足时，过程 M0.3 与过程 M0.5 应同时变为活动过程，这是用 M0.2 和 I4.3 的动合触点组成的串联电路分别作为 M0.3 和 M0.5 的启动电路来实现的；与此同时，过程 M0.2 应变为不活动过程。过程 M0.3 和 M0.5 是同时变为活动过程的，只需将 M0.3 或 M0.5 的动断触

点与 M0.2 的线圈串联就行了。

(4) 并行序列的合并的编程方法。

过程 M0.0 之前有一个并行序列的合并，该切换实现的条件是所有的前级过程（即过程 M0.4 和 M0.6）都是活动过程和切换条件 I4.6 满足。由此可知，应将 M0.4、M0.6 和 I4.6 的动合触点串联，作为控制 M0.0 的启保停电路的启动电路。M0.4 和 M0.6 的线圈都串联了 M0.0 的动断触点，使过程 M0.4 和过程 M0.6 在切换实现时同时变为不活动过程。

任何复杂的状态切换图都是由单序列、选择序列和并行序列组成的，掌握了单序列的编程方法和选择序列、并行序列的分支、合并的编程方法，就不难迅速地设计出任意复杂的状态切换图描述的数字量控制系统的梯形图。

(5) 仅有两过程的闭环的处理。

如果在状态切换图中有仅由两过程组成的小闭环 [见图 13-31 (a)]，用启保停电路设计的梯形图不能正常工作。例如 M0.2 和 I4.2 均为 1 时，M0.3 的启动电路接通，但是这时与 M0.3 的线圈串联的 M0.2 的动断触点却是断开的，所以 M0.3 的线圈不能"通电"。出现上述问题的根本原因在于过程 M0.2 既是过程 M0.3 的前级过程，又是它的后续过程。将图 13-31 (b) 中的 M0.2 的动断触点改为切换条件 I4.3 的动断触点，就可以解决这个问题。

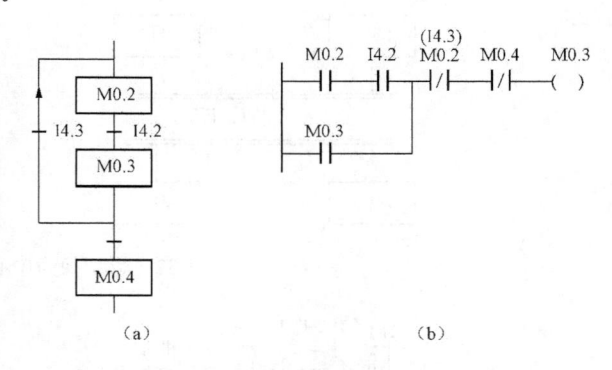

图 13-31　仅有两过程的闭环的处理

13.4.8　使用置位复位指令的顺序控制梯形图编程方法

1. 单序列编程方法

使用置位复位指令的顺序控制梯形图编程方法又称为以切换为中心的编程方法。图 13-32 给出了状态切换图与梯形图的对应关系。实现图中的切换需要同时满足两个条件：

(1) 该切换所有的前级过程都是活动过程，即 M0.4 和 M0.7 均为 1 状态，M0.4 和 M0.7 的动合触点同时闭合。

(2) 切换条件 I4.0 满足，即 I4.0 的动合触点和 I4.1 的动断触点组成的电路接通。

在梯形图中，可用 M0.4、M0.7 和 I4.2 的动合触点与 I4.1 的动合触点组成的串联电路来表示上述两个条件同时满足。这种串联电路实际上就是使用启保停电路的编程方法中的启动电路。根据上一节的分析，该电路接通的时间只有一个扫描周期。因此需要用有记忆功能的电路来保持它引起的变化，本节用置位、复位指令来实现记忆功能。

该电路接通时，应执行两个操作：

(1) 应将该切换所有的后续过程变为活动过程，即将代表后续过程的存储器位变为 1 状态，并使它保持 1 状态。这一要求刚好可以用有保持功能的置位指令（S 指令）来完成。

(2) 应将该切换所有的前级过程变为不活动过程，即将代表前级过程的存储器位变为 0 状态，并使它们保持 0 状态。这一要求刚好可以用复位指令（R 指令）来完成。这种编程方法与切换实现的基本规则之间有着严格的对应关系，在任何情况下，代表过程的存储器位的控制电路都可以用这一个统一的来设计，每一个切换对应一个图 13-32 所示的控制置位和复位的电路块，有多少个切换就有多少个这样的电路块。这种编程方法特别有规律，在设计复杂的状态切换图的梯形图时既容易掌握，又不容易出错。用它编制复杂的状态切换图的梯形图时，更能显示出它的优越性。

相对而言，使用启保停电路的编程方法的规则较为复杂，选择序列的分支与合并、并行序列的分支与合并都有单独的规则需要记忆。

某圆盘旋转运动的示意图如图 13-33 所示。工作台在初始状态时停在限位开关 I4.1 处，I4.1 为 1 状态。按下启动按钮 I4.0，工作台正转，旋转到限位开关 I4.2 处改为反转，返回限位开关 I4.1 处时又改为正转，旋转到限位开关 I4.3 处又改为反转，回到起始点时停止运动。图 13-33 同时给出了系统的状态切换图和用以切换为中心的编程方法设计的梯形图。

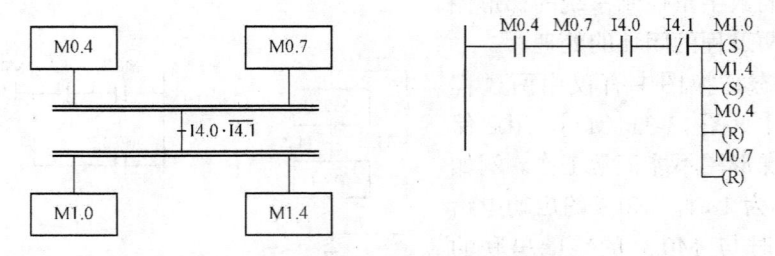

图 13-32 以切换为中心的编程方法

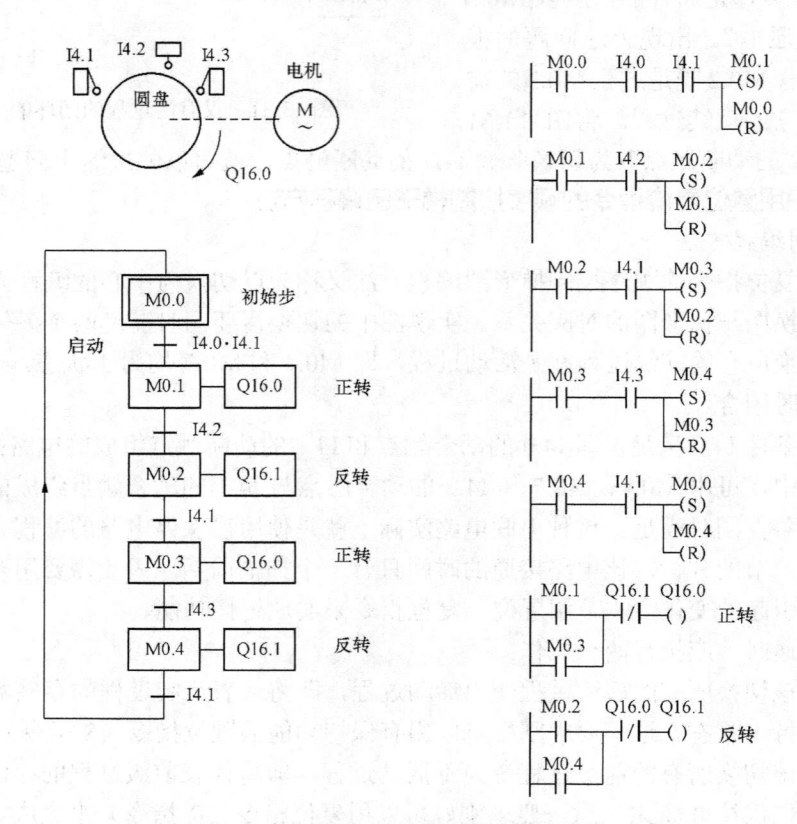

图 13-33 圆盘旋转运动的状态切换图与梯形图

以切换条件 I4.2 对应的电路为例，该切换条件的前级过程为 M0.1，后续过程为 M0.2，所以用 M0.1 和 I4.2 的动合触点组成的串联电路来控制对后续过程 M0.2 的置位和对前级过程

M0.1 的复位。每一个切换对应一个这样的"标准"电路,有多少个切换就有多少这样的电路。设计时应注意不要遗漏掉某一个切换对应的电路。

使用这种编程方法时,不能将输出位 Q 的线圈与置位指令和复位指令并联,这是因为前级过程和切换条件对应的串联电路接通的时间只有一个扫描周期,切换条件满足后前级过程马上被复位,下一个扫描周期该串联电路就会断开,而输出位的线圈至少应该在某一过程对应的全部时间内被接通。所以应根据状态切换图,用代表过程的存储器位的动合触点或它们的并联电路来驱动输出位的线圈。

2. 选择序列与并行序列的编程方法

使用启保停电路的编程方法时,用启保停电路来控制代表过程的存储器位,实际上是站在过程的立场上看问题。选择序列的分支与合并处,某一过程有多个后续过程或多个前级过程,所以需要使用不同的设计规则。

如果某一切换与并行序列的分支、合并无关,站在该切换的立场上看,它只有一个前级过程和一个后续过程,如图 13-34 所示,需要复位、置位的存储器位也只有一个,因此选择序列的分支与合并的编程方法实际上与单序列的编程方法完全相同。

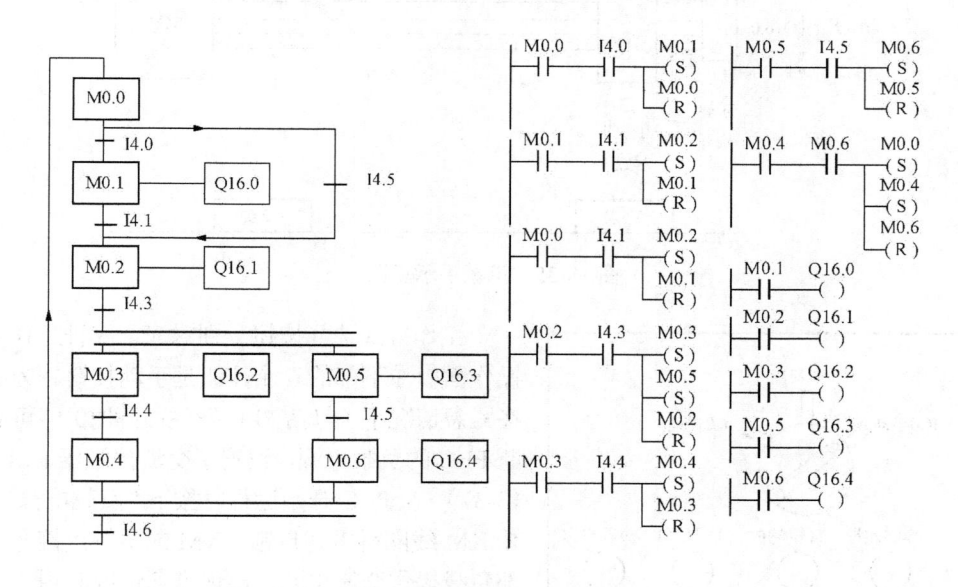

图 13-34 选择序列与并行序列

图 13-34 所示的状态切换图中,除 I4.3 与 I4.6 对应的切换以外,其余的切换均与并行序列的分支、合并无关,I4.0～I4.2 对应的切换与选择序列的分支、合并有关,它们都只有一个前级过程和一个后续过程。与并行序列无关的切换对应的梯形图是非常标准的,每一个控制置位、复位的电路块都由前级过程对应的存储器位和切换条件对应的触点组成的串联电路、对 1 个后续过程的置位指令和对 1 个前级过程的复位指令组成。

图 13-34 中过程 M0.2 之后有一个并行序列的分支,当 M0.2 是活动过程,并且切换条件 I4.3 满足时,过程 M0.3 与过程 M0.5 应同时变为活动过程,这是用 M0.2 和 I4.3 的动合触点组成的串联电路使 M0.3 和 M0.5 同时置位来实现的;与此同时,过程 M0.2 应变为不活动过程,这是用复位指令来实现的。

I4.6 对应的切换之前有一个并行序列的合并，该切换实现的条件是所有的前级过程（即过程 M0.4 利 M0.6）都是活动过程和切换条件 I4.6 满足。由此可知，应将 M0.4、M0.6 和 I4.6 的动合触点串联，作为使后续过程 M0.0 置何和使前级过程 M0.4、M0.6 复位的条件。

13.4.9 具有多种工作方式的系统的顺序控制梯形图编程方法

1. 机械手控制系统简介

为了满足生产的需要，很多设备要求设置多种工作方式，如手动方式和自动方式，后者包括连续、单周期、单过程、自动返回初始状态几种工作方式。手动程序比较简单，一般用经验法设计，复杂的自动程序一般根据系统的状态切换图用顺序控制法设计。

如图 13-35 所示，某机械手用来将工件从 A1 点搬运到 A2 点，操作面板如图 13-36 所示，图 13-37 是 PLC 的外部接线图。输出 Q16.1 为 1 时工件被夹紧，为 0 时被松开。

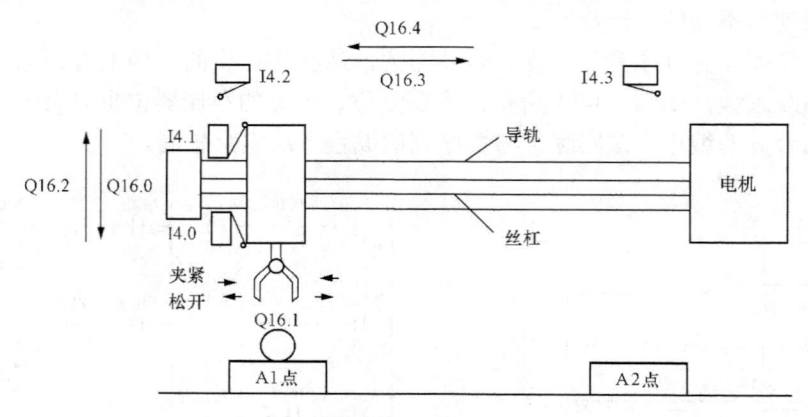

图 13-35 机械手示意图

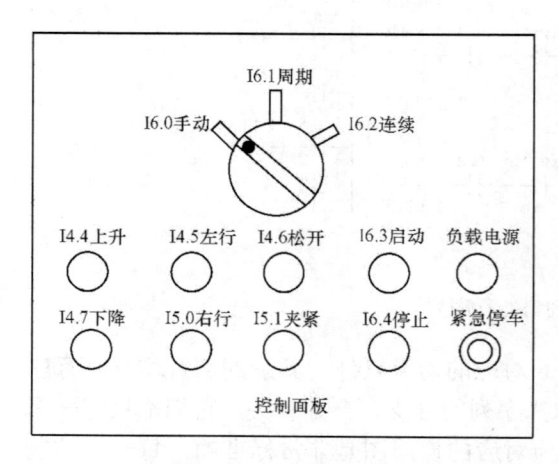

图 13-36 操作面板

工作方式选择按钮分别对应于 3 种工作方式，操作面板左下部的 6 个按钮是手动按钮。为了保证在紧急情况下（包括 PLC 发生故障时）能可靠地切断 PLC 的负载电源，设置了交流接触器 KM（见图 13-37）。在 PLC 开始运行时按下"负载电源"按钮，使 KM 线圈得电并自锁，KM 的主触点接通，给外部负载提供交流电源，出现紧急情况时用"紧急停车"按钮断开负载电源。

系统设有手动、单周期和连续 3 种工作方式，机械手在最上面和最左边且松开时，称为系统处于原点状态（或称初始状态）。在公用程序中，左限位开关 I4.2、上限位开关 I4.1 的动合触点和表示机械手松开的 Q16.1 的动断触点的串联电路接通时，"原点条件"存储器位 M0.5 变为 ON。

如果选择的是单周期工作方式，按下启动按钮 I6.3 后，从初始过程 M0.0 开始，机械手按状态切换图（见图 13-42）的规定完成一个周期的工作后，返回并停留在初始过程。如果选择连续工作方式，在初始状态按下启动按钮后，机械手从初始过程开始一个周期接一个周期地反复连续工作。按下停止按钮，并不马上停止工作，完成最后一个周期的工作后，系统才

第 13 章 数字量控制系统梯形图设计方法

返回并停留在初始过程。

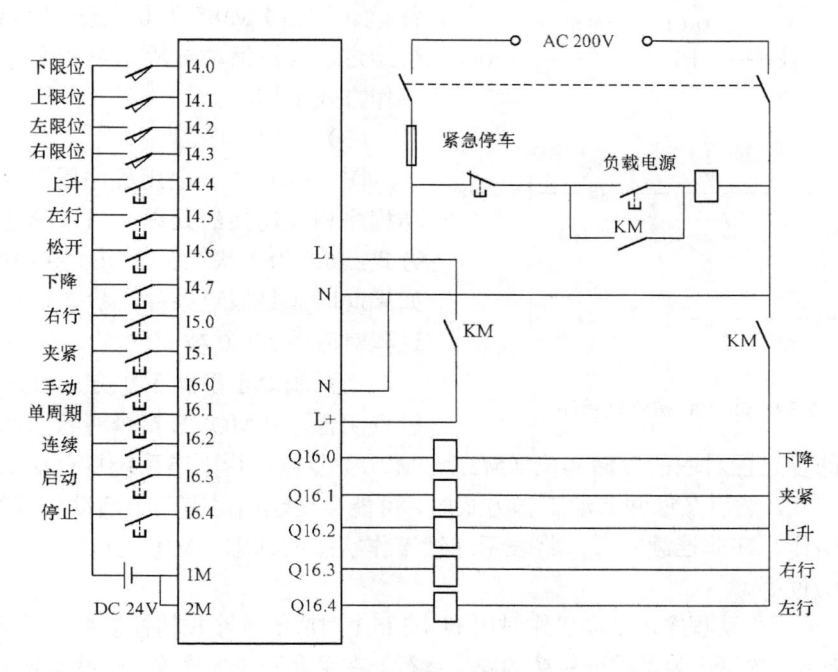

图 13-37 外部接线图

在进入单周期和连续工作方式之前，系统应处于原点状态；如果不满足这一条件，可以选择手动工作方式，调节系统返回原点状态。在原点状态，状态切换图中的初始过程 M0.0 为 ON，为进入单周期和连续工作方式作好了准备。

2. 使用启保停电路的编程方法

（1）程序的总体结构。

项目的名称为"机械手控制"，在主程序 OB1（见图 13-38）中，用调用功能（FC）的方式来实现各种工作方式的切换。公用程序 FC1 是无条件调用的，供各种工作方式公用。由外部接线图可知，可通过控制面板选择一种工作方式。选择手动方式时调用手动程序 FC2，选择连续和单周期工作方式时，调用自动程序 FC3。

在 PLC 进入 RUN 运行模式的第一个扫描周期，系统调用组织块 OB100，在 OB100 中执行初始化程序。

（2）OB100 中的初始化程序。

机械手处于最上面和最左边的位置、夹紧装置松开时，系统处于规定的初始条件，称为"原点条件"，此时左限位开关 I4.2、上限位开关 I4.1 的动合触点和表示夹紧装置松开的 Q16.1 的动断触点组成的串联电路接通，存储器位 M0.5 为 1 状态。

对 CPU 组态时，代表状态切换图中的各位的 MB0～MB2 应设置为没有断电保持功能，CPU 启动时它们均为 0 状态。CPU 刚进入 RUN 模式的第一个扫描周期执行图 13-39 中的组织块 OB100 时，如果原点条件满足，M0.5 为 1 状态，状态切换图中的初始过程对应的 M0.0

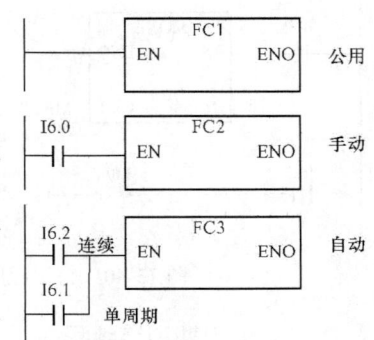

图 13-38 OB1 程序结构

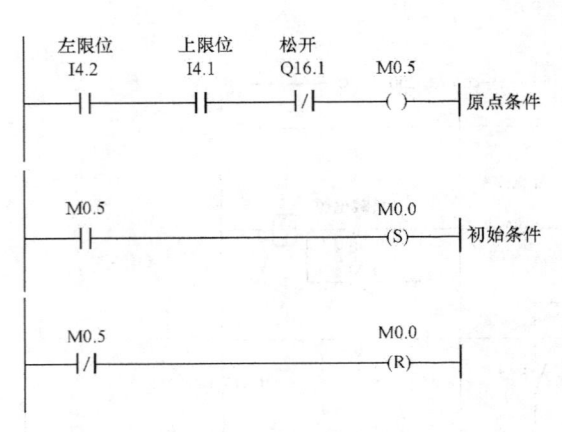

被置位，为进入单周期和连续工作方式作好准备。如果此时 M0.5 为 0 状态，M0.0 将被复位，初始过程为不活动过程，禁止在单周期和连续工作方式工作。

（3）公用程序。

图 13-40 中，公用程序用于自动程序和手动程序相互切换的处理。当系统处于手动工作方式，I6.0 为 1 状态。与 OB100 中的处理相同，如果此时满足原点条件，状态切换图中的初始过程对应的 M0.0 被置位，反之则被复位。

当系统处于手动工作方式时，I6.0 的动合触点闭合，用 MOVE 指令将状态切换图中除初始过程以外的各过程对应的存储器位（M2.0～M2.7）复位，否则当系统从自动工作方式切换到手动工作方式，然后又返回自动工作方式时，可能会出现同时有两个活动过程的异常情况，引起错误的动作。在非连续方式，将表示连续工作状态的标志：M0.7 复位。

（4）手动程序。

图 13-41 所示手动程序，手动操作时用 I4.4～I5.1 对应的 6 个按钮控制机械手的升、降、左行、右行和夹紧、松开。为了保证系统的安全运行，在手动程序中设置了一些必要的联锁，例如限位开关对运动的极限位置的限制；上升与下降之间、左行与右行之间的互锁用来防止功能相反的两个输出同时为 ON。上限位开关 I4.1 的动合触点与控制左、右行的 Q16.4 和 Q16.3 的线圈串联，机械手升到最高位置才能左右移动，以防止机械手在较低位置运行时与别的物体碰撞。

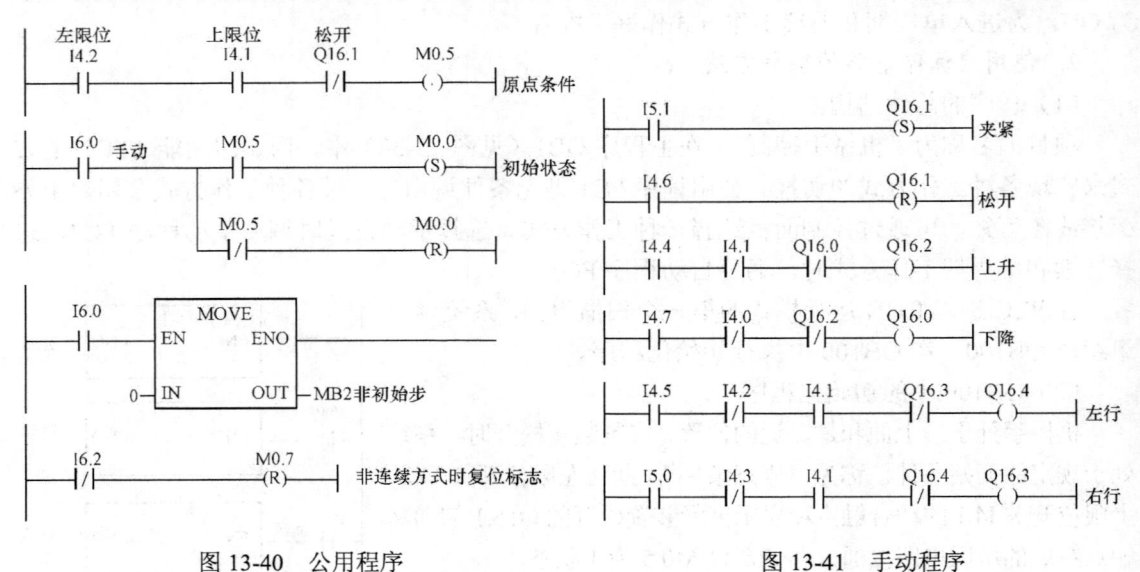

图 13-39　OB100 初始化程序

图 13-40　公用程序

图 13-41　手动程序

（5）单周期和连续程序。

图 13-42 所示处理单周期和连续工作方式的功能 FC3 的状态切换图和梯形图程序。M0 和 M20～M27 用典型的启保停电路来控制。

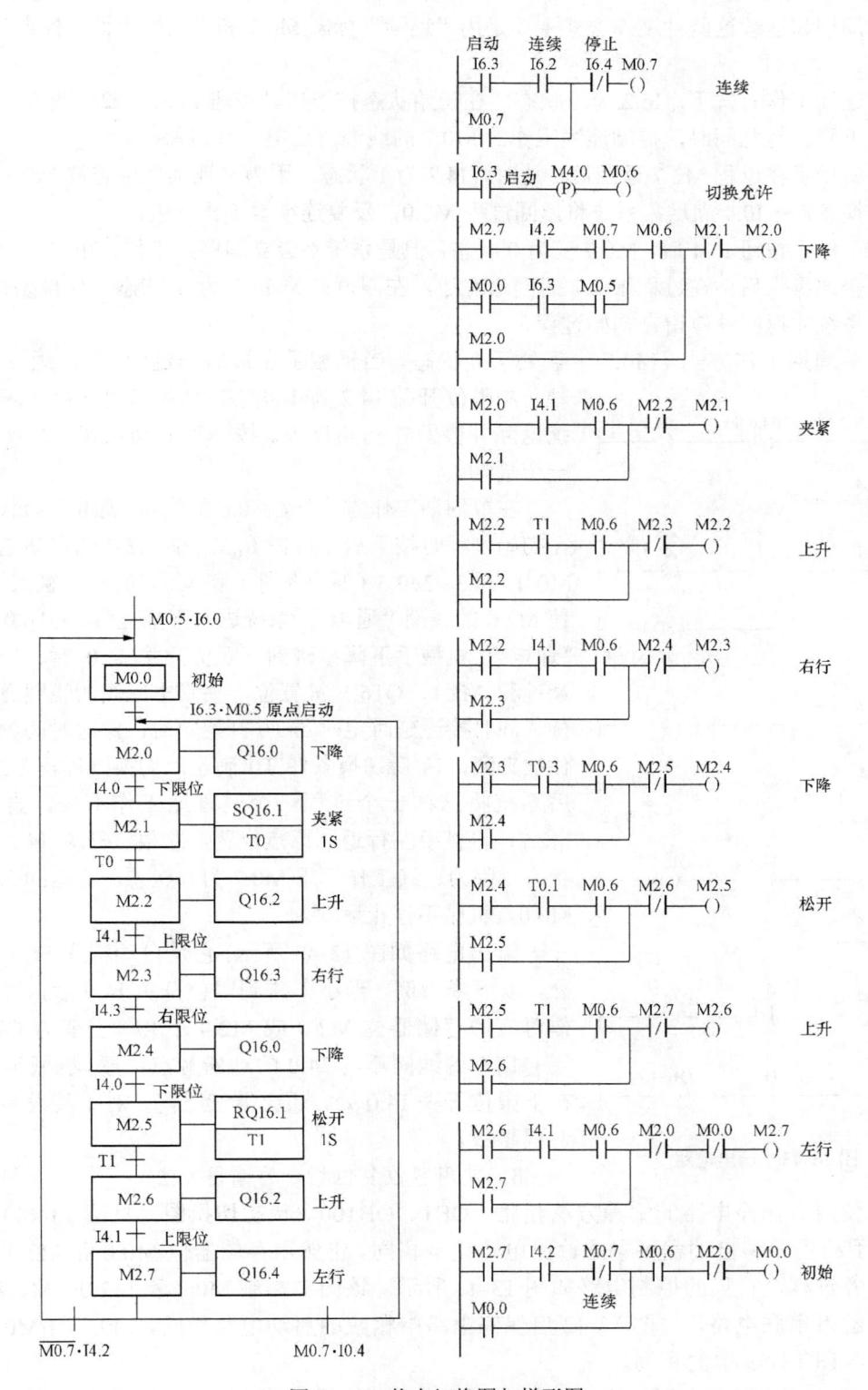

图 13-42 状态切换图与梯形图

单周期和连续这两种工作方式主要是用"连续"标志 M0.7 和"切换允许"标志 M0.6 来区分的。

在连续工作方式下，I6.2.为 1 状态。在初始状态按下启动按钮 I6.3，M2.0 变为 1 状态，机械手下降。与此同时，控制连续工作的 M0.7 的线圈"通电"并自保持。

当机械手在过程 M2.7 返回最左边时，I4.2 为 1 状态，因为"连续"标志位 M0.7 为 1 状态，切换条件·I0.4 满足，系统将返回过程 M2.0，反复连续地工作下去。

按下停止按钮 I6.4 后，M0.7 变为 0 状态，但是系统不会立即停止工作，在完成当前工作周期的全部操作后，在过程 M2.7 返回最左边，左限位开关 I4.2 为 1 状态，切换条件·I4.2 满足，系统才返回并停留在初始过程。

在单周期工作方式，M0.7 一直处于 0 状态。当机械手在最后一过程 M2.7 返回最左边时，左限位开关 I4.2 为 1 状态，切换条件·I4.2 满足，系统返回并停留在初始过程。按一次启动按钮，系统只工作一个周期。

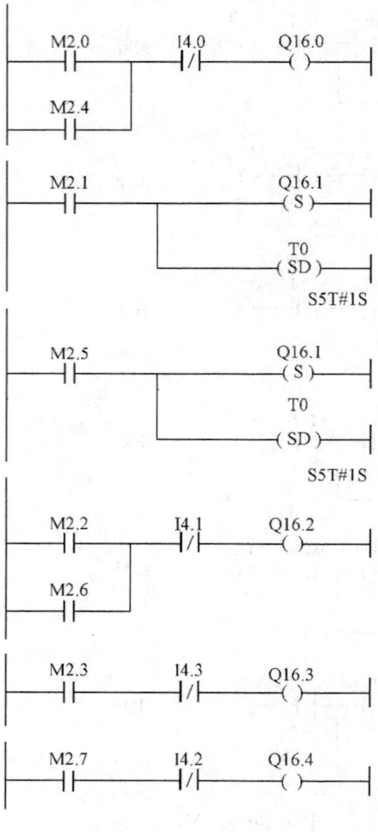

在单周期工作方式下，M0.6 的线圈"通电"，允许切换。在初始过程时按下启动按钮 I6.3，在 M2.0 的启动电路中、M0.0、I6.3、M0.5（原点条件）和 M0.6 的动合触点均接通，使 M2.0 的线圈"通电"，系统进入下降过程，Q16.0 的线圈"通电"，机械手下降；碰到下限位开关 I4.0 时，切换到夹紧过程 M2.1，Q16.1 被置位，夹紧电磁阀的线圈通电并保持。同时接通延时定时器 T0 开始定时，定时时间到时，工件被夹紧，1s 后切换条件 T0 满足，切换到过程 M2.2。以后系统将这样一个过程一个过程地工作下去，直到过程 M2.7，机械手左行返回原点位置，左限位开关 I4.2 变为 1 状态，因为连续工作标志 M0.7 为 0 状态，将返回初始过程 M0.0，机械手停止运动。

输出电路如图 13-43 所示，它是自动程序 FC3 的一部分，以下降为例，当小车碰到限位开关 I4.0 后，与下降动作对应的存储器位 M2.0 或 M2.4 不会马上变为 OFF，如果 Q16.0 的线圈不与 I4.0 的动断触点串联，机械手不能停在下限位开关 I4.0 处，还会继续下降，对于某设备，可能造成事故。

图 13-43 输出电路

3. 使用置位复位指令的编程方法

与使用启保停电路的编程方法相比，OB1、OB100、状态切换图（见图 13-44）、公用程序、手动程序和自动程序中的输出电路完全相同。仍然用存储器位 M0.0 和 M2.0~M2.7 来代表各过程，它们的控制电路如图 13-44 所示。该图中控制 M0.0 和 M2.0~M2.7 置位、复位的触点串联电路，与图 13-42 启保停电路中相应的启动电路相同。M0.7 与 M0.6 的控制电路与图 13-43 中的相同。

图 13-44 中对 M0.0 置位的电路应放在对 M2.0 置位的电路后面，否则在单过程工作方式从过程 M2.7 返回过程 M0.0 时，会马上进入过程 M2.0。

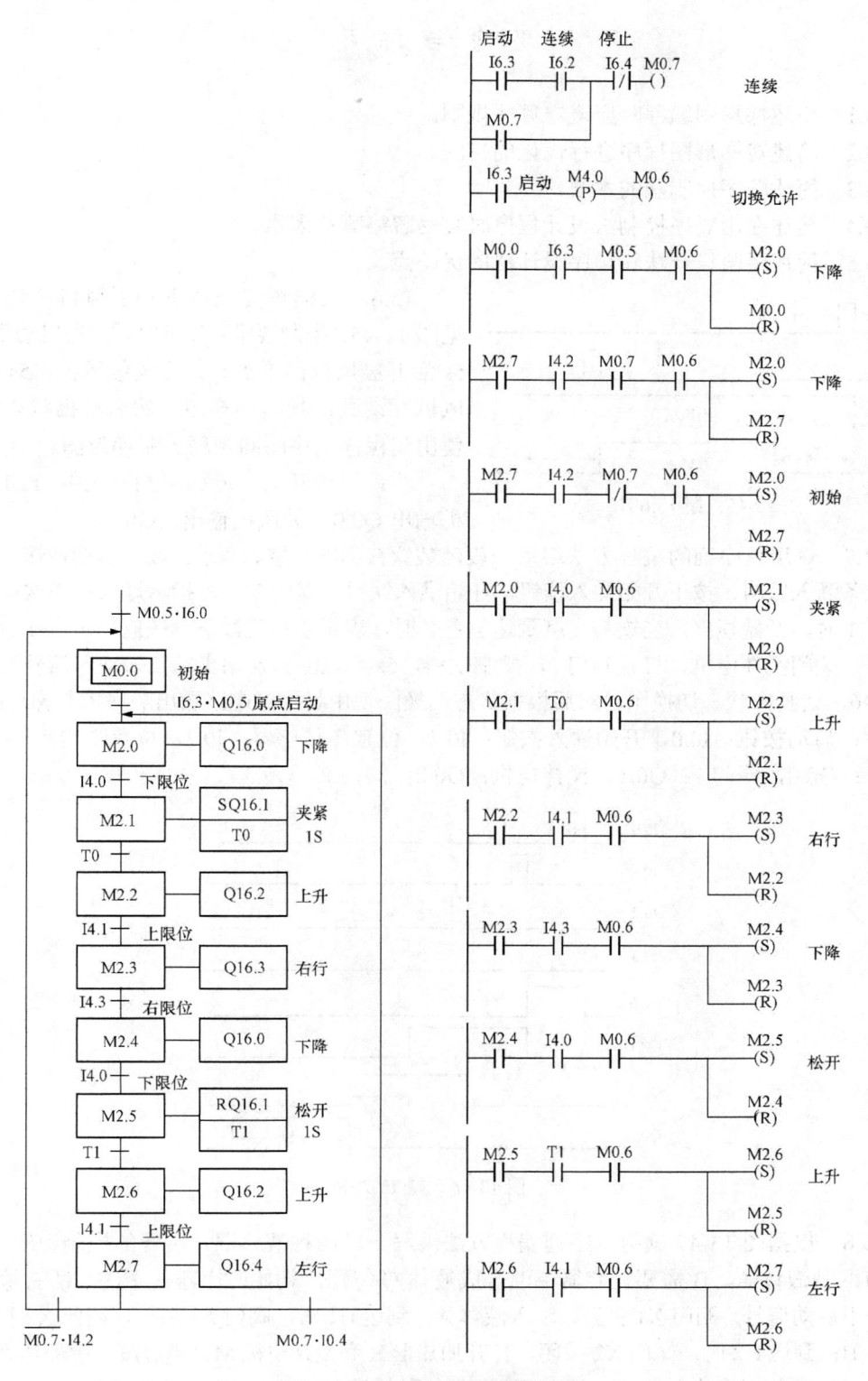

第 13 章 数字量控制系统梯形图设计方法

图 13-44 状态切换图和梯形图

思 考 与 练 习

13.1 简述梯形图编程时应遵守哪些规则。
13.2 简述对梯形图程序进行优化的目的。
13.3 简述顺序控制法的本质。
13.4 简述在用顺序控制法设计程序时容易忽略哪些因素。
13.5 简述经验设计法和顺序设计法的优缺点。

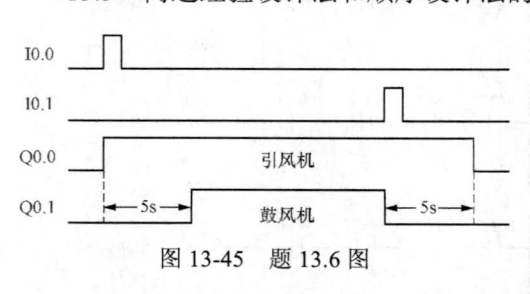

13.6 某锅炉的鼓风机和引风机工作时序图见图 13-45。控制要求：开机时，首先启动引风机，5s 后开鼓风机；停机时，先关鼓风机，5s 后关引风机。请画出状态切换图，然后根据状态切换图使用起保停电路画同顺序控制梯形图。

注：启动开关：I0.0，停止开关：I0.1，引风机输出 Q0.0，鼓风机输出：Q0.1。

图 13-45 题 13.6 图

13.7 试用单序列的编程方法编写一段灌装饮料程序，控制要求：按下启动按钮，指示灯亮，准备灌入饮料；按下开始灌入按钮，开始灌入饮料，阀门 1 开，指示灯灭；当饮料高度到达位置 1 时，开始搅拌；当饮料高度到达位置 2 时，表示饮料已灌满，关阀门 1，3s 后开始排空饮料；关闭搅拌电机，打开阀门 2，排空饮料，5s 后返回到初始步。已知输入信号时序图见图 13-46，请画出状态切换图，然后根据状态切换图使用起保停电路画出顺序控制梯形图。

注：启动按钮：I0.0，开始灌入按钮：I0.1，位置 1 传感器：I0.2，位置 2 传感器：I0.3，指示灯：Q0.0，阀门 1：Q0.1，搅拌电机：Q0.2，阀门 2：Q0.3。

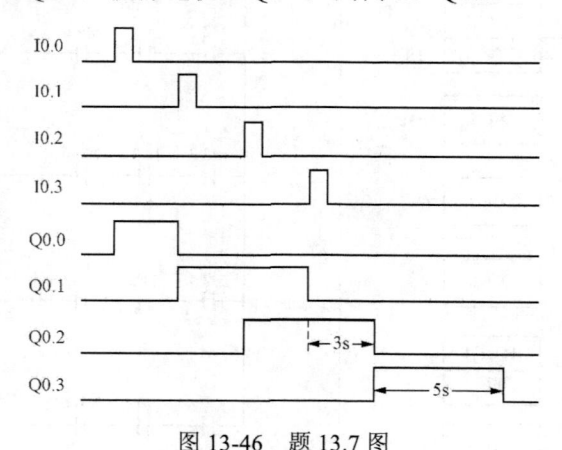

图 13-46 题 13.7 图

13.8 根据图 13-47 试用单序列编程方法编写一段两种液体混合装置的控制程序，控制要求：有两种液体 A、B 需要在容器中混合成液体 C 待用，初始时容器是空的，所有输出均失效。按下启动信号，阀门 X1 打开，注入液体 A；到达 H1 时，阀门 X1 关闭，阀门 X2 打开，注入液体 B；到达 H2 时，阀门 X2 关闭，打开加热器 R 和搅拌电机 M；当温度传感器达到 60℃，关闭 R，5s 后关闭搅拌电机 M，打开阀门 X3，释放液体 C，5s 后关闭阀门 X3，进入下一个循环。请先画出状态切换图，然后根据状态切换图使用起保停电路画出顺序控制梯形图。

注：启动信号：I0.0，液位 H1：I0.1，液位 H2：I0.2，温度传感器 R：I0.3，阀门 X1：Q0.0，阀门 X2：Q0.1，加热器 R：Q0.2，搅拌电机 M：Q0.3，阀门 X3：Q0.4。

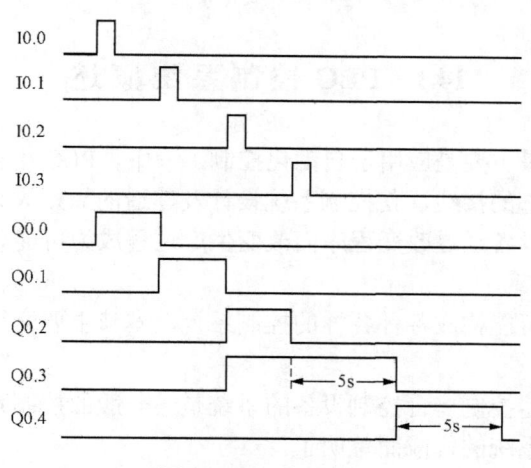

图 13-47　题 13.8 图

第 14 章 PLC 控制系统设计

14.1 PLC 控制系统概述

可编程控制器技术最主要是应用于自动化控制工程中，PLC 用存储逻辑代替接线逻辑，大大减少了控制设备外部的接线，使控制系统设计及建造的周期大为缩短，日常维护比较容易，更重要的是使同一设备经过改变程序而改变生产过程成为可能。

14.1.1 控制系统形式

使用可编程控制器可能构成各种各样的控制系统，本节主要介绍可能的系统构成。

1. 单机控制系统

用一台可编程控制器控制一台控制设备的系统是最一般的控制系统，输入/输出点数和存储器容量比较小，控制系统的构成简单明了。

图 14-1 所示是典型的单机控制系统构成，任何类型的可编程控制器都可选用，但最好做到"量体裁衣"，不宜将功能和 I/O 点数、存储器容量等余量选得过大。

2. 集中控制系统

集中控制系统是用一台可编程控制器控制多台被控设备。该控制系统多用于各控制对象所处的地理位置比较接近，且相互之间的动作有一定的联系的场合。如果各控制对象地理位置比较远，而且大多数的输入输出线都要引入控制器，这时需要大量的电缆线，施工量也大，系统成本增大，在这种场合，推荐使用远程 I/O 控制系统。

图 14-2 所示是集中控制系统的结构，它比图 14-1 所示的单机控制系统要经济得多。

图 14-1 单机控制系统　　　图 14-2 集中控制系统

然而某一个控制对象的控制程序需要改变时，必须停运控制器，其他的控制对象也必须停止运行，这是集中控制系统的最大缺点。因此，该控制系统用于由多台设备组成的流水线上比较合适。当一台设备停运时，整个生产线都必须停运，从经济方面考虑是有利的。

采用集中控制系统时，必须注意将 I/O 点数和存储器容量选择余量大些，以便增设控制对象。

3. 分散型控制系统

分散型控制系统的构成如图 14-3 所示。每一个控制对象设置一台可编程控制器，各控制器之间可通过信号传递进行内部联锁、响应或发令等，或由上位机通过数据通信总线进行通信。

分散型控制系统多用于多台机械生产线的控制，各生产线间有数据连接。由于各控制对象都由自己的控制器控制，当某一台控制器停运时，不需要停运其他的控制器。

与集中控制系统具有相同 I/O 点数时，虽然分散型多用了一台或几台控制器，导致价格偏高，但从维护、试运转或增设控制对象等方面看，其灵活性要大得多。

4. 远程 I/O 控制系统

远程 I/O 系统就是 I/O 模块不是与控制器放在一起，而是远距离地放在被控设备附近。

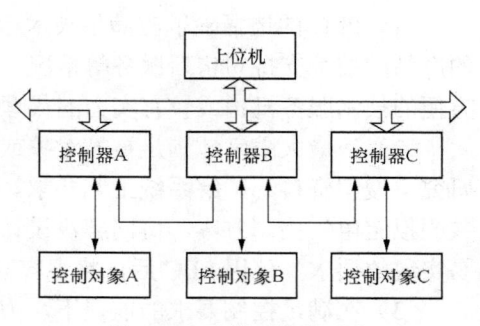

图 14-3 分散型控制系统

远程 I/O 机架与控制器之间通过同轴电缆或双绞线连接传递信息。由于不同厂家的不同型号的控制器所能驱动的同轴电缆长度是不同的，选择时必须按控制系统的需要选用。有时会发现，某种型号的控制器虽能满足所需的功能和要求，但仅由于能驱动同轴电缆或双绞线的长度的限制而不得不改用其他型号的控制器。

图 14-4 所示是远程 I/O 控制系统的构成，其中使用三个远程 I/O 机架（A、B、C）和一个本地 I/O 机架（M）。

如前所述，远程 I/O 机架适用于控制对象远离集控室的场合。一个控制系统需设置多少个远程 I/O 机架（站），要视控制对象的分散程度和距离而定，同时亦受所选控制器能驱动 I/O 机架数的限制。

5. 就地（LOCAL）控制系统

远程 I/O 机架控制系统中，远程 I/O 机架仅装 I/O 模块，没有程序，所有控制程序都存储在控制器的存储器内。如果用一台控制器代替远程 I/O 机架，则构成了就地控制器控制系统（Local Cbntroller Control System），如图 14-5 所示。它与分散型控制系统有些类似。

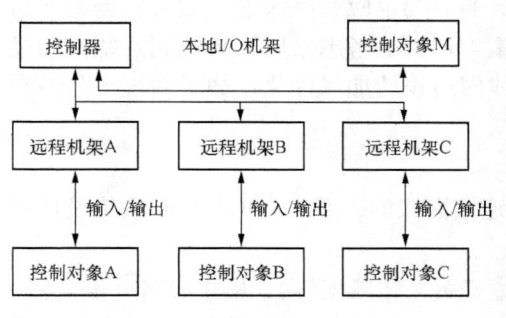

图 14-4 远程 I/O 控制系统

在这个控制系统中，每个控制对象（或邻近的几个控制对象）设置一台具有控制程序的可编程控制器，然后用一台主控制器通过同轴电缆或其他通信电缆与就地控制器连接。就地控制器的功能是执行控制任务，并将控制信息送给主控制器。主控制器接收各就地控制器的信息后，进行管理性质的综合控制，而不直接控制对象。

就地控制器控制系统适用于像图 14-5 那样的加工或装配生产线的控制。在这个系统中，就地控制器控制各子线的机械动作，而主控制器则跟踪主线上的目标，同时按照主线和子线的关系进行综合控制。

该控制系统还可用于检查各子线机械的故障或异常工况。

14.1.2 控制系统设计的基本原则

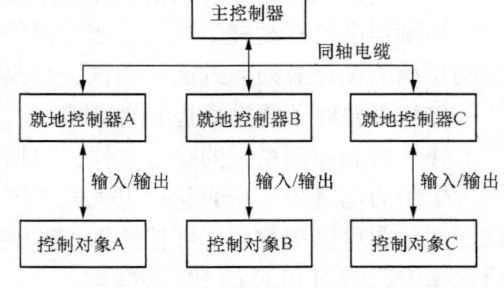

图 14-5 就地控制器控制系统

任何一种电器控制系统都是为了实现被控对象（生产设备或生产过程）的工艺要求，以提高生产效率和产品质量。因此，在设计 PLC 控制系统时，应遵循以下基本原则：

（1）PLC 的选择除了应满足技术指标的要求之外，特别应指出的是还应重点考虑该公司的产品的技术支持与售后服务等情况，一般应选择在国内特别是在所设计系统本地有着较为方便的技术服务机构或较有实力的代理机构的产品，同时应尽量选择主流机型。

（2）应最大限度地满足被控对象或生产过程的控制要求。设计前，应深入现场进行调查研究，搜集资料，了解系统工艺要求。并与机械部分的设计人员和实际操作人员密切配合，共同拟定电气控制方案，协同解决设计中出现的各种问题。对于一些原来用继电接触线路不易实现的要求，使用 PLC 后，将很容易实现。

（3）在满足控制要求的前提下，力求使控制系统简单、经济、操作及维护方便。对一些过去较为繁琐的控制可利用 PLC 的特点加以简化，通过内部程序简化外部接线及操作方式。

（4）保证控制系统的安全、可靠。可适当增加外部安全措施，如急停电源等，进一步保证系统的安全，同时采取"软硬兼施"的办法共同提高系统的可靠性。

（5）考虑到生产的发展和工艺的改进，在 PLC 容量及 I/O 点数时，应适当留有余量。一个系统完成后，往往会发现一些原来没有考虑到的问题，或者新提出的问题。如果事先留有余量，则 PLC 系统极易修改。同时对日后系统工艺的变更提供方便。

当然对于不同的用户，要求的侧重点不同，设计的原则也应有所区别。如果以提高产品产量和安全为目标，则应将系统可靠性放在设计的重点，甚至考虑采用冗余控制系统；如果要求系统改善信息管理，则应将系统通信能力与总线网络设计加以强化；如果系统工艺经常变更，则要事先充分考虑。

14.1.3 控制系统设计的内容

PLC 控制系统是由 PLC 与用户输入、输出设备连接而成的。因此，PLC 控制系统设计的基本内容应包括以下几方面：

（1）选择用户输入设备（按钮、操作开关、限位开关、传感器等）、输出设备（继电器、接触器、信号灯等执行元件）以及由输出设备驱动的控制对象（电动机、电磁阀等）。这些设备属于一般的电器元件，其选择的方法在其他有关书籍中已有介绍。

（2）PLC 的选择。PLC 是 PLC 控制系统的核心部件，正确选择 PLC 对于保证整个控制系统的技术经济性能指标起着重要的作用。

选择 PLC，应包括机型的选择、容量的选择、I/O 模块的选择、电源模块的选择等。

（3）分配 I/O 点，绘制 I/O 连接图。

（4）设计控制程序。包括设计梯形图、语句表（即程序清单）或控制系统流程图。

控制程序是控制整个系统工作的条件，是保证系统工作正常、安全、可靠的关键。因此，控制系统的设计必须经过反复调试、修改，直到满足要求为止。

（5）必要时还需设计控制台（柜）。

（6）编制控制系统的技术文件。包括说明书、电气图及电气元件明细表等。

传统的电气图，一般包括电气原理图、电气布置图及电气安装图。在 PLC 控制系统中，这一部分图可以统称为"硬件图"。它在传统电气图的基础上增加了 PLC 部分，因此在电气原理图中应增加 PLC 的 I/O 连接图。

此外，在 PLC 控制系统的电气图中还应包括程序图（梯形图），可以称它为"软件图"。向用户提供"软件图"，可便于用户生产发展或工艺改进时修改程序，并有利于用户在维修时分析和排除故障。

14.1.4 控制系统设计的步骤

设计 PLC 控制系统的一般步骤如图 14-6 所示。

（1）深入了解和分析被控对象的工艺条件和控制要求。

要了解被控对象就是受控的机械、电气设备、生产线或生产过程，又要了解控制要求主要指控制的基本方式、应完成的动作、自动工作循环的组成、必要的保护和联锁等。对较复杂的控制系统，还可将控制任务分成几个独立部分，这种化繁为简，有利于编程和调试。

（2）确定 I/O 设备。根据被控对象对 PLC 控制系统的功能要求，确定系统所需的用户输入、输出设备。常用的输入设备有按钮、选择开关、行程开关、传感器等，常用的输出设备有继电器、接触器、指示灯、电磁阀等。

（3）选择合适的 PLC 类型。根据已确定的用户 I/O 设备，统计所需的输入信号和输出信号的点数，选择合适的 PLC 类型，包括机型的选择、容量的选择、I/O 模块的选择、电源模块的选择等。

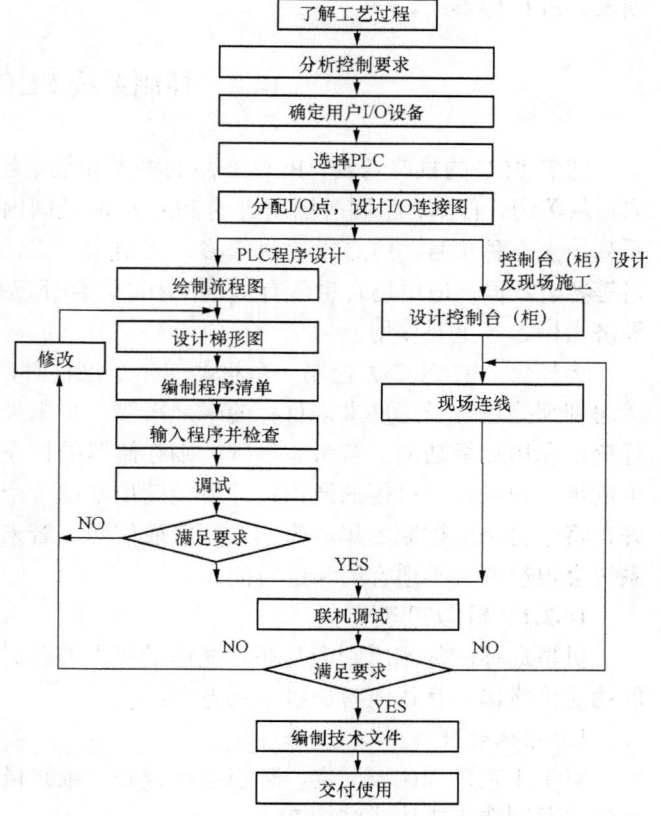

图 14-6 PLC 控制系统设计步骤

（4）分配 I/O 点。分配 PLC 的输入输出点，编制出输入/输出分配表或者画出输入/输出端子的接线图。接着就可以进行 PLC 程序设计，同时可进行控制柜或操作台的设计和现场施工。

（5）设计应用系统程序。根据工作功能图表或状态流程图等设计出程序即编程。这一步是整个应用系统设计的最核心工作，也是比较困难的一步，要设计好程序，首先要十分熟悉控制要求，同时还要有一定的电气设计的实践经验。

（6）将程序输入 PLC。当使用简易编程器将程序输入 PLC 时，需要先将梯形图转换成指令助记符，以便输入。当使用可编程序控制器的辅助编程软件在计算机上编程时，可通过上下位机的连接电缆将程序下载到 PLC 中去。

（7）进行软件测试。程序输入 PLC 后，应先进行测试工作。因为在程序设计过程中，难免会有疏漏的地方。因此在将 PLC 连接到现场设备上去之前，必须进行软件测试，以排除程序中的错误，同时也为整体调试打好基础，缩短整体调试的周期。

（8）应用系统整体调试。在 PLC 软硬件设计和控制柜及现场施工完成后，就可以进行整个系统的联机调试，如果控制系统是由几个部分组成，则应先作局部调试，然后再进行整体调试；如果控制程序的步序较多，则可先进行分段调试，然后再连接起来总调。调试中发现的问题，要逐一排除，直至调试成功。

（9）编制技术文件。系统技术文件包括说明书、电气原理图、电器布置图、电气元件明细表、PLC 梯形图。

14.2 控制系统 PLC 的选择

随着 PLC 的推广普及，PLC 产品的种类和数量越来越多，而且其功能也日趋完善。近年来，从美国、日本、德国等国引进的 PLC 产品及国内厂家组装或自行开发的产品已有几十个系列，上百种型号。PLC 的品种繁多，其结构形式、性能、容量、指令系统、编程方法、价格等各有不同，适用场合也各有侧重。因此，合理选择 PLC，对于提高 PLC 控制系统的技术经济指标起着重要作用。

选择恰当的 PLC 去控制一台机器或一个过程时，不仅应考虑应用系统目前的需求，还应考虑到那些包含于工厂未来目标的未来需要。将未来牢记于心会使你用最小的代价对系统进行变革和增加新功能。若考虑周到，则存储器的扩充需求也许只要再安装一个存储器模块即可满足；如果具有可用的通信口，就能满足增加一个外围设备的需要。对局域网的考虑可允许在将来将单个控制器集成为一个厂级通信网。若未能合理估计现在和将来的目标，控制器系统会很快变为不适宜的和过时的。

14.2.1 机型的选择

机型选择的基本原则应是在功能满足要求的前提下，保证可靠、维护使用方便以及最佳的功能价格比。具体应考虑以下几方面：

1. 结构合理

对于工艺过程比较固定、环境条件较好（维修量较小）的场合，选用整体式结构 PLC；其他情况则选用模块式结构 PLC。

2. 功能相当

对于开关量控制的工程项目，如果对其控制速度无须考虑，一般的低档机就能满足要求。

对于以开关量控制为主、带少量模拟量控制的工程项目，可选用带 A/D、D/A 转换、加减运算、数据传送功能的低档机。

对于控制比较复杂、控制功能要求更高的工程项目，例如，要求实现 PID 运算、闭环控制、通信联网等，可视控制规模及复杂的程度选用中档或高档机。其中高档机主要用于大规模过程控制、全 PLC 的分布式控制系统以及整个工厂的自动化等。

根据不同的应用对象，PLC 的功能选择有下面几种情况：

（1）替代继电器。

功能要求：继电器触点输入/输出，逻辑线圈，定时器，计数器。

应用场合：替代传统惯用的继电器，完成条件控制和时序控制功能。

（2）数学运算。

功能要求：四则数学运算，开方，对数，函数计算，双倍精度的数学运算。

应用场合：设定值控制，流量计算，PID 调节，定位控制和工程量单位换算。

（3）数据传送。

功能要求：寄存器与数据表的相互传送等。

应用场合：数据库的生成，信息管理，BATCH（批量）控制，诊断和材料处理等。

（4）矩阵功能。

功能要求：逻辑与，逻辑或，异或，比较，置位（位修改），移位和变反等。
应用场合：这些功能是按"位"操作，一般用于设备诊断，状态监控，分类和报警处理等。
（5）高级功能。
PLC 的高级功能一般以下几个方面：
高级指令：如表一块间的传送，检验和，双倍精度运算，对数和反对数，平方根，PID 调节等。
通信能力：通信速度和方式，与上位计算机的联网功能，调制解调器等。
可选模块：如为实时多任务处理的协处理器，远程输入/输出扩展能力，内存扩充模块，冗余控制模块等。
（6）诊断功能。
PLC 的诊断功能有内诊断和外诊断两种。内诊断是 PLC 内部各部件性能和功能诊断，外诊断是中央处理机与 I/O 模块信息交换诊断。
（7）串行接口 RS-232-C。
一般中型以上的 PLC 都提供一个或一个以上串行标准接口 RS-232-C，以便连接打印机、CRT、上位计算机或另一台 PLC。

3. 机型统一

一个大型企业，应尽量做到机型统一。同一机型的 PLC，其模块可互为备用，便于备品备件的采购和管理；其功能及编程方法统一，有利于技术力量的培训、技术水平的提高和功能的开发；其外部设备通用，资源可共享，配以上位计算机后，可把控制各独立系统的多台 PLC 联成一个多级分布式控制系统，相互通信，集中管理。

4. 在线编程

PLC 的特点之一是使用灵活。当被控设备的工艺过程改变时，只需用编程重新修改程序，就能满足新的控制要求，给生产带来很大方便。

PLC 的编程分为离线编程和在线编程两种。离线编程的 PLC，其特点是主机和编程器共用一个 CPU，在编程器上有一个"编程/运行"选择开关或按键，选择编程状态时，CPU 将失去对现场的控制，只为编程器服务，这就是所谓的"离线"编程。程序编好后，如选择运行状态，CPU 则去执行程序而对现场进行控制，这时 CPU 对编程指令将不作出响应。此类 PLC，由于编程器和主机共用一个 CPU，因此节省了大量的硬件和软件，编程器的价格也比较便宜。中、小型 PLC 多采用离线编程。

在线编程的 PLC，其特点是主机和编程器各有一个 CPU，编程器的 CPU 可以随时处理由键盘输入的各种编程指令。主机的 CPU 则是完成对现场的控制，并在一个扫描周期的末尾和编程器通信，编程器把编好或改好的程序发送给主机，在下一个扫描周期主机将按照新送入的程序控制现场，这就是所谓的"在线"编程。此类 PLC，由于增加了硬件和软件，所以价格贵，但应用领域较宽。大型 PLC 多采用在线编程。

是否在线编程，应根据被控设备工艺要求的不同来选择。对于产品定型的设备和工艺不常变动的设备，应选用离线编程的 PLC；反之，可考虑选用在线编程的 PLC。

14.2.2 输入/输出的选择

可编程控制器输入模块的任务是检测并转换来自现场设备（按钮、限位开关、接近开关等）的高电平信号为机器内部电平信号，模块类型分直流 5、12、24、60V 和 68V 几种，交流 115V 和 220V 两种。由现场设备与模块之间的远近程度决定电压的大小。一般，5、12V 和 24V 属低电平，传输距离不宜太远,如 5V 的输入模块最远不能超过 10m,也就是说,距离较远的设备选用较高电压的模块比较可靠。另外,高密度的输入模块如 32 点、64 点,同时接通点数取决于输入电压和环境温度。一般而言,同时接通点数不得超过 60%。为了提高系统的稳定性,必须考虑门槛(接通电平与关断电平之差)电平的大小。门槛电平值越大,抗干扰能力越强,传输距离也就越远。

输出模块的任务是将机器内部信号电平转换为外部过程的控制信号。对于开关频率高、电感性、低功率因数的负载,推荐使用晶闸管输出模块,缺点是模块价格高,过载值力稍差。继电器输出模块的优点是适用电压范围宽、导通压降损失小、价格低;其缺点是寿命较短,响应速度较慢。输出模块同时接通点数的电流累计值必须小于公共端所允许通过的电流值。输出模块的电流值必须大于负载电流的额定值。

1. 确定 I/O 点数

确定 I/O 点数一般是必须说明的首要问题。一旦已确定使某些机器或过程全部或部分自动化,确定 I/O 点数只是一件计算受控的离散或(和)模拟器件数量的事情。此项确定有助于识别控制器的最低限制因素。切记要考虑未来扩充和备用(典型 10%~20%备用)的需要。备用件不影响 PLC 档次的选择,但扩充设计应在 PLC 选型时予以考虑。

2. 离散输入/输出

标准的输入/输出接口可用于从传感器和开关(如按钮、限位开关等)及控制设备(如指示灯、报警器、电动机启动器等)接收信号。典型的交流输入/输出量程为 24~240V,直流输入/输出为 5~240V。

尽管输入电路随制造厂家不同而不同,但一些特性是相同的,如抗干扰电路以消除误信号、浪涌保护电路以免于较大的瞬态响应。大多数输入电路在高压电源输入和接口电路的控制逻辑部分之间都设有可选的变压器隔离电路。

在评估离散输出时,应寻找具有保险丝、瞬时浪涌保护以及电源与逻辑电路间具有隔离电路的模块。采用保险丝电路也许在购置输出模块时花费较多,但可能比在外部安装保险丝耗资要少。安装时检查保险丝是否便于拿取;替换保险丝时,将某些机器关机。大多数带保险丝的输出电路有熔断指示器,但一定要检查。最后,检查输出电流值和指定的操作温度。温度典型值为 60℃。

若输入/输出设备由不同电源供电,应当有带隔离公共线(返回线)的接口电路,即采用隔离式输入/输出模块。

3. 模拟输入/输出

模拟输入/输出接口是用来感知传感器产生的信号的。这些接口测量流量、温度和压力的数量值,并用于控制电压或电流输出设备。典型接口量程为 –10~+10V,0~+10V,4~20mA 或 10~50mA。

一些制造厂家提供特殊模拟接口用来接收低电平信号(如热电阻、热电偶等)。一般地,这类接口模块将接收同一模块上的不同类型热电偶或热电阻的混合信号。用户应就具体条件同售主磋商。

4. 特殊功能输入/输出

在选择一个 PLC 时,用户可能会面临着需要一些特殊类型的且不能用标准 I/O 实现的 I/O 信号(如定位、快速输入、频率等)的情况。用户应当考虑售主是否提供一些特殊的有助于最大限度减少转换装置的模块。这时,特殊接口的模块,应予以考虑。典型地,这些模块自身处理一部分现场数据，从而使 CPU 从处理耗时任务中解脱出来。

5. 智能式输入/输出

当前，PLC 的生产厂家相继推出了一些智能式的输入/输出模块。所谓智能式输入/输出模块，就是模块本身带有处理器，对输入或输出信号作预先规定的处理，将其处理结果送入中央处理机或直接输出，这样可提高 PLC 的处理速度和节省存储器的容量。

智能式输入/输出模块有：高速计数器——可作加法计数或减法计数，凸轮模拟器——用作绝对编码输入，带速度补偿的凸轮模拟器，单回路或多回路的 PID 调节器，ASCII/BA-SIC 处理器，RS-232-C/422 接口模块等。

表 14-1 归纳了选择 I/O 模块的一般规则。

表 14-1　　　　　　　　　　　　选择 I/O 模块的一般规则

I/O 模块类型	现场设备或操作（举例）	说　　明
离散输入模块和 I/O 模块	选择开关、按钮、光电开关、限位开关、电路断路器、接近开关、液位开关、电机启动器触点、继电器触点、拨盘开关	输入模块接受 ON/OFF 或 OPENED/CLOSED（开/关）信号。离散信号可以是直流的，也可以是交流的
离散输出模块和 I/O 模块	报警器、控制继电器、风扇、指示灯、扬声器、阀门、电机启动器、电磁线圈	输出模块将信号传递到 ON/OFF 或 OPENED/CLOSED（开/关）设备。离散信号可以是交流或直流的
模拟量输入模块	温度变送器、压力变送器、湿度变送器、流量变送器、电位器	将连续的模拟量信号转换成 PLC 处理器可接受的输入值
模拟量输出模块	模拟量阀门、执行机构图表记录器、电机驱动器、模拟仪表	将 PLC 处理器的输出转为现场设备使用的模拟量信号（通常是通过变送器进行）
特种 I/O 模块	编码器、流量计、I/O 通信、ASCII、RF 型设备、称重计、条形码阅读器、标签阅信器、显示设备	通常用作如位置控制、PID 和外部设备通信等专门用途

14.2.3 电源的选择

电源模块的选择一般只需考虑输出电流。电源模块的额定输出电流必须大于处理器模块、I/O 模块、专用模块等消耗电流的总和，以下述步骤作为选型的一般规则。

（1）确定电源的输入电压。

（2）将框架中每块 I/O 模块所需的总背板电流相加，计算出 I/O 模块所需的总背板电流值。

（3）I/O 模块所需的总背板电流值再加上：

1）框架中带有处理器时，则加上处理器的最大电流值。

2）当框架中带有远程适配器模块或扩展本地 I/O 适配器模块时，加上其最大电流值。

（4）如果框架中留有空槽用作将来扩展时：

1）列出将来要扩展的 I/O 模块所需的背板电流。

2）将所有扩展的 I/O 模块的总背板电流值与步骤（3）中计算得出的总背板电流值相加。

（5）确定在框架中是否有用于电源的空槽，或者将电源装到框架的外面。

（6）根据确定好的输入电压要求和所需的总背板电流值，从用户手册中选择合适的电源。

14.2.4 存储器的选择

这里要讨论的两个主要问题是存储器的种类和容量。应用系统既需要非易失性存储器（即掉电后能保持内容不丢失），也需要带备用电池的易失性存储器。一旦程序被生成和调试好后，非易失性存储器（如 EEPROM）就能提供一个可靠的永久的存储媒介。如果需要在线改变应用程序，考虑由电池供电的读/写存储器。一些控制器既允许单独使用这两种存储器，又允许一起使用，这由用户选定。

1. 内存利用率

用户程序通过编程器键入主机内，最后是以机器语言的形式存放在内存中。同样的程序，不同厂家的产品，在把用户程序变成机器语言存放时所需的内存数是不同的。我们把一个程序段中的字数与存放该程序段所代表的机器语言所需的内存字数的比值称为内存利用率。高的内存利用率给用户带来好处。同样的程序可以减少内存量，从而降低内存投资。另外，同样的程序可缩短扫描周期时间，从而提高系统的响应。

2. 开关量 I/O 总点数

可编程控制器开关量 I/O 总点数是计算所需内存容量的重要根据。一般系统中，开关量输入和开关量输出的比为 6:4。

3. 模拟量 I/O 总点数

具有模拟量控制的系统就要用到数字传送和运算的功能指令，这些功能指令的内存利用率较低，因此所占的内有数较多。

在只有模拟量输入的系统中，一般要对模拟量进行读入、数字滤波、传送和比较运算。在模拟量输入输出同时存在的情况下，就要进行较复杂的运算，一般是闭环控制，内存要比只有模拟量输入的情况需要量大。在模拟量处理中，常常把模拟量读入、滤波及模拟量输出编成子程序使用，这样会使所占内存大大减少，特别是在模拟量路数比较多时、每一路模拟量所需的内存数会明显减少。

4. 程序编写质量

用户程序优劣对程序长短和运行时间都有较大影响。对于同样的系统，不同用户编写的程序可能会使程序长短和执行时间差距很大。一般来说，对初学者应为内存多留一些余量，而对有经验的编程者可少留一些余量。

小型 PLC 的存储容量一般是固定的（不可扩充），为 1~4KB，因此，可不必多考虑。而在大型或中型控制器中，存储容量可以 2KB、4KB、8KB 等单位扩充。尽管确定存储容量并无定则，如下的一些方法仍可用于估计所需的存储容量。

对一个给定的应用系统而言，所需的存储容量是受控的输出和输入总数与控制程序复杂性的函数。复杂性指的是要完成的算术和数据处理的数量和类型。制造厂商通常为其每个产品提供一条经验法则公式，可用于对存储容量做近似的估计。这个公式是给 I/O 的总数乘某一常数（通常介于 3~8 之间）。

对于中、大规模的 PLC，往往用于工艺比较复杂且多变的场合，程序改变较多，因此一般都使用 CMOS RAM 存储器，且有后备电池，以便关机时保存存储信息。

存储器容量的选择一般有以下两种方法：

（1）根据编程实际使用的节点数计算。

这种方法可精确地计算出存储器实际使用容量，缺点是要编完程序之后才能计算。

（2）估算法。

用户可根据控制规模和应用目的，按下面给出的公式进行估算。

控制目的　　　　　　公式

代替继电器　　　　　$M=K_m[(10×DI)+(5×DO)]$

模拟量控制　　　　　$M=K_m[(10×DI)+(5×DO)+(100×AI)]$

多路采样控制　　　　M=Km|[(10×DI)+(5×Do)+ (100×AI)]+[1+采样点×0.25]|

式中，DI 为离散（开关）量输入信号，DO 为离散（开关）量输出信号，AI 为模拟量输入信号，Km 为每个节点所占存储器字节数，M 为存储器容量。

例如，某控制系统有 64 个开关量输入信号，48 个开关量输出信号，4 个模拟量输入信号。假定一个节点占用一个存储器字节，则该控制系统所需存储器容量为

$$M=[(10×64)+(5×48)+(100×4)]×1 \text{ 字节/节点}=1280 \text{ 个字节}$$

为了使用方便，一般可留有 25%～30%的余量，所以对本例可选用 1.5KB 或 2KB 的存储器为宜。

最后，获取存储容量的最佳方法就是生成程序，看用了多少字数。知晓每条指令所用的字数，用户便可确定准确的存储容量。

14.2.5　响应时间

对于过程控制，扫描周期和响应时间必须认真考虑。可编程控制器顺序扫描的工作方式使它不能可靠地接收持续时间小于扫描周期的输入信号。例如，某产品有效检测宽度为 3cm，产品传送速度为 30m/min，为了确保不会漏检经过的产品，要求可编程控制器扫描周期不能大于产品通过检测点的时间间隔 60ms。

14.2.6　软件的选择

在系统的实现过程中，用户常面临 PLC 的编程问题，因为这是非常重要的。用户应当对所选择的产品的软件功能有所了解。一般地，一个系统的软件总是对应于处理控制器具备的控制硬件的。但是，也有应用系统需要控制硬件部件以外的软件功能。例如，一应用系统可能包括需要复杂数学计算和数据处理操作的特殊控制或数据采集功能。指令集的选择将决定实现软件任务的难易程度。可用的指令集将直接影响实现控制程序所需的时间和程序执行时间。

14.2.7　支撑技术条件

选用 PLC 时，有无支撑技术条件同样是重要的选择依据。支撑技术条件包括下列内容：

1. 编程手段

（1）携带式简易编程器。主要用于小型的可编程控制器，其控制规模小，程序简单，简易编程器已够用。

（2）CRT 编程器。适用于中、大型可编程控制器，除用于编制和输入程序外，还可编辑和打印程序文本。

（3）IBM-PC 及其兼容机编程软件包。由于 IBM-PC 机已得到普及推广，它是可编程控制器很好的编程工具，因此可编程控制器厂商纷纷开发适用于自己机型的 IBM-PC 及其兼容机编程软件包，并获得成功。

IBM-PC 及其兼容机除用来给可编程控制器编程外，还可开发各种监视控制系统流程和工况状态的画面，具有报警和管理报表处理功能等，以完成上位计算机管理功能。

2. 程序文本处理

（1）简单程序文本处理，包括打印梯形逻辑图、参量状态和位置。

（2）程序标注，包括节点和线圈的赋值名、网络注释等，这对用户或软件工程师阅读和调试程序是非常有用的。

（3）图形和文本的处理。

3. 程序储存方式

作为技术资料档案和备用，程序的储存是需要的。储存程序的方法有用硬盘、软磁盘或

EEPROM 存储程序盒等方式，选用哪种储存方式，取决于所选机型的技术条件。

4. 通信软件包

对于网络控制结构，或需用远程计算机管理的控制系统，有无通信软件包是选用可编程控制器的主要依据。

通信软件包往往是和通信硬件一起使用，如调制解调器等。

14.3 PLC 控制系统的软/硬件设计

由于 PLC 的全部控制功能是通过其应用程序的执行而实现的，因此，软件和硬件设计无疑是 PLC 控制系统的关键环节。应充分利用 PLC 各种软件和硬件资源来编制程序，以实现预期的各种功能。

14.3.1 控制系统的硬件设计

1. PLC 控制系统的输入电路设计

PLC 供电电源一般为 AC 85～240V，适应电源范围较宽，但为了抗干扰，应加装电源净化元件。隔离变压器也可以采用双隔离技术，即变压器的初、次级线圈屏蔽层与初级电气中性点接大地，次级线圈屏蔽层接 PLC 输入电路的地，以减小高低频脉冲干扰。

PLC 输入电路电源一般应采用 DC 24V，其带负载时要注意容量，并作好防短路措施，否则将影响 PLC 的运行。一般选用电源的容量为输入电路功率的两倍，PLC 输入电路电源支路加装防止短路的措施。另外，当输入回路串有二极管或电阻不能完全启动，或者有并联电阻或有漏电电流时不能完全切断。另外，当输入器件的输入电流大于的最大输入电流时，也会引起误码动作，应采用弱电流输入器件，选用输入为共漏型的 PLC。

2. PLC 控制系统的输出电路设计

（1）输出方式的设计。

依据生产工艺要求，各种指示灯、变频器/数字直流调速器的启动停止应采用晶体管输出。如果 PLC 系统输出频率为每分钟 6 次以下，应首选继电器输出，采用这种方法，输出电路的设计简单，抗干扰和带负载能力强。当 PLC 扫描频率为 10 次/min 以下时，既可以采用继电器输出方式，也可以采用 PLC 输出驱动中间继电器或者固态继电器（SSR），再驱动负载。对于常见的 AC 220V 交流开关类负载，应该通过 DC 24V 微小型中间继电器驱动，避免 PLC 的 DO 接点直接驱动，尽管 PLC 手册标称具有 AC 220V 交流开关类负载驱动能力。

（2）PLC 外部驱动电路的设计。

在 PLC 输出不能直接带动负载的情况下，必须在外部采用驱动电路。一般可以用三极管驱动，也可以用固态继电器或晶闸管电路驱动。同时应采用保护电路和浪涌吸收电路，且每路有显示二极管（LED）指示。

（3）公共点"COM"点的选择设计。

PLC 产品"COM"点的数量是不一样的，有的一个"COM"点带 8 个输出点，有的带 4 个输出点，也有带 2 个或 1 个输出点的。当负载的种类多，且电流大时，采用一个"COM"点带 1～2 个输出点的 PLC 产品；当负载数量多而种类少时，采用一个"COM"点带 4～8 个输出点的 PLC 产品，这样会对电路设计带来很多方便。因 PLC 内部一般没有熔丝，每个"COM"点处加一熔丝，1～2 个输出时加 2A 的熔丝，4～8 点输出的加 5～10A 的熔丝。

3. PLC 控制系统抗干扰与外部互锁设计

PLC 输出带感性负载，断电时会对 PLC 的输出造成浪涌电流的冲击，所以对直流感性负载应在其旁边并接续流二极管，对交流感性负载应并接浪涌吸收电路。当两个物理量的输出在 PLC 内部已进行软件互锁后，在 PLC 的外部也应进行互锁，以加强系统的可靠性。

4. 冗余设计

在要求有极高可靠性的大型系统中，常采用冗余技术保证系统的可靠性。所谓冗余系统是指系统中有多余的部分，没有它，系统照样工作。但在系统出现故障时，这种多余的部分能立即替代故障部分而使系统继续正常运行。各生产厂家的冗余系统设计方法不同，一种是靠硬件来实现的，另一种是靠软件来实现的。

5. 外围元器件的选型

统计数据表明，PLC 控制系统的故障有 75%～80%是由外围元器件造成的。可见外围元器件的选型对 PLC 控制系统的可靠性是非常重要的。新型的接触器比旧型号耐用，非接触式的接近开关远优于接触式的行程开关，同样规格不同厂家的接线端子的质量亦会相差甚远。虽然，新型元器件价格高于旧元器件，制造成本上升，但好处也是不言而喻的。系统可靠性的提高可使设备故障导致的损失最大限度地降低，同时还可以大幅减少系统的维修保养工作。

6. 控制柜的内外布线

布线对 PLC 系统的影响很大，布线不好容易把外界干扰引入 PLC 内，从而导致系统故障。柜外布线要避免强电与弱电混合走线，弱电输出线与信号输入线要分开。如果在实际操作中无法分开，信号输入线则应采用屏蔽线并可靠接地。无论是地沟走线或者是管道走线都应留有足够的备份线，各条线要做好标记。柜内布线同样要避免不同功能线的混布，不同功能的线应该用不同颜色区分，以便检查、维护保养。模拟信号线应用屏蔽线。控制柜的接地也是不能忽略的，良好的接地能有效地减少干扰信号。

14.3.2 控制系统的软件设计

软件设计主要是根据控制要求，把工艺流程图转换成控制程序。除将继电器图直接转换成 PLC 程序，以及另外一些较常用的、典型的程序单元之外，较复杂的控制可按照工艺流程的控制流程图，采用步进指令（或移位寄存器指令）来实现顺序控制。用户软件的编写是"平铺直叙"，用户软件可看成是一个有序的"黑盒子"系列，每个"黑盒子"按照结构化语言划分，可分为几种典型的语句。每个语句方式、手法可能十分单调，但一定要明确。在设计与编写这些语句时若使用不易推理的逻辑关系太多、或者语句因素太多、特殊条件太多，就会使人阅读这些语句时十分难懂。因此，一个可编程控制器的用户软件的可读性，即编写的软件能为大多数人读懂、能理解可编程控制器在执行这个语句时，"发生了什么"是十分重要的。每一段程序力求功能单一而流畅，合理地利用 PLC 指令的功能，最大限度地发挥 PLC 控制的优越性。

在了解了程序结构和编程方法的基础上，就要实际地编写 PLC 程序了。编写 PLC 程序和编写其他计算机程序一样，都需要经历如下过程。

1. 对系统任务分块

分块的目的就是把一个复杂的工程，分解成多个比较简单的小任务。这样就把一个复杂的大问题化为多个简单的小问题，便于编制程序。

2. 编制控制系统的逻辑关系图

从逻辑关系图上，可以反应出某一逻辑关系的结果是什么，这一结果又将导出哪些动作。

这个逻辑关系可以是以各个控制活动顺序为基准，也可能是以整个活动的时间节拍为基准。逻辑关系图反映了控制过程中控制作用与被控对象的活动，也反应了输入与输出的关系。

3. 绘制各种电路图

绘制各种电路的目的，是把系统的输入输出所设计的地址和名称联系起来。这是很关键的一步。在绘制 PLC 的输入电路时，不仅要考虑到信号的连接点是否与命名一致，还要考虑到输入端的电压和电流是否合适，也要考虑到在特殊条件下运行的可靠性与稳定条件等问题。特别要考虑到能否把高压引导到 PLC 的输入端，把高压引入 PLC 输入端，会对 PLC 造成比较大的伤害。

在绘制 PLC 的输出电路时，不仅要考虑到输出信号的连接点是否与命名一致，还要考虑到 PLC 输出模块的带负载能力和耐电压能力。此外，还要考虑到电源的输出功率和极性问题。在整个电路的绘制中，还要考虑设计的原则，努力提高其稳定性和可靠性。虽然用 PLC 进行控制方便、灵活。但是在电路的设计上仍然需要谨慎、全面。因此，在绘制电路图时要考虑周全，何处该装按钮，何处该装开关，都要一丝不苟。

4. 编制 PLC 程序并进行模拟调试

在绘制完电路图之后，就可以着手编制 PLC 程序了。当然可以用上述方法编程。在编程时，除了要注意程序要正确、可靠之外，还要考虑程序要简捷、省时、便于阅读、便于修改。编好一个程序块要进行模拟实验，这样便于查找问题，便于及时修改，最好不要整个程序完成后一起算总账。

5. 现场调试

现场调试是整个控制系统完成的重要环节。任何程序的设计很难说不经过现场调试就能使用的。只有通过现场调试才能发现控制回路和控制程序不能满足系统要求之处；只有通过现场调试才能发现控制电路和控制程序发生矛盾之处；只有进行现场调试才能最后实地测试和最后调整控制电路和控制程序，以适应控制系统的要求。

6. 编写技术文件并现场试运行

经过现场调试以后，控制电路和控制程序基本被确定了，整个系统的硬件和软件基本没有问题了。这时就要全面整理技术文件，包括整理电路图、PLC 程序、使用说明及帮助文件。

14.3.3 控制系统的总装与调试

总装与调试是可编程控制器构成控制系统的最后一个设计步骤。用户程序在总装统调前需进行模拟调试。用装在可编程控制器上的模拟开关模拟输入信号的状态，用输出点的指示灯模拟被控对象，检查程序无误后把所编程序下载系统里去，进行总装统调。

一、调试方法及步骤

系统调试时，应首先按要求将电源、I/O 端子等外部接线连接好，然后将已编好的梯形图送入 PLC，并使其处于监控或运行状态，系统调试流程如图 14-7 所示。

1. 对每个现场信号和控制量作单独测试

对于一个系统来说，现场信号和控制量一般不止一个，但可以人为地使各现场信号和控制量一个一个单独满足要求。当一个现场信号和控制量满足要求时，观察 PLC 输出端和相应的外部设备的运行情况是否符合系统要求。如果出现不符合系统要求的情况，可以先检查外部接线是否正确，当接线准确时再检查程序，修改控制程序中的不当之处，直到每一个信号和控制量单独作用时均满足系统要求时为止。

2. 对现场信号和控制量作模拟组合测试

通过现场信号和控制量的不同组合来测试系统，也就是人为地使两个或多个现场信号和控制量同时满足要求，然后观察 PLC 输出端及外部设备的运行情况是否满足系统控制要求。一旦出现问题（基本上属于程序问题），应仔细检查程序并加以修改，直到满足系统要求为止。

3. 整个系统综合调试

整个系统的综合调试是对现场信号和控制量按实际控制要求进行模拟运行，以观察整个系统的运行状态和性能是否符合系统的控制要求。若控制规律不符合要求，绝大多数是因为控制程序有问题，应仔细检查并修改控制程序；若性能指标不满足要求，应该从硬件和软件两方面加以分析，找出解决办法，调整硬件或软件，使系统达到控制要求。

二、故障检查

1. 总体检查

总体检查用于判断故障的大致范围，为下一步详细检查做前期工作，总体检查的流程如图 14-8 所示。

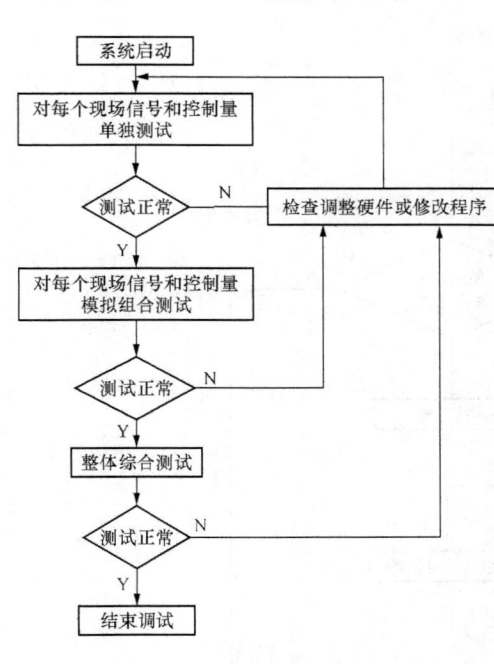

图 14-7 系统调试流程

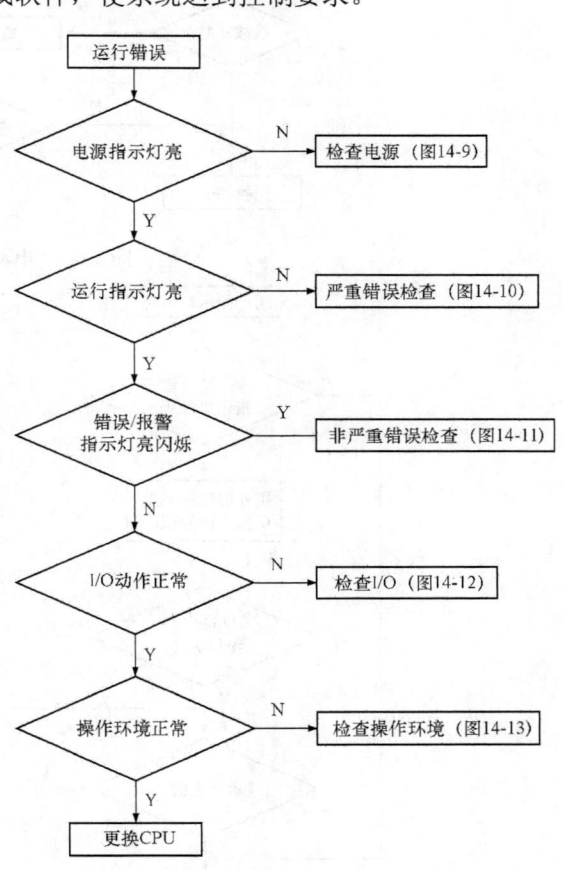

图 14-8 总体检查的流程

2. 电源检查

如果在总体检查中发现电源指示灯不亮，则需要进行电源检查。电源检查流程如图 14-9 所示。

3. 致命错误检查

当出现严重错误时，PLC 将停止工作。此时，如果电源指示灯能亮，则可按图 14-10 所示流程检查系统错误。

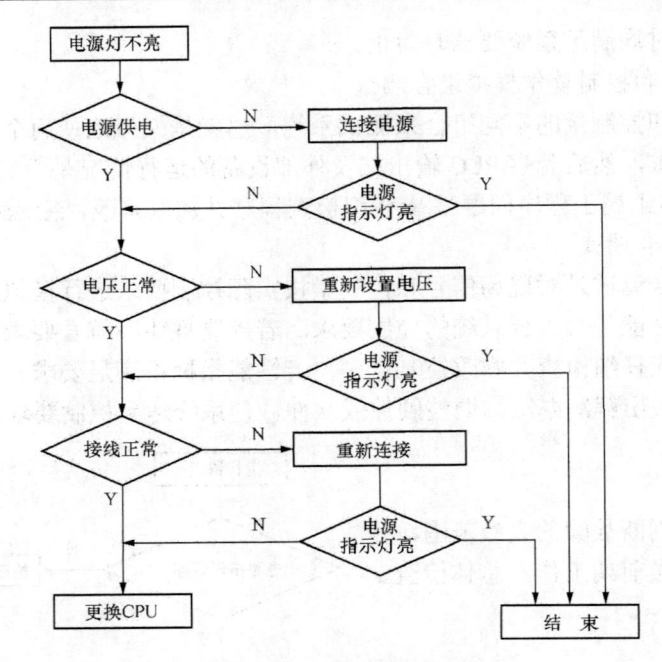

图 14-9 电源检查流程

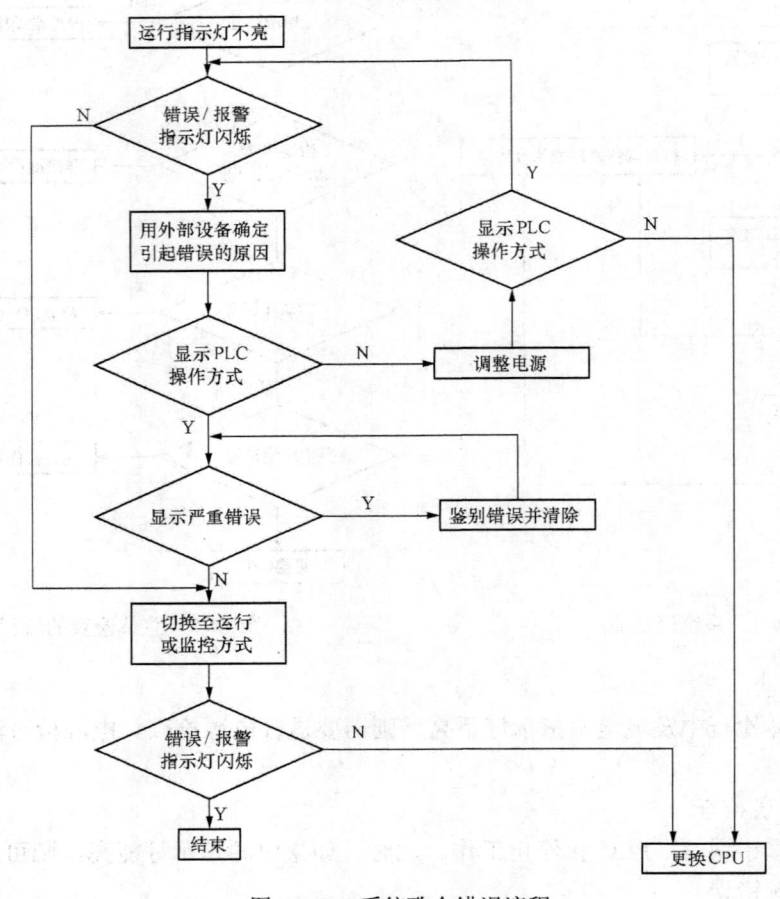

图 14-10 系统致命错误流程

第 14 章 PLC 控制系统设计

4. 非致命错误检查

在出现非致命错误时，虽然 PLC 仍会继续运行，但是应尽快查出错误原因加以排除，以保证 PLC 的正常运行。可在必要时停止 PLC 操作以排除某些非致命错误。非致命错误检查流程如图 14-11 所示。

5. I/O 检查

I/O 检查的流程如图 14-12 所示。

6. 环境检查

影响 PLC 工作的环境因素主要有温度、湿度、噪声等，各种因素对 PLC 的影响是独立的，环境条件检查流程如图 14-13 所示。

14.3.4 控制系统设计中的注意事项

在整个 PLC 控制系统设计过程中，如果某些问题处理不当，会影响整个控制系统的正常运行。为了提高系统的可靠性能，保证工业设备安全、高效运行，在系统的设计过程中，应注意以下几个问题：

1. 使输出模块（接口）的负载留有一定的余量

输出模块是 PLC 装置本身最易受到损坏的部件。降低输出接口负载的最简单方法就是给它加上功率放大环节，即使用吸合功率和保持功率都相对较小的小型中间继电器进行转换。

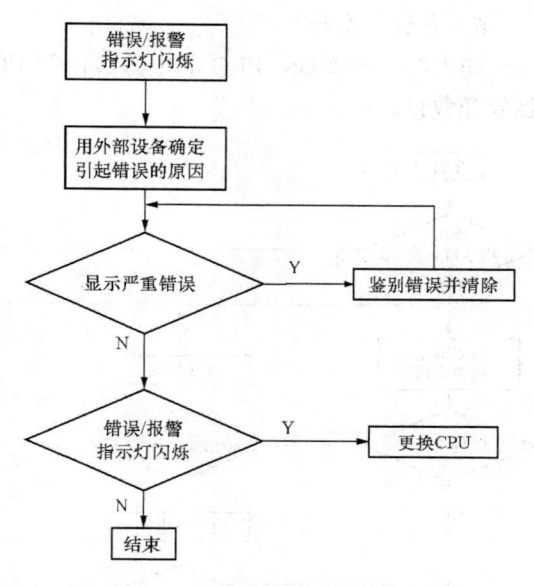

图 14-11 系统非致命错误流程

2. 注意对输出模块的外电路保护

为了防止因外部电路短路等原因造成输出接口损坏，可在其输出接口设置短路保护装置。

3. 联锁、互锁功能的硬件设置

单纯在 PLC 内部逻辑上的联锁和互锁，往往在外电路发生故障时就失去作用。例如，电动机的正、反向接触器的互锁以及交、直流接触器的互锁等，仅在应用程序中实现是不够的。因为接触器往往会出现主触点"烧死"的现象，在线圈断电后主电路仍不断开的故障，这时如给出相反的控制命令则会造成主电路的严重故障。

解决这一问题的方法是将 2 个接触器的动合触点引入 PLC 输入接口，在软件中将它们以动断的方式串入对方输出点线圈，就可起到较完善的保护作用。

4. 对 PLC 电源的要求及系统的失压保护

在大型的工矿制造企业中，由于大型用电设备较多，供电质量普遍较差，干扰、波动、低电压运行和瞬间高压经常出现，都会对 PLC 装置的运行产生影响。尽管大部分 PLC 系统都有较强的电源适应能力，但是采用高质量的稳压电源无疑会增加系统的可靠性。在应用程序开发时要特别注意系统的失压保护，要考虑出现失压状态时系统初始状态的恢复和联锁。

5. 采用一定的抗干扰措施

电源 PLC 供电为 50Hz、220［1（±10%）］V 的交流电源，对于电源线带来的干扰，PLC 本身具有足够的抵制能力。对于可靠性要求很高的场合或电源干扰特别严重的环境，可以安装一台带屏蔽层的变比为 1:1 的隔离变压器，以减少设备与地之间的干扰。另外还可以在电源输入端串接 LC 滤波电路。

6. 安装与布线

动力线、控制线、PLC 的电源线以及 I/O 线应分别配线，其中开关量与模拟量信号线也要分开敷设。

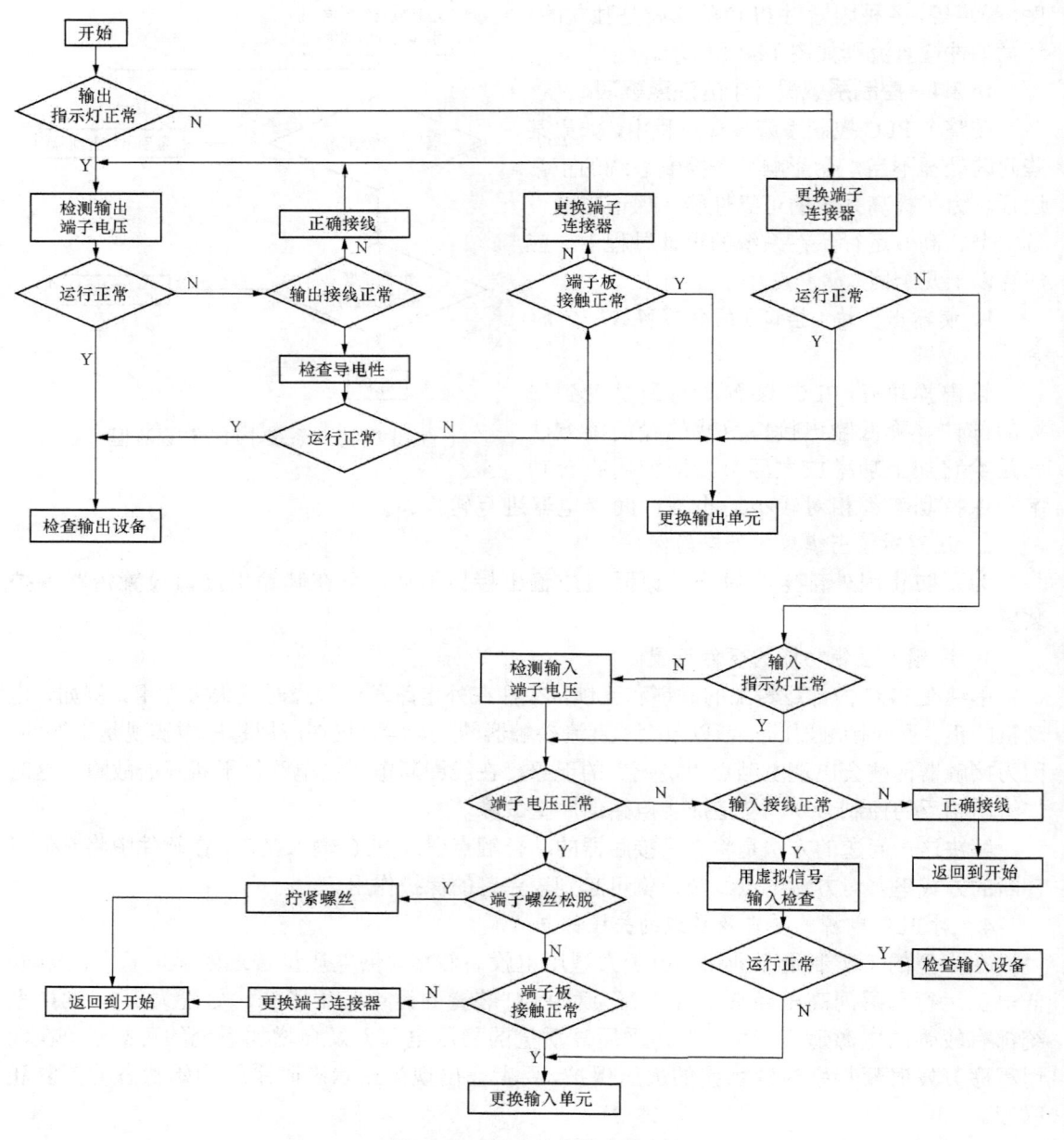

图 14-12　输入输出检查流程

第 14 章 PLC 控制系统设计　　341

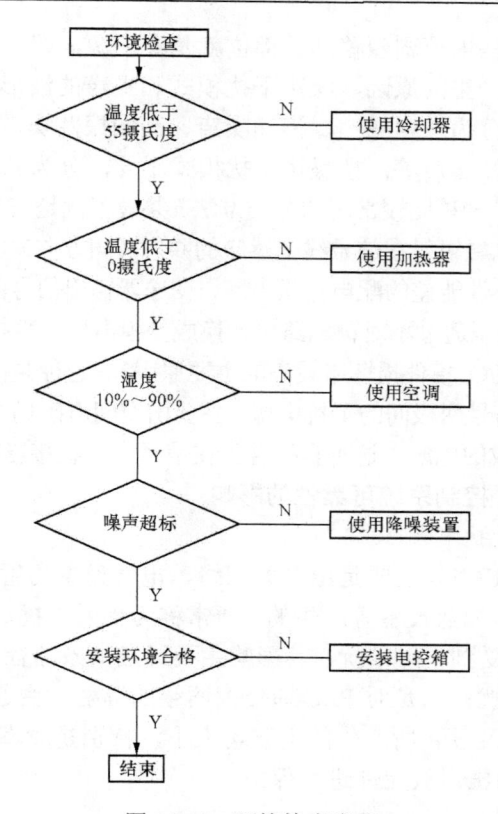

```
环境检查
  ↓
温度低于55摄氏度 --N--> 使用冷却器
  ↓Y
温度低于0摄氏度 --N--> 使用加热器
  ↓Y
湿度10%～90% --N--> 使用空调
  ↓Y
噪声超标 --N--> 使用降噪装置
  ↓Y
安装环境合格 --N--> 安装电控箱
  ↓Y
结束
```

图 14-13　环境检查流程

7. PLC 系统的安全性考虑

为了确保整个系统能在安全状态下可靠工作，避免由于外部电源发生故障、PLC 出现异常、误操作以及误输出造成的重大经济损失和人身伤亡事故，PLC 系统外部应安装必要的保护电路，如急停电路、电源过负荷的防护、重大故障的报警及防护等。

8. PLC 设备的接地

良好的接地是保证整个 PLC 控制系统可靠工作的重要条件，可以避免偶然发生的电压冲击造成的设备损坏。

14.4　PLC 控制系统的可靠性设计

14.4.1　影响 PLC 控制系统可靠性的原因

PLC 是专门为工业生产环境而设计的控制设备。当工作环境较为恶劣，如电磁干扰较强、湿度高、电源、输入和输出电路等易受到干扰时，会使控制系统的可靠性受到影响。

要提高 PLC 控制系统可靠性，一方面要求 PLC 生产厂家提高设备的抗干扰能力；另一方面，要求工程设计、安装施工和使用维护中引起高度重视，多方配合才能完善解决问题，有效地增强系统的抗干扰性能。

一、干扰源的主要分类

影响 PLC 控制系统的干扰源与一般影响工业控制设备的干扰源一样，大都产生在电流或电压剧烈变化的部位，这些电荷剧烈移动的部位就是噪声源，即干扰源。

干扰类型通常按干扰产生的原因、噪声干扰模式和噪声的波形性质的不同划分。其中，按噪声产生的原因不同，分为放电噪声、浪涌噪声、高频振荡噪声等；按噪声的波形、性质不同，分为持续噪声、偶发噪声等；按噪声干扰模式不同，分为共模干扰和差模干扰。

共模干扰和差模干扰是一种比较常用的分类方法。共模干扰是信号对地的电位差，主要由电网串入、地电位差及空间电磁辐射在信号线上感应的共态（同方向）电压叠加所形成。共模电压有时较大，特别是采用隔离性能差的配电器供电室，变送器输出信号的共模电压普遍较高，有的可高达 130V 以上。共模电压通过不对称电路可转换成差模电压，直接影响测控信号，造成元器件损坏（这就是一些系统 I/O 模件损坏率较高的主要原因），这种共模干扰可为直流、也可为交流。差模干扰是指作用于信号两极间的干扰电压，主要由空间电磁场在信号间耦合感应及由不平衡电路转换共模干扰所形成的电压，这种直接叠加在信号上，直接影响测量与控制精度。

二、电磁干扰对 PLC 控制系统可靠性的影响

1. 自由空间的辐射干扰

空间的辐射电磁场（EMI）主要是由电力网络、电气设备的暂态过程、雷电、无线电广播、电视、雷达、高频感应加热设备等产生的，通常称为辐射干扰，其分布极为复杂。若 PLC 系统置于射频场内，就会受到辐射干扰，其影响主要通过两条路径：一是直接对 PLC 内部的辐射，由电路感应产生干扰；二是对 PLC 通信内网络的辐射，由通信线路的感应引入干扰。辐射干扰与现场设备布置及设备所产生的电磁场大小，特别是频率有关，一般通过设置屏蔽电缆和 PLC 局部屏蔽及高压泄放元件进行保护。

2. 系统外引线的干扰

系统外的干扰主要通过电源和信号线引入，通常称为传导干扰。这种干扰在我国工业现场较严重。

（1）电源的干扰。

实践证明，因电源引入的干扰造成 PLC 控制系统故障的情况很多。PLC 系统的正常供电电源均由电网供电。由于电网覆盖范围广，它将受到所有空间电磁干扰而在线路上感应电压和电路。尤其是电网内部的变化、开关操作浪涌、大型电力设备启停、交直流传动装置引起的谐波、电网短路暂态冲击等，都通过输电线路传到电源原边。PLC 电源通常采用隔离电源，但其机构及制造工艺因素使其隔离性并不理想。实际上，由于分布参数特别是分布电容的存在，绝对隔离是不可能的。

（2）信号线引入的干扰。

与 PLC 控制系统连接的各类信号传输线，除了传输有效的各类信息之外，总会有外部干扰信号侵入。此干扰主要有两种途径：一是通过变送器供电电源或共用信号仪表的供电电源串入的电网干扰，这往往被忽视；二是信号线受空间电磁辐射感应的干扰，即信号线上的外部感应干扰，这是很严重的。由信号引入干扰会引起 I/O 信号工作异常和测量精度大大降低，严重时将引起元器件损伤。对于隔离性能差的系统，还将导致信号间互相干扰，引起共地系统总线回流，造成逻辑数据变化、误动和死机。PLC 控制系统因信号引入干扰造成 I/O 模件损坏数相当严重，由此引起系统故障的情况也很多。

（3）接地系统混乱时的干扰。

接地是提高电子设备电磁兼容性（EMC）的有效手段之一。正确的接地，既能抑制电磁干扰的影响，又能抑制设备向外发出干扰；而错误的接地，反而会引入严重的干扰信号，使PLC系统将无法正常工作。

PLC控制系统的地线包括系统地、屏蔽地、交流地和保护地等。接地系统混乱对PLC系统的干扰主要是各个接地点电位分布不均，不同接地点间存在地电位差，引起地环路电流，影响系统正常工作。例如电缆屏蔽层必须一点接地，如果电缆屏蔽层两端A、B都接地，就存在地电位差，有电流流过屏蔽层，当发生异常状态如雷击时，地线电流将更大。

此外，屏蔽层、接地线和大地有可能构成闭合环路，在变化磁场的作用下，屏蔽层内会出现感应电流，通过屏蔽层与芯线之间的耦合，干扰信号回路。若系统地与其他接地处理混乱，所产生的地环流就可能在地线上产生不等电位分布，影响PLC内逻辑电路和模拟电路的正常工作。PLC工作的逻辑电压干扰容限较低，逻辑地电位的分布干扰容易影响PLC的逻辑运算和数据存储，造成数据混乱、程序跑飞或死机。模拟地电位的分布将导致测量精度下降，引起对信号测控的严重失真和误动作。

3．PLC系统内部的干扰

主要由系统内部元器件及电路间的相互电磁辐射产生，如逻辑电路相互辐射及其对模拟电路的影响，模拟地与逻辑地的相互影响及元器件间的相互不匹配使用等。这都属于PLC制造厂对系统内部进行电磁兼容设计的内容，比较复杂，作为应用部门是无法改变，可不必过多考虑，但要选择具有较多应用或经过考验的系统。

14.4.2 PLC控制系统工程应用的可靠性设计

PLC控制系统的可靠性是一个系统工程，要求制造单位设计生产出具有较强抗干扰能力的产品，且有赖于使用部门在工程设计、安装施工和运行维护中予以全面考虑，并结合具体情况进行综合设计，才能保证系统的运行可靠性。进行具体工程的抗干扰设计时，应主要考虑以下两个方面。

1．设备选型

在选择设备时，首先要选择有较高抗干扰能力的产品，其包括了电磁兼容性（EMC），尤其是抗外部干扰能力，如采用浮地技术、隔离性能好的PLC系统；其次还应了解生产厂给出的抗干扰指标，如共模拟制比、差模拟制比、耐压能力、允许在多大电场强度和多高频率的磁场强度环境中工作；另外是靠考查其在类似工作中的应用。在选择国外进口产品要注意：我国是采用220V高内阻电网制式，而欧美地区是110V低内阻电网。由于我国电网内阻大，零点电位漂移大，地电位变化大，工业企业现场的电磁干扰至少要比欧美地区高4倍以上，对系统抗干扰性能要求更高，在国外能正常工作的PLC产品在国内工业就不一定能可靠运行，这就要在采用国外产品时，按我国的标准（GB/T 13926）合理选择。

2．综合抗干扰设计

主要考虑来自系统外部的几种如果抑制措施。主要内容包括：对PLC系统及外引线进行屏蔽以防空间辐射电磁干扰；对外引线进行隔离、滤波，特别是原理动力电缆，分层布置，以防通过外引线引入传导电磁干扰；正确设计接地点和接地装置，完善接地系统。另外还必须利用软件手段，进一步提高系统的安全可靠性。

14.4.3 控制系统工作环境设计

1．可编程控制器的环境适应性

由于可编程控制器是直接用于工业控制的工业控制器，生产厂都把它设计成能在恶劣的环境条件下可靠地工作。尽管如此，每种控制器都有自己的环境技术条件，用户在选用时，特别是在设计控制系统时，对环境条件要给予充分的考虑。

一般可编程控制器及其外部电路（I/O 模块、辅助电源等）都能在下列环境条件下可靠地工作：

温度　　　　　　　　工作温度 0～55℃，最高为 60℃
　　　　　　　　　　保存温度−40～+85℃
湿度　　　　　　　　相对湿度 5%～95%（无凝结霜）
振动和冲击　　　　　满足国际电工委员会标准
电源　　　　　　　　200V（AC），允许变化范围−15%～+15%，频率 47～53Hz
瞬间停电保持 10ms
环境　　　　　　　　周围空气不能混有可燃性、爆炸性和腐蚀性气体

2. 环境条件对可编程控制器的影响

（1）温度的影响。

可编程控制器及其外部电路都是由半导体集成电路（简称 IC）、晶体管和电阻、电容等元器件构成的，温度的变化将直接影响这些元器件的可靠性和寿命。

温度高时容易产生下列问题：IC、晶体管等半导体器件性能恶化，故障率增加和寿命降低；电容器件等漏电流增大，故障率增大，寿命降低；模拟回路的漂移变大，精度降低等。如果温度偏低，除模拟回路精度降低外，回路的安全系数变小，超低温时可能引起控制系统的动作不正常。特别是温度的急剧变化（高低温冲击）时，由于电子器件热胀冷缩，更容易引起电子器件的恶化和温度特性变坏。

（2）湿度的影响。

在湿度大的环境中，水分容易通过模块上 IC 的金属表面缺陷浸入内部，引起内部元件的恶化，印制板可能由于高压或高浪涌电压而引起短路。

在极干燥的环境下，绝缘物体上可能带静电，特别是 MOS 集成电路，由于输入阻抗高，可能由于静电感应而损坏。

控制器不运行时，由于温度、湿度的急骤变化可能引起结露。结露后会使绝缘电阻大大降低，由于高压的泄漏，可使金属表面生锈。特别是交流 220V、110V 的输入/输出模块，由于绝缘的恶化可能产生预料不到的事故。

（3）振动和冲击的影响。

一般可编程控制器能耐的振动和冲击频率为 10～55Hz，振幅为 0.5mm，加速度为 $2g$，冲击为 $10g$（$g=10m/s^2$）。超过这个极限时，可能会引起电磁阀或断路器误动作，机械结构松动，电气部件疲劳损坏，以及连接器的接触不良等后果。

（4）周围空气的影响。

周围空气中不能混有尘埃、导电性粉末、腐蚀性气体、水分、油分、油雾、有机溶剂和盐分等。否则会引起下列不良现象：尘埃可引起接触部分的接触不良，或使滤网的网眼堵住，使盘内温度上升；导电性粉末可引起误动作，绝缘性能变差和短路等；油和油雾可能会引起接触不良和腐蚀塑料；腐蚀性气体和盐分可能会引起印制电路板的底板或引线腐蚀，造成继电器或开关类的可动部件接触不良。

3. 改善环境设计

由上面的介绍可知，环境条件对可编程控制器的控制系统可靠性影响很大，为此必须针对具体应用场合采取相应的改善环境措施。这里介绍几种常用、可行的有效措施。

（1）高温对策。

如果控制系统的周围环境温度超过极限温度（60℃），必须采取下面的有效措施，迫使环境温度低于极限值。

1）盘、柜内设置风扇或冷风机，经过滤网把自然风引入盘、柜内。由于风扇的寿命不那么长，故必须和滤网一起定期检修。注意冷风机不能结露。

2）把控制系统置于有空调的控制室内，不能直接放在日光下。

3）控制器的安装都应考虑通风，控制器的上下都要如图14-14 所示的那样留有 100mm 的距离，I/O 模块配线时要使用导线槽，以免妨碍通风。

4）安装时要把发热体（如电阻器或电磁接触器等）远离控制器，或者把控制器安装在发热体的下面。

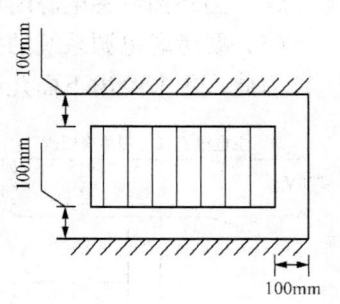

图 14-14 风路设计

（2）低温对策。

1）盘、柜内设置加热器，冬季时这种加热器特别有效，可使盘、柜内温度保持在 0℃以上或在 10℃左右。设置加热器时要选择适当的温度传感器，以便能在高温时自动切断加热器电源，低温时自动接通电源。

2）停运时，不切断控制器和 I/O 模块电源，靠其本身的发热量使周围温度升高，特别是夜间低温时，这种措施是有效的。

3）在温度急剧变化的场合，不要打开盘、柜的门，以防冷空气进入。

（3）湿度不宜对策。

1）盘、柜设计成密封型，并放入吸湿剂。

2）把外部干燥的空气引入盘、柜内。

3）印制板上再覆盖一层保护层，如喷松香水等。

4）在湿度低、干燥的场合进行检修时，人体应尽量不接触模块，以防感应电损坏器件。

（4）防振和防冲击措施。

在有振动和冲击时，应弄清振动源是什么，以便采取相应的防振措施。

1）如果振动源来自盘、柜之外，可对相应的盘、柜采用防振橡皮，以达到减振目的。同时也可把盘柜设置在远离振源的地方，或者使盘柜与振源共振。

2）如果振动来自盘、柜内，则要把产生振动和冲击的设备从盘、柜内移走，或单独设置盘、柜。

3）强固控制器或 I/O 模块印制板、连接器等可能产生松动的部分或器件，连接线也要固定紧。

（5）防周围环境空气不清洁的措施。

如果周围环境空气不清洁，可采取下面相应措施：

1）盘、柜采用密封型结构。

2）盘、柜内压入高压清洁空气，使外界不清洁空气不能进入盘柜内部。
3）印制板表面涂一层保护层，如松香水等。
所有上述措施都不能保证绝对有效，有时根据需要可采用综合防护措施。

14.4.4 控制系统的供电系统设计

供电系统的设计直接影响控制系统的可靠性，因此在设计供电系统时应考虑下列因素：
（1）输入电源电压允许在一定的范围内变化。
（2）当输入交流电断电时，应不破坏控制器程序和数据。
（3）在控制系统不允许断电的场合，要考虑供电电源的冗余。
（4）当外部设备电源断电时，应不影响控制器的供电。
（5）要考虑电源系统的抗干扰措施。

为此，本书给出下面几种实用供电系统设计方案，经实践证明这几种方案对提高控制系统的可靠性是有效的。

1. 使用隔离变压器的供电系统

图 14-15 所示是使用隔离变压器的供电系统，控制器和 I/O 系统分别由各自的隔离变压器供电，并与主回路电源分开。这样当输入/输出供电断电时不会影响控制器的供电。

2. 使用 UPS 供电系统

不间断电源 UPS（Uninterrupted Power Supply）是计算机的保护神，平时处于充电状态，当输入交流电

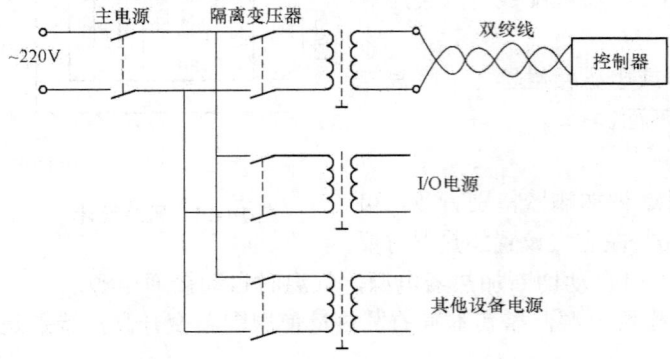

图 14-15 使用隔离变压器的供电系统

（220V）失电时，UPS 能自动切换到输出状态，继续向计算机供电。

图 14-16 所示是使用 UPS 的供电系统，根据 UPS 的容量，在交流电失电后可继续向控制器供电 10～30min。对于非长时间停电的系统，其效果是显著的。

3. 双路供电系统

为了提高供电系统的可靠性，交流供电最好采用双路供电。两路电源分别引自不同的变电站，当一路供电出现故障时，要能自动切换到另一路供电。图 14-17 所示是双路供电系统的典型结构。

图 14-17 中，RAA 是欠压继电器控制回路。假设先合上 AA 开关，令 A 路供电，则由于 B 路 RAA 没有吸合，RAB 动作，其动合触点 RAB 闭合，完成 A 路供电控制。然后合上 BB 开关，这样 B 路处于备用状态。当 A 路电压降低到规定值时，如交流 190V，欠压继电器 RAA 动作，其动合触点使 B 路开始供电，同时断开 RAB 触点。由 B 路切换到 A 路供电的工作原理与此相同。

14.4.5 冗余系统与热备用系统

对于那些安全和产量的原因要求控制系统具有极高的可靠性和安全性的场合，如核电站、发电厂、化工生产、机械控制等，仅通过提高控制系统的硬件可靠性来达到设计要求是不可能的。因为 PLC 本身可靠性的提高具有一定限度，并且硬件可靠性的提高会使控制系统成本急剧增高，而使用冗余技术却能有效地解决上述问题。

图 14-16 使用 UPS 的供电系统

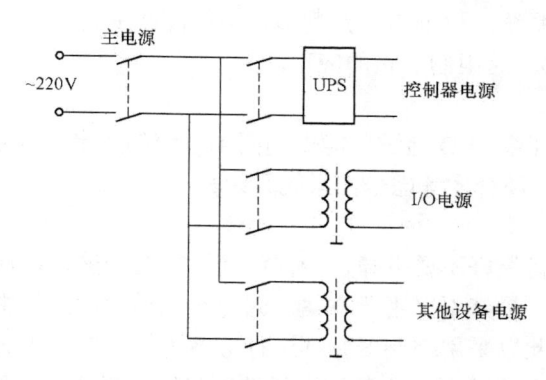

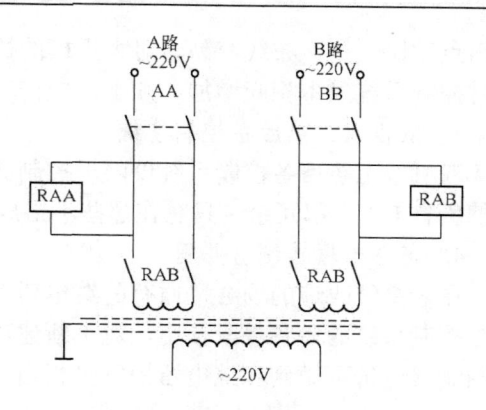

图 14-17 双路供电系统

目前 PLC 的冗余系统有两种形式，一是双机热备系统，二是表决式系统。双机热备系统是 2 个完全相同的 CPU 同时参与运算的模式。一个 CPU 进行控制，而另一个 CPU 虽然参与运算但处于后备状态。如果执行控制功能的 CPU 检测到故障并停止工作，则处于热备状态的 CPU 立即自动接管，并承担起对整个系统的控制功能。出现故障的 CPU 模块则可以卸下进行修理或更换，而不影响系统的运行。

1. 环境条件富余

改善环境条件设计的目的在于使控制器工作在合适的环境中，且使环境条件有一定的富余量。如温度，虽然控制器能在 60℃ 高温下工作，但为了保证可靠性，环境温度最好控制在 40℃ 以下，即留有 1/3 以上的富余量，其他环境条件也是如此，最好留有 1/3 以上的余量。

2. 控制器的并列运行

用两台控制内容完全相同的控制器，输入/输出也分别连接到两台控制器，当某一台控制器出现故障时，可切换到另一台控制器继续运行。

图 14-18 所示是具体实现方法。图（a）所示是外部硬接线，所有输入/输出都与两台控制器连接，当某一台控制器出现故障时，由主控制器或人为切换到另一台控制器，使其继续执行控制任务。

图 14-18（b）和（c）分别是两台控制器的梯形图。当 1 号机的 X0 闭合时，1 号机执行控制任务。如果 1 号机出现故障，就切换到 2 号机，2 号机 X0 闭合，由 2 号机执行控制任务。

控制器并列运行方案仅适用于小规模的控制系统，输入/

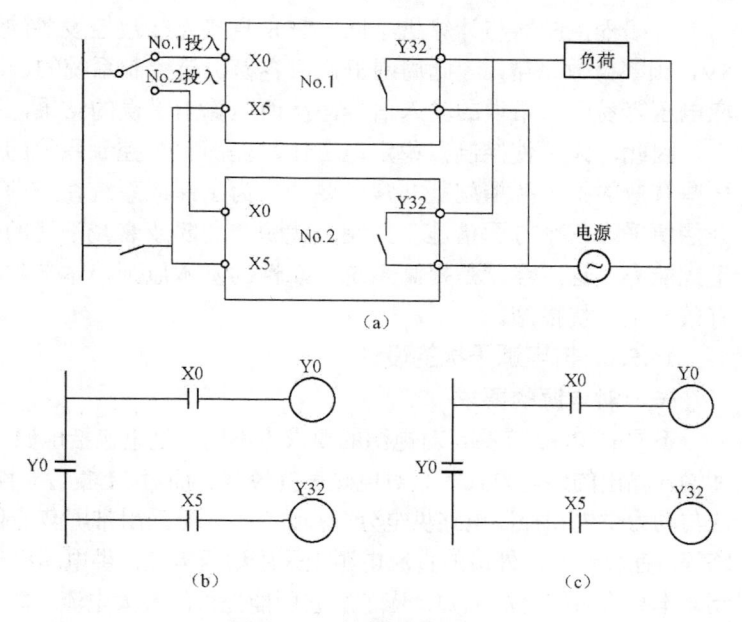

图 14-18 控制器并列运行
（a）硬接线；（b）1 号机梯形图；（c）2 号机梯形图

输出点数比较少，布线容易。对大规模的控制系统，由于 I/O 点数多，电缆配线变得复杂，同时控制系统成本相应增加（几乎是成倍增加），这限制了它的应用。

3. 双机双工热后备控制系统

双机双工热后备控制系统仅限于控制器的冗余，I/O 通道仅能做到同轴电缆的冗余，不可能把所有 I/O 点都冗余，只有在那些不惜成本的场合才考虑全部系统冗余。

4. 与继电器控制盘并用

在老系统改造的场合，原有的继电器控制盘最好不要拆掉，应保留其原来的功能，以便作为控制系统的后备手段使用。对于新建项目，最好不采用此方案。因为小规模控制系统中的控制器造价可做到和继电器控制盘相当，因此以采用控制器并列运行方案为好。对于中大规模的控制系统，由于继电器控制盘比较复杂，较费电缆线和工时，还不如采用控制器可靠，这时采用双机双工热后备控制系统方案为好。

5. 手动运行

如图 14-19 所示，将手操开关与输出信号线并联，当控制器出现故障时，由手操开关直接驱动负荷，仍能使系统运行。

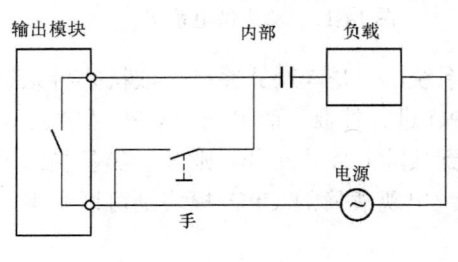

图 14-19 手动运行

手操运行不能作为控制系统的主要运行方式，只能在设备调试时用，或作为临时后备用。这是因为手操运行时没有系统联锁信号，不符合系统安全运行规程。

14.5 PLC 控制系统的抗干扰设计

可编程控制器与计算机不同，它是直接连接被控设备的电子设备，内部工作电压为直流 5V，频率为数兆赫，因此周围干扰很容易引起控制系统的误动作。混入输入/输出的干扰或感应电压容易引起错误的输入信号，从而运算出错误的结果，引起错误的输出信号。

因此，为了使控制器稳定地工作，提高整个控制系统的可靠性，在控制系统设计时采取一些有效的抗干扰措施是非常必要的。为了保证系统在工业环境中可靠性，必须从设计阶段开始便采取三个方面措施：抑制干扰源；切断或衰减干扰的传播途径；提高装置和系统的抗干扰能力。这三点就是提高系统可靠性的基本原则。本节将按照不同的干扰来源，介绍一些有效的抗干扰措施。

14.5.1 抗电源干扰的设计

一、对电源的要求

不同的 PLC 产品，对电源的要求也不同，这里包括电源的电压等级、频率、交流纹波系数和输入输出的供电方式等。对电磁干扰较强、而对 PLC 可靠性要求又较高的场合，PLC 的供电应与动力供电和控制电路供电分开；必要时，可采用带屏蔽的隔离变压器供电、串联 LC 滤波电路等。在设计时，外接的直流电源应采用稳压电源，供电功率应留有 20%～30%的余量。对由控制器本身提供的直流电源，应了解它所能提供的最大电流，防止过电流造成设备的损坏。

二、电源的选择

在 PLC 控制系统中，电源占有极重要的地位。电网干扰串入 PLC 控制系统主要通过 PLC

系统的供电电源（如 CPU 电源、I/O 电源等）、变送器供电电源和与 PLC 系统具有直接电气连接的仪表供电电源等耦合进入的。现在，对于 PLC 系统供电的电源，一般都采用隔离性能较好电源，而对于变送器供电的电源和 PLC 系统有直接电气连接的仪表的供电电源，并没受到足够的重视，虽然采取了一定的隔离措施，但普遍还不够，主要是使用的隔离变压器分布参数大，抑制干扰能力差，经电源耦合而串入共模干扰、差模干扰。所以，对于变送器和共用信号仪表供电应选择分布电容小、抑制带大（如采用多次隔离和屏蔽及漏感技术）的配电器，以减少 PLC 系统的干扰。

此外，为保证电网馈点不中断，可采用在线式不间断供电电源（UPS）供电，提高供电的安全可靠性。并且 UPS 还具有较强的干扰隔离性能，是一种 PLC 控制系统的理想电源。

三、电源的抗干扰措施

1. 使用隔离变压器

使用隔离变压器，将屏蔽层良好接地，对抑制电网中的干扰信号有较好的效果。

如果没有隔离变压器，不妨使用普通变压器。

为了改善隔离变压器的抗干扰效果，必须注意两点：一是屏蔽层要良好接地；二是次级连接线要使用双绞线，双绞线能减少电源线间干扰。

2. 使用滤波器

在干扰较强或对可靠性要求很高的场合，可以在可编程序控制器的交流电源输入端加接带屏蔽层的隔离变压器和低通滤波器，如图 14-20 所示。隔离变压器可以抑制从电源线窜入的外来干扰，提高抗高频共模干扰能力，屏蔽层应可靠接地。

低通滤波器可以吸收掉电源中的大部分"毛刺"，图 14-20 中，L1 和 L2 用来抑制高频差模电压，L3 和 L4 是用等长的导线反向绕在磁环上的，50Hz 的工频电流在磁环中产生的磁通互相抵消，磁环不会饱和。两根线中的共模

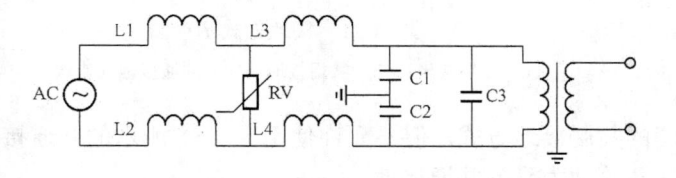

图 14-20 低通滤波电路与隔离变压器同时使用

干扰电流在磁环中产生的磁通是叠加的，共模干扰被 L3 和 L4 阻挡。图中的 C1 和 C2 用来滤除共模干扰电压，C3 用来滤除差模干扰电压。RV 是压敏电阻，其击穿电压略高于电源正常工作时的最高电压，平常相当于开路。遇尖峰干扰脉冲时它被击穿，干扰电压被压敏电阻钳位，这时压敏电阻的端电压等于其击穿电压。尖峰脉冲消失后压敏电阻可恢复正常状态。

高频干扰信号不是通过变压器绕组的耦合，而是通过一次、二次侧绕组间的分布电容传递的。在一次侧、二次侧绕组之间加绕屏蔽层，并将它和铁芯一起接地，可以减少绕组间的分布电容，提高抗高频干扰的能力。

也可以选用电源滤波器产品，具有良好的共模滤波、差模滤波性能和高频干扰抑制性能，能有效抑制线与线之间和线与地之间的干扰。

在电力系统中，使用 220V 的直流电源（蓄电池）给可编程序控制器供电，可以显著地减少来自交流电源的干扰，在交流电源消失时，也能保证可编程序控制器的正常工作。某些可编程序控制器的电源输入端中，有一个 220V 交流电源整流的二极管整流桥，交流电压经整流后送给可编程序控制器的开关电源。开关电源的输入电压范围很宽，这种可编程序控制器也可以使用 220V 直流电源。使用交流电源时，整流桥的每只二极管只承受一半的负载电

流、使用直流电源时,有两只二极管承受全部负载电流。考虑到可编程序控制器的电源输入电流很小,在设计时整流二极管一般保留有较大的裕量,如使用直流 220V 电源电压不会有什么问题,实践证明上述方案是可行的。

3. 分离供电系统

如图 14-15 或图 14-16 所示,将控制器、I/O 通道和其他设备的供电分离开来,也有助于抗电网干扰。

14.5.2 控制系统的接地设计

1. 接地的意义

良好的接地可以起到如下的效果:

(1) 控制器和控制柜盘与大地之间存在着电位差,良好的接地可以减少由于电位差引起的干扰电流。

(2) 混入电源和输入/输出信号线的干扰,可通过接地线引入大地,从而减少干扰的影响。

(3) 良好的接地可以防止由漏电流产生的感应电压。

由此可见,良好的接地可以有效地防止干扰误动作。

2. 接地方法

PLC 的良好接地是正常运行的前提。控制系统的接地可按图 14-21(a)、(b) 所示的方法。其中,图(a) 为控制器和其他设备分别接地方式,这种接地方式最好。如果做不到每个设备专用接地,也可使用图(b) 所示

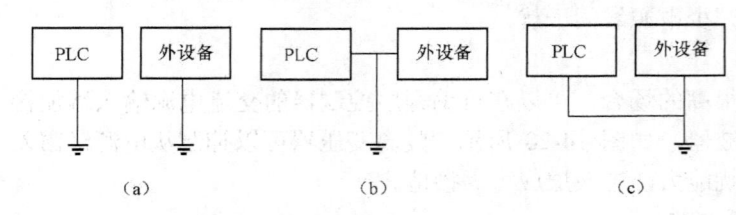

图 14-21 接地方式示意图
(a) 专用接地;(b) 共用接地;(c) 共通接地(错误)

的共用接地方式,但不允许使用图(c) 所示的共通接地方式,特别是应避免与电动机、变压器等动力设备共通接地。

接地还应注意:

(1) 接地电阻小于 10Ω。

(2) 接地线应尽量粗,一般用直径大于 4mm^2 的线接地。

(3) 接地点应尽量靠近控制器,接地点与控制器之间的距离不大于 50m。

(4) 接地线应尽量避开强电回路和主回路的电线,不能避开时,应垂直相交,应尽量缩短平行走线长度。

接地的目的通常有两个,其一为了安全,其二是为了抑制干扰。完善的接地系统是 PLC 控制系统抗电磁干扰的重要措施之一。

系统接地方式有浮地方式、直接接地方式和电容接地三种方式。对 PLC 控制系统而言,它属高速低电平控制装置,应采用直接接地方式。由于信号电缆分布电容和输入装置滤波等的影响,装置之间的信号交换频率一般都低于 1MHz,所以 PLC 控制系统接地线采用一点接地和串联一点接地方式。集中布置的 PLC 系统适于并联一点接地方式,各装置的柜体中心接地点以单独的接地线引向接地极。如果装置间距较大,应采用串联一点接地方式。用一根大截面铜母线(或绝缘电缆)连接各装置的柜体中心接地点,然后将接地母线直接连接接地极。接地线采用截面大于 22mm^2 的铜导线,总母线使用截面大于 60mm^2 的铜排。接地极的接地

电阻小于 2Ω，接地极最好埋在距建筑物 10～15m 远处，而且 PLC 系统接地点必须与强电设备接地点相距 10m 以上。

信号源接地时，屏蔽层应在信号侧接地；不接地时，应在 PLC 侧接地；信号线中间有接头时，屏蔽层应牢固连接并进行绝缘处理，一定要避免多点接地；多个测点信号的屏蔽双绞线与多芯对绞总屏电缆连接时，各屏蔽层应相互连接好，并经绝缘处理。选择适当的接地处单点接点。

14.5.3 抗 I/O 干扰设计

1. 从抗干扰角度选择 I/O 模块

从抗干扰角度看，I/O 模块可定性分析如下：

（1）隔离型的输入/输出信号和内部回路比非隔离型的抗干扰性能好。

（2）双向晶闸管和晶体管型的无触点输出比有触点输出的控制侧产生的干扰小。

（3）输入模块允许的输入信号 ON-OFF 电压差大，抗干扰性能好；OFF 电压高，对抗感应电压是有利的。

（4）输入信号响应时间慢的输入模块抗干扰性能好。

因此，从抗干扰角度考虑，选择 I/O 模块要考虑下列因素：

（1）在干扰多的场合，使用隔离型的 I/O 模块。

（2）安装在控制对象侧的 I/O 模块应为隔离型的。

（3）在无外界干扰的场合，可使用非隔离型 I/O 模块。

（4）驱动线圈时，使用双向晶闸管或晶体管型的无触点输出比有触点输出好。

2. 防输入信号干扰的措施

输入设备的输入信号的线间干扰（差模干扰）用输入模块的滤波可以使其衰减，这是没有问题的。然而，输入信号线与大地间的共模干扰在控制器内部回路产生大的电位差，是引起控制器误动作的原因。为了抗共模干扰，控制器要良好接地。

这里介绍几种抗输入信号干扰的措施。

（1）防输入信号干扰的措施。

由于 PLC 是通过输入电路接受开关量、模拟量等输入信号，因此输入电路的元器件质量的好坏和连接方式直接影响着控制系统的可靠性。例如，按钮、行程开关等输入开关量的触点接触是否良好、接线是否牢固等。设备上的机械限位开关是比较容易产生故障的元件。在设计时，应尽量选用可靠性高的接近开关代替机械限位开关。此外，按钮的动合和动断触点的选择也会影响到系统的可靠性。现以一个简单的启动、停止控制线路为例，如图 14-22 和图 14-23 所示的是两个控制线路和它们的对应梯形图。这两个控制线路的控制功能完全一样，按下启动按钮，输出动作；按下停止按钮，输出断开；但它们的可靠性不一样。我们假设输出断开为安全状态，那么图 14-23 的可靠性要比图 14-22 的高。这是因为 SB1、SB2 都有发生故障的可能，而最常见的现象是输入电路开路。当采用图 14-23 电路时，不论 SB1、SB2 开关本身开路还是接线开路，输出都为安全状态，保证了系统的安全和可靠。

在输入端有感性负载时，为了防止反冲感应电动势损坏模块，在负载两端并接电容 C 和电阻 R（交流输入信号），或并接续流二极管 VD（直流输入信号）。如图 14-24 所示。交流输入方式时，CR 的选择要适当才能起到较好的效果。通过实验装置的测试，当负载容量在 10VA 以下，一般选 0.1μF、120Ω；负载容量在 10VA 以上时，一般选 0.47μF、47Ω 较适宜。直流输入方式时,经试验测得二极管的额定电流为 1A,额定电压要大于电源电压的 3 倍。

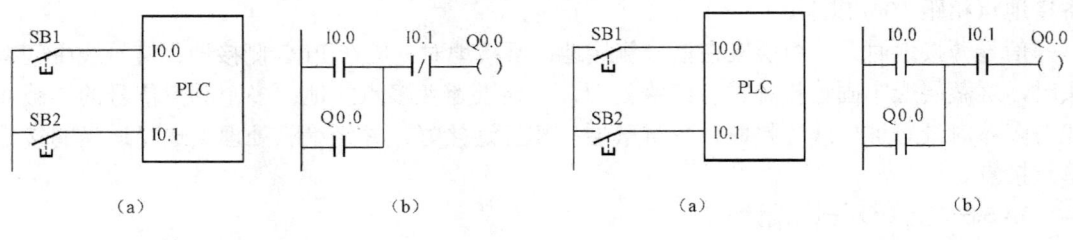

图 14-22 启、停控制线路
(a) 电路图;(b) 梯形图

图 14-23 启、停控制线路
(a) 电路图;(b) 梯形图

直流输入方式时,并接续流二极管。

如果与输入信号并接的电感性负荷大时,使用继电器中转效果最好。

(2) 防感应电压的措施。

图 14-25 所示感应电压产生示意图,由图可知,感应电压是通过输入信号线间的寄生电容 C_{s1}、输入信号线与其他线间的寄生电容 C_{s2} 与其他线,特别是大电流线的电气耦合 M 所产生的。

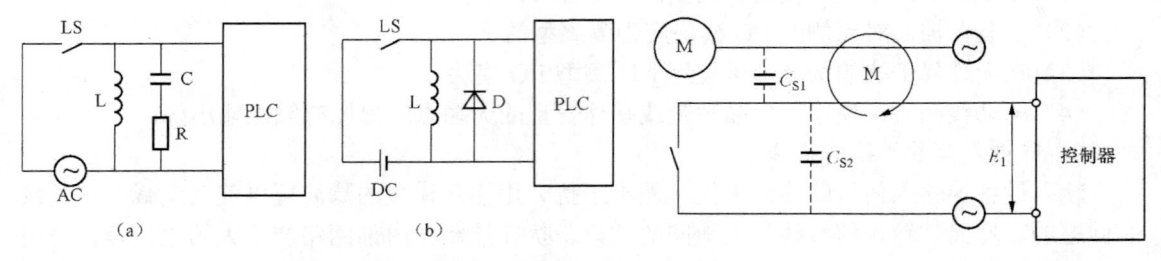

图 14-24 在输入端有感性负载时的抗输入信号干扰措施
(a) 交流输入;(b) 直流输入

图 14-25 感应电压的产生

防感应电压干扰有如图 14-26 所示的 3 种措施。

(1) 输入电压的直流化。如果可能的话,在感应电压大的场合,改交流输入为直流输入。Z:CR 浪涌吸收器。

(2) 在输入端并接浪涌吸收器。

(3) 在长距离配线和大电流的场合,感应电压大,可用继电器转换。

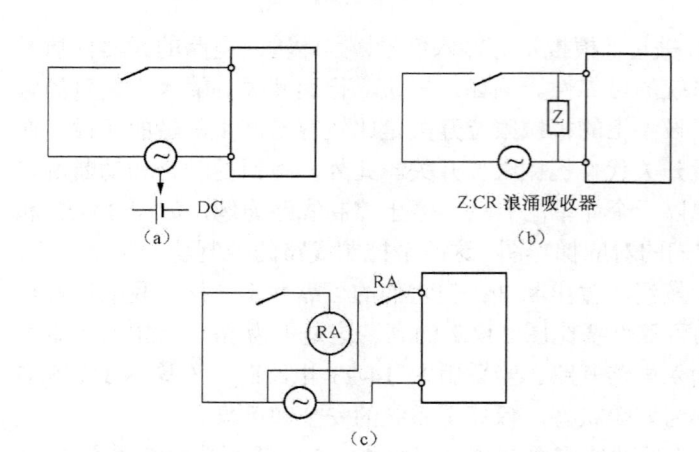

图 14-26 防输入感应电压干扰的措施
(a) 输入电源直流化;(b) 在输入端并接浪涌吸收器;(c) 继电器转换

3. 防输出信号干扰的措施

(1) 输出信号干扰的产生。

在感性负载的场合,输出信号由 OFF 变成 ON 时产生突变电流;

从 ON 变成 OFF 时产生反向感应电势；另外电磁接触器等的接点会产生电弧。所有这些，都可能产生干扰。

（2）防输出信号干扰的措施。

1）在输出端有感性负载时，通过试验得出：若是交流负载场合，应在负载的两端并接 CR 浪涌吸收器；如交流是 100V、200V 电压而功率为 400VA 左右时，CR 浪涌吸收器为 0.47μF、47Ω，如图 14-27（a）所示。CR 越靠近负载，其抗干扰效果越好；若是直流负载场合，则在负载的两端并接续流二极管 D，如图 14-27（b）所示。二极管也要靠近负载。二极管的反向耐压应是负载电压的 4 倍。

2）在直流负载的场合，在负载的两端并接续流二极管 VD，如图 14-27（b）所示，二极管也要靠近负载。二极管的反向耐压应是负载电压的 4 倍。

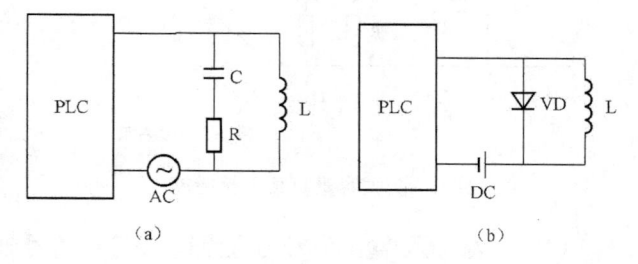

图 14-27 输出端交流感性负载和直流感性负载
（a）交流输入方式；（b）直流输入方式

续流二极管与开关二极管相比，动作有延时。如果这个延迟时间是不允许的，同样可用图 14-27（a）所示的连接 CR 浪涌吸收器方法解决。

3）在控制器触点（开关量）输出的场合，不管控制器本身有无抗干扰措施，都应采取图 14-27（交流负载和直流负载）的抗干扰措施，如图 14-28 所示。

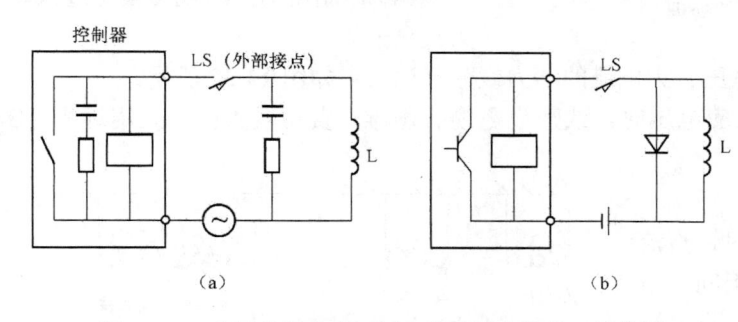

图 14-28 在用外部接点开闭负载的场合的抗干扰措施
（a）交流的场合；（b）直流的场合

4）在开关时产生干扰较大的场合，对于交流负载可使用双向晶闸管输出模块。

5）交流接触器的触点在开、闭时产生电弧干扰，可在触点两端连接 CR 浪涌吸收器，效果较好，如图 14-29 中（A）所示。要注意的是触点开时，通过 CR 浪涌吸收器会有一定的漏电流产生。

电动机或变压器开关干扰时，可在线间采用 CR 浪涌吸收器。如图 14-29 中（B）所示。

6）在控制盘内用中间继电器进行中间驱动负载的方法是有效的，如图 14-30 所示。

对于电子设备的干扰对策，原则上是抑制干扰源，如上所述的 1）～6）项措施。输出信号的干扰，可使用上述措施中的任一个。

关于控制器的输出模块，有干扰的场合要选用装有浪涌吸收器的模块。没有浪涌吸收器的模块，仅限用于电子式或电动机的定时、小型继电器、驱动指示灯等。

14.5.4 防外部配线干扰的设计

为防止或减少外部配线的干扰，采取下列措施是非常有效的：

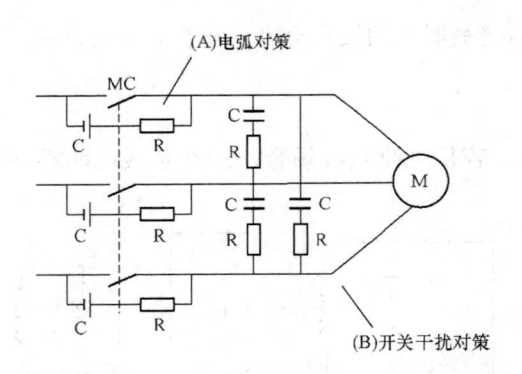

图 14-29　防大容量负载干扰措施

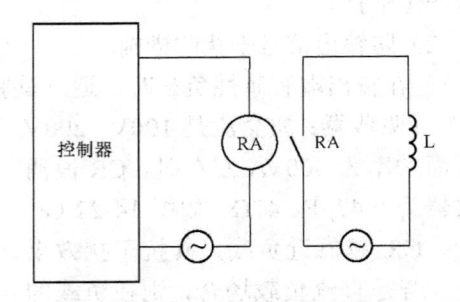

图 14-30　用中间继电器驱动负载

（1）交流输入/输出信号与直流输入/输出信号分别使用各自的电缆。

（2）在 30m 以上的长距离配线时，输入信号线与输出信号线分别使用各自的电缆。

（3）集成电路或晶体管设备的输入/输出信号线，必须使用屏蔽电缆，屏蔽层的处理如图 14-31 所示，输入/输出侧悬空，而在控制器侧接地。

（4）控制器的接地线与电源线或动力线分开。

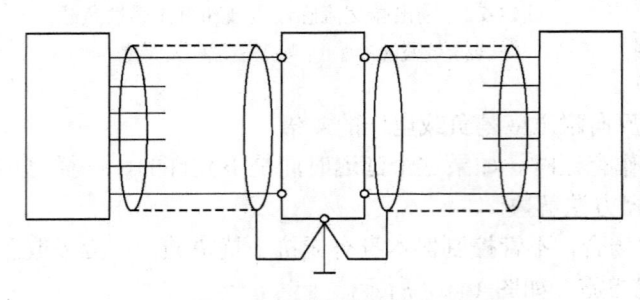

图 14-31　屏蔽电缆的处理

（5）输入/输出信号线与高电压、大电流的动力线分开配线，如图 14-32 所示。

（6）远距离配线有干扰或感应电压时，或敷设电缆有困难，费用较大时，采用远程 I/O 的控制系统是有利的。

（7）配线距离要求。

1）30m 以下的短距离配线时，直流和交流输入/输出信号线不要使用同一电缆。在不得不使用同一配线管时，直流输入/输出信号线要使用屏蔽电缆。

2）30～300m 的中距离配线，不管直流还是交流，输入/输出信号线都不能使用同一根电缆，输入信号线一定要用屏蔽线。

3）300m 以上的长距离场合，建议用中间继电器转换信号，或使用远程 I/O 通道。

图 14-32　电缆敷设方式
（a）天棚式；（b）电缆沟式；（c）导管式

14.5.5　软件设计的抗干扰措施

对 PLC 系统的软件部分而言，它的可靠性主要是指软件对错误信号的抵抗力、对设备故障的判断力及对不同工况的适应能力等。因此，可以从以下几个方面来提高软件的可靠性。

1. 对输入信号的处理

对于模拟信号可采用多种软件滤波方法来提高数据的可靠性。连续采样多次，采样间隔根据 A/D 转换时间和该信号的变化频率而定。采样数据先后存放在不同的数据寄存器中，经比较后取中间值或平均值作为当前输入值。常用的滤波方法有程序判断滤波、中值滤波、滑动平均值滤波、防脉冲干扰平均值滤波、算术平均值滤波、去极值平均值滤波等。

另外，如用按钮作为输入信号时不可避免发生触点时通时断的"抖动"现象而发出误信号；输入信号是继电器触点，有时会产生瞬间跳动动作，将会引起系统的误动作，影响 PLC 工作的可靠性。下面介绍一种利用时间继电器消除输入元件触点"抖动"干扰的方法。

图 14-33 所示是利用 PLC 内部的定时器来实现消抖。图 14-33 中，I0.0 为启动信号，I0.1 为停止信号，Q0.0 为输出信号，T0、T1 为定时器定时时间，可以根据实际情况和系统要求来确定。图 14-33 的程序可保证启动按钮（SB1）I0.0 可靠闭合后（0.5s）Q0.0 有效，停止按钮（SB2）I0.1 可靠闭合后（0.5s）Q0.0 无效，有效避免 SB1、SB2 抖动及外部干扰 I0.0、I0.1 信号引起的误操作，提高信号可靠性和系统容错性。

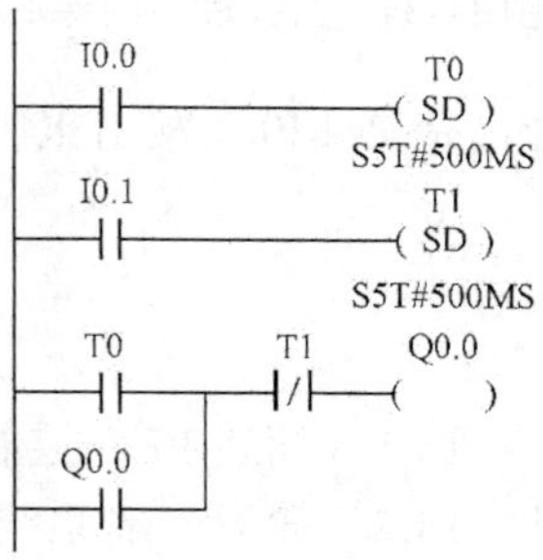

图 14-33 去抖梯形图

2. 通信数据校核

在 PLC 与其他设备采用自由协议通信时干扰会造成错码，如果不对接收到的数据进行判别就会引起程序运行错误。PLC 向其他设备发送数据时，如果能在设备向 PLC 发送回答码后发送，可以使 PLC 了解数据是否发送成功。如果不成功，应再次发送，同时对不成功进行计数；当连续若干次不能正确发送时，PLC 应采取报警等措施。其他设备向 PLC 发送数据时，可在数据中写入本次发送的字节数。在数据末加上结束码等措施以方便 PLC 对接收到的数据进行检查。PLC 接收数据时，如果有系统码，可以检查系统码是否正确以判定是否接收正确；也可以检查字节是否正确。如果接收不正确，可向数据发送设备发出信号，请求再次接收，同时对不成功进行计数。当连续若干次不能正确接收时，PLC 应采取报警等措施。

3. 设置停电记忆功能

有些设备在意外停机后再开机时，必须按照停机前的工艺操作，这就要求在程序设计中使用停电记忆的工艺，这就要求在程序设计中使用停电记忆功能，PLC 可对内部的输出继电器，辅助继电器，计数器等进行停电记忆设置，可在一定程度上满足要求。

4. 设计完善的故障报警系统

为了提高 PLC 控制系统工作的可靠性，可以专门设置一个定时器，作为监控程序部分，对系统的运行状态进行检测。若程序运行能正常结束，则该定时器就立即被清零；若程序运行发生故障，如出现死循环等，该定时器在设定的时间到就无法清零，此时 PLC 发出报警信号。在设计应用程序时，使用这种方法来实现对系统各部分运行状态的监控。如果用 PLC 来控制某一对象时，编制程序时可定义一个定时器来对这一对象的运行状态进行监视，该定时器的设定时间即为这一对象工作所需的最大时间；当启动该对象运行时，同时也启动该定时器。若该对象的运行程序在规定的时间结束工作，发出一个工作完成信号，使该定时器清零，说明这一对象的运行程序正常；否则，属于运行不正常，发出报警信号或停机信号。

监控程序的梯形图如图 14-34 所示。图 14-34 中，定时器 T1 为检测元件，I0.1 为控制对象动作信号，I0.2 为动作完成信号，M0.2 为报警或停机信号。假设被控对象的运行程序完成一次循环需要 50s，则定时器值可取 8 为 100ms。当 I0.1=1 时，被控对象运行开始，T1 开始计时；如在规定的时间内被控对象的运行程序能正常结束，则 I0.2 动作，M0.1 复位，定时器 T1 被清零，等待下一次循环的开始；若在规定时间没有发出被控对象运行完成的动作信号，则判断为故障，T1 的触点闭合，接通 M0.2 发出报警信号或停机信号。

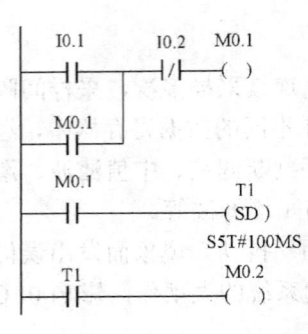

图 14-34 监控程序的梯形图

思 考 与 练 习

14.1　简述 PLC 控制系统设计的原则。
14.2　简述一般系统中，开关量输入和开关量输出的比为 6:4 的确定依据是什么。
14.3　简述如何增加用户程序的可读性。
14.4　简述系统的软硬件如何进行联调。
14.5　简述差模干扰和共模干扰的产生机理。
14.6　简述利用 PLC 内部的计数器指令来实现输入信号消抖的方法。
14.7　列举你说知道的具有冗余功能的 PLC 产品。
14.8　简述顺序控制设计法中状态切换图切换实现的基本规则。
14.9　简述可编程控制器控制系统设计中可编程控制器的选择过程。

附录1 常用电气图形符号表

名 称	符 号	名 称	符 号
接线端子		热继电器	
可拆卸端子		按钮	
有序端子		动断触头	
插接件插座		延时断开的动合触头	
插座（内孔）		延时闭合的动合触头	
断路器		热继电器	
熔断器式隔离开关		释放过渡动合触头	
电流互感器		电流动作线圈	
熔断器		电流动作线圈	
双绕组变压器		缓吸线圈	
自耦变压器		电流互感器二次线圈	
二个铁芯二个二次绕组电流互感器		铁芯线圈或变压器副边	
三相变压器开口三角形		信号灯	
熔断器式开关		电阻	
整流器		压敏电阻	
桥式全流整流器		极性电容	
插座		电容器	
插头		断开的连接片	
接触器动合触头		电流表	

续表

名　称	符　号	名　称	符　号
电铃		接触器动断触头	
小母线		按钮	
接地符号		动合触头	
接线端子		延时闭合的动断触头	
插接件插头		延时断开的动断触头	
插头（凸头）		热继电器	
隔离开关		吸合过渡动合触头	
漏电开关		线圈	
负荷开关		电压动作线圈	
自动释能负荷开关		电压动作线圈	
避雷器		缓放线圈	
一个铁芯二个二次绕组电流互感器		电压互感器二次线圈	
电抗器		释放/吸合过渡动合触头	
母线伸缩接头		闪光信号灯	
三相变压器星-三角连接		可变电阻	
直流变流器		可变电容	
逆变器		接通的连接片	
双投刀开关		电压表	
三相变压器		蜂鸣器	
插座			

附录2 S7-200 指令表

指令名称	指令符号	功　能　说　明
动合	─┤ bit ├─	当位等于1时，通常打开触点 当位等于0时，通常关闭触点
动断	─┤ bit /├─	当位等于1时，通常关闭触点 当位等于0时，通常打开触点
动合立即点	─┤ bit I ├─	当实际输入点（位）是1时，通常立即打开触点 当实际输入点（位）是0时，通常立即关闭触点 （执行指令时，立即指令获取实际输入值，但不更新进程映像寄存器。立即触点不依赖S7-200 扫描周期进行更新，而会立即更新）
动断立即点	─┤ bit /I ├─	当实际输入点（位）是1时，通常立即关闭触点 当实际输入点（位）是0时，通常立即打开触点 （执行指令时，立即指令获取实际输入值，但不更新进程映像寄存器。立即触点不依赖S7-200 扫描周期进行更新，而会立即更新）
NOT（非）	─┤ NOT ├─	NOT（取反）触点改变使能位输入状态。当使能位到达NOT（取反）触点时即停止 当使能位未到达NOT（取反）触点时，则供给使能位
上升沿转换	─┤ P ├─	正向转换触点允许一次扫描中每次执行"关闭至打开"转换时电源流动
下降沿转换	─┤ N ├─	负向转换（ED）触点允许一次扫描中每次执行"打开至关闭"转换时电源流动
输出	─(bit)	输出指令将输出位的新数值写入过程映像寄存器。在 LAD 中，当输出指令被执行时，S7-200 将过程映像寄存器中的输出位打开或关闭。对于 LAD，指定的位被设为等于使能位
立即输出	─(bit I)	执行指令时，立即输出指令将新值写入实际输出和对应的过程映像寄存器位置。执行"立即输出"指令时，实际输出点（位）被立即设为等于使能位。"I"表示立即参考；执行指令时，新值被写入实际输出和对应的过程映像寄存器位置。这与非立即参考不同，非立即参考仅将新值写入过程映像寄存器
置位 （N位）	─(bit S N)	设置（S）指令设置（打开）指定的点数（N），从指定的地址（位）开始。可以设置1至255个点
立即置位 （N位）	─(bit SI N)	立即设置（SI）指令立即设置（打开）点数（N），从指定的地址（位）开始。可以立即设置1至128个点。"I"表示立即引用；执行指令时，新值被写入实际输出点和相应的过程映像寄存器位置。这与非立即参考不同，非立即参考只将新值写入过程映像寄存器
复位 （N位）	─(bit R N)	复原（R）指令复原指定的点数（N），从指定的地址（位）开始。可以复原1至255个点。如果"复员"指令指定一个定时器位（T）或计数器位（C），指令复原定时器或计数器位，并清除定时器或计数器的当前值
立即复位 （N位）	─(bit RI N)	立即复原（RI）指令立即复原（关闭）点数（N），从指定的地址（位）开始。可以立即复原1至128个点。"I"表示立即引用；执行指令时，新值被写入实际输出点和相应的过程映像寄存器位置。这与非立即参考不同，非立即参考只将新值写入过程映像寄存器
置位优先双稳态触发器	××× S1　OUT SR R	设置主双稳态触发器（SR）是一种设置主要位的锁存器。如果设置（S1）和复原（R）信号均为真实，则输出（OUT）为真实。"位"参数指定被设置或复原的布尔参数。供选用输出反映位参数的信号状态

359

续表

指令名称	指令符号	功能说明
复位优先双稳态触发器	××× S　OUT 　RS R1	复原主双稳态触发器（RS）是一种复原主要位的锁存器。如果设置（S）和复原（R）信号均为真实，则输出（OUT）为虚假。"位"参数指定被设置或复原的布尔参数。供选用输出反映位参数的信号状态
空操作	N NOP	无操作（NOP）指令对用户程序执行无效。在 FBD 模式中不可使用该指令。操作数 N 为数字 0 至 255
读取实时时钟	READ_RTC EN　ENO T	读取实时时钟（TODR）指令从硬件时钟读取当前时间和日期，并将其载入以地址 T 起始的 8 个字节的时间缓冲区。所有日期和时间值必须采用 BCD 格式编码（例如，16#97 代表 2002 年）。 8 个字节时间缓冲区格式（T）： T 字节　　说明　　　　　　　字节数据 0　　　　　年（0-99）　　　　当前年份（BCD 值） 1　　　　　月（1-12）　　　　当前月份（BCD 值） 2　　　　　日期（1-31）　　　当前日期（BCD 值） 3　　　　　小时（0-23）　　　当前小时（BCD 值） 4　　　　　分钟（0-59）　　　当前分钟（BCD 值） 5　　　　　秒（0-59）　　　　当前秒（BCD 值） 6　　　　　00　　　　　　　　保留?始终设置为 00 7　　　　　星期几　（1-7）　　当前是星期几，1=星期日（BCD 值） 长时间掉电或内存丢失后，实时时钟会被初始化为以下日期和时间： 日期：　　　90 年 1 月 1 日 时间：　　　00:00:00 星期几：　　星期日
设置实时时钟	SET_RTC EN　ENO T	设置实时时钟（TODW）指令将当前时间和日期写入用 T 指定的在 8 个字节的时间缓冲区开始的硬件时钟
读取扩展实时时钟	READ_RTCX EN　ENO T	读取扩展的实时时钟（TODRX）指令从 PLC 读取当前时间、日期及夏时制，并将其载入以 T 指定之地址起始的 19 字节时间缓冲区。 所有日期和时间值必须采用 BCD 格式编码（例如，16#97 代表 2002 年）。 19 字节时间缓冲区格式（T）： T 字节　　说明　　　　　　　字节数据 0　　　　　年（0-99）　　　　当前年份（BCD 值） 1　　　　　月（1-12）　　　　当前月份（BCD 值） 2　　　　　日期（1-31）　　　当前日期（BCD 值） 3　　　　　小时（0-23）　　　当前小时（BCD 值） 4　　　　　分钟（0-59）　　　当前分钟（BCD 值） 5　　　　　秒（0-59）　　　　当前秒（BCD 值） 6　　　　　00　　　　　　　　保留　始终设置为 00 7　　　　　星期几　（1-7）　　当前是星期几，1=星期日（BCD 值） 8　　　　　模式　（00H-03H，08H，10H-13H，FFH） 修正模式： 00H = 修正已禁用 01H = 欧盟　（相对于 UTC 的时区调整=0 小时）　* 02H = 欧盟　（相对于 UTC 的时区调整 = +1 小时）　*

续表

指令名称	指令符号	功能说明
读取扩展实时时钟	READ_RTCX EN　ENO T	03H = 欧盟（相对于 UTC 的时区调整 = +2 小时）* 04H-07H = 保留 08H = 欧盟（相对于 UTC 的时区调整 = −1 小时）* 09H-0FH = 保留 10H = 美国 ** 11H = 澳大利亚 *** 12H = 澳大利亚（塔斯马尼亚）**** 13H = 新西兰 ***** 14H-FDH = 保留 FEH = 保留 9　修正小时数（0-23）　修正数量，小时（BCD 值） 10　修正分钟数（0-59）　修正数量，分钟（BCD 值） 11　开始月份（1-12）　夏时制的开始月份（BCD 值） 12　开始日期（1-31）　夏时制的开始日期（BCD 值） 13　开始小时（0-23）　夏时制的开始小时（BCD 值） 14　开始分钟（0-59）　夏时制的开始分钟（BCD 值） 15　结束月份（1-12）　夏时制的结束月份（BCD 值） 16　结束日期（1-31）　夏时制的结束日期（BCD 值） 17　结束小时（0-23）　夏时制的结束小时（BCD 值） 18　结束分钟（0-59）　夏时制的结束分钟（BCD 值） * 欧盟常规：在三月最后一个星期日的 UTC 时间凌晨一点将时间向前调一小时。在十月最后一个星期日的 UTC 时间凌晨两点将时间往回调一小时。（当做出修正时，当地时间因相对于 UTC 的时区调整而不同。） ** 美国常规：在四月第一个星期日的当地时间凌晨两点将时间向前调一小时。在十月最后一个星期日的当地时间凌晨两点将时间往回调一小时。 *** 澳大利亚常规：在十月最后一个星期日的当地时间凌晨两点将时间向前调一小时。在三月最后一个星期日的当地时间凌晨三点将时间往回调一小时。 **** 澳大利亚（塔斯马尼亚）常规：在十月第一个星期日的当地时间凌晨两点将时间向前调一小时。在三月最后一个星期日的当地时间凌晨三点将时间往回调一小时。 ***** 新西兰常规：在十月第一个星期日的当地时间凌晨两点将时间向前调一小时。在三月十五日或之后的第一个星期日的当地时间凌晨三点将时间往回调一小时。 长时间掉电或内存丢失后，当日时间时钟会被初始化为以下日期和时间： 日期：90 年 1 月 1 日 时间：00:00:00 星期几：星期日
设置扩展实时时钟	SET_RTCX EN　ENO T	设置扩展的实时时钟（TODWX）指令将当前时间、日期及夏时制配置以由 T 指定的 19 字节时间缓冲区地址起始写入 PLC
发送	XMT EN　ENO TBL PORT	传送（XMT）指令在自由端口模式中使用，通过通信端口传送数据
接收	RCV EN　ENO TBL PORT	接收（RCV）指令开始或终止"接收信息"服务。必须指定一个开始条件和一个结束条件，"接收"方框才能操作。通过指定端口（PORT）接收的信息存储在数据缓冲区（TBL）中。数据缓冲区中的第一个条目指定接收的字节数目

续表

指令名称	指令符号	功能说明
网络读	NETR EN ENO TBL PORT	网络读取（NETR）指令开始一项通信操作，通过指定的端口（PORT）根据表格（TBL）定义从远程设备收集数据。NETR指令可从远程站最多读取16字节信息，可在程序中保持任意数目的NETR指令，但在任何时间最多只能有8条NETR指令被激活
网络写	NETW EN ENO TBL PORT	网络写入（NETW）指令开始一项通信操作，通过指定的端口（PORT）根据表格（TBL）定义向远程设备写入数据。NETW指令可向远程站最多写入16字节信息；可在程序中保持任意数目的NETW指令，但在任何时间最多只能有8条NETW指令被激活
获取端口地址	GET_ADDR EN ENO ADDR PORT	获得端口地址（GPA）指令读取PORT（端口）中指定的S7-200 CPU端口站址，并将数值置于ADDR中指定的地址内
设置端口地址	SET_ADDR EN ENO ADDR PORT	设置端口地址（SPA）指令将端口站址（PORT）设为ADDR中指定的数值。新地址没有被永久性保存。电源循环后，受影响的端口会返回至最后的地址（用系统块下载的地址）
字节等于	IN1 —==B— IN2	比较字节指令用于比较两个值：IN1至IN2 字节比较不带符号 比较为真实时，触点打开
字节不等于	IN1 —<>B— IN2	比较字节指令用于比较两个值：IN1至IN2 字节比较不带符号 比较为真实时，触点打开
字节大于或等于	IN1 —>=B— IN2	比较字节指令用于比较两个值：IN1至IN2 字节比较不带符号 比较为真实时，触点打开
字节小于或等于	IN1 —<=B— IN2	比较字节指令用于比较两个值：IN1至IN2 字节比较不带符号 比较为真实时，触点打开
字节大于	IN1 —>B— IN2	比较字节指令用于比较两个值：IN1至IN2 字节比较不带符号 比较为真实时，触点打开
字节小于	IN1 —<B— IN2	比较字节指令用于比较两个值：IN1至IN2 字节比较不带符号 比较为真实时，触点打开
整数等于	IN1 —==I— IN2	比较整数指令用于比较两个值：IN1至IN2 整数比较带符号（16#7FFF > 16#8000） 比较为真实时，触点打开
整数不等于	IN1 —<>I— IN2	比较整数指令用于比较两个值：IN1至IN2 整数比较带符号（16#7FFF > 16#8000） 比较为真实时，触点打开

附录2 S7-200指令表

续表

指令名称	指令符号	功能说明
整数大于或等于	IN1 —|>=I|— IN2	比较整数指令用于比较两个值：IN1 至 IN2 整数比较带符号（16#7FFF > 16#8000） 比较为真实时，触点打开
整数小于或等于	IN1 —|<=I|— IN2	比较整数指令用于比较两个值：IN1 至 IN2 整数比较带符号（16#7FFF > 16#8000） 比较为真实时，触点打开
大于整数	IN1 —|>I|— IN2	比较整数指令用于比较两个值：IN1 至 IN2 整数比较带符号（16#7FFF > 16#8000） 比较为真实时，触点打开
整数小于	IN1 —|<I|— IN2	比较整数指令用于比较两个值：IN1 至 IN2 整数比较带符号（16#7FFF > 16#8000） 比较为真实时，触点打开
双整数等于	IN1 —|==D|— IN2	比较双整数指令用于比较两个数值：IN1 至 IN2 双字比较带符号（16#7FFFFFFF > 16#80000000） 比较为真实时，触点打开
双整数不等于	IN1 —|<>D|— IN2	比较双整数指令用于比较两个数值：IN1 至 IN2 双字比较带符号（16#7FFFFFFF > 16#80000000） 比较为真实时，触点打开
双整数大于或等于	IN1 —|>=D|— IN2	比较双整数指令用于比较两个数值：IN1 至 IN2 双字比较带符号（16#7FFFFFFF > 16#80000000） 比较为真实时，触点打开
双整数小于或等于	IN1 —|<=D|— IN2	比较双整数指令用于比较两个数值：IN1 至 IN2 双字比较带符号（16#7FFFFFFF > 16#80000000） 比较为真实时，触点打开
双整数大于	IN1 —|>D|— IN2	比较双整数指令用于比较两个数值：IN1 至 IN2 双字比较带符号（16#7FFFFFFF > 16#80000000） 比较为真实时，触点打开
双整数小于	IN1 —|<D|— IN2	比较双整数指令用于比较两个数值：IN1 至 IN2 双字比较带符号（16#7FFFFFFF > 16#80000000） 比较为真实时，触点打开
实数等于	IN1 —|==R|— IN2	比较实数指令用于比较两个数值：IN1 至 IN2 实数比较带符号 比较为真实时，触点打开
实数不等于	IN1 —|<>H|— IN2	比较实数指令用于比较两个数值：IN1 至 IN2 实数比较带符号 比较为真实时，触点打开
实数大于或等于	IN1 —|>=H|— IN2	比较实数指令用于比较两个数值：IN1 至 IN2 实数比较带符号 比较为真实时，触点打开
实数小于或等于	IN1 —|<=R|— IN2	比较实数指令用于比较两个数值：IN1 至 IN2， 实数比较带符号 比较为真实时，触点打开
实数大于	IN1 —|>R|— IN2	比较实数指令用于比较两个数值：IN1 至 IN2 实数比较带符号 比较为真实时，触点打开

续表

指令名称	指令符号	功能说明
实数小于	IN1 —| <R |— IN2	比较实数指令用于比较两个数值：IN1 至 IN2 实数比较带符号 比较为真实时，触点打开
字符串等于	IN1 —| ==S |— IN2	比较字符串指令比较两个 ASCII 字符串 如果比较为真，使能位流过比较触点 单个常数字符串的最大长度为 126 个字节，两个常数字符串的最大组合长度为 242 个字节
字符串不等于	IN1 —| <>S |— IN2	比较字符串指令比较两个 ASCII 字符串 如果比较为真，使能位流过比较触点 单个常数字符串的最大长度为 126 个字节，两个常数字符串的最大组合长度为 242 个字节
字节至整数	B_I EN ENO IN OUT	字节至整数 指令将字节数值（IN）转换成整数值，并将结果置入 OUT 指定的变量中。因为字节不带符号，所以无符号扩展
整数至字节	I_B EN ENO IN OUT	整数至字节 指令将字值（IN）转换成字节值，并将结果置入 OUT 指定的变量中，数值 0~255 被转换。所有其他值导致溢出，输出不受影响
整数至双整数	I_DI EN ENO IN OUT	整数至双整数 指令将整数值（IN）转换成双整数值，并将结果置入 OUT 指定的变量中。符号被扩展
整数至字符串	I_S EN ENO IN OUT FMT	将整数转换为字符串 指令将整数字 IN 转换为长度为 8 个字符的 ASCII 字符串，格式（FMT）指定小数点右面的转换精度，无论小数点是显示为逗号还是句点，结果字符串写入从 OUT 开始的 9 个连续字节中
双整数至整数	DI_I EN ENO IN OUT	双整数至整数 指令将双整数值（IN）转换成整数值，并将结果置入 OUT 指定的变量中，如果转换的值过大，则无法在输出中表示，设置溢出位，输出不受影响
双整数至实数	DI_R EN ENO IN OUT	双整数至实数 指令将 32 位带符号整数 IN 转换成 32 位实数，并将结果置入 OUT 指定的变量中
双整数至字符串	DI_S EN ENO IN OUT FMT	将双整数转换为字符串 指令将双整数 IN 转换为长度为 12 个字符的 ASCII 字符串。格式（FMT）指定小数点右面的转换精度，无论小数点是显示为逗号还是句点。结果字符串写入从 OUT 开始的 13 个连续字节中
BCD（二进制编码十进制数）至整数	BCD_I EN ENO IN OUT	BCD 至整数指令将二进制编码的十进制值 IN 转换成整数值，并将结果载入 OUT 指定的变量中。IN 的有效范围是 0~9999 BCD

续表

指令名称	指令符号	功 能 说 明
整数至BCD（二进制编码十进制数）	I_BCD EN ENO IN OUT	整数至 BCD 指令将输入整数值 IN 转换成二进制编码的十进制数，并将结果载入 OUT 指定的变量中。IN 的有效范围是 0~9999 BCD
取整（四舍五入）	ROUND EN ENO IN OUT	取整 指令将实值（IN）转换成双整数值，并将结果置入 OUT 指定的变量中。如果小数部分等于或大于 0.5，则进位为整数
取整（舍去小数）	TRUNC EN ENO IN OUT	截断 指令将 32 位实数（IN）转换成 32 位双整数，并将结果的整数部分置入 OUT 指定的变量中。只有实数的整数部分被转换，小数部分被丢弃。如果要转换的值为无效实数或值过大，无法在输出中表示，则设置溢出位，输出不受影响
实数至字符串	R_S EN ENO IN OUT FMT	将实数转换为字符串 指令将实数值 IN 转换为 ASCII 字符串。格式（FMT）指定小数点右面的转换精度，无论小数点是显示为逗号还是句点，亦无论输出字符串的长度是多少。转换结果放置在以 OUT 开始的字符串中。结果字符串长度在格式中指定，可以是 3~15 个字符。S7-200 使用的实数格式最多可支持 7 个高位数字。尝试显示 7 个以上高位数字会产生取整错误
整数至ASCII	ITA EN ENO IN OUT FMT	整数至 ASCII 指令将整数字（IN）转换成 ASCII 字符数组。格式 FMT 指定小数点右侧的转换精确度，以及是否将小数点显示为逗号还是点号。转换结果置于从 OUT 开始的 8 个连续字节中。ASCII 字符数组总是 8 个字符
双整数至ASCII	DTA EN ENO IN OUT FMT	双整数至 ASCII 指令将双字（IN）转换成 ASCII 字符数组。格式 FMT 指定小数点右侧的转换精确度。转换结果置于从 OUT 开始的 12 个连续字节中
实数至ASCII	RTA EN ENO IN OUT FMT	实数至 ASCII 指令将实数值（IN）转换成 ASCII 字符。格式 FMT 指定小数点右侧的转换精确度，以及是否将小数点表示为逗号或点号及输出缓冲区尺寸。转换结果置于从 OUT 开始的输出缓冲区中。结果 ASCII 字符的数目（或长度）相当于输出缓冲区的尺寸，指定的尺寸范围为 3~15 个字符
ASCII至十六进制数	ATH EN ENO IN OUT LEN	ASCII 至 HEX 指令将从 IN 开始的 ASCII 字符号码（LEN）转换成从 OUT 开始的十六进制数字。ASCII 字符串的最大长度为 255 字符。 有效 ASCII 输入字符为：字母数字字符；0~9 和大写 A~F；具十六进制代码值；30~39 和 41~46
十六进制数至ASCII	HTA EN ENO IN OUT LEN	HEX 至 ASCII 指令将从输入字节（IN）开始的十六进制数字转换成从 OUT 开始的 ASCII 字符。欲转换的十六进制数字位数由长度（LEN）指定。可转换的最大十六进制数字位数为 255。 有效 ASCII 输入字符为：字母数字字符；0~9 和大写 A~F；具十六进制代码值；30~39 和 41~46

续表

指令名称	指令符号	功能说明
字符串至整数	S_I EN ENO IN OUT INDX	将子串转换为整数 指令将字符串数值 IN 转换为存储在 OUT 中的整数值，从偏移量 INDX 位置开始
字符串至双整数	S_DI EN ENO IN OUT INDX	将子串转换为双整数指令将字符串值 IN 转换为存储在 OUT 中的双整数值，从偏移量 INDX 位置开始
字符串至实数	S_R EN ENO IN OUT INDX	将子串转换为实数指令将字符串值 IN 转换为存储在 OUT 中的实数值，从偏移量 INDX 位置开始
解码	DECO EN ENO IN OUT	解码指令设置输出字（OUT）中与用输入字节（IN）最低"半字节"（4位）表示的位数相对应的位。输出字的所有其他位均设为 0
编码	ENCO EN ENO IN OUT	编码指令将输入字（IN）最低位集的位数写入输出字节（OUT）的最低"半字节"（4个位）中
七段码	SEG EN ENO IN OUT	段（SEG）指令允许生成照明七段显示段的位格式。照明的段代表输入字节最低数位中的字符。下图显示"段"指令使用的七段显示编码 | (进)LSD | 段显示 | (OUT) -gfe dcba | | (进)LSD | 段显示 | (OUT) -gfe dcba | |---|---|---|---|---|---|---| | 0 | | 0011 1111 | | 8 | | 0111 1111 | | 1 | | 0000 0110 | | 9 | | 0110 0111 | | 2 | | 0101 1011 | | A | | 0111 0111 | | 3 | | 0100 1111 | | B | | 0111 1100 | | 4 | | 0110 0110 | | C | | 0011 1001 | | 5 | | 0110 1101 | | D | | 0101 1101 | | 6 | | 0111 1101 | | E | | 0111 1001 | | 7 | | 0000 0111 | | F | | 0111 0001 |
增计数	Cxxx CU CTU R PV	每次向上计数输入 CU 从关闭向打开转换时，向上计数（CTU）指令从当前值向上计数。当前值（Cxxx）大于或等于预设值（PV）时，计数器位（Cxxx）打开。复原（R）输入打开或执行"复原"指令时，计数器被复原。达到最大值（32767）时，计数器停止计数。计数器范围：Cxxx=C0～C255 因为每个计数器有一个当前值，请勿将相同的计数器号码设置给一个以上计数器（号码相同的向上计数器存取相同的当前值。）
减计数	Cxxx CD CTD LD PV	每次向下计数输入光盘从关闭向打开转换时，向下计数（CTD）指令从当前值向下计数。当前值 Cxxx 等于 0 时，计数器位（Cxxx）打开。载入输入（LD）打开时，计数器复原计数器位（Cxxx）并用预设值（PV）载入当前值。达到零时，向下计数器停止计数，计数器位 Cxxx 打开。计数器范围： Cxxx=C0～C255 因为每个计数器有一个当前值，请勿将相同的计数器号码设置给一个以上计数器（号码相同的向下计数器存取相同的当前值。）

续表

指令名称	指令符号	功能说明
增/减计数	Cxxx CU CTUD CD R PV	每次向上计数输入 CU 从关闭向打开转换时,向上/向下计时(CTUD)指令向上计数,每次向下计数输入光盘从关闭向打开转换时,向下计数。计数器的当前值 Cxxx 保持当前计数。每次执行计数器指令时,预设值 PV 与当前值进行比较。达到最大值(32767),位于向上计数输入位置的下一个上升沿使当前值返转为最小值(-32768)。在达到最小值(-32768)时,位于向下计数输入位置的下一个上升沿使当前计数返转为最大值(32767)。当前值 Cxxx 大于或等于预设值 PV 时,计数器位 Cxxx 打开。否则,计数器位关闭。当"复原"(R)输入打开或执行"复原"指令时,计数器被复原。达到 PV 时,CTUD 计数器停止计数。计数器范围:Cxxx=C0~C255 因为每个计数器有一个当前值,请勿将相同的计数器号码设置给一个以上计数器(号码相同的向上/向下计数器存取相同的当前值。)
高速计数器定义	HDEF EN ENO HSC MODE	高速计数器定义(HDEF)指令选择特定的高速计数器(HSCx)的操作模式。模式选择定义高速计数器的时钟、方向、起始和复原功能。PLC221 和 PLC222 不支持 HSC1 和 HSC2。可以为每台高速计数器使用一条"高速计数器定义"指令
高速计数器	HSC EN ENO N	高速计数器(HSC)指令根据 HSC 特殊内存位的状态配置和控制高速计数器。参数 N 指定高速计数器的号码。高速计数器最多可配置为十二种不同的操作模式。每台计数器在功能受支持的位置有专用时钟、方向控制、复原和起始输入。对于双相计数器,两个时钟均可按最高速度运行。在正交模式中,可以选择一倍\(1x)或四倍(4x)的最高计数速率。所有的计数器按最高速率运行,而不会相互干扰。CPU 221 和 CPU 222 支持 4 台高速计数器 (HSC0、HSC3、HSC4、HSC5) CPU 221 和 CPU 222 不支持 HSC1 和 HSC2 CPU 224、CPU224XP、CPU 226 支持 6 台高速计数器(HSC0~HSC5) 可以为每台高速计数器使用一条"高速计数器定义"指令。文档光盘中"提示与技巧"中的第 4 条提示和第 29 条提示提供使用高速计数器的程序
脉冲输出	PLS EN ENO Q0.X	脉冲输出(PLS)指令被用于控制在高速输入(Q0.0 和 Q0.1)中提供的"脉冲串输出"(PTO)和"脉宽调制"(PWM)功能。PTO 提供方波(50%占空比)输出,配备周期和脉冲数用户控制功能。PWM 提供连续性变量占空比输出,配备周期和脉宽用户控制功能。脉冲输出范围:Q0.0~Q0.1
实数相加	ADD_R EN ENO IN1 OUT IN2	加实数(+R)指令将两个 32 位实数相加或相减,并产生一个 32 位实数结果(OUT)即:IN1+IN2=OUT
实数相减	SUB_R EN ENO IN1 OUT IN2	减实数指令将两个 32 位实数相加或相减,并产生一个 32 位实数结果(OUT)。即:IN1-IN2 = OUT
实数相乘	MUL_R EN ENO IN1 OUT IN2	乘以实数(*R)指令将两个 32 位实数相乘,并产生一个 32 位实数结果(OUT)。即:IN1*IN2 = OUT

续表

指令名称	指令符号	功能说明
实数相除	DIV_R EN ENO IN1 OUT IN2	除以实数（/R）指令将两个32位实数相除，并产生一个32位实数商。 即：IN1/IN2 = OUT
平方根	SQRT EN ENO IN OUT	平方根（SQRT）指令对32位实数（IN）取平方根，并产生一个32位实数结果（OUT），如以下等式所示：$\sqrt{IN} = OUT$
正弦	SIN EN ENO IN OUT	正弦（SIN）指令对角度值 IN 进行三角运算，并将结果放置在 OUT 中。输入角以弧度为单位。欲将输入角从角度转换成弧度，用角度乘以 1.745329E-2（约等于?180）。SM1.1 用于指示溢出错误和非法数值。如果设置 SM1.1，则 SM1.0 和 SM1.2 状态无效，且原来的输入操作数不改动。如果未设置 SM1.3，则数学操作完成，并产生有效的结果，且 SM1.0 和 SM1.2 包含有效状态
余弦	COS EN ENO IN OUT	余弦（COS）指令对角度值 IN 进行三角运算，并将结果放置在 OUT 中。输入角以弧度为单位。欲将输入角从角度转换成弧度，用角度乘以 1.745329E-2（约等于?180）。SM1.1 用于指示溢出错误和非法数值。如果设置 SM1.1，则 SM1.0 和 SM1.2 状态无效，且原来的输入操作数不改动。如果未设置 SM1.3，则数学操作完成，并产生有效的结果，且 SM1.0 和 SM1.2 包含有效状态
正切	TAN EN ENO IN OUT	正切（TAN）指令对角度值 IN 进行三角运算，并将结果放置在 OUT 中。输入角以弧度为单位。欲将输入角从角度转换成弧度，用角度乘以 1.745329E-2（约等于?180）。SM1.1 用于指示溢出错误和非法数值。如果设置 SM1.1，则 SM1.0 和 SM1.2 状态无效，且原来的输入操作数不改动。如果未设置 SM1.3，则数学操作完成，并产生有效的结果，且 SM1.0 和 SM1.2 包含有效状态
自然对数	LN EN ENO IN OUT	自然对数（LN）指令对 IN 中的数值进行自然对数计算，并将结果置于 OUT 中。欲从自然对数获得以 10 为底数的对数，用自然对数除以 2.302585（约等于 10 的自然对数）。欲将任何实数提升为另一个实数的乘幂，包括分数指数：将"自然指数"指令与"自然对数"指令相结合。例如，欲将 X 提升为 Y 乘幂，输入以下指令：EXP［Y＊LN（X）］。SM1.1 用于指示溢出错误和非法数值。如果设置 SM1.1，则 SM1.0 和 SM1.2 状态无效，且原来的输入操作数不改动。如果未设置 SM1.3，则数学操作完成，并产生有效的结果，且 SM1.0 和 SM1.2 包含有效状态
自然指数	EXP EN ENO IN OUT	自然指数（EXP）指令进行 e 的 IN 次方指数计算，并将结果置于 OUT 中。欲将任何实数提升为另一个实数的乘幂，包括分数指数：将"自然指数"指令与"自然对数"指令相结合。例如，欲将 X 提升为 Y 乘幂，输入以下指令： EXP（Y＊LN（X））。SM1.1 用于指示溢出错误和非法数值。如果设置 SM1.1，则 SM1.0 和 SM1.2 状态无效，且原来的输入操作数不改动。如果未设置 SM1.3，则数学操作完成，并产生有效的结果，且 SM1.0 和 SM1.2 包含有效状态。举例： 5 的立方 = 5^3=EXP［3*LN（5）］=125 125 的立方根 = 125^（1/3）=EXP［（1/3）*LN（125）］=5 5 的立方的平方根 = 5^（3/2）=EXP［3/2*LN（5）］ 　　　　　　　　=11.18034
PID计算	PID EN ENO TBL LOOP	PID 回路（PID）指令根据表格（TBL）中的输入和配置信息对引用 LOOP 执行 PID 回路计算。提供 PID 回路指令（成比例、整数、导出回路）进行 PID 计算。逻辑堆栈（TOS）顶值必须是"打开"（使能位）状态，才能启用 PID 计算。本指令有两个操作数：表示回路表起始地址的 TBL 地址和 0～7 常数的"回路"号码。程序中可使用八条 PID 指令。如果两条或多条 PID 指令使用相同的回路号码（即使它们的表格地址不同），PID 计算会互相干扰，结果难以预料

续表

指令名称	指令符号	功 能 说 明
整数相加	ADD_I EN ENO IN1 OUT IN2	加整数（+I）指令将两个 16 位整数相加或相减，并产生一个 16 位的结果（OUT）。 即：IN1 + IN2 = OUT
双整数相加	ADD_DI EN ENO IN1 OUT IN2	加双整数（+D）指令将两个 32 位整数相加或相减，并产生一个 32 位结果（OUT）。 在 LAD 和 FBD 中：即：IN1 + IN2 = OUT
整数相减	SUB_I EN ENO IN1 OUT IN2	减整数（-I）指令将两个 16 位整数相加或相减，并产生一个 16 位的结果（OUT）。 即：IN1 - IN2 = OUT
双整数相减	SUB_DI EN ENO IN1 OUT IN2	减双整数（-D）指令将两个 32 位整数相加或相减，并产生一个 32 位结果（OUT）。 即：IN1 - IN2 = OUT
整数相乘得双整数	MUL EN ENO IN1 OUT IN2	整数与双整数相乘（MUL）指令将两个 16 位整数相乘，得出一个 32 位乘积。 即：IN1 * IN2 = OUT
整数相乘	MUL_I EN ENO IN1 OUT IN2	乘以整数（*I）指令将两个 16 位整数相乘，并产生一个 16 位乘积。如果结果大于一个字输出，则设置溢出位。 即：IN1 * IN2 = OUT
双整数相乘	MUL_DI EN ENO IN1 OUT IN2	乘以双整数（*D）指令将两个 32 位整数相乘，并产生一个 32 位乘积。 即：IN1 * IN2 = OUT
整数相除得商/余数	DIV EN ENO IN1 OUT IN2	整数与双整数相除（DIV）指令将两个 16 位整数相除，得出一个 32 位结果，其中包括一个 16 位余数（高位）和一个 16 位商（低位）。 即：IN1 / IN2 = OUT
整数相除	DIV_I EN ENO IN1 OUT IN2	除以整数（/I）指令将两个 16 位整数相除，并产生一个 16 位商，不保留余数。如果结果大于一个字输出，则设置溢出位。 即：IN1 / IN2 = OUT

续表

指令名称	指令符号	功 能 说 明
双整数相除	DIV_DI EN ENO IN1 OUT IN2	除以双整数（/D）指令将两个 32 位整数相除，并产生一个 32 位商，不保留余数。 即：IN1 / IN2 = OUT
字节递增	INC_B EN ENO IN OUT	递增字节指令在输入字节（IN）上加 1，并将结果置入 OUT 指定的变量中。 递增和递减字节运算不带符号。 即：IN + 1 = OUT
字递增	INC_W EN ENO IN OUT	递增字指令在输入字（IN）上加 1，并将结果置入 OUT。递增和递减字运算带符号（16#7FFF > 16#8000）。 即：IN + 1 = OUT
双字递增	INC_DW EN ENO IN OUT	递增双字指令在输入双字（IN）上加 1，并将结果置入 OUT。递增和递减双字运算带符号（16#7FFFFFFF > 16#80000000）。 即：IN + 1 = OUT
字节递减	DEC_B EN ENO IN OUT	递减字节指令在输入字节（IN）上减 1，并将结果置入 OUT 指定的变量中。 递增和递减字节运算不带符号。 即：IN−1 = OUT
字递减	DEC_W EN ENO IN OUT	递减字指令在输入字（IN）上减 1，并将结果置入 OUT。递增和递减字运算带符号（16#7FFF > 16#8000）。即： IN− 1 = OUT
双字递减	DEC_DW EN ENO IN OUT	递减双字指令在输入双字（IN）上减 1，并将结果置入 OUT。递增和递减双字运算带符号（16#7FFFFFFF > 16#80000000）。 即：IN−1 = OUT
开放中断	─(ENI)─	中断允许（ENI）指令全局性启用所有附加中断事件进程。转换至 RUN（运行）模式时，中断开始时被禁止。一旦进入 RUN（运行）模式，可以通过执行全局中断允许指令，启用所有中断进程
禁止中断	─(DISI)─	中断禁止（DISI）指令全局性禁止所有中断事件进程。执行中断禁止指令会禁止处理中断；但是现用中断事件将继续入队等候
从中断（INT）有条件返回	─(RETI)─	从中断指令有条件返回（CRETI）指令可根据先前逻辑条件用于从中断返回

附录2　S7-200指令表

续表

指令名称	指令符号	功能说明
连接中断	ATCH EN　ENO INT EVNT	中断连接（ATCH）指令将中断事件（EVNT）与中断例行程序号码（INT）相联系，并启用中断事件
分离中断	DTCH EN　ENO EVNT	中断分离（DTCH）指令取消中断事件（EVNT）与所有中断例行程序之间的关联，并禁用中断事件。在激活中断例行程序之前，必须在中断事件和希望在事件发生时执行的程序段之间建立联系。使用"中断连接"指令将中断事件（由中断事件号码指定）与程序段（由中断例行程序号码指定）联系在一起。可以将多个中断事件附加在一个中断例行程序上，但一个事件不能同时附加在多个中断例行程序上。当将一个中断事件附加在一个中断例行程序上是，会自动启用中断。如果用全局禁用中断指令禁用所有的中断，则每次出现的中断事件均入队等候，直至使用全局启用中断指令或中断队列溢出重新启用中断。可以使用"中断分离"指令断开中断事件与中断例行程序之间的联系，从而禁用单个中断事件。"中断分离"指令使中断返回至非现用或忽略状态
清除中断事件	CLR_EVNT EN　ENO EVNT	"清除中断事件"指令会删除中断队列中所有类型为 EVNT 的中断事件。此指令用于清除不必要的中断，后者可能由假传感器输出暂态造成
字节取反	INV_B EN　ENO IN　OUT	取反字节指令对输入字节 IN 执行求补操作，并将结果载入内存位置 OUT
字取反	INV_W EN　ENO IN　OUT	取反字指令对输入字 IN 执行求补操作，并将结果载入内存位置 OUT
双字取反	INV_DW EN　ENO IN　OUT	取反双字指令对输入双字 IN 执行求补操作，并将结果载入内存位置 OUT
字节AND（与运算）	WAND_B EN　ENO IN1　OUT IN2	AND（与运算）字节（ANDB）指令对两个输入数值（IN1 和 IN2）的对应位执行 AND（与运算）操作，并在内存位置（OUT）中载入结果
字AND（与运算）	WAND_W EN　ENO IN1　OUT IN2	AND（与运算）字（ANDW）指令对两个输入数值（IN1 和 IN2）的对应位执行 AND（与运算）操作，并在内存位置（OUT）载入结果

指令名称	指令符号	功能说明
双字 AND（与运算）	WAND_DW EN ENO IN1 OUT IN2	AND（与运算）双字（ANDD）指令对两个双字输入值的对应位执行 AND（与运算）操作，并在双字中载入结果（OUT）
字节 OR（或运算）	WOR_B EN ENO IN1 OUT IN2	OR（或运算）字节（ORB）指令对两个输入数值（IN1 和 IN2）的对应位执行 OR（或运算）操作，并在内存位址（OUT）中载入结果
字 OR（或运算）	WOR_W EN ENO IN1 OUT IN2	OR（或运算）字（ORW）指令对两个输入数值的对应位执行 OR（或运算）操作，并在内存位置（OUT）载入结果
双字 OR（或运算）	WOR_DW EN ENO IN1 OUT IN2	OR（或运算）双字（ORD）指令对两个双字输入值的对应位执行 OR（或运算）操作，并在双字中载入结果（OUT）
字节 XOR（异或运算）	WXOR_B EN ENO IN1 OUT IN2	Exclusive OR（异-或运算）字节（XORB）指令对两个输入数值（IN1 和 IN2）的对应位执行 XOR（异-或运算）操作，并在内存位置（OUT）中载入结果
字 XOR（异或运算）	WXOR_W EN ENO IN1 OUT IN2	Exclusive OR（异-或运算）字（XORW）指令对两个输入数值（IN1 和 IN2）的对应位执行 XOR（异-或运算）操作，并在内存位置（OUT）载入结果
双字 XOR（异或运算）	WXOR_DW EN ENO IN1 OUT IN2	Exclusive OR（异-或运算）双字（XORD）指令对两个双字输入值的对应位执行 XOR 操作，并在双字中载入结果（OUT）
字节传送	MOV_B EN ENO IN OUT	移动字节（MOVE）指令将输入字节（IN）移至输出字节（OUT），不改变原来的数值

附录2 S7-200指令表   373

续表

指令名称	指令符号	功能说明
字传送	MOV_W EN ENO IN1 OUT	移动字（MOVW）指令将输入字（IN）移至输出字（OUT），不改变原来的数值
双字传送	MOV_DW EN ENO IN OUT	移动双字（MOVD）指令将输入双字（IN）移至输出双字（OUT），不改变原来的数值
实数传送	MOV_R EN ENO IN OUT	移动实数（MOVR）指令将32位、实数输入双字（IN）移至输出双字（OUT），不改变原来的数值
字节块传送	BLKMOV_B EN ENO IN OUT N	成块移动字节（BMB）指令将字节数目（N）从输入地址（IN）移至输出地址（OUT）。N的范围为1~255
字块传送	BLKMOV_W EN ENO IN OUT N	成块移动字（BMW）指令将字数目（N）从输入地址（IN）移至输出地址（OUT）
双字块传送	BLKMOV_D EN ENO IN OUT N	成块移动双字（BMD）指令将双字数目（N）从输入地址（IN）移至输出地址（OUT）。N的范围是1~255
字节交换	SWAP EN ENO IN	交换字节指令交换字（IN）的最高位字节和最低位字节
输入字节立即传送	MOV_BIR EN ENO IN OUT	移动字节立即读取指令读取实际输入IN（作为字节），并将结果写入OUT，但进程映像寄存器未更新
输出字节立即传送	MOV_BIW EN ENO IN OUT	移动字节立即写入（BIW）指令从位置IN读取数值并写入（以字节为单位）实际输入OUT，以及对应的"进程图像"位置

续表

指令名称	指令符号	功 能 说 明
FOR	FOR EN　ENO INDX INIT FINAL	FOR（FOR）指令执行 FOR 和 NEXT 之间的指令。必须指定索引值或当前循环计数（INDX）、起始值（INIT）和结束值（FINAL）。使用 FOR/NEXT 指令描述为指定计数重复的循环。每条 FOR 指令要求一个 NEXT 指令。可以复原 FOR/NEXT 循环（在 FOR/NEXT 循环中放置一个 FOR/NEXT 循环），深度可达八
NEXT	─(NEXT)	NEXT（NEXT）指令标记 FOR 循环结束，并将堆栈顶值设为 1。使用 FOR/NEXT 指令描述为指定计数重复的循环。每条 FOR 指令要求一个 NEXT 指令。可以复原 FOR/NEXT 循环（在 FOR/NEXT 循环中放置一个 FOR/NEXT 循环），深度可达八
跳转	n ─(JMP)	跳转至标签（JMP）指令对程序中的指定标签（n）执行分支操作。跳转接受时，堆栈顶值始终为逻辑 1。可以在主程序、子程序或中断例行程序中使用"跳转"指令
标签	n LBL	标签（LBL）指令标记跳转目的地（n）的位置。"跳转"及其对应的"标签"指令必须始终位于相同的代码段中（主程序、子程序或中断例行程序）。不能从主程序跳转至子程序或中断例行程序中的标签，与此相似，也不能从子程序或中断例行程序跳转至该子程序或中断例行程序之外的标签。可以在 SCR 段中使用"跳转"指令，但对应的"标签"指令必须位于相同的 SCR 段内
装载 SCR	n SCR	载入顺序控制继电器（LSCR）指令用指令（N）引用的 S 位数值载入 SCR 和逻辑堆栈。SCR 段被 SCR 堆栈的结果数值激励或取消激励。SCR 堆栈数值被复制至逻辑堆栈的顶端，以便方框或输出线圈可直接与左电源杆连接，无须插入触点
SCR 转换	n ─(SCRT)	顺序控制继电器转换（SCRT）指令识别要启用的 SCR 位（下一个要设置的 n 位）。当使能位进入线圈或 FBD 方框时，打开引用 n 位，并关闭 LSCR 指令（启用该 SCR 段）的 n 位
结束 SCR	─(SCRE)	顺序控制继电器结束（SCRE）指令标记 SCR 段的结束
从子程序（SBR）有条件返回	─(RET)	子程序有条件返回（CRET）指令根据前一个逻辑终止子程序。从子程序有条件返回指令是供选用指令
程序（OB1）有条件结束	─(END)	有条件结束（END）指令根据前一个逻辑条件终止主用户程序。可以在主程序中使用"有条件结束"指令，但不能在子程序或中断例行程序中使用
停止	─(STOP)	停止（STOP）指令强制转换至 STOP（停止）模式
看门狗复位	─(WDR)	看门狗复原（WDR）指令重新触发 S7-200 CPU 的系统监视程序定时器，扩展扫描允许使用的时间，而不会出现看门狗错误
诊断 LED	DIAG_LED EN　ENO IN	如果输入参数 IN 的数值为零，则诊断 LED 会被设置为不发光。如果输入参数 IN 的数值大于零，则诊断 LED 会被设置为发光（黄色）。标记为 SF/DIAG 的 CPU 发光二极管（LED）能够配置为：当在系统块内指定的条件为真或当 DIAG_LED 指令以非零 IN 参数得到执行时发黄光
字节向左移位	SHL_B EN　ENO IN　OUT N	左移字节（SLB）指令将输入数值（IN）根据移位计数（N）向左移动，并将结果载入输出字节（OUT）。移位指令对每个移出位补 0。如果移位数目（N）大于或等于 8，则数值最多被移位 8 次。如果移位数目大于 0，溢出内存位（SM1.1）采用最后一次移出位的数值。如果移位操作结果为 0，设置 0 内存位（SM1.0）。向左移字节操作不带符号

续表

指令名称	指令符号	功 能 说 明
字向左移位	SHL_W EN　ENO IN　OUT N	左移位字（SLW）指令将输入字（IN）数值向左移动 N 位，并将结果载入输出字（OUT）。移位指令对每个移出位补 0。如果移位数目（N）大于或等于 16，则数值最多被移位 16 次。如果移位数目大于 0，溢出内存位（SM1.1）采用最后一次移出位数值。如果移位操作结果为 0，设置 0 内存位（SM1.0）。请注意当使用带符号的数据类型时，符号位被移位
双字向左移位	SHL_DW EN　ENO IN　OUT N	左移双字（SLD）指令将输入双字数值（IN）向左移动 N 位，并将结果载入输出双字（OUT）。移位指令对每个移出位补 0。如果移位数目（N）大于或等于 32，则数值最多被移位 32 次。如果移位数目大于 0，溢出内存位（SM1.1）采用最后一次移出位数值。如果移位操作结果为 0，设置 0 内存位（SM1.0）。请注意当使用带符号数据类型时，符号位被移位
字节向右移位	SHR_B EN　ENO IN　OUT N	右移字节（SRB）指令将输入数值（IN）根据移位计数（N）向右移动，并将结果载入输出字节（OUT）。移位指令对每个移出位补 0。如果移位数目（N）大于或等于 8，则数值最多被移位 8 次。如果移位数目大于 0，溢出内存位（SM1.1）采用最后一次移出位的数值。如果移位操作结果为 0，设置 0 内存位（SM1.0）。右移字节操作不带符号
字向右移位	SHR_W EN　ENO IN　OUT N	右移字（SRW）指令将输入字（IN）数值向右移动 N 位，并将结果载入输出字（OUT）。移位指令对每个移出位补 0。如果移位数目（N）大于或等于 16，则数值最多被移位 16 次。如果移位数目大于 0，溢出内存位（SM1.1）采用最后一次移出位数值。如果移位操作结果为 0，设置 0 内存位（SM1.0）。请注意当使用带符号的数据类型时，符号位被移位
双字向右移位	SHR_DW EN　ENO IN　OUT N	右移双字（SRD）指令将输入双字数值（IN）向右移动 N 位，并将结果载入输出双字（OUT）。移位指令对每个移出位补 0。如果移位数目（N）大于或等于 32，则数值最多被移位 32 次。如果移位数目大于 0，溢出内存位（SM1.1）采用最后一次移出位数值。如果移位操作结果为 0，设置 0 内存位（SM1.0）。请注意当使用带符号数据类型时，符号位被移位
字节向左循环移位	ROL_B EN　ENO IN　OUT N	循环左移字节（RLB）指令将输入字节数值（IN）向左旋转 N 位，并将结果载入输出字节（OUT）。旋转具有循环性。如果移位数目（N）大于或等于 8，执行旋转之前先对位数（N）进行模数 8 操作，从而使位数在 0～7 之间。如果移动位数为 0，则不执行旋转操作。如果执行旋转操作，旋转的最后一位数值被复制至溢出位（SM1.1）。如果移动位数不是 8 的整倍数，旋转出的最后一位数值被复制至溢出内存位（SM1.1）。如果旋转数值为 0，设置 0 内存位（SM1.0）。循环右移和循环左移字节操作不带符号
字向左循环移位	ROL_W EN　ENO IN　OUT N	循环左移字（RLW）指令将输入字数值（IN）向左旋转 N 位，并将结果载入输出字（OUT）。旋转具有循环性。如果移动位数（N）大于或等于 16，在旋转执行之前的移动位数（N）上执行模数 16 操作。从而使移动位数在 0～15 之间。如果移动位数为 0，则不执行旋转操作。如果执行旋转操作，旋转的最后一位数值被复制至溢出位（SM1.1）。如果移动位数不是 16 的整倍数，旋转出的最后一位数值被复制至溢出内存位（SM1.1）。如果旋转数值为 0，设置 0 内存位（SM1.0）。循环左移字操作不带符号
双字向左循环移位	ROL_DW EN　ENO IN　OUT N	循环左移双字（RLD）指令将输入双字数值（IN）向左旋转 N 位，并将结果载入输出双字（OUT）。旋转具有循环性。如果移位数目（N）大于或等于 32，执行旋转之前在移动位数（N）上执行模数 32 操作。从而使位数在 0～31 之间。如果移动位数为 0，则不执行旋转操作。如果执行旋转操作，旋转的最后一位数值被复制至溢出位（SM1.1）。如果移动位数不是 32 的整倍数，旋转出的最后一位数值被复制至溢出内存位（SM1.1）。如果旋转数值为 0，设置 0 内存位（SM1.0）。循环左移双字操作不带符号

续表

指令名称	指令符号	功能说明
字节向右循环移位	ROR_B EN ENO IN OUT N	循环右移字节（RRB）指令将输入字节数值（IN）向右旋转 N 位，并将结果载入输出字节（OUT）。旋转具有循环性。如果移位数目（N）大于或等于 8，执行旋转之前先对位数（N）进行模数 8 操作，从而使位数在 0~7 之间。如果移动位数为 0，则不执行旋转操作。如果执行旋转操作，旋转的最后一位数值被复制至溢出位（SM1.1）。如果移动位数不是 8 的整倍数，旋转出的最后一位数值被复制至溢出内存位（SM1.1）。如果旋转数值为 0，设置 0 内存位（SM1.0）。循环右移和循环左移字节操作不带符号
字向右循环移位	ROR_W EN ENO IN OUT N	循环右移字（RRW）指令将输入字数值（IN）向右旋转 N 位，并将结果载入输出字（OUT）。旋转具有循环性。如果移动位数（N）大于或等于 16，在旋转执行之前的移动位数（N）上执行模数 16 操作。从而使移动位数在 0~15 之间。如果移动位数为 0，则不执行旋转操作。如果执行旋转操作，旋转的最后一位数值被复制至溢出位（SM1.1）。如果移动位数不是 16 的整倍数，旋转出的最后一位数值被复制至溢出内存位（SM1.1）。如果旋转数值为 0，设置 0 内存位（SM1.0）。循环右移字操作不带符号
双字向右循环移位	ROR_DW EN ENO IN OUT N	循环右移双字（RRD）指令将输入双字数值（IN）向右旋转 N 位，并将结果载入输出双字（OUT）。旋转具有循环性。如果移位数目（N）大于或等于 32，执行旋转之前在移动位数（N）上执行模数 32 操作。从而使位数在 0~31 之间。如果移动位数为 0，则不执行旋转操作。如果执行旋转操作，旋转的最后一位数值被复制至溢出位（SM1.1）。如果移动位数不是 32 的整倍数，旋转出的最后一位数值被复制至溢出内存位（SM1.1）。如果旋转数值为 0，设置 0 内存位（SM1.0）。循环右移双字操作不带符号
移位寄存器	SHRB EN ENO DATA S_BIT N	移位寄存器位（SHRB）指令将 DATA 数值移入移位寄存器。S_BIT 指定移位寄存器的最低位。N 指定移位寄存器的长度和移位方向（移位加 = N，移位减 = –N）。SHRB 指令移出的每个位被放置在溢出内存位（SM1.1）中。该指令由最低位（S_BIT）和由长度（N）指定的位数定义
查找字符串长度	STR_LEN EN ENO IN OUT	字符串长度指令返回 IN 指定的字符串长度。常数字符串参数最长为 126 个字节
将字符串 1 复制至字符串 2	STR_CPY EN ENO IN OUT	复制字符串指令将 IN 指定的字符串复制至 OUT 指定的字符串。常数字符串参数最长为 126 个字节
从字符串复制子字符串	SSTR_CPY EN ENO IN OUT INDX N	从字符串复制子字符串指令将［从索引（INDX）开始］IN 指定的具体字符串数目复制至 OUT 指定的字符串。常数字符串参数最长为 126 个字节
连接字符串	STR_CAT EN ENO IN OUT	字符串连接指令将 IN 指定的字符串附加至 OUT 指定的字符串之后。常数字符串参数最长为 126 个字节
在字符串 1 中查找字符串 2	STR_FIND EN ENO IN1 OUT IN2	在字符串内查找字符串指令在字符串 IN1 中搜索首次出现的字符串 IN2。搜索从 OUT 起始位置开始。如果找到一个与字符串 IN2 完全符合的字符系列，该系列的第一个字符位置被写入 OUT。如果在字符串 IN1 中未找到字符串 IN2，OUT 被设为 0。单个常数字符串最长为 126 个字节，两个常数字符串综合最长为 240 个字节

附录2 S7-200 指令表

续表

指令名称	指令符号	功能说明
在字符串中查找字符	CHR_FIND EN ENO IN1 OUT IN2	在字符串中查找第一个字符指令在首次出现的字符串 IN1 中搜索字符串 IN2 中描述的字符集中的任何字符。搜索从起始位置 OUT 开始。如果找到一个相符的字符,该字符位置被写入 OUT。如果未找到相符的字符,OUT 被设为 0。单个常数字符串最长为 126 个字节,两个常数字符串综合最长为 240 个字节
后进先出	LIFO EN ENO TBL DATA	后入先出(LIFO)指令将表格中的最新(或最后)一个条目移至输出内存地址,方法是移除表格(TBL)中的最后一个条目,并将数值移至 DATA 指定的位置。每次执行指令时,表格中的条目数减 1
先进先出	FIFO EN ENO TBL DATA	先入先出(FIFO)指令通过移除表格(TBL)中的第一个条目,并将数值移至 DATA 指定位置的方法,移动表格中的最早(或第一个)条目。表格中的所有其他条目均向上移动一个位置。每次执行指令时,表格中的条目数减 1
增加至表格	AD_T_TBL EN ENO DATA TBL	增加至表格(ATT)指令向表格(TBL)中加入字值(DATA)。表格中的第一个数值是表格的最大长度(TL)。第二个数值是条目计数(EC),指定表格中的条目数。新数据被增加至表格中的最后一个条目之后。每次向表格中增加新数据后,条目计数加 1。表格最多可包含 100 个条目,不包括指定最大条目数和实际条目数的参数
存储区填充	FILL_N EN ENO IN OUT N	内存填充(FILL)指令用包含在地址 IN 中的字值写入 N 个连续字,从地址 OUT 开始。N 的范围是 1~255
表格查找	TBL_FIND EN ENO TBL PTN INDX CMD	表格查找(TBL)指令在表格(TBL)中搜索与某些标准相符的数据。"表格查找"指令搜索表,从 INDX 指定的表格条目开始,寻找与 CMD 定义的搜索标准相匹配的数据数值(PTN)。命令参数(CMD)被指定一个 1~4 的数值,分别代表 =、<>、<,and >。如果找到匹配条目,则 INDX 指向表格中的匹配条目。欲查找下一个匹配条目,再次激活"表格查找"指令之前必须在 INDX 上加 1。如果未找到匹配条目,INDX 的数值等于条目计数。一个表格最多可有 100 个条目,数据项目(搜索区域)从 0 排号至最大值 99
接通延时定时器	Txxx IN TON PT ??? ms	接通延时定时器(TON)指令在启用输入为"打开"时,开始计时。当前值(Txxx)大于或等于预设时间(PT)时,定时器位为"打开"。启用输入为"关闭"时,接通延时定时器当前值被清除。达到预设值后,定时器仍继续计时,达到最大值 32767 时,停止计时。TON、TONR 和 TOF 定时器有三种分辨率。分辨率由下图所示的定时器号码决定。每一个当前值都是时间基准的倍数
有记忆接通延时定时器	Txxx IN TONR PT ??? ms	掉电保护性接通延时定时器(TONR)指令在启用输入为"打开"时,开始计时。当前值(Txxx)大于或等于预设时间(PT)时,计时位为"打开"。当输入为"关闭"时,保持保留性延迟定时器当前值。可使用保留性接通延时定时器为多个输入"打开"阶段累计时间。使用"复原"指令(R)清除保留性延迟定时器的当前值。达到预设值后,定时器继续计时,达到最大值 32767 时,停止计时。TON、TONR 和 TOF 定时器有三种分辨率。分辨率由下图所示的定时器号码决定。每一个当前值都是时间基准的倍数

续表

指令名称	指令符号	功 能 说 明
关断延时定时器	Txxx —IN TOF —PT ??? ms	断开延时定时器（TOF）用于在输入关闭后，延迟固定的一段时间再关闭输出。启用输入打开时，定时器位立即打开，当前值被设为 0。输入关闭时，定时器继续计时，直到消逝的时间达到预设时间。达到预设值后，定时器位关闭，当前值停止计时。如果输入关闭的时间短于预设数值，则定时器位仍保持在打开状态。TOF 指令必须遇到从"打开"至"关闭"的转换才开始计时。如果 TOF 定时器位于 SCR 区域内部，而且 SCR 区域处于非现用状态，则当前值被设为 0，计时器位被关闭，而且当前值不计时。TON、TONR 和 TOF 定时器有三种分辨率。分辨率由下图所示的定时器号码决定。每一个当前值都是时间基准的倍数
开始间隔时间	BGN_ITIME —EN ENO— OUT—	读取内置 1ms 计数器的当前值，并将该值存储于 OUT。双字毫秒值的最大计时间隔为 2 的 32 次方，即 49.7 日
计算间隔时间	CAL_ITIME —EN ENO— —IN OUT—	计算当前时间与 IN 所提供时间的时差，将该时差存储于 OUT。双字毫秒值的最大计时间隔为 2 的 32 次方，即 49.7 日。取决于 BGN_ITIME 指令的执行时间，CAL_ITIME 指令将自动处理发生在最大间隔内的 1ms 定时器翻转
子程序	SBR_n —EN —x1_IN —x2_INOUT x3_OUT—	调用子程序（CALL）指令将控制转换给子程序（SBR_n）。可以使用带参数或不带参数的"调用子程序"指令。在子程序完成执行后。控制返回至"调用子程序"之后的指令。每个子程序调用的输入/输出参数最大限制为 16。如果尝试下载的程序超过此一限制，会返回一则错误信息。如果为子程序指定一个符号名，将参数值指定给子程序中的局部内存时应遵守下列规则： 1. 参数值指定给局部内存的顺序由 CALL 指定，参数从 L.0 开始。 2. 一至八个连续位参数值被指定给从 Lx.0 开始持续至 Lx.7 的单字节。 3. 字节、字和双字数值被指定给局部内存，位于字节边界（LBx、LWx 或 LDx）位置。 在带参数的"调用子程序"指令中，参数必须与子程序局部变量表中定义的变量完全匹配。参数顺序必须以输入参数开始，其次是输入/输出参数，然后是输出参数

附录3 S7-300/400 指令表

序号	指令分类	LAD	说明
1	位逻辑命令	—||—	动合（常开）触点（地址）
2		—|/|—	动断（常闭）触点（地址）
3		—|NOT|—	信号流反向
4		—（）—	结果输出/赋值
5		—（#）—	中间输出
6		—（R）	复位
7		—（S）	置位
8		RS	复位置位触发器
9		SR	置位复位触发器
10		—（N）—	RLO 下降沿检测
11		—（P）—	RLO 上升沿检测
12		—（SAVE）—	将 RLO 存入 BR 存储器
13		NEG	地址下降沿检测
14		POS	地址上升沿检测
15	比较指令	CMP>=D	双整数比较（= =, <>, >, <, >=, <=）
16		CMP>=I	整数比较（= =, <>, >, <, >=, <=）
17		CMP>=R	实数比较（= =, <>, >, <, >=, <=）
18	转换指令	BCD_I	BCD 码转换为整数
19		I_BCD	整数转换为 BCD 码
20		I_DI	整数转换为双整数
21		BCD_DI	BCD 码转换为双整数
22		DI_BCD	双整数转换为 BCD 码
23		DI_R	双整数转换为浮点数
24		INV_I	整数的二进制反码
25		INV_DI	双整数的二进制反码
26		NEG_DI	双整数的二进制补码
27		NEG_I	整数的二进制补码
28		NEG_R	浮点数求反
29		ROUND	舍入为双整数
30		TRUNC	舍去小数取整为双整数
31		CELL	上取整
32		FLOOR	下取整

续表

序号	指令分类	LAD	说 明
33	计数器指令	—（CD）	减计数器线圈
34		—（CU）	加计数器线圈
35		—（SC）	设置计数器值
36		S_CD	减计数器
37		S_CU	加计数器
38		S_CUD	加—减计数器
39	数据块调用指令	—（OPN）	打开数据块
40	逻辑控制指令	—（JMP）	跳转
41		—（JMPN）	若非则跳转
42		LABEL	标号
43	整数算术运算指令	ADD_DI	双整数加法
44		ADD_I	整数加法
45		SUB_DI	双整数减法
46		SUB_I	整数减法
47		MUL_DL	双整数乘法
48		MUL_I	整数乘法
49		DIV_DI	双整数除法
50		DIV_I	整数除法
51		MOD_DI	双整数取余数
52	浮点算术运算指令	ADD_R	实数加法
53		SUB_R	实数减法
54		MUL_R	实数乘法
55		DIV_R	实数除法
56		ABS	浮点数绝对值运算
57		SQR	浮点数平方
58		SQRT	浮点数平方根
59		EXP	浮点数指数运算
60		LN	浮点数自然对数运算
61		COS	浮点数余弦运算
62		SIN	浮点数正弦运算
63		TAN	浮点数正切运算
64		ACOS	浮点数反余弦运算
65		ASIN	浮点数反正弦运算
66		ATAN	浮点数反正切运算

续表

序号	指令分类	LAD	说明
67	赋值指令	MOVE	赋值
68	程序控制指令	—（CALL）	调用 FC/SFC（无参数）
69		CALL_FB	调用 FB
70		CALL_FC	调用 FC
71		CALL_SFB	调用 SFB
72		CALL_SFC	调用 SFC
73		—（MCR>）	主控继电器断开
74		—（MCR<）	主控继电器接通
75		—（MCRA）	主控继电器启动
76		—（MCRD）	主控继电器停止
77		—（RET）	返回
78	移位和循环指令	ROL_DW	双字左循环
79		ROR_DW	双字右循环
80		SHL_DW	双字左移
81		SHL_W	字左移
82		SHR_DI	双整数右移
83		SHR_DW	双字右移
84		SHR_I	整数右移
85		SHR_W	字右移
86	状态位指令	==0—||—	结果位等于"0"
87		>0—||—	结果位大于"0"
88		>=0—||—	结果位大于等于"0"
89		<=0—||—	结果位小于等于"0"
90		<0—||—	结果位小于"0"
91		<>0—||—	结果位不等于"0"
92		BR—||—	异常位二进制结果
93		OS—||—	存储位溢出异常位
94		OV—||—	溢出异常位
95		UO—||—	无序异常位
96		==0—|/|—	结果位取反等于"0"
97		>0—|/|—	结果位取反大于"0"
98		>=0—|/|—	结果位取反大于等于"0"
99		<=0—|/|—	结果位取反小于等于"0"
100		<0—|/|—	结果位取反小于"0"
101		<>0—|/|—	结果位取反不等于"0"

续表

序号	指令分类	LAD	说明
102	状态位指令	BR—|/|—	异常位二进制结果取反
103		OS—|/|—	存储位溢出异常位取反
104		OV—|/|—	溢出异常位取反
105		UO—|/|—	无序异常位取反
106	定时器指令	S_PULSE	脉冲 S5 定时器
107		S_PEXT	扩展脉冲 S5 定时器
108		S_ODT	接通延时 S5 定时器
109		S_ODTS	保持型接通延时 S5 定时器
110		S_OFFDT	断电延时 S5 定时器
111		—(SP)—	脉冲定时器输出
112		—(SE)—	扩展脉冲定时器输出
113		—(SD)—	接通延时定时器输出
114		—(SS)—	保持型接通延时定时器输出
115		—(SF)—	断开延时定时器输出
116	字逻辑指令	WAND_DW	双字和双字相"与"
117		WAND_W	字和字相"与"
118		WOR_DW	双字和双字相"或"
119		WOR_W	字和字相"或"
120		WXOR_DW	双字和双字相"异或"
121		WXOR_W	字和字相"异或"

注 每一类比较指令包含六种比较指令：EQ（相等），NE（不相等），GT（大于），LT（小于），GE（大于等于），LE（小于等于）。

附录4 S7-200 特殊寄存器（SM）标志位

序号	特殊存储器标志位	状态和功能
1	SMB0	状态位
2	SMB1	状态位
3	SMB2	自由端口接收字符
4	SMB3	自由端口奇偶校验错误
5	SMB4	队列溢出
6	SMB5	I/O 状态
7	SMB6	CPU ID 寄存器
8	SMB7	保留
9	SMB8～SMB21	I/O 模块标识和错误寄存器
10	SMW22～SMW26	扫描时间
11	SMB28 和 SMB29	模拟调整
12	SMB30 和 SMB130	自由端口控制寄存器
13	SMB31 和 SMW32	永久存储器（EEPROM）写控制
14	SMB34 和 SMB35	用于定时中断的时间间隔寄存器
15	SMB36～SMB65	HSC0、HSC1 和 HSC2 寄存器
16	SMB66～SMB85	PTO/PWM 寄存器
17	SMB86～SMB94，SMB186～SMB194	接收消息控制
18	SMW98	扩展 I/O 总线错误
19	SMB130	自由端口控制寄存器（参见 SMB30）
20	SMB131～SMB165	HSC3、HSC4 和 HSC5 寄存器
21	SMB166～SMB185	PTO0、PTO1 包络定义表
22	SMB186～SMB194	接收消息控制（参见 SMB86～SMB94）
23	SMB200～SMB549	智能模块状态

附录4 S7-200 特殊寄存器（SM）标志位

序号	字节	标志位	描述
1	SMB0	SM0.0	SM0.0 该位始终为 1
2		SM0.1	SM0.1 该位在首次扫描时为 1，一个用途是调用初始化子例行程序
3		SM0.2	SM0.2 若保持数据丢失，则该位在一个扫描周期中为 1。该位可用作错误存储器位，或用来调用特殊启动顺序功能
4		SM0.3	SM0.3 开机后进入 RUN 模式，该位将 ON 一个扫描周期，该位可用作在启动操作之前给设备提供一个预热时间
5		SM0.4	SM0.4 该位提供了一个时钟脉冲，30 秒为 1，30 秒为 0，占空比周期为 1min。它提供了一个简单易用的延时或 1 分钟的时钟脉冲
6		SM0.5	SM0.5 该位提供了一个时钟脉冲，0.5 秒为 1，0.5 秒为 0，占空比周期为 1s。它提供了一个简单易用的延时或 1 秒钟的时钟脉冲
7		SM0.6	SM0.6 该位为扫描时钟，本次扫描时置 1，下次扫描时置 0。可用作扫描计数器的输入
8		SM0.7	SM0.7 该位指示 CPU 模式开关的位置（0 为 TERM 位置，1 为 RUN 位置）。当开关在 RUN 位置时，用该位可使自由端口通信方式有效，那么当切换至 TERM 位置时，同编程设备的正常通信也会有效
9	SMB1	SM1.0	当执行某些指令，其结果为 0 时，将该位置 1
10		SM1.1	当执行某些指令，其结果溢出或查出非法数值时，将该位置 1
11		SM1.2	当执行数学运算，其结果为负数时，将该位置 1
12		SM1.3	试图除以零时，将该位置 1
13		SM1.4	当执行 ATT（添加到表格）指令时，试图超出表范围时，将该位置 1
14		SM1.5	当执行 LIFO 或 FIFO 指令，试图从空表中读数时，将该位置 1
15		SM1.6	SM1.6 当试图把一个非 BCD 数转换为二进制数时，将该位置 1
16		SM1.7	当 ASCII 码不能转换为有效的十六进制数时，将该位置 1
17	SMB2	SMB2	此字节包含在自由端口通信期间从端口 0 或端口 1 接收的每个字符
18	SMB3	SM3.0	端口 0 或端口 1 的奇偶校验错误（0=无错；1=检测到错误）
19		SM3.1~SM3.7	保留
20	SMB4	SM4.0	当通信中断队列溢出时，将该位置 1
21		SM4.1	当输入中断队列溢出时，将该位置 1
22		SM4.2	当定时中断队列溢出时，将该位置 1
23		SM4.3	在运行时刻，发现编程问题时，将该位置 1
24		SM4.4	该位指示全局中断允许位，当允许中断时，将该位置 1
25		SM4.5	当（端口 0）发送空闲时，将该位置 1
26		SM4.6	当（端口 1）发送空闲时，将该位置 1
27		SM4.7	当发生强置时，将该位置 1
28	SMB5	SM5.0	当有 I/O 错误时，将该位置 1
29		SM5.1	当 I/O 总线上连接了过多的数字量 I/O 点时，将该位置 1
30		SM5.2	当 I/O 总线上连接了过多的模拟量 I/O 点时，将该位置 1

续表

序号	字节	标志位	描述
31	SMB5	SM5.3	当 I/O 总线上连接了过多的智能 I/O 模块时,将该位置 1
32		SM5.4～SM5.7	保留
33	SMW22～SMW26	SMW22	上次扫描时间
34		SMW24	进入 RUN 模式后,所记录的最短扫描时间
35		SMW26	进入 RUN 模式后,所记录的最长扫描时间
36	SMB31 和 SMW32	格式	SMB31: 软件命令 MSB 7-LSB 0 (c 0 0 0 0 0 s s) SMW32: V 存储器地址 MSB 15-LSB 0 (V 存储器地址)
37		SM31.0 和 SM31.1	ss: 数据大小 00 = 字节 10 = 字 01 = 字节 11 = 双字
38		SM31.7	c: 保存至永久存储器 0 = 无执行保存操作的请求 1 = 用户程序请求保存数据 每次存储操作完成后,S7-200 复位该位
39		SMW32	SMW32 中是所存数据的 V 存储器地址,该值是相对于 V0 的偏移量。当执行存储命令时,把该数据存到永久存储器中相应的位置
40	SMB34 和 SMB35	SMB34	定义定时中断 0 的时间间隔 (1～255ms,以 1ms 为增量)
41		SMB35	定义定时中断 1 的时间间隔 (1～255ms,以 1ms 为增量)
42	SMB36～SMD62	SM36.0～SM36.4	保留
43		SM36.5	HSC0 当前计数方向状态位: 1 = 增计数
44		SM36.6	HSC0 当前值等于预设值状态位: 1 = 相等
45		SM36.7	HSC0 当前值大于预设值状态位: 1 = 大于
46		SM37.0	复位的有效电平控制位: 0 = 复位为高电平有效, 1 = 复位为低电平有效
47		SM37.1	保留
48		SM37.2	正交计数器的计数速率选择: 0 = 4x 计数速率, 1 = 1x 计数速率
49		SM37.3	HSC0 方向控制位: 1 = 增计数
50		SM37.4	HSC0 更新方向: 1 = 更新方向
51		SM37.5	HSC0 更新预设值: 1 = 将新预设值写入 HSC0 预设值
52		SM37.6	HSC0 更新当前值: 1 = 将新当前值写入 HSC0 当前值
53		SM37.7	HSC0 启用位: 1 = 启用
54		SMD38	HSC0 新的初始值
55		SMD42	HSC0 新的预置值
56		SM46.0～SM46.4	保留
57		SM46.5	HSC1 当前计数方向状态位: 1 = 增计数
58		SM46.6	HSC1 当前值等于预设值状态位: 1 = 等于
59		SM46.7	HSC1 当前值大于预设值状态位: 1 = 大于
60		SM47.0	HSC1 复位的有效电平控制位: 0 = 高电平有效, 1 = 低电平有效

续表

序号	字节	标志位	描述
61		SM47.1	HSC1 启动的有效电平控制位：0= 高电平有效，1= 低电平有效
62		SM47.2	HSC1 正交计数器速率选择：0=4x 速率，1=1x 速率
63		SM47.3	HSC1 方向控制位：1= 增计数
64		SM47.4	HSC1 更新方向：1= 更新方向
65		SM47.5	HSC1 更新预设值：1= 将新预设值写入 HSC1 预设值
66		SM47.6	HSC1 更新当前值：1= 将新当前值写入 HSC1 当前值
67		SM47.7	HSC1 启用位：1= 启用
68		SMD48	HSC1 新的初始值
69		SMD52	HSC1 新的预置值
70		SM56.0~SM56.4	保留
71	SMB36	SM56.5	HSC2 当前计数方向状态位：1= 增计数
72	~	SM56.6	HSC2 当前值等于预设值状态位：1= 等于
73	SMD62	SM56.7	HSC2 当前值大于预设值状态位：1= 大于
74		SM57.0	HSC2 复位的有效电平控制位：0= 高电平有效，1= 低电平有效
75		SM57.1	HSC2 启动的有效电平控制位：0= 高电平有效，1= 低电平有效
76		SM57.2	HSC2 正交计数器速率选择：0=4x 速率，1=1x 速率
77		SM57.3	HSC2 方向控制位：1= 增计数
78		SM57.4	HSC2 更新方向：1= 更新方向
79		SM57.5	HSC2 更新预设值：1= 将新设置值写入 HSC2 预设值
80		SM57.6	HSC2 更新当前值：1= 将新当前值写入 HSC2 当前值
81		SM57.7	HSC2 启用位：1= 启用
82		SMD58	HSC2 新的初始值
83		SMD62	HSC2 新的预置值
84		SM66.0~SM66.3	保留
85		SM66.4	PTO0 包络被中止：0= 无错，1= 因增量计算错误而被中止
86		SM66.5	PTO0 包络被中止：0= 不通过用户命令中止，1= 通过用户命令中止
87		SM66.6	PTO0/PWM 管线溢出（在使用外部包络时由系统清除，否则必须由用户复位）：0= 无溢出，1= 管线溢出
88		SM66.7	PTO0 空闲位：0=PTO 正在执行，1=PTO 空闲
89	SMB66	SM67.0	PTO0/PWM0 更新周期值：1= 写入新周期
90	~	SM67.1	PWM0 更新脉宽值：1= 写入新脉宽
91	SMB85	SM67.2	PTO0 更新脉冲计数值：1= 写入新脉冲计数
92		SM67.3	PTO0/PWM0 时间基准：0=1 μs/刻度，1=1ms/刻度
93		SM67.4	同步更新 PWM0：0= 异步更新，1= 同步更新
94		SM67.5	PTO0 操作：0= 单段操作（周期和脉冲计数存储在 SM 存储器中），1= 多段操作（包络表存储在 V 存储器中）
95		SM67.6	PTO0/PWM0 模式选择：0=PTO，1=PWM

续表

序号	字节	标志位	描述
96		SM67.7	PTO0/PWM0 启用位：1= 启用
97		SMW68	PTO0/PWM0 周期（2~65,535 个时间基准）
98		SMW70	PWM0 脉冲宽度值（0~65,535 个时间基准）
99		SMD72	PTO0 脉冲计数值（1~232-1）
100		SM76.0~SM76.3	保留
101		SM76.4	PTO1 包络被中止：0= 无错，1= 因增量计算错误而被中止
102		SM76.5	PTO1 包络被中止：0= 不通过用户命令中止，1= 通过用户命令中止
103		SM76.6	PTO1/PWM 管线溢出（在使用外部包络时由系统清除，否则必须由用户复位）：0= 无溢出，1= 管线溢出
104	SMB66 ~ SMB85	SM76.7	PTO1 空闲位：0=PTO 正在执行，1=PTO 空闲
105		SM77.0	PTO1/PWM1 更新周期值：1= 写入新周期
106		SM77.1	PWM1 更新脉宽值：1= 写入新脉宽
107		SM77.2	PTO1 更新脉冲计数值：1= 写入新脉冲计数
108		SM77.3	PTO1/PWM1 时间基准：0=1μs/刻度，1=1ms/刻度
109		SM77.4	同步更新 PWM1：0=异步更新，1= 同步更新
110		SM77.5	PTO1 操作：0= 单段操作（周期和脉冲计数存储在 SM 存储器中），1= 多段操作（包络表存储在 V 存储器中）
111		SM77.6	PTO1/PWM1 模式选择：0=PTO，1=PWM
112		SM77.7	PTO1/PWM1 启用位：1= 启用
113		SMW78	PTO1/PWM1 周期值（2~65,535 个时间基准）
114		SMW80	PWM1 脉冲宽度值（0~65,535 个时间基准）
115		SMD82	PTO1 脉冲计数值（1~232-1）

附录5　系统组织块 OB 简表

OB	启动事件	默认优先级	解释
OB1	启动结束或 OB1 执行结束	1	自由循环
OB10	日期时间中断 0	2	没有指定缺省时间
OB11	日期时间中断 1	2	
OB12	日期时间中断 2	2	
OB13	日期时间中断 3	2	
OB14	日期时间中断 4	2	
OB15	日期时间中断 5	2	
OB16	日期时间中断 6	2	
OB17	日期时间中断 7	2	
OB20	延时中断 0	3	没有指定缺省时间
OB21	延时中断 1	4	
OB22	延时中断 2	5	
OB23	延时中断 3	6	
OB30	循环中断 0（缺省时间间隔：5s）	7	循环中断
OB31	循环中断 1（缺省时间间隔：2s）	8	
OB32	循环中断 2（缺省时间间隔：1s）	9	
OB33	循环中断 3（缺省时间间隔：500ms）	10	
OB34	循环中断 4（缺省时间间隔：200ms）	11	
OB35	循环中断 5（缺省时间间隔：100ms）	12	
OB36	循环中断 6（缺省时间间隔：50ms）	13	
OB37	循环中断 7（缺省时间间隔：20ms）	14	
OB38	循环中断 8（缺省时间间隔：10ms）	15	
OB40	硬件中断 0	16	硬件中断
OB41	硬件中断 1	17	
OB42	硬件中断 2	18	
OB43	硬件中断 3	19	
OB44	硬件中断 4	20	
OB45	硬件中断 5	21	
OB46	硬件中断 6	22	
OB47	硬件中断 7	23	
OB55	状态中断	2	DPV1 中断
OB56	刷新中断	2	

附录5 系统组织块 OB 简表

续表

OB	启动事件	默认优先级	解释
OB57	制造厂商用特殊中断	2	
OB60	SFC 35【MP_ALM】调用	25	多处理器中断
OB61	周期同步中断1	25	同步循环中断
OB62	周期同步中断2	25	
OB63	周期同步中断3	25	
OB64	周期同步中断4	25	
OB70	I/O 冗余故障（只对于 H CPU）	25	冗余故障中断
OB72	CPU 冗余故障（只对于 H CPU）	28	
OB73	通信 冗余故障（只对于 H CPU）	25	
OB80	时间故障	26	同步故障
OB81	电源故障	25	
OB82	诊断中断	25	
OB83	模板插/拔中断	25	
OB84	CPU 硬件故障	25	
OB85	程序故障	25	
OB86	扩展机架、DP 主站系统或分布式 I/O 从站故障	25	
OB87	通信故障	25	
OB88	过程中断	28	
OB90	暖或冷启动或删除一个正在 OB90 中执行的块或装载一个 OB90 到 CPU 或中止 OB90		背景循环
OB100	暖启动		启动
OB101	热启动		
OB102	冷启动		
OB121	编程故障		同步故障中断
OB122	I/O 访问故障		

附录6 系统功能块 SFC 简表

编 号	名称缩写	功 能
SFC0	SET_CLK	设置系统时钟
SFC1	READ_CLK	读系统时钟
SFC2	SET_RTM	设置运行系统计时器
SFC3	CTRL_RTM	启动/停止运行系统计时器
SFC4	READ_RTM	读运行系统计时器
SFC5	GADR_LGC	查询通道的逻辑地址
SFC6	RD_SINFO	读 OB 的启动信息
SFC7	DP_PRAL	在 DP 主站上触发硬件中断
SFC9	EN_MSG	启用与块相关、符号相关及组状态消息
SFC10	DIS_MSG	禁用与块相关、符号相关及组状态消息
SFC11	DPSYC_FR	同步 DP 从站组
SFC12	D_ACT_DP	取消激活和激活 DP 从站
SFC13	DPNRM_DG	读取 DP 从站的诊断数据（从站诊断）
SFC14	DPRD_DAT	从标准 DP 从站读取一致性数据
SFC15	DPWR_DAT	将连续数据写入 DP 标准从站
SFC17	ALARM_SQ	生成可确认的与块相关的消息
SFC18	ALARM_S	生成永久确认的与块相关的消息
SFC19	ALARM_SC	查询上一个 ALARM_SQ 输入状态消息的确认状态
SFC20	BLKMOV	复制变量
SFC21	FILL	初始化存储区域
SFC22	CREAT_DB	创建数据块
SFC23	DEL_DB	删除数据块
SFC24	TEST_DB	测试数据块
SFC25	COMPRESS	压缩用户存储器
SFC26	UPDAT_PI	更新过程映像更新表
SFC27	UPDAT_PO	更新过程映像输出表
SFC28	SET_TINT	设置日时钟中断
SFC29	CAN_TINT	取消时钟中断
SFC30	ACT_TINT	激活时钟中断
SFC31	QRY_TINT	查询日时钟中断
SFC32	SRT_DINT	启动延时中断
SFC33	CAN_DINT	取消延时中断

续表

编号	名称缩写	功能
SFC34	QRY_DINT	查询日时钟中断
SFC35	MP_ALM	触发多处理器中断
SFC36	MSK_FLT	屏蔽同步出错
SFC37	DMSK_FLT	取消屏蔽同步出错
SFC38	READ_ERR	读出错寄存器
SFC39	DIS_IRT	禁用新的中断和异步出错
SFC40	EN_IRT	启用新的中断和异步出错
SFC41	DIS_AIRT	延迟高优先级的中断和异步出错
SFC42	EN_AIRT	启用高优先级的中断和异步出错
SFC43	RE_TRIGR	再触发循环时间监控
SFC44	REPL_VAL	将替换值传送到累加器1
SFC46	STP	将CPU切换为STOP
SFC47	WAIT	延时用户程序执行
SFC48	SNC_RTCB	同步从站时钟
SFC49	LGC_GADR	查询属于一个逻辑地址的模块插槽
SFC50	RD_LGADR	查询模块的所有逻辑地址
SFC51	RDSYSST	读系统状态列表或部分列表
SFC52	WR_USMSG	将用户自定义的诊断事件写入诊断缓冲区
SFC54	RD_PARM	读已定义的参数
SFC55	WR_PARM	写动态参数
SFC56	WR_DPARM	写一条数据记录
SFC57	PARM_MOD	为一个模块分配参数
SFC58	WR_REC	写一条数据记录
SFC59	RD_REC	读一条数据记录
SFC60	GD_SND	发送一个GD信息包
SFC61	GD_RCV	获取一个收到的GD信息包
SFC62	CONTROL	查询属于一个通信SFB实例的连接状态
SFC63	AB_CALL	组合代码块
SFC64	TIME_TCK	读系统时间
SFC65	X_SEND	将数据发送到本地S7站外部的通信伙伴
SFC66	X_RCV	接收来自本地S7站外部的通信伙伴的数据
SFC67	X_GET	读来自本地S7站外部的通信伙伴的数据
SFC68	X_PUT	将数据写入本地S7站外部的通信伙伴
SFC69	X_ABORT	中止与本地S7站外部的通信伙伴之间的现有连接
SFC72	I_GET	读来自本地S7站内的通信伙伴的数据

续表

编号	名称缩写	功能
SFC73	I_PUT	将数据写入本地 S7 站内的通信伙伴
SFC74	I_ABORT	中止与本地 S7 站内的通信伙伴之间的现有连接
SFC78	OB_RT	确定 OB 程序运行时间
SFC79	SET	设置输出范围
SFC80	RSET	重置输出范围
SFC81	UBLKMOV	不可中断的块移动
SFC82	CREA_DBL	在装载存储器中创建数据块
SFC83	READ_DBL	从装载存储器中的数据块读
SFC84	WRIT_DBL	从装载存储器中的数据块写
SFC85	CREA_DB	创建数据块
SFC87	C_DIAG	实际连接状态的诊断
SFC90	H_CTRL	控制 H 系统中的操作
SFC100	SET_CLKS	设置日时钟和 TOD 状态
SFC101	RTM	处理运行系统计时器
SFC102	RD_DPARA	重新定义的参数
SFC103	DP_TOPOL	标识 DP 主站系统中的总线拓扑
SFC104	CiR	控制 CiR
SFC105	READ_SI	读动态系统资源
SFC106	DEL_SI	删除动态系统资源
SFC107	ALARM_DQ	生成始终可确认的与块相关的消息
SFC108	ALARM_D	生成始终可确认的与块相关的消息
SFC112	PN_IN	更新 PROFInet 组件的用户程序接口中的输入
SFC113	PN_OUT	更新 PROFInet 组件的用户程序接口中的输出
SFC114	PN_DP	更新 DP 互连
SFC126	SYNC_PI	以同步循环的方式更新过程映像分区输入表
SFC127	SYNC_PO	以同步循环的方式更新过程映像分区输出表

注 只有 CPU 614 具有 SFC63 "AB_CALL"。关于详细描述，请参见相应的手册。

附录7 系统功能块 SFB 简表

编　号	名称缩写	功　能
SFB0	CTU	递增计数器
SFB1	CTD	递减计数器
SFB2	CTUD	递增/递减计数器
SFB3	TP	生成脉冲
SFB4	TON	生成接通延迟
SFB5	TOF	生成断开延迟
SFB8	USEND	数据的不对等的发送
SFB9	URCV	数据的不对等的接收
SFB12	BSEND	发送分段数据
SFB13	BRCV	接收分段数据
SFB14	GET	从远程 CPU 读数据
SFB15	PUT	将数据写入远程 CPU
SFB16	PRINT	将数据发送到打印机
SFB19	START	在远程设备上开始一个暖重启或冷重启
SFB20	STOP	将远程设备切换为 STOP 状态
SFB21	RESUME	在远程设备上开始一个热重启
SFB22	STATUS	查询远程伙伴的状态
SFB23	USTATUS	接收远程设备的状态
SFB29	HS_COUNT*	计数器（高速计数器，集成功能）
SFB30	FREQ_MES*	频率计（频率计，集成功能）
SFB31	NOTIFY_8P	生成没有确认指示的与块相关的消息
SFB32	DRUM	执行序列发生器
SFB33	ALARM	生成具有确认显示的与块相关的消息
SFB34	ALARM_8	生成与块相关的消息，其中没有用于表示8个信号的值
SFB35	ALARM_8P	生成与块相关的消息，其中带有用于表示8个信号的值
SFB36	NOTIFY	生成没有确认显示的与块相关的消息
SFB37	AR_SEND	发送归档数据
SFB38	HSC_A_B*	计数器 A/B（集成功能）
SFB39	POS*	定位（集成功能）
SFB41	CONT_C[1)	连续控制
SFB42	CONT_S[1)	步进控制
SFB43	PULSEGEN[1)	脉冲生成

续表

编 号	名称缩写	功 能
SFB44	ANALOG[2]	使用模拟量输出定位
SFB46	DIGITAL[2]	使用数字量输出定位
SFB47	COUNT[2]	控制计数器
SFB48	FREQUENC[2]	控制频率测量
SFB49	PULSE[2]	控制脉宽调制
SFB52	RDREC	从 DP 从站读一个数据记录
SFB53	WRREC	将数据记录写入 DP 从站
SFB54	RALRM	从 DP 从站接收中断
SFB60	SEND_PTP[2]	发送数据［ASCII、3964（R）］
SFB61	RECV_PTP[2]	接收数据［ASCII、3964（R）］
SFB62	RES_RECV[2]	删除接收缓冲区［ASCII、3964（R）］
SFB63	SEND_RK[2]	发送数据（RK 512）
SFB64	FETCH_RK[2]	获取数据（RK 512）
SFB65	SERVE_RK[2]	接收和提供数据（RK 512）
SFB75	SALRM	将中断发送到 DP 主站

* SFB29 "HS_COUNT" 和 SFB30 "FREQ_MES" 仅存在于 CPU 312 IFM 和 CPU 314 IFM 上。
  SFB 38 "HSC_A_B" 和 SFB 39 "POS" 仅存在于 CPU 314 IFM 上。
1) SFB 41 "CONT_C"、SFB 42 "CONT_S" 和 SFB 43 "PULSEGEN" 仅存在于 CPU 314 IFM 上。
2) SFB 44~49 及 60~65 仅存在于 S7-300C CPU 上。

参 考 文 献

[1] 廖常初. 大中型 PLC 应用教程 [M]. 北京：机械工业出版社，2005.

[2] 廖常初. S7-300/400PLC 应用技术 [M]. 北京：机械工业出版社，2005.

[3] 孙蓉，李冰. 可编程控制器实验技术 [M]. 哈尔滨：黑龙江人民出版社，2008.

[4] 陈宇，段鑫. 可编程控制器基础及编程技巧 [M]. 2 版. 广州：华南理工大学出版社，2002.

[5] 刘洪涛，黄海. PLC 应用开发从基础到实践 [M]. 北京：电子工业出版社，2007.

[6] 西门子（中国）有限公司自动化与驱动集团. 深入浅出西门子 S7-300 PLC. 北京：北京航空航天大学出版社，2004.

[7] 西门子（中国）有限公司自动化与驱动集团. 深入浅出西门子 S7-200 PLC [M]. 2 版. 北京：北京航空航天大学出版社，2003.

[8] 洪志育. 例说 PLC. 北京：人民邮电出版社，2006.

[9] 崔坚. 西门子工业网络通信指南，上册. 北京：机械工业出版社，2004.

[10] 崔坚. 西门子工业网络通信指南，下册. 北京：机械工业出版社，2005.

[11] 张万忠. 可编程控制器入门与应用实例：西门子 S7-200 系列. 北京：中国电力出版社，2006.

[12] 龚仲华. S7-200/300/400PLC 应用技术，通用篇. 北京：人民邮电出版社，2007.

[13] 牛志斌. 图解数控机床：西门子典型系统维修技巧. 北京：机械工业出版社，2004.

[14] 丁炜，魏孔平. 可编程控制器在工业控制中的应用. 北京：化学工业出版社，2004.

[15] 冈本裕生. 图解继电器与可编程控制器. 吕砚生，译. 北京：科学出版社，2007.

[16] 清华科教. 材料分拣模型使用说明书. 清华大学科教仪器厂. 2005. 8.

[17] 清华科教. KJ-221F 电梯模型使用说明书. 清华大学科教仪器厂. 2005. 8.

[18] Siemens AG. ET 200S Distributed I/O System. 2003.

[19] Siemens AG. S7-300 可编程逻辑控制器产品目录. 2006.

[20] Siemens AG. S7-300 和 S7-400 的梯形图（LAD）编程参考手册. 2004.

[21] Siemens AG. S7-400 可编程控制器 CPU 及模板规范手册. 2003.

[22] Siemens AG. SIMATIC S7-400 Power PLC. 2003.

[23] Siemens AG. SIMATIC S7-300 模块数据手册. 2005.

[24] Siemens AG. SIMATIC STEP 7V5. 3 使用入门. 2004.

[25] Siemens AG. SIMATIC 组态硬件和通信连接 STEP 7V5. 3 版本手册. 2004.

[26] Siemens AG. SIMATIC System Software for S7-300/400 System and Standard Functions. 2004.

[27] Siemens AG. SIMATIC S7-400 自动化系统 CPU 规格系统手册. 2005.

[28] Siemens AG. SIMATIC S7-300 可编程控制器 CPU 312C 至 314C-2DP/PtP CPU 技术参数参考手册. 2001.

[29] Siemens AG. SIMATIC 自动化系统 S7-300 入门指南. 2006.

[30] Siemens AG. SIMATIC S7-300 模块数据手册. 2005.

[31] Siemens AG. SIMATIC Positioning ET 200S Manual. 2001.
[32] Siemens AG. SIMATIC S7-200 可编程控制器系统手册. 2004.
[33] Siemens AG. SIMATIC ET 200S FC Frequency Converter Operating Instructions. 2004.
[34] Siemens AG. SIMATIC Distributed I/O System ET 200S Operating Instructions. 2005.
[35] Siemens AG. SIMATIC ET 200S Distributed I/O System Manual. 2003.
[36] Siemens AG. ET 200S IM 151-7 CPU Interface Module Manual. 2003.